普通高等教育“十一五”国家级规划教材
信息与通信工程专业核心教材

信息论与编码

(第3版)

傅祖芸 编著

電子工業出版社
Publishing House of Electronics Industry
北京·BEIJING

内 容 简 介

本书系统地论述信息论与纠错编码的基本理论。全书共9章，内容包括：信息的定义和度量，离散信源和连续信源的信息熵，信道和信道容量，平均失真度和信息率失真函数，三个香农信息论的基本定理，若干种常见实用的无失真信源压缩编码的方法，以及信道纠错编码的基本内容和分析方法。

本书深入浅出、概念清晰、系统性和可读性强，可作为高等院校相关专业的本科生教材或教学参考书，也可供科研院所从事信息科学理论、技术、方法研究的科研和工程技术人员参考。

图书在版编目（CIP）数据

信息论与编码/傅祖芸编著．—3版．—北京：电子工业出版社，2023.3
ISBN 978-7-121-45187-4

Ⅰ．①信… Ⅱ．①傅… Ⅲ．①信息论-高等学校-教材 ②信源编码-高等学校-教材 Ⅳ．①TN911.2

中国国家版本馆CIP数据核字（2023）第040717号

责任编辑：韩同平
印　　刷：三河市君旺印务有限公司
装　　订：三河市君旺印务有限公司
出版发行：电子工业出版社
　　　　　北京市海淀区万寿路173信箱　邮编100036
开　　本：787×1092　1/16　印张：17.5　字数：560千字
版　　次：2006年4月第1版
　　　　　2023年3月第3版
印　　次：2024年3月第3次印刷
定　　价：65.90元

凡所购买电子工业出版社图书有缺损问题，请向购买书店调换。若书店售缺，请与本社发行部联系，联系及邮购电话：（010）88254888，88258888。

质量投诉请发邮件至zlts@phei.com.cn，盗版侵权举报请发邮件至dbqq@phei.com.cn。

本书咨询联系方式：88254525，hantp@phei.com.cn。

第 3 版前言

信息论与编码是一门用概率论、随机过程和数理统计等方法来研究信息的存储、传输、处理、控制和利用的一般规律的科学。它主要研究如何提高信息系统的可靠性、有效性、保密性和认证性，以使信息系统最优化。自 20 世纪中叶香农信息论问世以来，信息理论本身得到不断发展和深化，尤其在这个理论主导和推动下，信息技术也得到飞快发展。这又使信息理论的研究冲破了香农狭义信息论的范畴，几乎渗透到自然科学与社会科学的所有领域，从而形成一门具有划时代意义的新兴学科——信息科学。信息论正是信息科学与技术发展的源泉，也是信息科学与信息技术的理论基础。

当今人们生活在高度信息化的时代，移动通信、互联网通信、多媒体技术、计算机技术、空间技术、可视技术、智能技术等信息科学与技术获得了超出人们想象的、前所未有的发展速度。在这些信息科学与技术领域中，只要涉及信息的存储、传输和处理的问题就要用到香农信息论的基本理论。甚至人们的日常工作与生活，如智能手机、移动购物、移动社交、虚拟世界、远程医疗等都与信息科学与技术息息相关。所以，现在人们对于信息的概念已不再感到陌生、新奇、深奥和难以理解与掌握，也越来越意识到学习和掌握信息理论的必要性和重要性。

由傅祖芸编著的《信息论——基础理论与应用》一书，系统地论述了香农信息论基本理论及某些应用问题，基本覆盖了信息论的各方面的内容。该书为国内信息论方面的经典教材。第 1 版于 2001 年出版，第 5 版于 2022 年 1 月出版，先后印刷 40 余次，发行 20 余万册。历经 20 余年的精心培育、多次修订，得到了国内高等院校的广泛选用和诸多好评，并先后被遴选为普通高等教育“十一五”“十二五”国家级规划教材。

这本《信息论与编码》，为《信息论——基础理论与应用》的精简版，是为了满足我国高等教育的普及化发展、诸多新设置专业的课程要求而改编的，以适应更多院校、更多专业、不同学时数的教学需要。

本书虽是精简版，但仍然系统地包含了信息论与编码的全部基本内容，只是教材的深度和广度都稍浅一点。

本书的宗旨是，保留原书的科学性、系统性、逻辑性和可读性。对于信息论与编码的基本概念和重要结论必须讲述准确、清楚。

全书仍注重基本概念、基本分析方法和基本定理的论述。在论述方式上，在阐明物理概念和工程背景的基础上，先结合实例建立数学模型，再给出结论和定理。力求条理清晰，物理概念必须准确和严谨完整。虽省略部分定理的严格复杂的数学证明，但仍讲清定理证明的思路及定理的物理意义和实用意义，以使学生明白重要定理不是凭空产生的，是有理论依据的，定理与结论是完美的。在内容的编排上，力求由浅入深、循序渐进，合理而系统地安排章节。全书力求做到既有实际应用背景，又有清晰的物理概念和数学思想。

全书共 9 章。第 1、2、3、4 章是全书的基础。首先阐述信息的概念，引出香农信息的定义和测度。在这基础上讨论各类离散信源、连续和波形信源的信息测度——信息熵，以及各类离散信道、连续和波形信道的信息传输率和信道容量。第 5、6、7 章主要论述香农信息论的三个基本定理——无失真信源编码定理、有噪信道编码定理及限失真信源编码定理。这部分内容是香农信息论的核心部分。第 8 章介绍若干常见实用的无失真信源压缩编码的方法,以阐明香农无失真信源编码定理的应用和意义。第 9 章论述了信道纠错编码的基本内容和一些主要纠错码。有了这章的学习基础就可以对纠错码理论进行深入的研究。

每章结尾均给出小结,以公式形式列出该章的主要内容。各章还配有大量习题。小结与习题都有助于学生掌握各章的内容。

本教材的参考学时数为 48~64。不同院校和专业可以进行适当调整。书中标有“ * ”号的小节和小字体部分均属于加深和加宽的内容。可根据学时的多少或教学要求适当取舍,省略后并不影响全书的系统性和可读性。

本书由傅祖芸教授编著。其中第 8 章“字典码”一节由赵建中老师协助编写。

在本书编写修订过程中,参阅了国内外一些经典著作,均列于参考书目中,在此谨向原作者表示深切谢意。限于编著者的水平,书中有不妥和错误之处,殷切希望广大读者予以批评指正。

编著者

联系方式:fuzuyun@ ucas. ac. cn(来信请务必注明真实姓名,单位,联系方式,否则不复。)

目　录

第1章 绪　　论

信息论是人们在长期通信工程的实践中，由通信技术与概率论、随机过程和数理统计相结合而逐步发展起来的一门科学。通常人们公认信息论的奠基人是当代伟大的数学家和美国贝尔实验室杰出的科学家香农（C. E. Shannon），他在1948年发表了著名的论文《通信的数学理论》，为信息论奠定了理论基础。近半个世纪以来，以通信理论为核心的经典信息论，正以信息技术为物化手段，向高精尖方向迅猛发展，并以神奇般的力量把人类社会推入了信息时代。随着信息理论的迅猛发展和信息概念的不断深化，信息论所涉及的内容早已超越了狭义的通信工程范畴，进入了信息科学这一更广阔的新兴领域。

本章首先引出信息的概念，进而讨论信息论这一学科的研究对象、目的和内容，并简述本学科的发展历史、现状和动向。

1.1 信息的概念

人类从产生那天起，就生活在信息的海洋之中。

人类社会的生存和发展，无时无刻都离不开接收信息、传递信息、处理信息和利用信息。

自古以来，人们就对信息的表达、存储、传送和处理等问题进行了许多研究。原始人的“结绳记事”也许是最初期的表达、存储和传送信息的方法。我国古代的“烽火告警”是一种最早的快速、远距离传递信息的方式。语言和文字则是人类社会用来表达和传递信息的最根本的工具。造纸术和印刷术的发明，使信息表示和存储方式产生了一次重大的变化，使文字成为信息记录、存储和传递的有效手段。特别是电报、电话和电视的发明，使信息传送快速、便利、远距离，再次出现了信息加工和传输的变革。近百年来，随着生产和科学技术的发展，信息的处理、传输、存储、提取和利用的方式及手段达到了更新、更高的水平。

近代，电子计算机的迅速发展和广泛应用，尤其是个人微型计算机得以普及，大大提高了人们处理加工信息、存储信息及控制和管理信息的能力。

20世纪后半叶，计算机技术、微电子技术、传感技术、激光技术、卫星通信和移动通信技术、航空航天技术、广播电视技术、多媒体技术、新能源技术和新材料技术等新技术的发展和应用，尤其近年来以计算机为主体的互联网技术的兴起和发展，它们相互结合、相互促进，以空前未有的威力推动着人类经济和社会高速发展。正是这些现代新科学、新技术汇成了一股强大的时代潮流，将人类社会推入高度信息化的时代。

在当今“信息社会”中，人们在各种生产、科学研究和社会活动中，无处不涉及信息的交换和利用。迅速获取信息，正确处理信息，充分利用信息，就能促进科学技术和国民经济的飞跃发展。可见，信息的重要性是不言而喻的。

那么，什么是信息呢？

1. 信息、情报、知识、消息及信号间的区别与联系

信息是信息论中最基本、最重要的概念，它是一个既抽象又复杂的概念。这一概念像在实践中提出来的其他科学概念一样，是在人类社会相互通信的实践过程中产生的。在现代信息理论形成之前的漫长时期中，信息一直被看作通信中消息的同义词，没有赋予它严格的科学定义。到了

20 世纪 40 年代末，随着信息论这一学科的诞生，信息的含义才有了新的拓展。

在日常生活中，信息常常被认为就是消息、情报、知识、情况等。的确，信息与它们之间是有着密切联系的。但是，信息的含义要更深刻、更广泛，它是不能等同于消息、情报、知识和情况的。

● 信息不能等同于情报。

情报往往是军事学、文献学方面的习惯用词。如“对敌方情况的报告”，“文献资料中对于最新情况的报道或者进行资料整理的成果”等称为情报。在“情报学”这一新学科中，它们对于“情报”是这样定义的，“**情报是人们对于某个特定对象所见、所闻、所理解而产生的知识**”。可见，情报的含义要比“信息”窄得多。它只是一类特定的信息，不是信息的全体。

● 信息也不能等同于知识。

知识是人们根据某种目的，从自然界收集得来的数据中，整理、概括、提取得到的有价值的、人们所需的信息。知识是一种具有普遍和概括性质的高层次的信息。例如，如图 1.1 所示，有 A、B 两所大学学生的一堆考试成绩数据。为了了解 A、B 两所大学学生的学习成绩水平的差别，而进行统计处理，得到一张曲线图，从中获得了有关 A、B 两所大学学生学习水平的知识。当然，还可以从这堆数据中获得其他有关知识（两所大学男、女生成绩差别等）。又例如，获得大量的遥感图片数据，根据不同目的，处理后可以得到不同的知识（地质知识、地形知识、水源知识等）。由此可知，知识是以实践为基础，通过抽象思维，对客观事物规律性的概括。知识信息只是人类社会中客观存在的部分信息。所以知识是信息，但不等于信息的全体。

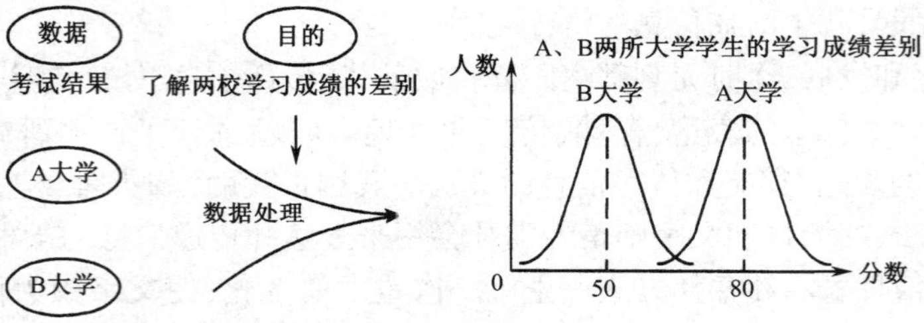

图 1.1　统计处理后的分布曲线

● 信息也不能等同于消息。

人们也常常错误地把信息等同于消息，认为得到了消息，就是得到了信息。例如，当人们收到一封电报，接到一个电话，收听了广播或看了电视等以后，就说得到了“信息”。的确，人们从接收到的电报、电话、广播和电视的消息中能获得各种信息，信息与消息有着密切的联系。但是，信息与消息并不是一件事，不能等同。

我们知道，在电报、电话、广播、电视（也包括雷达、导航、遥测）等通信系统中传输的是各种各样的消息。这些被传送的消息有着各种不同的形式，如文字、符号、数据、语言、音符、图片、活动图像等。所有这些不同形式的消息都是能被人们的感觉器官所感知的，人们通过通信，接收到消息后，得到的是关于描述某事物状态的具体内容。例如，听气象广播，气象预报为“晴间多云”，这就告诉了我们某地的气象状态，而“晴间多云”这一广播语言则是对气象状态的具体表述。又如，我们收到一份内容为“母病愈”的电报，则得知了母亲的身体健康状况，报文“母病愈”是对母亲身体健康状况的一种描述。再例如，电视中转播球赛，人们从电视图像中看到了球赛进展情况，而电视的活动图像则是对球赛运动状态的描述。可见，语言、报文、图像等消息都是对客观物质世界的各种不同运动状态或存在状态的表述。当然，消息也可用来表述人们头脑里的思维活动。例如，朋友给你打电话，电话中说“我想去上海”，你就得知了你的朋友的想法。这时，此语言消息则反映了人的主观世界——大脑物质的思维运动所表现出来的思维状态。

因此，**用文字、符号、数据、语言、音符、图片、图像等能够被人们感觉器官所感知的形式，把客观**

物质运动和主观思维活动的状态表达出来就成为了**消息**。

可见,消息中包含信息,是信息的载体。得到消息,从而获得信息。同一则信息可用不同的消息形式来载荷。如前例中,球赛进展情况可用电视图像、广播语言、报纸文字等不同消息来表述。而一则消息也可载荷不同的信息,它可能包含非常丰富的信息,也可能只包含很少的信息。因此,信息与消息是既有区别又有联系的。

- 既然信息不同于消息,当然也不同于信号。

在各种实际通信系统中,往往为了克服时间或空间的限制而进行通信,必须对消息进行加工处理。**把消息变换成适合信道传输的物理量,这种物理量**称为**信号**(如电信号、光信号、声信号、生物信号等)。

信号携带着消息,它是消息的运载工具。如前例中,"母病愈"这种关于母亲身体健康状况的信息,用汉文"母病愈"的消息来表述,然后通过电报系统传送到另一地的收信者。由于这个电报系统的传递信道是无线电电波信道,所以汉文消息不能直接在信道中传输。一般,需先将汉文(例如"母病愈")变换成4位码,然后变换成由点、划和空格三种符号组成的莫尔斯码,再转换成脉冲电信号,然后经过调制变成高频调制电信号,才能在信道中传输。此时,脉冲电信号或高频调制电信号都载荷着汉文消息,表述了母亲身体健康的一种状态。在通信系统的接收端,通过解调,反变换,若无干扰的话就可恢复成原汉文消息——"母病愈"。收信者收到报文后,就得知了母亲病愈,身体健康,从而获得了信息。可见,信号携带信息,但不是信息本身。同样,同一信息可用不同的信号来表示。同一信号也可表示不同的信息。例如,红、绿灯信号。在十字路口,用红、绿灯信号表示能否通行的信息。而在电子仪器面板上,红、绿灯信号却表示仪器是否正常工作或者表示高低电压等信息。所以,信息、消息和信号是既有区别又有联系的三个不同的概念。

2. 哈特莱、维纳、朗格等人对信息的定义

关于信息的科学定义,到目前为止,国内外已有不下百余种流行的说法。它们都是从不同的侧面和不同的层次来揭示信息的本质的。

哈特莱(R. V. L. Hartley)是最早对信息进行科学定义的。他在1928年发表的《信息传输》一文中,首先提出"信息"这一概念。他认为,发信者所发出的信息,就是他在通信符号表中选择符号的具体方式,并主张用所选择的自由度来度量信息。

哈特莱的这种理解在一定程度上能够解释通信工程中的一些信息问题,但它存在着严重的局限性。首先,他所定义的信息不涉及信息的价值和具体内容,只考虑选择的方式。其次,即使考虑选择的方式,但没有考虑各种可能选择方式的统计特性。正是这些缺陷严重地限制了它的适用范围。

1948年,控制论的创始人之一,美国科学家维纳(N. Wiener)出版了《控制论——动物和机器中通信与控制问题》一书。维纳在该书中是这样来论述信息的:"信息是信息,不是物质,也不是能量"①。这就是说,信息就是信息自己,它不是其他什么东西的替代物,它是与"物质""能量"同等重要的基本概念。正是维纳,首先将"信息"上升到"最基本概念"的位置。

后来,维纳在《人有人的用处》②一书中提出:"信息是人们适应外部世界并且使这种适应反作用于外部世界的过程中,同外部世界进行互相交换的内容的名称。"又说:"接收信息和使用信息的过程,就是我们适应外部世界环境的偶然性变化的过程,也是我们在这个环境中有效地生活的过程。""要有效地生活,就必须有足够的信息。"的确,信息对人类的生存是很重要的;但是,信息不仅仅与人类有关,不仅仅是人与外部世界交换的内容。在自然界中,一切生物体都在与外部世界进行

---

① N. Wiener. 控制论——动物和机器中的通信与控制问题. 北京:科学出版社,1963年

② N. Wiener. 人有人的用处. 北京:商务印书馆,1978年

着信息的互相交换。一切生物体都有它们独自的接收信息和交换信息的方式。俗话说"禽有禽言,兽有兽语",这是动物之间特别是群体动物之间传递信息的方式。人们发现动物之间可以利用气味、声音、不同的运动姿态,乃至超声波、电磁场等多种方式来传递信息。另外,信息的确是人们与外部世界互相交换的内容,但是,人们在与外部世界相互作用过程中,还进行着物质与能量的交换。这样,就又把信息与物质、能量混同起来。所以,维纳关于信息的定义是不确切的。

关于信息的定义,有人提出用变异度、差异量来度量信息,认为"信息就是差异"。这种说法的典型代表是意大利学者朗格(G. Longe)。他在 1975 年出版的《信息论:新的趋势与未决问题》一书的序言中提出:"信息是反映事物的形式、关系和差别的东西。信息包含于客体间的差别中,而非客体本身中。""在通信中仅仅差别关系是重要的",也就是说,他定义信息是客体之间的相互差异。的确,宇宙内到处存在着差异,差异的存在使人们存在着"疑问"和"不确定性"。从这个角度看,差异的确是信息。但是,并不能说没有差异就没有信息。所以,这样定义的信息也是不全面的、不确切的。

3. 香农信息的定义

香农在 1948 年发表了一篇著名的论文《通信的数学理论》。他从研究通信系统传输的实质出发,对信息做了科学的定义——香农信息,并进行了定性和定量的描述。

如前所述,各类通信系统——电报、电话、广播、电视、雷达、遥测等传送的是各种各样的消息。消息的形式可以不同,但它们都是能被传递的,是能被人们的感觉器官(眼、耳、触觉等)所感知的,而且消息表述的是客观物质和主观思维的运动状态或存在状态。

香农将各种通信系统概括成如图 1.2 所示的框图。在各种通信系统中,其传输的形式是消息。但消息传递过程的一个最基本、最普通却又不十分引人注意的特点是:收信者在收到消息以前是不知道消息的具体内容的。在收到消息以前,收信者无法判断发送者将会发来描述何种事物运动状态的具体消息,更无法判断是描述这种状态还是那种状态。再者,即使收到消息,由于干扰的存在,他也不能断定所得到的消息是否正确和可靠。总之,收信者存在着"不知""不确定"或"疑问"。通过消息的传递,收信者知道了消息的具体内容,原先的"不知""不确定"和"疑问"消除或部分消除了。因此,对收信者来说,消息的传递过程是一个从不知到知的过程,或是从知之甚少到知之甚多的过程,或是从不确定到部分确定或全部确定的过程。如果不具备这样一个特点,那就根本不需要通信系统了。试想,如果收信者在收到电报或电话之前就已经知道报文或电话的内容,那还要电报、电话系统干什么呢?

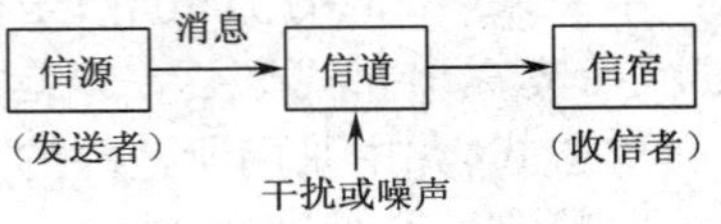

图 1.2　通信系统框图

由于主、客观事物运动状态或存在状态是千变万化的、不规则的、随机的,所以在通信以前,收信者存在"疑义"和"不知"。例如,在电报通信中,收报人在收到报文前,首先他不知何人会给他发电报,而且也不知将要告诉他什么事情。当他收到的报文是"母病愈"后,才能确定是他家人告诉他母亲的身体情况。其次,报文"母病愈"是对母亲身体健康状态的一种描述,而母亲身体健康情况会表现出不同的状态,到底出现的是什么状态是随机的、变化的。收信者在看到报文以前,他不能确定母亲身体健康状态如何,也存在"不确定性"。只要报文是清楚的,在传递过程中没有差错,那么,他收到报文以后,他原来所有的"不确定性"都没有了,他就获得了所有的信息。如果在传递过程中存在着干扰,使报文完全模糊不清,收信者收到报文以后,原先所具有的不确定性一点也没有减少,他就没有获得任何信息。如果干扰使报文发生部分差错,使收信者原先的不确定性减少了一些,但没有全部消除,他就获得了一部分信息。所以,通信过程是一种消除不确定性的过程。不确定性的消除,就获得了信息。原先的不确定性消除得越多,获得的信息就越多。如果原先的不确定性全部消除了,就获得了全部的信息;若消除了部分不确定性,就获得了部分信息;若原先不确定性没有任何消除,就没有获得任何信息。由此可见,**信息是事物运动状态或存在方式的不确定性的**

描述,这就是**香农信息的定义**。

从以上分析可知,在通信系统中,形式上传输的是消息,但实质上传输的是信息。消息只是表达信息的工具,载荷信息的客体。显然,在通信中被利用的(亦即携带信息的)实际客体是不重要的,而重要的是信息。信息较抽象,而消息是较具体的,但还不一定是物理性的。通信的结果是消除或部分消除不确定性从而获得信息。

4. 香农信息的度量

根据香农信息的定义,信息如何测度呢?当人们收到一封电报,或听了广播,或看了电视,到底得到了多少信息量呢?显然,信息量与不确定性被消除的程度有关。消除多少不确定性,就获得多少信息量。那么,不确定性的大小能度量吗?

用数学的语言来讲,不确定性就是随机性,具有不确定性的事件就是随机事件。因此,可运用研究随机事件的数学工具——概率论和随机过程来测度不确定性的大小。若从直观概念来讲,不确定性的大小可以直观地看成事先猜测某随机事件是否发生的难易程度。

例如,假设有甲、乙两个布袋,各袋内装有大小均匀,对人手感觉完全一样的球 100 个。甲袋内红、白球各 50 个,乙袋内有红、白、蓝、黑 4 种球,各 25 个。现随意从甲袋或乙袋中取出 1 个球,并猜测取出的是什么颜色的球,这一事件当然具有不确定性。显然,从甲袋中摸出红球要比从乙袋中摸出红球容易得多。这是因为,在甲袋中只在"红"与"白"两种颜色中选择一种,而且"红"与"白"机会均等,即摸取的概率各为 1/2。但在乙袋中,红球只占 1/4,摸出红球的可能性就小。自然,"从甲袋中摸出的是红球"比"从乙袋中摸出的是红球"的不确定性要小。从该例得出,不确定性的大小与可能发生的消息数目及各消息发生的概率有关。

再例如气象预报,我们知道可能出现的气象状态有许多种。以十月份北京地区天气为例,经常出现的天气是"晴间多云"、"晴"或"多云",其次是"多云转阴"、"阴"、"阴有小雨"等,而"小雪"这种天气状态出现的概率是极小的,"大雪"的可能性则更小。因此,在听气象预报前,我们大体上能猜测出天气的状况。由于出现"晴间多云"、"晴"或"多云"的可能性大,我们就比较能确定这些天气状况的出现。因此,预报明天白天"晴间多云"或"晴",我们并不觉得稀奇,因为和我们猜测的基本一致,所消除的不确定性要小,获得的信息量就不大。而出现"小雪"的概率很小,我们很难猜测它是否会出现,所以该事件的不确定性很大。如果预报是"阴有小雪",我们就要大吃一惊,感到气候反常,这时就获得了很大的信息量。出现"大雪"的概率更小,几乎是不可能出现的现象,它的不确定性更大。如果一旦出现"大雪"的气象预报,我们将万分惊讶,这时将获得更大的信息量。由此可知,某一事物状态出现的概率越小,其不确定性越大;反之,某一事物状态出现的概率接近于 1,即预料中肯定会出现的事件,那它的不确定性就接近于零。

这两个例子告诉我们:某一事物状态的不确定性的大小,与该事物可能出现的不同状态数目及各状态出现的概率大小有关。既然不确定性的大小能够度量,可见,信息是可以测度的。

(1) 样本空间和概率空间

我们把某事物各种可能出现的不同状态,即所有可能选择的消息的集合,称为**样本空间**。每个可能选择的消息是这个样本空间的一个元素。

(2) 概率测度

对于离散消息的集合,概率测度就是对每一个可能选择的消息指定一个概率(非负的,且总和为 1)。

(3) 概率空间

一个样本空间和它的概率测度称为一个**概率空间**。

一般概率空间用$[X,P]$来表示。在离散情况下,X 的样本空间可写成$\{a_1,a_2,\cdots,a_q\}$。样本空

间中选择任一元素 a_i 的概率表示为 $P_X(a_i)$，其脚标 X 表示所考虑的概率空间是 X。如果不会引起混淆，脚标可以略去，写成 $P(a_i)$。所以在离散情况下，概率空间为

$$\begin{bmatrix} X \\ P(x) \end{bmatrix} = \begin{bmatrix} a_1, & a_2, & \cdots, & a_q \\ P(a_1), & P(a_2), & \cdots, & P(a_q) \end{bmatrix}$$

其中 $P(a_i)$ 就是选择符号 a_i 作为消息的概率，称为**先验概率**。

(4) 自信息

在接收端，对发送端是否选择消息（符号）a_i 的不确定性是与 a_i 的先验概率成反比的，即对 a_i 的不确定性可表示为先验概率 $P(a_i)$ 的倒数的某一函数。我们取该函数为对数函数，并把这样定义的不确定性称为该消息（符号）a_i 的**自信息**，即

$$I(a_i) = \log \frac{1}{P(a_i)} \tag{1.1}$$

(5) 互信息

由于信道中存在干扰，假设接收端收到的消息（符号）为 b_j，这个 b_j 可能与 a_i 相同，也可能与 a_i 有差异。我们把条件概率 $P(a_i|b_j)$ 称为**后验概率**，它是接收端收到消息（符号）b_j 而发送端发的是 a_i 的概率。那么，接收端收到 b_j 后，发送端发送的符号是否是 a_i 尚存在的不确定性，应是后验概率的函数，即 $\log \frac{1}{P(a_i|b_j)}$。于是，收信者在收到消息（符号）$b_j$ 后，已经消除的不确定性为：先验的不确定性减去尚存在的不确定性。这就是收信者获得的信息量，定义为**互信息**，即

$$I(a_i;b_j) = \log \frac{1}{P(a_i)} - \log \frac{1}{P(a_i|b_j)} \tag{1.2}$$

如果信道没有干扰，信道的统计特性使 a_i 以概率 1 传送到接收端。这时，收信者收到消息后，尚存在的不确定性就等于零，即 $P(a_i|b_j) = 1, \log \frac{1}{P(a_i|b_j)} = 0$，不确定性全部消除。由此得互信息，即

$$I(a_i;b_j) = I(a_i) \tag{1.3}$$

以上就是香农关于信息的定义和度量。通常也称为**概率信息**。

(6) 香农信息定义的优点

香农定义的信息概念在现有的各种理解中，是比较深刻的，它有许多优点。

- 首先，它是一个科学的定义，有明确的数学模型和定量计算。
- 其次，它与日常用语中的信息的含义是一致的。例如，设某一事件 a_i 发生的概率等于 1，即 a_i 是预料中一定会发生的必然事件，如果事件 a_i 果然发生了，收信者将不会得到任何信息（日常含义），因为他早知道 a_i 必定发生，不存在任何不确定性。

根据式(1.1)，因为 $P(a_i) = 1$，所以得 $I(a_i) = \log \frac{1}{P(a_i)} = 0$，即自信息等于零。反之，如果 a_i 发生的概率很小，即猜测它是否发生的不确定性很大，一旦 a_i 果然发生了，收信者就会觉得很意外和惊讶，获得的信息量就很大。根据式(1.1)，因为 $P(a_i) \ll 1$，故得 $I(a_i) = \log \frac{1}{P(a_i)} \gg 1$。

- 再者，定义排除了对信息一词某些主观上的含义。根据上述定义，同样一个消息对任何一个收信者来说，所得到的信息量（互信息）都是一样的。因此，信息的概念是纯粹的形式化的概念。

(7) 香农信息定义的缺陷

香农定义的信息有其局限性，存在一些缺陷。

- 首先,我们已经看到,这个定义的出发点是假定事物状态可以用一个以经典集合论为基础的概率模型来描述。然而对实际某些事物运动状态或存在状态,要寻找一个合适的概率模型往往是非常困难的。对某些情况来讲,是否存在这样一种模型还值得探讨。而且这个定义只考虑概率引发的不确定性,不考虑由于其他如模糊性而造成的不确定性。
- 其次,这个定义和度量没有考虑收信者的主观性和主观含义,也撇开了信息本身的具体含义、具体用途、重要程度和引起的后果等因素。这就与实际情况不完全一致。例如,当得到同一消息后,对不同的收信者来说常会引起不同的感情、不同的关心程度、不同的价值,这些都应认为是获得了不同的信息。又例如,甲乙两人同去听一段音乐,若甲缺乏欣赏音乐的起码知识和必要训练的话,这种信息就不能发生什么作用。若乙是一位训练有素的音乐家,那么他将从这段音乐中获得大量信息。因此,信息有很强的主观性和实用性。

由此可见,香农信息的定义和度量是科学的,是能反映信息的某些本质的;但却是有缺陷的、有局限的。这样,它的适用范围会受到严重的限制。

5. 信息的广义概念

(1) 信息是物质世界的三大支柱之一

目前,哲学家和科学家普遍认为,物质、能量和信息是物质世界的三大支柱,是科学历史上三个最重要的基本概念。

世界是物质的。没有物质就没有世界,就没有一切,也就没有信息。可以说信息与物质同存,信息是**物质的一种普遍属性**。

在物质世界中,任何事物都处于永恒的运动和普遍的相互作用之中。只要有运动和相互作用的事物,就需要有能量,也就会产生各种各样事物运动的状态和方式,就会产生信息。信息是作为物质存在方式和状态的自身显示,同样也是相互作用的自身显示。可见,信息源于物质世界本身,源于物质世界的运动和相互作用之中,所以信息是普遍存在的。

信息是物质的属性,但不是物质自身,信息具有相对独立性。事物运动的状态和方式一旦体现出来,就可以脱离原来的事物而相对独立地载附于别的事物上,而被提取、变换、传递、存储、加工或处理。因此,信息不等于它的源事物,也不等于它的载体。信息虽不等于物质本身,但它也不可能脱离物质而独立存在,必须以物质为载体,以能量为动力。这三者是相辅相成,缺一不可的。这也正是信息的**绝对性、普遍性和独立性**。

正是信息的这种相对独立性,使得它可以被传递、复制、存储和扩散。这就是信息的可贵特性——**共享性**。信息的共享是无限的。只要是无干扰和全息传递,共享的信息就是完全等同的,并不因为信息被共享后而使原占有者丢失信息。所以,信息传播、扩散越快、越广,就越加速推动人类社会的发展和进步。可以说,信息的共享性对人类社会的发展有着特别重要的意义。

信息作为事物运动和相互作用的自身显示,同事物及它们的运动和相互作用一样是永恒的、无限的、动态的。事物每时每刻都在与其他事物的相互作用及自身的运动中改变着自身的信息,所以信息永远在产生、演变、更新。而且人类对信源信息的认识也是有时间性的。虽然认识的信息一旦形成,被存储起来,在一般情况下绝不会自行发生变化。但是,信源的信息却在不断地变化着,因此主观认识信息有个衰老的问题,从而失去本身的价值。所以,信息是**有时效的**。

综合上述,信息具有以下主要特性:

① 信息、物质、能量统一于事物,信息和物质一起规定着事物的功能。

② 信息的存在具有普遍性、无限性、动态性、时效性和相对独立性。

③ 信息具有可传递性、可转换性、可扩散性、可复制性、可存储性和可分割性,因而具有可共享性。

④ 信息具有可度量性。信息量守恒是客观事物固有的特性。信息不因认识而消失，也不因传递、复制和扩散而增值。

(2) 语法、语义、语用信息

从这种观点出发，我国学者钟义信教授在本体论的层次(最高、最普遍的层次，也是无约束条件的层次)上，对信息做了定义。他认为："**信息**就是事物运动的状态和方式，就是关于事物运动的千差万别的状态和方式的知识。"[13]

钟义信教授又在本体信息的基础上，引入认识主体的一些约束条件，从而又提出了语法信息、语义信息和语用信息三个不同的定义。

语法信息是事物运动状态和状态改变方式的本身。所以它不涉及这些状态的含义和效用，是最抽象最基本的层次。它只研究事物运动各种可能出现的状态，以及状态之间的关系。香农的信息定义正是属于这个层次，是从概率统计角度来研究事物运动各种可能出现的状态及状态间的关系，因此是概率性的语法信息。它能较好地解决通信工程这样一类信息传递的问题。

语义信息是事物运动状态和方式的具体含义。它研究各种状态和实体间的关系，即研究信息的具体含义。

语用信息是事物运动状态和方式及其含义对观察者的效用，或者是相对于某种目的的效用。这是研究事物运动状态和方式与使用者的关系，即研究信息的主观价值。

在这些信息定义的基础上，钟义信教授建立了对语法信息的统一的度量形式，又建立了语义信息量、语用信息量和综合语用信息量等。综合语用信息量在特定条件下可以转换为其他信息度量，而且可以在特定条件下转化成目前国际上学术界认可的任一信息量公式。

显然，此处的信息概念已远远超出了原来通信领域的范畴。

但由于人们对信息的本质认识还不够充分，所以，国际上尚未形成一个普遍公认的、完整的、确切的定义。为此，有关信息的定义和其测度的研究还在不断地深入。我们深信，随着人们对信息这一概念的不断深入研究，将会得出更合理、更确切的信息的定义和测度，彻底揭示信息的本质，全面和准确地把握信息。

1.2 信息论研究的对象、目的和内容

1. 信息论研究的对象

从上节关于信息概念的讨论中，我们已经看到，各种通信系统如电报、电话、电视、广播、遥测、遥控、雷达和导航等，虽然它们的形式和用途各不相同，但本质是相同的，都是信息的传输系统。为了便于研究信息传输和处理的共同规律，我们将各种通信系统中具有共同特性的部分抽取出来，概括成一个统一的理论模型，如图 1.3 所示。通常称它为通信系统模型。

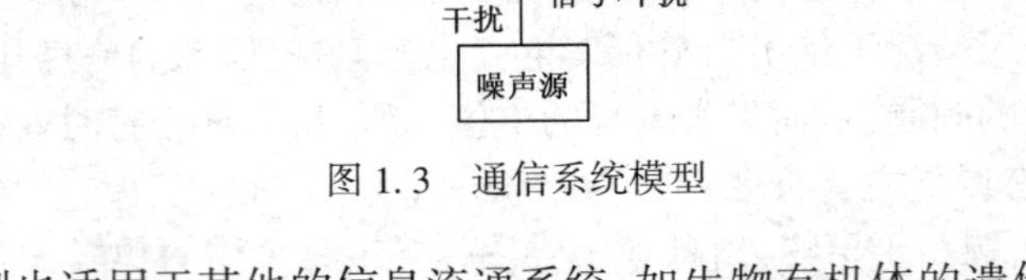

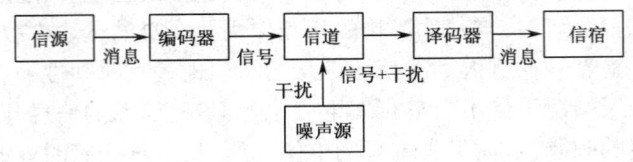

图 1.3　通信系统模型

这个通信系统模型也适用于其他的信息流通系统，如生物有机体的遗传系统、神经系统、视觉系统等。甚至人类社会的管理系统都可概括成这个模型。所以该统一的理论模型又可统称为信息传输系统模型。

信息论**研究的对象**正是这种统一的通信系统模型。人们通过系统中消息的传输和处理来研究信息传输和处理的共同规律。

通信系统模型主要分成下列 5 个部分。

(1) 信息源(简称信源)

顾名思义,**信源**是产生消息和消息序列的源。它可以是人、生物、机器或其他事物。它是事物各种运动状态或存在状态的集合。如前所述,“母亲的身体状况”、“各种气象状态”等客观存在是信源。人的大脑思维活动也是一种信源。**信源的输出**是消息,消息是具体的,但它不是信息本身。消息携带着信息,消息是信息的表达者。

另外,信源可能出现的状态(即信源输出的消息)是随机的、不确定的,但又有一定的规律性。

(2) 编码器

编码是把消息变换成信号的措施,而**译码**就是编码的反变换。**编码器输出**的是适合信道传输的信号,信号携带着消息,它是消息的载荷者。

编码器可分为两种,即信源编码器和信道编码器。信源编码是对信源输出的消息进行适当的变换和处理,目的是为了提高信息传输的效率。而信道编码是为了提高信息传输的可靠性而对消息进行的变换和处理。当然,对于各种实际的通信系统,编码器还应包括换能、调制、发射等各种变换处理。

(3) 信道

信道是指通信系统把载荷消息的信号从甲地传输到乙地的媒介或通道。在狭义的通信系统中实际信道有明线、电缆、波导、光纤、无线电波传播空间等,这些都是属于传输电磁波能量的信道。当然,对广义的通信系统来说,信道还可以是其他的传输媒介。

信道除了传送信号,还有存储信号的作用。如磁带、光盘或书写通信方式等。

在信道中引入噪声和干扰,这是一种简化的表达方式。为了分析方便起见,把在系统其他部分产生的干扰和噪声都等效地折合成信道干扰,看成是由一个噪声源产生的,它将作用于所传输的信号上。这样,信道输出的是叠加了干扰的信号。由于干扰或噪声往往具有随机性,所以信道的特性也可以用概率空间来描述。而噪声源的统计特性又是划分信道的依据。

(4) 译码器

译码就是把信道输出(已叠加了干扰)的编码信号进行反变换。也就是要从受干扰的编码信号中最大限度地提取出有关信源输出的信息。**译码器**一般可分成信源译码器和信道译码器。在保密通信系统中,还应包括解密译码。

(5) 信宿

信宿是消息传送的对象,即接收消息的人或机器。信源和信宿可处于不同地点和不同时刻。

图 1.3 给出的模型只适用于收发两端单向通信的情况。它只有一个信源和一个信宿,信息传输也是单向的。更一般的情况是:信源和信宿各有若干个,即信道有多个输入和多个输出,另外信息传输方向也可以是双向的。例如,广播通信是一个输入、多个输出的单向传输的通信;而卫星通信网则是多个输入、多个输出和多向传输的通信。要研究这些通信系统,我们只需对两端单向通信系统模型做适当修正,就可引出网络通信系统模型。因此,图 1.3 的通信系统模型是最基本的。

近年来,以计算机为核心的大规模信息网络,尤其是互联网的建立和发展,对信息传输的质量要求更高了。不但要求既快速有效又能可靠地传递信息,而且还要求信息传递过程中保证信息的安全保密,不被伪造和篡改。因此,在编码器这一环节中还需加入加密编码。相应地,在译码器中要加入解密译码。

为此,我们把图 1.3 的通信系统模型中编(译)码器分成信源编(译)码、信道编(译)码和加密

(解密)编(译)码三个子部分。这样,信息传输系统的基本模型如图 1.4 所示。

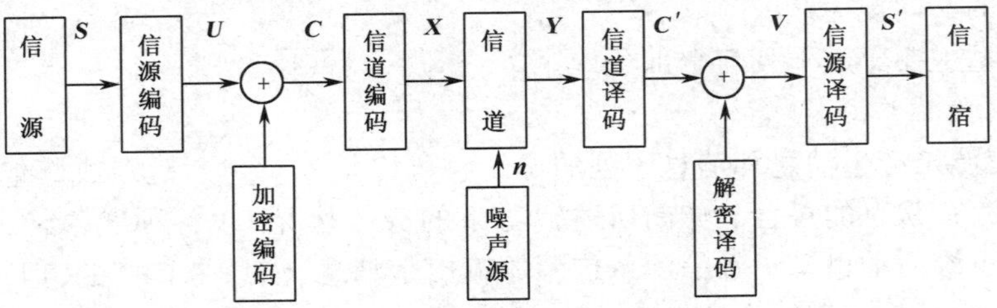

图 1.4　信息传输系统的基本模型

2. 信息论研究的目的

研究如图 1.4 所示的这样一个概括性很强的信息传输系统,**其目的**就是要找到信息传输过程的共同规律,以提高信息传输的可靠性、有效性、保密性和认证性,达到信息传输系统最优化。

所谓**可靠性**,就是要使信源发出的信息经过信道传输以后,尽可能准确地、不失真地再现在接收端。

所谓**有效性**,就是经济效果好,即用尽可能短的时间和尽可能少的设备来传送一定数量的信息。

以后我们会看到,提高可靠性和提高有效性常常会发生矛盾,这就需要统筹兼顾。例如,为了兼顾有效性(考虑经济效果),有时就不一定要求绝对准确地在接收端再现原来的信息,而是可以允许一定的误差或一定的失真,或者说允许近似地再现原来的信息。

所谓**保密性**,就是隐蔽和保护通信系统中传送的信息,使它只能被授权接收者获取,而不能被未授权者接收和理解。

所谓**认证性**,是指接收者能正确判断所接收的信息的正确性,验证信息的完整性,而不是伪造的和被篡改的。

有效性、可靠性、保密性和认证性四者构成现代通信系统对信息传输的全面要求。

信息传输系统模型不是不变的。它根据信息传输的要求而定。在研究信息传输有效性时,可只考虑信源与信宿之间的信源编(译)码,将其他部分都看成一个无干扰信道。在研究信息传输可靠性时,将信源、信源编码和加密编码都等效成一个信源,而将信宿、信源译码和解密译码都等效成一个信宿。在考虑信息传输的保密性和认证性时,将信源和信源编码等效成一个信源;将信道编码、信道、噪声源和信道译码等效成一个无干扰信道;而将信源译码和信宿等效于信宿。这样划分是否合理呢? 通过全书的讨论,我们可以得出,这样划分是合理的。

3. 信息论研究的内容

关于信息论研究的具体内容是有过争议的。某些数学家认为信息论只是概率论的一个分支。当然,这种看法是有一定根据的,因为香农信息论确实为概率论开拓了一个新的分支。但如果把信息论限制在数学范围内,这就太狭义了。也有些物理学家认为信息论只是熵的理论,他们对“熵”特别感兴趣。当然,熵的概念确实是香农信息论的基本概念之一,但信息论的全部内容要比熵的概念广泛得多。

目前,对信息论研究的内容一般有以下三种理解。

(1) **狭义信息论**,也称经典信息论:它主要研究信息的测度、信道容量及信源和信道编码理论等问题。这部分内容是信息论的基础理论,又称香农基本理论。其研究的各部分内容可用图 1.5 来描述。

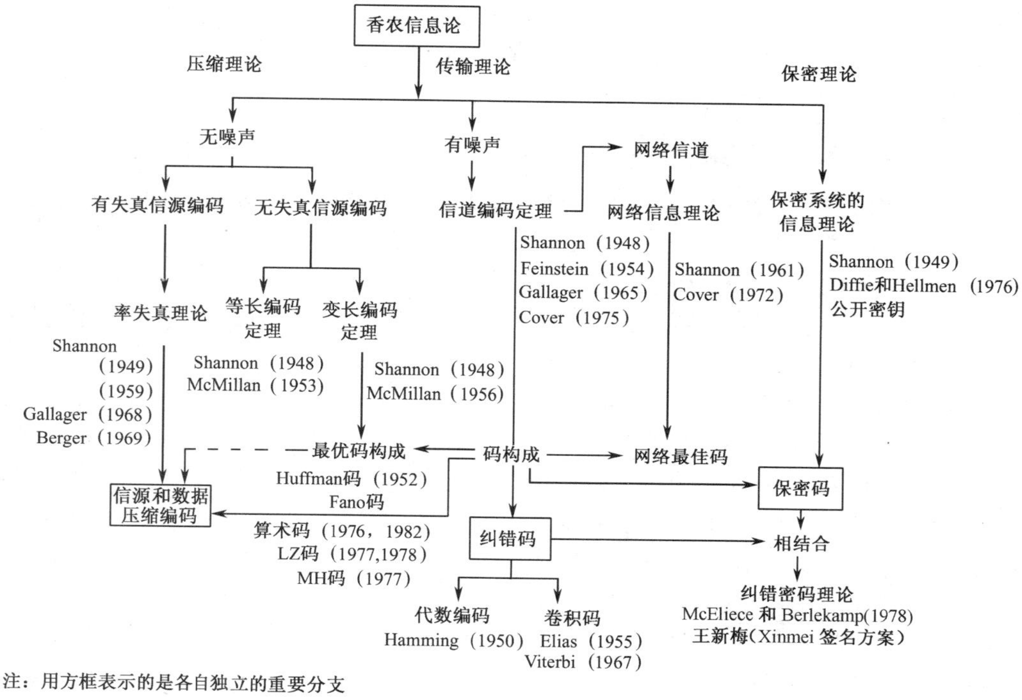

图 1.5　香农信息论的科学体系

（2）**一般信息论**，也称工程信息论：它主要研究信息传输和处理问题。除了香农理论，还包括编码理论、噪声理论、信号滤波和预测理论、统计检测与估计理论、调制理论、信息处理理论及保密理论等。后一部分内容以美国科学家维纳（N. Wiener）为代表，其中最有贡献的是维纳和苏联科学家柯尔莫哥洛夫（A. Колмогоров）。

虽然维纳和香农等人都是运用概率和统计数学的方法来研究准确地或近似地再现消息的问题，都是为了使消息传送和接收最优化，但他们之间却有一个重要的区别。

维纳研究的重点在接收端。研究一个信号（消息）如果在传输过程中被某些因素（如噪声、非线性失真等）所干扰后，在接收端怎样把它恢复、再现，从干扰中提取出来。在此基础上，创立了最佳线性滤波理论（维纳滤波器）、统计检测与估计理论、噪声理论等。

而香农研究的对象则是从信源到信宿之间的全过程，是收、发端联合最优化问题，其重点放在编码上。他指出，只要在传输前后对消息进行适当的编码和译码，就能保证在干扰的存在下，最佳地传送和准确或近似地再现消息。为此发展了信息测度理论、信道容量理论和编码理论等。

（3）**广义信息论**：信息论是一门综合、交叉的新兴学科，它不仅包括上述两方面的内容，而且包括所有与信息有关的自然科学和社会科学领域，如模式识别、计算机翻译、心理学、遗传学、生物学、神经生理学、语言学、语义学甚至包括社会学、人文学和经济学中有关信息的问题。它也就是新发展起来的包括光学信息论、量子信息论和生物信息论等新学科在内的信息科学理论。

综上所述，信息论是一门应用概率论、随机过程、数理统计和近代代数的方法，来研究广义的信息传输、提取和处理系统中一般规律的学科；它的主要目的是提高信息系统的可靠性、有效性、保密性和认证性，以便达到系统最优化；它的主要内容（或分支）包括香农理论、编码理论、维纳理论、检测和估计理论、信号设计和处理理论、调制理论、随机噪声理论和密码学理论等。

由于信息论研究的内容极为广泛，而各分支又有一定的相对独立性，因此本书仅论述信息论的基础理论即香农信息理论及编码理论的基本内容。

*1.3 信息论发展简史与信息科学

1. 信息论形成的背景和基础

信息论从诞生到今天,已有半个多世纪,现已成为一门独立的理论学科。回顾它的发展历史,我们可以知道理论是如何从实践中经过抽象、概括、提高而逐步形成的。

信息论是在长期的通信工程实践和理论研究的基础上发展起来的。

通信系统是人类社会的神经系统,即使在原始社会也存在着最简单的通信工具和通信系统,这方面的社会实践是悠久漫长的。

电的通信系统(电信系统)已有近 190 年的历史了。在这发展过程中,一个很有意义的历史事实是:当物理学中的电磁理论及电子学理论一旦有某些进展,很快就会促进电信系统的创造发明或改进。这是因为通信系统对人类社会的发展,其关系实在是太密切了。日常生活、工农业生产、科学研究及战争等,一切都离不开信息传递和流动。

例如,当法拉第(M. Faraday)于 1820—1830 年期间发现电磁感应的基本规律后,不久莫尔斯(F. B. Morse)就建立起电报系统(1832—1835 年)。1876 年,贝尔(A. G. Bell)又发明了电话系统。

1864 年麦克斯韦(Maxwell)预言了电磁波的存在,1888 年赫兹(H. Hertz)用实验证明了这一预言。接着 1895 年英国的马可尼(G. Marconi)和俄国的波波夫(A. C. Подов)就发明了无线电通信。20 世纪初(1907 年),根据电子运动的规则,福雷斯特(L. Forest)发明了能把电磁波进行放大的电子管。之后,很快出现了远距离无线电通信系统。大功率超高频电子管发明以后,电视系统就建立起来了(1925—1927 年)。电子在电磁场运动过程中能量相互交换的规律被人们认识后,就出现了微波电子管(最初是磁控管,后来是速调管、行波管),接着在 20 世纪 30 年代末和 40 年代初的第二次世界大战初期,微波通信系统、微波雷达系统等迅速发展起来。50 年代后期发明了量子放大器。60 年代初发明的激光技术,使人类进入了光纤通信的时代。

随着工程技术的发展,有关理论问题的研究也在逐步深入。

1832 年莫尔斯电报系统中高效率编码方法对后来香农的编码理论是有启发的。

1885 年凯尔文(L. Kelvin)曾经研究过一条电缆的极限传信率问题。

1922 年卡逊(J. R. Carson)对调幅信号的频谱结构进行了研究,并明确了边带的概念。

1924 年奈奎斯特(H. Nyquist)和屈夫缪勒(K. Küpfmüller)分别独立地指出,如果以一个确定的速率来传输电报信号,就需要一定的带宽,证明了信号传输速率与信道带宽成正比。

1928 年哈特莱(R. V. Hartley)发展了奈奎斯特的工作,并提出把消息考虑为代码或单语的序列。在 s 个代码中选 N 个码即构成 s^N 个可能的消息。他提出“定义信息量 $H=N\log s$”,即定义信息量等于可能消息数的对数。其缺点是没有统计特性的概念。他的工作对后来香农的思想是有很大影响的。

1936 年阿姆斯特朗(E. H. Armstrong)提出增加信号带宽可以使抑制噪声干扰的能力增强,并给出了调制指数大的调频方式,使调频实用化,出现了调频通信装置。

1939 年达德利(H. Dudley)发明了声码器。当时他提出的概念是,通信所需要的带宽至少应与所传送的消息的带宽相同。达德利和莫尔斯都是研究信源编码的先驱。

但是,直到 20 世纪 30 年代末,理论工作的一个主要弱点是把消息看成一个确定性的过程。这就与许多实际情况不相符合。当时所依靠的数学工具主要是经典的傅里叶分析方法,这是有局限性的。

20 世纪 40 年代初期,由于军事上的需要,维纳在研究防空火炮的控制问题时,提出了“平稳时间序列的外推，内插与平滑及其工程应用”的论文。他把随机过程和数理统计的观点引入通信和控制系统中来，揭示了信息传输和处理过程的统计本质。他还利用早在30年代初他本人提出的“广义谐波分析理论”对信息系统中的随机过程进行谱分析。这就使通信系统的理论研究面貌焕然一新，产生了质的飞跃。

2. 香农信息论的建立和发展

1948年6月和10月，香农在贝尔实验室出版的著名的《贝尔系统技术》杂志上发表了两篇有关“通信的数学理论”的文章。在这两篇论文中，他用概率测度和数理统计的方法系统地讨论了通信的基本问题，首先严格定义了信息的度量——熵的概念，又定义了信道容量的概念，得出了几个重要而带有普遍意义的结论，并由此奠定了现代信息论的基础。

香农理论的核心是：揭示了在通信系统中采用适当的编码能够高效率和高可靠地传输信息，并得出了信源编码定理和信道编码定理。从数学观点看，这些定理是最优编码的存在定理。但从工程观点看，这些定理不是结构性的，不能从定理的结果直接得出实现最优编码的具体途径。然而，它们给出了编码的性能极限，在理论上阐明了通信系统中各种因素的相互关系，为人们寻找最佳通信系统提供了重要的理论依据。

（1）香农信息理论的数学严格化

从1948年开始，信息论的出现引起了一些著名数学家如柯尔莫哥洛夫、范恩斯坦（A. Feinstein）、沃尔夫维兹（J. Wolfowitz）等人的兴趣，他们将香农已得到的数学结论做了进一步的严格论证和推广，使这一理论具有更为坚实的数学基础。在这方面，1954年范恩斯坦的论著是有很大贡献的。

1952年费诺（R. M. Fano）给出并证明了费诺不等式，并给出了关于香农信道编码逆定理的证明。1957年沃尔夫维兹（J. Wolfowitz）采用类似典型序列方法证明了信道编码强逆定理。1961年费诺又描述了分组码中码率、码长和错误概率的关系，并提供了香农信道编码定理的充要性证明。1965年格拉格尔（R. G. Gallager）发展了费诺的证明结论并提供了一种简明的证明方法。而科弗尔（T. M. Cover）于1975年采用典型序列方法来证明。1972年阿莫托（S. Arimoto）和布莱哈特（R. Blahut）分别发展了信道容量的迭代算法。

高斯信道是香农在1948年的原论文中首先分析和研究的。1964年霍尔辛格（J. L. Holsinger）发展了有色高斯噪声信道容量的研究。1969年平斯克尔（M. S. Pinsker）提出了具有反馈的非白噪声高斯信道容量问题。科弗尔（T. M. Cover）于1989年对平斯克尔的结论给出了简洁的证明。

（2）无失真信源编码定理和技术的发展

香农在1948年的论文中提出了无失真信源编码定理，也给出了简单的编码方法（香农编码）。麦克米伦（B. McMillan）于1956年首先证明了唯一可译变长码的克拉夫特（Kraft）不等式。关于无失真信源的编码方法，1952年费诺（Fano）提出了一种费诺码。同年，霍夫曼（D. A. Huffman）首先构造了一种霍夫曼编码方法，并证明了它是最佳码。20世纪70年代后期开始，人们把兴趣放在与实际应用有关的信源编码问题上。于1968年前后，埃利斯（P. Elias）发展了香农—费诺码，提出了算术编码的初步思路。而里斯桑内（J. Rissanen）在1976年给出和发展了算术编码。1982年他和兰登（G. G. Langdon）一起将算术编码系统化，并省去了乘法运算，更为简化、易于实现。关于通用信源编码算法——LZ码是于1977年由齐弗（J. Ziv）和兰佩尔（A. Lempel）提出的。1978年他们俩又提出了改进算法，而且齐弗也证明此方法可达到信源的熵值。1990年贝尔（T. C. Bell）等在LZ算法基础上又做了一系列变化和改进。LZ码已广泛应用于文本的数据压缩中。正是在香农的无损信源压缩编码定理指引下，无损压缩编码技术和算法得到迅速发展与应用。

（3）信道纠错编码的发展

在研究香农信源编码定理的同时，另外一部分科学家从事寻找最佳编码（纠错码）的研究工作。这一工作已取得了很大的进展,并已经形成一门独立的分支——纠错码理论。纠错码的出现应归功于理查德·汉明。早在1950年,汉明第一个提出了纠正一位错误的编码方法,目的是使贝尔实验室的计算机具备检测错误能力的运行程序。由此汉明码的纠错思想成为了线性分组码的基本指导思想。接着,Golay(格雷)提出了纠二位和三位错误的格雷码。1954年Muller和Reed突破了码的参数固定不变的限制,提出新的分组码RM码。1957年,E. Prange在线性分组码中找到子类的循环码。人们在对循环码和线性分组码的广泛、深入研究基础上,形成了系统的理论,即代数编码理论,使其成为应用数学的一个分支。但代数编码的渐近性能较差,难以实现香农信道编码定理所指出的结果。为此,1955年埃利斯(P. Elias)提出卷积码的思想。1960年左右提出了序列译码方法、门限译码方法,特别是以维特比(Viterbi)为代表的、基于概率和软判决的最大似然译码算法的提出,使卷积码迅速得到广泛应用。如"先驱者"号太空探测器、木星和土星探测器,以及移动通信领域中欧洲的GSM标准系统和北美IS-95标准等都采用了卷积码技术。然而科学家们并没有停止对构造好码和逼近香农极限的优异码的研究。先后研究提出了级联码(将两个短码串行级联使用)、乘积码及交织(或交错)技术等新的方法。在20世纪80年代前后,又提出了一种网格编码调制方案(TCM),它将编码和调制结合起来,在不扩展信道带宽情况下提高了系统的功率,从而增强了系统的抗干扰能力。近年来,随着Turbo码、LDPC码的提出和研究,发现了这两种码的误比特率具有与香农极限相差无几的优异性能。由此不但引起了新的研究热潮,而且使人们更加清晰地认识到香农信道编码理论是真正具有实用意义的科学理论。

(4) 限失真信源编码的提出和发展

限失真信源编码的研究较信道编码和无失真信源编码落后约十年左右。香农在1948年的论文中已体现出了关于率失真函数的思想。一直到1959年他发表了《保真度准则下的离散信源编码定理》,才首先提出了率失真函数及率失真信源编码定理。从此,将其发展成为信息率失真编码理论。1971年伯格尔(T. Berger)给出更一般信源的率失真编码定理。1971年伯格尔所著的《信息率失真理论》一书是一本较全面地论述有关率失真理论的专著。率失真信源编码理论是信源编码的核心问题,是频带压缩、数据压缩的理论基础。有关率失真信源编码理论本身尚有许多问题有待进一步的研究,所以它一直到今天仍是信息论的重要研究课题。有关数据压缩、多媒体数据压缩等又是另一个独立的分支——数据压缩理论与技术。

(5) 多用户、网络信息论的发展

香农1961年的论文《双路通信信道》开拓了网络信息论的研究。1970年以来,随着卫星通信、计算机通信网的迅速发展,网络信息理论的研究异常活跃,成为当前信息论的中心研究课题之一。1971年艾斯惠特(R. Ahlswede)和1972年廖(H. Liao)找出了多元接入信道的信道容量区。接着,1973年沃尔夫(J. K. Wolf)和斯莱平(D. Slepian)将它推广到具有公共信息的多元接入信道中。科弗尔(T. M. Cover)、艾斯惠特(R. Ahlswede)于1983年分别发表文章讨论相关信源在多元接入信道的传输问题。1972年科弗尔提出了广播信道的研究。伯格曼斯(P. Bergmans)(1973年)、格拉格尔(R. G. Gallager)(1974年)、科弗尔(1975年)、马登(K. Marton)(1979年)、伊·盖马尔(A. El Gamal)(1979年)和范·德·缪伦(E. C. Van der Meulen)(1979年)等分别研究了广播信道的容量区问题。只有降阶广播信道的容量区得以解决。有关中继信道的研究,由范·德·缪伦(1977年)首先引入,科弗尔和伊·盖马尔找到了降阶中继信道的容量区(1979年)。近30多年来,这一领域研究活跃,发表了大量的论文,使网络信息论的存在理论已日趋完善。

(6) 信息保密与安全理论的提出和发展

关于保密理论问题,香农在1949年发表的《保密通信的信息理论》论文中,首先用信息论的观点对信息保密问题做了全面的论述,为保密理论和密码学的发展奠定了理论基础。由于保密问题的特殊性,直至1976年迪弗(Diffe)和海尔曼(Hellman)发表了《密码学的新方向》一文,提出了公开密钥密码体制，才揭开了密码学的神秘面纱，使密码学得到了广泛研究和发展，从而进入了一个崭新的研究阶段。尤其当今，已进入了网络经济时代，信息的安全和保密问题更加突出和重要。人们把线性代数、数论、矩阵、近世代数等引入保密问题的研究，已形成了独树一帜的分支——密码学理论。

纠错码和密码学本来是两门不同的分支，而自从 1978 年伯利坎帕（E. R. Berlekamp）、麦克爱利斯（R. J. McEliece）和范·蒂尔鲍（H. C. A van Tilborg）证明了纠错码中一般线性分组码的译码问题是一个难解的数学问题，同年 McEliece 又首先构造了基于纠错码的公开密钥密码体制，纠错码和密码学相结合的研究才迅速发展起来。

近年来，在信息安全和密码学方面值得关注的新动向是光学信息安全学和量子密码学。它们是新一代的信息安全理论与技术，是极具发展前景的交叉科学。特别是我国在量子保密通信理论与技术上的研究进展很快，在应用研究的多个方面已经达到世界先进水平，其中量子保密通信技术在域网上的使用基本成熟，达到产业化的要求，可以推广实现。在不久的将来，量子保密通信将有望走向大规模应用，为当今信息化社会提供最可靠的安全服务和安全保障。

3. 信息论与信息科学

现在，信息理论与技术不仅在通信、计算机和自动控制等电子学领域中得到直接的应用，而且还广泛地渗透到生物学、医学、生理学、语言学、人文学、社会学和经济学等各领域。在信息论与自动控制、系统工程、人工智能、仿生学、电子计算机等学科互相渗透、互相结合的基础上，形成了一门综合性的新兴学科——**信息科学**。

信息科学作为一门独立的学科，它是以信息作为主要研究对象，以信息的运动规律和利用信息的原理作为主要的研究内容，以信息科学方法论作为主要的研究手段，以扩大人类的信息功能（特别是智力功能）为主要的研究目标的一门新兴学科。

信息科学的研究对象是客观事物的信息属性，这是信息科学区别于传统自然科学而具有独立存在性和广阔发展前景的基本依据。

宇宙间万物世界，物质、信息、能量都聚于客观事物。信息性和物质性、能量性一样，是客观事物最基本的属性。信息是无所不在的，它存在于自然界，存在于人类社会中，还存在于人的大脑之中。而信息科学正是以这种无所不在的信息作为自己的研究对象，展开其自己的广阔研究领域的。显然，信息科学的研究范围要更广阔，涉及的内容也更复杂、更深刻。

由这些交叉学科相结合基础上形成的，以信息量为重要度量的学科分支，都可看作信息科学的分支学科。近年来，逐渐形成的**光学信息论**、**量子信息论**、**生物信息论**或**生物信息学**都是信息科学的重要分支。尤其是量子信息论和生物信息学是目前与今后信息科学发展的重要领域。

第 2 章　离散信源及其信息测度

从本章开始,我们将从有效而可靠地传输信息的观点出发,对组成信息传输系统(如图 1.3所示)的各个部分进行讨论。本章首先讨论信源,重点研究信源的统计特性和数学模型,以及各类离散信源的信息测度——熵及其性质,从而引入信息理论的一些基本概念和重要结论。本章内容是香农信息论的基础。

2.1　信源的数学模型及分类

信源是信息的来源,是产生消息或消息序列的源泉。信息是抽象的,而消息是具体的。消息不是信息本身,但它包含和携带着信息。所以,要通过信息的表达者——消息来研究信源。我们不研究信源的内部结构,不研究信源为什么产生和怎样产生各种不同的、可能的消息,而只研究信源的各种可能的输出,以及输出各种可能消息的不确定性。

正如前面绪论中所述,在通信系统中收信者在未收到消息以前,对信源发出什么消息是不确定的,是随机的,所以可用随机变量、随机矢量或随机过程来描述信源输出的消息。或者说,用一个样本空间及其概率测度——概率空间来描述信源。

不同的信源输出的消息不同,可以根据消息的不同的随机性质来对信源进行分类。

1. 信源输出的消息用随机变量描述

信源输出的消息可用随机变量描述的信源,可分为**离散信源**和**连续信源**。

在实际情况中,有些信源可能输出的消息数是有限的或可数的,而且每次只输出其中一个消息。例如,扔一颗质地均匀的骰子,研究其下落后,朝上一面的点数。每次试验结果必然是 1 点、2 点、3 点、4 点、5 点、6 点中的某一个面朝上。这种信源输出消息是“朝上的面是 1 点”、“朝上的面是 2 点”……“朝上的面是 6 点”等 6 个不同的消息。每次试验只出现一种消息,出现哪一种消息是随机的,但必定会出现这 6 个消息集合中的某一个消息,不可能出现这个集合以外的什么消息。这 6 个不同的消息构成两两互不相容的基本事件集合,用符号 $a_i, i=1,\cdots,6$ 来表示这些消息,得该信源的样本空间为符号集 $A:\{a_1,a_2,a_3,a_4,a_5,a_6\}$。大量试验结果证明,各消息都是等概率出现的,都等于 1/6。因此,可以用一个离散型随机变量 X 来描述这个信源输出的消息。这个随机变量 X 的样本空间就是符号集 A;而 X 的概率分布就是各消息出现的先验概率,为 $P(X=a_1)=P(X=a_2)=\cdots=P(X=a_6)=1/6$。抽象后得到这个信源的数学模型为

$$\begin{bmatrix} X \\ P(x) \end{bmatrix} = \begin{bmatrix} a_1, & a_2, & a_3, & a_4, & a_5, & a_6 \\ 1/6, & 1/6, & 1/6, & 1/6, & 1/6, & 1/6 \end{bmatrix}$$

并满足

$$\sum_{i=1}^{6} P(a_i) = 1$$

上式表示信源的概率空间必定是一个完备集,信源输出的消息只可能是符号集 $A:\{a_1,a_2,\cdots,a_6\}$ 中的任何一个,而且每次必定选取其中一个。

在实践中存在着很多这样的信源。例如,投硬币、书信文字、计算机代码、电报符号、阿拉伯数字等。这些信源输出的都是单个符号(或代码)的消息,它们的符号集的取值是有限的或可数的。我们可用一维离散型随机变量 X 来描述这些信源的输出。这样的信源称为**离散信源**。它的数学

模型就是离散型的概率空间：

$$\begin{bmatrix} X \\ P(x) \end{bmatrix} = \begin{bmatrix} a_1, & a_2, & \cdots, & a_q, \\ P(a_1), & P(a_2), & \cdots, & P(a_q) \end{bmatrix} \tag{2.1}$$

显然，$P(a_i)(i=1,2,\cdots,q)$应满足

$$\sum_{i=1}^{q} P(a_i) = 1 \tag{2.2}$$

式中，$P(a_i)(i=1,2,\cdots,q)$是信源输出符号 $a_i(i=1,2,\cdots,q)$的先验概率。此式表示信源可能的消息(符号)数是有限的，只有 q 个：$a_1,a_2,\cdots,a_q$，而且每次必定选取其中一个消息输出，满足完备集条件。这是**最基本的离散信源**。

当信源给定，其相应的概率空间就已给定；反之，如果概率空间给定，就表示相应的信源已给定。所以，概率空间能表征该离散信源的统计特性，因此有时也把这个概率空间称为**信源空间**。

有的信源输出虽仍是单个符号(代码)的消息，但其可能出现的消息数是不可数的无限值，即输出消息的符号集 A 的取值是连续的，或取值是实数集$(-\infty,\infty)$。例如，语音信号、热噪声信号某时刻的连续取值数据，遥控系统中有关电压、温度、压力等的连续测量数据。这些数据取值是连续的，但又是随机的。我们可用一维的连续型随机变量 X 来描述这些消息。则这种信源称为**连续信源**，其数学模型是连续型的概率空间：

$$\begin{bmatrix} X \\ p(x) \end{bmatrix} = \begin{bmatrix} (a,b) \\ p(x) \end{bmatrix} \quad 或 \quad \begin{bmatrix} \mathbf{R} \\ p(x) \end{bmatrix} \tag{2.3}$$

并满足

$$\int_a^b p(x)\,\mathrm{d}x = 1 \quad 或 \quad \int_{\mathbf{R}} p(x)\,\mathrm{d}x = 1 \tag{2.4}$$

式中，$\mathbf{R}$ 表示实数集$(-\infty,\infty)$，$p(x)$是随机变量 X 的概率密度函数。式(2.4)也表示连续型概率空间满足完备集。

上述信源是最简单、最基本的情况，信源只输出一个消息(符号)，所以可用一维随机变量来描述。

2. 信源输出的消息用随机矢量描述

然而，很多实际信源输出的消息往往是由一系列符号序列所组成的。例如，将中文自然语言文字作为信源，这时中文信源的样本空间 A 是所有汉字与标点符号的集合。由这些汉字和标点符号组成的序列即构成中文句子和文章。因此，从时间上看，中文信源输出的消息是时间上离散的符号序列，其中每个符号的出现是不确定的、随机的，由此构成了不同的中文消息。又例如，对离散化的平面灰度图像信源来说，从 XY 平面空间上来看每幅画面是一系列空间离散的灰度值符号，而空间每一点的符号(灰度值)又都是随机的，由此形成了不同的图像消息。上述这类信源输出的消息是按一定概率选取的符号序列，所以可以把这种信源输出的消息看作时间上或空间上离散的一系列随机变量，即为随机矢量。这样，信源的输出可用 N 维随机矢量 $\boldsymbol{X}=(X_1,X_2,\cdots,X_N)$来描述，其中 N 可为有限正整数或可数的无限值。这个 N 维随机矢量 $\boldsymbol{X}$ 有时也称为**随机序列**。

一般来说，信源输出的随机序列的统计特性比较复杂，分析起来也比较困难。为了便于分析，我们假设信源输出的是平稳的随机序列，也就是序列的统计性质与时间的推移无关。很多实际信源也满足这个假设。

● 平稳信源可分为离散平稳信源和连续平稳信源。

若信源输出的随机矢量 $\boldsymbol{X}=(X_1,X_2,\cdots,X_N)$中，每个随机变量 $X_i(i=1,2,\cdots,N)$都是取值离散的离散型随机变量，即每个随机变量 X_i 的可能取值是有限的或可数的，而且随机矢量 $\boldsymbol{X}$ 的各维概率分布都与时间起点无关，也就是在任意两个不同时刻随机矢量 $\boldsymbol{X}$ 的各维概率分布都相同，这样的信源称为**离散平稳信源**。前面所述的中文自然语言文字、离散化平面灰度图像都是这种离散型平稳信源。

若信源输出的消息可用 N 维随机矢量 $\boldsymbol{X}=(X_1,X_2,\cdots,X_N)$ 来描述，其中每个随机变量$X_i(i=1,2,\cdots,N)$都是取值为连续的连续型随机变量(即 X_i 的可能取值是不可数的无限值)，并且满足随机矢量 $\boldsymbol{X}$ 的各维概率密度函数与时间起点无关，也就是在任意两个不同时刻随机矢量 $\boldsymbol{X}$ 的各维概率密度函数都相同，这样的信源称为**连续平稳信源**。例如，语音信号$\{X(t)\}$、热噪声信号$\{n(t)\}$，它们在时间上取样离散化后的信源为 $\boldsymbol{X}=\cdots,X_1,X_2,\cdots,X_i,\cdots,X_N,\cdots$ 和 $\boldsymbol{n}=\cdots,n_1,n_2,\cdots,n_i,\cdots,n_N,\cdots$。它们在时间上是离散的，但每个随机变量 X_i 或 n_i 的取值都是连续的。所以它们是**连续型平稳信源**。

● 平稳信源又分无记忆信源和有记忆信源。

在某些简单的离散平稳信源情况下，信源先后发出的一个个符号彼此是统计独立的。也就是说信源输出的随机矢量 $\boldsymbol{X}=(X_1,X_2,\cdots,X_N)$ 中，各随机变量 $X_i(i=1,2,\cdots,N)$之间是无依赖的、统计独立的，则 N 维随机矢量的联合概率分布满足

$$P(\boldsymbol{X})=P(X_1X_2\cdots X_N)=P_1(X_1)P_2(X_2)\cdots P_N(X_N)$$

又因为信源是平稳的，根据平稳随机序列的统计特性可知，各变量 X_i 的一维概率分布都相同，即 $P_1(X_1)=P_2(X_2)=\cdots=P_N(X_N)$，则得

$$P(\boldsymbol{X})=P(X_1X_2\cdots X_N)=\prod_{i=1}^{N}P(X_i)$$

若不同时刻的随机变量又取值于同一符号集 $A:\{a_1,a_2,\cdots,a_q\}$，则有

$$P(\boldsymbol{x}=\alpha_i)=P(a_{i_1},a_{i_2},\cdots,a_{i_N})=\prod_{i_k=1}^{q}P(a_{i_k}) \tag{2.5}$$

式中，α_i 是 N 维随机矢量的一个取值，即 $\alpha_i=(a_{i_1}a_{i_2}\cdots a_{i_N})$，而 $P(a_{i_k})$是符号集 A 的一维概率分布。

由符号集 $A:\{a_1,a_2,\cdots,a_q\}$与概率测度 $P(a_{i_k})(i_k=1,2,\cdots,q)$构成一个概率空间

$$\begin{bmatrix}X\\P(x)\end{bmatrix}=\begin{bmatrix}a_1, & a_2, & \cdots, & a_q\\P(a_1), & P(a_2), & \cdots, & P(a_q)\end{bmatrix}$$

我们称由信源空间$[X,P(x)]$描述的信源 X 为**离散无记忆信源**。该信源在不同时刻发出的符号之间是无依赖的，彼此统计独立的。

我们把该信源 X 输出用随机矢量 $\boldsymbol{X}$ 所描述的信源称为**离散无记忆信源 $\boldsymbol{X}$ 的 $\boldsymbol{N}$ 次扩展信源**。可见，N 次扩展信源是由离散无记忆信源输出 N 长的随机序列构成的信源。

离散无记忆信源的 N 次扩展信源的数学模型是 X 信源空间的 N 重空间

$$\begin{bmatrix}X^N\\P(\alpha_i)\end{bmatrix}=\begin{bmatrix}\alpha_1, & \alpha_2, & \cdots, & \alpha_{q^N}\\P(\alpha_1), & P(\alpha_2), & \cdots, & P(\alpha_{q^N})\end{bmatrix} \tag{2.6}$$

式中，$\alpha_i=(a_{i_1}a_{i_2}\cdots a_{i_N})\quad(i_1,i_2,\cdots,i_N=1,2,\cdots,q)$，并满足 $0\leqslant P(\alpha_i)\leqslant 1$，且

$$\begin{aligned}P(\alpha_i)&=P(a_{i_1}a_{i_2}\cdots a_{i_N})=\prod_{i_k=1}^{q}P(a_{i_k})\\\sum_{i=1}^{q^N}P(\alpha_i)&=\sum_{i=1}^{q^N}\prod_{i_k=1}^{q}P(a_{i_k})=1\end{aligned} \tag{2.7}$$

一般情况下，信源在不同时刻发出的符号之间是相互依赖的。也就是信源输出的平稳离散随机序列 $\boldsymbol{X}$ 中，各随机变量 X_i 之间是有依赖的。例如，在汉字组成的中文序列中，只有根据中文的语法、习惯用语、修辞制约和表达实际意义的制约所构成的中文序列，才是有意义的中文句子或文章。所以，在汉字序列中前后文字的出现是有依赖的，不能认为是彼此不相关的。其他如英文、德文等自然语言都是如此。这种信源称为**有记忆信源**。我们需在 N 维随机矢量的联合概率分布中，引入条件概率分布来说明它们之间的关联。

在连续平稳信源情况下，也分无记忆信源和有记忆信源。若信源输出的连续型随机序列 $\boldsymbol{X}=(X_1,X_2,\cdots,X_N)$ 中，各随机变量 $X_i(i=1,2,\cdots,N)$ 之间无依赖，统计独立，则其 N 维随机矢量的概率密度函数满足

$$p(x_1x_2\cdots x_N)=p(x_1)p(x_2)\cdots p(x_N)$$

因为信源是平衡的，得

$$p(x_1x_2\cdots x_N)=\prod_{i=1}^{N}p(x_i) \tag{2.8}$$

则称此信源为**连续平稳无记忆信源**，否则称为**连续有记忆信源**。

- 非平稳信源及马尔可夫信源

信源输出的随机序列 $\boldsymbol{X}$ 是非平稳随机序列则称为**非平稳信源**。也就是信源输出的随机矢量 $\boldsymbol{X}$ 在不同时刻的各维概率分布都不相同。

在非平稳信源中有一类特殊的离散信源。这类信源输出的随机符号序列 $\boldsymbol{X}$ 中各符号之间的依赖关系是有限的，并满足马尔可夫链的性质，可用马尔可夫链来描述及处理，则此信源称为**马尔可夫信源**。

3. 信源输出的消息用随机过程描述

更一般地说，实际信源输出的消息常常是时间和取值都连续的。例如，语音信号 $X(t)$、热噪声信号 $n(t)$、电视图像信号 $X(x_0,y_0,t)$ 等时间连续的信号。同时，在某一固定时间 t_0，它们的可能取值又是连续的和随机的。对于这种信源输出的消息，可用随机过程来描述。称这类信源为**随机波形信源**（也称**模拟信源**）。

分析一般随机波形信源比较复杂和困难。常见的随机波形信源输出的消息是时间上或频率上有限的随机过程。根据取样定理，只要是时间上或频率上受限的随机过程，都可以用一系列时间（或频率）域上离散的取样值来表示，而每个取样值都是连续型随机变量。这样，就可把随机过程转换成时间（或频率）上离散的随机序列来处理。甚至在某种条件下可以转换成随机变量间统计独立的随机序列。对于平稳的随机过程，时间离散化后可转换成平稳的随机序列。这样，随机波形信源可以转换成连续平稳信源来处理。若再对每个取样值（连续型的）进行分层（量化），就可将连续的取值转换成有限的或可数的离散值，也就可把连续信源转换成离散信源来处理。

综上所述，我们对不同统计特性的信源可用随机变量、随机矢量及随机过程来描述其输出的消息。它们能很好地反映出信源的随机性质。我们用图 2.1 简要地描述信源的分类及各类信源的数学模型，并标出信源之间的转换关系。下面我们将详细地讨论各类信源的统计特性及它们的信息测度。

2.2 离散信源的信息熵

我们首先研究最基本的离散信源，即信源输出是单个符号的消息，而且这些消息是两两互不相容的。

对于实际输出为单个符号的离散信源都可用一维离散型随机变量 X 来描述其输出，信源的数学模型统一抽象为

$$\begin{bmatrix}X\\P(x)\end{bmatrix}=\begin{bmatrix}a_1, & a_2, & \cdots, & a_q\\P(a_1), & P(a_2), & \cdots, & P(a_q)\end{bmatrix}$$

式中

$$0\leqslant P(a_i)\leqslant 1(i=1,2,\cdots,q)，且 \sum_{i=1}^{q}P(a_i)=1$$

- **随机变量 X 描述信源输出的消息**：
  - **离散信源**：可能输出的消息数是有限的或可数的，每次只输出一个消息，即两两不相容
    $$\begin{bmatrix} X \\ P(x) \end{bmatrix} = \begin{bmatrix} a_1, & a_2, & \cdots, & a_q \\ P(a_1), & P(a_2), & \cdots, & P(a_q) \end{bmatrix} \quad \sum_{i=1}^{q} P(a_i)=1$$
  - ↑ 分层（量化）
  - **连续信源**：可能输出的消息数是无限的或不可数的，每次只输出一个消息
    $$\begin{bmatrix} X \\ p(x) \end{bmatrix} = \begin{bmatrix} (a,b) \\ p(x) \end{bmatrix} \text{或} \begin{bmatrix} \mathbf{R} \\ p(x) \end{bmatrix} \quad \int_a^b p(x)\mathrm{d}x=1 \text{或} \int_{\mathbf{R}} p(x)\mathrm{d}x=1$$
- **随机矢量 X 信源输出的消息是按一定概率选取的符号序列（时间或空间离散的随机序列）**：
  - **非平稳信源**：描述信源输出消息的随机序列 X 是非平稳随机序列——**马尔可夫信源**
    输出的随机序列 X 中各随机变量之间有依赖关系。但记忆长度有限，并满足马尔可夫链的性质，可用马尔可夫链来描述及处理
  - **平稳信源**：描述信源输出消息的随机序列 X 是平稳的随机序列：
    - **离散平稳信源**：输出的随机序列 $\boldsymbol{X}=(X_1, X_2, \cdots, X_N)$ 中每个随机变量 $X_i(i=1,2,\cdots,N)$ 取值是离散的，并且随机矢量 $\boldsymbol{X}$ 的各维概率分布不随时间平移而改变：
      - **无记忆信源**
        输出的平稳随机序列 X 中各随机变量统计独立（无依赖关系）。若每个随机变量 X_i 取值于同一离散概率空间 X，若满足式(2.5)则为离散无记忆 X 的 N 次扩展信源。若随机变量 X_i 满足式(2.8)则为连续平稳无记忆信源
      - **有记忆信源**
        输出的随机序列 $\boldsymbol{X}$ 中各随机变量之间有依赖关系，记忆长度有限
    - ↑ 量化 分层
    - **连续平稳信源**：输出的随机序列 $\boldsymbol{X}=(X_1, X_2, \cdots, X_N)$ 中每个随机变量 $X_i(i=1,2,\cdots,N)$ 取值是连续的，并且随机矢量 $\boldsymbol{X}$ 的各维概率密度函数不随时间平移而改变
- ↑ 取样定理
- 随机过程 $\{x(t)\}$：**随机波形信源**——信源输出的消息是时间（或空间）上和取值上都连续的函数

图 2.1　信源的分类图

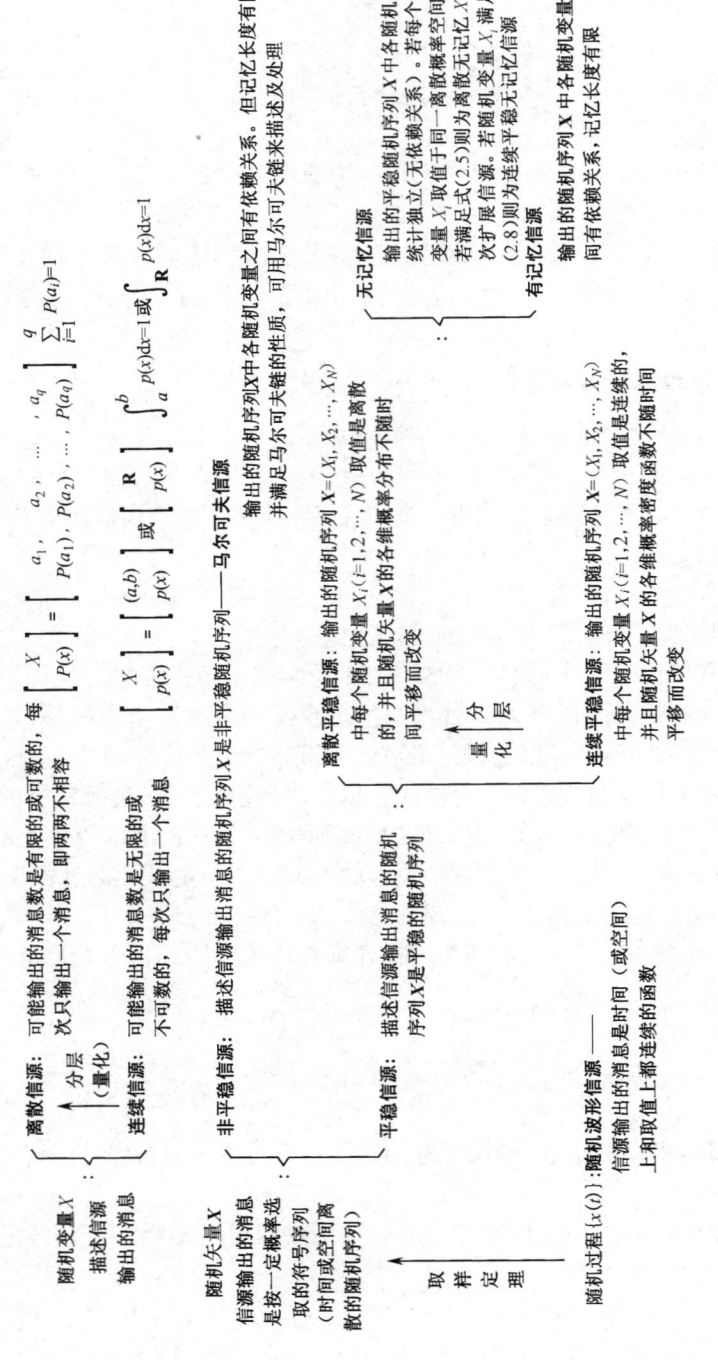

这样的信源能输出多少信息？每个消息的出现又携带多少信息量呢？下面我们来讨论这些问题。

2.2.1 自信息

在绪论中，我们已知信源发出的消息常常是随机的，所以在没有收到消息前，收信者不能确定信源发出的是什么消息。这种不确定性是客观存在的。只有当信源发出的消息通过信道传输给收信者后，才能消除不确定性并获得信息。信源中某一消息发生的不确定性越大，一旦它发生，并为收信者收到后，消除的不确定性就越大，获得的信息量也就越大。由于种种原因（例如噪声太大），收信者接收到受干扰的消息后，对某消息发生的不确定性依然存在或者一点也未消除时，则收信者获得较少的信息或者说一点也没有获得信息。因此，获得信息量的大小，与不确定性消除的多少有关。反之，要消除对某事件发生的不确定性，也就是从“不知”到“知”就必须获得足够的信息量。现举一例来加深理解。

【例 2.1】 假设一条电线上串联了 8 个灯泡 $x_1,x_2,\cdots,x_8$，如图 2.2 所示。这 8 个灯泡损坏的可能性是等概率的，现假设这 8 个灯泡中有 1 个也只有 1 个灯泡已损坏，致使串联的灯泡都不能点亮。在未检查之前，我们不知道哪个灯泡 x_i 已损坏，是不知的、不确定的。我们只有通过检查，用万用表去测量电路有否断路，获得足够的信息量，才能获知和确定哪个灯泡 x_i 已损坏。一般最简单的办法是：

第一次用万用表测量电路起始至中间端一段的阻值。若电路通，则表示损坏的灯泡在后端；若不通则表示损坏的灯泡正处在前端。通过第一次测量就可消除一些不确定性，获得一定的信息量。第一次测量获得多少信息量呢？在未测量前，8 个灯泡都有可能损坏，它们损坏的先验概率是 $P_1(x)=1/8$，这时存在的不确定性是先验概率 $P_1(x)$ 的函数，用 $I[P_1(x)]$ 表示。第一次测量后，可知 4 个灯泡是好的，另外 4 个灯泡中有 1 个是坏的，变成猜测 4 个灯泡中哪 1 个损坏的情况了，这时后验概率变为 $P_2(x)=1/4$。因此，尚存在的不确定性是 $I[P_2(x)]$，是 $P_2(x)$ 的函数。所获得的信息量就是测量前后不确定性减少的量，即：

第一次测量获得的信息量为 $$I[P_1(x)]-I[P_2(x)] \tag{2.9}$$

第二次测量只需在 4 个灯泡中进行，仍用万用表测量电路起始至 2 个灯泡的中端（假设第一次测量已知左边不通，若右边不通也只需在后面测量），根据通与不通就可得知是哪 2 个灯泡中有可能坏的。第二次测量后变成猜测 2 个灯泡中哪 1 个是损坏的情况了，这时后验概率为 $P_3(x)=1/2$。因此，尚存在的不确定性是 $I[P_3(x)]$，第二次测量所获得的信息量为

$$I[P_2(x)]-I[P_3(x)] \tag{2.10}$$

第三次测量只需在 2 个灯泡中进行。图 2.2 中假设第二次测量的结果是左边不通，也就知损坏的灯泡是最左边二个之一。这样，第三次测量如图 2.2 所示，通过第三次测量完全消除了不确定性，能获知哪个灯泡是坏的。第三次测量后已不存在不确定性，因此，尚存在的不确定性等于零。

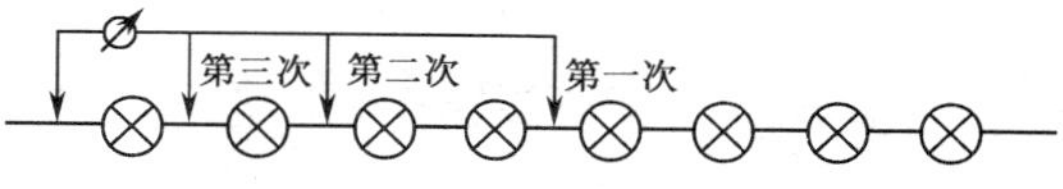

图 2.2 8 个灯泡串联示意图

第三次测量获得的信息量为 $$I[P_3(x)]-0=I[P_3(x)] \tag{2.11}$$

根据后面分析可知，函数 $I[P(x)]=\log\dfrac{1}{P(x)}$。若取对数以 2 为底，计算得

第一次测量获得的信息量 $=\log_2\dfrac{1}{P_1(x)}-\log_2\dfrac{1}{P_2(x)}=1$ （比特）

第二次测量获得的信息量 $=\log_2 \frac{1}{P_2(x)} - \log_2 \frac{1}{P_3(x)} = 1$ （比特）

第三次测量获得的信息量 $=\log_2 \frac{1}{P_3(x)} = 1$ （比特）

因此，要从8个等可能损坏的串联灯泡中确定哪个灯泡是坏的，至少要获得3个比特的信息量。否则，无法确切知道哪个灯泡已坏了。

在信息传输的一般情况下，收信者所获得的信息量应等于信息传输前后不确定性的减小（消除）的量。因此，我们直观地把信息量定义为

收到某消息获得的信息量（即收到某消息后获得关于某基本事件发生的信息量）

=不确定性减小的量

=（收到此消息前关于某事件发生的不确定性）-（收到此消息后关于某事件发生的不确定性）

在无噪声时，通过信道的传输，可以完全不失真地收到所发的消息，所以收到此消息后关于某事件发生的不确定性完全消除，此项为零。因此得

收到某消息获得的信息量=收到消息前关于某事件发生的不确定性

=信源输出的某消息中所含有的信息量

我们也已经知道，事件发生的不确定性与事件发生的概率有关。事件发生的概率越小，我们猜测它有没有发生的困难程度就越大，不确定性就越大。而事件发生的概率越大，我们猜测该事件发生的可能性就越大，不确定性就越小。对于发生概率等于1的必然事件，就不存在不确定性。因此，某事件发生所含有的信息量应该是该事件发生的先验概率的函数，即

$$I(a_i) = f[P(a_i)] \tag{2.12}$$

式中，$P(a_i)$ 是事件 a_i 发生的先验概率，而 $I(a_i)$ 表示事件 a_i 发生所含有的信息量，我们称之为 a_i 的**自信息量**。

根据客观事实和人们的习惯概念，函数 $f[P(a_i)]$ 应满足以下条件：

（1）$f(P_i)$ 应是先验概率 $P(a_i)$ 的单调递减函数，即当 $P_1(a_1) > P_2(a_2)$ 时

$$f(P_1) < f(P_2) \tag{2.13}$$

（2）当 $P(a_i)=1$ 时 $\qquad f(P_i)=0 \qquad$ (2.14)

（3）当 $P(a_i)=0$ 时 $\qquad f(P_i)=\infty \qquad$ (2.15)

（4）两个独立事件的联合信息量应等于它们分别的信息量之和，即统计独立信源的信息量等于它们分别的信息量之和。

根据上述条件可以从数学上严格证明这种函数形式是对数形式，即

$$I(a_i) = \log \frac{1}{P(a_i)} \tag{2.16}$$

现举例说明自信息量的函数形式是对数形式。

【例2.2】 设在甲布袋中，放入 n 个不同阻值的电阻。如果随意选取出1个，并对取出的电阻值进行事先猜测，其猜测的困难程度相当于概率空间的不确定性。甲布袋的概率空间为

$$\begin{bmatrix} X \\ P(x) \end{bmatrix} = \begin{bmatrix} a_1, & a_2, & \cdots, & a_n \\ P(a_1), & P(a_2), & \cdots, & P(a_n) \end{bmatrix} \qquad \sum_{i=1}^{n} P(a_i) = 1$$

式中，a_i 代表阻值为 Ω_i 的电阻，$P(a_i)$ 是选取出阻值为 Ω_i 电阻的概率。为简便起见，假设电阻选取的概率是相等的，则 $P(a_i)=1/n, i=1,2,\cdots,n$。

那么，接收到“选取出阻值为 Ω_i 的电阻”所获得的信息量为

$$I(a_i) = f[P(a_i)] = f[1/n] \tag{2.17}$$

其次，设在乙布袋中，放入按功率划分的 m 种不同功率的电阻。如果对任意选取出来的功率

值进行事先猜测,那么,可看成为另一概率空间

$$\begin{bmatrix} Y \\ P(y) \end{bmatrix} = \begin{bmatrix} b_1, & b_2, & \cdots, & b_m \\ P(b_1), & P(b_2), & \cdots, & P(b_m) \end{bmatrix} \qquad \sum_{j=1}^{m} P(b_j) = 1$$

式中,b_j 代表功率为 W_j 的电阻;$P(b_j)$是选取出功率为 W_j 的电阻的概率。此处仍然假设 m 种不同功率的选择也是等概率的,则被告知“选取出功率为 W_j 的电阻”所获得的信息量为

$$I(b_j) = f[P(b_j)] = f[1/m] \tag{2.18}$$

这两个函数 $f[1/n]$ 和 $f[1/m]$ 应该是同一类函数。

若再设在第三个布袋中,放入有 n 种不同阻值,而每一种阻值又有 m 种不同功率的电阻,即共有 $n \times m$ 个电阻,并设它们的选取也是等可能性的,那么新的概率空间为

$$\begin{bmatrix} Z \\ P(z) \end{bmatrix} = \begin{bmatrix} c_1, & c_2, & \cdots, & c_{nm} \\ \dfrac{1}{nm}, & \dfrac{1}{nm}, & \cdots, & \dfrac{1}{nm} \end{bmatrix} \qquad \sum_{k=1}^{nm} P(c_k) = 1$$

则“选出阻值为 Ω_i,功率为 W_j 的电阻”这一事件提供的信息量应为

$$I(c_k) = f\left[\frac{1}{nm}\right] \tag{2.19}$$

事实上,从第三个布袋中选出一个电阻的效果相当于从甲布袋中选择一个电阻后再从乙布袋中选择一个电阻。因此,“选取出阻值为 Ω_i、功率为 W_j 的电阻”这一事件提供的信息量应该是“选取出阻值为 Ω_i”和“选取出功率为 W_j”这两事件提供的信息量之和,即

$$I(c_k) = I(a_i) + I(b_j)$$

又

$$f\left[\frac{1}{nm}\right] = f\left[\frac{1}{n}\right] + f\left[\frac{1}{m}\right] \tag{2.20}$$

这是一个简单的函数方程,可以解得满足条件的函数形式为

$$f(P_i) = -\log P(a_i)$$

所以,式(2.17)~式(2.19)应该是

$$I(a_i) = \log n, \quad I(b_j) = \log m, \quad I(c_k) = \log nm$$

显然满足

$$I(c_k) = I(a_i) + I(b_j)$$

因此,我们用式(2.16)来定义自信息量,其中概率 $P(a_i)$ 必须先验可知,或事先可测定。

定义 2.1 设离散信源 X,其概率空间为

$$\begin{bmatrix} X \\ P(x) \end{bmatrix} = \begin{bmatrix} a_1, & a_2, & \cdots, & a_q \\ P(a_1), & P(a_2), & \cdots, & P(a_q) \end{bmatrix} \qquad \sum_{i=1}^{q} P(a_i) = 1 \quad 0 \leqslant P(a_i) \leqslant 1 (i = 1, 2, \cdots, q)$$

如果知道事件 a_i 已发生,则该事件所含有的信息量称为**自信息**,定义为

$$I(a_i) \triangleq \log \frac{1}{P(a_i)} \tag{2.21}$$

- $I(a_i)$ 代表两种含义:

当事件 a_i 发生以前,表示事件 a_i 发生的不确定性;

当事件 a_i 发生以后表示事件 a_i 所含有(或所提供)的信息量。

在无噪信道中,事件 a_i 发生后,能正确无误地传输到收信者,所以 $I(a_i)$ 可代表接收到消息 a_i 后所获得的信息量。这是因为消除了 $I(a_i)$ 大小的不确定性,才获得这么大小的信息量。

- 自信息采用的单位取决于对数的底。由于 $P(a_i)$ 是小于 1 的正数,又根据实际情况自信息 $I(a_i)$ 也必然是正数,所以对数的底应选为大于 1 的任意数。

如果采用以 2 为底,则所得的信息量单位称为**比特**(bit,binary unit 的缩写),即

$$I(a_i)=\log_2\frac{1}{P(a_i)}\text{(比特)}$$

如果采用以 e 为底的自然对数，则所得的信息量单位称为**奈特**(nat，nature unit 的缩写)，即

$$I(a_i)=\ln\frac{1}{P(a_i)}\text{(奈特)}$$

如果采用以 10 为底的对数，则所得的信息量单位称为**哈特**(Hart，Hartley 的缩写，以纪念哈特莱首先提出用对数来度量信息)，即

$$I(a_i)=\lg\frac{1}{P(a_i)}\text{(哈特)}$$

一般情况，如果取以 r 为底的对数，($r>1$)则

$$I(a_i)=\log_r\frac{1}{P(a_i)}(r\text{ 进制单位})$$

根据对数换底关系有 $$\log_a X=\frac{\log_b X}{\log_b a}$$

故得 1 奈特 = $\log e\approx1.443$ 比特　1 哈特 = $\log_2 10\approx3.322$ 比特

以后本书一般都采用以 2 为底的对数，且**为了书写简洁，把底数“2”略去不写**。

我们可以看到，如果 $P(a_i)=1/2$，则 $I(a_i)=1$ 比特。所以 1 比特信息量就是两个互不相容的等可能事件之一发生时所提供的信息量。注意：这里比特是指抽象的信息量单位。与计算机术语中“比特”的含义有所不同，它是代表二元数字(binary digits)。这两种定义之间的关系是每个二元数字所能提供的最大平均信息量为 1 比特。

2.2.2 信息熵

前面定义的自信息是指某一信源发出某一消息所含有的信息量。所发出的消息不同，它们所含有的信息量也就不同。所以自信息 $I(a_i)$ 是一个随机变量，不能用它来作为整个信源的信息测度。

定义 2.2 设离散信源的概率空间为

$$\begin{bmatrix}X\\P(x)\end{bmatrix}=\begin{bmatrix}a_1, & a_2, & \cdots, & a_q\\P(a_1), & P(a_2), & \cdots, & P(a_q)\end{bmatrix}\quad 0\leqslant P(a_i)\leqslant1(i=1,2,\cdots,q)\text{ 且}\sum_{i=1}^{q}P(a_i)=1$$

则定义自信息的数学期望为信源 X 的**平均自信息量**，即

$$H(X)=E\left[\log\frac{1}{P(a_i)}\right]=-\sum_{i=1}^{q}P(a_i)\log P(a_i)\tag{2.22}$$

简记为 $$H(X)=-\sum_{x\in X}P(x)\log P(x)$$

这个平均自信息的表达式与统计物理学中热熵的表达式很相似。在统计物理学中，热熵是一个物理系统杂乱性(无序性)的度量。两者在概念上也有相似之处。因而我们就借用“熵”这个词把 $H(X)$ 称为熵。有时为了区别，称为**信息熵**。信息熵的单位由自信息的单位来决定，即取决于对数的底。如果选取以 r 为底的对数，那么信息熵选用 r 进制单位，即

$$H_r(X)=-\sum_{i=1}^{q}P(a_i)\log_r P(a_i)\quad(r\text{ 进制单位/符号})\tag{2.23}$$

一般选用以 2 为底时，信息熵写成 $H(X)$ 形式，其中变量 X 是指某随机变量的整体。

r 进制信息熵 $H_r(X)$ 与二进制信息熵 $H(X)$ 的关系是

$$H_r(X)=H(X)/\log r\tag{2.24}$$

信源的信息熵 $H(X)$ 是从整个信源的统计特性来考虑的。它是从平均意义上来表征信源的总

体信息测度的。对于某特定的信源(概率空间给定),其信息熵是一个确定的数值。不同的信源因统计特性不同,其熵也不同。

现在我们举一具体例子,来说明信息熵的含义。例如,有一布袋内放 100 个球,其中 80 个球是红色的,20 个球是白色的。若随意摸取 1 个球,猜测是什么颜色,这一随机事件的概率空间为

$$\begin{bmatrix} X \\ P(x) \end{bmatrix} = \begin{bmatrix} a_1, & a_2 \\ 0.8, & 0.2 \end{bmatrix}$$

式中,a_1 表示摸出的是红球;a_2 表示摸出的是白球。

如果被告知摸出的是红球,那么获得的信息量为

$$I(a_1) = -\log P(a_1) = -\log 0.8\ (\text{比特})$$

如被告知摸出的是白球,所获得的信息量为

$$I(a_2) = -\log P(a_2) = -\log 0.2\ (\text{比特})$$

若每次摸出一个球后又放回去,再进行第二次摸取。那么摸取 n 次中,红球出现的次数约为 $nP(a_1)$ 次,白球出现的次数约为 $nP(a_2)$ 次。则摸取 n 次后总共所获得的信息量为

$$nP(a_1)I(a_1) + nP(a_2)I(a_2)$$

这样,平均摸取一次所能获得的信息量为

$$H(X) = -[P(a_1)\log P(a_1) + P(a_2)\log P(a_2)] = -\sum_{i=1}^{2} P(a_i)\log P(a_i)$$

显然,这就是信源 X 的信息熵 $H(X)$。因此信息熵是从平均意义上来表征信源的总体信息测度的一个量。

- 信息熵具有以下三种物理含义:

第一,信息熵 $H(X)$ 表示信源输出后,每个消息(或符号)所提供的平均信息量。

第二,信息熵 $H(X)$ 表示信源输出前,信源的平均不确定性。

例如有两个信源,其概率空间分别为

$$\begin{bmatrix} X \\ P(x) \end{bmatrix} = \begin{bmatrix} a_1, & a_2 \\ 0.99, & 0.01 \end{bmatrix}, \quad \begin{bmatrix} Y \\ P(y) \end{bmatrix} = \begin{bmatrix} b_1, & b_2 \\ 0.5, & 0.5 \end{bmatrix}$$

则信息熵分别为

$$H(X) = -0.99\log 0.99 - 0.01\log 0.01 = 0.08\ (\text{比特/符号})$$

$$H(Y) = -0.5\log 0.5 - 0.5\log 0.5 = 1\ (\text{比特/符号})$$

可见

$$H(Y) > H(X)$$

信源 Y 比信源 X 的平均不确定性要大。我们观察信源 Y,它的两个输出消息是等可能性的,所以在信源没有输出消息以前,事先猜测哪一个消息出现的不确定性要大。而对于信源 X,它的两个输出消息不是等概率的,事先猜测 a_1 和 a_2 哪一个出现,虽然具有不确定性,但大致可以猜测 a_1 会出现,因为 a_1 出现的概率大,所以信源 X 的不确定性要小。因而,信息熵正好反映了信源输出消息前,接收者对信源存在的平均不确定程度的大小。

第三,用信息熵 $H(X)$ 来表征变量 X 的随机性。

如前例,变量 Y 取 b_1 和 b_2 是等概率的,所以其随机性大。而变量 X 取 a_1 的概率比取 a_2 的概率大很多,这时,变量 X 的随机性就小。因此,$H(X)$ 反映了变量的随机性。信息熵正是用来描述随机变量 X 所需的比特数的。

应该注意的是,信息熵是信源的平均不确定性的描述。一般情况下,它并不等于平均获得的信息量。只是在无噪情况下,接收者才能正确无误地接收到信源所发出的消息,全部消除了 $H(X)$ 大小的平均不确定性,所以获得的平均信息量就等于 $H(X)$。后面将会看到,在一般情况下获得的信息量是两熵之差,并不是信息熵本身。

【例 2.3】 现进一步分析例 2.1。在例 2.1 中 8 个灯泡构成一个信源 X,每个灯泡损坏的概率

都相等。这个信源为

$$\begin{bmatrix} X \\ P(x) \end{bmatrix} = \begin{bmatrix} a_1, & a_2, & \cdots, & a_8 \\ 1/8, & 1/8, & \cdots, & 1/8 \end{bmatrix} \qquad \sum_{i=1}^{8} P(a_i) = 1$$

式中，$a_i(i=1,2,\cdots,8)$表示第 i 个灯泡已损坏的事件，信源 X 共有 8 种等可能发生事件。可计算得此信源的信息熵

$$H(X) = -\sum_{i=1}^{8} \frac{1}{8}\log\frac{1}{8} = \log 8 = 3\,(\text{比特/符号})$$

这里 $H(X)$ 正好表示在获知哪个灯泡已损坏的情况前，关于哪个灯泡已损坏的平均不确定性。因此，只有获得 3 比特的信息量，才能完全消除平均不确定性，才能确定是哪个灯泡坏了。在例 2.1 中可以看到，这种测量方法每次只能获得 1 比特信息量。由此可知，至少要测量三次才能完全消除不确定性。

【例 2.4】 设某甲地的天气预报为：晴(占 4/8)、阴(占 2/8)、大雨(占 1/8)、小雨(占 1/8)。又设某乙地的天气预报为：晴(占 7/8)，小雨(占 1/8)。试求两地天气预报各自提供的平均信息量。若甲地天气预报为两种极端情况，一种是晴出现概率为 1 而其余为 0。另一种是晴、阴、小雨、大雨出现的概率都相等，为 1/4。试求这两种极端情况所提供的平均信息量。又试求乙地出现这两种极端情况所提供的平均信息量。

解： 甲地天气预报构成的信源空间为

$$\begin{bmatrix} X \\ P(x) \end{bmatrix} = \begin{bmatrix} \text{晴}, & \text{阴}, & \text{大雨}, & \text{小雨} \\ 1/2, & 1/4, & 1/8, & 1/8 \end{bmatrix}$$

则其提供的平均信息量即信源的信息熵为

$$H(X) = -\sum_{i=1}^{4} P(a_i)\log P(a_i) = -\frac{1}{2}\log\frac{1}{2} - \frac{1}{4}\log\frac{1}{4} - \frac{1}{8}\log\frac{1}{8} - \frac{1}{8}\log\frac{1}{8} = \frac{7}{4}(\text{比特}) = 1.75(\text{比特})$$

同理，乙地天气预报的信源空间为

$$\begin{bmatrix} Y \\ P(y) \end{bmatrix} = \begin{bmatrix} \text{晴}, & \text{小雨} \\ 7/8, & 1/8 \end{bmatrix}$$

$$H(Y) = -\frac{7}{8}\log\frac{7}{8} - \frac{1}{8}\log\frac{1}{8} = \log 8 - \frac{7}{8}\log 7 = 0.544(\text{比特})$$

可见，甲地提供的平均信息量大于乙地，因为乙地比甲地的平均不确定性小。

甲地极端情况 1 的概率空间为

$$\begin{bmatrix} X \\ P(x) \end{bmatrix} = \begin{bmatrix} \text{晴}, & \text{阴}, & \text{大雨}, & \text{小雨} \\ 1, & 0, & 0, & 0 \end{bmatrix}$$

$$H(X) = -1\log 1 - 0\log 0 - 0\log 0 - 0\log 0$$

因为$\lim\limits_{\varepsilon\to 0}\varepsilon\log\varepsilon = 0$，得 $H(X)=0$。这时，信源 X 是一确定信源，所以不存在不确定性，信息熵等于零。

甲地极端情况 2 的概率空间为

$$\begin{bmatrix} X \\ P(x) \end{bmatrix} = \begin{bmatrix} \text{晴}, & \text{阴}, & \text{大雨}, & \text{小雨} \\ 1/4, & 1/4, & 1/4, & 1/4 \end{bmatrix}$$

得

$$H(X) = -\log\frac{1}{4} = \log 4 = 2(\text{比特})$$

这种情况下，信源的不确定性最大，信息熵最大。

乙地极端情况 1 的概率空间为

$$\begin{bmatrix} Y \\ P(y) \end{bmatrix} = \begin{bmatrix} \text{晴}, & \text{小雨} \\ 1, & 0 \end{bmatrix} \qquad H(Y) = 0(\text{比特})$$

乙地极端情况 2，概率空间为

$$\begin{bmatrix} Y \\ P(y) \end{bmatrix} = \begin{bmatrix} \text{晴}, & \text{小雨} \\ 1/2, & 1/2 \end{bmatrix} \quad H(Y)=1(\text{比特})$$

由此可见，同样在极端情况 2 下，甲地比乙地提供更多的信息量。这是因为，甲地可能出现的消息数多于乙地可能出现的消息数。

2.3 信息熵的基本性质

根据式(2.22)的定义，我们已经看到，信息熵是信源概率空间

$$\begin{bmatrix} X \\ P(x) \end{bmatrix} = \begin{bmatrix} a_1, & a_2, & \cdots & a_q \\ P(a_1), & P(a_2), & \cdots & P(a_q) \end{bmatrix} \qquad \sum_{i=1}^{q} P(a_i) = 1$$

的一种特殊矩函数。这个矩函数的大小，显然与信源的消息数及消息的概率分布有关。当信源消息集（即符号集）的个数 q 给定，信源的信息熵就是概率分布 $P(x)$ 的函数，而该函数形式已由式(2.22)确定。我们可用**概率矢量 $\boldsymbol{P}$** 来表示概率分布 $P(x)$

$$\boldsymbol{P}=(P(a_1),P(a_2),\cdots,P(a_q))=(p_1,p_2,\cdots,p_q)$$

其中为书写方便，用 $p_i(i=1,2,\cdots,q)$ 来表示各符号的概率 $P(a_i)(i=1,2,\cdots,q)$。概率矢量 $\boldsymbol{P}=(p_1,p_2,\cdots,p_q)$ 是 q 维矢量，$p_i(i=1,2,\cdots,q)$ 是其分量，它们满足

$$\sum_{i=1}^{q} p_i = 1 \text{ 和 } p_i \geqslant 0 \ (i=1,2,\cdots,q)$$

这样，信息熵 $H(X)$ 是概率矢量 $\boldsymbol{P}$（或它的分量 $p_1,p_2,\cdots,p_q$）的 $q-1$ 元函数（因各分量满足 $\sum_{i=1}^{q} p_i = 1$，所以独立变量只有 $q-1$ 元）。一般式(2.22)可写成

$$H(X)=-\sum_{i=1}^{q} P(a_i)\log P(a_i)=-\sum_{i=1}^{q} p_i\log p_i = H(p_1,p_2,\cdots,p_q)=H(\boldsymbol{P}) \tag{2.25}$$

$H(\boldsymbol{P})$ 是概率矢量 $\boldsymbol{P}$ 的函数，我们称 $H(\boldsymbol{P})$ 为**熵函数**。以后，我们常用 $H(X)$ 来表示以离散随机变量 X 描述的信源的信息熵；而用 $H(\boldsymbol{P})$ 或 $H_q(p_1,p_2,\cdots,p_q)$ 来表示概率矢量为 $\boldsymbol{P}=(p_1,p_2,\cdots,p_q)$ 的 q 个消息信源的信息熵。当 $q=2$ 时，因为 $p_1+p_2=1$，所以将两个消息的熵函数写成 $H(p_1)$ 或 $H(p_2)$。

熵函数 $H(\boldsymbol{P})$ 也是一种特殊函数，它的函数形式为

$$H(\boldsymbol{P})=H(p_1,p_2,\cdots,p_q)=-\sum_{i=1}^{q} p_i\log p_i \tag{2.26}$$

它具有下列一些性质。

1. 对称性

当变量 $p_1,p_2,\cdots,p_q$ 的顺序任意互换时，熵函数的值不变，即

$$H(p_1,p_2,\cdots,p_q)=H(p_2,p_3,\cdots,p_q,p_1)=\cdots=H(p_q,p_1,\cdots,p_{q-1}) \tag{2.27}$$

该性质表明信息熵只与随机变量的总体结构有关，即与信源的总体的统计特性有关。如果某些信源的统计特性相同（含有的消息数和概率分布相同），那么这些信源的熵就相同。例如，下面三个信源的概率空间为

$$\begin{bmatrix} X \\ P(x) \end{bmatrix} = \begin{bmatrix} a_1, & a_2, & a_3 \\ 1/3, & 1/6, & 1/2 \end{bmatrix}, \begin{bmatrix} Y \\ P(y) \end{bmatrix} = \begin{bmatrix} a_1, & a_2, & a_3 \\ 1/6, & 1/2, & 1/3 \end{bmatrix}, \begin{bmatrix} Z \\ P(z) \end{bmatrix} = \begin{bmatrix} b_1, & b_2, & b_3 \\ 1/3, & 1/2, & 1/6 \end{bmatrix}$$

其中 a_1、a_2、a_3 分别表示红、黄、蓝三个具体消息，而 b_1、b_2、b_3 分别表示晴、雾、雨三个消息。在这三

个信源中，X 与 Z 信源的差别是它们所选择的具体消息（符号）的含义不同，而 X 与 Y 信源的差别是它们选择的某同一消息的概率不同。但它们的信息熵是相同的，即表示这三个信源总的统计特性是相同的，也就是它们的消息数和概率分布的总体结构是相同的，即

$$H\left(\frac{1}{3},\frac{1}{6},\frac{1}{2}\right)=H\left(\frac{1}{6},\frac{1}{2},\frac{1}{3}\right)=H\left(\frac{1}{3},\frac{1}{2},\frac{1}{6}\right)=1.459\ (\text{比特/信源符号})$$

所以，信息熵表征信源总的统计特征，总体的平均不确定性。这也说明了所定义的信息熵有它的局限性，它不能描述事件本身的具体含义和主观价值等。

2. 确定性

$$H(1,0)=H(1,0,0)=H(1,0,0,0)=\cdots=H(1,0,\cdots,0)=0 \tag{2.28}$$

因为在概率矢量 $\boldsymbol{P}=(p_1,p_2,\cdots,p_q)$ 中，当某分量 $p_i=1$ 时，$p_i\log p_i=0$；而其余分量 $p_i=0(j\neq i)$，$\lim\limits_{p_j\to 0}p_j\log p_j=0$，所以式(2.28)成立。

这个性质意味着从总体来看，信源虽然有不同的输出消息（符号），但它只有一个消息几乎必然出现，而其他消息都几乎不可能出现，那么这个信源是一个确知信源，其熵等于零。

3. 非负性

$$H(\boldsymbol{P})=H(p_1,p_2,\cdots,p_q)=-\sum_{i=1}^{q}p_i\log p_i\geqslant 0 \tag{2.29}$$

该性质是很显然的。因为随机变量 X 的所有取值的概率分布满足 $0<p_i<1$，当取对数的底大于 1 时，$\log p_i<0$，而 $-p_i\log p_i>0$，则得到的熵是正值。这种非负性表明，从总体上看，信源在发符号前总存在一定的不确定性，在发出符号后，总能提供一定的信息量。只有当随机变量是一确知量时（根据性质 2），熵才等于零。

这种非负性对于离散信源的熵是合适的，但对连续信源来说这一性质并不存在。以后可以看到，在相对熵的概念下，可能出现负值。

4. 扩展性

$$\lim_{\varepsilon\to 0}H_{q+1}(p_1,p_2,\cdots,p_q-\varepsilon,\varepsilon)=H_q(p_1,p_2,\cdots,p_q) \tag{2.30}$$

此性质也不难证明，因为 $\lim\limits_{\varepsilon\to 0}\varepsilon\log\varepsilon=0$，所以式(2.30)成立。

本性质说明信源消息集中的消息数增多时，若这些消息对应的概率很小（接近于零），则信源的熵不变。

虽然概率很小的事件出现后，给予收信者较多的信息，但从总体来考虑时，因为这种概率很小的事件几乎不会出现，所以它在熵的计算中占的比重很小，致使总的信源熵值维持不变。这也是熵的总体平均性的一种体现。

5. 可加性

$$H(XY)=H(X)+H(Y) \tag{2.31}$$

统计独立信源 X 和 Y 的联合信源的熵等于分别熵之和。（这里 (XY) 是联合分布 (X,Y) 的简略写法，不是乘积，以后全同。）

设有两个随机变量 X 和 Y，它们彼此是统计独立的，即 X 的概率分布为 $(p_1,p_2,\cdots,p_n)$，而 Y 的概率分布为 $(q_1,q_2,\cdots,q_m)$，则

$$\begin{aligned}H(XY)&=H_{nm}(p_1q_1,p_1q_2,\cdots,p_1q_m,p_2q_1,\cdots,p_2q_m,\cdots,p_nq_1,\cdots,p_nq_m)\\&=H_n(p_1,\cdots,p_n)+H_m(q_1,\cdots,q_m)\end{aligned} \tag{2.32}$$

式中

$$\sum_{i=1}^{n}p_i=1,\quad \sum_{j=1}^{m}q_j=1,\quad \sum_{i=1}^{n}\sum_{j=1}^{m}p_iq_j=1 \tag{2.33}$$

根据熵函数表达式,有 $H(XY)=H_{nm}(p_1q_1,p_1q_2,\cdots,p_1q_m,p_2q_1,\cdots,p_2q_m,\cdots,p_nq_1,\cdots,p_nq_m)$

$$=-\sum_{i=1}^{n}\sum_{j=1}^{m}p_iq_j\log p_iq_j=-\sum_{i=1}^{n}\sum_{j=1}^{m}p_iq_j\log p_i-\sum_{i=1}^{n}\sum_{j=1}^{m}p_iq_j\log q_j$$

$$=-\sum_{j=1}^{m}q_j\left(\sum_{i=1}^{n}p_i\log p_i\right)-\sum_{i=1}^{n}p_i\left(\sum_{j=1}^{m}q_j\log q_j\right)$$

由式(2.33)得 $H(XY)=-\sum_{i=1}^{n}p_i\log p_i-\sum_{j=1}^{m}q_j\log q_j=H_n(p_1,\cdots,p_n)+H_m(q_1,\cdots,q_m)=H(X)+H(Y)$

可加性是熵函数的一个重要特性,用可加性可以证明熵函数的形式是唯一的。例如,在例 2.2 中,甲布袋信源是

$$\begin{bmatrix}X\\P(x)\end{bmatrix}=\begin{bmatrix}a_1, & a_2, & \cdots & a_n\\1/n, & 1/n, & \cdots, & 1/n\end{bmatrix}$$

乙布袋信源是

$$\begin{bmatrix}Y\\P(y)\end{bmatrix}=\begin{bmatrix}b_1, & b_2, & \cdots & b_m\\1/m, & 1/m, & \cdots, & 1/m\end{bmatrix}$$

它们的联合信源是

$$\begin{bmatrix}Z\\P(z)\end{bmatrix}=\begin{bmatrix}c_1, & c_2, & \cdots & c_{nm}\\\dfrac{1}{nm}, & \dfrac{1}{nm}, & \cdots, & \dfrac{1}{nm}\end{bmatrix}$$

联合信源的联合熵为 $H(Z)=H(XY)=\log mn=\log m+\log n=H(X)+H(Y)$

可见满足可加性。这表明,当 X 和 Y 统计独立时,联合信源 XY 的联合熵等于信源 X 和信源 Y 各自熵之和。

6. 强可加性

$$H(XY)=H(X)+H(Y|X) \tag{2.34}$$

两个互相关联的信源 X 和 Y 的联合信源的熵等于信源 X 的熵加上在 X 已知条件下信源 Y 的条件熵。

如果有两个随机变量,它们彼此有关联,设 X 的概率分布为$(p_1,p_2,\cdots,p_n)$,Y 的概率分布为$(q_1,q_2,\cdots,q_m)$。我们用条件概率

$$P(Y=y_j|X=x_i)=p_{ij},\quad 1\geqslant p_{ij}\geqslant 0\quad (i=1,\cdots,n)\quad (j=1,\cdots,m)$$

来描述它们之间的关联。此条件概率表示当已知 X 取值为 x_i 时,Y 取值为 y_j 的条件概率。则有熵函数

$$H_{nm}(p_1p_{11},p_1p_{12},\cdots,p_1p_{1m},p_2p_{21},p_2p_{22},\cdots,p_2p_{2m},\cdots,p_np_{n1},p_np_{n2},\cdots,p_np_{nm})$$

$$=H_n(p_1,p_2,\cdots,p_n)+\sum_{i=1}^{n}p_iH_m(p_{i1},p_{i2},\cdots,p_{im}) \tag{2.35}$$

式中

$$\sum_{i=1}^{n}p_i=1,\quad \sum_{i=1}^{n}\sum_{j=1}^{m}p_ip_{ij}=1,\quad \sum_{i=1}^{n}p_ip_{ij}=q_j \tag{2.36}$$

由式(2.36)得

$$\sum_{j=1}^{m}p_{ij}=1\quad (i=1,2,\cdots,n) \tag{2.37}$$

可以根据熵函数的表达式证明得到式(2.35):

$$H_{nm}=-\sum_{i=1}^{n}\sum_{j=1}^{m}p_ip_{ij}\log p_ip_{ij}=-\sum_{i=1}^{n}\sum_{j=1}^{m}p_ip_{ij}\log p_i-\sum_{i=1}^{n}\sum_{j=1}^{m}p_ip_{ij}\log p_{ij}$$

$$=-\sum_{i=1}^{n}\left(\sum_{j=1}^{m}p_{ij}\right)p_i\log p_i-\sum_{i=1}^{n}p_i\sum_{j=1}^{m}p_{ij}\log p_{ij}=-\sum_{i=1}^{n}p_i\log p_i+\sum_{i=1}^{n}p_i\left(-\sum_{j=1}^{m}p_{ij}\log p_{ij}\right)$$

$$=H_n(p_1,p_2,\cdots,p_n)+\sum_{i=1}^{n}p_iH_m(p_{i1},p_{i2},\cdots,p_{im})$$

上面推导过程运用了式(2.37)。

根据概率关系
$$p_{ij}=P(Y=y_j|X=x_i)$$
所以
$$p_ip_{ij}=P(X=x_i)P(Y=y_j|X=x_i)$$
$$=P(X=x_i\ Y=y_j)\quad (i=1,2,\cdots,n;j=1,2,\cdots,m)$$
它是 X 取 x_i,Y 取 y_j 的联合概率。因此式(2.35)中的熵函数 H_{nm} 就是 X 和 Y 联合信源的联合熵 $H(XY)$。又式(2.35)右边第一项是信源 X 的熵 $H(X)$,而第二项中
$$H_m(p_{i1},p_{i2},\cdots,p_{im})=-\sum_{j=1}^{m}p_{ij}\log p_{ij}=H(Y|X=x_i)\tag{2.38}$$
它表示当已知信源 X 取值为 x_i 的条件下,信源 Y 选取一个值所提供的平均信息量。此量与 x_i 有关,将此量对 X 取统计平均值,即得在信源 X 输出一符号的条件下,信源 Y 再输出一符号所能提供的平均信息量,记作 $H(Y|X)$,称为**条件熵**,即
$$\sum_{i=1}^{m}p_iH_m(p_{i1},p_{i2},\cdots,p_{im})=\sum_{i=1}^{m}p_iH(Y|X=x_i)=H(Y|X)\tag{2.39}$$
因此,强可加性式(2.35)可写成式(2.34)的形式,即
$$H(XY)=H(X)+H(Y|X)\tag{2.34}$$
显然,可加性是强可加性的特殊情况,当信源 X 和 Y 统计独立时,满足
$$P(Y=y_j|X=x_i)=P(Y=y_j)\quad p_{ij}=q_j$$
因此,由式(2.34)直接可得式(2.31)。

7. 递增性
$$H_{n+m-1}(p_1,p_2,\cdots,p_{n-1},q_1,q_2,\cdots,q_m)$$
$$=H_n(p_1,p_2,\cdots,p_{n-1},p_n)+p_nH_m\left(\frac{q_1}{p_n},\frac{q_2}{p_n},\cdots,\frac{q_m}{p_n}\right)\tag{2.40}$$
式中
$$\sum_{i=1}^{n}p_i=1,\quad \sum_{j=1}^{m}q_j=p_n$$
此性质表明,若原信源 X(n 个符号的概率分布为 $p_1,p_2,\cdots,p_n$)中有一元素划分(或分割)成 m 个元素(符号),而这 m 个元素的概率之和等于原元素的概率,则新信源的熵增加。熵增加了一项由于划分而产生的不确定性量。

可用熵函数的表达式直接来证明式(2.40),此证明作为习题留给读者练习。

8. 极值性
$$H(p_1,p_2,\cdots,p_q)\leqslant H(1/q,1/q,\cdots,1/q)=\log q\tag{2.41}$$
此式表示在离散信源情况下,信源各符号等概率分布时,熵值达到最大。

此性质表明,对于具有 q 个符号的离散信源,只有在 q 个信源符号等可能出现的情况下,信源熵才能达到最大值。这也表明等概率分布信源的平均不确定性为最大。这是一个很重要的结论,称为**最大离散熵定理**。

【证明】 设概率矢量 $\boldsymbol{P}=(p_1,p_2,\cdots,p_q)$,并有 $\sum_{i=1}^{q}p_i=1,0\leqslant p_i\leqslant 1$。另设随机矢量 $\boldsymbol{Y}=1/\boldsymbol{P}$,即 $y_i=1/p_i$。因为已知 $\log Y$ 在正实数集($Y>0$)上是一∩型凸函数,所以根据詹森不等式有
$$E[\log\boldsymbol{Y}]\leqslant\log(E[\boldsymbol{Y}])$$
$$\sum_{i=1}^{q}p_i\log y_i\leqslant\log\sum_{i=1}^{q}p_iy_i$$
即
$$\sum_{i=1}^{q}p_i\log\frac{1}{p_i}\leqslant\log\sum_{i=1}^{q}p_i\frac{1}{p_i}=\log q$$
所以得
$$H(X)=H(p_1,p_2,\cdots,p_q)\leqslant\log q$$

只有当 $p_i=1/q$ 时有
$$H(X)=\sum_{i=1}^{q}p_i\log q=\log q$$
［证毕］

二元信源是基本离散信源的一个特例。该信源符号只有两个，设为 0 和 1。若符号输出的概率分别为 ω 和 $1-\omega$，即信源的概率空间为

$$\begin{bmatrix}X\\P(x)\end{bmatrix}=\begin{bmatrix}0, & 1\\ \omega, & \bar{\omega}=1-\omega\end{bmatrix}\quad 0\leqslant\omega\leqslant 1$$

根据式(2.25)计算得二元信源的熵为

$$H(X)=-[\omega\log\omega+\bar{\omega}\log\bar{\omega}]$$

这时信息熵 $H(X)$ 是 ω 的函数，通常用 $H(\cdot\omega)$ 表示。ω 取值于[0,1]区间，熵函数 $H(\omega)$ 的曲线如图 2.3 所示。

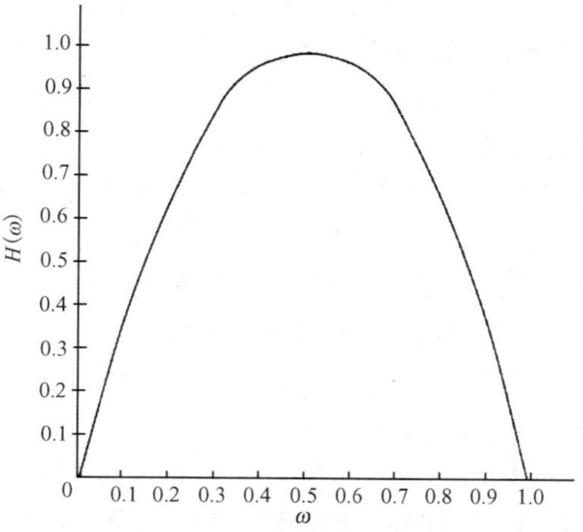

图 2.3　熵函数 $H(\omega)$

从图中可以得出熵函数的一些性质。如果二元信源的输出是确定的($\bar{\omega}=1-\omega=1$ 或$\omega=1$)，则该信源不提供任何信息。反之，当二元信源符号 0 和 1 等概率发生时，信源的熵达到最大值，等于 1 比特信息量。

由此可见，二元数字是二元信源的输出。在具有等概率的二元信源输出的二元数字序列中，每一个二元数字将平均提供 1 比特的信息量。如果符号不是等概率分布，则每一个二元数字所提供的平均信息量总是小于 1 比特。这也进一步说明了“二元数字”(计算机术语称“比特”)与信息量单位“比特”的关系。

9. 上凸性

熵函数 $H(\boldsymbol{P})$ 是概率矢量 $\boldsymbol{P}=(p_1,p_2,\cdots,p_q)$ 的严格∩型凸函数(或称上凸函数)。即对任意概率矢量 $\boldsymbol{P}_1=(p_1,p_2,\cdots,p_q)$ 和 $\boldsymbol{P}_2=(p'_1,p'_2,\cdots,p'_q)$，及任意$0<\theta<1$，有

$$H[\theta\boldsymbol{P}_1+(1-\theta)\boldsymbol{P}_2]>\theta H(\boldsymbol{P}_1)+(1-\theta)H(\boldsymbol{P}_2)\tag{2.42}$$

此式可根据凸函数的定义来证明，作为习题留给读者练习。

正因为熵函数具有上凸性，所以熵函数具有极值，熵函数的最大值存在。

到目前为止，我们已从直观概念和客观事实出发，给出了自信息量的函数形式，从而导出了熵函数的定义，并讨论了它应满足的若干性质。关于以概率矢量为变量的熵函数一定是式(2.25)的形式，即熵函数唯一性的证明请参阅参考书目[15]。

2.4　离散无记忆的扩展信源

前面两节，我们讨论的只是最简单的离散信源，即信源每次输出只是单个符号的消息。我们给出了用信息熵 $H(X)$ 来对基本离散信源进行信息测度，以及研究了信息熵 $H(X)$ 的基本性质。从本节开始，我们将进一步讨论较为复杂的离散信源及其信息测度。我们主要讨论平稳信源的情况，如图 2.1 所示。

在 2.1 节分析中已知，往往很多实际信源输出的消息是时间或空间上的一系列符号。例如某电报系统，发出的是一串有、无脉冲的信号(有脉冲用“1”表示，无脉冲用“0”表示)。这个电报系统就是二元信源。其输出的消息是一串“0”或“1”的序列。通常，在信源输出的序列中，每一位出现哪个符号都是随机的，而且一般前后符号的出现是有统计依赖关系的。

首先，我们来研究平稳离散无记忆信源，此信源输出的消息序列是平稳随机序列并且符号之间是无依赖的，即是统计独立的。因此，离散无记忆信源的数学模型与前面最简单的离散信源的数学模型

基本相同,也用$[X,P(x)]$概率空间来描述,所不同的只是离散无记忆信源输出的消息是一串符号序列(用随机矢量来描述),并且随机矢量的联合概率分布等于随机矢量中各个随机变量的概率乘积。

为了便于研究,我们把信源输出的序列看成是一组一组发出的。如在上例电报系统中,可以认为每两个二元数字组成一组。这样,信源输出的是由两个二元数字组成的一组组符号。这时可以将它们等效看成一个新的信源,它由四个符号00,01,10,11组成,我们把该信源称为二元无记忆信源的二次扩展信源。如果我们把每三个二元数字组成一组,这样长度为3的二元序列就有8种不同的序列,则可等效成一个具有8个符号的信源,把它称为二元无记忆信源的三次扩展信源。以此类推,我们可以把每N个二元数字组成一组,则信源等效成一个具有2^N个符号的新信源,把它称为二元无记忆信源的N次扩展信源。

一般情况,如果有一个离散无记忆信源X,其样本空间为$\{a_1,a_2,\cdots,a_q\}$,对它的输出消息序列,可以用一组组长度为N的序列来表示。这时,它就等效成了一个新信源。新信源输出的符号是原N长的消息序列,用N维离散随机矢量来描述,写成$\boldsymbol{X}=(X_1,X_2,\cdots,X_N)$,其中每个分量$X_i(i=1,2,\cdots,N)$都是随机变量,它们都取于同一信源$X$,并且分量之间统计独立。则由这个随机矢量$\boldsymbol{X}$组成的新信源称为**离散无记忆信源$X$的$N$次扩展信源**。我们用$N$重概率空间来描述离散无记忆信源$X$的$N$次扩展信源,一般标记为$X^N$。

设一个离散无记忆信源的概率空间为

$$\begin{bmatrix} X \\ P(x) \end{bmatrix}=\begin{bmatrix} a_1, & a_2, & \cdots, & a_q \\ p_1, & p_2, & \cdots, & p_q \end{bmatrix} \qquad \sum_{i=1}^{q} p_i = 1$$

则信源X的N次扩展信源X^N是具有q^N个符号的离散信源,其N重概率空间为

$$\begin{bmatrix} X^N \\ P(\alpha_i) \end{bmatrix}=\begin{bmatrix} \alpha_1, & \alpha_2, & \cdots, & \alpha_{q^N} \\ P(\alpha_1), & P(\alpha_2), & \cdots, & P(\alpha_{q^N}) \end{bmatrix} \tag{2.43}$$

其中每个符号α_i是对应于某一个由N个a_i组成的序列。而α_i的概率$P(\alpha_i)$是对应的N个α_{i_k}组成的序列的概率。因为是无记忆的(彼此统计独立),若$\alpha_i=(a_{i_1}a_{i_2}a_{i_3}\cdots a_{i_N})$,则

$$P(\alpha_i)=P(a_{i_1})P(a_{i_2})\cdots P(a_{i_N})=p_{i_1}p_{i_2}\cdots p_{i_N}$$

又

$$0\leqslant P(a_i)\leqslant 1 \quad i_1,i_2,\cdots,i_N=1,2,\cdots,q \tag{2.44}$$

而

$$\begin{aligned}\sum_{i=1}^{q^N} P(\alpha_i) &= \sum_{i_1=1}^{q} P(a_{i_1}) \cdot \sum_{i_2=1}^{q} P(a_{i_2}) \cdot \cdots \cdot \sum_{i_N=1}^{q} P(a_{i_N}) \\ &= \sum_{i_1=1}^{q} p_{i_1} \cdot \sum_{i_2=1}^{q} p_{i_2} \cdot \cdots \cdot \sum_{i_N=1}^{q} p_{i_N} = 1\end{aligned} \tag{2.45}$$

式(2.45)表明离散无记忆信源X的N次扩展信源的概率空间$[X^N,P(\alpha_i)]$也是完备集。

根据信息熵的定义,N次扩展信源的熵为

$$H(\boldsymbol{X})=H(X^N)=-\sum_{X^N} P(\boldsymbol{X})\log P(\boldsymbol{X})=-\sum_{X^N} P(\alpha_i)\log P(\alpha_i) \tag{2.46}$$

可以证明离散无记忆信源X的N次扩展信源的熵等于离散信源X的熵的N倍,即

$$H(X^N)=NH(X) \tag{2.47}$$

【证明】 设α_i是X^N概率空间中的一个符号,对应于由N个a_i组成的序列

$$\alpha_i=(a_{i_1},a_{i_2},\cdots,a_{i_N})$$

而

$$P(\alpha_i)=p_{i_1}p_{i_2}\cdots p_{i_N} \quad (i_1,i_2,\cdots,i_N=1,2,\cdots,q)$$

根据式(2.46),N次扩展信源的熵为

$$H(X^N)=-\sum_{X^N} P(\alpha_i)\log P(\alpha_i)$$

式中，求和号$\sum$是对信源 X^N 中所有 q^N 个符号求和，所以求和的项共有 q^N 个。这种求和可以等效于 N 个求和，而且其中的每一个又是对 X 中的 q 个符号求和。所以式(2.46)也可改写成

$$
\begin{aligned}
H(X^N) &= \sum_{X^N} P(\alpha_i)\log\frac{1}{p_{i_1}p_{i_2}\cdots p_{i_N}} \\
&= \sum_{X^N} P(\alpha_i)\log\frac{1}{p_{i_1}} + \sum_{X^N} P(\alpha_i)\log\frac{1}{p_{i_2}} + \cdots + \sum_{X^N} P(\alpha_i)\log\frac{1}{p_{i_N}}
\end{aligned}
\tag{2.48}
$$

式(2.48)中共有 N 项，考察其中第一项

$$\sum_{X^N} P(\alpha_i)\log\frac{1}{p_{i_1}} = \sum_{X^N} p_{i_1}\cdot p_{i_2}\cdot\cdots\cdot p_{i_N}\log\frac{1}{p_{i_1}} = \sum_{i_1=1}^{q} p_{i_1}\log\frac{1}{p_{i_1}}\sum_{i_2=1}^{q} p_{i_2}\cdot\sum_{i_3=1}^{q} p_{i_3}\cdot\cdots\cdot\sum_{i_N=1}^{q} p_{i_N}$$

因为

$$\sum_{i_k=1}^{q} p_{i_k} = 1 \quad (k = 2,3,\cdots,N)$$

所以

$$\sum_{X^N} P(\alpha_i)\log\frac{1}{p_{i_1}} = \sum_{i_1=1}^{q} p_{i_1}\log\frac{1}{p_{i_1}} = H(X) \tag{2.49}$$

同理计算式(2.48)中其余各项，就得

$$H(\boldsymbol{X}) = H(X^N) = H(X)+H(X)+\cdots+H(X) = NH(X) \quad (\text{共有 } N \text{ 项})$$

［证毕］

【例 2.5】 有一离散无记忆信源

$$\begin{bmatrix} X \\ P(X) \end{bmatrix} = \begin{bmatrix} a_1, & a_2, & a_3 \\ 1/2, & 1/4, & 1/4 \end{bmatrix} \quad \text{而} \quad \sum_{i=1}^{3} p_i = 1$$

我们求这个离散无记忆信源的二次扩展信源，扩展信源的每个符号是信源 X 的输出长度为 2 的符号序列。因为信源 X 共有 3 个不同符号，所以由信源 X 中每 2 个符号组成的不同排列共有 $3^2=9$ 种，得二次扩展信源共有 9 个不同的符号。又因为信源 X 是无记忆的，则有 $P(\alpha_i)=p_{i_1}\cdot p_{i_2}$ $(i_1,i_2=1,2,3)$，于是得表 2.1。

表 2.1

X^2 信源的符号	α_1	α_2	α_3	α_4	α_5	α_6	α_7	α_8	α_9
对应的由两个 a_i 组成的符号序列	a_1a_1	a_1a_2	a_1a_3	a_2a_1	a_2a_2	a_2a_3	a_3a_1	a_3a_2	a_3a_3
概率 $P(\alpha_i)$	1/4	1/8	1/8	1/8	1/16	1/16	1/8	1/16	1/16

可以算得

$$H(X) = 1.5(\text{比特/符号})$$

(此处单位中的“符号”是指 X 信源的输出符号 a_i)。

$$H(\boldsymbol{X}) = H(X^2) = 3(\text{比特/符号})$$

注意，此处单位中的“符号”是指扩展信源的输出符号 α_i，它由两个 a_i 符号组成。所以可得

$$H(\boldsymbol{X}) = 2H(X)$$

对于上述结论，也可以直观地进行理解。因为扩展信源 X^N 的每一个输出符号 α_i 是由 N 个 a_i 所组成的序列，并且序列中前后符号是统计独立的。现已知每个信源符号 a_i 含有的平均自信息量为 $H(X)$，那么，N 个 a_i 组成的平稳无记忆序列平均含有的自信息量就为 $NH(X)$（根据熵的可加性）。因此信源 X^N 每个输出符号 α_i 含有的平均自信息量为 $NH(X)$。

2.5 离散平稳信源

在 2.1 节中，我们已经简要地提及了离散平稳信源。但为了深入研究离散平稳信源的信息测度，我们必须首先给出离散平稳信源的严格数学定义，建立其数学模型，然后讨论它的信息测度。

2.5.1 离散平稳信源的数学定义

在一般情况下，离散信源的输出是空间或时间的离散符号序列，而且在序列中符号之间有依赖

关系。此时可用随机矢量来描述信源输出的消息,即 $\boldsymbol{X}=(\cdots,X_1,X_2,X_3,\cdots,X_i,\cdots)$,其中任一变量 X_i 都是离散的随机变量,它表示 $t=i$ 时刻所输出的符号。信源在 $t=i$ 时刻将要输出什么样的符号决定于两方面:

(1) 与信源在 $t=i$ 时刻随机变量 X_i 的取值的概率分布 $P(x_i)$ 有关。t 不同时,概率分布也不同,即 $P(x_i)\neq P(x_j)$。

(2) 与 $t=i$ 时刻以前信源输出的符号有关,即与条件概率 $P(x_i|x_{i-1}x_{i-2}\cdots)$ 有关。在一般情况下,它也是时间 $t=i$ 的函数,所以

$$P(x_i|x_{i-1}x_{i-2}\cdots x_{i-N}\cdots)\neq P(x_j|x_{j-1}x_{j-2}\cdots x_{j-N}\cdots) \tag{2.50}$$

以上所叙述的是一般随机序列的情况,它比较复杂,因此现在只讨论平稳的随机序列。所谓平稳随机序列,就是序列的统计性质与时间的推移无关,即信源所输出的符号序列的概率分布与时间起点无关。数学严格的定义如下:

设不同时刻 i,j 是大于 1 的任意整数,若 $P(x_i)=P(x_j)=P(x)$,则序列是一维平稳的。这里等号表示任意两个不同时刻信源输出符号的概率分布完全相同,即

$$\begin{gathered}P(x_i=a_1)=P(x_j=a_1)=P(a_1)\\P(x_i=a_2)=P(x_j=a_2)=P(a_2)\\\cdots\cdots\\P(x_i=a_q)=P(x_j=a_q)=P(a_q)\end{gathered}$$

具有这样性质的信源称为**一维离散平稳信源**。一维离散平稳信源无论在什么时刻均按 $P(x)$ 的概率分布输出符号。

除上述条件外,如果联合概率分布 $P(x_i\,x_{i+1})$ 也与时间起点无关,即

$$P(x_i\,x_{i+1})=P(x_j\,x_{j+1})\quad(\text{时刻 } i,j \text{ 为任意整数且 } i\neq j)$$

则信源称为**二维离散平稳信源**。上述等式表示任何时刻信源连续输出两个符号的联合概率分布也完全相等。

如果各维联合概率分布均与时间起点无关,设 $t=i,j$ 为任意整数,且 $i\neq j$,有

$$\begin{gathered}P(x_i)=P(x_j)\\P(x_i\,x_{i+1})=P(x_j\,x_{j+1})\\\cdots\cdots\\P(x_i\,x_{i+1}\cdots x_{i+N})=P(x_j\,x_{j+1}\cdots x_{j+N})\end{gathered} \tag{2.51}$$

则信源是完全平稳的,信源输出的序列也是完全平稳的。这种各维联合概率分布均与时间起点无关的完全平稳信源称为**离散平稳信源**。

因为联合概率与条件概率有以下关系:

$$\begin{gathered}P(x_i\,x_{i+1})=P(x_i)P(x_{i+1}|x_i)\\P(x_i\,x_{i+1}\,x_{i+2})=P(x_i)P(x_{i+1}|x_i)P(x_{i+2}|x_ix_{i+1})\\\cdots\cdots\\P(x_i\,x_{i+1}\cdots x_{i+N})=P(x_i)P(x_{i+1}|x_i)\cdots P(x_{i+N}|x_ix_{i+1}\cdots x_{i+N-1})\end{gathered} \tag{2.52}$$

根据式(2.51)可得

$$\begin{gathered}P(x_{i+1}|x_i)=P(x_{j+1}|x_j)\\P(x_{i+2}|x_i\,x_{i+1})=P(x_{j+2}|x_j\,x_{j+1})\\\cdots\cdots\\P(x_{i+N}|x_i\,x_{i+1}\cdots x_{i+N-1})=P(x_{j+N}|x_j\,x_{j+1}\cdots x_{j+N-1})\end{gathered} \tag{2.53}$$

所以对于平稳信源来说,其条件概率均与时间起点无关,只与关联长度 N 有关。它表示平稳信源输出的平稳随机序列前后的依赖关系与时间起点无关。如果某时刻输出的符号与前面输出的 N 个符号有关,那么任何时刻它们的依赖关系都是一样的。即

$$P(x_{i+N} | x_i x_{i+1} \cdots x_{i+N-1}) = P(x_{j+N} | x_j x_{j+1} \cdots x_{j+N-1}) = P(x_N | x_0 x_1 \cdots x_{N-1}) \tag{2.54}$$

为了直观和使分析简单，首先我们来研究发出的信源序列中只是前后两个符号之间有关联的情况。

2.5.2 离散二维平稳信源及其信息熵

最简单的离散平稳信源就是**离散二维平稳信源**。根据式(2.51)定义可知，离散二维平稳信源就是信源输出的随机序列$\cdots, X_1, X_2, \cdots, X_i, \cdots$，满足其一维和二维概率分布与时间起点无关。又根据式(2.52)可知二维平稳信源也就是所输出随机序列中只有两相邻符号之间有依赖关系的信源。所以，只需给出随机序列的一维和二维概率分布就能很好地从数学上描述离散二维平稳信源。

设有一个离散二维平稳信源，信源的概率空间为

$$\begin{bmatrix} X \\ P(x) \end{bmatrix} = \begin{bmatrix} a_1, & a_2, & \cdots, & a_q \\ P(a_1), & P(a_2), & \cdots, & P(a_q) \end{bmatrix} \quad 且 \sum_{i=1}^{q} P(a_i) = 1 \quad (P(a_i) \geqslant 0)$$

同时还已知连续两个信源符号出现的联合概率分布 $P(a_i\ a_j)(i,j=1,2,\cdots,q)$，并有

$$\sum_{i=1}^{q} \sum_{j=1}^{q} P(a_i\ a_j) = 1 \quad 0 \leqslant P(a_i a_j) \leqslant 1 \tag{2.55}$$

根据概率关系可求得已知 a_i 符号出现后，紧跟着 a_j 符号出现的条件概率

$$P(a_j | a_i) = \frac{P(a_i a_j)}{P(a_i)} \quad (i,j=1,2,\cdots,q) \tag{2.56}$$

又有

$$0 \leqslant P(a_j | a_i) \leqslant 1 \quad \sum_{j=1}^{q} P(a_j | a_i) = 1 \tag{2.57}$$

可见，信源输出的符号序列中相邻两个符号是有关联的。

如何对离散二维平稳信源进行信息测度呢？

因为离散二维平稳信源输出的符号序列中，相邻两个符号是有依赖的，即只与前一个符号有关联，而且依赖关系不随时间推移而变化。那么，我们可以把这个二维信源输出的随机序列分成每两个符号一组，每组代表新信源 $\boldsymbol{X}=X_1X_2$ 中的一个符号(消息)。并假设组与组之间是统计独立的，互不相关的。实际上，每组组尾的符号与下一组组头的符号是有关联的，不是统计独立的。这个假设只是为了简化问题的数学分析。这时，就可等效成一个新的离散无记忆信源 X_1X_2，它们的联合概率空间为

$$\begin{bmatrix} X_1X_2 \\ P(x_1x_2) \end{bmatrix} = \begin{bmatrix} a_1a_1, a_1a_2, \cdots, a_{q-1}a_q, a_qa_q \\ P(a_i\ a_j) = P(a_i)P(a_j \mid a_i) \end{bmatrix} \quad \sum_{i=1}^{q} \sum_{j=1}^{q} P(a_i\ a_j) = 1$$

根据信息熵的定义，可求得

$$H(X_1X_2) = -\sum_{i=1}^{q} \sum_{j=1}^{q} P(a_i\ a_j) \log P(a_i\ a_j) \tag{2.58}$$

我们把 $H(X_1X_2)$ 称为 X_1X_2 的**联合熵**。其值表示原来信源 X 输出任意一对消息的共熵，即描述信源 X 输出长度为 2 的序列的平均不确定性，或所含有的信息量。因此，可用$\frac{1}{2}H(X_1X_2)$作为二维平稳信源 X 的信息熵 $H(X)$ 的近似值。

同时，还可以从另一个角度来研究二维平稳信源 X 的信息熵的近似值。因为信源 X 输出的符号序列中前后两个符号之间有依赖性，所以首先可以求得已知前面一个符号 $X_1=a_i$ 时，信源输出下一个符号的平均不确定性

$$H(X_2 | X_1 = a_i) = -\sum_{j=1}^{q} P(a_j | a_i) \log P(a_j | a_i) \tag{2.59}$$

上式是对下一个符号 a_j 的所有可能取值进行的统计平均。因为当已知前面符号为 a_i 时，信源输出下一个符号为 a_j 的不确定性是 $-\log P(a_j|a_i)$。而当已知前面的符号为 a_i 时，信源仍可能输出 $a_j \in \{a_1, a_2, \cdots, a_q\}$ 中任一个。所以，已知前面符号为 $X_1 = a_i$ 时，信源再输出一个符号的平均不确定性应是对全部可能的符号 a_j 的不确定性求统计平均。

而前面一个符号 X_1 又可取 $a_i \in \{a_1, a_2, \cdots, a_q\}$ 中任一个。对于某一个 a_i 存在一个平均不确定性 $H(X_2|X_1 = a_i)$。那么，对所有 a_i 的可能值进行统计平均就得信源前面时刻所发符号已知前提下，再输出后面一个符号提供的总的平均不确定性

$$
\begin{aligned}
H(X_2|X_1) &= \sum_{i=1}^{q} P(a_i) H(X_2|X_1 = a_i) \\
&= -\sum_{i=1}^{q}\sum_{j=1}^{q} P(a_i)P(a_j|a_i)\log P(a_j|a_i) = -\sum_{i=1}^{q}\sum_{j=1}^{q} P(a_i a_j)\log P(a_j|a_i)
\end{aligned}
\tag{2.60}
$$

称其为**条件熵**。

根据式(2.58)，可以得到联合熵与条件熵的关系式

$$
\begin{aligned}
H(X_1X_2) &= -\sum_{i=1}^{q}\sum_{j=1}^{q} P(a_i a_j)\log P(a_i a_j) = -\sum_{i=1}^{q}\sum_{j=1}^{q} P(a_i a_j)\log P(a_i)P(a_j|a_i) \\
&= -\sum_{i=1}^{q}\sum_{j=1}^{q} P(a_i a_j)\log P(a_i) - \sum_{i=1}^{q}\sum_{j=1}^{q} P(a_i a_j)\log P(a_j|a_i) \\
&= -\sum_{i=1}^{q}\sum_{j=1}^{q} P(a_i a_j)\log P(a_i) + H(X_2|X_1)
\end{aligned}
$$

在上式右边第一项中，因为 $\log P(a_i)$ 与 j 无关，所以可对 j 先求和，得

$$
-\sum_{i=1}^{q}\sum_{j=1}^{q} P(a_i a_j)\log P(a_i) = -\sum_{i=1}^{q} P(a_i)\sum_{j=1}^{q} P(a_i|a_j)\log P(a_i) = -\sum_{i=1}^{q} P(a_i)\log P(a_i) = H(X_1)
$$

所以得

$$
H(X_1X_2) = H(X_1) + H(X_2|X_1) \tag{2.61}
$$

此式表明联合熵等于前一个符号出现的熵加上前一个符号已知时后一个符号出现的条件熵。式(2.61)就是**熵的强可加性**。也可根据熵的强可加性从式(2.58)直接得到式(2.61)。

另外，我们还可以求得条件熵与无条件熵的关系为

$$
H(X_2|X_1) \leqslant H(X_2) \tag{2.62}
$$

【证明】 在区域$[0,1]$中，设 $f(x) = -x\log x$，它是区域内的∩型凸函数。并设 $x_i = P(a_j|a_i) = p_{ij}$，而 $P(a_i) = p_i$，有 $\sum_{i=1}^{q} p_i = 1$。所以根据詹森不等式

$$
\sum_{i=1}^{q} p_i f(x_i) \leqslant f\left(\sum_{i=1}^{q} p_i x_i\right)
$$

得

$$
-\sum_{i=1}^{q} p_i p_{ij}\log p_{ij} \leqslant -\sum_{i=1}^{q} p_i p_{ij}\log\left(\sum_{i=1}^{q} p_i p_{ij}\right) = -p_j\log p_j \tag{2.63}
$$

其中

$$
\sum_{i=1}^{q} p_i p_{ij} = \sum_{i=1}^{q} P(a_i a_j) = P(a_j) = p_j
$$

将式(2.63)两边对所有 j 求和，得

$$
-\sum_{i=1}^{q}\sum_{j=1}^{q} p_i p_{ij}\log p_{ij} \leqslant -\sum_{j=1}^{q} p_j\log p_j
$$

即

$$
H(X_2|X_1) \leqslant H(X_2)
$$

只有当 $P(a_j|a_i) = P(a_j)$，即前后符号出现统计独立时等式成立。［证毕］

因 X_1 和 X_2 都取自同一概率空间 X 且信源是平稳的，则有

$$H(X_2)=H(X_1)=H(X) \tag{2.64}$$

联合式(2.61)、式(2.62)和式(2.64)得

$$H(X_1X_2)\leqslant H(X_1)+H(X_2)=2H(X) \tag{2.65}$$

式中只有当前后两个符号统计独立时等式成立。当前后符号之间无依赖关系时，新信源 X_1X_2 就是无记忆的二次扩展信源，所以新信源 X_1X_2 的熵等于原信源熵的2倍。但一般情况下，输出符号之间是有依赖的，所以输出两个符号的联合熵总是小于2倍信源的熵。这点也是显而易见的。因为当两个符号之间有依赖关系时，就意味着在前一个符号发生的条件下，其后面所跟的符号不是完全不确定的，有的符号发生的可能性大，有的符号发生的可能性小，从而平均不确定程度减小。

以下通过一例题做进一步分析和说明。

【例2.6】 某一离散二维平稳信源为

$$\begin{bmatrix} X \\ P(x) \end{bmatrix}=\begin{bmatrix} 0 & 1 & 2 \\ 11/36 & 4/9 & 1/4 \end{bmatrix} \quad 且 \quad \sum_{i=1}^{3} P(a_i)=1$$

并设输出的符号只与前一个符号有关，即可用联合概率 $P(a_i\,a_j)$ 给出它们的关联程度，见表2.2，联合概率满足式(2.55)。

由表2.2可知(表中列相加)

$$\sum_{j=1}^{3} P(a_i\,a_j)=P(a_i) \tag{2.66}$$

根据概率关系可得条件概率 $P(a_j|a_i)$，其计算结果见表2.3。由表2.3可知 $\sum_{j=1}^{3} P(a_j|a_i)=1$（表中列相加）。此式说明当已知信源前面输出的一个符号为 a_i 时，其后面输出的符号一定是符号0，1,2中的一个。

表2.2　$P(a_ia_j)$

a_j	a_i		
	0	1	2
0	1/4	1/18	0
1	1/18	1/3	1/18
2	0	1/18	7/36

表2.3　$P(a_j|a_i)$

a_j	a_i		
	0	1	2
0	9/11	1/8	0
1	2/11	3/4	2/9
2	0	1/8	7/9

当认为信源符号之间无依赖性时，信源 X 的信息熵为

$$H(X)=-\sum_{i=1}^{3} P(a_i)\log P(a_i)=1.542\ (比特/符号)$$

当考虑符号之间有依赖性时，条件熵为

$$H(X_2|X_1)=-\sum_{i=1}^{3}\sum_{j=1}^{3} P(a_i\,a_j)\log P(a_j|a_i)=0.870\ (比特/符号)$$

而联合熵

$$H(X_1X_2)=-\sum_{i=1}^{3}\sum_{j=1}^{3} P(a_i\,a_j)\log P(a_i\,a_j)=2.41\ (比特/两个符号)$$

由此可见

$$H(X_1X_2)=H(X_1)+H(X_2|X_1)=1.542+0.870=2.412\ (比特/两个符号)$$

而

$$H(X_2|X_1)<H(X)$$

信源的这个条件熵比信源无依赖时的熵 $H(X)$ 减少了0.672比特，这正是符号之间有依赖性所造成的结果。

联合熵 $H(X_1X_2)$ 表示平均每两个信源符号所携带的信息量。我们用 $1/2H(X_1X_2)$ 作为二维平稳信源 X 的信息熵的近似值。那么平均每一个信源符号携带的信息量为

$$H_2(\boldsymbol{X})=1/2H(X_1X_2)=1.205\ (\text{比特/符号})$$

可见 $H_2(\boldsymbol{X})<H(X)$。

但二维平稳信源 X 的信息熵不等于 $H_2(\boldsymbol{X})$，此值只能作为信源 X 的信息熵的近似值。因为在新信源(X_1X_2)中已假设组与组之间是统计独立的，但实际上它们之间是有关联的。虽然信源 X 输出的随机序列中每个符号只与前一个有直接关系，但在平稳序列中，由于每一时刻的符号都通过前一个符号与更前一个符号联系起来，因此序列的关联是可延伸到无穷的。

我们也可用条件熵 $H(X_2|X_1)$ 来作为二维平稳信源 X 的信息熵的近似值。因为条件熵正好描述了前后两个符号有依赖关系时的平均不确定性大小。

在 $1/2H(X_1X_2)$ 和 $H(X_2|X_1)$ 中到底选取哪一个值更能接近实际二维平稳信源的熵呢？通过下面对一般离散平稳信源的分析，就可找到这个答案。

2.5.3 离散平稳信源的极限熵

在一般平稳有记忆信源中，符号的相互依赖关系往往不仅存在于相邻两个符号之间，而且存在于更多的符号之间。所以，对于一般离散平稳有记忆信源，可以证得以下一些很重要的结论。

设离散平稳有记忆信源

$$\begin{bmatrix} X \\ P(x) \end{bmatrix}=\begin{bmatrix} a_1 & a_2 & \cdots & a_q \\ p_1 & p_2 & \cdots & p_q \end{bmatrix} \quad \sum_{i=1}^{q} p_i = 1$$

输出的符号序列为$(\cdots,X_1,X_2,\cdots,X_N,X_{N+1},\cdots)$，假设信源符号之间的依赖长度为 N，并已知各维概率分布（它们不随时间推移而改变）：

$$\begin{cases} P(x_1x_2)=P(x_1=a_{i_1}x_2=a_{i_2}) \\ P(x_1x_2x_3)=P(x_1=a_{i_1}x_2=a_{i_2}x_3=a_{i_3}) \\ \quad\cdots\cdots \\ P(x_1x_2\cdots x_N)=P(x_1=a_{i_1}x_2=a_{i_2}\cdots x_N=a_{i_N}) \quad (i_1,i_2,\cdots,i_q=1,2,\cdots,q) \end{cases} \tag{2.67}$$

或简写成

$$\begin{cases} P(a_{i_1}a_{i_2}) \\ P(a_{i_1}a_{i_2}a_{i_3}) \qquad (i_1,i_2,\cdots,i_q=1,2,\cdots,q) \\ \quad\cdots\cdots \\ P(a_{i_1}a_{i_2}\cdots a_{i_N}) \end{cases} \tag{2.68}$$

并满足

$$\begin{cases} \sum_{i_1=1}^{q}\sum_{i_2=1}^{q}P(a_{i_1}a_{i_2})=1 \\ \sum_{i_1=1}^{q}\sum_{i_2=1}^{q}\sum_{i_3=1}^{q}P(a_{i_1}a_{i_2}a_{i_3})=1 \\ \quad\cdots\cdots \\ \sum_{i_1=1}^{q}\cdots\sum_{i_N=1}^{q}P(a_{i_1}a_{i_2}\cdots a_{i_N})=1 \end{cases} \tag{2.69}$$

我们可以求得离散平稳信源的一系列联合熵

$$H(X_1X_2\cdots X_N)=-\sum_{i_1=1}^{q}\cdots\sum_{i_N=1}^{q}P(a_{i_1}a_{i_2}\cdots a_{i_N})\log P(a_{i_1}a_{i_2}\cdots a_{i_N}) \quad (N=2,3,\cdots,N) \tag{2.70}$$

为了计算离散平稳信源的信息熵，我们定义 N 长的信源符号序列中平均每个信源符号所携带的信息量为

$$H_N(\boldsymbol{X})=\frac{1}{N}H(X_1X_2\cdots X_N) \tag{2.71}$$

此值称为**平均符号熵**。

另一方面,因信源符号之间的依赖关系长度为 N,所以可以求出已知信源前面发出 $N-1$ 个符号时,后面出现一个符号的平均不确定性。也就是已知信源前面发出 $N-1$ 个符号前提下,后面再出现一个符号所携带的平均信息量,即得一系列条件熵

$$H(X_N|X_1X_2\cdots X_{N-1})=-\sum_{i_1,i_2,\cdots,i_N}P(a_{i_1}a_{i_2}\cdots a_{i_N})\log P(a_{i_N}|a_{i_1}a_{i_2}\cdots a_{i_{N-1}}) \quad (N=2,3,\cdots,N) \tag{2.72}$$

对于离散平稳信源,当 $H_1(X)<\infty$ 时,具有以下性质:

(1) 条件熵 $H(X_N|X_1X_2\cdots X_{N-1})$ 随 N 的增加是非递增的;

(2) N 给定时,平均符号熵≥条件熵,即 $H_N(\boldsymbol{X})\geqslant H(X_N|X_1X_2\cdots X_{N-1})$;

(3) 平均符号熵 $H_N(\boldsymbol{X})$ 随 N 增加是非递增的;

(4) $H_\infty=\lim\limits_{N\to\infty}H_N(\boldsymbol{X})$ 存在,并且

$$H_\infty=\lim_{N\to\infty}H_N(\boldsymbol{X})=\lim_{N\to\infty}H(X_N|X_1X_2\cdots X_{N-1}) \tag{2.73}$$

称 H_∞ 为离散平稳信源的**极限熵**或**极限信息量**;也可称它为**离散平稳信源的熵率**。

性质(1)表明在信源输出序列中符号之间前后依赖关系越长,前面若干个符号发生后,其后发生什么符号的平均不确定性就越弱。也就是说,条件较多的熵必小于或等于条件较少的熵,而条件熵必小于等于无条件的熵。而另几条性质表明,对于离散平稳信源,当考虑依赖关系为无限长时,平均符号熵和条件熵都非递增地一致趋于平稳信源的信息熵(极限熵)。所以我们可以用条件熵或者平均符号熵来近似描述平稳信源。

【证明】 性质(1)证明:根据式(2.62)的证明,同理可以证得

$$H(X_3|X_1X_2)\leqslant H(X_3|X_2) \tag{2.74}$$

因为信源是平稳的,所以有

$$H(X_3|X_2)=H(X_2|X_1) \tag{2.75}$$

$$H(X_3|X_1X_2)\leqslant H(X_2|X_1)\leqslant H(X_1) \tag{2.76}$$

由此递推,对于平稳信源有

$$\begin{aligned}H(X_N|X_1\cdots X_{N-1})&\leqslant H(X_{N-1}|X_1\cdots X_{N-2})\leqslant H(X_{N-2}|X_1\cdots X_{N-3})\cdots\cdots\\&\leqslant H(X_3|X_1X_2)\leqslant H(X_2|X_1)\leqslant H(X_2)\leqslant H(X_1)\end{aligned} \tag{2.77}$$

证得性质(1)。

性质(2)证明:根据式(2.61)推广得

$$NH_N(\boldsymbol{X})=H(X_1X_2\cdots X_N)=H(X_1)+H(X_2|X_1)+\cdots+H(X_N|X_1X_2\cdots X_{N-1}) \tag{2.78}$$

又直接运用性质(1),得

$$NH_N(\boldsymbol{X})\geqslant H(X_N|X_1\cdots X_{N-1})+\cdots+H(X_N|X_1\cdots X_{N-1})=NH(X_N|X_1X_2\cdots X_{N-1})$$

所以证得性质(2),即

$$H_N(\boldsymbol{X})\geqslant H(X_N|X_1X_2\cdots X_{N-1}) \tag{2.79}$$

性质(3)证明:同理,根据概率关系与式(2.71)得

$$\begin{aligned}NH_N(\boldsymbol{X})&=H(X_1X_2\cdots X_{N-1}X_N)=H(X_N|X_1X_2\cdots X_{N-1})+H(X_1X_2\cdots X_{N-1})\\&=H(X_N|X_1X_2\cdots X_{N-1})+(N-1)H_{N-1}(\boldsymbol{X})\end{aligned}$$

再利用性质(2)得

$$NH_N(\boldsymbol{X})\leqslant H_N(\boldsymbol{X})+(N-1)H_{N-1}(\boldsymbol{X})$$

所以

$$H_N(\boldsymbol{X})\leqslant H_{N-1}(\boldsymbol{X}) \tag{2.80}$$

即 $H_N(\boldsymbol{X})$ 是随 N 增加而非递增的,证得性质(3)。

性质(4)的证明:又因

$$H_N(\boldsymbol{X})\geqslant 0$$

即有

$$0\leqslant H_N(\boldsymbol{X})\leqslant H_{N-1}(\boldsymbol{X})\leqslant H_{N-2}(\boldsymbol{X})\leqslant\cdots\leqslant H_1(X)<\infty$$

故 $\lim\limits_{N\to\infty}H_N(\boldsymbol{X})$ 存在,且为处于零和 $H_1(X)$ 之间的某一有限值。

现证明式(2.73)。

另设一整数 k,有

$$H_{N+k}(\boldsymbol{X})=\frac{1}{N+k}H(X_1X_2\cdots X_N\cdots X_{N+k})$$
$$=\frac{1}{N+k}[H(X_1X_2\cdots X_{N-1})+H(X_N|X_1\cdots X_{N-1})+\cdots+H(X_{N+k}|X_1X_2\cdots X_{N+k-1})] \tag{2.81}$$

仍根据条件熵的非递增性和平稳性,有

$$H_{N+k}(\boldsymbol{X})\leqslant\frac{1}{N+k}[H(X_1\cdots X_{N-1})+H(X_N|X_1\cdots X_{N-1})+H(X_N|X_1\cdots X_{N-1})+\cdots+H(X_N|X_1\cdots X_{N-1})]$$
$$=\frac{1}{N+k}H(X_1\cdots X_{N-1})+\frac{k+1}{N+k}H(X_N|X_1\cdots X_{N-1})$$

当 k 取足够大时($k\to\infty$),固定 N,而 $H(X_1\cdots X_{N-1})$ 和 $H(X_N|X_1\cdots X_{N-1})$ 为定值,所以前一项因为 $\frac{1}{N+k}\to 0$ 而可以忽略。而后一项因为$\frac{k+1}{N+k}\to 1$,所以得

$$\lim_{k\to\infty}H_{N+k}(\boldsymbol{X})\leqslant H(X_N|X_1\cdots X_{N-1}) \tag{2.82}$$

在式(2.82)中,再令 $N\to\infty$,因$\lim\limits_{N\to\infty}H_N(\boldsymbol{X})=H_\infty$,所以得

$$\lim_{N\to\infty}H_N(\boldsymbol{X})\leqslant\lim_{N\to\infty}H(X_N|X_1\cdots X_{N-1}) \tag{2.83}$$

又由性质(2)的式(2.79),令 $N\to\infty$ 得 $$\lim_{N\to\infty}H_N(\boldsymbol{X})\geqslant\lim_{N\to\infty}H(X_N|X_1\cdots X_{N-1}) \tag{2.84}$$

最后,由式(2.83)和式(2.84)得 $$H_\infty=\lim_{N\to\infty}H_N(\boldsymbol{X})=\lim_{N\to\infty}H(X_N|X_1\cdots X_{N-1})$$ [证毕]

对于一般的离散平稳信源,实际上求此极限熵是相当困难的。然而,对于一般离散平稳信源,由于取 N 不很大时就能得出非常接近 H_∞ 的 $H_N(\boldsymbol{X})$ 或者 $H(X_N|X_1\cdots X_{N-1})$,因此,可用条件熵或平均符号熵作为平稳信源极限熵的近似值。

【例 2.6 续】 例 2.6 中离散二维平稳信源已给定,即一维和二维概率分布给定。由此可得表 2.3的条件概率 $P(a_j|a_i)$ $(i=1,\cdots,3;j=1,\cdots,3)$。条件概率 $P(a_j|a_i)$反映了前面输出符号为 $x_1=a_i$,后面再输出一个符号 $x_2=a_j$ 的概率。对于这个二维平稳信源其输出符号序列中依赖关系是有限的,所以有

$$P(a_{i_N}|a_{i_1}a_{i_2}\cdots a_{i_N})=P(a_{i_N}|a_{i_{N-1}})=P(a_{i_2}|a_{i_1})=P(a_j|a_i)\quad(i,j=1,2,3) \tag{2.85}$$

由式(2.69)可得

$$\sum_{i_2=1}^{q}P(a_{i_1}a_{i_2})=P(a_{i_1}),\sum_{i_3=1}^{q}P(a_{i_1}a_{i_2}a_{i_3})=P(a_{i_1}a_{i_2}),\cdots,\sum_{i_N=1}^{q}P(a_{i_1}a_{i_2}\cdots a_{i_N})=P(a_{i_1}a_{i_2}\cdots a_{i_{N-1}}) \tag{2.86}$$

因此,由式(2.72)得 $$H_N(X_N|X_1\cdots X_{N-1})=-\sum_{i_1=1}^{q}\sum_{i_2=1}^{q}\cdots\sum_{i_N=1}^{q}P(a_{i_1}a_{i_2}\cdots a_{i_N})\log P(a_{i_2}|a_{i_1})$$
$$=-\sum_{i_1=1}^{q}\sum_{i_2=1}^{q}P(a_{i_1}a_{i_2})\log P(a_{i_2}|a_{i_1})=H(X_2|X_1)$$
$$=-\sum_{i=1}^{q}\sum_{j=1}^{q}P(a_i\,a_j)\log P(a_j|a_i)=0.870(\text{比特/符号})$$

这时,式(2.73)为 $$H_\infty=\lim_{N\to\infty}H_N(X_N|X_1X_2\cdots X_N)=\lim_{N\to\infty}H(X_2|X_1)=H(X_2|X_1) \tag{2.87}$$

可见,此时离散二维平稳信源的熵(极限熵)等于条件熵 $H(X_2|X_1)$。所以此信源的信息熵等于 0.870 比特/符号。

● 记忆长度为 m 的离散平稳信源

由离散平稳信源的性质(4)分析可知，当平稳信源的记忆长度有限时，设记忆长度为 m(即某时刻输出什么符号只与前 m 个符号有关)，则得记忆长度为 m 的离散平稳信源的极限熵

$$\begin{aligned} H_{\infty} &= \lim_{N\to\infty} H(X_N | X_1 X_2 \cdots X_{N-1}) = H(X_{m+1} | X_1 X_2 \cdots X_m) \\ &= -\sum_{i_1=1}^{q} \cdots \sum_{i_m=1}^{q} \sum_{i_{m+1}=1}^{q} P(a_{i_1} \cdots a_{i_m}) P(a_{i_{m+1}} | a_{i_1} \cdots a_{i_m}) \log P(a_{i_{m+1}} | a_{i_1} \cdots a_{i_m}) \end{aligned} \tag{2.88}$$

等于有限记忆长度为 m 的条件熵。所以，有限记忆长度的离散平稳信源可用有限记忆长度的条件熵进行信息测度。(注意：式(2.88)中 $P(a_{i_1} \cdots a_{i_m})$ 是离散平稳信源的 m 维联合概率分布，条件熵 $P(a_{i_{m+1}} | a_{i_1} \cdots a_{i_m})$ 可以由已知各维平稳概率分布计算而得。)

2.6 马尔可夫信源

在非平稳离散信源中有一类特殊的信源。这类信源输出的符号序列中符号之间的依赖关系是有限的，它满足马尔可夫链的性质，因此可用马尔可夫链来处理，并求出此信源的信息熵。本节将讨论这类信源。

2.6.1 马尔可夫信源的定义和马尔可夫信源的信息熵

有许多信源，在其输出的符号序列中符号之间的依赖关系是有限的，即任何时刻信源符号发生的概率只与前面已经输出的若干个符号有关，而与更前面输出的符号无关。但它一般不是平稳信源。为了描述这类信源，除了信源符号集外，我们还需引入状态 S。这时，信源输出的消息符号还与信源所处的状态有关。

设一般信源所处的状态 $S \in E = \{E_1, E_2, \cdots, E_J\}$，在每一状态下可能输出的符号 $X \in A = \{a_1, a_2, \cdots, a_q\}$。并认为每一时刻，当信源输出一个符号后，信源所处的状态将发生转移。信源输出的随机符号序列为

$$x_1, x_2, \cdots, x_{l-1}, x_l, \cdots \tag{2.89}$$

信源所处的随机状态序列为

$$s_1, s_2, \cdots, s_{l-1}, s_l, \cdots \tag{2.90}$$

在第 l 时刻，信源处于状态 E_i，输出符号 a_k 的概率给定为

$$P(x_l = a_k | s_l = E_i) \quad (l = 1, 2, \cdots) \tag{2.91}$$

另外，假设在第 $(l-1)$ 时刻信源处于 E_i 状态，它在下一时刻状态转移到 E_j 的状态转移概率为

$$P_{ij}(l) = P(s_l = E_j | s_{l-1} = E_i) \quad (l = 1, 2, \cdots) \tag{2.92}$$

可见，信源的随机状态序列是一种时间离散、状态离散的无后效过程，即服从马尔可夫链。一般情况下，状态转移概率和已知状态下输出符号的概率均与时刻 l 有关。当这些概率与时刻 l 无关时，即满足

$$P(x_l = a_k | s_l = E_i) = P(a_k | E_i) \tag{2.93}$$

$$P_{ij} = P(E_j | E_i) \tag{2.94}$$

则称为**时齐**的或**齐次**的。此时，信源的状态序列服从时齐马尔可夫链。

定义 2.3 若信源输出的符号序列和信源所处的状态满足下列两个条件：

(1) 某一时刻信源符号的输出只与此刻信源所处的状态有关，而与以前的状态及以前的输出符号都无关，即

$$P(x_l = a_k | s_l = E_i, x_{l-1} = a_{k_1}, s_{l-1} = E_j, \cdots) = P(x_l = a_k | s_l = E_i) \tag{2.95}$$

当具有时齐性时，有

$$P(x_l = a_k | s_l = E_i) = P(a_k | E_i) \quad 及 \quad \sum_{a_k \in A} P(a_k | E_i) = 1 \tag{2.96}$$

(2) 信源某 l 时刻所处的状态由当前的输出符号和前一时刻 $(l-1)$ 信源的状态唯一决定，即

$$P(s_l=E_j \mid x_l=a_k\ s_{l-1}=E_i)=\begin{cases}0 & E_i,E_j\in E\\ 1 & a_k\in A\end{cases} \tag{2.97}$$

则此信源称为**马尔可夫信源**。

条件(2)表明，若信源处于某一状态 E_i，当它输出一个符号后，所处的状态就变了，一定从状态 E_i 转移到另一状态 E_j。显然，状态的转移依赖于输出的信源符号，因此任何时刻信源所处的状态完全由前一时刻的状态和输出的符号决定。又因条件概率 $P(a_k \mid E_i)$ 已给定，所以状态之间的转移有一定的概率分布，并可求得状态的一步转移概率 $P(E_j \mid E_i)$。

这种信源的状态序列在数学模型上可以作为时齐马尔可夫链来处理。因而可以用马尔可夫链的状态转移图来描述信源。在状态转移图上，我们把 J 个可能的状态中每一个状态用一圆圈表示，然后它们之间用有向线连接，以此表示信源输出某符号后由某一状态到另一状态的转移。并把输出的某符号 a_k 及条件概率 $P(a_k \mid E_i)$ 标注在有向线的一侧。

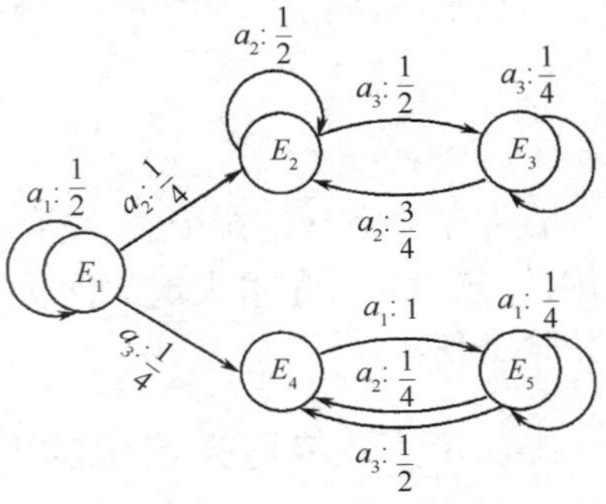

图 2.4　状态转移图

现先举一例说明这些概率及状态转移图。

【例 2.7】　设信源符号 $X\in A=\{a_1,a_2,a_3\}$，信源所处的状态 $S\in E=\{E_1,E_2,E_3,E_4,E_5\}$。各状态之间的转移情况如图 2.4 所示。

由图 2.4 可知，某状态下输出符号的概率分别为

$$\begin{aligned}
&P(a_1 \mid E_1)=1/2 \quad P(a_2 \mid E_2)=1/2 \quad P(a_1 \mid E_5)=1/4\\
&P(a_2 \mid E_1)=1/4 \quad P(a_3 \mid E_2)=1/2 \quad P(a_2 \mid E_5)=1/4\\
&P(a_3 \mid E_1)=1/4 \quad P(a_2 \mid E_3)=3/4 \quad P(a_3 \mid E_5)=1/2\\
&P(a_1 \mid E_4)=1 \qquad\ \ P(a_3 \mid E_3)=1/4 \quad 其他\ P(a_k \mid E_i)=0
\end{aligned} \tag{2.98}$$

可见，它们满足 $\sum_{k=1}^{3}P(a_k \mid E_i)=1, i=1,2,3,4,5$。另从图中可得

$$\begin{cases}
P(s_l=E_2 \mid x_l=a_1\ s_{l-1}=E_1)=0\\
P(s_l=E_1 \mid x_l=a_1\ s_{l-1}=E_1)=1\\
P(s_l=E_2 \mid x_l=a_2\ s_{l-1}=E_1)=1\\
P(s_l=E_2 \mid x_l=a_3\ s_{l-1}=E_1)=0\\
\quad\cdots\cdots
\end{cases} \tag{2.99}$$

所以信源满足式(2.97)。

根据式(2.98)和式(2.99)，可求得状态的一步转移概率，即

$$\begin{aligned}
&P(E_1 \mid E_1)=1/2 \quad P(E_2 \mid E_2)=1/2 \quad P(E_3 \mid E_3)=1/4\\
&P(E_2 \mid E_1)=1/4 \quad P(E_3 \mid E_2)=1/2 \quad P(E_5 \mid E_4)=1\\
&P(E_4 \mid E_1)=1/4 \quad P(E_2 \mid E_3)=3/4 \quad P(E_5 \mid E_5)=1/4\\
&P(E_4 \mid E_5)=P(a_2 \mid E_5)+P(a_3 \mid E_5)=3/4
\end{aligned}$$

其余　$P(E_j \mid E_i)=0$

可见，此信源满足式(2.95)、式(2.96)和式(2.97)，所以此信源是马尔可夫信源，并且是时齐的马尔可夫信源。

有了上述关于马尔可夫信源的定义和描述，下面我们讨论马尔可夫信源的熵。

一般马尔可夫信源输出的消息是非平稳的随机序列，它们的各维概率分布随时间的推移可能

会改变。根据马尔可夫信源定义(式(2.95)和式(2.97))可知,虽然在由信源输出的符号序列和信源所处的状态序列形成的随机序列中,不同时刻的各维概率分布可能会不相同,但其在什么状态下输出什么符号的概率分布,以及某一状态到另一状态的转移都是唯一确定的。

由式(2.95)、式(2.96)和式(2.97)的定义可知,在马尔可夫信源输出的符号序列中符号之间是有依赖的,而且依赖关系也是无限的。信源所处的起始状态不同,信源输出的符号序列亦不相同。第 l 时刻信源输出什么符号,不但与前一$(l-1)$时刻信源所处的状态和所输出的符号有关,而且一直延续到与信源初始所处的状态和所输出的符号有关。因此,一般马尔可夫信源的信息熵应该是其平均符号熵的极限值,即

$$H_{\infty}=H_{\infty}(\boldsymbol{X})=\lim_{N\to\infty}\frac{1}{N}H(X_1X_2\cdots X_N) \tag{2.100}$$

可得**时齐、遍历的马尔可夫信源的熵**

$$H_{\infty} = \sum_{i=1}^{J}Q(E_i)H(X/E_i) \tag{2.101}$$

$$= -\sum_{i=1}^{J}\sum_{k=1}^{q}Q(E_i)P(a_k|E_i)\log P(a_k/E_i) \tag{2.102}$$

式中,$Q(E_i)$是时齐、遍历马尔可夫状态链的极限概率。它满足

$$\sum_{E_j\in E}Q(E_j)P(E_i|E_j) = Q(E_i) \tag{2.103}$$

$$\sum_{E_i\in E}Q(E_i) = 1 \tag{2.104}$$

一般马尔可夫信源的状态极限概率分布与初始状态概率分布有关。而时齐、遍历的马尔可夫信源,当状态转移步数 N 足够长以后,状态的极限概率分布存在,并且已与初始的状态概率分布无关。这意味着遍历、时齐的马尔可夫信源在初始时刻可以处在任意状态,然后状态之间可以互相转移。经过足够长时间之后,信源所处的状态已与初始状态无关,这时信源每种状态出现的概率达到一种稳定分布,这种稳定分布由式(2.103)和式(2.104)决定。而初始时刻信源所处的各种状态的概率分布可以是任意的,它不一定等于稳定时的分布$Q(E_i)$。所以,在起始的有限时间内,信源所处的随机状态序列不是平稳的,状态的概率分布有一段起始渐变过程。经过足够长时间之后,状态的概率分布才达到一种稳定分布。根据马尔可夫信源的定义,信源在各种状态下输出符号是确定的,所以时齐、遍历的马尔可夫信源在起始的有限长时间内,信源输出的随机符号序列也不是平稳的,而只有经过足够长时间之后,输出的随机符号序列才可称为平稳的。因此,时齐、遍历的马尔可夫信源并非是平稳有记忆离散信源。(式(2.101)和式(2.102)的详细推导参阅参考书[15]。)

2.6.2 m 阶马尔可夫信源的定义及其信息熵

上一小节定义和描述的是一般的马尔可夫信源。但常见的一些马尔可夫信源,其可能所处的状态 $E_i(i=1,\cdots,J)$ 与符号序列是有关的。如某有记忆离散信源,它在任何时刻 l,符号发生的概率只与前面 m 个符号有关,我们可以把这 m 个符号序列看作信源在该时刻所处的状态。因为离散信源符号集共有 q 个符号,则信源可以有 q^m 个不同的状态,它们对应于 q^m 个长度为 m 的不同的符号序列。这时,信源输出依赖长度为 $m+1$ 的随机序列就可转换成对应的状态随机序列,而该状态序列符合马尔可夫链的性质,可用马尔可夫链来描述,因此这种有记忆离散信源可用马尔可夫链来描述。

定义 2.4 m 阶有记忆离散信源的数学模型可由一组信源符号集和一组条件概率确定:

$$\begin{bmatrix} X \\ P \end{bmatrix} = \begin{bmatrix} a_1, & a_2, & \cdots, & a_q \\ P(a_{k_{m+1}} | a_{k_1} a_{k_2} \cdots a_{k_m}) \end{bmatrix} \quad k_1, k_2, \cdots, k_m, k_{m+1} = 1, 2, \cdots, q \tag{2.105}$$

并满足 $$\sum_{k_{m+1}=1}^{q} P(a_{k_{m+1}} | a_{k_1} a_{k_2} \cdots a_{k_m}) = 1 \quad k_1, k_2, \cdots, k_m = 1, 2, \cdots, q$$

则称此信源 X 为 **m 阶马尔可夫信源**。当 $m=1$ 时,即任何时刻信源符号发生的概率只与前面一个符号有关,则称为**一阶马尔可夫信源**。

m 阶马尔可夫信源在任何时刻 l,符号发生的概率只与前 m 个符号有关,所以可设状态 $E_i = (a_{k_1} a_{k_2} \cdots a_{k_m})$。由于 $k_1, k_2, \cdots, k_m$ 均可取 $1, 2, \cdots, q$,得信源的状态集$E = [E_1, E_2, \cdots, E_J]$,$J = q^m$。

这样一来,已知的条件概率可变换成

$$P(a_{k_{m+1}} | a_{k_1} a_{k_2} \cdots a_{k_m}) = P(a_{k_{m+1}} | E_i) = P(a_k | E_i) \quad k = 1, 2, \cdots, q; i = 1, 2, \cdots, J \tag{2.106}$$

条件概率 $P(a_{k_{m+1}} | E_i)$ 则表示任何 l 时刻信源处在状态 E_i 时输出符号 $a_{k_{m+1}}$ 的概率。而 $a_{k_{m+1}}$ 可任取 $a_1, a_2, \cdots, a_q$ 之一,所以可以简化成用 a_k 表示。可见,它满足条件式(2.96)。而且在 l 时刻,信源输出符号 $a_{k_{m+1}}$ 后,由符号序列$(a_{k_2} a_{k_3} \cdots a_{k_{m+1}})$组成了新的信源状态 $E_j = (a_{k_2} a_{k_3} \cdots a_{k_{m+1}}) \in E$,信源所处的状态也由 E_i 转移到 E_j。所以,它也满足条件式(2.97)。状态之间的一步转移概率$P(E_j | E_i)$也可由条件概率 $P(a_{k_{m+1}} | a_{k_1} a_{k_2} \cdots a_{k_m})$来确定。

因此,m 阶马尔可夫信源符合一般马尔可夫信源的定义。然而,m 阶马尔可夫信源又是常见的、简单的一种马尔可夫信源。

【例 2.8】 有一个二元二阶马尔可夫信源,其信源符号集为[0,1],条件概率为

$$P(0|00) = P(1|11) = 0.8$$
$$P(1|00) = P(0|11) = 0.2$$
$$P(0|01) = P(0|10) = P(1|01) = P(1|10) = 0.5$$

可见,此信源任何时刻输出的符号只与前两个符号有关,与更前面的符号无关。信源有 $q^m = 2^2 = 4$ 种可能的状态,即 00,01,10,11,分别用 E_1, E_2, E_3, E_4 表示。如果原来状态为 00,则此时刻只可能发出符号 0 或 1。所以下一时刻只可能转移到 00 和 01 状态,不会转移到 10 或 11 状态。由于处在 00 状态时发符号 0 的概率为 0.8,所以由 00 状态转回到 00 状态的概率为 0.8。而处在 00 状态时输出符号 1 的概率为 0.2,所以由 00 状态转移到 01 状态的概率为 0.2,因此,根据给定的条件概率,可以求得状态之间的转移概率(一步转移概率)为

$$\begin{gathered} P(E_1 | E_1) = P(E_4 | E_4) = 0.8 \\ P(E_2 | E_1) = P(E_3 | E_4) = 0.2 \\ P(E_3 | E_2) = P(E_2 | E_3) = P(E_4 | E_2) = P(E_1 | E_3) = 0.5 \end{gathered} \tag{2.107}$$

除此以外,其他的状态转移概率都为零。该信源的状态转移图如图 2.5 所示。由此可见,状态转移概率完全依赖于给定的条件概率。

这样,二元信源发出的一串二元序列就可变换成状态序列。如二元序列为 …01011100…,变换成对应的状态序列为 …$E_2 E_3 E_2 E_4 E_4 E_3 E_1$…。这串状态序列是时齐的马尔可夫链,其在任何时刻 l,状态之间的转移可由一步转移概率式(2.107)确定。

对于时齐、遍历的 m 阶马尔可夫信源,因为其任何时刻输出的符号只与前 m 个符号有关,所以,信源所处的状态就是由前 m 个符号组成的。

故一般将时齐、遍历的 m 阶马尔可夫信源的熵 H_∞ 写成 H_{m+1}。由式(2.101)可得

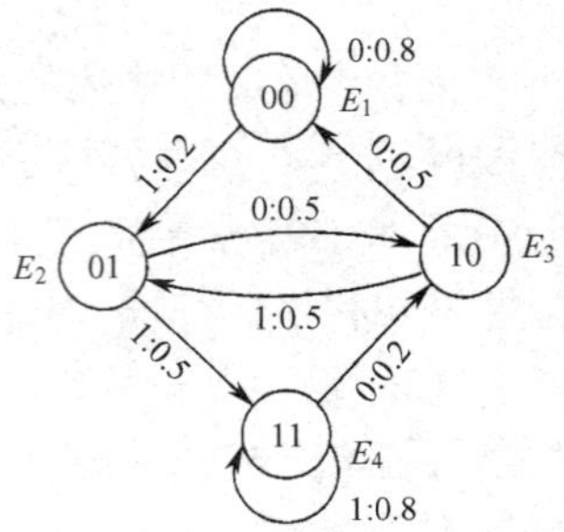

图 2.5　二阶马尔可夫信源状态图

$$H_{\infty}=H_{m+1}=\sum_{i=1}^{J}Q(E_i)H(X|E_i) \tag{2.108}$$

此处 $E_i=(a_{k_1}a_{k_2}\cdots a_{k_m})\quad k_1,k_2,\cdots,k_m=1,2,\cdots,q;i=1,2,\cdots,J=q^m$

又由式(2.106)得 $H(X|E_i)=-\sum_{k=1}^{q}P(a_k|E_i)\log P(a_k|E_i)$

$$=-\sum_{k_{m+1}=1}^{q}P(a_{k_{m+1}}|a_{k_1}a_{k_2}\cdots a_{k_m})\log P(a_{k_{m+1}}|a_{k_1}a_{k_2}\cdots a_{k_m}) \tag{2.109}$$

所以,**时齐、遍历的 m 阶马尔可夫信源的熵**

$$\begin{aligned}H_{m+1}&=\sum_{i=1}^{J}Q(E_i)H(X|E_i)\\&=-\sum_{k_1=1}^{q}\sum_{k_2=1}^{q}\cdots\sum_{k_m=1}^{q}\sum_{k_{m+1}=1}^{q}Q(a_{k_1}a_{k_2}\cdots a_{k_m})P(a_{k_{m+1}}|a_{k_1}a_{k_2}\cdots a_{k_m})\log P(a_{k_{m+1}}|a_{k_1}a_{k_2}\cdots a_{k_m})\end{aligned} \tag{2.110}$$

式中 $Q(E_i)=Q(a_{k_1}a_{k_2}\cdots a_{k_m})$ 满足式(2.103)和式(2.104),它是时齐、遍历 m 阶马尔可夫状态链的极限概率,是信源在足够长时间以后符号序列达到稳定后的 m 长符号序列的联合概率分布。它不等于起始的有限长时间段内的 m 维联合概率分布。根据条件熵的定义,式(2.110)又可写成

$$\begin{aligned}H_{m+1}&=-\sum_{k_1=1}^{q}\sum_{k_2=1}^{q}\cdots\sum_{k_m=1}^{q}\sum_{k_{m+1}=1}^{q}Q(a_{k_1}\cdots a_{k_m})P(a_{k_{m+1}}|a_{k_1}\cdots a_{k_m})\log P(a_{k_{m+1}}|a_{k_1}\cdots a_{k_m})\\&=H(X_{m+1}|X_1X_2\cdots X_m)\end{aligned} \tag{2.111}$$

由此得时齐、遍历的 m 阶马尔可夫信源的熵等于有限记忆长度为 m 的条件熵。

- 但**必须注意**,它不同于有限记忆长度为 m 的离散平稳信源。时齐、遍历的 m 阶马尔可夫信源并非是记忆长度为 m 的离散平稳信源。只有当时间 N 足够长以后,信源所处的状态链达到稳定,这时由 m 个符号组成的各种可能的状态达到一种稳定分布后,才可将时齐、遍历的 m 阶马尔可夫信源看作记忆长度为 m 的离散平稳信源。所以,在计算时齐、遍历 m 阶马尔可夫信源的信息熵的公式(2.111)中,我们用函数 $Q(a_{k_1}a_{k_2}\cdots a_{k_m})$ 来表示马尔可夫状态链的极限概率分布,以区分式(2.88)中离散平稳信源的 m 维联合概率分布 $P(a_{i_1}a_{i_2}\cdots a_{i_m})$。

对于时齐、遍历的一阶马尔可夫信源来说,信源输出符号只与前一个符号有关,所以给定的条件概率为 $P(a_k|a_{k-1})$。因此,马尔可夫链的状态集就是信源的符号集,而马尔可夫链的状态极限概率 $Q(E_i)$ 就等于信源达到稳定以后信源符号的概率分布 $Q(a_{a_{k-1}})$。

一阶马尔可夫信源的概率空间为

$$\begin{bmatrix}X\\P\end{bmatrix}=\begin{bmatrix}a_1, & a_2, & \cdots, & a_q\\P(a_k|a_{k-1}), & k,k-1=1,2,\cdots,q\end{bmatrix}$$

又 $0\leqslant P(a_k|a_{k-1})\leqslant 1\quad \sum_{k=1}^{q}P(a_k|a_{k-1})=1\quad k-1,k=1,2,\cdots,q$

其马尔可夫链的状态空间为 $E=[a_1,a_2,\cdots,a_q]$

得 $P(a_k|E_i)=P(a_k|a_{k-1})\quad k=1,2,\cdots,q;\ i=k-1=1,2,\cdots,q$

而状态极限概率 $Q(E_i)=Q(a_{k-1})(i=k-1=1,2,\cdots,q)$ 并满足式(2.103)和式(2.104)。

因此,时齐、遍历的一阶马尔可夫信源的信息熵

$$H_{\infty}=H_2=-\sum_{k=1}^{q}\sum_{k-1=1}^{q}Q(a_{k-1})P(a_k|a_{k-1})\log P(a_k|a_{k-1}) \tag{2.112}$$

也可简写成 $H_{\infty}=H_{m+1}=H_2=H(X_2|X_2)$

可见,时齐、遍历的一阶马尔可夫信源的熵应等于一阶条件熵。但**注意**,式(2.112)中符号的概率分布 $Q(a_{k-1})$ 应是信源达到平稳以后的分布,而不一定等于起始的符号的概率分布。如果时

齐、遍历的一阶马尔可夫信源的符号的极限概率分布 $Q(a_{k-1})$ 等于起始的概率分布，又因为 $P(a_k|a_{k-1})$ 已给定并与时间平移无关，因此，此时齐、遍历的一阶马尔可夫信源就成了二维离散平稳信源。为此，我们要特别注意式(2.112)中 $Q(a_{k-1})$ 的含义及其计算。

下面举例说明马尔可夫信源熵的计算。

【例 2.9】 (续前例 2.8)根据图 2.5 所示的状态转移图，这 4 个状态都是非周期常返状态，并为不可约闭集，所以具有遍历性。为此，根据式(2.103)和式(2.104)可得

$$\begin{cases}Q(E_1)=0.8Q(E_1)+0.5Q(E_3)\\Q(E_2)=0.2Q(E_1)+0.5Q(E_3)\\Q(E_3)=0.5Q(E_2)+0.2Q(E_4)\\Q(E_4)=0.8Q(E_4)+0.5Q(E_2)\\Q(E_1)+Q(E_2)+Q(E_3)+Q(E_4)=1\end{cases}$$

求出状态的极限概率 $\quad Q(E_1)=Q(E_4)=5/14 \quad Q(E_2)=Q(E_3)=1/7$

由式(2.111)得信源熵 $\quad H_\infty=H_3=-\sum_{E_i\in E}\sum_{k=1}^{q}Q(E_i)P(a_k|E_i)\log P(a_k|E_i)=-\sum_{E_i\in E}Q(E_i)H(X|E_i)$

$$=\frac{5}{14}H(0.8,0.2)+\frac{1}{7}H(0.5,0.5)+\frac{1}{7}H(0.5,0.5)+\frac{5}{14}H(0.8,0.2)$$

$$=\frac{5}{7}\times0.7219+\frac{2}{7}\times1\approx0.80(\text{比特/符号})$$

【例 2.10】 一个二元二阶马尔可夫信源，信源符号集 $A=\{0,1\}$。信源开始时，以概率 $P(x_1)$：$P(0)=P(1)=0.5$ 输出随机变量 x_1。下一单位时间输出的随机变量 x_2 与 x_1 有依赖关系，它们的依赖关系由条件概率表示，见表 2.4。再下一单位时间输出随机变量 x_3，而 x_3 依赖于前面两个变量 x_1 和 x_2，它们的依赖关系由条件概率 $P(x_3|x_1x_2)$ 表示，见表 2.5。

又从第四单位时间开始，任一时刻信源输出的随机变量 x_i 只与前面两个单位时间的随机变量 $x_{i-2}x_{i-1}$ 有依赖关系，即

$$P(x_i|x_1x_2\cdots x_{i-2}x_{i-1})=P(x_i|x_{i-2}x_{i-1}) \quad i>3$$

而且 $$P(x_i|x_{i-2}x_{i-1})=P(x_3|x_1x_2) \quad i>3 \tag{2.113}$$

表 2.4 $P(x_2|x_1)$

x_2	x_1	
	0	1
0	0.3	0.4
1	0.7	0.6

表 2.5 $P(x_3|x_1x_2)$

x_3	$x_1 \quad x_2$			
	00	01	10	11
0	0.4	0.2	0.3	0.4
1	0.6	0.8	0.7	0.6

根据题意，首先设信源开始处于 E_0 状态，并以等概率输出符号 0 和 1，分别到达状态 E_1 和 E_2。然后，若处于状态 E_1，将以 0.3 和 0.7 的概率输出 0 和 1 到达状态 E_3 和 E_4；若处于状态 E_2，将以 0.4 和 0.6 的概率输出 0 和 1 到达状态 E_5 和 E_6。此时，状态 E_3,E_4,E_5,E_6 与信源符号有关，它们是两个二元符号的组合，分别为 00,01,10,11。由此可得，信源的状态转移图如图 2.6(a)所示。

信源输出第二个符号后，再输出第三个及以后的符号($i\geqslant3$)。根据表 2.5 及式(2.113)可知，从第三单位时间以后，信源必处在 E_3,E_4,E_5,E_6 这 4 种状态之一。在 $i\geqslant3$ 以后，信源的状态转移可用图 2.6(b)表示。若原状态处于 $E_5(=10)$，再输出一个符号为 0 时信源必处于状态 $E_3(=00)$；若输出符号为 1 时，状态必转移到 $E_4(=01)$。

观察图 2.6(a)和图 2.6(b)，可知状态 E_1 和 E_5 的功能是完全相同的。因为：(1)这两个状态都是以 0.3 和 0.7 的概率输出符号 0 和 1；(2)输出 0 后状态都转移到 E_3，输出 1 后状态都转移到 E_4。同理，状态 E_2 和 E_6 也是完全相同的。所以可将图 2.6(a)和图 2.6(b)合并成图 2.6(c)。由图2.6(c)可知，E_0 是过渡状态，而 E_3,E_4,E_5,E_6 组成一个不可约闭集，并且具有遍历性。从题意可知，此马尔可夫信源的状态必然会进入这个不可约闭集，所以我们计算信源熵时，可以不考虑过渡

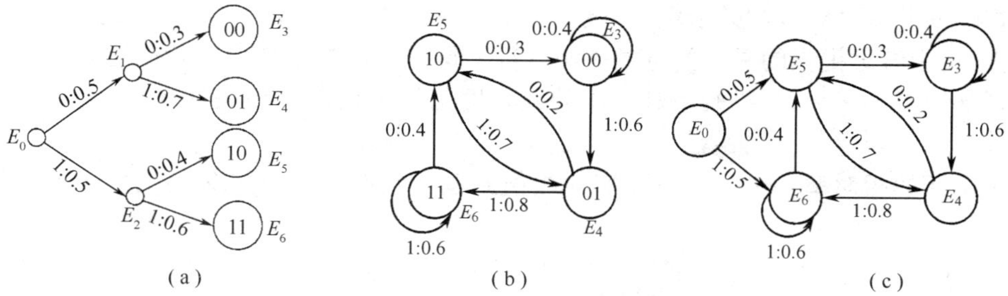

图 2.6 例 2.11 题的状态转移图

状态及过渡过程。由此,根据式(2.103)和式(2.104),求得状态 E_3,E_4,E_5,E_6 的极限概率。

$$\begin{cases}Q(E_3)=0.4Q(E_3)+0.3Q(E_5)\\ Q(E_4)=0.6Q(E_3)+0.7Q(E_5)\\ Q(E_5)=0.2Q(E_4)+0.4Q(E_6)\\ Q(E_6)=0.8Q(E_4)+0.6Q(E_6)\\ Q(E_3)+Q(E_4)+Q(E_5)+Q(E_6)=1\end{cases}$$

解得 $$Q(E_3)=1/9,\quad Q(E_6)=4/9,\quad Q(E_4)=Q(E_5)=2/9$$

代入式(2.110),得信源熵

$$\begin{aligned}H_\infty&=Q(E_3)H(0.4,0.6)+Q(E_4)H(0.2,0.8)+Q(E_5)H(0.3,0.7)+Q(E_6)H(0.4,0.6)\\&=0.8956(\text{比特/符号})\end{aligned}$$

当马尔可夫信源达到稳定后,符号 0 和 1 的概率分布可根据下式来计算

$$P(a_k)=\sum_{i=1}^{J}Q(E_i)P(a_k|E_i) \tag{2.114}$$

因此得

$$P(0)=0.4Q(E_3)+0.2Q(E_4)+0.3Q(E_5)+0.4Q(E_6)=1/3$$
$$P(1)=0.6Q(E_3)+0.8Q(E_4)+0.7Q(E_5)+0.6Q(E_6)=2/3$$

可见,信源达到稳定后,信源符号的概率分布与初始时刻符号的概率分布是不同的。所以,一般马尔可夫信源并非平稳信源。但当时齐、遍历的马尔可夫信源达到稳定后,这时才可以看成一个平稳信源。平稳信源必须知道信源的各维概率分布,而 m 阶马尔可夫信源只需知道与前 m 个符号有关的条件概率,就可计算出信源的信息熵。所以,一般有限记忆长度的平稳信源可以用 m 阶马尔可夫信源来近似。

2.7 信源冗余度与自然语言的熵

前几节我们讨论了各类离散信源及其信息熵。实际的离散信源可能是非平稳的,其 H_∞ 不一定存在,但可以假定它是平稳的,用平稳信源的 H_∞ 来近似。然而,对于一般平稳的离散信源,求 H_∞ 值也是极其困难的。那么,可以进一步假设它是 m 阶马尔可夫信源,用 m 阶马尔可夫信源的信息熵 H_{m+1} 来近似,近似程度的高低取决于记忆长度 m 的大小。最简单的马尔可夫信源是记忆长度 $m=1$ 的信源,信源的熵 $H_{m+1}=H_2=H(X_2|X_1)$。因此,对于一般的离散信源都可以近似地用不同记忆长度的马尔可夫信源来逼近。若再进一步简化信源,即可假设信源为无记忆信源,而信源符号有一定的概率分布。这时,可用信源的平均自信息量 $H_1=H(X)$ 来近似。最后,则可以假定是等概率分布的离散无记忆信源,用最大熵 $H_0=\log q$ 来近似。

当离散信源的符号是等概率分布时熵最大,其平均自信息量为 $H_0=\log q$。据式(2.77)得

$$\log q=H_0\geqslant H_1\geqslant H_2\geqslant\cdots\geqslant H_{m+1}\cdots\geqslant H_\infty$$

由此可见,信源符号间的依赖关系使信源的熵减小。它们的前后依赖关系越长,则信源的熵越

小。并且仅当信源符号间彼此无依赖、等概率分布时，信源的熵才最大。也就是说信源符号之间依赖关系越强，每个符号提供的平均信息量越小。每个符号提供的平均信息量随着符号间的依赖关系长度的增加而减小。为此，我们引进信源的冗余度来衡量信源的相关性程度（有时也称为多余度或剩余度）。

首先定义**熵的相对率**——一个信源实际的信息熵与具有同样符号集的最大熵的比值称为相对率。

其次，定义**信源冗余度**——它等于1减去熵的相对率。即相对率

$$\eta=H_{\infty}/H_0 \tag{2.115}$$

信源冗余度为

$$\gamma=1-\eta=1-H_{\infty}/H_0 \tag{2.116}$$

式中，H_{∞}是信源的实际熵。$H_0=\log q$是最大熵，q为信源的符号数。

可见，信源冗余度的大小能很好地反映离散信源输出的符号序列中符号之间依赖关系的强弱。冗余度γ越大，表示信源的实际熵H_{∞}越小。这表明信源符号之间的依赖关系越强，即符号之间的记忆长度越长。反之，冗余度越小，信源符号之间依赖关系越弱，即符号之间的记忆长度越短。当冗余度等于零时，信源的信息熵就等于极大值H_0，这表明信源符号之间不但统计独立无记忆，而且各符号还是等概率分布的。所以，冗余度γ可用来衡量信源输出的符号序列中各符号之间的依赖程度。

日常的人类自然语言如汉语、英语、德语等都是由一组符号的集合构成的信源。汉语采用的符号是汉字，英语、德语等采用一些字母表（还可以加上标点符号和空格）的符号集。自然语言就是由这些符号构成的符号序列。在自然语言的符号序列中符号之间是有关联的，它们都可以用马尔可夫信源来逼近。

以英文字母组成的信源为例，信源的输出是由英文字母组成的序列。英文字母共26个，加上单词间的空格1个（没有空格，无法表示一个单字和另一个英文单字的分隔。其实还须加标点符号，但不用也可以表达意思，故不计算在内）共27个符号。所以由英文字母组成的信源的最大熵$H_0=\log 27=4.76$（比特/符号）。

但实际上，用英文字母组成单词，再由单词组成文章时，英文字母并非等概率出现，而且英文字母之间有严格的依赖关系。我们知道在英文中E出现的概率远远大于Q出现的概率。如果我们先做第一级近似，只考虑英文书中各字母（包括空档）出现的概率，不考虑字母之间的依赖关系。对英文书中各字母的出现概率加以统计，得到表2.6的统计数据。由此得第一级近似为无记忆信源的熵为

$$H_1=\sum_{i=1}^{27}p_i\log\frac{1}{p_i}=4.03\ (\text{比特/符号})$$

表2.6　英文字母概率表

字母	概率	字母	概率
空格	0.1859	N	0.0574
A	0.0642	O	0.0632
B	0.0127	P	0.0152
C	0.0218	Q	0.0008
D	0.0317	R	0.0484
E	0.1031	S	0.0514
F	0.0208	T	0.0796
G	0.0152	U	0.0228
H	0.0467	V	0.0083
I	0.0575	W	0.0175
J	0.0008	X	0.0013
K	0.0049	Y	0.0164
L	0.0321	Z	0.0005
M	0.0198		

若按表2.6给出的概率，随机地选择英文字母排列起来，可得到第一级近似信源输出的一个典型的字母序列：

AI NGAE ITE NNR ASAEV OTE BAINTHA HYROO POER SET RYGAIETRWCO EHDUARU EU C FT NSREM DIY EESE F O SRIS R UNNASHOR …

从这个序列来看，它有点像英语，但实际并非是英语的排列。因为字母之间并没有组合成有意义的单词，更谈不上单词之间组成有意义的句子了。考察英语的结构得知，要组成有意义的单词，英文字母的前后出现是有依赖的。当前面某个字母出现以后，后面将出现什么字母，并不是完全不确定的，而是有一定的概率分布。例如，字母T后面出现H、R的可能性较大，出现J、K、L、M、N的可能性极小，而根本不会出现字母Q、F、X。

考虑到字母之间的依赖关系，可以把英语信源做进一步的近似，看作一阶或二阶马尔可夫信源。这样可以求得

$$H_2=3.32 \quad (比特/符号) \qquad H_3=3.1 \quad (比特/符号)$$

根据这种近似，我们要计算得到字母之间的一维条件概率 $P(a_j|a_i)$，$a_i,a_j\in$［英文字母集］和二维条件概率 $P(a_k|a_i a_j)$，$a_i,a_j,a_k\in$［英文字母集］。然后，按照这些概率分布，随机地选择英文字母排列起来，可得到二级近似（一阶马氏信源）和三级近似（二阶马氏信源）英语信源所输出的一个典型的字母序列。然而，其计算量相当大且复杂。如果近似为二阶马氏信源，就要计算 $27^3=19683$ 项二维条件概率。并且为了精确地计算这些条件概率，就必须处理上百万的字母。为此，香农提出了一种构成近似英语信源的典型字母序列的最简洁的方法。

首先，选一本具有代表性的英语书籍。然后随机地翻开某一页，并随机地选择该页中的一个字母，假设是 U。将 U 作为典型字母序列的第一个字母。再随机地跳过若干行或若干页，读到第一个 U，就读紧随其后的字母。假设为 R，将 R 作为字母序列的第二个字母。然后，再跳过若干行或若干页，读到 R，将紧随其后的字母作为字母序列的第三个字母。这样，反复操作，就能构成一阶马尔可夫英语信源所输出的一个典型序列：

URTESHETHING AD E AT FOULE ITHALIORT WACT D STE MINTSAN OLINS TWID OULY TE THIGHE CO YS TH HR UPAVIDE …

类似上述香农方法也可构成近似的二阶马尔可夫英语信源所输出的典型序列。随意地翻开一页，随机地在该页选择两个字母，假设为 IA，将它们作为典型字母序列中的第一、二两个字母，接着，随机地跳过若干行或若干页，读到字母 IA，就将紧随其后的字母作为序列的第三个字母，假设为 N。然后，再跳过若干行或若干页，读到两个字母为 AN 时，就将紧随其后的字母作为字母序列的第四个字母。现在每次读两个字母，这样反复操作，就能得到近似的二阶马尔可夫英语信源所输出的一个典型序列：

IANKS CAN OU ANG RLER THTTED OF TO SHOR OF TO HAVEMEM A I MAND AND BUT WHISSITABLY THERVEREER …

可以看出，在此序列中由两个字母和三个字母组成的单字大都是有意义的英语单词，而四个以上字母组成的单字却很难在英语字典中查到。这是因为各字母之间的相互依赖关系往往要延伸到更多的符号，所以只有很少量的字母序列才能组成有意义的单词。另外，在构成具有意义的英语句子、文章时，还要考虑各个单词之间的依赖关系。只有很少量适当的单词才能组成一句有意义的句子。下面我们应用相同的近似方法来研究英语信源输出的符号是单词的情况。

首先考虑单词独立出现的情况，研究出英语单词的出现概率，就可得到英语信源的第一级单词近似的信源。此时，只考虑单词出现的概率，不考虑单词间的相互依赖关系。仍按香农的方法，得第一级单词近似的英语信源所输出的典型序列为：

REPRESENTING AND SPEEDILY IS AN GOOD ART OR COME CAN DIFFERENT NATURAL HERE HE THE A IN CAME THE TO OF TO EXPERT GRAY COME TO FURNISHES THE LINE …

进一步考虑单词之间的依赖关系。这里，只考虑单词间的一步转移概率，但不包括句子的结构，得英语信源的第二级单词近似（单词的一阶马尔可夫信源）。仍按香农的方法，可得所输出的典型序列：

THE HEAD AND IN FRONTAL ATTACK ON AN EGLISH WRITER THAT THE CHARACTER OF THIS POINT IS THEREFORE ANOTHER METHOD FOR THE LET TERS THAT THE TIME OF WHO EVER TOLD THE PROBLEM FOR AN UNEXPECTED …

两个、三个或较多的单词连在一起的序列并不一定成为完全不合理的句子，也不会造成异常的

或别扭的句法。显而易见,近似的随机序列模型复杂程度越高,越逼近实际英语的文章。所以一个足够复杂的随机序列模型能够满意地表示自然语言的信源。这也说明,一般离散信源都可以用不同记忆长度的马尔可夫信源来逼近。

英语信源的这种统计特性在对加密的英语文章进行解密时很有用处。例如,一种简单的替换密码(将一些字母用其他一些字母替代)方法中,只要用经常发生的字母来猜测,就能够破译。在一些字母丢失的破译文章中,我们可以根据英语的统计特性将丢失的字母填写上。例如

TH_R_ _S _NLY _N_ W_Y T_ F_LL _N TH_ V_W_LS _N TH_S S_NT_NC_

由前已知,在信源所输出的序列中依赖关系越复杂,其信息熵就越低。因此,实际英文信源的熵还要低得多。

对于实际英文字母组成的信源,其实际熵 H_∞ 有许多近似值。这是由于统计逼近的方法不同或所取的样本书不一致而引起的差异,一般认为

$$H_\infty = 1.4 \quad (\text{比特/符号})$$

那么,熵的相对率 $\eta = H_\infty / H_0 = 0.29$

冗余度 $\gamma = 1 - 0.29 = 0.71$

这说明用英文字母写成文章时,有 71%是由语言结构、实际意义等确定的,而剩下只有 29%是写文字的人可以自由选择的。这也意味着在传递或存储英语信息时,只需传送或存储那些必要的字母,而那些有关联的字母则可进行大幅度压缩。例如 100 页的英文书,大约只要存储 29 页就可以了,其中 71 页可以压缩掉,而这压缩掉的文字完全可根据英文的统计特性来恢复。从而大大提高了传输或存储英文消息的效率。信源的冗余度可用来表示这种信源可压缩的程度。

德语、法语等自然语言,都是用字母符号的符号序列构成的语句。所以,都与英语信源类似,可用上述类似方法来近似。而汉语采用的符号是汉字,它是象形文字。因此,研究汉语信源要复杂得多。

简单的近似方法是,将常用汉字看成符号集中的每一个符号,并假设常用的汉字约为10 000 个。若这 10 000 个汉字集中每个汉字等概率出现,则信源的信息熵

$$H_0 = \log_2 10^4 \approx 13.288 \quad (\text{比特/汉字})$$

现进一步近似,将这 10 000 个汉字分成四类。统计在这 10 000 个汉字中,140 个汉字是常出现的,出现概率占 50%;又 625 个汉字(包括 140 个)出现概率占 85%;而 24 00 个汉字(包括前 625 个)出现概率占 99.7%;其余 7 600 个汉字出现概率占 0.3%,是一些较罕见的汉字。当然,在每一类中,各汉字出现概率也各不相同。为了计算简单,假设每类中汉字出现是等概率的,见表 2.7。

表 2.7 汉字简单近似概率表

类别	汉字个数	所占概率 P	每个汉字的概率 P_i
Ⅰ	140	0.5	0.5/140
Ⅱ	485	(0.85−0.5) = 0.35	0.35/485
Ⅲ	1775	(0.997−0.85) = 0.147	0.147/1775
Ⅳ	7600	0.003	0.003/7600

根据表 2.7,可计算出这种简单近似汉语信源的信息熵

$$\begin{aligned}
H(X) &= -\sum_{i=1}^{1000} P_i \log P_i \\
&= -\sum_{i_1=1}^{140} P_{i_1}\log P_{i_1} - \sum_{i_2=1}^{485} P_{i_2}\log P_{i_2} - \sum_{i_3=1}^{1775} P_{i_3}\log P_{i_3} - \sum_{i_4=1}^{7600} P_{i_4}\log P_{i_4} \\
&= -0.5\log\frac{0.5}{140} - 0.35\log\frac{0.35}{485} - 0.147\log\frac{0.147}{1775} - 0.003\log\frac{0.003}{7600} \\
&= 9.773 (\text{比特/符号})
\end{aligned}$$

在这种简单近似下,汉语信源的冗余度为

$$\gamma=1-H(X)/H_0\approx 0.264$$

在实际汉语信源中,每个汉字出现概率不但不相等,而且有一些常用的词组。单字之间有依赖关系,词组之间也有依赖关系。将这些关联关系考虑进去,计算是相当复杂的。由前分析已知,汉语信源的实际信息熵一定很小,其冗余度也相当大。

从提高传输信息效率的观点出发,总是希望减小或去掉冗余度。如发中文电报,为了经济和节省时间,总希望在原意不变的情况下,尽可能把电文写得简洁些。因为中文字母组成的消息同样也有很大的冗余度,所以它们是可以压缩的。例如,把"中华人民共和国"压缩成"中国";"母亲病愈,身体健康"压缩为"母病愈"。这样原意并没变,而电文变得简洁,冗余度大大减小。

但是冗余度也有它的用处,因为冗余度大的消息具有强的抗干扰能力。当干扰使消息在传输过程中出现错误时,我们能从它的上下关联中纠正错误。例如,当我们收到电文为"中×人民×和国"、"母亲病×,身体健康"时,我们很容易把它纠正为"中华人民共和国"及"母亲病愈,身体健康"。但若我们发的是压缩后的电文"中国"和"母病愈",那么当我们接收电文为"×国"和"母病×"时,就很难肯定所发的电文是"中国""美国""法国"等,是"母病愈"还是"母病危"……由此将会造成很大的错误。所以,从提高抗干扰能力角度来看,总希望增加或保留信源的冗余度。

从第5章开始,我们将讨论信源编码和信道编码。通过讨论,可以进一步理解:信源编码就是通过减小或消除信源的冗余度来提高传输效率;而信道编码则通过增加信源的冗余度来提高抗干扰能力。

小　　结

自信息: 事件 a_i 的自信息

$$I(a_i)\triangleq-\log P(a_i) \tag{2.21}$$

信息熵: 离散随机变量 X 的信息熵

$$H(X)=-\sum_X P(x)\log P(x) \tag{2.22}$$

熵函数的性质: 若离散随机变量 X 的概率分布为 $\boldsymbol{P}=(p_1,p_2,\cdots,p_q)$,则 $H(\boldsymbol{P})$ 具有如下特性。

(1) 对称性　式(2.27)

(2) 确定性　式(2.28)

(3) 非负性　式(2.29)

(4) 扩展性　式(2.30)

(5) 可加性　式(2.31)和式(2.32)

(6) 强可加性　式(2.34)和式(2.35)

(7) 递增性　式(2.40)

(8) 极值性　式(2.41)

(9) 上凸性　式(2.42)

离散无记忆信源的 N 次扩展信源的熵: $H(\boldsymbol{X})=H(X^N)=NH(X)$ (2.47)

离散平稳信源的平均符号熵:

$$H_N(\boldsymbol{X})=\frac{1}{N}H(X_1X_2\cdots X_N) \tag{2.71}$$

离散平稳信源的条件熵:

$$H(X_N|X_{N-1}X_{N-2}\cdots X_2X_1) \tag{2.72}$$

离散平稳信源的极限熵(又称熵率):

$$H_\infty=\lim_{N\to\infty}H_N(\boldsymbol{X})=\lim_{N\to\infty}H(X_N|X_{N-1}\cdots X_2X_1) \tag{2.73}$$

离散平稳信源有:

$$H(X_N|X_1\cdots X_{N-1})\leqslant H(X_{N-1}|X_1\cdots X_{N-2})\leqslant\cdots\leqslant H(X_3|X_1X_2)\leqslant H(X_2|X_1)\leqslant H(X_1)\leqslant\log q=H_0 \tag{2.77}$$

$$H(X_1X_2\cdots X_N)=\sum_{i=1}^{N}H(X_i|X_{i-1}\cdots X_1) \tag{2.78}$$

m 阶有记忆平稳信源的信息熵:

$$H_P = -\sum_{i=1}\cdots\sum_{i_m=1}\sum_{i_{m+1}=1} P(a_{i_1}\cdots a_{i_m})P(a_{i_{m+1}}|a_{i_1}\cdots a_{i_m})\log P(a_{i_{m+1}}|a_{i_1}\cdots a_{i_m}) \tag{2.88}$$

时齐、遍历马尔可夫信源的信息熵：

$$H_\infty = -\sum_{i=1}^{J}\sum_{k=1}^{q} Q(E_i)P(a_k|E_i)\log P(a_k|E_i) \tag{2.102}$$

时齐、遍历的 m 阶马尔可夫信源的熵： $H_{m+1} = \sum_{i=1}^{J} Q(E_i)H(X|E_i)$ (2.110)

式中，$Q(E_i)=Q(a_{k_1}a_{k_2}\cdots a_{k_m})$满足式(2.103)和式(2.104)。

信源的冗余度：

$$\gamma = 1-\frac{H_\infty}{H_0} \tag{2.116}$$

习　题

2.1　设有12枚同值硬币，其中有1枚为假币。只知道假币的重量与真币的重量不同，但不知究竟是重还是轻。现用比较天平左右两边轻重的方法来测量(因无砝码)。为了在天平上称出哪一枚是假币，试问至少必须称多少次？

2.2　同时扔一对均匀的骰子，当得知"两骰子面朝上点数之和为2"或"面朝上点数之和为8"或"两骰子面朝上点数是3和4"时，试问这三种情况分别获得多少信息量？

2.3　如果你在不知道今天是星期几的情况下问你的朋友"明天是星期几？"则答案中含有多少信息量？如果你在已知今天是星期四的情况下提出同样的问题，则答案中你能获得多少信息量(假设已知星期一至星期日的排序)？

2.4　居住在某地区的女孩中有25%是大学生，在女大学生中有75%是身高1.6米以上的，而女孩中身高1.6米以上的占总数的一半。假如我们得知"身高1.6米以上的某女孩是大学生"的消息，问获得多少信息量？

2.5　设离散无记忆信源 $\begin{bmatrix} X \\ P(x) \end{bmatrix} = \begin{bmatrix} a_1=0 & a_2=1 & a_3=2 & a_4=3 \\ 3/8 & 1/4 & 1/4 & 1/8 \end{bmatrix}$，其发出的消息为(202120130213001203210110321010021032011223210)，求

(1) 此消息的自信息是多少？

(2) 在此消息中平均每个符号携带的信息量是多少？

2.6　如有6行8列的围棋盘型方格，若有两个质点 A 和 B，分别以等概率落入任一方格内，且它们的坐标分别为(X_A, Y_A)，(X_B, Y_B)，但 A、B 不能落入同一方格内。

(1) 若仅有质点 A，求 A 落入任一个格的平均自信息量是多少？

(2) 若已知 A 已落入，求 B 落入的平均自信息量。

(3) 若 A、B 是可分辨的，求 A、B 同时都落入的平均自信息量。

2.7　从大量统计资料知道，男性中红绿色盲的发病率为7%，女性发病率为0.5%，如果你问一位男同志："你是否是红绿色盲？"他的回答可能是"是"，可能是"否"，问这两个回答中各含有多少信息量？平均每个回答中含有多少信息量？如果你问一位女同志，则答案中含有的平均自信息量是多少？

2.8　设信源 $\begin{bmatrix} X \\ P(x) \end{bmatrix} = \begin{bmatrix} a_1, & a_2, & a_3, & a_4, & a_5, & a_6, \\ 0.2, & 0.19, & 0.18, & 0.17, & 0.16, & 0.17 \end{bmatrix}$，求该信源的熵，并解释为什么 $H(X)>\log 6$，不满足信源熵的极值性。

2.9　设离散无记忆信源 S，其符号集 $A=\{a_1,a_2,\cdots,a_q\}$，知其相应的概率分布为$(P_1,P_2,\cdots,P_q)$。设另一离散无记忆信源 S'，其符号集为 S 信源符号集的两倍，$A'=\{a_i\}$，$i=1,2,\cdots,2q$，并且各符号的概率分布满足

$$P_i' = (1-\varepsilon)P_i \quad (i=1,2,\cdots,q)$$

$$P_i' = \varepsilon P_{i-q} \quad (i=q+1,q+2,\cdots,2q)$$

试写出信源 S' 的信息熵与信源 S 的信息熵的关系。

2.10　设有一概率空间，其概率分布为$\{p_1,p_2,\cdots,p_q\}$，并有 $p_1>p_2$。若取 $p_1'=p_1-\varepsilon$，$p_2'=p_2+\varepsilon$，其中 $0<2\varepsilon\leqslant p_1-p_2$，而其他概率值不变。试证明由此所得新的概率空间的熵是增加的，并用熵的物理意义加以解释。

2.11 试证明：若 $\sum_{i=1}^{L} p_i = 1, \sum_{j=1}^{m} q_j = p_L$，则

$$H(p_1,p_2,\cdots,p_{L-1},q_1,q_2,\cdots,q_m)=H(p_1,p_2,\cdots,p_{L-1},p_L)+p_L H\left(\frac{q_1}{p_L},\frac{q_2}{p_L},\cdots,\frac{q_m}{p_L}\right)$$

并说明等式的物理意义。

2.12 (1) 为了使电视图像获得良好的清晰度和规定的适当的对比度，需要用5×10^5个像素和10个不同亮度电平，求传递此图像所需的信息率（比特/秒）。并设每秒要传送30帧图像，所有像素是独立变化的，且所有亮度电平等概率出现。

(2) 设某彩电系统，除了满足对于黑白电视系统的上述要求外，还必须有30个不同的色彩度，试证明传输该彩色系统的信息率要比黑白系统的信息率约大2.5倍。

2.13 每帧电视图像可以认为由3×10^5个像素组成，所有像素均独立变化，且每一像素又取128个不同的亮度电平，并设亮度电平等概率出现。问每帧图像含有多少信息量？若现有一广播员在约10 000个汉字的字汇中选1000个字来口述此电视图像，试问广播员描述此图像所广播的信息量是多少（假设汉字字汇等概率分布，并彼此无依赖）？若要恰当地描述此图像，广播员在口述中至少需用多少汉字？

2.14 为了传输一个由字母A、B、C、D组成的符号集，把每个字母编码成两个二元码脉冲序列，以00代表A，01代表B，10代表C，11代表D。每个二元码脉冲宽度为5ms。

(1) 不同字母等概率出现时，计算传输的平均信息速率。

(2) 若每个字母出现的概率分别为$p_A=1/5, p_B=1/4, p_C=1/4, p_D=3/10$，试计算传输的平均信息速率。

2.15 证明离散平稳信源有$H(X_3|X_1X_2)\leqslant H(X_2|X_1)$，并说明等式成立的条件。

2.16 证明离散平稳信源有$H(X_1X_2\cdots X_N)\leqslant H(X_1)+H(X_2)+\cdots+H(X_N)$，并说明等式成立的条件。

2.17 设有一个信源，它产生0、1序列的消息。它在任意时间而且不论以前输出过什么符号，均按$P(0)=0.4, P(1)=0.6$的概率输出符号。

(1) 试问这个信源是否是平稳的？

(2) 试计算$H(X^2)$，$H(X_3|X_1X_2)$及$\lim_{N\to\infty}H_N(\boldsymbol{X})$。

(3) 试计算$H(X^4)$并写出X^4信源中可能有的所有符号。

2.18 设有一信源，它在开始时以$P(a)=0.6, P(b)=0.3, P(c)=0.1$的概率输出$X_1$。如果$X_1$为$a$时，则$X_2$为$a$、$b$、$c$的概率为1/3；如果$X_1$为$b$，$X_2$为$a$、$b$、$c$的概率为1/3；如果$X_1$为$c$，$X_2$为$a$、$b$的概率为1/2，为$c$的概率为0。而且后面输出$X_i$的概率只与$X_{i-1}$有关，又$P(X_i|X_{i-1})=P(X_2|X_1)\ i\geqslant3$。试利用马尔可夫信源的图示法画出状态转移图，并计算此信源的熵H_∞。

2.19 一阶马尔可夫信源的状态图如图2.7所示，信源X的符号集为{0,1,2}并定义$\bar{p}=1-p$。

(1) 求信源平稳后的概率分布$P(0)$，$P(1)$和$P(2)$。

(2) 求此信源的熵H_∞。

(3) 当近似认为此信源为无记忆时，符号的概率分布等于平稳分布。求近似信源的熵$H(X)$并与H_∞进行比较。

(4) 此一阶马尔可夫信源p取何值时H_∞取最大值。又当$p=0$和$p=1$时结果如何？

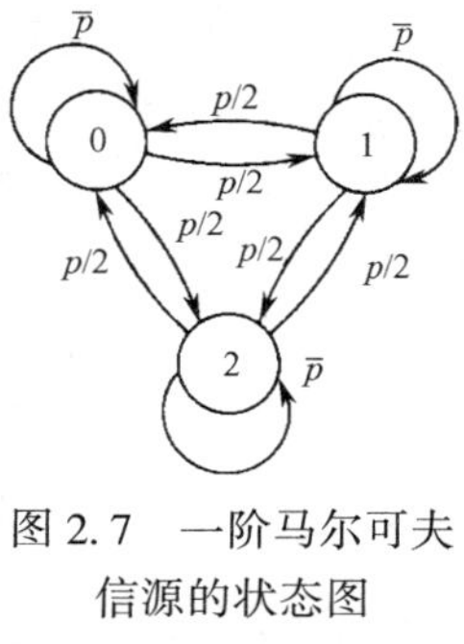

图2.7 一阶马尔可夫信源的状态图

2.20 黑白气象传真图的消息只有黑色和白色两种，即信源X={黑，白}，设黑色出现的概率为$P(黑)=0.3$，白色的出现概率$P(白)=0.7$。

(1) 假设图上黑白消息出现前后没有关联，求熵$H(X)$。

(2) 假设消息前后有关联，其依赖关系为$P(白|白)=0.9$，$P(黑|白)=0.1$，$P(白|黑)=0.2$，$P(黑|黑)=0.8$，求此一阶马尔可夫信源的熵H_2。

(3) 分别求上述两种信源的冗余度，比较$H(X)$和H_2的大小，并说明其物理意义。

第 3 章　离散信道及其信道容量

在一般广义的通信系统中,信道是很重要的一部分。信道的任务是以信号方式传输信息和存储信息。我们研究信道就是研究信道中能够传送或存储的最大信息量,即信道容量问题。

本章首先讨论离散信道的统计特性和数学模型,然后定量地研究信道传输的平均互信息及其性质,并导出信道容量及其计算方法。但本章只限于研究一个输入端和一个输出端的信道,即单用户信道,其中以无记忆、无反馈、固定参数的离散信道为重点。它是进一步研究其他各种类型信道的基础。

3.1　信道的数学模型及分类

我们已知信源输出的是携带着信息的消息,而消息必须首先转换成能在信道中传输或存储的信号,然后通过信道传送到收信者。并且认为噪声或干扰主要从信道中引入,它使信号通过信道后产生错误和失真。故信道的输入和输出信号之间一般不是确定的函数关系,而是统计依赖的关系。只要知道信道的输入信号、输出信号,以及它们之间的统计依赖关系,那么信道的全部特性就确定了。

3.1.1　信道的分类

实际的通信系统中,信道的种类很多,包含的设备也各式各样。根据载荷消息的媒体不同,有邮递信道、电信道、光信道、声信道等。从信息传输的角度来考虑,信道可以根据输入和输出信号的形式、信道的统计特性及信道的用户多少等方法来进行分类。

● 根据信道的用户多少,可以分为:

(1) **两端(单用户)信道**。它只有一个输入端和一个输出端的单向通信的信道,如图 1.2 所示。它是多端信道的基础。

(2) **多端(多用户)信道**。它在输入端或输出端中至少有一端有两个以上的用户,并且还可以双向通信的信道。实际通信系统,如计算机通信、卫星通信、广播通信、移动通信等,这些系统中的信道都属于多用户信道。

● 根据信道输入端和输出端的关联,可以分为:

(1) **无反馈信道**。信道输出端无信号反馈到输入端,即输出端信号对输入端信号无影响、无作用。

(2) **反馈信道**。信道输出端的信号反馈到输入端,对输入端的信号起作用,影响输入端信号发生变化。

● 根据信道的参数(统计特性)与时间的关系,信道又可以分为:

(1) **固定参数信道**。信道的参数(统计特性)不随时间变化而改变。

(2) **时变参数信道**。信道的参数(统计特性)随时间变化而变化。

● 根据输入和输出信号的统计特性,信道可以分为:

(1) **离散信道**。它是指输入和输出的随机序列的取值都是离散的信道。

(2) **连续信道**。它是指输入和输出的随机序列的取值都是连续的信道。

(3) **半离散或半连续信道**。输入序列是离散的但相应的输出序列是连续的信道,或者相反。

(4) **波形信道**。信道的输入和输出都是一些时间上连续的随机信号 $\{x(t)\}$ 和 $\{y(t)\}$。即信道输入和输出的随机变量的取值是连续的,并且还随时间连续变化。也就是信道的输入和输出都是随机的模拟信号,所以又称为**模拟信道**。一般可用随机过程来描述其输入和输出。不论何种随机过程,只要有某种限制(如限频或限时),就可分成时间(或空间)上离散的随机序列。由于实际信道的带宽总是有限制的,所以输入信号和输出信号总可以分解成时间离散的随机序列来研究。该随机序列中每个随机变量的取值可以是可数的离散值,也可以是不可数的连续值。因此,波形信道可分解成离散信道、连续信道和半离散或半连续信道来研究。

以下我们只限于研究无反馈、固定参数的单用户离散信道。

3.1.2 离散信道的数学模型

离散信道的数学模型如图 3.1 所示。图中输入和输出信号用随机矢量表示。输入信号 $\boldsymbol{X}=(X_1,\cdots,X_i,\cdots,X_N)$,输出信号 $\boldsymbol{Y}=(Y_1,\cdots,Y_i,\cdots,Y_N)$,其中 $i=1,\cdots,N$ 表示时间或空间的离散值。而每个随机变量 X_i 和 Y_i 又分别取值于符号集 $A=\{a_1,\cdots,a_r\}$ 和 $B=\{b_1,\cdots,b_s\}$,其中 r 不一定等于 s。另外,图中条件概率 $P(\boldsymbol{y}|\boldsymbol{x})$ 描述了输入信号和输出信号之间的统计依赖关系,反映了信道的统计特性。

根据信道的统计特性即条件概率 $P(\boldsymbol{y}|\boldsymbol{x})$ 的不同,离散信道又可分成三种情况。

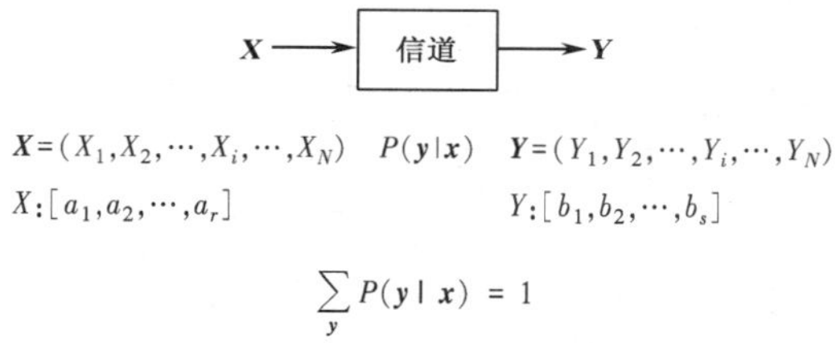

图 3.1 离散信道数学模型

1. 无干扰(无噪)信道

信道中没有随机性的干扰或者干扰很小,输出信号 $\boldsymbol{Y}$ 与输入信号 $\boldsymbol{X}$ 之间有确定的一一对应的关系。即

$$\boldsymbol{y}=f(\boldsymbol{x}) \tag{3.1}$$

并且

$$\mathrm{P}(\boldsymbol{y}|\boldsymbol{x})=\begin{cases}1 & \boldsymbol{y}=f(\boldsymbol{x})\\ 0 & \boldsymbol{y}\neq f(\boldsymbol{x})\end{cases} \tag{3.2}$$

2. 有干扰无记忆信道

实际信道中常有干扰(噪声),即输出符号与输入符号之间无确定的对应关系。这时信道输入和输出之间的条件概率不同于式(3.2),而是一般的概率分布。若信道任一时刻输出符号只统计依赖于对应时刻的输入符号,而与非对应时刻的输入符号及其他任何时刻的输出符号无关,则这种信道称为**无记忆**信道。也就是无记忆信道任意时刻的输出符号只与对应时刻的输入符号有关,而与以前时刻的输入符号、输出符号无关,另外也与以后的输入符号无关。满足离散无记忆信道的充要条件是

$$P(\boldsymbol{y}|\boldsymbol{x})=P(y_1y_2\cdots y_N|x_1x_2\cdots x_N)=\prod_{i=1}^{N}P(y_i|x_i) \tag{3.3}$$

对任意 N 值和任意 x、y 的取值,式(3.3)都成立。

3. 有干扰有记忆信道

这是更一般的情况,即有干扰(噪声)又有记忆。实际信道往往是这种类型的。例如在数字信道中,由于信道滤波使频率特性不理想时,会造成码字之间的干扰。在这一类信道中,某一瞬间的输出符号不但与对应时刻的输入符号有关,而且还与此前其他时刻信道的输入符号及输出符号有关,这样的信道称为**有记忆信道**。这时信道的条件概率 $P(\boldsymbol{y}|\boldsymbol{x})$ 不再满足式(3.3)。

处理这类有记忆信道时,最直观的方法是,把记忆较强的 N 个符号当作一个矢量符号来处理,而各矢量符号之间被认为是无记忆的,这样就转化成无记忆信道的问题。当然,这样处理一般会引入误差,因为实际上第一个矢量的最末几个符号与第二个矢量的最前面几个符号是有关联的。N 取得越大,误差将越小。

另一种处理方法是把 $P(\boldsymbol{y}|\boldsymbol{x})$ 看成马尔可夫链的形式,这是有限记忆信道的问题。把信道某时刻的输入和输出序列看成信道的状态,那么,信道的统计特性可用在已知现时刻的输入符号和前时刻信道所处的状态的条件下,信道的输出符号和所处的状态的联合条件概率来描述,即用 $P(y_n s_n|x_n s_{n-1})$ 来描述。然而,在一般情况下这种方法仍很复杂。只有在每一个输出符号只与前一个输入符号有关的简单情况下,才可得到比较简单的结果。

下面我们着重研究离散无记忆信道,并且先从简单的单符号信道入手。

3.1.3 单符号离散信道的数学模型

单符号离散信道的输入变量为 X,取值于符号集 $\{a_1,a_2,\cdots,a_r\}$;输出变量为 Y,取值于符号集 $\{b_1,b_2,\cdots,b_s\}$,并有条件概率

$$P(y|x)=P(y=b_j|x=a_i)=P(b_j|a_i)\quad 0\leqslant P(b_j|a_i)\leqslant 1\quad (i=1,2,\cdots,r;\ j=1,2,\cdots,s)$$

这一组条件概率称为信道的**传递概率**或**转移概率**。

因为信道中有干扰(噪声)存在,信道输入为 $x=a_i$ 时,输出是哪一个符号 y,事先无法确定。但信道输出一定是 $b_1,b_2,\cdots,b_s$ 中的一个。即有

$$\sum_{j=1}^{s} P(b_j|a_i)=1\quad (i=1,2,\cdots,r)\tag{3.4}$$

由于信道的干扰使输入符号 x 在传输中发生错误,所以可以用传递概率 $P(b_j|a_i)(i=1,2,\cdots,r;j=1,2,\cdots,s)$ 来描述干扰影响的大小。因此,简单的单符号离散信道的数学模型,可以用概率空间 $[X,P(y|x),Y]$ 加以描述。另外,也可用图来描述,如图 3.2 所示。

【例 3.1】 二元对称信道,简记为 BSC。

这是很重要的一种特殊信道,它的输入符号 X 取值于符号集 $\{0,1\}$;输出符号 Y 取值于符号集 $\{0,1\}$。此时,$r=s=2$,而且 $a_1=b_1=0,a_2=b_2=1$。又有传递概率

$$P(b_1|a_1)=P(0|0)=1-p=\bar{p}\qquad P(b_1|a_2)=P(0|1)=p$$
$$P(b_2|a_2)=P(1|1)=1-p=\bar{p}\qquad P(b_2|a_1)=P(1|0)=p$$

如图 3.3 所示。很明显,$P(1|0)$ 表示信道输入符号为 0 而接收到的符号为 1 的概率,而 $P(0|1)$ 表示信道输入符号为 1 而接收到的符号为 0 的概率。它们都是单个符号传输发生错误的概率,通常用 p 表示。而 $P(0|0)$ 和 $P(1|1)$ 是无错误传输的概率,通常用 $1-p=\bar{p}$ 表示。

可见,这些传递概率满足式(3.4),即

$$\sum_{j=1}^{2} P(b_j|a_1)=\sum_{j=1}^{2} P(b_j|a_2)=1$$

对于这些传递概率,可用矩阵来表示,由此得二元对称信道的传递矩阵为

$$\begin{matrix} & \begin{matrix} 0 & \quad 1 \end{matrix} \\ \begin{matrix} 0 \\ 1 \end{matrix} & \begin{bmatrix} 1-p & p \\ p & 1-p \end{bmatrix} \end{matrix}\tag{3.5}$$

【例 3.2】 二元删除信道,简记为 BEC。

这时 $r=2,s=3$。输入符号 X 取值于符号集 $\{0,1\}$,输出符号 Y 取值于符号集 $\{0,2,1\}$,其传递概率如图 3.4所示。传递矩阵为

$$\begin{matrix} & \begin{matrix} 0 & \quad 2 & \quad 1 \end{matrix} \\ \begin{matrix} 0 \\ 1 \end{matrix} & \begin{bmatrix} p & 1-p & 0 \\ 0 & 1-q & q \end{bmatrix} \end{matrix}$$

其中 $0\leqslant p,q\leqslant 1$ 并满足式(3.4)。

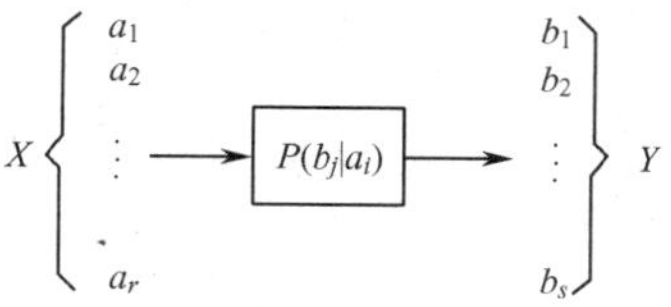

图 3.2　单符号离散信道

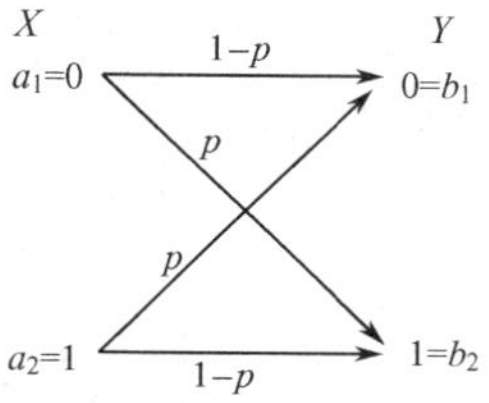

图 3.3　二元对称信道

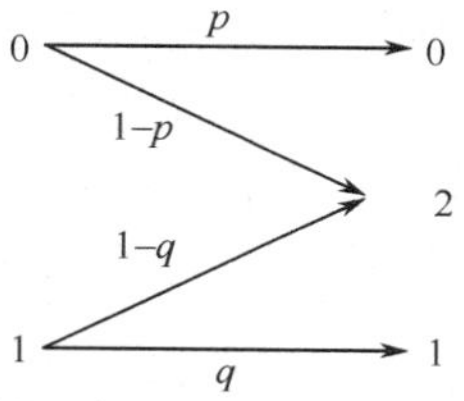

图 3.4　二元删除信道

这种信道实际是存在的。假如有一个实际信道，它的输入是代表 0 和 1 的两个正、负方波信号，如图 3.5(a)所示。那么，信道输出送入译码器的将是受干扰后的方波信号 $R(t)$，如图 3.5(b)所示。我们可以用积分 $I=\int R(t)\,\mathrm{d}t$ 来判别发送的信号是“0”还是“1”。如果 I 为正，且大于某一电平，那么判别发送的是“0”；若 I 为负，且小于某一电平，则判别发送的是“1”。若 I 的绝对值很小，不能做出确切的判断，就认为接收到的是特殊符号“2”，假如信道干扰不是很严重的话，那么，1→0 和 0→1 的可能性要比 0→2 和 1→2 的可能性小得多，所以假设 $P(y=1|x=0)=P(y=0|x=1)=0$是较合理的。

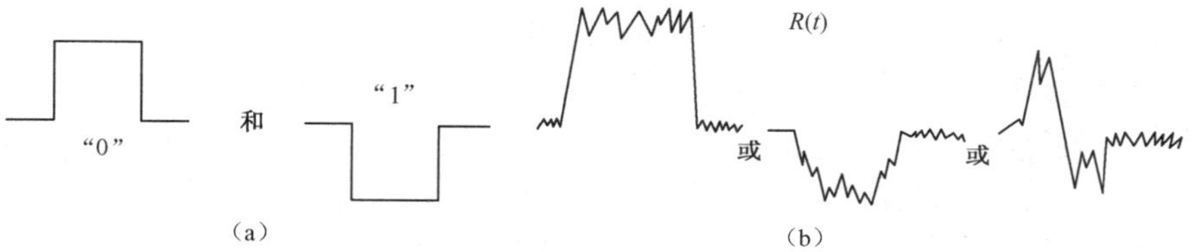

图 3.5　信道的输入及输出波形

由此可知，**离散单符号信道的传递概率**可用矩阵形式表示，即

$$\begin{array}{cc} & \begin{array}{cccc} b_1 & b_2 & \cdots & b_s \end{array} \quad \text{输出} \\ \begin{array}{c} \text{输} \\ \\ \text{入} \end{array} \begin{array}{c} a_1 \\ a_2 \\ \vdots \\ a_r \end{array} & \begin{bmatrix} P(b_1|a_1) & P(b_2|a_1) & \cdots & P(b_s|a_1) \\ P(b_1|a_2) & P(b_2|a_2) & \cdots & P(b_s|a_2) \\ \vdots & \vdots & & \vdots \\ P(b_1|a_r) & P(b_2|a_r) & \cdots & P(b_s|a_r) \end{bmatrix} \end{array}$$

其中 $0 \leqslant P(b_j|a_i) \leqslant 1$，并满足　$\sum_{j=1}^{s} P(b_j|a_i)=1 \quad (i=1,2,\cdots,r;j=1,2,\cdots,s)$

为了表述简便，可以写成 $P(b_j|a_i)=p_{ij}$。于是信道的传递矩阵为

$$\boldsymbol{P}=\begin{bmatrix} p_{11} & p_{12} & \cdots & p_{1s} \\ p_{21} & p_{22} & \cdots & p_{2s} \\ \vdots & \vdots & & \vdots \\ p_{r1} & p_{r2} & \cdots & p_{rs} \end{bmatrix} \tag{3.6}$$

而且满足

$$p_{ij} \geqslant 0 \quad \begin{cases} i\ \text{是行的标号} \\ j\ \text{是列的标号} \end{cases} \tag{3.7}$$

及

$$\sum_{j=1}^{s} p_{ij}=1 \quad (i=1,2,\cdots,r) \tag{3.8}$$

式(3.8)表示传递矩阵中每一行之和等于 1。这个矩阵完全描述了信道的统计特性，其中有些值是信道干扰引起的错误概率，有些值是信道正确传输的概率。所以该矩阵又称为**信道矩阵**。我们看到，信道矩阵 $\boldsymbol{P}$ 表达了输入符号集为 $A=\{a_1,\cdots,a_r\}$，又表达了输出符号集为$B=\{b_1,\cdots,b_s\}$，同时

还表达了输入与输出的传递概率关系，则 $\boldsymbol{P}$ 同样能完整地描述所给定的信道。因此，也可用 $\boldsymbol{P}$ 作为离散单符号信道的另一种数学模型的形式。

下面来推导单符号离散信道的一些概率关系。

设信道的输入概率空间为

$$\begin{bmatrix} X \\ P(x) \end{bmatrix} = \begin{bmatrix} a_1, & a_2, & \cdots, & a_r \\ P(a_1), & P(a_2), & \cdots, & P(a_r) \end{bmatrix}$$

并且

$$\sum_{i=1}^{r} P(a_i) = 1 \quad 0 \leqslant P(a_i) \leqslant 1 \quad (i = 1, \cdots, r)$$

又设输出 Y 的符号集为 $B = \{b_1, b_2, \cdots, b_s\}$。给定信道矩阵为

$$\boldsymbol{P} = \begin{bmatrix} P(b_1|a_1) & P(b_2|a_1) & \cdots & P(b_s|a_1) \\ P(b_1|a_2) & P(b_2|a_2) & \cdots & P(b_s|a_2) \\ \vdots & \vdots & & \vdots \\ P(b_1|a_r) & P(b_2|a_r) & \cdots & P(b_s|a_r) \end{bmatrix}$$

（1）输入和输出符号的联合概率为 $P(x=a_i, y=b_j) = P(a_i\,b_j)$，则有

$$P(a_i b_j) = P(a_i)P(b_j|a_i) = P(b_j)P(a_i|b_j) \tag{3.9}$$

式中，$P(b_j|a_i)$ 是信道传递概率，即发送为 a_i，通过信道传输接收到为 b_j 的概率。通常称为**前向概率**。它是由于信道噪声引起的，所以描述了信道噪声的特性。而 $P(a_i|b_j)$ 是已知信道输出端接收到符号为 b_j 但发送端的输入符号为 a_i 的概率，称它为**后向概率**。有时，也把 $P(a_i)$ 称为输入符号的**先验概率**（在接收到一个输出符号以前，输入符号的概率），而对应地把 $P(a_i|b_j)$ 称为输入符号的**后验概率**（在接收到一个输出符号以后，输入符号的概率）。

（2）根据联合概率可得输出符号的概率

$$P(b_j) = \sum_{i=1}^{r} P(a_i)P(b_j|a_i) \quad (\text{对 } j = 1, \cdots, s \text{ 都成立}) \tag{3.10}$$

也可写成矩阵形式，即

$$\begin{bmatrix} P(b_1) \\ P(b_2) \\ \vdots \\ P(b_s) \end{bmatrix} = \boldsymbol{P}^{\mathrm{T}} \begin{bmatrix} P(a_1) \\ P(a_2) \\ \vdots \\ P(a_r) \end{bmatrix} \quad r \neq s \tag{3.11}$$

（3）根据贝叶斯定律可得后验概率

$$\begin{aligned} P(a_i|b_j) &= \frac{P(a_i\ b_j)}{P(b_j)} \quad (P(b_j) \neq 0) \\ &= \frac{P(a_i)P(b_j|a_i)}{\sum_{i=1}^{r} P(a_i)P(b_j|a_i)} \quad (i = 1,2,\cdots,r \quad j = 1,2,\cdots,s) \end{aligned} \tag{3.12}$$

且得

$$\sum_{i=1}^{r} P(a_i|b_j) = 1 \quad (j = 1,2,\cdots,s) \tag{3.13}$$

式(3.13)说明，在信道输出端接收到任一符号 b_j 一定是输入符号集 $a_1, \cdots, a_r$ 中的某一个 a_i 输入信道。

3.2　平均互信息及平均条件互信息

在阐明了离散单符号信道的数学模型，即给出了信道输入与输出的统计依赖关系以后，我们将深入研究在此信道中信息传输的问题。

3.2.1 信道疑义度

根据熵的概念,可以得到信道输入信源 X 的熵

$$H(X)=\sum_{i=1}^{r}P(a_i)\log\frac{1}{P(a_i)}=-\sum_{X}P(x)\log P(x) \tag{3.14}$$

第二个等号右边是简明写法,求和号是对变量 X 的所有取值求和,而 $P(x)$ 是表示随机变量 X 取任意值的概率。今后我们将根据情况,选用不同的表示方式。

$H(X)$ 是在接收到输出 Y 以前,关于输入变量 X 的先验不确定性的度量,所以称为**先验熵**。如果信道中无干扰(噪声),信道输出符号与输入符号一一对应,那么,接收到传送过来的符号后就消除了对发送符号的先验不确定性。但一般信道中有干扰(噪声)存在,接收到输出 Y 后对发送的是什么符号仍有不确定性。那么,怎样来度量接收到 Y 后关于 X 的不确定性呢?当没有接收到输出 Y 时,已知输入变量 X 的概率分布为 $P(x)$;而当接收到输出符号 $y=b_j$ 后,输入符号的概率分布发生了变化,变成后验概率分布为 $P(x|b_j)$,则关于 X 的平均不确定性为

$$H(X|b_j)=\sum_{i=1}^{r}P(a_i|b_j)\log\frac{1}{P(a_i|b_j)}=\sum_{X}P(x|b_j)\log\frac{1}{P(x|b_j)} \tag{3.15}$$

这是接收到输出符号 b_j 后关于 X 的**后验熵**,可见先验熵变成了后验熵。所以后验熵是当信道接收端接收到输出符号 b_j 后,关于输入符号的信息测度。

后验熵在输出 y 的取值范围内是个随机量,将后验熵对随机变量 Y 求期望,得条件熵为

$$\begin{aligned}H(X|Y)&=E[H(X|b_j)]=\sum_{j=1}^{s}P(b_j)H(X|b_j)=\sum_{j=1}^{s}P(b_j)\sum_{i=1}^{r}P(a_i|b_j)\log\frac{1}{P(a_i|b_j)}\\&=\sum_{i=1}^{r}\sum_{j=1}^{s}P(a_ib_j)\log\frac{1}{P(a_i|b_j)}=\sum_{X,Y}P(xy)\log\frac{1}{P(x|y)}\end{aligned} \tag{3.16}$$

这个条件熵称为**信道疑义度**。它表示在输出端收到输出变量 Y 的符号后,对于输入端的变量 X 尚存在的平均不确定性(存在疑义)。这个对 X 尚存在的不确定性是由于干扰(噪声)引起的。如果是一一对应信道,那么接收到输出 Y 后,对 X 的不确定性将完全消除,则信道疑义度 $H(X|Y)=0$。由于一般情况下条件熵小于无条件熵,即有 $H(X|Y)<H(X)$。这说明接收到变量 Y 的所有符号后,关于输入变量 X 的平均不确定性将减小,即总能消除一些关于输入端 X 的不确定性,从而获得了一些信息。

3.2.2 平均互信息

根据上述,我们已知 $H(X)$ 代表接收到输出符号以前关于输入变量 X 的平均不确定性,而 $H(X|Y)$ 代表接收到输出符号后关于输入变量 X 的平均不确定性。可见,通过信道传输消除了一些不确定性,获得了一定的信息。所以定义

$$I(X;Y)=H(X)-H(X|Y) \tag{3.17}$$

$I(X;Y)$ 称为 X 和 Y 之间的**平均互信息**。它代表接收到输出符号后平均每个符号获得的关于 X 的信息量。它也表明,输入与输出两个随机变量之间的统计约束程度。

根据式(3.14)和式(3.16)得

$$\begin{aligned}I(X;Y)&=\sum_{X}P(x)\log\frac{1}{P(x)}-\sum_{X,Y}P(xy)\log\frac{1}{P(x|y)}\\&=\sum_{X,Y}P(xy)\log\frac{1}{P(x)}-\sum_{X,Y}P(xy)\log\frac{1}{P(x|y)}\\&=\sum_{X,Y}P(xy)\log\frac{P(x|y)}{P(x)}\end{aligned} \tag{3.18}$$

$$= \sum_{X,Y} P(xy)\log\frac{P(xy)}{P(x)P(y)} \tag{3.19}$$

$$= \sum_{X,Y} P(xy)\log\frac{P(y|x)}{P(y)} \tag{3.20}$$

式中,X 是输入随机变量,$x\in X$;Y 是输出随机变量,$y\in Y$。

平均互信息 $I(X;Y)$ 就是绪论中提到的互信息 $I(x;y)$ 在两个概率空间 X 和 Y 中求统计平均的结果。互信息 $I(x;y)$ 代表收到某消息 y 后获得关于某事件 x 的信息量。即

$$I(x;y)=\log\frac{P(x|y)}{P(x)}=\log\frac{P(xy)}{P(x)P(y)}=\log\frac{P(y|x)}{P(y)} \tag{3.21}$$

互信息可取正值,也可取负值,如果互信息 $I(x;y)$ 取负值,说明收信者在未收到消息 y 以前对消息 x 是否出现的猜测的难易程度较小。但由于噪声的存在,接收到消息 y 后,反而使收信者对消息 x 是否出现的猜测难易程度增加了。也就是收信者接收到消息 y 后反而对 x 出现的不确定性增加了,所以获得的信息量为负值。

对于平均互信息 $$I(X;Y)=\underset{XY}{E}[I(x;y)] = \sum_{XY} P(xy)I(x;y) = \sum_{XY} P(xy)\log\frac{P(x|y)}{P(x)} \tag{3.22}$$

它是互信息 $I(x;y)$ 的统计平均值,所以 $I(X;Y)$ 永远不会取负值(在下一节中证明)。最差情况是 $I(X;Y)=0$,也就是在信道输出端接收到输出符号 Y 后不获得任何关于输入符号 X 的信息量。

为了进一步阐明平均互信息的物理意义,我们讨论一下平均互信息与各类熵的关系。

根据熵的定义和表达式,可将式(3.18)~式(3.20)重新改写一下,可得平均互信息与各类熵的关系

$$I(X;Y)=H(X)-H(X|Y) \tag{3.23}$$

$$=H(X)+H(Y)-H(XY) \tag{3.24}$$

$$=H(Y)-H(Y|X) \tag{3.25}$$

可求得联合熵 $$H(XY)=H(X)+H(Y|X)=H(Y)+H(X|Y) \tag{3.26}$$

其中 $$H(X) = \sum_{X} P(x)\log\frac{1}{P(x)} \qquad H(Y) = \sum_{Y} P(y)\log\frac{1}{P(y)}$$

$$H(X|Y) = \sum_{XY} P(xy)\log\frac{1}{P(x|y)} \qquad H(Y|X) = \sum_{XY} P(xy)\log\frac{1}{P(y|x)}$$

$$H(XY) = \sum_{XY} P(xy)\log\frac{1}{P(xy)}$$

由前定义已知,式(3.23)表示,从 Y 中获得关于 X 的平均互信息 $I(X;Y)$,等于接收到输出 Y 的前、后关于 X 的平均不确定性的消除。即等于两熵 $H(X)$ 和 $H(X|Y)$ 之差。同理,式(3.25)表示 $I(X;Y)$ 也等于,输出信源 Y 的不确定性 $H(Y)$ 与已知 X 的条件下关于 Y 尚存在的不确定性 $H(Y|X)$ 之差。也等于发 X 的前、后,关于 Y 的平均不确定性的消除。

由此,可以进一步理解熵只是平均不确定性的描述,而不确定性的消除(两熵之差)才等于接收端所获得的信息量。因此,获得的信息量不应该和不确定性混为一谈。

另外,我们用维拉图可得到关于式(3.23)~式(3.25)这些关系式的清晰表示,如图 3.6 所示。图中,左边的圆代表随机变量 X 的熵,右边的圆代表随机变量 Y 的熵,两个圆重叠部分是平均互信息 $I(X;Y)$。每个圆减去平均互信息后剩余的部分代表两个疑义度

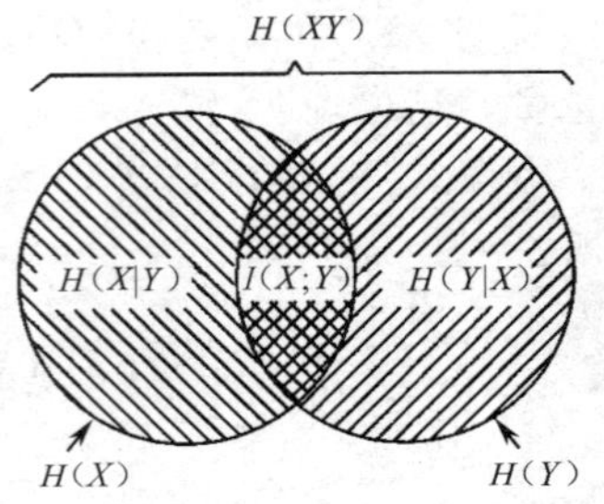

图 3.6 信道各类熵之间的关系

$$H(X|Y)=H(X)-I(X;Y) \tag{3.27}$$

$$H(Y|X)=H(Y)-I(X;Y) \tag{3.28}$$

式中,$H(X|Y)$是信道疑义度,它也表示信源符号通过有噪信道传输后所引起的信息量的损失,故也可称为**损失熵**。为此,信源 X 的熵等于接收到的信息量加上损失掉的信息量。而 $H(Y|X)$ 表示已知 X 的条件下,对于随机变量 Y 尚存在的不确定性(疑义)。输出端信源 Y 的熵 $H(Y)$ 等于接收到关于 X 的信息量 $I(X;Y)$ 加上 $H(Y|X)$。这完全是由信道中的噪声引起的,故 $H(Y|X)$ 称为**噪声熵**,或**散布度**,它反映了信道中噪声源的不确定性。

式(3.24)和式(3.26)也都可从图中得到清晰的表示。联合熵 $H(XY)$ 是联合空间 XY 的熵,所以联合熵是两个圆之和再减去重叠部分,也等于一个圆加上另一部分。

下面,我们观察两种极端情况的信道。

第一种极端情况。输入符号与输出符号完全一一对应,即无噪一一对应信道。输入符号集 $A=\{a_1,a_2,\cdots,a_r\}$,输出符号集 $B=\{b_1,b_2,\cdots,b_r\}$,它们的信道传递概率

$$P(y|x)=\begin{cases}0 & y\neq f(x)\\ 1 & y=f(x)\end{cases} \tag{3.29}$$

它表示输入符号和输出符号之间有一一对应关系。当输入符号传输到其对应的输出符号时,符号的传递概率等于1,否则等于零。也就是此信道输入符号只传递到它所对应的输出符号。那么,根据式(3.21)有

$$P(x|y)=\frac{P(xy)}{P(y)} \qquad P(y)\neq 0$$

$$=\frac{P(x)P(y|x)}{\sum_X P(x)P(y|x)}=\begin{cases}\dfrac{P(x)P(y|x)}{P(x)P(y|x)}=1 & y=f(x)\\[2ex] \dfrac{0}{\sum_X P(x)P(y|x)\neq 0}=0 & y\neq f(x)\end{cases}$$

得

$$P(x|y)=\begin{cases}0 & y\neq f(x)\\ 1 & y=f(x)\end{cases} \tag{3.30}$$

由式(3.16)和式(3.26)计算得　$H(X|Y)=0 \qquad H(Y|X)=0$

信道中损失熵和噪声熵都等于零。所以,$I(X;Y)=H(X)=H(Y)$。

在此信道中,因为输入和输出符号一一对应,所以接收到输出符号 Y 后对于输入 X 不存在任何不确定性。这时,接收到的平均信息量就是输入信源所提供的信息量。在信道中没有任何信息损失。同时,因为输入和输出符号一一对应,所以噪声熵也等于零。因此,输出端信源 Y 的熵就等于接收到的平均互信息,如图 3.7(a)所示。

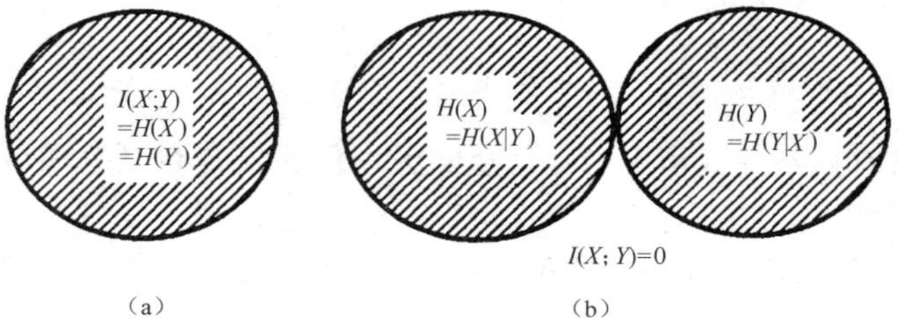

图 3.7　两种极端信道各类熵与平均互信息之间的关系

第二种极端情况。信道输入端 X 与输出端 Y 完全统计独立,即

$$P(y|x)=P(y) \qquad x\in X, y\in Y \tag{3.31}$$

同理

$$P(x|y)=P(x) \qquad x\in X, y\in Y \tag{3.32}$$

则

$$I(X;Y)=0$$

$$H(X|Y)=H(X) \qquad H(Y|X)=H(Y)$$

可见,在这种信道中输入符号与输出符号没有任何依赖关系。接收到 Y 后不可能消除有关输入 X 的任何不确定性,所以获得的信息量等于零。同样,也不能从 X 中获得任何关于 Y 的信息量。平均互信息 $I(X;Y)$ 等于零,表明信道两端随机变量的统计约束程度等于零。图 3.7(b)显示了在此信道下各类熵与平均交互信息的关系。

3.2.3 平均条件互信息

互信息 $I(x;y)$ 是两个概率空间中两事件之间的互信息。平均互信息 $I(X;Y)$ 是两个概率空间 X、Y 之间的平均互信息。我们可以将该概念推广到三个概率空间中求事件之间的互信息。设三个离散概率空间 $X,Y,Z;x\in X,y\in Y,z\in Z$,且有概率关系式

$$\sum_X \sum_Y \sum_Z P(xyz) = 1 \tag{3.33}$$

$$\left.\begin{aligned} P(xy) &= \sum_Z P(xyz) \qquad x \in X, y \in Y \\ P(xz) &= \sum_Y P(xyz) \qquad x \in X, z \in Z \\ P(yz) &= \sum_X P(xyz) \qquad y \in Y, z \in Z \end{aligned}\right\} \tag{3.34}$$

$$\left.\begin{aligned} P(x) &= \sum_Y P(xy) = \sum_Z P(xz) \qquad x \in X \\ P(y) &= \sum_X P(xy) = \sum_Z P(yz) \qquad y \in Y \\ P(z) &= \sum_X P(xz) = \sum_Y P(yz) \qquad z \in Z \end{aligned}\right\} \tag{3.35}$$

这三个概率空间可以看作两个串接系统 1 和系统 2 的输入和输出空间,如图 3.8(a)所示,也可考虑为如图 3.8(b)和图 3.8(c)所示,将 X 作为系统 1 的输入空间,而 Y 和 Z 作为系统 1 的输出空间,其中 Y,Z 可为并行输出或按时间前后的串行输出。

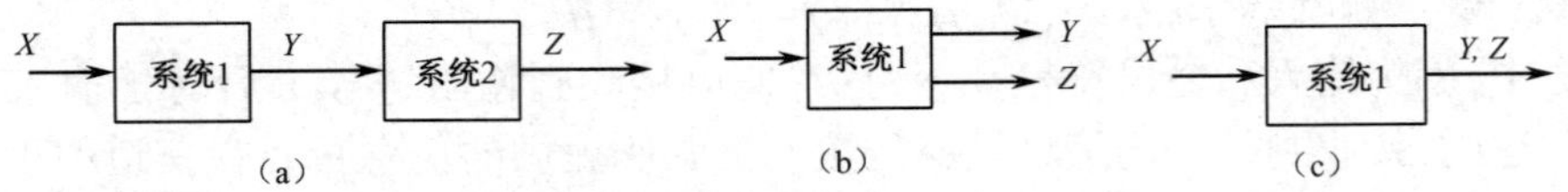

图 3.8 三个概率空间连接关系图

我们定义在已知事件 $z\in Z$ 的条件下,接收到 y 后获得关于某事件 x 的条件互信息

$$I(x;y|z)=\log\frac{P(x|yz)}{P(x|z)}=\log\frac{P(y|xz)}{P(y|z)}=\log\frac{P(xy|z)}{P(x|z)P(y|z)} \tag{3.36}$$

将上式和式(3.21)比较得,条件互信息与互信息的区别仅在于先验概率和后验概率都是在某一特定条件下的取值。

另外,也可以从互信息的定义得出,已知 $y\in Y,z\in Z$ 后,获得的关于 $x\in X$ 的互信息

$$I(x;yz)=\log\frac{P(x\mid yz)}{P(x)} \tag{3.37}$$

$$=\log\frac{P(x\mid y)P(x\mid yz)}{P(x)P(x\mid y)}=\log\frac{P(x\mid y)}{P(x)}+\log\frac{P(x\mid yz)}{P(x\mid y)} \tag{3.38}$$

$$=I(x;y)+I(x;z\mid y) \tag{3.39}$$

上式表明，yz 联合给出关于 x 的互信息量等于 y 给出关于 x 的互信息量与 y 已知条件下 z 给出关于 x 的互信息量之和。

同理可得

$$I(x;yz)=I(x;z)+I(x;y\mid z) \tag{3.40}$$

类似地，我们将条件互信息 $I(x;y\mid z)$ 在概率空间 XYZ 中求统计平均，得平均条件互信息为

$$I(X;Y\mid Z)=E[I(x;y\mid z)]=\sum_X\sum_Y\sum_Z P(xyz)\log\frac{P(x\mid yz)}{P(x\mid z)} \tag{3.41}$$

$$=H(X\mid Z)-H(X\mid ZY) \tag{3.42}$$

$$=\sum_X\sum_Y\sum_Z P(xyz)\log\frac{P(xy\mid z)}{P(x\mid z)P(y\mid z)} \tag{3.43}$$

$$=H(X\mid Z)+H(Y\mid Z)-H(XY\mid Z) \tag{3.44}$$

又平均互信息为

$$I(X;YZ)=E[I(x;yz)]=\sum_X\sum_Y\sum_Z P(xyz)\log\frac{P(x\mid yz)}{P(x)} \tag{3.45}$$

不难推得关系式

$$I(X;YZ)=I(X;Y)+I(X;Z\mid Y) \tag{3.46}$$

$$=I(X;Z)+I(X;Y\mid Z) \tag{3.47}$$

式(3.46)和式(3.47)表明，联合变量 YZ 和变量 X 之间相互可能提供的平均互信息，等于变量 X 和变量 Y(或 Z)的平均互信息，加上在此变量 Y(或 Z)已知条件下变量 X 和另一变量 Z(或 Y)的平均互信息。平均互信息 $I(X;YZ)$ 是随机变量 X 与联合变量 YZ 之间统计依赖程度的信息测度。

上述关系式易于推广到任意有限维空间的情况。特别是在网络信息论中这些关系式十分有用。

【例 3.3】 4 个等概分布的消息 M_1,M_2,M_3,M_4 被送入一个二元无记忆对称信道进行传送。通过编码使 $M_1=00,M_2=01,M_3=10,M_4=11$。而 BSC 信道如图 3.9 所示。试问，输入是 M_1 和输出符号是 0 的互信息量是多少？如果知道第二个符号也是 0，这时带来多少附加信息量？

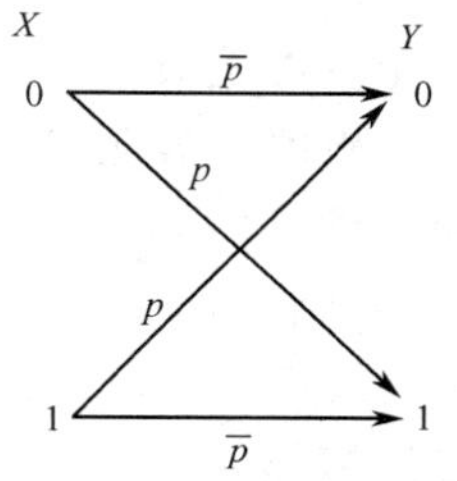

图 3.9　二元无记忆对称信道

根据题意知 $P(M_1)=P(M_2)=P(M_3)=P(M_4)=1/4$，而 $P(0\mid M_1)=P(0\mid 0)=\bar{p}$。所以，输入 M_1 和输出第一个符号 0 的联合概率

$$P(M_10)=P(M_1)\cdot P(0\mid M_1)=1/4\,\bar{p}$$

根据信道的特性，输出第一个符号为 0 的概率

$$P(0)=\sum_{i=1}^{4}P(M_i)P(0\mid M_i)=\frac{1}{4}\bar{p}+\frac{1}{4}p+\frac{1}{4}\bar{p}+\frac{1}{4}p=\frac{1}{2}$$

又根据式(3.21)得

$$I(M_1;0)=\log\frac{P(M_10)}{P(M_1)P(0)}=\log\frac{\frac{1}{4}\bar{p}}{\frac{1}{4}\times\frac{1}{2}}=1+\log\bar{p}\,(\text{比特})$$

若输出符号为 00，可得

$$P(M_100)=P(M_1)\cdot P(00\mid M_1)=\bar{p}^2/4$$

其中根据信道是无记忆的，有

$$P(00\mid M_1)=P(00\mid 00)=P(0\mid 0)P(0\mid 0)=\bar{p}^2$$

因此得

$$P(00)=\sum_{i=1}^{4}P(M_i)P(00\mid M_i)=1/4$$

同理，得

$$I(M_1;00)=\log\frac{P(M_100)}{P(M_1)P(00)}=2+2\log\bar{p}\,(\text{比特})$$

由式(3.39)可得，当第一个符号为 0，第二个也是 0 时所带来关于 M_1 的附加信息为

$$I(M_1;0\mid 0)=I(M_1;00)-I(M_1;0)=1+\log\bar{p}\,(\text{比特})$$

3.3 平均互信息的特性

本节将介绍平均互信息 $I(X;Y)$ 的一些基本特性。

1. 平均互信息的非负性

离散信道输入概率空间为 X,输出概率空间为 Y,则 $I(X;Y)\geqslant 0$,当 X 和 Y 统计独立时,等式成立。

【证明】 根据式(3.19),直接应用詹森不等式得

$$-I(X;Y)=\sum_{X,Y}P(xy)\log\frac{P(x)P(y)}{P(xy)}\leqslant\log\sum_{X,Y}P(x)P(y)=\log 1=0$$

所以

$$I(X;Y)\geqslant 0 \tag{3.48}$$

因为 $\log x$ 是严格∩形凸函数,所以只有当对所有 x 和 y 都有 $P(xy)=P(x)P(y)$ 时等式才成立。即只有 X 和 Y 统计独立时平均互信息才等于零。这就是前面提到的信道的第二种极端情况。 [证毕]

这个性质告诉我们:通过一个信道获得的平均信息量不会是负值。也就是说,观察一个信道的输出,从平均的角度来看总能消除一些不确定性,接收到一定的信息。除非信道输入和输出是统计独立时,才接收不到任何信息。因为在这样的统计独立信道中,传输的信息全部损失在信道中,以致没有任何信息传输到终端,但也不会失去已知的信息。

2. 平均互信息的极值性

即

$$I(X;Y)\leqslant\min[H(X),H(Y)] \tag{3.49}$$

因为条件熵 $H(X|Y)$ 和 $H(Y|X)$ 均为非负量,又根据式(3.23)和式(3.25),立即得到上式结论。

极值性表明,从一事件提取关于另一事件的信息量,最多只有另一事件的信息熵那么多,不会超过该事件自身所含的信息量。

只有当 $H(X|Y)=0$ 时有 $I(X;Y)=H(X)$,即信道中传输信息无损失时,接收到 Y 后获得关于 X 的信息量才等于符号集 X 中平均每个符号所含有的信息量。这就是前面所提到的第一种信道的极端情况。

3. 平均互信息的交互性(对称性)

因为 $P(xy)=P(yx)$,所以由式(3.19)得

$$I(X;Y)=\sum_{X,Y}P(xy)\log\frac{P(xy)}{P(x)P(y)}=\sum_{X,Y}P(yx)\log\frac{P(yx)}{P(y)P(x)}=I(Y;X) \tag{3.50}$$

$I(X;Y)$ 表示从 Y 中提取的关于 X 的信息量,而 $I(Y;X)$ 表示从 X 中提取的关于 Y 的信息量,它们是相等的。这是一个很重要的结果。当 X 和 Y 统计独立时,就不可能从一个随机变量获得关于另一个随机变量的信息,所以 $I(X;Y)=I(Y;X)=0$。而当两个随机变量 X 和 Y 一一对应时,从一个变量就可以充分获得关于另一个变量的信息,即

$$I(X;Y)=I(Y;X)=H(X)=H(Y)$$

另外,从图 3.6 中也可直接看出 $I(X;Y)$ 与 $I(Y;X)$ 的交互性。可见,互信息这一名词的命名是恰当的。

4. 平均互信息 $I(X;Y)$ 的凸状性

由式(3.20)和式(3.10)两式得

$$I(X;Y)=\sum_{X,Y}P(xy)\log\frac{P(y\mid x)}{P(y)}=\sum_{XY}P(x)P(y\mid x)\log\frac{P(y\mid x)}{P(y)}$$

和
$$P(y)=\sum_{X}P(x)P(y\mid x)$$

由此两式可知,平均互信息 $I(X;Y)$ 只是输入信源 X 的概率分布 $P(x)$ 和信道传递概率 $P(y\mid x)$ 的函数,即 $I(X;Y)=I[P(x),P(y\mid x)]$。平均互信息只与信源的概率分布和信道的传递概率有关,因此对于不同信源和不同信道得到的平均互信息是不同的。

定理 3.1 平均互信息 $I(X;Y)$ 是输入信源的概率分布 $P(x)$ 的∩形凸函数(又称上凸函数)。

定理 3.1 意味着,当固定某信道时,选择不同的信源(其概率分布不同)与信道连接,在信道输出端接收到每个符号后获得的信息量是不同的。而且对于每一个固定信道,一定存在有一种信源[某一种概率分布 $P(x)$],使输出端获得的平均信息量为最大(因为∩形凸函数存在极大值)。

定理 3.2 平均互信息 $I(X;Y)$ 是信道传递概率 $P(y\mid x)$ 的∪形凸函数(又称下凸函数)。

现在,我们固定信源即固定输入变量 X 的概率分布 $P(x)$,调整与信源相连接的信道,就可得出这个结论。固定信源的平均互信息 $I(X;Y)$ 只与信道统计特性有关,只是信道传递概率 $P(y\mid x)$ 的函数,可简写成 $I[P(y\mid x)]$。因此,定理 3.2 可用下式表达

$$I[\theta P_1(y\mid x)+\bar{\theta}P_2(y\mid x)]\leqslant\theta I[P_1(y\mid x)]+\bar{\theta}I[P_2(y\mid x)] \tag{3.51}$$

定理 3.2 说明当信源固定后,选择不同的信道来传输同一信源符号时,在信道的输出端获得的关于信源的信息量是不同的,这时信息量是信道传递概率的∪形凸函数。也就是说,对每一种信源都存在一种最差的信道,此信道的干扰(噪声)最大,而输出端获得的信息量最小。

【定理 3.1 证明】 根据∩形凸函数的定义来进行证明。我们首先固定信道,即信道的传递概率 $P(y\mid x)$ 是固定的。那么,平均互信息 $I(X;Y)$ 将只是 $P(x)$ 的函数,简写成 $I[P(x)]$。

现选择输入信源 X 的两种已知的概率分布 $P_1(x)$ 和 $P_2(x)$。其对应的联合概率分布为 $P_1(xy)=P_1(x)P(y\mid x)$ 和 $P_2(xy)=P_2(x)P(y\mid x)$,因而信道输出端的平均互信息分别为 $I[P_1(x)]$ 和 $I[P_2(x)]$。再选择输入变量 X 的另一种概率分布 $P(x)$,令 $0<\theta<1$,和 $\theta+\bar{\theta}=1$,而 $P(x)=\theta P_1(x)+\bar{\theta}P_2(x)$,因而得其相应的平均互信息为 $I[P(x)]$。

根据平均互信息的定义得

$$\begin{aligned}&\theta I[P_1(x)]+\bar{\theta}I[P_2(x)]-I[P(x)]\\&=\sum_{X,Y}\theta P_1(xy)\log\frac{P(y\mid x)}{P_1(y)}+\sum_{X,Y}\bar{\theta}P_2(xy)\log\frac{P(y\mid x)}{P_2(y)}-\sum_{X,Y}P(xy)\log\frac{P(y\mid x)}{P(y)}\\&=\sum_{X,Y}\theta P_1(xy)\log\frac{P(y\mid x)}{P_1(y)}+\sum_{X,Y}\bar{\theta}P_2(xy)\log\frac{P(y\mid x)}{P_2(y)}-\sum_{X,Y}[\theta P_1(xy)+\bar{\theta}P_2(xy)]\log\frac{P(y\mid x)}{P(y)}\end{aligned}$$

根据概率关系得 $P(xy)=P(x)\cdot P(y\mid x)=\theta P_1(x)P(y\mid x)+\bar{\theta}P_2(x)P(y\mid x)=\theta P_1(xy)+\bar{\theta}P_2(xy)$

所以得
$$\theta I[P_1(x)]+\bar{\theta}I[P_2(x)]-I[P(x)]=\theta\sum_{X,Y}P_1(xy)\log\frac{P(y)}{P_1(y)}+\bar{\theta}\sum_{X,Y}P_2(xy)\log\frac{P(y)}{P_2(y)} \tag{3.52}$$

$f=\log x$ 是∩形凸函数,对式(3.52)中第一项,根据詹森不等式得

$$\begin{aligned}\sum_{X,Y}P_1(xy)\log\frac{P(y)}{P_1(y)}&\leqslant\log\sum_{X,Y}P_1(xy)\frac{P(y)}{P_1(y)}\\&=\log\sum_{Y}\frac{P(y)}{P_1(y)}\sum_{X}P_1(xy)=\log\sum_{Y}\frac{P(y)}{P_1(y)}P_1(y)=\log\sum_{Y}P(y)=0\end{aligned}$$

同理
$$\sum_{X,Y}P_2(xy)\log\frac{P(y)}{P_2(y)}\leqslant 0$$

又因 θ 和 $\bar{\theta}$ 都是小于 1、大于 0 的正数,所以式(3.52)小于等于零。即得

$$\theta I[P_1(x)]+\bar{\theta}I[P_2(x)]-I[P(x)]\leqslant 0$$

因而得
$$I[\theta P_1(x)+\bar{\theta}P_2(x)]\geqslant\theta I[P_1(x)]+\bar{\theta}I[P_2(x)] \tag{3.53}$$

根据凸函数定义知,$I(X;Y)$ 是输入信源的概率分布 $P(x)$ 的∩形凸函数。 [证毕]

定理 3.2 的证明方法与定理 3.1 的证明方法相类似，故此处省略。

【例 3.4】 （续例 3.1）设二元对称信道的输入概率空间为 $\begin{bmatrix} X \\ P(x) \end{bmatrix} = \begin{bmatrix} 0, & 1 \\ \omega, & \bar{\omega}=1-\omega \end{bmatrix}$。信道特性如图 3.3 所示。平均互信息为

$$I(X;Y) = H(Y) - H(Y|X) = H(Y) - \sum_X P(x) \sum_Y P(y|x) \log \frac{1}{P(y|x)}$$

$$= H(Y) - \sum_X P(x)\left[p\log\frac{1}{p} + \bar{p}\log\frac{1}{\bar{p}}\right]$$

$$= H(Y) - \left[p\log\frac{1}{p} + \bar{p}\log\frac{1}{\bar{p}}\right] = H(Y) - H(p) \tag{3.54}$$

式中，$H(p)$ 是 $[0,1]$ 区域上的熵函数。

根据式(3.10)可求出 $P(y=0)=\omega\bar{p}+(1-\omega)p=\omega\bar{p}+\bar{\omega}p$

$P(y=1)=\omega p+(1-\omega)\bar{p}=\omega p+\bar{\omega}\bar{p}$

所以

$$I(X;Y)=(\omega\bar{p}+\bar{\omega}p)\log\frac{1}{\omega\bar{p}+\bar{\omega}p}+(\omega p+\bar{\omega}\bar{p})\log\frac{1}{\omega p+\bar{\omega}\bar{p}}-\left[p\log\frac{1}{p}+\bar{p}\log\frac{1}{\bar{p}}\right]$$

$$=H(\omega\bar{p}+\bar{\omega}p)-H(p) \tag{3.55}$$

式中，$H(\omega\bar{p}+\bar{\omega}p)$ 也是 $[0,1]$ 区域上的熵函数。在式(3.55)中当信道固定即固定 p 时，可得 $I(X;Y)$ 是 ω 的 ∩ 形凸函数，其曲线如图 3.10 所示。从图中可知，当二元对称信道的信道矩阵固定后，输入变量 X 的概率分布不同，在接收端平均每个符号获得的信息量就不同。只有当 X 等概率分布，即 $P(x=0)=P(x=1)=1/2$ 时，在信道接收端平均每个符号才获得最大的信息量。

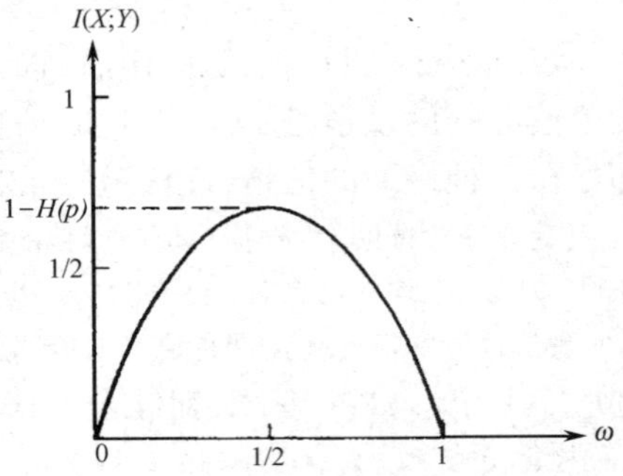

图 3.10 固定二元对称信道的互信息

在例 3.4 中，$I(X;Y)=H(\omega\bar{p}+\bar{\omega}p)-H(p)$。当固定信源的概率分布 ω 时，即得 $I(X;Y)$ 是 p 的 ∪ 形凸函数，如图 3.11 所示。

从图中可知，当二元信源固定后，存在一种二元对称信道（其中 $p=1/2$），使在信道输出端获得的信息量最小，即等于零。也就是说，信源的信息全部损失在信道中。这是一种最差的信道（其噪声为最大）。

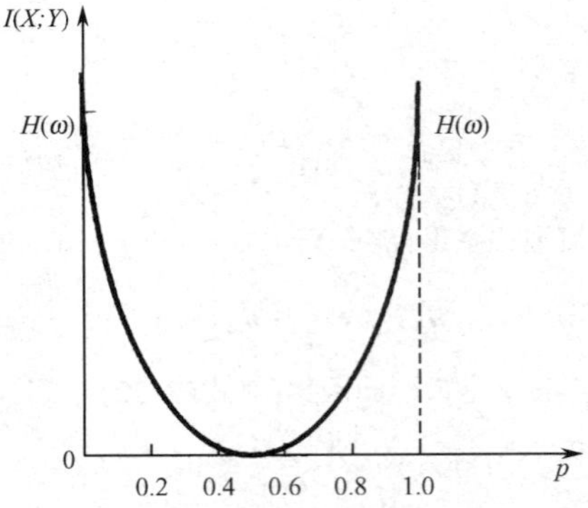

图 3.11 固定二元信源的互信息

3.4 信道容量及其一般计算方法

我们研究信道的目的是要讨论信道中平均每个符号所能传送的信息量，即信道的**信息传输率 R**。由前已知，平均互信息 $I(X;Y)$ 就是接收到符号 Y 后平均每个符号获得的关于 X 的信息量。因此信道的信息传输率就是平均互信息。即

$$R=I(X;Y)=H(X)-H(X|Y)\ (\text{比特/符号}) \tag{3.56a}$$

有时我们所关心的是信道在单位时间内（一般以秒为单位）平均传输的信息量。若平均传输一个符号需要 t 秒，则信道每秒平均传输的信息量为

$$R_t=\frac{1}{t}I(X;Y)=\frac{1}{t}H(X)-\frac{1}{t}H(X|Y)\text{（比特/秒）} \tag{3.56b}$$

一般称此为**信息传输速率**。为了便于区别，增加一个下标 t 来表示。它的单位是比特/秒或奈特/秒。

由定理 3.1 知，$I(X;Y)$ 是输入随机变量 X 的概率分布 $P(x)$ 的∩形凸函数。因此对于一个固定的信道，总存在一种信源（某种概率分布 $P(x)$），使传输每个符号平均获得的信息量最大。也就是每个固定信道都有一个最大的信息传输率。定义这个最大的信息传输率为**信道容量** C，即

$$C=\max_{P(x)}\{I(X;Y)\} \tag{3.57}$$

其单位是比特/符号或奈特/符号，而相应的输入概率分布称为**最佳输入分布**。若平均传输一个符号需要 t 秒，则信道单位时间内平均传输的最大信息量为

$$C_t=\frac{1}{t}\max_{P(x)}\{I(X;Y)\}\text{（比特/秒）} \tag{3.58}$$

一般仍称 C_t 为信道容量，也增加一个下标 t 以示区别。

信道容量 C 与输入信源的概率分布无关，它只是信道传输概率的函数，只与信道的统计特性有关。所以，信道容量是完全描述信道特性的参量，是信道能够传输的最大信息量。

【例 3.5】 （续例 3.4）二元对称信道的信道容量。

二元对称信道的平均互信息 $I(X;Y)=H(\omega\bar{p}+\bar{\omega}p)-H(p)$。由图 3.10 看出，平均互信息对信源概率分布 ω 存在一个极大值，即当 $\omega=\bar{\omega}=1/2$ 时，$H(\omega\bar{p}+\bar{\omega}p)=H(1/2)=1$。因而平均互信息的极大值为

$$I(X;Y)=1-H(p)$$

因此，二元对称信道的信道容量

$$C=1-H(p)\text{（比特/符号）} \tag{3.59}$$

由此可见，二元对称信道的信道容量只是信道传输概率 p 的函数，而与输入符号 X 的概率分布 ω 无关。不同的二元对称信道其信道容量也不同，如图 3.12 所示。

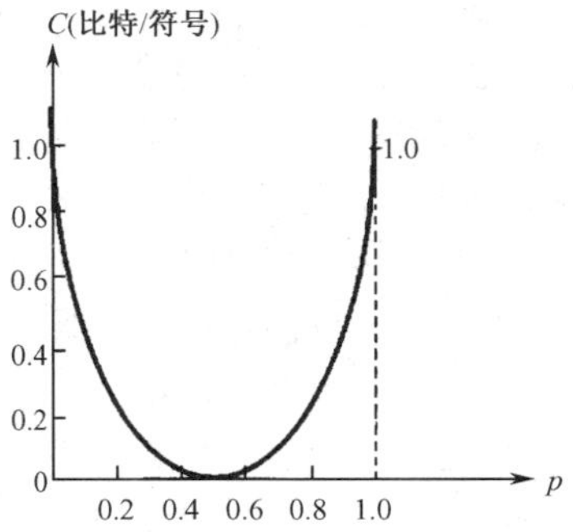

图 3.12　二元对称信道的信道容量

对于一般信道，信道容量的计算相当复杂。从数学上来说，就是对互信息 $I(X;Y)$ 求极大值的问题。下面我们先讨论某些特殊类型的信道，然后再讨论一般离散信道的信道容量的计算。

3.4.1　离散无噪信道的信道容量

1. 无噪无损信道（无噪一一对应信道）

离散无噪无损信道的输入和输出符号之间有确定的一一对应关系，即 $y=f(x)$，其信道传递概率为

$$P(y|x)=\begin{cases}1 & y=f(x)\\ 0 & y\neq f(x)\end{cases}$$

例如图 3.13（a）的信道中，输入符号 X 和输出符号 Y 一一对应，即

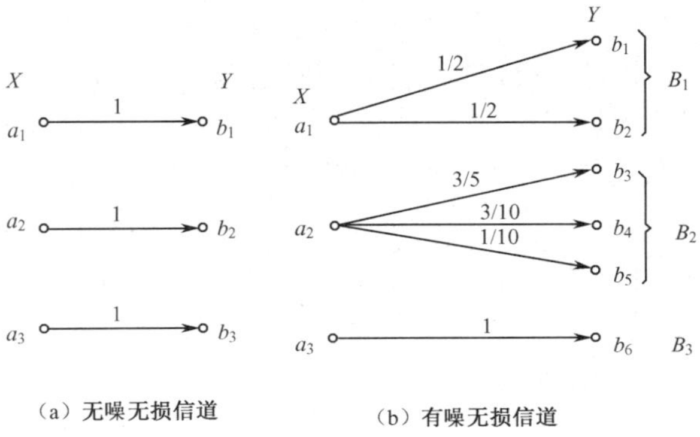

图 3.13　无损信道

$$P(b_j \mid a_i)=P(a_i \mid b_i)=\begin{cases}0 & i\neq j\\ 1 & i=j\end{cases}\quad (i,j=1,2,3)$$

它的信道矩阵是单位矩阵，即 $\begin{bmatrix}1 & 0 & 0\\ 0 & 1 & 0\\ 0 & 0 & 1\end{bmatrix}$

在离散无噪一一对应的信道中，因为信道的疑义度即损失熵 $H(X\mid Y)$ 和信道的噪声熵 $H(Y\mid X)$ 都等于零，所以这类信道的平均互信息为

$$I(X;Y)=H(X)=H(Y) \tag{3.60}$$

它表示接收到符号 Y 后，平均获得的信息量就是信源发出每个符号所含有的平均信息量，信道中无信息损失。因噪声熵等于零，输出端 Y 的不确定性也没有增加。其信道容量

$$C=\max_{P(x)}\{I(X;Y)\}=\max_{P(x)}H(X)=\log r \quad (\text{比特/符号}) \tag{3.61}$$

式中假设输入信源 X 的符号共有 r 个。此类信道输入和输出是确定的一一对应关系，所以 $r=s$（s 为输出端信源 Y 的符号数）。并且，只有当输入信源为等概率分布时，此类信道的信息传输率才达到这个极大值。

2. 无损信道

无损信道是输入一个 X 值对应有几个输出 Y 值，而且每个 X 值所对应的 Y 值不重合，如图 3.13(b) 所示。在这类信道中，输入符号通过传输变成若干输出符号，虽然它们不是一一对应关系，但这些输出符号仍可分成互不相交的一些集合。例如图 3.13(b) 中，输出符号 b_1 和 b_2 组成 B_1 集；b_3、b_4、b_5 组成 B_2 集；b_6 为 B_3 集，B_1、B_2、B_3 互不相交。那么 a_1 一定传输到 B_1 集，a_2 一定传输到 B_2 集，a_3 一定传输到 B_3 集，这样就成为一一对应的关系了。在这类信道中，虽然 $P(b_1\mid a_1)=1/2$，$P(b_2\mid a_1)=1/2$，但可计算得 $P(a_1\mid b_1)=1$，$P(a_1\mid b_2)=1$。同样可得 $P(a_2\mid b_3)=P(a_2\mid b_4)=P(a_2\mid b_5)=1$ 和 $P(a_3\mid b_6)=1$。而其他各项后向概率都为零。所以接收到符号 Y 后，对发送的 X 符号是完全确定的，损失熵 $H(X\mid Y)=0$，但噪声熵 $H(Y\mid X)\neq 0$。

图 3.13(b) 所示的信道的信道矩阵是 $\boldsymbol{P}=\begin{bmatrix}\frac{1}{2} & \frac{1}{2} & 0 & 0 & 0 & 0\\ 0 & 0 & \frac{3}{5} & \frac{3}{10} & \frac{1}{10} & 0\\ 0 & 0 & 0 & 0 & 0 & 1\end{bmatrix}$

可见，若**信道的传递矩阵中每一列有一个也仅有一个非零元素时**，该信道一定是**有噪无损信道**。在这类信道中其损失熵等于零，而噪声熵大于零。

因此这类信道的平均互信息为 $I(X;Y)=H(X)<H(Y)$ (3.62)

对于无损信道，其信息传输率 R 就是输入信源 X 输出每个符号携带的信息量（$H(X)$），其信道容量为

$$C=\max_{P(x)}H(X)=\log r \quad (\text{比特/符号}) \tag{3.63}$$

式中假设输入信源 X 共有 r 个符号，并且仅当输入信源等概率分布时信息熵 $H(X)$ 最大。

3. 无噪有损信道

另一类信道是，其前向概率 $P(y\mid x)$ 等于 0 或 1，即输出 Y 是输入 X 的确定函数，但不是一一对应，而是多对一的关系。因而，后向概率 $P(x\mid y)$ 不等于 0 或 1。这类信道如图 3.14 所示。

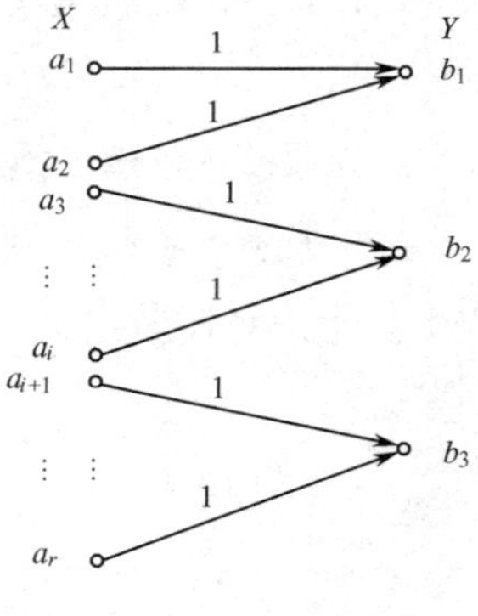

图 3.14　无噪有损信道

这类信道的噪声熵 $H(Y|X)=0$，而信道疑义度即损失熵$H(X|Y)\neq 0$。在这类信道中接收到符号 Y 后不能完全消除对 X 的不确定性，信息有损失。但输出端 Y 的平均不确定性因噪声熵等于零而没有增加。所以这类信道称为**无噪有损信道**也称**确定信道**。它的平均互信息是

$$I(X;Y)=H(Y)<H(X)$$

其信道容量为

$$C=\max_{P(x)}\{I(X;Y)\}=\max_{P(x)}H(Y)=\log s\text{（比特/符号）} \tag{3.64}$$

并假设输出信源 Y 的符号集有 s 个符号，其等概率分布时 $H(Y)$ 最大。而且一定能找到一种最佳输入分布使输出符号 Y 达到等概率分布。

我们可以进一步用维拉图来描述有噪无损信道和无噪有损信道中平均互信息、损失熵、噪声熵及信源熵之间的关系，如图 3.15 所示。

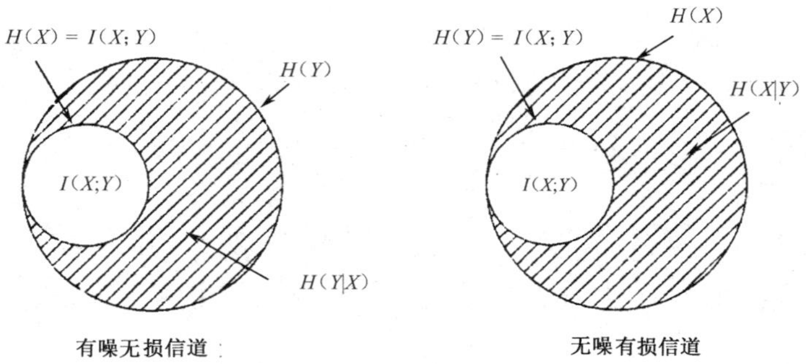

图 3.15　各类熵之间的关系

综合上述三种情况，若严格区分的话，凡损失熵等于零的信道称为无损信道；凡噪声熵等于零的信道称为无噪信道。而一一对应的无噪信道则为无噪无损信道。求这三类信道的信道容量 C 的问题，已经从求互信息$I(X;Y)$的极值问题退化为求信息熵 $H(X)$ 或 $H(Y)$ 的极值问题。

3.4.2　对称离散信道的信道容量

离散信道中有一类特殊的信道，其特点是信道矩阵具有很强的对称性。所谓对称性，是指信道矩阵 $\boldsymbol{P}$ 中每一行都由同一$\{p'_1,p'_2,\cdots,p'_s\}$集的诸元素不同排列组成，并且每一列也都由$\{q'_1,q'_2,\cdots,q'_r\}$集的诸元素不同排列组成。即信道矩阵 $\boldsymbol{P}$ 中每一行是另一行的置换，以及每一列是另一列的置换。具有这种对称性信道矩阵的信道称为**对称离散信道**。一般 $r\neq s$，当 $r=s$ 时$\{q'_i\}$集和$\{p'_i\}$集相同；若 $r<s$，$\{q'_i\}$集应是$\{p'_i\}$的子集。例如，信道矩阵

$$\boldsymbol{P}=\begin{bmatrix}\frac{1}{3} & \frac{1}{3} & \frac{1}{6} & \frac{1}{6}\\[4pt] \frac{1}{6} & \frac{1}{6} & \frac{1}{3} & \frac{1}{3}\end{bmatrix}\quad\text{和}\quad \boldsymbol{P}=\begin{bmatrix}\frac{1}{2} & \frac{1}{3} & \frac{1}{6}\\[4pt] \frac{1}{6} & \frac{1}{2} & \frac{1}{3}\\[4pt] \frac{1}{3} & \frac{1}{6} & \frac{1}{2}\end{bmatrix}$$

满足对称性，所对应的信道是对称离散信道。但是信道矩阵

$$\boldsymbol{P}=\begin{bmatrix}\frac{1}{3} & \frac{1}{3} & \frac{1}{6} & \frac{1}{6}\\[4pt] \frac{1}{6} & \frac{1}{3} & \frac{1}{6} & \frac{1}{3}\end{bmatrix}\quad\text{和}\quad \boldsymbol{P}=\begin{bmatrix}0.7 & 0.2 & 0.1\\ 0.2 & 0.1 & 0.7\end{bmatrix}$$

都不具有对称性，因而所对应的信道不是对称离散信道。

若输入符号和输出符号个数相同，都等于 r，且信道矩阵为

$$
\boldsymbol{P}=\begin{bmatrix} \bar{p} & \frac{p}{r-1} & \frac{p}{r-1} & \cdots & \frac{p}{r-1} \\ \frac{p}{r-1} & \bar{p} & \frac{p}{r-1} & \cdots & \frac{p}{r-1} \\ \vdots & \vdots & \vdots & & \vdots \\ \frac{p}{r-1} & \frac{p}{r-1} & \frac{p}{r-1} & \cdots & \bar{p} \end{bmatrix} \tag{3.65}
$$

其中 $p+\bar{p}=1$,则此信道称为**强对称信道**或**均匀信道**。这类信道中总的错误概率为 p,对称地平均分配给 $r-1$ 个输出符号。它是对称离散信道的一类特例。二元对称信道就是 $r=2$ 的均匀信道。对于**均匀信道**,其信道矩阵中各列之和也等于 1(一般信道的信道矩阵中各列之和不一定等于 1)。

由式(3.25)得对称离散信道的平均互信息为

$$
I(X;Y)=H(Y)-H(Y|X)
$$

而
$$
H(Y|X)=\sum_X P(x)\sum_Y P(y|x)\log\frac{1}{P(y|x)}=\sum_X P(x)H(Y|X=x)
$$

其中
$$
H(Y|X=x)=\sum_Y P(y|x)\log\frac{1}{P(y|x)}
$$

这一项是固定 $X=x$ 时对 Y 求和,即对信道矩阵的行求和。由于信道的对称性,所以 $H(Y|X=x)$ 与 x 无关,为一常数,即

$$
H(Y|X=x)=H(p_1',p_2',\cdots,p_s')
$$

因此得
$$
I(X;Y)=H(Y)-H(p_1',p_2',\cdots,p_s')
$$

可得信道容量
$$
C=\max_{P(x)}[H(Y)-H(p_1',p_2',\cdots,p_s')]
$$

这就变换成求一种输入分布 $P(x)$ 使 $H(Y)$ 取最大值的问题了。现已知输出 Y 的符号集共有 s 个符号,则 $H(Y)\leqslant\log s$。只有当 $P(y)=1/s$(等概率分布)时,$H(Y)$ 才达到最大值 $\log s$。一般情况下,不一定存在一种输入符号的概率分布 $P(x)$,能使输出符号达到等概率分布。但对于对称离散信道,其信道矩阵中每一列都由同一 $\{q_1',q_2',\cdots,q_r'\}$ 集的诸元素的不同排列组成,所以保证了当输入符号是等概率分布,即 $P(x)=1/r$ 时,输出符号 Y 一定也是等概率分布,这时 $H(Y)=\log s$。因为

$$
\left.\begin{aligned}
P(y_1)&=\sum_X P(x)P(y_1|x)=\frac{1}{r}\sum_X P(y_1|x)\\
P(y_2)&=\sum_X P(x)P(y_2|x)=\frac{1}{r}\sum_X P(y_2|x)\\
&\cdots\cdots\\
P(y_s)&=\sum_X P(x)P(y_s|x)=\frac{1}{r}\sum_X P(y_s|x)
\end{aligned}\right\} \tag{3.66}
$$

式(3.66)中第二个等号假设输入符号是等概率分布。而 $\sum_X P(y_1|x)$ 是信道矩阵中第一列各元素之和。同理,$\sum_X P(y_j|x)\ (j=1,2,\cdots,s)$ 是信道矩阵中第 j 列各元素之和。由于信道矩阵的对称性,所以

$$
\sum_X P(y_1|x)=\sum_X P(y_2|x)=\cdots=\sum_X P(y_s|x)=\sum_{i=1}^{r} q_i' \tag{3.67}
$$

因此,得
$$
P(y_1)=P(y_2)=\cdots=P(y_s) \tag{3.68}
$$

对于对称离散信道,当输入符号 X 达到等概率分布时,则输出符号 Y 一定也达到等概率分布。

由此得对称离散信道的信道容量为

$$C=\log s-H(p_1',p_2',\cdots,p_s')\text{(比特/符号)} \tag{3.69}$$

式(3.69)是对称离散信道能够传输的最大平均信息量,它只与对称信道矩阵中行矢量$\{p_1',p_2',\cdots,p_s'\}$和输出符号集的个数 s 有关。

【例 3.6】 某对称离散信道的信道矩阵为

$$\boldsymbol{P}=\begin{bmatrix}1/3 & 1/3 & 1/6 & 1/6\\ 1/6 & 1/6 & 1/3 & 1/3\end{bmatrix}$$

运用式(3.69)得其信道容量 $C=\log 4-H(1/3,1/3,1/6,1/6)$

$$=2+[1/3\log 1/3+1/3\log 1/3+1/6\log 1/6+1/6\log 1/6]=0.0817\text{(比特/符号)}$$

在这个信道中,每个符号平均能够传输的最大信息量为 0.0817 比特。而且只有当信道的输入符号是等概率分布时才能达到这个最大值。

【例 3.7】 强对称信道(均匀信道)的信道矩阵是 $r\times r$ 阶矩阵,如式(3.65)所示。根据式(3.69)得强对称信道的信道容量为

$$\begin{aligned}C&=\log r-H\left(\bar{p},\frac{p}{r-1},\frac{p}{r-1},\cdots,\frac{p}{r-1}\right)\\&=\log r+\bar{p}\log\bar{p}+\underbrace{\frac{p}{r-1}\log\frac{p}{r-1}+\cdots+\frac{p}{r-1}\log\frac{p}{r-1}}_{\text{共}(r-1)\text{项}}\\&=\log r+\bar{p}\log\bar{p}+p\log\frac{p}{r-1}=\log r-p\log(r-1)-H(p)\end{aligned} \tag{3.70}$$

式中,p 是总的错误传递概率,$\bar{p}$是正确传递概率。

二元对称信道就是 $r=2$ 的均匀信道,根据式(3.70)可得信道容量

$$C=1-H(p)\quad\text{(比特/符号)}$$

可见,计算结果与式(3.59)相同。

对 $p=1/2$ 的二元对称信道,根据式(3.59)得其信道容量 $C=0$。可以看出,此时不管输入概率分布如何,都能达到信道容量。因为任何的输入概率分布 $P(x)$ 都使输出概率分布 $P(y)$ 为等概率分布,而信道噪声熵 $H(Y|X)$ 又等于 $H(1/2)$,所以任何输入分布都使平均互信息等于零,达到信道容量。说明此信道输入端不能传递任何信息到输出端。当然,这种信道是没有任何实际意义的,但它在理论上正好说明信道的最佳输入分布不一定是唯一的。

3.4.3 准对称信道的信道容量

若信道矩阵 $\boldsymbol{Q}$ 的列可以划分成若干个互不相交的子集 B_k,即 $B_1\cap B_2\cap\cdots\cap B_n=\varnothing$;$B_1\cup B_2\cup\cdots\cup B_n=Y$,由 B_k 为列组成的矩阵 $\boldsymbol{Q}_k$ 是对称矩阵,则称信道矩阵 $\boldsymbol{Q}$ 所对应的信道为**准对称信道**。

例如 $\boldsymbol{P}_1=\begin{bmatrix}1/3 & 1/3 & 1/6 & 1/6\\ 1/6 & 1/3 & 1/6 & 1/3\end{bmatrix}$, $\boldsymbol{P}_2=\begin{bmatrix}0.7 & 0.1 & 0.2\\ 0.2 & 0.1 & 0.7\end{bmatrix}$

都是准对称信道的信道矩阵。在 $\boldsymbol{P}_1$ 中 Y 可以划分成三个子集,由子集的列组成的矩阵为

$$\begin{bmatrix}1/3 & 1/6\\ 1/6 & 1/3\end{bmatrix},\quad\begin{bmatrix}1/3\\ 1/3\end{bmatrix},\quad\begin{bmatrix}1/6\\ 1/6\end{bmatrix}$$

它们满足对称性,所以 $\boldsymbol{P}_1$ 对应准对称信道。同理,$\boldsymbol{P}_2$ 可划分成

$$\begin{bmatrix}0.7 & 0.2\\ 0.2 & 0.7\end{bmatrix}\quad\text{和}\quad\begin{bmatrix}0.1\\ 0.1\end{bmatrix}$$

这两个子矩阵也满足对称性。

我们可以证明达到准对称离散信道的信道容量的输入分布(最佳输入分布)是等概率分布。

可得准对称离散信道的信道容量

$$C = \log r - H(p_1', p_2', \cdots, p_s') - \sum_{k=1}^{n} N_k \log M_k \tag{3.71}$$

式中，r 是输入符号集的个数，$(p_1', p_2', \cdots, p_s')$ 为准对称信道矩阵中的行元素。设矩阵可划分成 n 个互不相交的子集。N_k 是第 k 个子矩阵 $\boldsymbol{Q}_k$ 中行元素之和，M_k 是第 k 个子矩阵 $\boldsymbol{Q}_k$ 中列元素之和。即

$$N_k = \sum_{y \in Y_k} P(y \mid x_i) \tag{3.72}$$

$$M_k = \sum_{X} P(y \mid x_i) \quad y \in Y_k \quad (k = 1, 2, \cdots, n) \tag{3.73}$$

当输入等概率分布时，式(3.72)和式(3.73)都与 x 无关。将式(3.71)的推导作为习题留给读者练习。

【例 3.8】 设信道传递矩阵为

$$\boldsymbol{P} = \begin{bmatrix} 1-p-q & q & p \\ p & q & 1-p-q \end{bmatrix} \tag{3.74}$$

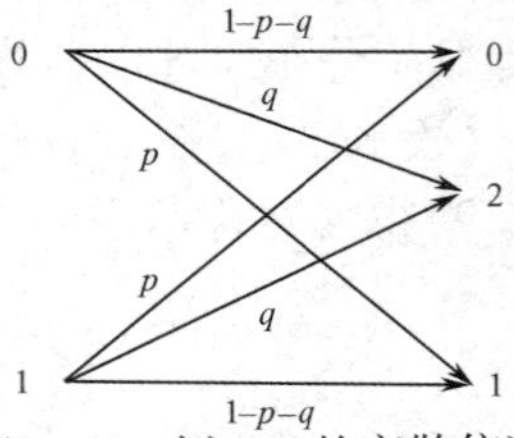

图 3.16 例 3.8 的离散信道

可表示成如图 3.16 所示。根据式(3.71)、式(3.72)和式(3.73)可得

$$N_1 = 1-q, \quad N_2 = q, \quad M_1 = 1-q, \quad M_2 = 2q$$

得信道容量为

$$\begin{aligned} C &= \log 2 - H(1-p-q, q, p) - (1-q)\log(1-q) - q\log 2q \\ &= (1-q)\log 2 + p\log p + q\log q + (1-p-q)\log(1-p-q) - (1-q)\log(1-q) - q\log q \end{aligned}$$

$$C = p\log p + (1-p-q)\log(1-p-q) + (1-q)\log\frac{2}{1-q} \tag{3.75}$$

若设式(3.74)中 $p=0$，则得信道传递矩阵为

$$\begin{array}{c} \\ 0 \\ 1 \end{array} \begin{array}{c} \begin{array}{ccc} 0 & 2 & 1 \end{array} \\ \begin{bmatrix} 1-q & q & 0 \\ 0 & q & 1-q \end{bmatrix} \end{array}$$

它是例 3.2 中 $p=q$ 的特例。所以称为**二元纯对称删除信道**。由式(3.75)得信道容量为

$$C = 1-q \quad (\text{比特/符号}) \tag{3.76}$$

3.4.4 一般离散信道的信道容量

根据定义，求信道容量就是在固定信道的条件下，对所有可能的输入概率分布 $P(x)$ 求平均互信息的极大值。由定理 3.1 知，$I(X;Y)$ 是输入概率分布 $P(x)$ 的 ∩ 形凸函数，所以极大值一定存在。而 $I(X;Y)$ 是 r 个变量 $\{P(a_1), P(a_2), \cdots, P(a_r)\}$ 的多元函数，并满足 $\sum_{i=1}^{r} P(a_i) = 1$。所以可以运用拉格朗日乘子法来计算这个条件极值。

引进一个新函数

$$\Phi = I(X;Y) - \lambda \sum_{X} P(a_s) \tag{3.77}$$

式中，λ 为拉格朗日乘子(待定常数)。解方程组

$$\begin{cases} \dfrac{\partial \Phi}{\partial P(a_i)} = \dfrac{\partial\left[I(X;Y) - \lambda \sum_{X} P(a_i)\right]}{\partial P(a_i)} = 0 \\ \sum_{X} P(a_i) = 1 \end{cases} \tag{3.78}$$

可先求出达到极值的概率分布和拉格朗日乘子 λ 的值，然后再求出信道容量 C。

因为

$$I(X,Y) = \sum_{i=1}^{r} \sum_{j=1}^{s} P(a_i) P(b_j \mid a_i) \log \frac{P(b_j \mid a_i)}{P(b_j)}$$

而

$$P(b_j) = \sum_{i=1}^{r} P(a_i) P(b_j \mid a_i)$$

所以 $$\frac{\partial}{\partial P(a_i)}\log P(b_j)=\left[\frac{\partial}{\partial P(a_i)}\ln P(b_j)\right]\log e=\frac{P(b_j|a_i)}{P(b_j)}\log e$$

由式(3.78)中的第一个方程式,得

$$\sum_{j=1}^{s}P(b_j|a_i)\log\frac{P(b_j|a_i)}{P(b_j)}-\sum_{k=1}^{r}\sum_{j=1}^{s}P(a_k)P(b_j|a_k)\frac{P(b_i|a_i)}{P(b_j)}\log e-\lambda=0$$

$$(对\ i=1,2,\cdots,r\ 都成立)\tag{3.79}$$

注意,式(3.79)中对数是取任意大于1的数为底。

又因为 $$\sum_{k=1}^{r}P(a_k)P(b_j|a_k)=P(b_j)$$

和 $$\sum_{j=1}^{s}P(b_j|a_i)=1\quad i=1,2,\cdots,r$$

所以,式(3.78)变成

$$\begin{cases}\sum_{j=1}^{s}P(b_j|a_i)\log\frac{P(b_j|a_i)}{P(b_j)}=\lambda+\log e\quad(i=1,2,\cdots,r)\\ \sum_{i=1}^{r}P(a_i)=1\end{cases}\tag{3.80}$$

假设使平均互信息 $I(X;Y)$ 达到极值的输入概率分布是 $\{p_1,p_2,\cdots,p_r\}$(简写成 $\{p_i\}$ 或 $\boldsymbol{P}$)。然后把式(3.80)中前 r 个方程式两边分别乘以达到极值的输入概率 p_i,并求和得

$$\sum_{i=1}^{r}\sum_{j=1}^{s}p_iP(b_j|a_i)\log\frac{P(b_j|a_i)}{P(b_j)}=\lambda+\log e\tag{3.81}$$

上式左边即是信道容量,所以得

$$C=\lambda+\log e\tag{3.82}$$

根据式(3.82),把式(3.80)中前 r 个方程改写成

$$\sum_{j=1}^{s}P(b_j|a_i)\log P(b_j|a_i)-\sum_{j=1}^{s}P(b_j|a_i)\log P(b_j)=C\quad(i=1,2,\cdots,r)$$

移项后得 $$\sum_{j=1}^{s}P(b_j|a_i)[C+\log(b_j)]=\sum_{j=1}^{s}P(b_j|a_i)\log P(b_j|a_i)\quad(i=1,2,\cdots,r)\tag{3.83}$$

令 $$\beta_j=C+\log P(b_j)\tag{3.84}$$

代入式(3.83),得 $$\sum_{j=1}^{s}P(b_j|a_i)\beta_j=\sum_{j=1}^{s}P(b_j|a_i)\log P(b_j|a_i)\quad(i=1,2,\cdots,r)\tag{3.85}$$

这是含有 s 个未知数 β_j,有 r 个方程的非齐次线性方程组。

如果设 $r=s$,信道传递矩阵 $\boldsymbol{P}$ 是非奇异矩阵,则此方程组有解,并且可以求出 β_j 的数值,然后根据 $\sum_{j=1}^{s}P(b_j)=1$ 的附加条件求得信道容量

$$C=\log_2\sum_{j}2^{\beta_j}\quad(比特/符号)\tag{3.86}$$

于是可解得对应的输出概率分布

$$P(b_j)=2^{\beta_j-C}\quad(j=1,2,\cdots,s)\tag{3.87}$$

再根据 $P(b_i)=\sum_{i=1}^{r}P(a_i)P(b_j|a_i)$,$j=1,2,\cdots,s$,即可解出达到信道容量的最佳输入分布 $\{p_i\}$。

需要注意的是,在式(3.79)至式(3.85)中对数可取任意大于1的数为底。而式(3.86)中的对数以2为底,求和号内是2的幂次项,此时式(3.85)的对数必须取2为底,信道容量的单位为比特/符号。若式(3.84)或式(3.85)中的对数选取其他单位,则式(3.86)和式(3.87)应做相应改变。若式(3.84)和式(3.85)取自然对数,则由式(3.84)得

$$\beta_j - C = \ln P(b_j) \tag{3.88}$$

$$P(b_j) = \exp[\beta_j - C] \tag{3.89}$$

$$\sum_{j=1}^{s} \exp[\beta_j - C] = \sum_{j=1}^{s} P(b_j) = 1$$

得

$$e^{-C} = \sum_{j=1}^{s} e^{\beta_j}$$

则式(3.86)为

$$C = \ln \sum_{j} e^{\beta_j} \quad (\text{奈特/符号}) \tag{3.90}$$

由此得一般离散信道的信道容量。

若再令

$$I(x_i;Y) = \sum_{j=1}^{s} P(b_j \mid a_i) \log \frac{P(b_j \mid a_i)}{P(b_j)} \tag{3.91}$$

可发现 $I(x_i;Y)$ 是输出端接收到 Y 后获得的关于 $x=a_i$ 的信息量,即信源符号 $x=a_i$ 对输出 Y 平均提供的互信息。一般来讲,$I(x_i;Y)$ 值与 x_i 有关。根据式(3.80)和式(3.82)得

$$I(x_i;Y) = C \quad (i=1,2,\cdots,r)$$

所以,对于一般离散信道可有下述的定理。

定理 3.3 一般离散信道的平均互信息 $I(X;Y)$ 达到极大值(即等于信道容量)的充要条件是输入概率分布 $\{p_i\}$ 满足

$$\begin{cases} (\text{a}) \quad I(x_i;Y) = C \quad \text{对所有 } x_i \text{ 其 } p_i \neq 0 \\ (\text{b}) \quad I(x_i;Y) \leqslant C \quad \text{对所有 } x_i \text{ 其 } p_i = 0 \end{cases} \tag{3.92}$$

这时 C 就是所求的信道容量。

因为

$$\frac{\partial I(X;Y)}{\partial p_i} = I(x_i;Y) - \log e \quad (i=1,2,\cdots,r)$$

又根据式(3.90),所以定理 3.3 中的充要条件(a)与(b)可改写成

$$\begin{cases} (\text{a}) \quad \dfrac{\partial I(X;Y)}{\partial p_i} = \lambda \quad \text{对所有 } x_i \text{ 其 } p_i \neq 0 \\ (\text{b}) \quad \dfrac{\partial I(X;Y)}{\partial p_i} \leqslant \lambda \quad \text{对所有 } x_i \text{ 其 } p_i = 0 \end{cases} \tag{3.93}$$

从定理 3.3 可以得出这样一个结论:当信道平均互信息达到信道容量时,输入信源符号集中每一个信源符号 x 对输出 Y 提供相同的互信息,只是概率为零的符号除外。这个结论和直观概念是一致的。在某给定的输入分布下,若有一个输入符号 $x=a_i$ 对输出 Y 所提供的平均互信息比其他输入符号所提供的平均互信息大,那么,我们就可以更多地使用这一符号来增大平均互信息 $I(X;Y)$。但是,这就会改变输入符号的概率分布,必然使这个符号的平均互信息 $I(x_i;Y)$ 减小,而其他符号对应的平均互信息增加。所以,经过不断调整输入符号的概率分布,就可使每个概率不为零的输入符号对输出 Y 提供相同的平均互信息。

定理 3.3 只给出了达到信道容量时,最佳输入概率分布应满足的条件。并没有给出输入符号的最佳概率分布值,因而也没有给出信道容量的数值。另外,定理本身也隐含着,达到信道容量的最佳分布并不一定是唯一的。只要输入概率分布满足条件式(3.92),并使 $I(\boldsymbol{P})$ 最大,它们就都是信道的最佳输入分布。对一些特殊信道,我们常常可以利用这一定理来找出所求的输入概率分布和信道容量。下面举例说明。

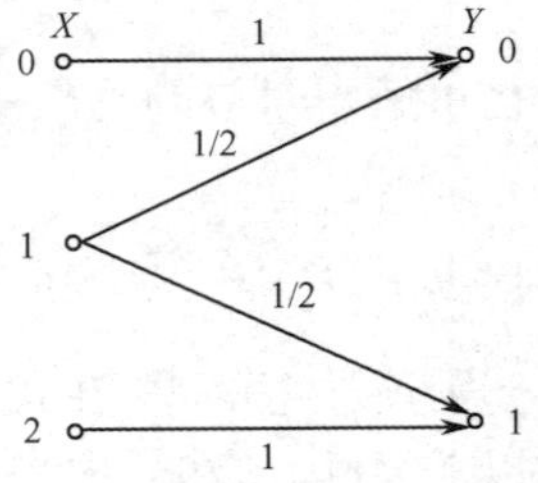

图 3.17 离散信道

【例 3.9】 设离散信道如图 3.17 所示。输入符号集为 $\{0,1,2\}$,输出符号集为 $\{0,1\}$。信道传递矩阵为

$$\boldsymbol{P}=\begin{bmatrix}1 & 0\\1/2 & 1/2\\0 & 1\end{bmatrix}$$

这个信道不是对称信道,但可利用定理 3.3 来求其信道容量。

仔细考察此信道,可设想若输入符号 1 的概率分布等于零,该信道就成了一一对应的信道,接收到 Y 后对输入 X 是完全确定的。若输入符号 1 的概率分布不等于零,就会增加不确定性。所以,首先假设输入概率分布为 $P(0)=P(2)=1/2, P(1)=0$,然后检查它是否满足式(3.92)。若满足则该分布就是我们要求的最佳输入分布,若不满足可再另找最佳分布。根据式(3.91)可计算得

$$I(x_i=0;Y)=\sum_{y=1}^{2}P(y\mid 0)\log\frac{P(y\mid 0)}{P(y)}=\log 2$$

同理
$$I(x_i=2;Y)=\log 2$$

而
$$I(x_i=1;Y)=\sum_{y=1}^{2}P(y\mid 1)\log\frac{P(y\mid 1)}{P(y)}=0$$

可见,此分布满足式(3.92)
$$\begin{cases}I(x_i;Y)=\log 2 & p_i\neq 0 \text{ 的所有 } x_i\\ I(x_i;Y)<\log 2 & p_i=0 \text{ 的 } x_i\end{cases}$$

因此,求得这个信道的信道容量为 $C=\log 2=1$ (比特/符号)

而达到信道容量的输入概率分布就是前面假设的分布

$$P(0)=P(2)=1/2,\quad P(1)=0$$

【例 3.10】 设离散信道如图 3.18 所示。输入符号集为 $\{a_1,a_2,a_3,a_4,a_5\}$,输出符号集为 $\{b_1,b_2\}$。信道矩阵为

$$\boldsymbol{P}=\begin{bmatrix}1 & 0\\1 & 0\\1/2 & 1/2\\0 & 1\\0 & 1\end{bmatrix}$$

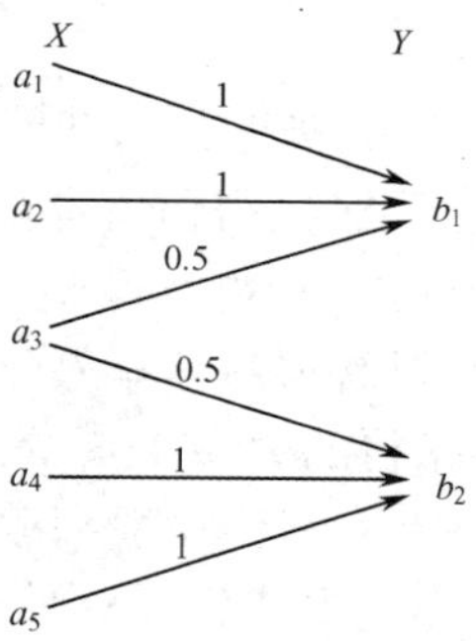

图 3.18 例 3.9 的离散信道

由于输入符号 a_3 传递到 b_1 和 b_2 是等概率的,所以 a_3 可以省去。而且 a_1,a_2 与 a_4,a_5 都分别传递到 b_1 与 b_2,因此可只取 a_1 和 a_5。所以设输入概率分布 $P(a_1)=P(a_5)=1/2, P(a_2)=P(a_3)=P(a_4)=0$。可得 $P(b_1)=P(b_2)=1/2$。按式(3.92),不难得到

$$I(x=a_1;Y)=I(x=a_2;Y)=\log 2$$
$$I(x=a_4;Y)=I(x=a_5;Y)=\log 2$$
$$I(x=a_3;Y)=0$$

可见,此分布满足式(3.92)。因此,信道容量 $C=\log 2=1$(比特/符号)。

最佳分布是 $\quad P(a_1)=P(a_5)=1/2,\ P(a_2)=P(a_3)=P(a_4)=0$

若设输入分布为 $P(a_1)=P(a_2)=P(a_4)=P(a_5)=1/4, P(a_3)=0$。同理,可得 $P(b_1)=P(b_2)=1/2$。根据式(3.92)也可得

$$\begin{cases}I(x_i;Y)=\log 2 & (x_i=a_1,a_2,a_4,a_5)\\ I(x_i;Y)<\log 2 & (x_i=a_3)\end{cases}$$

根据定理 3.3 可知,输入分布 $P(a_1)=P(a_2)=P(a_4)=P(a_5)=1/4, P(a_3)=0$,也是最佳分布。当然还可找到此信道其他的最佳输入分布。

可见,该信道的最佳输入分布不是唯一的。从式(3.91)可知,互信息 $I(x_i;Y)$ 只与信道传递概率及输出概率分布有关,因而达到信道容量的输入概率分布不是唯一的,但输出概率分布是唯一的。

对于一般的离散信道，我们很难利用定理3.3来寻求信道容量和对应的输入概率分布。因此仍只能采用求解式(3.80)方程组的方法。若信道矩阵是 $r=s$ 的非奇异矩阵，可用式(3.81)和式(3.82)求解。见下例。

【例3.11】 设离散无记忆信道输入 X 的符号集为 $\{a_1, a_2, a_3, a_4\}$，输出 Y 的符号集为 $\{b_1, b_2, b_3, b_4\}$，如图3.19所示，其信道传递矩阵为

$$\boldsymbol{P}=\begin{bmatrix}1/2 & 1/4 & 0 & 1/4\\ 0 & 1 & 0 & 0\\ 0 & 0 & 1 & 0\\ 1/4 & 0 & 1/4 & 1/2\end{bmatrix}$$

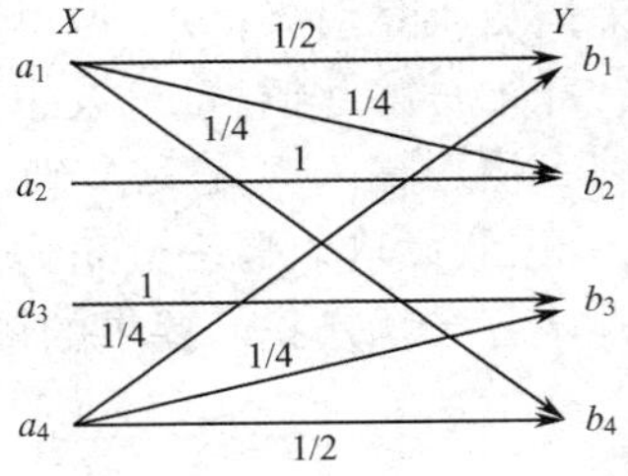

图3.19　例3.11的离散信道

这个信道为非对称信道，而且也无法利用定理3.3来计算信道容量。但该信道矩阵为方阵 $r=s$，且为非奇异矩阵，所以根据式(3.85)得

$$\begin{cases}\dfrac{1}{2}\beta_1+\dfrac{1}{4}\beta_2+\dfrac{1}{4}\beta_4=\dfrac{1}{2}\log\dfrac{1}{2}+\dfrac{1}{4}\log\dfrac{1}{4}+\dfrac{1}{4}\log\dfrac{1}{4}\\ \beta_2=0\\ \beta_3=0\\ \dfrac{1}{4}\beta_1+\dfrac{1}{4}\beta_3+\dfrac{1}{2}\beta_4=\dfrac{1}{4}\log\dfrac{1}{4}+\dfrac{1}{4}\log\dfrac{1}{4}+\dfrac{1}{2}\log\dfrac{1}{2}\end{cases}$$

取以2为底的对数，并解方程组，得　　$\beta_2=\beta_3=0,\quad \beta_1=\beta_4=-2$

由式(3.86)，得信道容量　　$C=\log_2(2^{-2}+2^0+2^0+2^{-2})=\log_2 5-1$（比特/符号）

又根据式(3.87)，得　　$P(b_1)=P(b_4)=2^{(-2-\log_2 5+1)}=0.1,\quad P(b_2)=P(b_3)=0.4$

因此，可解得最佳输入分布为　　$P(a_1)=P(a_4)=0.133,\quad P(a_2)=P(a_3)=0.367$

上述求得的 $P(a_i)(i=1,2,3,4)$ 都大于零，故求得的结果是正确的。

归纳上述，一般离散信道当 $r=s$ 并且信道矩阵 $\boldsymbol{P}$ 是非奇异矩阵时，其信道容量计算步骤如下：

(1) 由式(3.85)计算 $\beta_j(j=1,2,\cdots,s)$；

(2) 由式(3.86)或式(3.90)计算信道容量 C；

(3) 由式(3.87)或式(3.89)计算输出概率分布 $P(b_j)(j=1,2,\cdots,s)$；

(4) 再由式(3.10)计算输入概率分布 $P(a_i)(i=1,2,\cdots,r)$；

(5) 若 $P(a_i)\geqslant 0(i=1,2,\cdots,r)$ 即可结束，前面计算的 C 即为信道容量，否则要重新进行计算。

有时所求出的输入概率分布 $\{p_i\}$ 并不一定满足概率的条件。因为采用拉格朗日乘子法时并没有加入 $p_i\geqslant 0(i=1,\cdots,r)$ 的条件，所以必须对解进行检查。如果解得的所有 $p_i\geqslant 0$，则此解就是正确的解，所求的极限值 C 存在。如果有某些 $p_i<0$，则此解无效。它表明所求的极限值 C 出现的区域不满足概率条件。这时最大值必在边界上，即某些 x_i 的概率 $p_i=0$。因此，必须设某些输入符号 x_i 的概率 $p_i=0$，然后重新进行计算。

但当 $r<s$ 时，求解式(3.85)的非齐次线性方程组就比较困难。即使已求出解，也无法保证求得的输入符号概率都大于或等于零。因此必须反复进行试算，这就使运算变得非常复杂。近年来人们通过计算机，运用迭代算法求解。离散无记忆信道容量的迭代算法分别于1972年由 S. Arimoto 和 R. E. Blahut 给出。它是一种有效的数值算法，它能以任意给定的精度及有限步数算出任意离散无记忆信道的信道容量。有关迭代算法可参阅参考书目[2]或[15]。

3.5　离散无记忆扩展信道及其信道容量

前几节讨论了最简单的离散信道，即信道的输入和输出都只是单个随机变量的信道。然而一般离散信道的输入和输出却是一系列时间（或空间）离散的随机变量，即为随机序列。若输入或输出随机序列中每一个随机变量都取值于同一输入或输出的符号集，这种离散信道的数学模型如图 3.1 所示。

现在，我们来着重研究离散无记忆信道，简记为 DMC，这种信道的传递概率 $P(\boldsymbol{y}|\boldsymbol{x})$ 满足式(3.3)。因此，离散无记忆信道的数学模型基本同于单符号离散信道的数学模型，仍用$[X,P(y|x),Y]$概率空间来描述。而不同的只是当信道传输消息序列时，输入随机序列与输出随机序列之间的传递概率等于对应时刻的随机变量的传递概率的乘积。

在离散无记忆信道中，为了便于研究传递消息序列所能获得的信息量，我们从离散无记忆信道的 N 次扩展信道入手，因为它与前一章讨论的无记忆信源的 N 次扩展信源相类似。

设离散无记忆信道的输入符号集 $A=\{a_1,\cdots,a_r\}$，输出符号集 $B=\{b_1,\cdots,b_s\}$，信道矩阵为

$$\boldsymbol{P}=\begin{bmatrix} p_{11} & p_{12} & \cdots & p_{1s} \\ p_{21} & p_{22} & \cdots & p_{2s} \\ \vdots & \vdots & & \vdots \\ p_{r1} & p_{r2} & \cdots & p_{1s} \end{bmatrix}$$

且满足　$\sum_{j=1}^{s} p_{ij}=1$ 及 $p_{ij}\geqslant 0$　$(i=1,2,\cdots,r)$

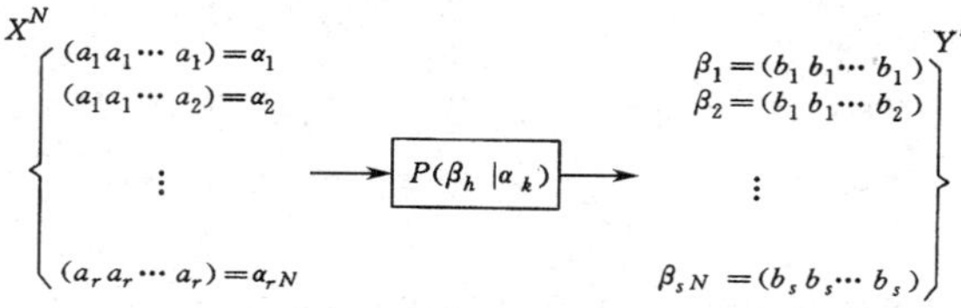

图 3.20　N 次扩展信道

则此无记忆信道的 N 次扩展信道的数学模型如图 3.20 所示。也可用概率空间$[X^n,P(\beta_h|\alpha_k),Y^n]$来描述。

因为在输入随机序列 $\boldsymbol{X}=(X_1,X_2,\cdots,X_N)$ 中，每一个随机变量 $X_i(i=1,2,\cdots,N)$ 各取值于同一输入符号集 A，而符号集 A 共有 r 个符号，所以随机矢量 $\boldsymbol{X}$ 的可能取值有 r^N 个。同理，随机矢量 $\boldsymbol{Y}$ 的可能取值有 s^N 个。根据信道无记忆的特性（满足式(3.3)），可得 N 次扩展信道的信道矩阵

$$\boldsymbol{\pi}=\begin{bmatrix} \pi_{11} & \pi_{12} & \cdots & \pi_{1S^N} \\ \pi_{21} & \pi_{22} & \cdots & \pi_{2S^N} \\ \vdots & \vdots & & \vdots \\ \pi_{r^N1} & \pi_{r^N2} & \cdots & \pi_{r^NS^N} \end{bmatrix}$$

式中
$$0\leqslant\pi_{kh}=P(\beta_h|\alpha_k)\leqslant 1\quad (k=1,2,\cdots,r^N\quad h=1,2,\cdots,s^N)$$

并满足
$$\sum_{h=1}^{s^N}\pi_{kh}=1\quad (k=1,2,\cdots,r^N)$$

而
$$\alpha_k=(a_{k_1}a_{k_2}\cdots a_{k_N})\quad a_{k_i}\in\{a_1,\cdots,a_r\}\quad (i=1,\cdots,N)$$
$$\beta_h=(b_{h_1}b_{h_2}\cdots b_{h_N})\quad b_{h_i}\in\{b_1,\cdots,b_s\}\quad (i=1,\cdots,N)$$

所以得
$$\begin{aligned}\pi_{kh}&=P(\beta_h|\alpha_k)=P(b_{h_1}b_{h_2}\cdots b_{h_N}|a_{k_1}a_{k_2}\cdots a_{k_N})\\&=\prod_{i=1}^{N}P(b_{h_i}|a_{k_i})\quad (k=1,2,\cdots,r^N;\ h=1,2,\cdots,s^N)\end{aligned}\tag{3.94}$$

【例 3.12】　求例 3.1 中二元无记忆对称信道的二次扩展信道。

因为二元对称信道的输入和输出变量 X 和 Y 的取值都是 0 或 1，因此，二次扩展信道的输入符号集为 $A^2=\{00,01,10,11\}$，共有 $2^2=4$ 个符号。输出符号集为 $B^2=\{00,01,10,11\}$，也共有 4 个符号。根据无记忆信道的特性，求得二次扩展信道的传递概率为

$$P(\beta_1 \mid \alpha_1)=P(00 \mid 00)=P(0 \mid 0)P(0 \mid 0)=\bar{p}^2$$
$$P(\beta_2 \mid \alpha_1)=P(01 \mid 00)=P(0 \mid 0)P(1 \mid 0)=\bar{p}p$$
$$P(\beta_3 \mid \alpha_1)=P(10 \mid 00)=P(1 \mid 0)P(1 \mid 0)=p\,\bar{p}$$
$$P(\beta_4 \mid \alpha_1)=P(11 \mid 00)=P(1 \mid 0)P(1 \mid 0)=p^2$$

同理,可求得其他传递概率 $\boldsymbol{\pi}_{kh}$,最后得二次扩展信道的信道矩阵 $\boldsymbol{\pi}$,即

$$\boldsymbol{\pi}=\begin{bmatrix} \bar{p}^2 & \bar{p}p & p\,\bar{p} & p^2 \\ \bar{p}p & \bar{p}^2 & p^2 & p\,\bar{p} \\ p\,\bar{p} & p^2 & \bar{p}^2 & \bar{p}p \\ p^2 & p\,\bar{p} & \bar{p}p & \bar{p}^2 \end{bmatrix}$$

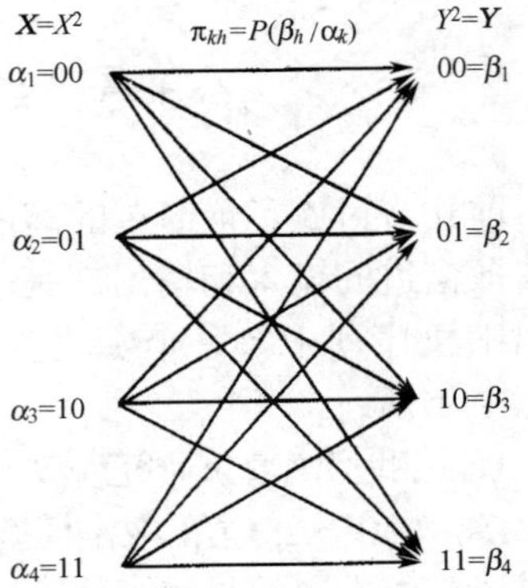

图 3.21 二元对称信道的二次扩展信道

上述二次扩展信道如图 3.21 所示。

根据平均互信息的定义,可得无记忆信道的 N 次扩展信道的平均互信息

$$\begin{aligned} I(\boldsymbol{X};\boldsymbol{Y}) &= I(X^N;Y^N) = H(X^N) - H(X^N \mid Y^N) = H(Y^N) - H(Y^N \mid X^N) \\ &= \sum_{X^N,Y^N} P(\alpha_k\beta_h)\log\frac{P(\alpha_k \mid \beta_h)}{P(\alpha_k)} = \sum_{X^N,Y^N} P(\alpha_k\beta_h)\log\frac{P(\beta_h \mid \alpha_k)}{P(\beta_h)} \end{aligned} \tag{3.95}$$

在图 3.1 所示的一般离散信道模型中,设 $\boldsymbol{X}=(X_1X_2\cdots X_N)$,$\boldsymbol{Y}=(Y_1Y_2\cdots Y_N)$,其中

$$X_i \in A=\{a_1,a_2,\cdots,a_r\},\ Y_i \in B=\{b_1,b_2,\cdots,b_s\}$$

且有

$$\boldsymbol{x}\in\boldsymbol{X},\ \boldsymbol{y}\in\boldsymbol{Y},\ x_i\in X_i,\ y_i\in Y_i$$

则信道输入和输出两个离散随机序列之间的平均互信息 $I(\boldsymbol{X};\boldsymbol{Y})$,与两序列中对应的离散随机变量之间的平均互信息 $I(X_i;Y_i)$ 存在着以下关系:

(1) 当信道是无记忆时,即信道传递概率满足

$$P(\boldsymbol{y} \mid \boldsymbol{x}) = \prod_{i=1}^{N} P(y_i \mid x_i)$$

有

$$I(\boldsymbol{X};\boldsymbol{Y}) \leqslant \sum_{i=1}^{N} I(X_i;Y_i) \tag{3.96}$$

(2) 当信道的输入信源是无记忆时,即满足 $P(\boldsymbol{x}) = \prod_{i=1}^{N} P(x_i)$,有 (3.97)

$$I(\boldsymbol{X};\boldsymbol{Y}) \geqslant \sum_{i=1}^{N} I(X_i;Y_i) \tag{3.98}$$

(3) 当信道和信源都是无记忆时,即式(3.3)和式(3.97)两条件都满足,有

$$I(\boldsymbol{X};\boldsymbol{Y}) = \sum_{i=1}^{N} I(X_i;Y_i) \tag{3.99}$$

证明 (1) 设信道输入和输出随机序列 $\boldsymbol{X}$ 和 $\boldsymbol{Y}$ 的一个取值为 $\alpha_k=(a_{k_1}a_{k_2}\cdots a_{k_N})$,$a_{k_i}\in\{a_1,\cdots,a_r\}(i=1,\cdots,N)$,和 $\beta_h=(b_{h_1}b_{h_2}\cdots b_{h_N})$,$b_{h_i}\in\{b_1,\cdots,b_s\}(i=1,\cdots,N)$。根据平均互信息的定义得 $\boldsymbol{X}$ 和 $\boldsymbol{Y}$ 的平均互信息

$$I(\boldsymbol{X};\boldsymbol{Y}) = \sum_{\boldsymbol{X};\boldsymbol{Y}} P(\alpha_k\beta_h)\log\frac{P(\beta_h \mid \alpha_k)}{P(\beta_h)} = E\left[\log\frac{P(\beta_h \mid \alpha_k)}{P(\beta_h)}\right]$$

式中 $E[\cdot]$ 表示在 $\boldsymbol{XY}$ 的联合空间中求统计平均。因信道是无记忆的,由式(3.94)得

$$I(\boldsymbol{X};\boldsymbol{Y}) = E\left[\log\frac{P(b_{h_1} \mid a_{k_1})P(b_{h_2} \mid a_{k_2})\cdots P(b_{h_N} \mid a_{k_N})}{P(\beta_h)}\right]$$

另一方面

$$\sum_{i=1}^{N} I(X_i;Y_i) = \sum_{i=1}^{N}\sum_{X_i,Y_i} P(a_{k_i}b_{h_i})\log\frac{P(b_{h_i} \mid a_{k_i})}{P(b_{h_i})}$$

$$= \sum_{X_1,Y_1} P(a_{k1}b_{h1})\log\frac{P(b_{h_1}\mid a_{k_1})}{P(b_{h_1})} + \sum_{X_2,Y_2} P(a_{k_2}b_{k_2})\log\frac{P(b_{h_2}\mid a_{k_2})}{P(b_{h_2})} + \cdots + \sum_{X_N,Y_N} P(a_{k_N}b_{h_N})\log\frac{P(b_{h_N}\mid a_{k_N})}{P(b_{h_N})}$$

$$= \sum_{X_1,Y_1}\cdots\sum_{X_N,Y_N} P(a_{k_1}\cdots a_{k_N}b_{h_1}\cdots b_{h_N})\log\frac{P(b_{h_1}\mid a_{k_1})\cdot P(b_{h_2}\mid a_{k_2})\cdots P(b_{h_N}\mid a_{k_N})}{P(b_{h_1})\cdot P(b_{h_2})\cdots P(b_{h_N})}$$

$$= E\left[\log\frac{P(b_{h_1}\mid a_{k_1})P(b_{h_2}\mid a_{k_2})\cdots P(b_{h_N}\mid a_{k_N})}{P(b_{h_1})P(b_{h_2})\cdots P(b_{h_N})}\right]$$

上式 $E[\cdot]$ 也是对 $\boldsymbol{XY}$ 的联合空间求均值。所以

$$I(\boldsymbol{X};\boldsymbol{Y}) - \sum_{i=1}^{N} I(X_i;Y_i)$$

$$= E\left[\log\frac{P(b_{h_1}\mid a_{k_1})P(b_{h_2}\mid a_{k_2})\cdots P(b_{h_N}\mid a_{k_N})}{P(\beta_h)} - \log\frac{P(b_{h_1}\mid a_{k_1})P(b_{h_2}\mid a_{k_2})\cdots P(b_{h_N}\mid a_{k_N})}{P(b_{h_1})P(b_{h_2})\cdots P(b_{h_N})}\right]$$

$$= E\left[\log\frac{P(b_{h_1})P(b_{h_2})\cdots P(b_{h_N})}{P(\beta_h)}\right]$$

根据詹森不等式，得 $$E\left[\log\frac{P(b_{h_1})P(b_{h_2})\cdots P(b_{h_N})}{P(\beta_h)}\right] \leqslant \log E\left[\frac{P(b_{h_1})P(b_{h_2})\cdots P(b_{h_N})}{P(\beta_h)}\right]$$

$$= \log\sum_{\boldsymbol{X},\boldsymbol{Y}} P(\alpha_k\beta_h)\frac{P(b_{h_1})P(b_{h_2})\cdots P(b_{h_N})}{P(\beta_h)} = \log\sum_{\boldsymbol{X},\boldsymbol{Y}} P(\alpha_k\mid\beta_h)P(b_{h_1})P(b_{h_2})\cdots P(b_{h_N})$$

$$= \log\sum_{\boldsymbol{Y}} P(b_{h_1})P(b_{h_2})\cdots P(b_{h_N}) = \log 1 = 0$$

证得 $$I(\boldsymbol{X};\boldsymbol{Y}) \leqslant \sum_{i=1}^{N} I(X_i;Y_i)$$

当信源是无记忆时，则有 $$P(\alpha_k) = P(a_{k_1})P(a_{k_2})\cdots P(a_{k_N})$$

而 $$P(\beta_h) = \sum_{\boldsymbol{X}} P(\alpha_k\beta_h) = \sum_{\boldsymbol{X}} P(\alpha_k)\cdot P(\beta_h\mid\alpha_k)$$

$$= \sum_{\boldsymbol{X}} P(a_{k_1})P(a_{k_2})\cdots P(a_{k_N})\cdot P(b_{h_1}\mid a_{k_1})P(b_{h_2}\mid a_{k_2})\cdots P(b_{h_N}\mid a_{k_N})$$

$$= \sum_{X_1} P(a_{k_1}b_{h_1})\sum_{X_2} P(a_{k_2}b_{h_2})\cdots\sum_{X_N} P(a_{k_N}b_{h_N}) = P(b_{h_1})P(b_{h_2})\cdots P(b_{h_N})$$

因此式(3.96)等号成立。

(2) 根据平均互信息的定义得 $\boldsymbol{X}$ 和 $\boldsymbol{Y}$ 的平均互信息

$$I(\boldsymbol{X},\boldsymbol{Y}) = \sum_{\boldsymbol{X},\boldsymbol{Y}} P(\alpha_k\beta_h)\log\frac{P(\alpha_k\mid\beta_h)}{P(\alpha_k)} = E\left[\log\frac{P(\alpha_k\mid\beta_h)}{P(\alpha_k)}\right]$$

式中，α_k 和 β_h 是随机矢量 $\boldsymbol{X}$ 和 $\boldsymbol{Y}$ 的一个取值，$\alpha_k=(a_{k_1}a_{k_2}\cdots a_{k_N})$，$a_{k_i}\in\{a_1,\cdots,a_r\}(i=1,\cdots,N)$，而 $\beta_h=(b_{h_1}b_{h_2}\cdots b_{h_N})$，$b_{h_i}\in\{b_1,\cdots,b_s\}(i=1,\cdots,N)$。因信源是无记忆的，即随机序列 $\boldsymbol{X}$ 中每一分量是相互独立的，因而

$$P(\alpha_k) = P(a_{k_1})P(a_{k_2})\cdots P(a_{k_N})$$

因此得 $$I(\boldsymbol{X};\boldsymbol{Y}) = E\left[\log\frac{P(\alpha_k\mid\beta_h)}{P(a_{k_1})P(a_{k_2})\cdots P(a_{k_N})}\right]$$

式中，$E[\cdot]$ 表示对 $\boldsymbol{XY}$ 的联合空间求均值。

另一方面 $$\sum_{i=1}^{N} I(X_i;Y_i) = \sum_{i=1}^{N}\sum_{X_i,Y_i} P(a_{k_i}b_{h_i})\log\frac{P(a_{k_i}\mid b_{h_i})}{P(a_{k_i})}$$

$$= \sum_{X_1,Y_1}\cdots\sum_{X_N,Y_N} P(a_{k_1}a_{k_2}\cdots a_{k_N}b_{h_1}b_{h_2}\cdots b_{h_N}) \times \log\frac{P(a_{k_1}\mid b_{h_1})P(a_{k_2}\mid b_{h_2})\cdots P(a_{k_N}\mid b_{h_N})}{P(a_{k_1})P(a_{k_2})\cdots P(a_{k_N})}$$

$$= E\left[\log\frac{P(a_{k_1}\mid b_{h_1})P(a_{k_2}\mid b_{h_2})\cdots P(a_{k_N}\mid b_{h_N})}{P(a_{k_1})P(a_{k_2})\cdots P(a_{k_N})}\right]$$

上式 $E[\cdot]$ 也是对 $\boldsymbol{XY}$ 的联合空间求均值。因此

$$\sum_{i=1}^{N} I(X_i;Y_i) - I(\boldsymbol{X};\boldsymbol{Y}) = E\left[\log \frac{P(a_{k_1} \mid b_{h_1})P(a_{k_2} \mid b_{h_2})\cdots P(a_{k_N} \mid b_{h_N})}{P(\alpha_k \mid \beta_h)}\right]$$

根据詹森不等式得

$$E\left[\log \frac{P(a_{k_1} \mid b_{h_1})P(a_{k_2} \mid b_{h_2})\cdots P(a_{k_N} \mid b_{h_N})}{P(\alpha_k \mid \beta_h)}\right]$$

$$\leqslant \log E\left[\frac{P(a_{k_1} \mid b_{h_1})P(a_{k_2} \mid b_{h_2})\cdots P(a_{k_N} \mid b_{h_N})}{P(\alpha_k \mid \beta_h)}\right]$$

$$= \log \sum_{\boldsymbol{X},\boldsymbol{Y}} P(\alpha_k\beta_h) \frac{P(a_{k_1} \mid b_{h_2})P(a_{k_2} \mid b_{h_2})\cdots P(a_{k_N} \mid b_{h_N})}{P(\alpha_k \mid \beta_h)}$$

$$= \log \sum_{\boldsymbol{X},\boldsymbol{Y}} P(\beta_h)P(a_{k_1} \mid b_{h_1})P(a_{k_2} \mid b_{h_2})\cdots P(a_{k_N} \mid b_{h_N})$$

$$= \log \sum_{\boldsymbol{Y}} P(\beta_h) = \log 1 = 0$$

所以证得

$$\sum_{i=1}^{N} I(X_i;Y_i) - I(\boldsymbol{X};\boldsymbol{Y}) \leqslant 0$$

即

$$I(\boldsymbol{X};\boldsymbol{Y}) \geqslant \sum_{i=1}^{N} I(X_i;Y_i)$$

当信道是无记忆时,式(3.94)成立,所以有

$$P(\alpha_k\beta_h) = P(\alpha_k)P(\beta_h \mid \alpha_k) = \prod_{i=1}^{N} P(a_{k_i}) \prod_{i=1}^{N} P(b_{h_i} \mid a_{k_i}) = \prod_{i=1}^{N} P(a_{k_i}b_{h_i})$$

及

$$P(\beta_h) = \sum_{\boldsymbol{X}} P(\alpha_k\beta_h) = \sum_{\boldsymbol{X}} \prod_{i=1}^{N} P(a_{k_i}b_{h_i}) = \prod_{i=1}^{N} \sum_{X_i} P(a_{k_i}b_{h_i}) = \prod_{i=1}^{N} P(b_{h_i})$$

因此得

$$P(\alpha_k \mid \beta_h) = \frac{P(\alpha_k\beta_h)}{P(\beta_h)} = \frac{\prod_{i=1}^{N} P(a_{k_i}b_{h_i})}{\prod_{i=1}^{N} P(b_{h_i})} = \prod_{i=1}^{N} P(a_{k_i} \mid b_{h_i})$$

所以式(3.98)的等号成立。

(3) 从(1)和(2)的证明中可知,若信源与信道都是无记忆的,则式(3.96)和式(3.98)同时满足,即它们的等式成立

$$I(\boldsymbol{X};\boldsymbol{Y}) = \sum_{i=1}^{N} I(X_i;Y_i)$$

上述的证明也可以运用平均联合互信息和平均条件互信息的表达式来进行证明。 [证毕]

特别是,若信道的输入序列 $\boldsymbol{X}=(X_1X_2\cdots X_N)$ 中的随机变量 $X_i(i=1,2,\cdots,N)$ 不但取自于同一信源符号集,并且具有同一种概率分布,而且通过相同的信道传送到输出端(即信道传递概率分布不随 i 而改变,为时不变信道),因此有

$$I(X_1;Y_1)=I(X_2;Y_2)=\cdots=I(X_N;Y_N)=I(X;Y)$$

得

$$\sum_{i=1}^{N} I(X_i;Y_i) = NI(X;Y) \tag{3.100}$$

式中,N 是序列的长度。所以,对于此离散无记忆信道的 N 次扩展信道来说,则有

$$I(\boldsymbol{X};\boldsymbol{Y}) \leqslant NI(X;Y) \tag{3.101}$$

若输入信源也是无记忆的,则有

$$I(\boldsymbol{X};\boldsymbol{Y}) = NI(X;Y)$$

此式说明当信源是无记忆时,无记忆的 N 次扩展信道的平均互信息等于原来信道的平均互信息的 N 倍。

对于**一般的离散无记忆信道的 N 次扩展信道**,因为有

$$I(\boldsymbol{X};\boldsymbol{Y}) \leqslant \sum_{i=1}^{N} I(X_i;Y_i)$$

所以其**信道容量** $C^N = \max_{P(\boldsymbol{x})} I(\boldsymbol{X};\boldsymbol{Y}) = \max_{P(\boldsymbol{x})} \sum_{i=1}^{N} I(X_i;Y_i) = \sum_{i=1}^{N} \max_{P(x_i)} I(X_i;Y_i) = \sum_{i=1}^{N} C_i$ (3.102)

式中，令 $C_i = \max_{P(x_i)} I(X_i;Y_i)$，这是某时刻 i 通过离散无记忆信道传输的最大信息量。根据3.4节所述可求出离散无记忆信道的信道容量 C。因为输入的随机序列 $\boldsymbol{X}=(X_1,\cdots,X_i,\cdots,X_N)$ 在同一信道中传输（也可以认为在时不变信道中传输），所以得 $C_i = C(i=1,2,\cdots,N)$。即任何时刻通过离散无记忆信道传输的最大信息量都相同。代入式(3.102)得

$$C^N = NC \tag{3.103}$$

此式说明**离散无记忆的 N 次扩展信道的信道容量等于原单符号离散信道的信道容量的 N 倍**。且只有当输入信源是无记忆的及每一输入变量 X_i 的分布各自达到最佳分布 $P(x)$ 时，才能达到这个信道容量 NC。

一般情况下，消息序列在离散无记忆的 N 次扩展信道中传输的信息量为

$$I(\boldsymbol{X};\boldsymbol{Y}) \leqslant NC \tag{3.104}$$

3.6 独立并联信道及其信道容量

独立并联信道又称并用信道，也等价于时变的 N 次无记忆扩展信道。设有 N 个信道，如图 3.22 所示，它们的输入分别是 $X_1,X_2,\cdots,X_N$，输出分别是 $Y_1,Y_2,\cdots,Y_N$，传递概率分别是 $P(y_1|x_1)$，$P(y_2|x_2)$，$\cdots$，$P(y_N|x_N)$。在这 N 个独立并联信道中，每一个信道的输出 Y_i 只与本信道的输入 X_i 有关，与其他信道的输入、输出都无关。那么，这 N 个信道的联合传递概率满足

$$P(y_1y_2\cdots y_N|x_1x_2\cdots x_N) = P(y_1|x_1)P(y_2|x_2)\cdots P(y_N|x_N) \tag{3.105}$$

相当于信道是无记忆时应满足的条件。因此，我们可以把式(3.96)推广应用到 N 个独立并联信道中来。故推广得

$$I(X_1X_2\cdots X_N;Y_1Y_2\cdots Y_N) \leqslant \sum_{i=1}^{N} I(X_i;Y_i) \tag{3.106}$$

即联合平均互信息不大于各自信道的平均互信息之和。

因此得**独立并联信道的信道容量**

$$C_{1,2,\cdots,N} = \max_{P(x_1\cdots x_N)} I(X_1\cdots X_N;Y_1\cdots Y_N) \leqslant \sum_{i=1}^{N} C_i \tag{3.107}$$

式中，C_i 是各个独立信道的信道容量，即

$$C_i = \max_{P(x_i)} I(X_i;Y_i)$$

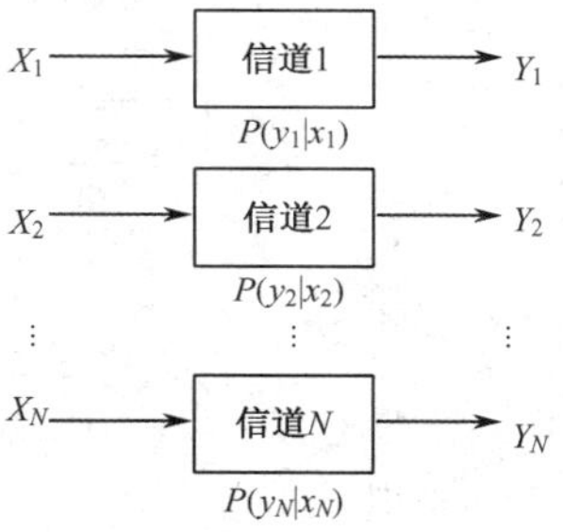

图 3.22 N 个独立并联信道

所以，独立并联信道的信道容量不大于各个信道的信道容量之和。只有当输入符号 X_i 相互独立，且 X_i 的概率分布达到各信道容量的最佳输入分布时，独立并联信道的信道容量才等于各信道容量之和。即

$$C_{1,2,\cdots,N} = \sum_{i=1}^{N} C_i \tag{3.108}$$

3.7 串联信道的互信息和数据处理定理

在一些实际通信系统中常常出现串联信道的情况，如微波中继接力通信就是一种串联信道。另外，我们常常需要在信道输出端对接收到的信号或数据进行适当的处理，这种处理称为数据处理。数据处理系统一般可看成一种信道，它与前面传输数据的信道是串接的关系。例如，将卫星上

测得的各种科学数据编成0、1二元码，然后以脉冲形式发送到地面。地面接收站收到的是一系列振幅不同的脉冲，将这些脉冲送入判决器，当脉冲振幅大于门限值时判决为"1"，当脉冲振幅小于门限值时判决为"0"。在这种情况下，从卫星到地面接收站可以看成一个离散信道，其输入符号为"0"和"1"二元码，输出符号为一系列不同幅度的数值。对于判决器，也可以将它看成另一个信道，其输入符号为一系列不同幅度的数值，即是前一信道的输出，而其输出为符号"0"和"1"的二元码。这种判决器就是一种数据处理系统。因此从卫星到判决器的输出可以看成两个信道的串联。本节将研究串联信道的互信息问题。

假设有一离散单符号信道Ⅰ，其输入变量为 X，取值 $\{a_1,a_2,\cdots,a_r\}$，输出变量 Y，取值 $\{b_1,b_2,\cdots,b_s\}$；并设另有一离散单符号信道Ⅱ，其输入变量为 Y，输出变量 Z，取值 $\{c_1,c_2,\cdots,c_t\}$。将这两信道串接起来，如图3.23所示。这两个信道的输入和输出符号集都是完备集。信道Ⅰ的传递概率是 $P(y|x)=P(b_j|a_i)$，而信道Ⅱ的传递概率一般与前面的符号 X 和 Y 都有关，所以记为 $P(z|xy)=P(c_k|a_ib_j)$。

若信道Ⅱ的传递概率使其输出 Z 只与输入 Y 有关，与前面的输入 X 无关，即满足

$$P(z|yx)=P(z|y) \quad (\text{对所有 } x,y,z) \tag{3.109}$$

称这两个信道的输入和输出 X,Y,Z 序列构成马尔可夫链。

这两个串接信道可以等价成一个总的离散信道如图3.24所示。其输入为 X，取值 $\{a_1,a_2,\cdots,a_r\}$，输出为 Z，取值 $\{c_1,c_2,\cdots,c_t\}$，此信道的传递概率为

$$P(z|x)=\sum_Y P(y|x)\cdot P(z|xy) \quad (x\in X, y\in Y, z\in Z)$$

则总信道的传递矩阵

$$[P(\underset{r\times t}{z|x})]=[P(\underset{r\times s}{y|x})]\cdot[P(\underset{s\times t}{z|xy})] \tag{3.110}$$

若 X,Y,Z 满足马尔可夫链，得总信道的传递概率

$$P(z|x)=\sum_Y P(y|x)\cdot P(z|y) \quad (x\in X,\quad y\in Y,\quad z\in Z) \tag{3.111}$$

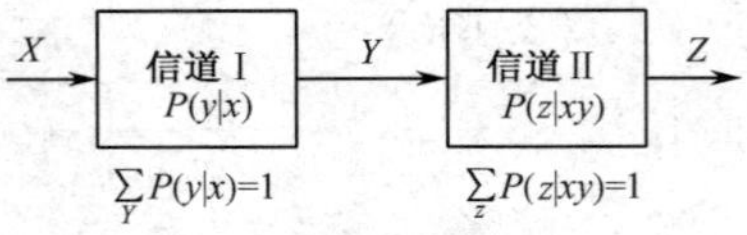

图3.23　串接信道

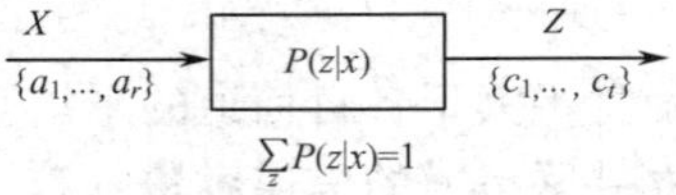

图3.24　等价的总信道

信道矩阵为

$$[P(\underset{r\times t}{z|x})]=[P(\underset{r\times s}{y|x})]\cdot[P(\underset{s\times t}{z|y})] \tag{3.112}$$

下面，我们讨论串接信道中平均互信息 $I(X;Y)$，$I(X;Z)$ 和 $I(Y;Z)$ 之间的关系。

定理3.4　离散串接信道中，平均互信息满足

$$I(XY;Z)\geqslant I(Y;Z) \tag{3.113}$$

$$I(XY;Z)\geqslant I(X;Z) \tag{3.114}$$

当且仅当对所有 x,y,z，满足

$$P(z|xy)=P(z|y) \tag{3.115}$$

或

$$P(z|xy)=P(z|x) \tag{3.116}$$

时，式(3.113)或式(3.114)中等号成立。

上式 $I(XY;Z)$ 表示联合变量 XY 与变量 Z 之间的平均互信息，也就是接收到 Z 后获得关于联合变量 X 和 Y 的信息量。而 $I(Y;Z)$ 是接收到 Z 后获得关于变量 Y 的信息量。$I(X;Z)$ 是接收到 Z 后获得关于变量 X 的信息量。

【证明】　根据平均互信息的定义得

$$I(XY;Z)=\sum_{X,Y,Z}P(xyz)\log\frac{P(z|xy)}{P(z)}=E\left[\log\frac{P(z|xy)}{P(z)}\right] \tag{3.117}$$

而 $$I(Y;Z)=\sum_{Y,Z}P(yz)\log\frac{P(z\mid y)}{P(z)}=\sum_{X,Y,Z}P(xyz)\log\frac{P(z\mid y)}{P(z)}=E\left[\log\frac{P(z\mid y)}{P(z)}\right]\tag{3.118}$$

在式(3.117)和式(3.118)中,$E[\cdot]$都是对 X、Y、Z 三个概率空间求均值。所以得

$$I(Y,Z)-I(XY,Z)=E\left[\log\frac{P(z\mid y)}{P(z)}-\log\frac{P(z\mid xy)}{P(z)}\right]=E\left[\log\frac{P(z\mid y)}{P(z\mid xy)}\right]\tag{3.119}$$

运用詹森不等式,得
$$E\left[\log\frac{P(z\mid y)}{P(z\mid xy)}\right]\leqslant \log E\left[\frac{P(z\mid y)}{P(z\mid xy)}\right]$$
$$=\log\sum_{X,Y,Z}P(xyz)\frac{P(z\mid y)}{P(z\mid xy)}=\log\sum_{X,Y,Z}P(xy)P(z\mid y)$$
$$=\log\sum_{X,Y}P(xy)\sum_{Z}P(z\mid y)=\log\sum_{X,Y}P(xy)=\log 1=0$$

已知 $\sum_{Z}P(z\mid xy)=1,\quad \sum_{Y}P(y\mid x)=1$ 及 $\sum_{X,Y}P(xy)=1\quad(x\in X\quad y\in Y\quad z\in Z)$

可得 $$\sum_{X}P(x\mid y)=1$$
$$\sum_{Z}P(z\mid y)=\sum_{Z}\sum_{X}P(xz\mid y)=\sum_{X}\sum_{Z}P(z\mid xy)P(x\mid y)=1\quad(y\in Y)$$

因此证得 $$I(XY;Z)\geqslant I(Y;Z)\tag{3.120}$$

并只有当 $P(z\mid xy)=P(z\mid y)$(对所有 x,y,z)时,式(3.119)才等于零,因而式(3.120)的等号才成立。

同理,可以证得 $$I(XY;Z)\geqslant I(X;Z)\tag{3.121}$$

当且仅当 $P(z\mid xy)=P(z\mid x)$(对所有 x,y,z 都成立)时,等式成立。 [证毕]

定理 3.4 中式(3.113)等式成立的条件 $P(z\mid xy)=P(z\mid y)$ 表示随机变量 Z 只依赖于变量 Y,与前面的变量 X 无直接关系。也就是说,随机变量 X、Y、Z 组成一个马尔可夫链。在一般串联信道中,随机变量 Z 往往只依赖于信道Ⅱ的输入 Y,不直接与变量 X 发生关系,即随机变量 Z 仅仅通过变量 Y 而依赖于 X。所以串联信道的输入和输出变量之间组成一个马尔可夫链,并存在下述定理。

定理 3.5 若 X、Y、Z 组成一个马尔可夫链,则有

$$I(X;Z)\leqslant I(X;Y)\tag{3.122}$$
$$I(X;Z)\leqslant I(Y;Z)\tag{3.123}$$

【证明】 首先证式(3.123)。

因为 X、Y、Z 是马尔可夫链,所以满足 $P(z\mid xy)=P(z\mid y)$(对所有 x,y,z);则定理 3.4 中等式成立,得

$$I(XY;Z)=I(Y;Z)$$

而又因式(3.121)成立,所以得 $$I(Y;Z)\geqslant I(X;Z)$$

其中等式成立的条件是 $$P(z\mid xy)=P(z\mid x)\quad(对所有\ x,y,z)\tag{3.124}$$

由此证得式(3.123)。再证式(3.122)。

因为 X、Y、Z 是马尔可夫链,可证得 Z、Y、X 也是马尔可夫链,所以有

$$P(x\mid yz)=P(x\mid y)\quad(对所有\ x,y,z)\tag{3.125}$$

运用与定理 3.4 同样的证明方法,可得

$$I(ZY;X)\geqslant I(Y;X)\tag{3.126}$$

当且仅当 $P(x\mid yz)=P(x\mid y)$(对所有 x,y,z 都成立)时,式(3.126)的等号成立。另证得

$$I(ZY;X)\geqslant I(Z;X)\tag{3.127}$$

当且仅当 $P(x\mid yz)=P(x\mid z)$(对所有 x,y,z 都成立)时,式(3.127)的等号成立。

现因为式(3.125)成立,所以得 $$I(ZY;X)=I(Y;X)$$

再与式(3.127)联立,得 $$I(Y;X)\geqslant I(Z;X)$$

根据平均互信息的交互性,有 $$I(X;Y)\geqslant I(X;Z)$$

并得当且仅当 $P(x\mid yz)=P(x\mid y)=P(x\mid z)$(对所有 x,y,z)时,等式成立。由此证得式(3.122)。 [证毕]

由式(3.122)可以推得,在串联信道中一般有

$$H(X \mid Z) \geqslant H(X \mid Y) \tag{3.128}$$

定理 3.5 是很重要的。式(3.122)和式(3.128)表明通过串联信道的传输只会丢失更多的信息。如果满足

$$P(x \mid y) = P(x \mid z) \quad \text{对所有 } x,y,z \text{ 都成立} \tag{3.129}$$

即串联信道的总的信道矩阵等于第一级信道矩阵时,通过串联信道传输后不会增加信息的损失。当图 3.23 中第二个信道是无噪一一对应信道时,这个条件显然是满足的。如果第二个信道是数据处理系统,定理 3.5 就表明通过数据处理后,一般只会增加信息的损失,最多保持原来获得的信息,不可能比原来获得的信息有所增加。也就是说,对接收到的数据 Y 进行处理后,无论变量 Z 是 Y 的确定对应关系还是概率关系,绝不会减少关于 X 的不确定性。若要使数据处理后获得的关于 X 的平均互信息保持不变,必须满足式(3.129)。故定理 3.5 称为**数据处理定理**。

【例 3.13】 有两个信道的信道矩阵分别为

$$\begin{bmatrix} 1/3 & 1/3 & 1/3 \\ 0 & 1/2 & 1/2 \end{bmatrix} \quad \text{和} \quad \begin{bmatrix} 1 & 0 & 0 \\ 0 & 2/3 & 1/3 \\ 0 & 1/3 & 2/3 \end{bmatrix}$$

它们的串联信道如图 3.25 所示。

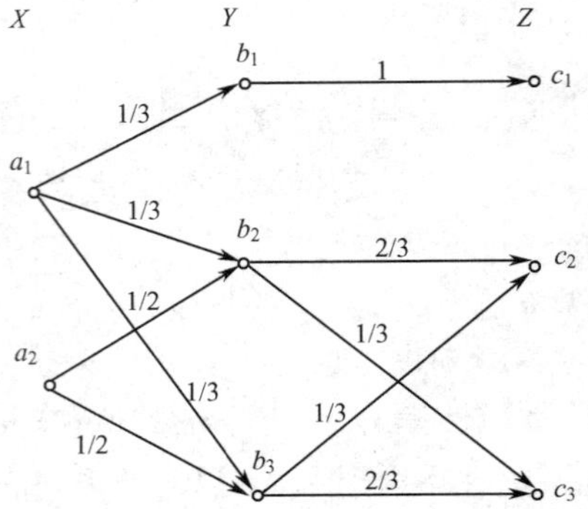

图 3.25　某串联信道

对于一般满足 X、Y、Z 为马氏链的串联信道,它们总的信道矩阵应等于两个串联信道矩阵的乘积。即

$$\boldsymbol{P}(z \mid x) = \boldsymbol{P}(y \mid x) \cdot \boldsymbol{P}(z \mid y) \tag{3.130}$$

而总的信道矩阵中每个元素满足

$$P(c_k \mid a_i) = \sum_j P(b_j \mid a_i) P(c_k \mid b_j) \tag{3.131}$$

为此,我们求出图 3.25 中串联信道的总的信道矩阵

$$\boldsymbol{P}(z \mid x) = \begin{bmatrix} 1/3 & 1/3 & 1/3 \\ 0 & 1/2 & 1/2 \end{bmatrix} \begin{bmatrix} 1 & 0 & 0 \\ 0 & 2/3 & 1/3 \\ 0 & 1/3 & 2/3 \end{bmatrix} = \begin{bmatrix} 1/3 & 1/3 & 1/3 \\ 0 & 1/2 & 1/2 \end{bmatrix}$$

可见,该串联信道满足　　$P(y \mid x) = P(z \mid x)$　(对所有 x,y,z)　　(3.132)

根据概率关系和式(3.132)得　　$P(x \mid z) = P(x \mid y)$　(对所有 x,y,z)

所以式(3.129)满足,因而得　　$I(X;Z) = I(X;Y)$

此例说明,不论输入信源 X 的符号如何分布,满足式(3.129)的串联噪声信道不会使信道中信息损失增加。

因此,对于一系列不涉及原始信源的数据处理,即对于一系列串联信道,如图 3.26 所示,有

$$H(X) \geqslant I(X;Y) \geqslant I(X;Z) \geqslant I(X;W) \geqslant \cdots \tag{3.133}$$

图 3.26　一系列串联信道

式(3.133)是定理 3.5 的推广,称为数据处理定理。它说明,在任何信息传输系统中,最后获得的信息至多是信源所提供的信息。如果一旦在某一过程中丢失一些信息,以后的系统不管如何处理,如不触及到丢失信息过程的输入端,就不能再恢复已丢失的信息。这就是信息**不增性原理**,它与热熵不减原理正好对应。这一点对于理解信息的实质具有深刻的物理意义。

根据信道容量的定义,**串联信道的信道容量**为

$$
\left.\begin{aligned}
C_{串}(\text{Ⅰ},\text{Ⅱ}) &= \max_{P(x)} I(X;Z) \\
C_{串}(\text{Ⅰ},\text{Ⅱ},\text{Ⅲ}) &= \max_{P(x)} I(X;W) \\
&\cdots\cdots
\end{aligned}\right\} \tag{3.134}
$$

由式(3.133)可知,串联的无源数据处理信道越多,其信道容量(最大信息传输)可能会越小,当串接信道数无限大时,信道容量就有可能趋于零。

【例 3.14】 设有两个串联的离散二元对称信道,如图 3.27 所示。并设第一个信道的输入符号的概率空间为

$$
\begin{bmatrix} X \\ P(x) \end{bmatrix} = \begin{bmatrix} 0, & 1 \\ 1/2, & 1/2 \end{bmatrix}
$$

而两个信道的信道矩阵为

$$
\boldsymbol{P}_1 = \boldsymbol{P}_2 = \begin{bmatrix} 1-p & p \\ p & 1-p \end{bmatrix} \quad (0 \leqslant p \leqslant 1)
$$

所以串联信道总的信道矩阵为

$$
\boldsymbol{P} = \begin{bmatrix} (1-p)^2+p^2 & 2p(1-p) \\ 2p(1-p) & (1-p)^2+p^2 \end{bmatrix}
$$

根据平均互信息的定义,计算得

$$
I(X;Y) = 1-H(p) \quad (\text{比特/符号}) \tag{3.135}
$$

$$
I(X;Z) = 1-H[2p(1-p)] \quad (\text{比特/符号}) \tag{3.136}
$$

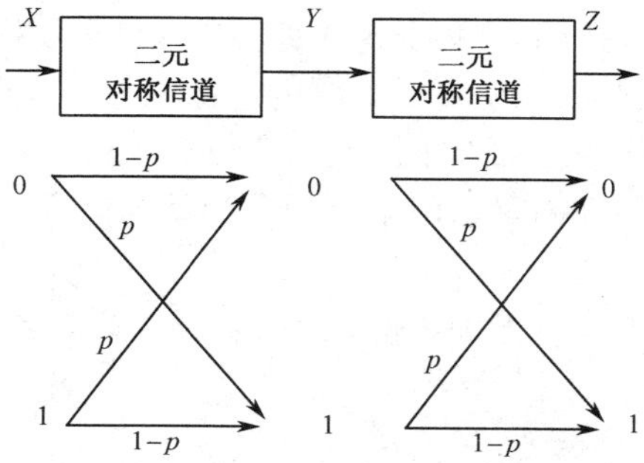

图 3.27 两个离散二元对称信道的串联

式中,$H(\cdot)$是$[0,1]$区域内的熵函数。把式(3.135)和式(3.136)用曲线表示,如图 3.28 所示。

图中当 $n=1$ 时,曲线 $I(X;\cdot)$ 等于 $I(X;Y)$ 的曲线。当 $n=2$ 时曲线 $I(X;\cdot)$ 等于 $I(X;Z)$ 的曲线。可见,从图中得 $I(X;Y)>I(X;Z)$,它表明二元对称信道串联后会增加信息的损失。从图中还可知,当串联级数 n 增加时,损失的信息增加。可证明

$$
\lim_{n\to\infty} I(X;X_n) = 0 \tag{3.137}
$$

式中,X_n 表示 n 级二元对称信道串联后的输出。

由式(3.136)可得,两个串联的离散二元对称信道,其信道容量为

$$
\begin{aligned}
C_{串}(\text{Ⅰ},\text{Ⅱ}) &= \max_{P(x)} I(X;Z) \\
&= 1-H[2p(1-p)] \quad (\text{比特/符号})
\end{aligned} \tag{3.138}
$$

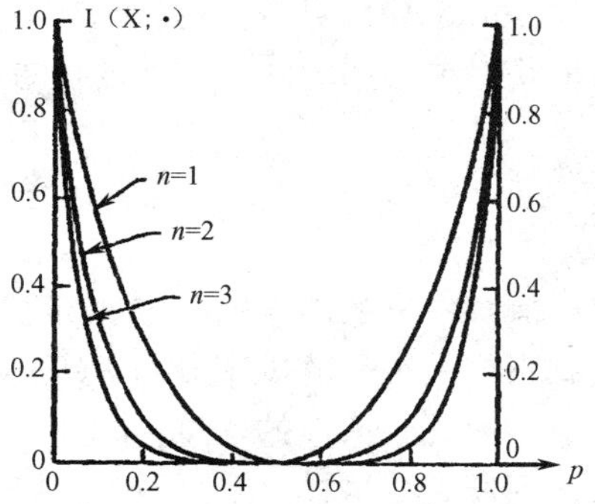

图 3.28 n 级二元对称信道串联的平均互信息(输入符号等概率分布)

那么,n 级二元对称信道串联后的信道容量为

$$
C_{串}(\text{Ⅰ},\text{Ⅱ},\cdots,n) = \max_{P(x)} I(X;X_n)
$$

$$
\lim_{n\to\infty} C_{串}(\text{Ⅰ},\text{Ⅱ},\cdots,n) = \max_{P(x)} \lim_{n\to\infty} I(X;X_n) = 0 \tag{3.139}
$$

由式(3.135)和式(3.136)可知,当二元对称信道中错误传递概率 p 很小时(例如 $p=10^{-4}$),$I(X;Z)$ 比 $I(X;Y)$ 减小的量要小。所以,串联数 n 足够大时,串联信道的信道容量虽减小了,但仍有一定的数值。而实际数字通信系统网中,二元对称信道的 p 一般在 10^{-6}以下。所以,若干次串联后信道容量的减小并不很明显。

以上的结论都是在单符号离散无记忆信道中加以讨论和证明的。对于输入和输出都是随机序列的一般离散信道,数据处理定理仍然成立。

现在,我们来考虑一般的通信系统模型,如图 3.29 所示。图 3.29 中随机矢量 $\boldsymbol{S}$ 是由 N 个信源

符号组成的信源序列，把随机矢量 $\boldsymbol{S}$ 送入编码器（包括信源和信道编码）。通过编码器输出的是长度为 L 的随机矢量 $\boldsymbol{X}$，并把 $\boldsymbol{X}$ 送入信道，而信道输出的是随机矢量 $\boldsymbol{Y}$，它是 $\boldsymbol{X}$ 受噪声干扰后的矢量。把 $\boldsymbol{Y}$ 送入译码器，译成相应的由 N 个接收符号组成的随机矢量 $\boldsymbol{Z}$，然后传送给信宿。$\boldsymbol{Z}$ 既可能是发送的随机矢量 $\boldsymbol{S}$ 的重现，也可能是 $\boldsymbol{S}$ 的近似值。

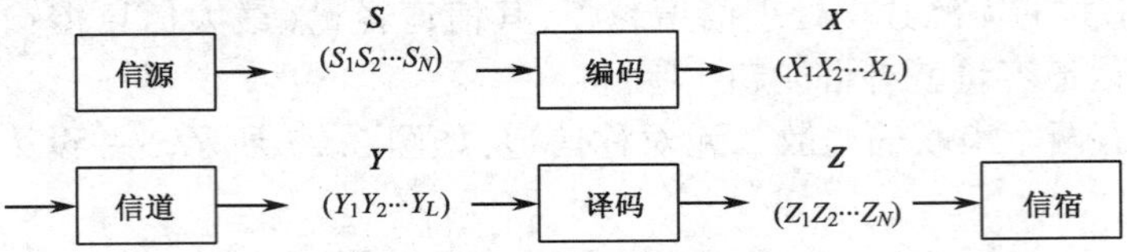

图 3.29　一般的通信系统

我们可以把$(\boldsymbol{S},\boldsymbol{X},\boldsymbol{Y},\boldsymbol{Z})$看成一随机矢量序列，对于实际通信系统，它们形成一个马尔可夫链。即图 3.29 中每一方框的输出仅仅取决于它的输入，而与任何更前面的矢量无直接关系。这样，条件概率就加上了限制，满足$P(\boldsymbol{y}\mid \boldsymbol{xs})=P(\boldsymbol{y}\mid \boldsymbol{x})$；$P(\boldsymbol{z}\mid \boldsymbol{xy})=P(\boldsymbol{z}\mid \boldsymbol{y})$　$\boldsymbol{s}\in \boldsymbol{S},\boldsymbol{x}\in \boldsymbol{X},\boldsymbol{y}\in \boldsymbol{Y},\boldsymbol{z}\in \boldsymbol{Z}$。（这正是我们对通信系统的一个基本假设）。对马尔可夫子链$(\boldsymbol{X},\boldsymbol{Y},\boldsymbol{Z})$应用定理 3.5，则得

$$I(\boldsymbol{X};\boldsymbol{Z})\leqslant I(\boldsymbol{X};\boldsymbol{Y})$$

对于马尔可夫子链$(\boldsymbol{S},\boldsymbol{Y},\boldsymbol{Z})$和$(\boldsymbol{S},\boldsymbol{X},\boldsymbol{Z})$分别应用定理 3.5，可得

$$I(\boldsymbol{S};\boldsymbol{Z})\leqslant I(\boldsymbol{S};\boldsymbol{Y}) \tag{3.140}$$

和

$$I(\boldsymbol{S};\boldsymbol{Z})\leqslant I(\boldsymbol{X};\boldsymbol{Z}) \tag{3.141}$$

因此得

$$I(\boldsymbol{S};\boldsymbol{Z})\leqslant I(\boldsymbol{X};\boldsymbol{Y}) \tag{3.142}$$

这个结论就是一般的**数据处理定理**。它说明信息处理（例如编码、译码所完成的信息处理）只能丢失信息，不能增加或创造信息。若进行一一对应的变换处理时，式（3.142）的等号成立，它说明了一一对应的数据处理不会增加信息的损失。式（3.140）也告诉我们，在一般通信系统中，噪声信道的输出矢量 $\boldsymbol{Y}$ 中所包含信源序列 $\boldsymbol{S}$ 的平均信息量，大于数据处理后所估算的矢量 $\boldsymbol{Z}$ 中所包含信源序列 $\boldsymbol{S}$ 的平均信息量。这一点在理论上是正确的，但并不说明我们不需要进行数据处理了。往往为了获得更有用的和更有效的信息，还是需要进行适当的数据处理的。

3.8　信源与信道的匹配

信源发出的消息（符号）一定要通过信道来传输。对于某一信道其信道容量是一定的。而且只有当输入符号的概率分布 $P(x)$ 满足一定条件时才能达到信道容量 C。这就是说只有一定的信源才能使某一信道的信息传输率达到最大。一般信源与信道连接时，其信息传输率 $R=I(X;Y)$ 并未达到最大。这样，信道的信息传输率还有提高的可能，即信道没得到充分利用。当信源与信道连接时，若信息传输率达到了信道容量，我们则称此**信源与信道达到匹配**。否则认为信道有冗余。**信道冗余度**定义为

$$\text{信道冗余度}=C-I(X;Y) \tag{3.143}$$

式中，C 是该信道的信道容量，$I(X;Y)$ 是信源通过该信道实际传输的平均信息量。

$$\text{信道相对冗余度}=\frac{C-I(X;Y)}{C}=1-\frac{I(X;Y)}{C} \tag{3.144}$$

在无损信道中，信道容量 $C=\log r$（r 是信道输入符号的个数）。而 $I(X;Y)=H(X)$，这里 $H(X)$ 是输入信道的信源熵，因而

$$\text{无损信道的相对冗余度}=1-\frac{H(X)}{\log r} \tag{3.145}$$

与第 2 章的信源冗余度比较,可见式(3.145)就是信源的冗余度。所以,提高无损信道信息传输率的研究就等于减少信源冗余度的研究。对于无损信道,可以通过信源编码,减少信源的冗余度,使信息传输率达到信道容量。

一般通信系统中,信源发出的消息(符号)必须转换成适合信道传输的符号(信号)来传输。对于离散无损信道,如何进行转换,才能使信道的信息传输率达到信道容量,达到信源与信道匹配呢?例如,某离散无记忆信源

$$\begin{bmatrix} S \\ P(s) \end{bmatrix} = \begin{bmatrix} s_1, & s_2, & s_3, & s_4, & s_5, & s_6 \\ \frac{1}{2}, & \frac{1}{4}, & \frac{1}{8}, & \frac{1}{16}, & \frac{1}{32}, & \frac{1}{32} \end{bmatrix}$$

通过一无噪无损二元离散信道进行传输。我们可求得,二元离散信道的信道容量为 $C=1$(比特/信道符号)。此信源的信息熵为 $H(S)=1.937$(比特/信源符号)。我们必须对信源 S 进行二元编码,才能使信源符号在此二元信道中传输。进行二元编码的结果可有许多种,若有

$$\begin{array}{lcccccc} & s_1, & s_2, & s_3, & s_4, & s_5, & s_6 \\ C_1: & 000, & 001, & 010, & 011, & 100, & 101 \\ C_2: & 0000, & 0001, & 0010, & 0011, & 0100, & 0101 \end{array}$$

可见,码 C_1 中每个信源符号需用三个二元符号表示,而码 C_2 中需用四个二元符号表示。对于码 C_1,可得信道的信息传输率 $R_1=H(S)/3=0.646$(比特/信道符号);对于码 C_2,$R_2=H(S)/4=0.484$(比特/信道符号)。这时,$R_2<R_1<C$,信道有冗余。那么,是否存在一种信源编码,使 R 接近或等于信道容量呢?也就是,是否存在一种编码,使每个信源符号所需的二元符号最少呢?这就是香农无失真信源编码理论,也就是无失真数据压缩理论。

无失真信源编码就是将信源输出的消息变换成适合信道传输的新信源的消息(符号)来传输,而使新信源的符号接近等概分布,新信源的熵接近最大熵 $\log r$,这样,信道传输的信息量达到最大,信道冗余度接近于零,使信源和信道达到匹配,信道得到充分利用。关于这一内容将在第 5 章中详细讨论。

小　　结

互信息:

$$I(x;y)=\log\frac{P(x|y)}{P(x)} \tag{3.21}$$

平均互信息:两离散随机变量 X 和 Y 之间的平均互信息

$$\begin{aligned} I(X;Y) &= \sum_X \sum_Y P(xy)\log\frac{P(x|y)}{P(x)} && (3.18) \\ &= H(X)-H(X|Y) && (3.23) \\ &= H(Y)-H(Y|X) && (3.25) \\ &= H(X)+H(Y)-H(XY) && (3.24) \end{aligned}$$

平均条件互信息:三个离散随机变量 X,Y 和 Z 之间的平均条件互信息

$$I(X;Y|Z) = \sum_X \sum_Y \sum_Z P(xyz)\log\frac{P(x|yz)}{P(x|z)} \tag{3.41}$$

平均互信息:三个离散随机变量 X、Y、Z 之间的平均互信息

$$\begin{aligned} I(X;YZ) &= I(X;Y)+I(X;Z|Y) && (3.46) \\ &= I(X;Z)+I(X;Y|Z) && (3.47) \end{aligned}$$

平均互信息 $I(X;Y)$ 的特性:

(1) 非负性　　$I(X;Y)\geqslant 0$　当且仅当 $P(xy)=P(x)P(y)$ 时等式成立　　(3.48)

(2) 极值性　　$I(X;Y)\leqslant \min[H(X),H(Y)]$　　(3.49)

(3) 交互性 $$I(X;Y)=I(Y;X) \tag{3.50}$$

(4) 凸状性　$I(X;Y)$是$P(x)$的∩型凸函数;$I(X;Y)$是$P(y|x)$的∪型凸函数。

随机序列 $\boldsymbol{X}$ 和 $\boldsymbol{Y}$ 之间的平均互信息:

$$I(\boldsymbol{X};\boldsymbol{Y})=I(X_1X_2\cdots X_N;Y_1Y_2\cdots Y_N)=H(\boldsymbol{X})-H(\boldsymbol{X}|\boldsymbol{Y})=H(\boldsymbol{Y})-H(\boldsymbol{Y}|\boldsymbol{X}) \tag{3.95}$$

当信道无记忆时 $P(\boldsymbol{y}\mid\boldsymbol{x})=\prod_{i=1}^{N}P(y_i\mid x_i)$,则有

$$I(\boldsymbol{X};\boldsymbol{Y})\leqslant\sum_{i=1}^{N}I(X_i;Y_i) \tag{3.96}$$

当信源无记忆时 $P(\boldsymbol{x})=\prod_{i=1}^{N}P(x_i)$,则有

$$I(\boldsymbol{X};\boldsymbol{Y})\geqslant\sum_{i=1}^{N}I(X_i;Y_i) \tag{3.98}$$

当信源和信道都是无记忆时,上两等式都成立,有

$$I(\boldsymbol{X};\boldsymbol{Y})=\sum_{i=1}^{N}I(X_i;Y_i) \tag{3.99}$$

信道容量:

$$C=\max_{P(x)}I(X;Y) \tag{3.57}$$

(1) 无噪一一对应信道 $$I(X;Y)=H(X)=H(Y); \tag{3.60}$$
$$C=\log\|A\| \tag{3.61}$$

(2) 有噪无损信道 $$I(X;Y)=H(X)<H(Y) \tag{3.62}$$
$$C=\log\|A\| \tag{3.63}$$

(3) 无噪有损信道 $$I(X;Y)=H(Y)<H(X)$$
$$C=\log\|B\| \tag{3.64}$$

(4) 二元对称信道 $$I(X;Y)=H(\omega\bar{p}+\bar{\omega}p)-H(p) \tag{3.55}$$
$$C=1-H(p) \tag{3.59}$$

(5) 对称信道 $$I(X;Y)=H(Y)-H(\text{信道矩阵行矢量})$$
$$C=\log\|B\|-H(\text{信道矩阵行矢量}) \tag{3.69}$$

(6) 准对称信道 $$C=\log\|A\|-H(\text{信道矩阵行矢量})-\sum_{k=1}^{n}N_k\log M_k \tag{3.71}$$

式中,N_k 是第 k 个子矩阵中行元素之和;M_k 是第 k 个子矩阵中列元素之和。

上述式(3.61)~式(3.71)中,X 的符号集为 A,Y 的符号集为 B。$\|A\|$ 表示集 A 中元素个数,$\|B\|$ 同理。

(7) 独立并联信道 $$I(X_1\cdots X_N;Y_1\cdots Y_N)\leqslant\sum_{i=1}^{N}I(X_i;Y_i) \tag{3.106}$$

$$C_{1,2,\cdots,N}\leqslant\sum_{i=1}^{N}C_i,\quad C_i=\max_{P(x_i)}(X_i;Y_i) \tag{3.107}$$

数据处理定理:

(1) 若 $X\to Y\to Z$ 形成马尔可夫链,则

$$I(X;Z)\leqslant I(X;Y) \tag{3.122}$$

(2) 若随机矢量 $\boldsymbol{S}\to\boldsymbol{X}\to\boldsymbol{Y}\to\boldsymbol{Z}$,此随机矢量序列形成马尔可夫链,则

$$I(\boldsymbol{S};\boldsymbol{Z})\leqslant I(\boldsymbol{X};\boldsymbol{Z})\leqslant I(\boldsymbol{X};\boldsymbol{Y}) \quad (3.141)\text{和}(3.142)$$

信道相对冗余度: $$=1-\frac{I(X;Y)}{C} \tag{3.144}$$

习　题

3.1　设信源 $\begin{bmatrix}X\\P(x)\end{bmatrix}=\begin{bmatrix}x_1, & x_2\\0.6, & 0.4\end{bmatrix}$ 通过一干扰信道,接收符号为 $Y=[y_1,y_2]$,信道传递概率如图 3.30 所示。求:

(1) 信源 X 中事件 x_1 和 x_2 分别含有的自信息；

(2) 收到消息 $y_j(j=1,2)$ 后，获得的关于 $x_i(i=1,2)$ 的信息量；

(3) 信源 X 和信源 Y 的信息熵；

(4) 信道疑义度 $H(X|Y)$ 和噪声熵 $H(Y|X)$；

(5) 接收到消息 Y 后获得的平均互信息。

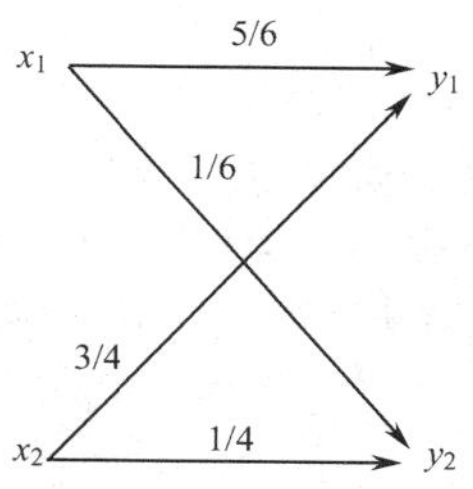

图 3.30 题 3.1 的图

3.2 设 8 个等概率分布的消息通过传递概率为 p 的 BSC 进行传送。8 个消息相应编成下述码字：

$M_1=0000, M_2=0101, M_3=0110, M_4=0011, M_5=1001, M_6=1010, M_7=1100, M_8=1111$

试求：(1) 接收到第一个数字 0 与 M_1 之间的互信息；

(2) 接收到第二个数字也是 0 时，得到多少关于 M_1 的附加互信息；

(3) 接收到第三个数字仍是 0 时，又增加多少关于 M_1 的互信息；

(4) 接收到第四个数字还是 0 时，再增加多少关于 M_1 的互信息。

3.3 设二元对称信道的传递矩阵为 $\begin{bmatrix} 2/3 & 1/3 \\ 1/3 & 2/3 \end{bmatrix}$。

(1) 若 $P(0)=3/4, P(1)=1/4$，求 $H(X), H(X|Y), H(Y|X)$ 和 $I(X;Y)$；

(2) 求该信道的信道容量及其达到信道容量时的输入概率分布。

3.4 设有一批电阻，按阻值分 70%是 2kΩ，30%是 5kΩ；按功耗分 64%是1/8W，其余是1/4W。现已知 2kΩ 阻值的电阻中 80%是 1/8W。问通过测量阻值可以平均得到的关于瓦数的信息量是多少？

3.5 若 X、Y、Z 是三个随机变量，试证明：

(1) $I(X;YZ)=I(X;Y)+I(X;Z|Y)=I(X;Z)+I(X;Y|Z)$；

(2) $I(X;Y|Z)=I(Y;X|Z)=H(X|Z)-H(X|YZ)$；

(3) $I(X;Y|Z)\geqslant 0$，当且仅当 (X,Z,Y) 是马氏链时等式成立。

3.6 若三个离散随机变量，有如下关系：$X+Y=Z$，其中 X 和 Y 相互统计独立。试证明：

(1) $H(X)\leqslant H(Z)$，当且仅当 Y 为常量时等式成立；

(2) $H(Y)\leqslant H(Z)$，当且仅当 X 为常量时等式成立；

(3) $H(Z)\leqslant H(XY)\leqslant H(X)+H(Y)$，当且仅当 X,Y 中任意一个为常量时等式成立；

(4) $I(X;Z)=H(Z)-H(Y)$；

(5) $I(XY;Z)=H(Z)$；

(6) $I(X;YZ)=H(X)$；

(7) $I(Y;Z|X)=H(Y)$；

(8) $I(X;Y|Z)=H(X|Z)=H(Y|Z)$。

3.7 设 X,Y 是两个相互统计独立的二元随机变量，其取“0”或“1”的概率为等概率分布。定义另一个二元随机变量 Z，而且 $Z=XY$（一般乘积）。试计算：

(1) $H(X), H(Y), H(Z)$；

(2) $H(XY), H(XZ), H(YZ), H(XYZ)$；

(3) $H(X|Y), H(X|Z), H(Y|Z), H(Z|X), H(Z|Y)$；

(4) $H(X|YZ), H(Y|XZ), H(Z|XY)$；

(5) $I(X;Y), I(X;Z), I(Y;Z)$；

(6) $I(X;Y|Z), I(Y;X|Z), I(Z;X|Y), I(Z;Y|X)$；

(7) $I(XY;Z), I(X;YZ), I(Y;XZ)$。

3.8 有一个二元对称信道，其信道矩阵如图 3.31 所示。设该信道以1500个二元符号/秒的速度传输输入符号。现有一消息序列共有14 000个二元符号，并设在该消息中 $P(0)=P(1)=1/2$。问从信息传输的角度来考虑，10 秒内能否将这消息序列无失真地传送完。

3.9 求图 3.32 中信道的信道容量及其最佳的输入概率分布。

3.10 求下列两个信道的信道容量，并加以比较。

$$(1)\begin{pmatrix}\bar{p}-\varepsilon & p-\varepsilon & 2\varepsilon\\ p-\varepsilon & \bar{p}-\varepsilon & 2\varepsilon\end{pmatrix}\qquad (2)\begin{pmatrix}\bar{p}-\varepsilon & p-\varepsilon & 2\varepsilon & 0\\ p-\varepsilon & \bar{p}-\varepsilon & 0 & 2\varepsilon\end{pmatrix}$$

其中 $p+\bar{p}=1$。

3.11　求图 3.33 中信道的信道容量及其最佳的输入概率分布。并求当 $\varepsilon=0$ 和 $\varepsilon=1/2$ 时的信道容量 C。

3.12　试证明 $H(X)$ 是输入概率分布 $P(x)$ 的严格的∩形凸函数。

3.13　用平均互信息的表达式证明，当信道和信源都是无记忆时，有 $I(X^N;Y^N)=NI(X;Y)$。

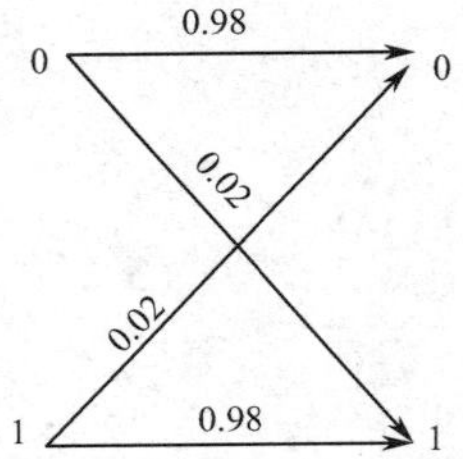

图 3.31　题 3.8 的信道

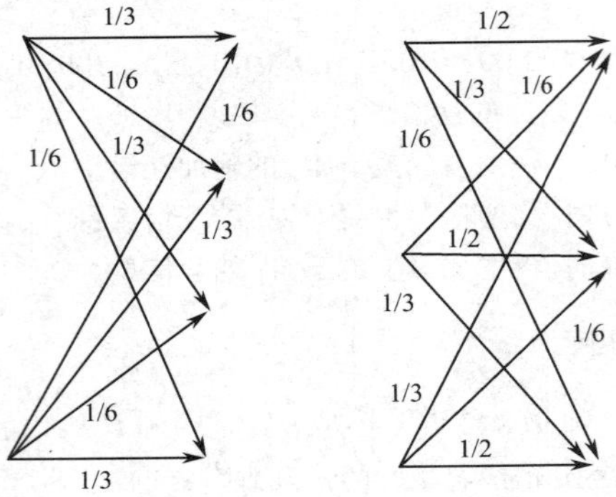

图 3.32　题 3.9 的信道

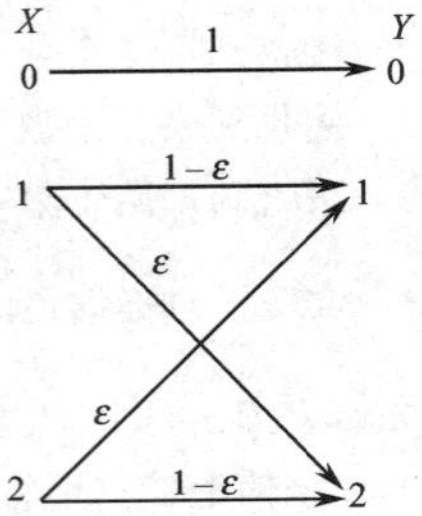

图 3.33　题 3.11 的信道

3.14　证明若 (X,Y,Z) 是马氏链，则 (Z,Y,X) 也是马氏链。

3.15　把 n 个二元对称信道串联起来，每个二元对称信道的错误传递概率为 p。证明这 n 个串联信道可以等效为一个二元对称信道，其错误传递概率为 $\frac{1}{2}[1-(1-2p)^n]$。并证明 $\lim\limits_{n\to\infty}I(X_0;X_n)=0$，设 $p\neq0$ 或 1，信道的串联如图 3.34所示。

3.16　若有两个串联的离散信道，它们的信道矩阵都是

$$\boldsymbol{P}=\begin{bmatrix}0 & 0 & 0 & 1\\ 0 & 0 & 0 & 1\\ 1/2 & 1/2 & 0 & 0\\ 0 & 0 & 1 & 0\end{bmatrix}$$

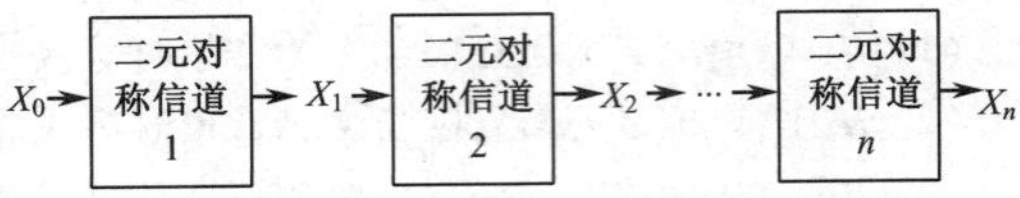

图 3.34　串联二元对称信道

并设第一个信道的输入符号 $X\in\{a_1,a_2,a_3,a_4\}$ 是等概率分布，求 $I(X;Z)$ 和 $I(X;Y)$ 并加以比较。

第 4 章　波形信源和波形信道

在前面各章中,我们对离散信源和离散信道做了详细的讨论。本章将讨论随机波形信源的统计特性和它的信息测度,以及波形信道的信道容量等问题。

4.1　连续信源和波形信源的信息测度

至此为止,我们所研究的都是取值为有限或可数的离散信源,它们输出的消息是属于时间离散、取值有限或可数的随机序列,其统计特性可以用联合概率分布来描述。而实际某些信源的输出常常是时间和取值都是连续的消息。例如语音信号 $X(t)$、电视信号 $X(x_0,y_0,t)$ 等都是时间连续的波形信号(一般称为模拟信号)。而且它们的可能取值是连续的又是随机的。这样的信源称为**随机波形信源**(也称**随机模拟信源**)。随机波形信源输出的消息可以用随机过程 $\{x(t)\}$ 来描述。也就是说信源输出的消息不仅在时间上,而且在幅度取值上都是连续变化的波形信号。所以,随机波形的消息数是无限的,其每一个可能的消息是随机过程的一个样本函数,我们可用有限维概率密度函数来描述。

就统计特性的区分来说,随机过程 $\{x(t)\}$ 大致可分为平稳随机过程和非平稳随机过程两大类。前者是指其统计特性(各维概率密度函数)不随时间平移而变化的随机过程,而后者则是统计特性随时间平移而变化的随机过程。最常见的是平稳遍历的随机过程。

在通信系统中,一般认为信号都是平稳遍历的随机过程。即便受衰落现象干扰的无线电信号属于非平稳过程,但在正常通信条件下,都可近似当作平稳随机过程来处理。因此,一般随机波形信源的输出用平稳遍历的随机过程来描述。

众所周知,对于确知的模拟信号(连续信号)可以通过取样后再分层(或称量化)变换成时间和取值都是离散的数字信号(离散信号)来处理。如模拟的电视信号变换成数字的电视信号。同样,根据随机波形信号的取样定理,可以将随机波形信号 $x(t)$ 在时间上离散化,变换成时间上离散的无限维随机序列 $\boldsymbol{X}=(X_1,X_2,\cdots,X_n,\cdots)$ 来处理。此时,随机序列中每个随机变量 $X_n(n=1,2,\cdots)$ 是取值连续的连续型随机变量。当然,我们还可以通过将其取值离散化(即量化或分层)使它成为取值为可数的离散型随机变量。

必须注意量化必然带来量化噪声,引起信息损失。对于取样,若时间 T 是有限长的则取样会造成波形失真,使信息损失。若时间 T 为无限长,则取样就不会造成信息损失。因此,在允许一定的误差或失真条件下,随机波形信源可用取样、量化后的离散信源来处理。

由此分析得,用随机过程描述输出消息的信源称为**随机波形信源**。又分**平稳随机波形信源**和**非平稳随机波形信源**。若信源输出用平稳的连续型随机序列来描述,则称此信源为**连续平稳信源**。对平稳随机波形信源通过取样就可变换成连续平稳信源来处理。在连续型随机序列 $\boldsymbol{X}=(X_1X_2\cdots X_N\cdots)$ 中,根据每个自由度上连续随机变量之间有否依赖关系,又可将连续平稳信源分为**连续平稳无记忆信源**和**连续平稳有记忆信源**。在平稳连续型随机序列 $\boldsymbol{X}$ 中每个自由度上的变量 X 是连续型随机变量。而用连续型随机变量描述输出消息的信源称为**连续信源**。因此,每个自由度就是一个基本连续信源。即如下所示:

波形信源（模拟信源）
- 非平稳随机波形信源
- 平稳随机波形信源 $\xrightarrow{\text{取样}}$ 连续平稳信源（又称多维连续平稳信源）
  - 连续平稳有记忆信源
  - 连续平稳无记忆信源

  $\downarrow$ 自由度上变量

  基本连续信源

下面，我们讨论它们的信息测度。

4.1.1 连续信源的差熵

首先，我们讨论单个变量的**基本连续信源**的信息测度。

基本连续信源的输出是取值连续的单个随机变量。可用变量的概率密度、变量间的条件概率密度和联合概率密度来描述。变量的一维概率密度函数为

$$p_X(x)=\frac{\mathrm{d}F_X(x)}{\mathrm{d}x},\quad p_Y(y)=\frac{\mathrm{d}F_Y(y)}{\mathrm{d}y}$$

一维概率分布函数为 $F_X(x_1)=P[X\leqslant x_1]=\int_{-\infty}^{x_1}p_X(x)\,\mathrm{d}x,\quad F_Y(y_1)=P[Y\leqslant y_1]=\int_{-\infty}^{y_1}p_Y(y)\,\mathrm{d}y$

条件概率密度函数为 $p_{Y|X}(y|x),\quad p_{X|Y}(x|y)$

联合概率密度函数为 $p_{XY}(xy)=\dfrac{\partial^2F_{xy}(xy)}{\partial x\partial y}$

它们之间的关系为

$$p_{XY}(xy)=p_X(x)p_{Y|X}(y|x)\tag{4.1}$$

$$=p_Y(y)p_{X|Y}(x|y)\tag{4.2}$$

这些边缘概率密度函数满足

$$p_X(x)=\int_{\mathbf{R}}p_{XY}(xy)\,\mathrm{d}y\tag{4.3}$$

$$p_Y(y)=\int_{\mathbf{R}}p_{XY}(xy)\,\mathrm{d}x\tag{4.4}$$

式中，X 和 Y 的取值域为全实数集 $\mathbf{R}$。设概率密度在有限区域内分布，则可认为在该区间之外所有概率密度函数为零。上述密度函数中的脚标表示所牵涉的变量的总体，而自变量（如 $x,y,\cdots$）则是具体取值。因为概率密度函数是不同的函数，所以用角标来加以区分，以免混淆。为了简化书写，往往省去角标，但在使用时要注意上述问题。

基本连续信源的数学模型为

$$X=\begin{bmatrix}\mathbf{R}\\ p(x)\end{bmatrix}\quad 并满足\int_{\mathbf{R}}p(x)\,\mathrm{d}x=1$$

式中，$\mathbf{R}$ 是全实数集，是连续变量 X 的取值范围。根据前述的离散化原则，连续变量 X 可量化分层后用离散变量描述。量化单位越小，则所得的离散变量和连续变量越接近。因此，连续变量的信息测度可以用离散变量的信息测度来逼近。

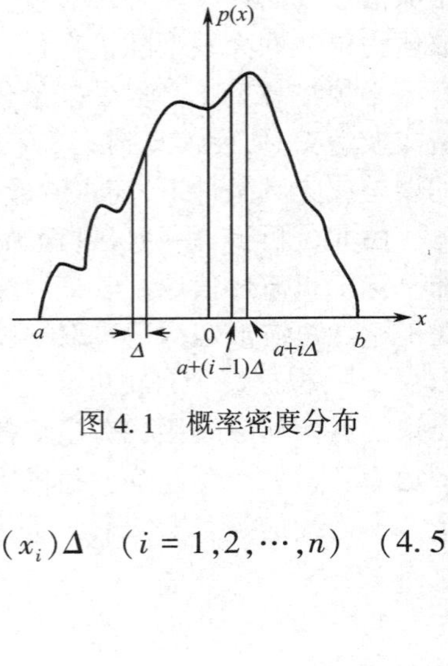

图 4.1　概率密度分布

假定连续信源 X 的概率密度函数 $p(x)$ 如图 4.1 所示。我们把取值区间 $[a,b]$ 分割成 n 个小区间，各小区间等宽 $\Delta=\left(\dfrac{b-a}{n}\right)$。那么，$X$ 处于第 i 区间的概率 P_i 是

$$P_i=P\{a+(i-1)\Delta\leqslant x\leqslant a+i\Delta\}=\int_{a+(i-1)\Delta}^{a+i\Delta}p(x)\,\mathrm{d}x=p(x_i)\Delta\quad(i=1,2,\cdots,n)\tag{4.5}$$

式中，x_i 是 $a+(i-1)\Delta$ 到 $a+i\Delta$ 之间的某一值。当 $p(x)$ 是 x 的连续函数时，由积分中值定理可知，必存在一个 x_i 值使式(4.5)成立。这样，连续变量 X 就可用取值为 $x_i(i=1,2,\cdots,n)$ 的离散变量 X_n 来近似。连续信源 X 就被量化成离散信源。

$$\begin{bmatrix} X_n \\ P \end{bmatrix}=\begin{bmatrix} x_1, & x_2, & \cdots, & x_n \\ p(x_1)\Delta, & p(x_2)\Delta, & \cdots, & p(x_n)\Delta \end{bmatrix}$$

且

$$\sum_{i=1}^{n} p(x_i)\Delta = \sum_{i=1}^{n}\int_{\alpha+(i-1)\Delta}^{\alpha+i\Delta} p(x)\,\mathrm{d}x = \int_a^b p(x)\,\mathrm{d}x = 1$$

这时离散信源 X_n 的熵是

$$\begin{aligned} H(X_n) &= -\sum_i P_i \log P_i = -\sum_i p(x_i)\Delta\log[p(x_i)\Delta] \\ &= -\sum_i p(x_i)\Delta\log p(x_i) - \sum_i p(x_i)\Delta\log\Delta \end{aligned}$$

当 $n\to\infty$，$\Delta\to0$ 时，离散随机变量 X_n 趋于连续随机变量 X，而离散信源 X_n 的熵 $H(X_n)$ 的极限值就是连续信源的信息熵

$$\begin{aligned} H(X) &= \lim_{n\to\infty} H(X_n) = -\lim_{\Delta\to0}\sum_i p(x_i)\Delta\log p(x_i) - \lim_{\Delta\to0}(\log\Delta)\sum_i p(x_i)\Delta \\ &= -\int_a^b p(x)\log p(x)\,\mathrm{d}x - \lim_{\Delta\to0}\log\Delta \end{aligned} \tag{4.6}$$

一般情况下，上式的第一项是定值。而当 $\Delta\to0$ 时，第二项是趋于无限大的常数。所以避开第二项，定义**连续信源的熵**为

$$h(X) \triangleq -\int_{\mathbf{R}} p(x)\log p(x)\,\mathrm{d}x \tag{4.7}$$

由式(4.7)可知，所定义的连续信源的熵并不是实际信源输出的绝对熵，而连续信源的绝对熵应该还要加上一项无限大常数项。这一点是可以理解的，因为连续信源的可能取值为无限多个，设取值是等概率分布，那么，信源的不确定性为无限大。当确知输出为某值后，所获得的信息量也将为无限大。可见，$h(X)$ 已不能代表信源的平均不确定性大小，也不能代表连续信源输出的信息量。既然如此，为什么要定义连续信源的熵为式(4.7)呢？一方面，因为这样定义可与离散信源的熵在形式上统一起来；另一方面，因为在实际问题中常常讨论的是熵之间差值的问题，如平均互信息。在讨论熵差时，无限大常数项将有两项，一项为正，一项为负，只要两者离散逼近时所取的间隔 Δ 一致，这两个无限大项将互相抵消掉。因此在任何包含有熵差的问题中，式(4.7)定义的连续信源的熵具有信息的特性。由此可见，通常将连续信源的熵 $h(X)$ 称为**差熵**(或**相对熵**)，也称**微分熵**，以区别于原来的绝对熵。

同理，我们可以定义两个连续变量 X、Y 的联合熵和条件熵，即

$$h(XY) = -\int_{\mathbf{R}}\int_{\mathbf{R}} p(xy)\log p(xy)\,\mathrm{d}x\mathrm{d}y \tag{4.8}$$

$$h(Y|X) = -\int_{\mathbf{R}}\int_{\mathbf{R}} p(x)p(y|x)\log p(y|x)\,\mathrm{d}x\mathrm{d}y \tag{4.9}$$

$$h(Y|X) = -\int_{\mathbf{R}}\int_{\mathbf{R}} p(x)p(y|x)\log p(x|y)\,\mathrm{d}x\mathrm{d}y \tag{4.10}$$

这样定义的熵虽然在形式上和离散信源的熵相似，但在概念上不能把它作为信息熵来理解。

4.1.2 连续平稳信源和波形信源的差熵

连续平稳信源输出的消息是连续型的平稳随机序列。其数字模型是概率空间$[\boldsymbol{X},p(\boldsymbol{x})]$，$\boldsymbol{X}=(X_1X_2\cdots X_N)$，其中 X_i 都是取值连续的随机变量，并且 N 维概率密度函数 $p(\boldsymbol{x})=p(x_1x_2\cdots x_N)$ $x_i\in X_i(i=1,\cdots,N)$ 及

$$\int_{\boldsymbol{X}} p(\boldsymbol{x})\mathrm{d}\boldsymbol{x} = \int \cdots \int_{X_1X_2\cdots X_N} p(x_1x_2\cdots x_N)\mathrm{d}x_1\mathrm{d}x_2\cdots \mathrm{d}x_N = 1 \tag{4.11}$$

如果 N 维概率密度函数满足

$$p(\boldsymbol{x}) = p(x_1x_2\cdots x_N) = \prod_{i=1}^{N} p(x_i) \tag{4.12}$$

则平稳随机序列中各连续型随机变量彼此统计独立，此时连续平稳信源为**连续平稳无记忆信源**。

N 维连续平稳信源可用下列一些差熵进行信息测度。

1. N 维联合差熵

$$h(\boldsymbol{X}) = h(X_1X_2\cdots X_N) = -\int_{\boldsymbol{x}} p(\boldsymbol{x})\log p(\boldsymbol{x})\mathrm{d}\boldsymbol{x} \tag{4.13}$$

当 $N=2$ 时，即得二维联合差熵

$$h(X_1X_2) = -\int_{\mathbf{R}}\int_{\mathbf{R}} p(x_1x_2)\log p(x_1x_2)\mathrm{d}x \tag{4.14}$$

式中，$\mathbf{R}$ 为实数域。

2. N 维条件差熵

$$h(X_n \mid X_1X_2\cdots X_{n-1}) = -\int \cdots \int_{X_1X_2\cdots X_N} p(x_1x_2\cdots x_n)\log p(x_n \mid x_1x_2\cdots x_{n-1})\mathrm{d}x_1\mathrm{d}x_2\cdots \mathrm{d}x_{n-1}\mathrm{d}x_n, \quad n = 2,3,\cdots,N \tag{4.15}$$

当 $n=2$ 时，即得两个连续型随机变量之间的差熵为

$$h(X_2 \mid X_1) = -\int_{\mathbf{R}}\int_{\mathbf{R}} p(x_1x_2)\log p(x_2 \mid x_1)\mathrm{d}x_1\mathrm{d}x_2 \tag{4.16}$$

和离散信源中一样，易于证得以下各种差熵之间的关系。

$$h(X_2 \mid X_1) \leqslant h(X_2) \tag{4.17}$$

当且仅当 X_1, X_2 彼此统计独立时式(4.17)等号成立。

$$\begin{aligned} h(\boldsymbol{X}) &= h(X_1X_2\cdots X_N) = h(X_1) + h(X_2 \mid X_1) + h(X_3 \mid X_1X_2) + \cdots + h(X_N \mid X_1X_2\cdots X_{N-1}) \\ &= \sum_{i=1}^{N} h(X_i \mid X_1X_2\cdots X_{i-1}) \end{aligned} \tag{4.18}$$

及

$$h(\boldsymbol{X}) = h(X_1X_2\cdots X_N) \leqslant h(X_1) + h(X_2) + \cdots + h(X_N) \tag{4.19}$$

当且仅当随机序列 $\boldsymbol{X}$ 中各变量彼此统计独立时式(4.19)等号成立。

3. 波形信源的差熵

对于波形信源(又称模拟信源)的信息测度，我们可以用多维联合差熵来逼近。因为波形信源输出的消息是平稳的随机过程 $\{x(t)\}$，它可以通过取样后分解成取值连续的无穷维随机序列 $X_1, X_2, \cdots, X_N \cdots$ 来表示($N\to\infty$)。所以，可得波形信源的差熵

$$h(x(t)) \triangleq \lim_{N\to\infty} h(\boldsymbol{X}) \tag{4.20}$$

对于限频(F)(带宽$\leqslant F$)、限时(T)的平稳随机过程，它可以近似地用有限维 $N=2FT$ 的平稳随机序列来表示。这样，一个频带和时间为有限的波形信源就可转化成多维连续平稳信源来处理。

4.1.3 两种特殊连续信源的差熵

现在来计算两种常见的特殊连续信源的差熵。

1. 均匀分布连续信源的熵值

一维连续随机变量 X 在$[a,b]$区间内均匀分布时，概率密度函数为

$$p(x)=\begin{cases}\dfrac{1}{b-a} & (a\leqslant x\leqslant b)\\ 0 & (x>b,x<a)\end{cases} \tag{4.21}$$

则得

$$h(X)=-\int_a^b \frac{1}{b-a}\log\frac{1}{b-a}\mathrm{d}x=\log(b-a) \tag{4.22}$$

当取对数以 2 为底时,单位为比特/自由度。

N 维连续平稳信源输出 N 维矢量 $\boldsymbol{X}=(X_1X_2\cdots X_N)$,其分量分别在$[a_1,b_1]$,$[a_2,b_2]$,…,$[a_N,b_N]$的区域内均匀分布,即 N 维联合概率密度

$$p(\boldsymbol{x})=\begin{cases}\dfrac{1}{\prod\limits_{i=1}^{N}(b_i-a_i)} & x\in\prod\limits_{i=1}^{N}(b_i-a_i)\\ 0 & x\overline{\in}\prod\limits_{i=1}^{N}(b_i-a_i)\end{cases} \tag{4.23}$$

则称其为在 N 维区域内均匀分布的连续平稳信源。由式(4.23)可知,其满足

$$p(\boldsymbol{x})=p(x_1,x_2,\cdots,x_N)=\prod_{i=1}^{N}p(x_i) \tag{4.24}$$

式(4.24)表明 N 维矢量 $\boldsymbol{X}$ 中各变量 $X_i(i=1,\cdots,N)$ 彼此统计独立,则此连续平稳信源为无记忆信源。由式(4.13)可求得此 N 维连续平稳无记忆信源的差熵为

$$\begin{aligned}h(\boldsymbol{X})&=-\int_{a_N}^{b_N}\cdots\int_{a_1}^{b_1}p(\boldsymbol{x})\log p(\boldsymbol{x})\mathrm{d}\boldsymbol{x}\\&=-\int_{a_N}^{b_N}\cdots\int_{a_1}^{b_1}\frac{1}{\prod\limits_{i=1}^{N}(b_i-a_i)}\log\frac{1}{\prod\limits_{i=1}^{N}(b_i-a_i)}\mathrm{d}x_1\mathrm{d}x_2\cdots\mathrm{d}x_N\\&=\log\prod_{i=1}^{N}(b_i-a_i)=\sum_{i=1}^{N}h(X_i)\end{aligned} \tag{4.25}$$

可见,N 维区域内均匀分布的连续平稳无记忆信源的差熵就是 N 维区域的体积的对数。也等于各变量 X_i 在各自取值区间$[a_i,b_i]$内均匀分布时的差熵 $h(X_i)$之和。因此,无记忆连续平稳信源和无记忆离散平稳信源一样,其差熵也满足

$$h(\boldsymbol{X})=h(X_1X_2\cdots X_N)=\sum_{i=1}^{N}h(X_i) \tag{4.26}$$

已知限频(F)、限时(T)的随机过程可用 $2FT$ 维连续随机矢量来表示,即 $N=2FT$。如果随机变量之间统计独立,并且每一变量都在$[a,b]$区间内均匀分布,则可得限频、限时均匀分布的波形信源的熵为

$$h(\boldsymbol{X})=2FT\log(b-a) \tag{4.27}$$

在波形信源中常采用单位时间内信源的差熵——**熵率**。因为最低取样率为$\dfrac{1}{2F}$秒,所以单位时间内(秒)取样数有 $2F$ 个自由度。那么,均匀分布的波形信源的熵率为

$$h_t(X)=2F\log(b-a) \tag{4.28}$$

其单位为比特/秒。其中下标 t 表示单位时间内信源的熵,以区别于单位自由度的熵。

2. 高斯信源的熵值

基本高斯信源是指信源输出的一维连续型随机变量 X 的概率密度函数是正态分布,即

$$p(x)=\frac{1}{\sqrt{2\pi\sigma^2}}\exp\left(-\frac{(x-m)^2}{2\sigma^2}\right) \tag{4.29}$$

式中,m 是 X 的均值,σ^2 是 X 的方差。这个连续信源的熵为

$$\begin{aligned}h(X) &= -\int_{-\infty}^{\infty} p(x)\log p(x)\,\mathrm{d}x = -\int_{-\infty}^{\infty} p(x)\log\left[\frac{1}{\sqrt{2\pi\sigma^2}}\exp\left(-\frac{(x-m)^2}{2\sigma^2}\right)\right]\mathrm{d}x \\ &= -\int_{-\infty}^{\infty} p(x)(-\log\sqrt{2\pi\sigma^2})\,\mathrm{d}x + \int_{-\infty}^{\infty} p(x)\left[\frac{(x-m)^2}{2\sigma^2}\right]\mathrm{d}x\cdot\log\mathrm{e} \\ &= \log\sqrt{2\pi\sigma^2} + \frac{1}{2}\log\mathrm{e} = \frac{1}{2}\log 2\pi\mathrm{e}\sigma^2\end{aligned} \tag{4.30}$$

式中,$\int_{-\infty}^{\infty} p(x)\mathrm{d}x = 1$ 和 $\int_{-\infty}^{\infty}(x-m)^2 p(x)\mathrm{d}x = \sigma^2$。可见,正态分布的连续信源的熵与数学期望 m 无关,只与其方差 σ^2 有关。当均值 $m=0$ 时,X 的方差 σ^2 就等于信源输出的平均功率 P。由式(4.30)得

$$h(X)=\frac{1}{2}\log 2\pi\mathrm{e}P \tag{4.31}$$

如果 N 维连续平稳信源输出的 N 维连续随机矢量 $\boldsymbol{X}=(X_1X_2\cdots X_n)$ 是正态分布则称此信源为 **N 维高斯信源**。若各随机变量之间统计独立,可计算得 N 维统计独立的正态分布随机矢量的差熵为

$$h(\boldsymbol{X}) = \frac{N}{2}\log 2\pi\mathrm{e}(\sigma_1^2\sigma_2^2\cdots\sigma_N^2)^{1/N} = \sum_{i=1}^{N} h(X_i) \tag{4.32}$$

当 $N=1$ 即 $\boldsymbol{X}$ 为一维随机变量时,式(4.32)变成式(4.30)。这就是高斯噪声信源的熵。

4.2 连续信源熵的性质及最大差熵定理

连续信源差熵的表达式在形式上和离散信源的信息熵相似,但在概念上不能把它作为信息熵来理解。它只具有部分信息熵的含义和性质,而丧失了某些重要的含义和性质。下面讨论连续信源差熵的性质及其最大差熵定理。

4.2.1 差熵的性质

与离散信源的信息熵比较,连续信源的差熵具有以下一些性质:

1. 可加性

任意两个相互关联的连续信源 X 和 Y,有

$$h(XY)=h(X)+h(Y|X) \tag{4.33}$$

$$=h(Y)+h(X|Y) \tag{4.34}$$

并类似离散情况,可以证得 $h(X|Y)\leqslant h(X)$ 或 $h(Y|X)\leqslant h(Y)$ (4.35)

当且仅当 X 与 Y 统计独立时,上两式等式成立。

进而可得

$$h(XY)\leqslant h(X)+h(Y) \tag{4.36}$$

当且仅当 X 与 Y 统计独立时,等式成立。

下面我们证明式(4.33)。

根据式(4.8)可得两个连续随机变量的联合差熵

$$\begin{aligned}h(XY) &= -\int_{\mathbf{R}}\int_{\mathbf{R}} p(xy)\log p(xy)\,\mathrm{d}x\mathrm{d}y \\ &= -\int_{\mathbf{R}}\int_{\mathbf{R}} p(xy)\log p(x)\,\mathrm{d}x\mathrm{d}y - \int_{\mathbf{R}}\int_{\mathbf{R}} p(xy)\log p(y|x)\,\mathrm{d}x\mathrm{d}y\end{aligned}$$

$$=-\int_{\mathbf{R}}\left[\int_{\mathbf{R}}p(xy)\mathrm{d}y\right]\log p(x)\mathrm{d}x-\int_{\mathbf{R}}\int_{\mathbf{R}}p(xy)\log p(y\mid x)\mathrm{d}x\mathrm{d}y$$

$$=-\int_{\mathbf{R}}p(x)\log p(x)\mathrm{d}x-\int_{\mathbf{R}}\int_{\mathbf{R}}p(xy)\log p(y\mid x)\mathrm{d}x\mathrm{d}y$$

$$=h(X)+h(Y\mid X)$$

其中运用了式(4.1)和式(4.3)。同理,可证得式(4.34)。

而式(4.18)正是连续信源熵的可加性在 N 维随机序列中的推广。

2. 上凸性

连续信源的差熵 $h(X)$ 是其概率密度函数 $p(x)$ 的∩形凸函数(上凸函数)。即对于任意两个概率密度函数 $p_1(x)$ 和 $p_2(x)$ 及任意 $0<\theta<1$,则有

$$h[\theta p_1(x)+(1-\theta)p_2(x)]\geqslant\theta h(p_1(x))+(1-\theta)h(p_2(x))\tag{4.37}$$

(此性质证明留作习题,也可参阅参考书目[27])

3. 差熵可为负值

连续信源的熵在某些情况下,可以得出其值为负值。例如,在 $[a,b]$ 区间内均匀分布的连续信源,其差熵为

$$h(X)=\log(b-a)$$

当 $(b-a)<1$ 时,则得 $h(X)<0$,为负值。

由于差熵的定义中去掉了一项无限大的常数项,所以差熵为负值,由此性质可看出,差熵不能表达连续事物所含有的信息量。

4. 变换性

连续信源输出的随机变量(或随机矢量)通过确定的一一对应变换,其差熵会发生变化,即:

$$\text{若连续随机变量 } X\xrightarrow[\text{对应关系}]{\text{确定的}}\text{连续随机变量 } Y$$

则有

$$h(Y)=h(X)-E_X\left[\log\left|J\left(\frac{X}{Y}\right)\right|\right]\tag{4.38}$$

或

$$\begin{array}{ccc}\text{若 } N \text{ 维连续随机矢量} & \boldsymbol{X}=g(\boldsymbol{X}) & N \text{ 维连续随机矢量}\\ \boldsymbol{X}=(X_1X_2\cdots X_N) & \overleftrightarrow{\boldsymbol{X}=f(\boldsymbol{Y})} & \boldsymbol{Y}=(Y_1Y_2\cdots Y_N)\end{array}$$

则有

$$h(\boldsymbol{Y})=h(\boldsymbol{X})-E_{\boldsymbol{X}}\left[\log\left|J\left(\frac{\boldsymbol{X}}{\boldsymbol{Y}}\right)\right|\right]\tag{4.39}$$

在式(4.38)和式(4.39)中,$E[\cdot]$ 表示在其概率空间中求统计平均值,而 $J(\cdot)$ 为多重积分的变量变换中的雅可比行列式,有

$$\frac{\mathrm{d}x_1\mathrm{d}x_2\cdots\mathrm{d}x_N}{\mathrm{d}y_1\mathrm{d}y_2\cdots\mathrm{d}y_N}=\left|J\left(\frac{X_1X_2\cdots X_N}{Y_1Y_2\cdots Y_N}\right)\right|=\left|J\left(\frac{\boldsymbol{X}}{\boldsymbol{Y}}\right)\right|\tag{4.40}$$

$$J\left(\frac{\boldsymbol{X}}{\boldsymbol{Y}}\right)=\frac{\partial(X_1X_2\cdots X_N)}{\partial(Y_1Y_1\cdots Y_N)}=\begin{vmatrix}\dfrac{\partial f_1}{\partial Y_1} & \dfrac{\partial f_2}{\partial Y_1} & \cdots & \dfrac{\partial f_N}{\partial Y_1}\\ \dfrac{\partial f_1}{\partial Y_2} & \dfrac{\partial f_2}{\partial Y_2} & \cdots & \dfrac{\partial f_N}{\partial Y_2}\\ \vdots & \vdots & \vdots & \\ \dfrac{\partial f_1}{\partial Y_N} & \dfrac{\partial f_2}{\partial Y_N} & \cdots & \dfrac{\partial f_N}{\partial Y_N}\end{vmatrix}\tag{4.41}$$

实际信源发出的消息大都要通过一系列的信息处理设备后才能在信道中传输。我们已知,在离散信源中若有确定的一一对应变换关系,则变换后信源的熵是不变的。而连续信源的差熵要发生改变,它不具有变换的不变性。可见,通过处理网络后,变换器(处理网络)的输出信源的熵等于输入信源的熵减去雅可比行列式对数的统计平均值。这正是连续信源的差熵与离散信源熵的一个不同之处。(公式详细推导参阅参考书目[15]。)下面,我们举一例阐明。

【例 4.1】 设原连续信源输出的信号 X 是方差为 σ^2,均值为 0 的正态分布随机变量,其概率密度为 $p(x)=\frac{1}{\sqrt{2\pi\sigma^2}}\mathrm{e}^{-x^2/2\sigma^2}$。经一个放大倍数为 k,直流分量为 a 的放大器放大输出。这时放大器网络输入与输出的变换关系为 $y=kx+a$。而 $x=(y-a)/k$,由式(4.41)得

$$J\left(\frac{X}{Y}\right)=\left|\frac{\mathrm{d}x}{\mathrm{d}y}\right|=\frac{1}{k}$$

由式(4.38)可得 $$h(Y)=h(X)-\int_{-\infty}^{\infty}p(x)\log\frac{1}{k}\mathrm{d}x=\frac{1}{2}\log2\pi\mathrm{e}\sigma^2+\log k=\frac{1}{2}\log2\pi\mathrm{e}k^2\sigma^2 \tag{4.42}$$

由本例可知,一个方差为 σ^2 的正态分布随机变量,经过一个放大倍数为 k,直流分量为 a 的放大器后,其输出是方差为 $k^2\sigma^2$,均值为 a 的正态分布随机变量。因而,通过线性放大器后,熵值发生变化,增加了 $\log k$ 比特。

5. 极值性(即最大差熵定理)

连续信源的差熵存在极大值。但与离散信源不同的是,其在不同的限制条件下,信源的最大熵是不同的。

4.2.2 具有最大差熵的连续信源

在离散信源中,当信源符号等概率分布时信源的熵取最大值。在连续信源中差熵也具有极大值,但其情况有所不同。除存在完备集条件 $\int_{\mathbf{R}}p(x)\mathrm{d}x=1$ 以外,还有其他约束条件。当各约束条件不同时,信源的最大差熵值不同。通常求连续信源差熵的最大值,就是在下述若干约束条件下

$$\int_{-\infty}^{\infty}p(x)\mathrm{d}x=1,\quad \int_{-\infty}^{\infty}xp(x)\mathrm{d}x=K_1,\quad \int_{-\infty}^{\infty}(x-m)^2p(x)\mathrm{d}x=K_2,\quad \cdots$$

求泛函数 $h(X)=-\int_{-\infty}^{\infty}p(x)\log p(x)\mathrm{d}x$ 的极值。

通常我们最感兴趣的是以下两种情况。

1. 峰值功率受限条件下信源的最大熵

若某信源输出信号的峰值功率受限为$\hat{P}$,即信源输出信号的瞬时电压限定在$\pm\sqrt{\hat{P}}$内。它等价于信源输出的连续随机变量 X 的取值幅度受限,限于$[a,b]$内取值。所以我们求在约束条件 $\int_b^a p(x)\mathrm{d}x=1$ 下,信源的最大相对熵。

定理 4.1 若信源输出的幅度被限定在$[a,b]$内,则当输出信号的概率密度函数呈均匀分布时(如图 4.2 所示的形式时),信源具有最大熵。其值等于 $\log(b-a)$。

当 N 维连续随机矢量取值受限,也只有各随机分量统计独立并均匀分布时具有最大熵。

【证明】 设 $p(x)$为均匀分布,其概率密度函数 $p(x)=\frac{1}{b-a}$,并满足 $\int_a^b p(x)\mathrm{d}x=1$。设 $q(x)$为

任意的概率密度函数，也有$\int_a^b q(x)\mathrm{d}x = 1$。则

$$
\begin{aligned}
&h[X,q(x)] - h[X,p(x)] \\
&= -\int_a^b q(x)\log q(x)\mathrm{d}x + \int_a^b p(x)\log p(x)\mathrm{d}x \\
&= -\int_a^b q(x)\log q(x)\mathrm{d}x - \left[\log(b-a)\cdot\int_a^b p(x)\mathrm{d}x\right] \\
&= -\int_a^b q(x)\log q(x)\mathrm{d}x - \left[\log(b-a)\cdot\int_a^b q(x)\mathrm{d}x\right] \\
&= -\int_a^b q(x)\log q(x)\mathrm{d}x + \int_a^b q(x)\log p(x)\mathrm{d}x \\
&= \int_a^b q(x)\log\frac{p(x)}{q(x)}\mathrm{d}x \leqslant \log\left[\int_a^b q(x)\frac{p(x)}{q(x)}\mathrm{d}x\right] = 0
\end{aligned}
$$

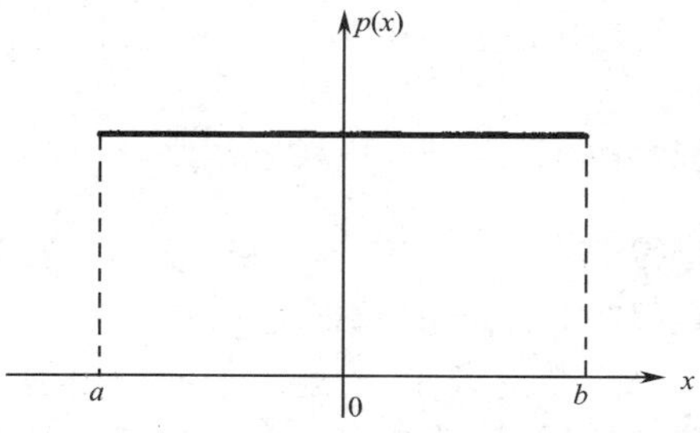

图 4.2　输出幅度受限的信源当熵为最大时的概率密度函数

其中运用了詹森不等式，因而　　$h[X,q(x)] \leqslant h[X,p(x)]$

当且仅当$q(x)=p(x)$时等式才成立。　　[证毕]

这就是说，在信源输出信号的幅度受限条件下（或峰值功率受限条件下），任何概率密度函数时的熵必小于均匀分布时的熵，即当均匀分布时差熵达到最大值。

定理 4.2　若连续信源 X 输出的取值为$(0,\infty)$，而其均值受限，限定为$A(A>0)$，则其输出信号的概率密度函数呈指数分布时，连续信源 X 具有最大熵，其值为

$$\log Ae \quad (\text{取不同的对数为底对应不同的单位})$$

证明留给读者，见习题 4.8。

2. 平均功率受限条件下信源的最大熵

定理 4.3　若一个连续信源输出信号的平均功率被限定为P，则其输出信号幅度的概率密度函数呈高斯分布时，信源有最大的熵，其值为$\frac{1}{2}\log 2\pi eP$。

现在被限制的条件是信源输出的平均功率受限为P。因为信号的平均功率$P = \int_{-\infty}^{\infty} x^2 p(x)\mathrm{d}x$，当$m=0$时$\sigma^2 = \int_{-\infty}^{\infty}(x-m)^2 p(x)\mathrm{d}x = P$，所以，对于均值为零的信号来说，该条件就是其方差$\sigma^2$受限。在此，我们只证明一般均值不为零的一维随机变量的情况。它就是在约束条件

$$\int_{-\infty}^{\infty} p(x)\mathrm{d}x = 1$$

和

$$\sigma^2 = \int_{-\infty}^{\infty}(x-m)^2 p(x)\mathrm{d}x < \infty$$

下，求信源差熵$h(X)$的极大值。而均值为零，平均功率受限的情况只是它的一个特例。

【证明】　设$q(x)$为信源输出的任意概率密度函数。因为其方差受限为σ^2，所以必满足$\int_{-\infty}^{\infty} q(x)\mathrm{d}x = 1$和$\int_{-\infty}^{\infty}(x-m)^2 q(x)\mathrm{d}x = \sigma^2$。又设$p(x)$是方差为$\sigma^2$的正态概率密度函数，即有$\int_{-\infty}^{\infty} p(x)\mathrm{d}x = 1$，$\int_{-\infty}^{\infty}(x-m)^2 p(x)\mathrm{d}x = \sigma^2$，根据式(4.30)已计算得$h(X,p(x)) = \frac{1}{2}\log 2\pi e\sigma^2$。

$$
\begin{aligned}
\int_{-\infty}^{\infty} q(x)\log\frac{1}{p(x)}\mathrm{d}x &= -\int_{-\infty}^{\infty} q(x)\log\left[\frac{1}{\sqrt{2\pi\sigma^2}}e^{-\frac{(x-m)^2}{2\sigma^2}}\right]\mathrm{d}x \\
&= -\int_{-\infty}^{\infty} q(x)\log\frac{1}{\sqrt{2\pi\sigma^2}}\mathrm{d}x + \int_{-\infty}^{\infty} q(x)\frac{(x-m)^2}{2\sigma^2}\mathrm{d}x\cdot\log e = \frac{1}{2}\log 2\pi e\sigma^2
\end{aligned}
$$

所以得 $$h(X,p(x)) = \int_{-\infty}^{\infty} q(x) \log \frac{1}{p(x)} \mathrm{d}x$$

而 $$h(X,q(x)) - h(X,p(x)) = -\int_{-\infty}^{\infty} q(x) \log q(x) \mathrm{d}x - \int_{-\infty}^{\infty} q(x) \log \frac{1}{p(x)} \mathrm{d}x = \int_{-\infty}^{\infty} q(x) \log \frac{p(x)}{q(x)} \mathrm{d}x$$

根据詹森不等式得 $$h(X,q(x)) - h(X,p(x)) \leqslant \log \int_{-\infty}^{\infty} q(x) \frac{p(x)}{q(x)} \mathrm{d}x = \log 1 = 0$$

所以得 $$h(X,q(x)) \leqslant h(X,p(x))$$

当且仅当 $q(x)=p(x)$ 时等式成立。 [证毕]

这一结论说明,若连续信源输出信号的平均功率受限,则只有当信号的统计特性与高斯噪声统计特性一样时,才会有最大的熵值。从直观上看这是合理的,因为噪声是一个最不确定的随机过程,而最大的信息量只能从最不确定的事件中获得。

4.3 熵 功 率

从上节已知,当信号平均功率受限时,高斯分布信源的熵最大。令其平均功率为 P,则其熵为

$$h(X) = \log\sqrt{2\pi e P} \tag{4.43}$$

如果另一信号的平均功率也为 P,但不是高斯分布,那它的熵一定比式(4.43)计算的小。为此,我们引进一个“熵功率”的概念。若平均功率为 P 的非高斯分布信源的熵为 h,称熵也为 h 的高斯信源的平均功率为**熵功率** $\overline{P}$,即

$$\overline{P} = \frac{1}{2\pi e} e^{2h} \tag{4.44}$$

式中,h 是每个自由度的熵。如果用连续信源的熵率 h_t 来表示,因为 $h_t=2Fh$,所以有

$$\overline{P} = \frac{1}{2\pi e} e^{h_t/F} \tag{4.45}$$

式中,F 为信号的最高频率或带宽。

当平均功率受限时,一般信源的熵小于高斯分布信源的熵,所以信号的熵功率总小于信号的实际平均功率 P,即

$$\overline{P} \leqslant P \tag{4.46}$$

熵功率的大小可以表示连续信源冗余的大小。如果熵功率等于信号平均功率,就表示信号没有冗余。熵功率和信号的平均功率相差越大,说明信号的冗余越大。所以,信号平均功率和熵功率之差 $(P-\overline{P})$ 被称为**连续信源的冗余度**。

只有高斯分布的信源其熵功率等于实际平均功率,其冗余度为零。这就是高斯噪声信源。

4.4 连续信道和波形信道的信息传输率

4.4.1 连续信道和波形信道的分类

1. 按信道输入和输出的统计特性分类

当信道的输入和输出都是随机过程 $\{x(t)\}$ 和 $\{y(t)\}$ 时,即输入和输出都是随机模拟信号时,这个信道称之为**波形信道**,又称为**模拟信道**,如图 4.3 所示。实际模拟通信系统中,信道都是

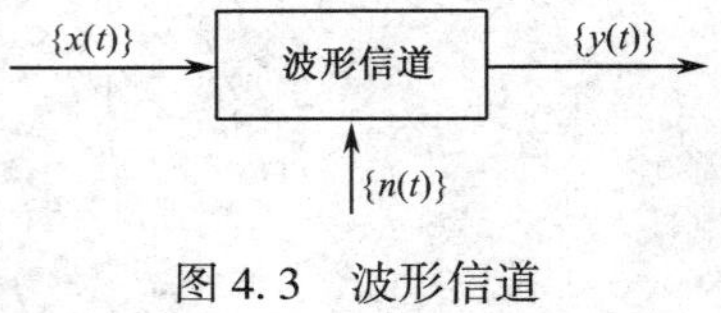

图 4.3 波形信道

波形信道。

我们研究波形信道,就是要研究波形信道的信息传输问题。一方面为了便于研究,另一方面因为实际波形信道的频宽总是受限的,如一路模拟电话频宽只需为 3.4kHz;中波广播的频带范围为 100~1500kHz;短波广播的频带范围为 6~30MHz;分米波的移动通信频带范围为 300MHz~3GHz 等。所以实际信道在有限观察时间 T 内,能满足限频 F、限时 T 的条件。因此,可以根据时间取样定理,把波形信道的输入 $\{x(t)\}$ 和输出 $\{y(t)\}$ 的平稳随机过程信号离散化成 $N(=2FT)$ 个时间离散、取值连续的平稳随机序列 $\boldsymbol{X}=X_1X_2\cdots X_N$ 和 $\boldsymbol{Y}=Y_1Y_2\cdots Y_N$。这样,波形信道就转化成多维连续信道,如图 4.4 所示。

- **多维连续信道**其输入是 N 维连续型随机序列 $\boldsymbol{X}=X_1X_2\cdots X_N$,输出也是 N 维连续型随机序列 $\boldsymbol{Y}=Y_1Y_2\cdots Y_N$,而信道的传递概率密度函数是

$$p(\boldsymbol{y}\mid\boldsymbol{x})=p(y_1y_2\cdots y_N\mid x_1x_2\cdots x_N)$$

并且满足

$$\iint_{Y_1Y_2\cdots Y_N}\cdots\int p(y_1y_2\cdots y_N\mid x_1x_2\cdots x_N)\,\mathrm{d}y_1\mathrm{d}y_2\cdots\mathrm{d}y_N=1 \quad (4.47)$$

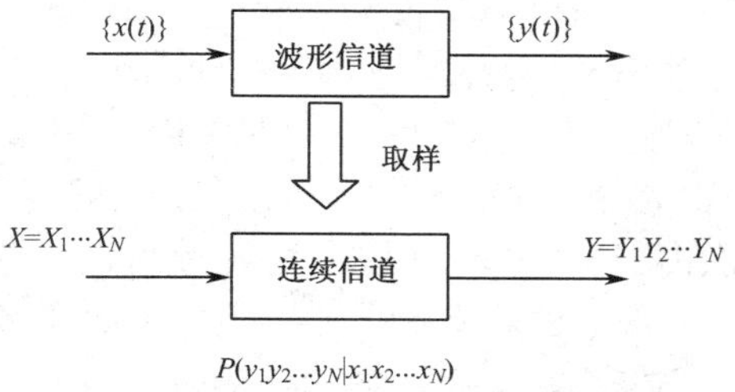

图 4.4 波形信道转化成多维连续信道

我们用 $[\boldsymbol{X},p(\boldsymbol{y}\mid\boldsymbol{x}),\boldsymbol{Y}]$ 来描述多维连续信道。

若多维连续信道的传递概率密度函数满足

$$p(\boldsymbol{y}\mid\boldsymbol{x})=\prod_{i=1}^{N}p(y_i\mid x_i) \quad (4.48)$$

则称此信道为**连续无记忆信道**。

和离散无记忆信道的定义一样,若连续信道在任一时刻输出的变量只与对应时刻的输入变量有关,与以前时刻的输入、输出变量无关,也与其后的输入变量无关,则此信道为无记忆连续信道。同样可以证明,式(4.48)是满足连续无记忆信道的充要条件。

一般情况,式(4.48)不满足,也就是连续信道任何时刻的输出变量与其他任何时刻的输入、输出变量都有关,则此信道称为**连续有记忆信道**。

- **基本连续信道**就是输入和输出都是单个连续型随机变量的信道,如图 4.5 所示。基本连续信道就是单符号连续信道,其输入是连续型随机变量 X,X 取值于 $[a,b]$ 或实数域 $\mathbf{R}$;输出也是连续型随机变量 Y,取值于 $[a',b']$ 或实数域 $\mathbf{R}$;信道的传递概率密度函数为 $p(y\mid x)$,并满足

$$\int_{\mathbf{R}}p(y\mid x)\,\mathrm{d}y=1 \quad (4.49)$$

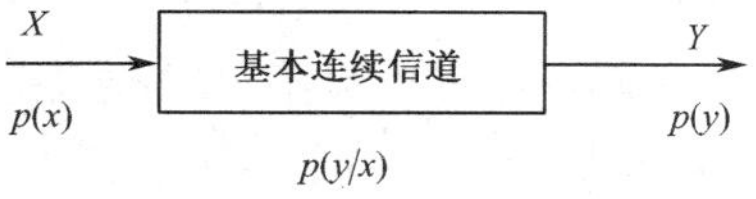

图 4.5 基本连续信道

因此,可用 $[X,p(y\mid x),Y]$ 来描述单符号连续信道。

2. 按噪声的统计特性分类

另外,如图 4.3 所示,波形信道中有噪声 $\{n(t)\}$ 加入。所以,从另一角度来看,研究波形信道就要研究噪声。在通信系统模型中,我们把来自各部分的噪声都集中在一起,认为都是通过信道加入的。实际无线电通信系统中所遇到的噪声可分为两类。第一类是系统外的噪声,第二类是系统内部产生的噪声。第一类噪声还可以进一步分为人为的和非人为的干扰。人为的干扰是指由电动机的点火系统、开关接触不良及荧光灯和电台等引起的干扰。从理论上讲,这些干扰都能够消除,因此它们可以不考虑。系统外来的非人为干扰主要是指各种类型的大气噪声,这里也不讨论。

无线电通信系统性能的基本限制因素是系统本身内部的噪声。这类噪声基本上有两种噪声成分:①在绝对零度以上,任何温度的物体内的电子均有随机的热运动,称它为**热噪声**;②在真空器件内的电流或半导体器件内的越结电流的统计起伏的变化,称它为**散粒噪声**。这两种内部噪声都是平稳的随机过程。

因此,我们通常还可以按噪声的性质和作用来对波形信道进行分类。

按噪声的统计特性来分类——有**高斯信道**、**白噪声信道**、**高斯白噪声信道**和**有色噪声信道**。

- **高斯信道**——信道中的噪声是高斯噪声,则此信道为高斯信道。

高斯噪声是平稳遍历的随机过程,其瞬时值的概率密度函数服从高斯分布(即正态分布),其一维概率密度函数如式(4.29)所示。

- **白噪声信道**——信道中的噪声是白噪声,则此信道为白噪声信道。

白噪声也是平稳遍历的随机过程。它的功率谱密度均匀分布于整个频率区间($-\infty<\omega<+\infty$),即功率谱密度为一常数,其双边谱密度为

$$N(\omega)=N_0/2 \quad (-\infty<\omega<+\infty) \tag{4.50}$$

工程上习惯采用单边谱密度,为

$$N(\omega)=N_0 \quad (0\leqslant\omega<\infty) \tag{4.51}$$

但其瞬时值的概率密度函数可以是任意的。

严格地说,白噪声只是一种理想化的模型,因为实际噪声的功率谱密度不可能具有无限宽的带宽,否则它们的平均功率将是无限大的,是物理不可实现的。然而,它具有数学处理简单、方便的优点,因此是系统分析的有力工具。一般情况下,只要实际噪声在比所考虑的有用频带还要宽很多的范围内,具有均匀功率谱密度,就可以把它当作白噪声来处理。

- **高斯白噪声信道**——信道中的噪声$\{n(t)\}$是高斯白噪声,则此信道称为高斯白噪声信道。

高斯白噪声是平稳遍历的随机过程,其瞬时值的概率密度函数服从高斯分布(即正态分布),而且其功率谱密度均匀分布于整个频率区间($-\infty<\omega<+\infty$)。也就是一般情况下,把服从高斯分布而功率谱密度又是均匀分布的噪声称为**高斯白噪声**。热噪声就是高斯白噪声的一个典型实例。因此,通信系统中的波形信道常假设为高斯白噪声信道。

关于低频限带高斯白噪声有一个很重要的性质,即低频限带高斯白噪声$\{n(t)\}$(均值为零,功率谱密度为$N_0/2$),经过取样函数取样后可分解成$N(=2FT)$个统计独立的高斯随机变量(方差为$N_0/2$,均值也为零)。也就是说,低频限带高斯白噪声$\{n(t)\}$,在有限T时间内取样后可分解成彼此相互统计独立的$N(=2FT)$维连续型高斯随机序列$\boldsymbol{n}=(n_1n_2\cdots n_N)$,其中$n_i(i=1,2,\cdots,N)$彼此统计独立。

3. 按噪声对信号的作用功能分类

按噪声对信号的作用功能来分类——有**加性信道**和**乘性信道**。

- **乘性信道**——信道中噪声对信号的干扰作用表现为与信号相乘的关系,则信道称为**乘性信道**,此噪声称为**乘性干扰**。

在实际无线电通信系统中常遇到**乘性干扰**,主要的乘性干扰是衰落(瑞利)干扰,它是短波和超短波无线电通信中的主要干扰。其形成机理是由于多径传输的各个信号在接收端互相干扰,因而引起合信号幅度的起伏。它可以看成信号在传输过程中由于信道参量的随机起伏而引起的后果,所以可采用信号通过线性时变系统的方式来处理。

- **加性信道**——信道中噪声对信号的干扰作用表现为与信号相加的关系,则此信道称为加性信道。

如图4.3所示,若波形信道的输入、输出和噪声的随机信号$\{x(t)\}$、$\{y(t)\}$和$\{n(t)\}$满足$\{y(t)\}=\{x(t)\}+\{n(t)\}$,则此信道为加性信道,此噪声称为**加性噪声**。

在加性连续信道中,有一个重要性质,即信道的传递概率密度函数等于噪声的概率密度函数。对于基本单符号加性连续信道,如图4.6所示,一般输入信号与噪声是相互独立的,且接收到的随机变量Y是发送的随机变量X和噪声随机变量n的线性叠加,即$Y=X+n$。在此信道中,满足

$$p(y\mid x)=p(n) \tag{4.52}$$

因此,在此加性信道中,条件熵为

$$h(Y|X)=-\int_{\mathbf{R}}\int_{\mathbf{R}}p(xy)\log p(y|x)\mathrm{d}x\mathrm{d}y$$

$$=-\int_{-\infty}^{+\infty}p(x)\mathrm{d}x\int_{-\infty}^{+\infty}p(y|x)\log p(y|x)\mathrm{d}y$$

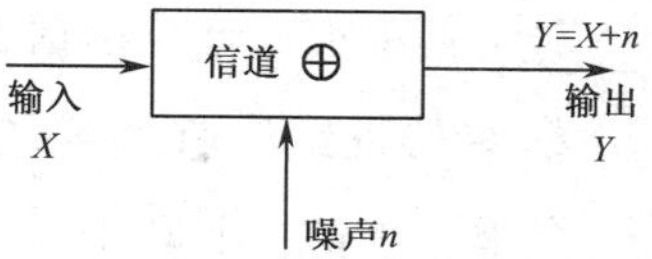

图 4.6　加性基本连续信道

根据积分变量变换得　　$\mathrm{d}x\mathrm{d}y=\mathrm{d}x\mathrm{d}n$

所以　$$h(Y|X)=-\int_{-\infty}^{+\infty}p(x)\mathrm{d}x\int_{-\infty}^{\infty}p(n)\log p(n)\mathrm{d}n=-\int_{-\infty}^{\infty}p(n)\log p(n)\mathrm{d}n=h(n) \tag{4.53}$$

该结论进一步说明了条件熵 $h(Y|X)$ 是由于信道中噪声引起的,它完全等于噪声信源的熵,所以称它为**噪声熵**。

在加性多维连续信道中(图 4.4),输入矢量 $\boldsymbol{X}$、输出矢量 $\boldsymbol{Y}$ 和噪声矢量 $\boldsymbol{n}$ 之间有 $\boldsymbol{Y}=\boldsymbol{X}+\boldsymbol{n}$。同理可得

$$p(\boldsymbol{y}|\boldsymbol{x})=p(\boldsymbol{n}) \tag{4.54}$$

$$h(\boldsymbol{Y}|\boldsymbol{X})=h(\boldsymbol{n}) \tag{4.55}$$

以后主要讨论的是加性信道,而噪声源主要是高斯白噪声,即信道的噪声是加性高斯白噪声(英文缩写为 AWGN)。

4.4.2　连续信道和波形信道的信息传输率

1. 基本连续信道的平均互信息

基本连续信道(又称单符号连续信道)的数学模型为$[X,p(y|x),Y]$,如图 4.5 所示。其输入信源 X 为

$$\begin{bmatrix}X\\p(x)\end{bmatrix}=\begin{bmatrix}\mathbf{R}\\p(x)\end{bmatrix}\quad\int_{\mathbf{R}}p(x)\mathrm{d}x=1$$

输出信源 Y 为
$$\begin{bmatrix}X\\p(y)\end{bmatrix}=\begin{bmatrix}\mathbf{R}\\p(y)\end{bmatrix}\quad\int_{\mathbf{R}}p(y)\mathrm{d}y=1$$

而信道的传递概率密度函数为 $p(y|x)$,满足式(4.49)。

和 4.1 节计算连续信源信息熵的问题一样,我们也可以对连续信道输入和输出随机变量的取值进行量化,将其转换成离散信道。求得此离散信道的平均互信息,然后将量化间隔 Δ 趋于零,就成为连续信道的平均互信息。因此,通过类似推导易得基本连续信道输入 X 和输出 Y 之间的平均互信息为

$$I(X;Y)=H(X_n)-H(X_n|Y_n)$$

$$=-\int_{\mathbf{R}}p(x)\log p(x)\mathrm{d}x-\lim_{\Delta\to0}\log\Delta-\left[-\int_{\mathbf{R}}\int_{\mathbf{R}}p(x)p(y|x)\log p(x|y)\mathrm{d}x\mathrm{d}y-\lim_{\Delta\to0}\log\Delta\right]$$

$$=\int_{\mathbf{R}}\int_{\mathbf{R}}p(xy)\log\frac{p(x|y)}{p(x)}\mathrm{d}x\mathrm{d}y=h(X)-h(X|Y) \tag{4.56}$$

$$=\int_{\mathbf{R}}\int_{\mathbf{R}}p(xy)\log\frac{p(y|x)}{p(y)}\mathrm{d}x\mathrm{d}y=h(Y)-h(Y|X) \tag{4.57}$$

$$=\int_{\mathbf{R}}\int_{\mathbf{R}}p(xy)\log\frac{p(xy)}{p(x)p(y)}\mathrm{d}x\mathrm{d}y=h(X)+h(Y)-h(XY) \tag{4.58}$$

对于连续信道的平均互信息来说,不但它的这些关系式和离散信道下平均互信息的关系式完全类似,而且它保留了离散信道的平均互信息的所有含义和性质。只是表达式中用连续信源的差熵替代了离散信源的熵。由此可看出,将差熵定义为连续信源的熵是有重要实际意义的。

基本连续信道的信息传输率　$R=I(X;Y)$　(比特/自由度)　(4.59)

对于基本加性连续信道，有 $$I(X;Y)=h(Y)-h(n) \tag{4.60}$$

2. 多维连续信道的平均互信息

多维连续信道的数学模型为$[\boldsymbol{X},p(\boldsymbol{y}\mid\boldsymbol{x}),\boldsymbol{Y}]$，如图4.4所示，其传递概率密度函数$p(\boldsymbol{y}\mid\boldsymbol{x})$满足式(4.48)。

将式(4.56)，式(4.57)和式(4.58)推广可得多维连续信道的平均互信息

$$I(\boldsymbol{X};\boldsymbol{Y})=h(\boldsymbol{X})-h(\boldsymbol{X}\mid\boldsymbol{Y}) \tag{4.61}$$

$$=h(\boldsymbol{Y})-h(\boldsymbol{Y}\mid\boldsymbol{X}) \tag{4.62}$$

$$=h(\boldsymbol{X})+h(\boldsymbol{Y})-h(\boldsymbol{XY}) \tag{4.63}$$

根据随机矢量$\boldsymbol{X}$和$\boldsymbol{Y}$的差熵和条件差熵的表达式，可得

$$I(\boldsymbol{X};\boldsymbol{Y})=\int_{\boldsymbol{x}}\int_{\boldsymbol{y}}p(\boldsymbol{xy})\log\frac{p(\boldsymbol{x}\mid\boldsymbol{y})}{p(\boldsymbol{x})}\mathrm{d}\boldsymbol{x}\mathrm{d}\boldsymbol{y} \tag{4.64}$$

$$=\int_{\boldsymbol{x}}\int_{\boldsymbol{y}}p(\boldsymbol{xy})\log\frac{p(\boldsymbol{y}\mid\boldsymbol{x})}{p(\boldsymbol{y})}\mathrm{d}\boldsymbol{x}\mathrm{d}\boldsymbol{y} \tag{4.65}$$

$$=\int_{\boldsymbol{x}}\int_{\boldsymbol{y}}p(\boldsymbol{xy})\log\frac{p(\boldsymbol{xy})}{p(\boldsymbol{x})p(\boldsymbol{y})}\mathrm{d}\boldsymbol{x}\mathrm{d}\boldsymbol{y} \tag{4.66}$$

以上这些表达式，与离散扩展信道的平均互信息都相类似。只是在表达式中概率分布函数用概率密度函数替代，求和号用积分号替代。因此，离散扩展信道中平均互信息的性质在多维连续信道中仍成立。

在加性多维连续信道中，有 $$I(\boldsymbol{X};\boldsymbol{Y})=h(\boldsymbol{Y})-h(\boldsymbol{n}) \tag{4.67}$$

多维连续信道的信息传输率 $$R=I(\boldsymbol{X};\boldsymbol{Y}) \quad (\text{比特}/N\text{个自由度}) \tag{4.68}$$

平均每个自由度的信息传输率 $$R_N=\frac{1}{N}I(\boldsymbol{X};\boldsymbol{Y}) \quad (\text{比特/自由度}) \tag{4.69}$$

3. 波形信道的信息传输率

波形信道如图4.3所示。其输入是平稳随机过程$\{x(t)\}$，输出也是平稳随机过程$\{y(t)\}$。由前分析已知，在限频F、限时T条件下可转化成多维连续信道。假设在T时间内，时间离散化后$\{x(t)\}$和$\{y(t)\}$转换成N维随机序列$\boldsymbol{X}=X_1X_2\cdots X_N$和$\boldsymbol{Y}=Y_1Y_2\cdots Y_N$。因此可得波形信道的平均互信息为

$$I(x(t);y(t))=\lim_{N\to\infty}I(\boldsymbol{X};\boldsymbol{Y}) \tag{4.70}$$

$$=\lim_{N\to\infty}[h(\boldsymbol{X})-h(\boldsymbol{X}\mid\boldsymbol{Y})] \tag{4.71}$$

$$=\lim_{N\to\infty}[h(\boldsymbol{Y})-h(\boldsymbol{Y}\mid\boldsymbol{X})] \tag{4.72}$$

$$=\lim_{N\to\infty}[h(\boldsymbol{X})+h(\boldsymbol{Y})-h(\boldsymbol{XY})] \tag{4.73}$$

一般情况，对于波形信道来说，都是研究其单位时间内的信息传输率R_t。由式(4.70)得

$$R_t=\lim_{T\to\infty}\frac{1}{T}I(\boldsymbol{X};\boldsymbol{Y}) \quad (\text{比特/秒}) \tag{4.74}$$

4.4.3 连续信道平均互信息的特性

两个连续型随机变量之间的平均互信息的表达式与两个离散随机变量之间的平均互信息的表达式不但相类似，而且具有相同的性质。下面我们给出并论证两连续型随机变量之间的平均互信息的特性。

1. 非负性

$$I(X;Y) \geqslant 0 \quad (\text{或} I(\boldsymbol{X};\boldsymbol{Y}) \geqslant 0) \tag{4.75}$$

[证明] $I(X;Y) = h(X) - h(X|Y) = -\int_x p(x)\log p(x)\mathrm{d}x + \int_x\int_y p(xy)\log p(x|y)\mathrm{d}x\mathrm{d}y$

$$= -\int_x\int_y p(xy)\log p(x)\mathrm{d}x\mathrm{d}y + \int_x\int_y p(xy)\log p(x|y)\mathrm{d}x\mathrm{d}y$$

$$= -\int_x\int_y p(xy)\log\frac{p(x)}{p(x|y)}\mathrm{d}x\mathrm{d}y$$

其中

$$\int_y p(xy)\mathrm{d}y = p(x)$$

因为$-\log X$是∪形凸函数,根据詹森不等式得

$$h(X) - h(X|Y) \geqslant \log\int_x\int_y p(xy)\frac{p(x)}{p(x|y)}\mathrm{d}x\mathrm{d}y = \log\int_x\int_y p(y)p(x)\mathrm{d}x\mathrm{d}y = \log 1 = 0$$

(上式运用$\int_x p(x)\mathrm{d}x = 1$和$\int_y p(y)\mathrm{d}y = 1$求得) 从证明过程中可知等式成立的条件是$p(x)=p(x|y)$,即连续随机变量$X$和$Y$统计独立。

[证毕]

上述证明方法与离散变量的证明方法是一致的,只是在公式中,把求和号换成积分号,把概率分布换成概率密度函数。因此,在离散变量中所得的有关结论均可推广到连续变量中来。

2. 对称性(交互性)

$$I(X;Y) = I(Y;X) \quad (\text{或} I(\boldsymbol{X};\boldsymbol{Y}) = I(\boldsymbol{Y};\boldsymbol{X})) \tag{4.76}$$

因为$p(xy)=p(yx)$,所以由式(4.58)得

$$I(X;Y) = \int_x\int_y p(xy)\log\frac{p(xy)}{p(x)p(y)}\mathrm{d}x\mathrm{d}y = \int_x\int_y p(yx)\log\frac{p(yx)}{p(y)p(x)}\mathrm{d}x\mathrm{d}y = I(Y;X)$$

当X和Y统计独立时,即$p(x|y)=p(x)$,$I(X;Y)=I(Y;X)=0$,就不可能从一个随机变量获得关于另一个随机变量的信息。

3. 凸状性

连续变量之间的平均互信息$I(X;Y)$是输入连续变量X的概率密度函数$p(x)$的∩形凸函数;$I(X;Y)$又是连续信道传递概率密度函数$p(y|x)$的∪形凸函数。

同理,连续随机序列之间的平均互信息$I(\boldsymbol{X};\boldsymbol{Y})$是输入信源$\boldsymbol{X}$的多维概率密度函数$p(\boldsymbol{x})$的∩形凸函数;$I(\boldsymbol{X};\boldsymbol{Y})$又是多维连续信道传递概率密度函数$p(\boldsymbol{y}|\boldsymbol{x})$的∪形凸函数。

凸状性的证明方法类似离散情况中的证明,在此从略。

4. 信息不增性

连续信道输入变量为X,输出变量为Y,若对连续随机变量Y再进行处理而成为另一个连续随机变量Z,一般总会丢失一些信息,最多保持原获得的信息不变,而所获得的信息不会增加。这也就是**数据处理定理**,即若连续随机变量$X \to Y \to Z$形成马氏链,则有

$$I(X;Z) \leqslant I(X;Y) \tag{4.77}$$

其中$z=f(y)$,当且仅当该函数是一一对应时,式(4.77)等式成立。

对于多维连续型随机序列,此性质也成立。即若多维连续随机序列$\boldsymbol{X} \to \boldsymbol{Y} \to \boldsymbol{Z}$形成马氏链,则有

$$I(\boldsymbol{X};\boldsymbol{Z}) \leqslant I(\boldsymbol{X};\boldsymbol{Y}) \tag{4.78}$$

当且仅当$\boldsymbol{Y}$与$\boldsymbol{Z}$是一一对应变换时,式(4.78)等号成立。

本性质的证明过程完全与离散串联信道的证明类似,在此从略。从此性质也可以得出,如果连续

随机变量 Z 和 Y 只是坐标发生一一对应的变换，虽然差熵会发生变化，但其平均互信息应该不变。

5. 坐标变换平均互信息的不变性

若信源发出的消息（连续随机变量）S，首先通过变换器Ⅰ把它变换成适合信道传输的输入信号 X，而信道输出的连续信号为 Y，然后通过变换器Ⅱ将 Y 变换成相应的连续信号 Z，即 $S \to X \to Y \to Z$。若连续变量 X、Y 分别按一定关系一一映射成连续变量 S、Z，则有

$$I(S;Z)=I(X,Y) \tag{4.79}$$

若 $\boldsymbol{S}$、$\boldsymbol{X}$、$\boldsymbol{Y}$、$\boldsymbol{Z}$ 是多维连续随机序列，此性质仍成立。

我们已知通过一一对应的变换，差熵会发生变化，但所传输的平均信息量是不变的。因为平均互信息是两熵之差，通过变换后雅可比行列式对数的统计平均那一项正好抵消，因此，平均互信息保持不变。这一结果是合理的，因为在一一对应的变换下，传输的信息量不会增加，也不会减少，符合数据处理定理。

现在来论证，在一一对应的变换条件下平均互信息的不变性。

考虑一般通信系统如图 4.7 所示。设信源发出的消息为 S，首先通过变换器Ⅰ把它变换成适合信道传输的信号 X，而信道输出的信号为 Y，然后通过变换器Ⅱ把 Y 变换成相应的信号 Z，送至收信者。

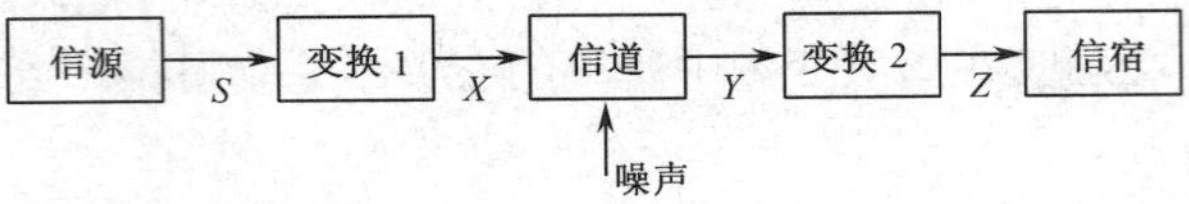

图 4.7　一般通信系统的信号变换

设随机变量 X 取值为 x，Y 取值为 y，它们的一维概率密度、联合概率密度和条件概率密度分别为 $p(x)$、$p(y)$、$p(xy)$ 和 $p(y|x)$。经过变换，变量 X、Y 分别按一定关系一一映射成变量 S、Z。设 S 取值为 s，Z 取值为 z，即变换是把 (x,y) 一一映射成 (s,z)。令 S、Z 的一维概率密度、联合概率密度和条件概率密度分别为 $q(s)$、$q(z)$、$q(sz)$ 和 $q(z|s)$。由坐标变换可知，变换前后概率密度函数有以下关系

$$q(sz)=p(xy)\ |J|$$

而

$$|J|=\left|J\left(\frac{x,y}{s,z}\right)\right|=\begin{vmatrix}\dfrac{\partial x}{\partial s} & \dfrac{\partial y}{\partial s}\\ \dfrac{\partial x}{\partial z} & \dfrac{\partial y}{\partial z}\end{vmatrix}$$

在一般通信系统中，(x,y) 一一映射成 (s,z) 的对应关系是按 $x \leftrightarrow s$ 和 $y \leftrightarrow z$ 分别独立进行的，故

$$\frac{\partial x}{\partial z}=0 \quad 或 \quad \frac{\partial y}{\partial s}=0$$

所以得

$$|J|=\frac{\partial x}{\partial s}\frac{\partial y}{\partial z}$$

而

$$q(s)=\int_{-\infty}^{\infty}q(sz)\,\mathrm{d}z=\int_{-\infty}^{\infty}p(xy)\ \frac{\partial x}{\partial s}\frac{\partial y}{\partial z}\mathrm{d}z=p(x)\ \frac{\mathrm{d}x}{\mathrm{d}s}$$

同理

$$q(z)=p(y)\frac{\mathrm{d}y}{\mathrm{d}z}$$

又可得

$$q(z|s)=\frac{q(sz)}{q(s)}=p(y|x)\frac{\mathrm{d}y}{\mathrm{d}z}$$

把上述这些关系式代入式(4.58)可证得

$$I(S;Z)=\iint_{s\ z} q(sz)\log\frac{q(sz)}{q(s)q(z)}\mathrm{d}s\mathrm{d}z=\iint_{x\ y} p(xy)\ |J|\log\frac{p(xy)\dfrac{\partial x}{\partial s}\dfrac{\partial y}{\partial z}\dfrac{1}{|J|}}{p(x)\dfrac{\partial x}{\partial s}p(y)\dfrac{\partial y}{\partial z}}\mathrm{d}x\mathrm{d}y$$

$$=\iint_{x\ y} p(xy)\log\frac{p(xy)}{p(x)p(y)}\mathrm{d}x\mathrm{d}y=I(X;Y)$$

所以在一一对应变换条件下,平均互信息保持不变。若 $\boldsymbol{S}$、$\boldsymbol{X}$、$\boldsymbol{Y}$、$\boldsymbol{Z}$ 都是随机矢量,结论仍成立。

通过上面性质的讨论可以进一步看到:在研究平均互信息时,连续信源的差熵$h(X)$起着和离散信源的熵 $H(X)$ 相似的作用。所以,定义连续信源的差熵是有意义的。

6. $\boldsymbol{I(X,Y)}$ 与 $\boldsymbol{I(X_i,Y_i)}$ 的关系

若平稳连续信源是无记忆的,即 $\boldsymbol{X}$ 中各分量 $X_i(i=1,2,\cdots,N)$ 彼此统计独立,则存在

$$I(\boldsymbol{X};\boldsymbol{Y})\geqslant\sum_{i=1}^{N}I(X_i;Y_i)\tag{4.80}$$

若多维连续信道是无记忆的,即式(4.48)满足,则存在

$$I(\boldsymbol{X};\boldsymbol{Y})\leqslant\sum_{i=1}^{N}I(X_i;Y_i)\tag{4.81}$$

若连续平稳信源无记忆,多维连续信道也无记忆,则存在

$$I(\boldsymbol{X};\boldsymbol{Y})=\sum_{i=1}^{N}I(X_i;Y_i)\tag{4.82}$$

其证明与离散情况相同,留作习题。

4.5 高斯加性波形信道的信道容量

和离散信道一样,对于固定的连续信道和波形信道都有一个最大的信息传输率,称之为**信道容量**。它也是信道可靠传输的最大信息传输率。对于不同的连续信道和波形信道,它们存在的噪声形式不同,信道带宽及对信号的各种限制不同,所以具有不同的信道容量。

若研究的是加性信道,已知在加性信道中信道的传递概率密度函数就是噪声的概率密度函数。条件熵 $h(\boldsymbol{Y}|\boldsymbol{X})$(即噪声熵)就是噪声源的熵 $h(\boldsymbol{n})$。因此,一般多维加性连续信道的信道容量为

$$C=\max_{p(\boldsymbol{x})}I(\boldsymbol{X};\boldsymbol{Y})=\max_{p(\boldsymbol{x})}[h(\boldsymbol{Y})-h(\boldsymbol{n})]\quad(\text{比特}/N\text{ 个自由度})\tag{4.83}$$

又由式(4.72)得,一般加性波形信道单位时间的信道容量为

$$C_t=\max_{p(\boldsymbol{x})}\left\{\lim_{T\to\infty}\frac{1}{T}[h(\boldsymbol{Y})-h(\boldsymbol{n})]\right\}=\lim_{T\to\infty}\frac{1}{T}\{\max_{p(\boldsymbol{x})}[h(\boldsymbol{Y})-h(\boldsymbol{n})]\}(\text{比特/秒})\tag{4.84}$$

式(4.83)和式(4.84)中 $h(\boldsymbol{n})$ 与输入矢量 $\boldsymbol{X}$ 的概率密度函数 $p(\boldsymbol{x})$ 无关(因输入矢量 $\boldsymbol{X}$ 与噪声矢量 $\boldsymbol{n}$ 统计独立)。所以,求加性信道的信道容量就是求某种发送信号的概率密度函数使接收信号的熵 $h(\boldsymbol{Y})$ 最大。

由于在不同限制条件下,连续随机变量有不同的最大连续差熵值,所以,由式(4.83)和式(4.84)知,加性信道的信道容量 C 取决于噪声的统计特性和输入随机矢量 $\boldsymbol{X}$ 所受的限制条件。一般实际信道中,无论输入信号和噪声,它们的平均功率或能量总是有限的。所以本节只讨论在平均功率受限的条件下,各种连续信道和波形信道的信道容量。

4.5.1 单符号高斯加性信道

单符号高斯加性信道是指信道的输入和输出都是取值连续的一维随机变量,而加入信道的噪

声是加性高斯噪声。

设信道叠加的噪声 n 是均值为零，方差为 σ^2 的一维高斯噪声，则其概率密度函数见式(4.29)。根据式(4.30)求得噪声信源的熵为

$$h(n)=\log\sqrt{2\pi e\sigma^2}$$

得单符号高斯加性信道的信道容量

$$C=\max_{p(x)}[h(Y)-\log\sqrt{2\pi e\sigma^2}] \tag{4.85}$$

在上式中，只有 $h(Y)$ 与输入信号的概率密度函数 $p(x)$ 有关。当信道输出信号 Y 的平均功率限制在 P_0 时，由前已知，Y 是均值为零的高斯变量，其熵 $h(Y)$ 为最大。而 Y 是输入信号 X 和噪声的线性叠加。又已知噪声是均值为零，方差为 σ^2 的高斯变量，并与输入信号 X 彼此统计独立。那么，要使 Y 是均值为零、方差为 P_0 的高斯变量，必须要求输入信号也是均值为零、方差为 $P_s=P_0-\sigma^2$ 的高斯变量（因为从概率论知，统计独立的正态分布的随机变量之和仍是正态分布的随机变量，并且和变量的方差等于各变量的方差之和）。因此，得平均功率受限高斯信道的信道容量（每个自由度）

$$C=\log\sqrt{2\pi eP_0}-\log\sqrt{2\pi e\sigma^2}=\frac{1}{2}\log\frac{P_0}{\sigma^2}=\frac{1}{2}\log\left(1+\frac{P_s}{\sigma^2}\right)=\frac{1}{2}\log\left(1+\frac{P_s}{P_n}\right) \tag{4.86}$$

式中，P_s 是输入信号 X 的平均功率，$P_n=\sigma^2$ 是高斯噪声的平均功率。只有当信道的输入信号是均值为零、平均功率为 P_s 的高斯分布的随机变量时，信息传输率才能达到这个最大值。

式(4.86)中 P_s/P_n 为信道的信噪功率比，可见单符号高斯加性信道的信道容量 C 只取决于信道的信噪功率比。

4.5.2 限带高斯白噪声加性波形信道

高斯白噪声加性波形信道（AWGN）是常用的一种波形信道。此信道的输入和输出信号是随机过程 $\{x(t)\}$ 和 $\{y(t)\}$，而加入信道的噪声是加性高斯白噪声 $\{n(t)\}$（其均值为零，功率谱密度为 $N_0/2$），所以输出信号满足

$$\{y(t)\}=\{x(t)\}+\{n(t)\}$$

此信道又称为**可加波形信道**。

一般信道的频带宽度总是有限的，设其带宽为 W（即 $|f|\leqslant W$），这样信道的输入、输出信号和噪声都是限频的随机过程。根据取样定理，可把一个时间连续的信道变换成时间离散的多维连续信道来处理，如图 4.8 所示。由于是加性信道，所以多维连续信道也满足

$$\boldsymbol{Y}=\boldsymbol{X}+\boldsymbol{n}$$

因为信道的频带是受限的，所以加入信道的噪声为限带的高斯白噪声。根据低频限带高斯白噪声的重要性质，限频的高斯白噪声过程可分解成 $N(=2WT)$ 维统计独立的随机序列，其中每个分量 n_i 都是均值为零、方差为 $\sigma_{n_i}^2=P_{n_i}=N_0/2$ 的随机变量。得其 N 维的联合概率密度函数为

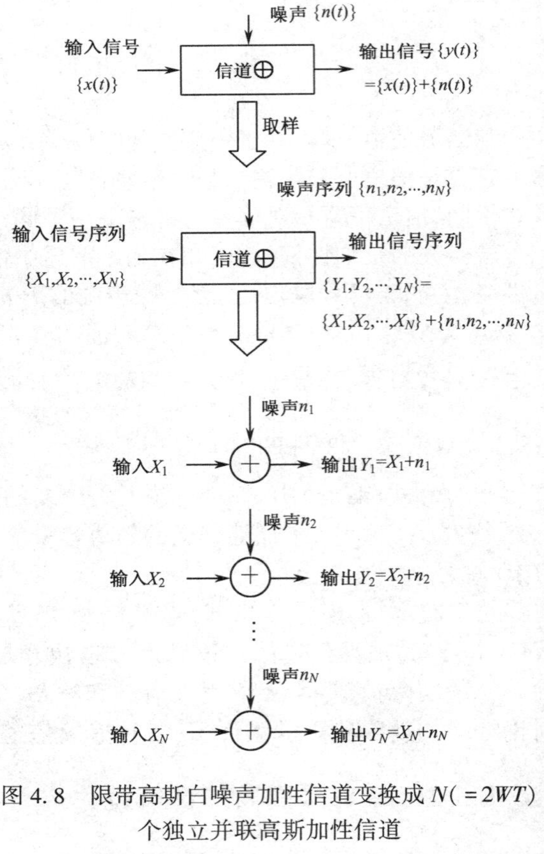

图 4.8 限带高斯白噪声加性信道变换成 $N(=2WT)$ 个独立并联高斯加性信道

$$p(\boldsymbol{n}) = p(n_1 n_2 \cdots n_N) = \prod_{i=1}^{N} p(n_i) = \prod_{i=1}^{N} \frac{1}{\sqrt{2\pi\sigma_{n_i}^2}} \mathrm{e}^{-n_i^2/2\sigma_{n_i}^2}$$

对加性信道来说,若上式成立,则有

$$p(\boldsymbol{y} \mid \boldsymbol{x}) = p(\boldsymbol{n}) = \prod_{i=1}^{N} p(n_i) = \prod_{i=1}^{N} p(y_i \mid x_i)$$

所以信道是无记忆的。这就是多维无记忆高斯加性信道,其可等效成 N 个独立的并联高斯加性信道。

由式(4.81)和式(4.86)可得 $$I(\boldsymbol{X};\boldsymbol{Y}) \leqslant \sum_{i=1}^{N} I(X_i;Y_i) \leqslant \frac{1}{2}\sum_{i=1}^{N} \log\left(1 + \frac{P_{S_i}}{P_{n_i}}\right) \tag{4.87}$$

则 $$C = \max_{p(\boldsymbol{x})} I(\boldsymbol{X};\boldsymbol{Y}) = \frac{1}{2}\sum_{i=1}^{N} \log\left(1 + \frac{P_{s_i}}{P_{n_i}}\right) \quad (\text{比特}/N\text{个自由度}) \tag{4.88}$$

已知高斯白噪声的每个样本值的方差 $\sigma_{n_i}^2 = P_{n_i} = N_0/2$。而信号的平均功率受限为 P_s,T 时间内总平均功率为 P_sT,每个信号样本值的平均功率为 $P_sT/N = P_sT/2WT = \frac{P_s}{2W}$。可得[0,$T$]时间内,信道的信道容量

$$C = \frac{N}{2}\log\left(1 + \frac{P_s}{2W}\bigg/\frac{N_0}{2}\right) = \frac{N}{2}\log\left(1 + \frac{P_s}{N_0 W}\right) = WT\log\left(1 + \frac{P_s}{N_0 W}\right) (\text{比特}/N\text{个自由度}) \tag{4.89}$$

要达到这个信道容量则要求输入 N 维随机序列 $\boldsymbol{X}$ 中每一分量 X_i 都是均值为零,方差为 P_s,彼此统计独立的高斯变量。已知高斯变量 X_i 之间线性无关或相关系数为零,就能保证彼此统计独立。换句话说,要使信道传送的信息达到信道容量(N 个自由度),必须使输入信号 $\{x(t)\}$ 具有均值为零,平均功率为 P_s 的高斯白噪声的特性。不然,传送的信息将低于信道容量,信道得不到充分利用。

限带高斯白噪声加性信道(AWGN 信道)单位时间的信道容量

$$C_t = \lim_{T\to\infty}\frac{C}{T} = W\log\left(1 + \frac{P_s}{N_0 W}\right) \quad (\text{比特/秒}) \tag{4.90}$$

式中,P_s 是信号的平均功率,N_0W 为高斯白噪声在带宽 W 内的平均功率(其功率谱密度为$N_0/2$),可见,信道容量与信噪功率比和带宽有关。

式(4.90)就是重要的**香农公式**。当输入信号是平均功率受限的高斯白噪声信号时,信道的信息传输率才达到此信道容量。

一些实际信道是非高斯波形信道。但在平均功率受限条件下,高斯白噪声的熵最大,所以高斯加性信道是平均功率受限条件下的最差信道。香农公式可适用于其他一般非高斯波形信道,由香农公式得到的值是非高斯波形信道的信道容量的下限值。

4.5.3 香农公式的重要实际指导意义

由香农公式[式(4.90)]可以得出以下几个重要结论:

1. 提高信号与噪声功率之比能增加信道容量

信道能够传输的最大信息速率是与信道的信噪功率比成正比的。增加信噪功率比可以增加信道容量。

【例 4.2】 电话信道。在许多信道中,允许多路复用。一般电话信号的带宽为 3300Hz。若信噪功率比为 20dB(即$\frac{P_s}{N_0 W} = 100$),代入式(4.90)计算得电话信道的信道容量近似为 22 000 比特/

秒。而实际信道在信噪功率比为 20dB 时达到的最大信息传输率约为 19 200 比特/秒。在实际电话通道中，还需考虑串音、干扰、回声等因素，所以其最大信息传输率比理论计算的值要小。若信噪功率比为 30dB，则得信道容量近似为 32 900 比特/秒，显然信道容量增大了。

2. 当噪声功率谱密度 $N_0 \to 0$ 时，信道容量 C_t 趋于 ∞，这意味着无干扰连续信道的信道容量为无穷大

3. 信道容量一定时，带宽 W、传输时间 T 和信噪功率比 P_s/P_n 三者之间可以互换

由式(4.90)可以清楚地看到，香农公式把信道的统计参量（信道容量）和实际物理量（频带宽度 W、时间 T、信噪功率比 P_s/P_n）联系起来。它表明一个信道可靠传输的最大信息量完全由 W、T、P_s/P_n 所确定。一旦这三个物理量给定，理想通信系统的极限信息传输率就确定了。由此可见，对一定的信息传输率来说，带宽（W）、传输时间（T）和信噪功率比（P_s/P_n）三者之间可以互相转换。

(1) 若传输时间 T 固定，则扩展信道的带宽 W 就可以降低信噪比的要求；反之，带宽变窄，就要增加信噪功率比。也就是说，可以通过带宽和信噪比的互换而保持信息传输率不变。

【例 4.3】 若要保持信道的信息传输率 $C=12\times10^3$ 比特/秒，当信道的带宽 W 从 4×10^3Hz 减小到 3×10^3Hz 时，则就要求增加信噪比。当 $W=4\times10^3$Hz 时，由香农公式可计算得

$$12\times10^3=4\times10^3\log\left(1+\frac{P_s}{N_0W}\right)$$

$$\frac{P_s}{N_0W}=2^3-1=7$$

$$P_s=2.8\times10^3N_0$$

当 $W'=3\times10^3$Hz 时，求得 $P'_s=4.5\times10^3N_0$，故 $P'_s/P_s\approx1.6$。可见，带宽减少了 25%，信噪功率比约增加 61%。带宽很小的改变，信噪功率比就有较大的改变。若增加较少的带宽，就能节省较大的信噪功率比。

应当指出，带宽和信噪功率比互换的过程并不是自然而然地实现的。它像实际通信系统那样，在发送端先经过“编码”和“调制”的过程，使信道中传输的信号的带宽比原始消息的带宽加宽，然后经信道传输到接收端。接收端再进行相应的“解调”和“译码”，从而完成信息的传输。对于理想系统而言，虽然没有具体实现的方法，但可认为包含以上一些步骤。因此，设理想系统如图 4.9 所示。假设输入端信号带宽为 W_s，经过理想调制后带宽为 W。设信道输出信号功率为 P_{s_i}，信道噪声功率为 P_{n_i}，则通过信道传输到理想解调器输入端的信息传输率为

$$R_i=WT\log\left(1+\frac{P_{s_i}}{P_{n_i}}\right) \tag{4.91}$$

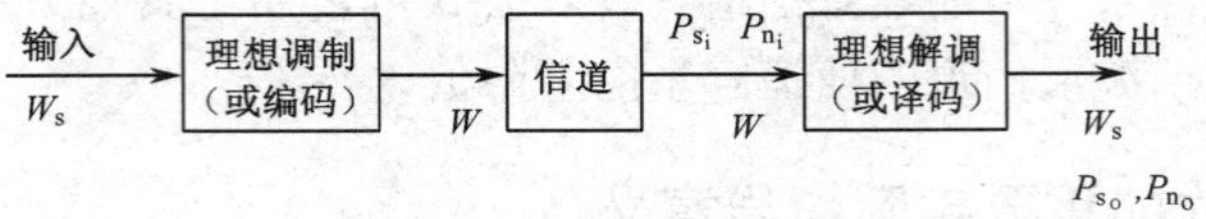

图 4.9 理想系统的方框图

而理想解调器将带宽为 W_s 的信号变换成带宽为 W 的信号。如果解调器没有丢失信息，则解调器输入和输出的信息传输率相等。而输出信息传输率为

$$R_o=W_sT\log\left(1+\frac{P_{s_o}}{P_{n_o}}\right) \tag{4.92}$$

式中，P_{s_o} 和 P_{n_o} 分别是解调器输出端的信号和噪声功率。所以可得

$$W\log\left(1+\frac{P_{s_i}}{P_{n_i}}\right)=W_s\log\left(1+\frac{P_{s_o}}{P_{n_o}}\right),\quad \left(1+\frac{P_{s_o}}{P_{n_o}}\right)=\left(1+\frac{P_{s_i}}{P_{n_i}}\right)^{W/W_s} \tag{4.93}$$

当信噪功率比远远大于1时，上式近似为

$$\frac{P_{s_o}}{P_{n_o}}=\left(\frac{P_{s_i}}{P_{n_i}}\right)^{W/W_s} \tag{4.94}$$

由此可得，在理想系统中，信噪比的改善与信道对信号的带宽比 W/W_s 成指数关系。也就是说，增加带宽能明显地改善输出信噪比。香农公式虽未解决具体的实现方法，但它却在理论上阐明了这一互换关系的极限形式，指出了努力的方向。目前，实际的通信系统，如调频和脉码调制系统，它们的输出信噪比均随带宽加大而提高。这说明实际中能实现带宽与信噪比的互换。例如，调频系统有

$$\frac{P_{s_o}}{P_{n_o}}=\frac{3}{4}\left(\frac{W}{W_s}\right)^3\frac{P_{s_i}}{P_{n_i}} \tag{4.95}$$

脉码调制系统有

$$\frac{P_{s_o}}{P_{n_o}}=2^{2W/W_s}\cdot\frac{P_{s_i}}{P_{n_i}} \tag{4.96}$$

可见，实际通信系统中都采用调制解调方法来实现带宽和信噪功率比的互换。不过，到目前为止，还没有一种实际通信系统能达到这个理想结果。

（2）如果信噪功率比固定不变，则增加信道的带宽 W 就可以缩短传送时间 T，换取传输时间的节省；或者花费较长的传输时间来换取频带的节省。也就是实现频带和通信时间的互换。

例如，为了能在窄带电缆信道中传送电视信号，我们往往用增加传送时间的办法来压缩电视信号的带宽，首先把电视信号高速记录在录像带上，然后慢放这个磁带，慢到使输出频率降低到足以在窄带电缆信道中传送的程度。在接收端，将接收到的慢录像信号进行快放，于是恢复了原来的电视信号。

（3）如果保持频带不变，我们可以采用增加时间 T 来改善信噪比。这一原理已被应用于弱信号接收技术中，即所谓的积累法。这种方法是将重复多次收到的信号叠加起来。由于有用信号直接相加，而干扰则按功率相加，因而经积累相加后，信噪比得到改善，但所需接收时间相应增长。

一般地，究竟以谁换取谁，要根据实际情况而决定。例如宇宙飞船与地面通信，由于信噪功率比很小，故着重考虑增加带宽和增加传输时间来换取信噪功率比。若信道频带十分紧张则要考虑提高信噪功率比或传输时间来降低对带宽的要求。

4. 增加信道带宽（也就是信号的带宽）W，并不能无限制地使信道容量增大

从式(4.90)可以看出，当带宽 W 增大时，信道容量 C_t 也开始增大，到一定阶段后 C_t 的加大就变缓慢，当 $W\to\infty$ 时 C_t 趋向于一极限值（见图4.10），即

$$\lim_{W\to\infty}C_t=\lim_{W\to\infty}W\log\left(1+\frac{P_s}{N_0W}\right)$$

令 $x=\dfrac{P_s}{N_0W}$，得

$$\lim_{W\to\infty}C_t=\lim_{W\to\infty}\frac{P_s}{N_0}\frac{WN_0}{P_s}\log\left(1+\frac{P_s}{N_0W}\right)=\lim_{x\to0}\frac{P_s}{N_0}\log(1+x)^{1/x}$$

因为当 $x\to0$ 时，$\ln(1+x)^{1/x}\to1$，所以

$$\lim_{x\to0}C_t=\frac{P_s}{N_0\ln2}=1.4427\frac{P_s}{N_0}\text{（比特/秒）} \tag{4.97}$$

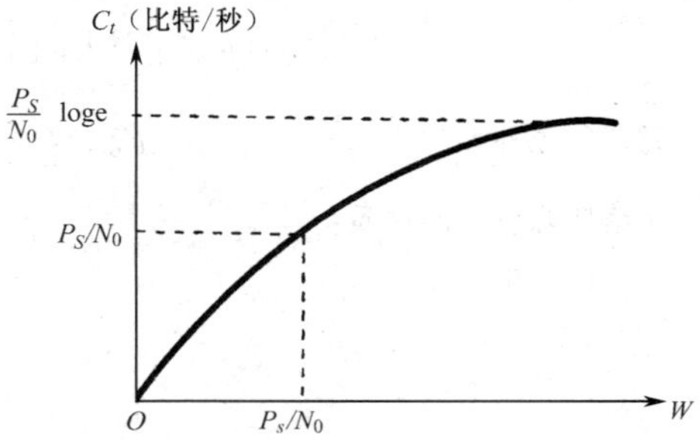

图4.10　限带高斯白噪声加性信道的信道容量

此式说明当频带很宽时，或信噪比很低时，信道容量等于信号功率与噪声功率谱密度比。此值是加性高斯白噪声信道在无限带宽时的信道容量，是其信息传输率的极限值。

5. 给出了无错误通信的传输速率的理论极限

由后面第6章的连续信道编码定理可知,香农公式给出的信道容量 C 是连续信道中可靠传输的最大信息传输率。也就是说,香农公式给出了达到无错误(无失真)通信的传输速率的理论极限值,称为**香农极限**。

若以最大信息速率即信道容量 C_t 来传输信息,又令每传送1比特信息所需的能量为 E_b,得总的信号功率为 $P_s=E_bC_t$,代入式(4.97)得,当 $W\to\infty$ 时

$$C_t=\frac{E_bC_t}{N_0}\frac{1}{\ln2}$$

故得

$$\frac{E_b}{N_0}=\ln2=0.6931$$

当取分贝为单位时,上式可改写为

$$10\lg\left(\frac{E_b}{N_0}\right)=10\lg(\ln2)\approx-1.6\text{dB} \tag{4.98}$$

这就是**香农限**。当信道频带宽度不受限制时,实现极限信息传输率所需最低的信噪比是-1.6dB。而且根据香农信道编码定理,此时信道的错误可以任意小。所以在实际通信系统中,常常用此极限来衡量实际系统的潜力,以及各种纠错编码性能的好坏。

如何达到和接近这个理论极限,香农并没有给出具体方案。而这正是实际通信系统研究者和设计者们所面临和奋斗的任务。

小　结

连续信源的差熵(又称相对熵或微分熵):

$$h(X)\triangleq-\int_{\mathbf{R}}p(x)\log p(x)\,\mathrm{d}x \tag{4.7}$$

多维连续平稳信源的差熵:

$$h(\boldsymbol{X})=-\int_{\mathbf{R}}p(\boldsymbol{x})\log p(\boldsymbol{x})\,\mathrm{d}\boldsymbol{x} \tag{4.13}$$

$$h(\boldsymbol{X})=h(X_1X_2\cdots X_N)=\sum_{i=1}^{N}h(X_i\mid X_1X_2\cdots X_{i-1}) \tag{4.18}$$

$$h(\boldsymbol{X})\leqslant\sum_{i=1}^{N}h(X_i) \tag{4.19}$$

波形信源的差熵:

$$h(x(t))\triangleq\lim_{N\to\infty}h(\boldsymbol{X}) \tag{4.20}$$

均匀分布连续信源的熵(取值区间[a,b]):

$$h(X)=\log(b-a)\quad(\text{比特/自由度}) \tag{4.22}$$

均匀分布 N 维连续信源的熵(取值空间[a_1,b_1],…,[a_N,b_N]):

$$h(\boldsymbol{X})=\log\prod_{i=1}^{N}(b_i-a_i)\quad(\text{比特}/N\text{个自由度}) \tag{4.25}$$

高斯信源的熵($X\sim N(m,\sigma^2)$):

$$h(X)=\frac{1}{2}\log2\pi e\sigma^2\quad(\text{比特/自由度}) \tag{4.30}$$

连续信源差熵的性质:

(1) 可加性

$$h(XY)\leqslant h(X)+h(Y) \tag{4.36}$$

(2) 上凸性

(3) 差熵可取负值

(4) 变换性:差熵因坐标变换而变化

$$h(\boldsymbol{Y})=h(\boldsymbol{X})-E_{\boldsymbol{X}}\left[\log\left|J\left(\frac{\boldsymbol{X}}{\boldsymbol{Y}}\right)\right|\right] \tag{4.39}$$

$$h(kX+a)=h(X)+\log|k| \tag{4.42}$$

加性信道:

$$\boldsymbol{Y}=\boldsymbol{X}+\boldsymbol{n}$$

$$p(\boldsymbol{y}\mid\boldsymbol{x})=p(\boldsymbol{n}) \tag{4.54}$$

$$h(\boldsymbol{Y}|\boldsymbol{X})=h(\boldsymbol{n}) \tag{4.55}$$

单符号连续信道平均互信息： $I(X;Y) = \int_{\mathbf{R}}\int_{\mathbf{R}} p(xy)\log\frac{p(xy)}{p(x)p(y)}\mathrm{d}x\mathrm{d}y$ (4.58)

多维连续信道的平均互信息： $I(\boldsymbol{X};\boldsymbol{Y}) = \int_{\boldsymbol{x}}\int_{\boldsymbol{y}} p(\boldsymbol{xy})\log\frac{p(\boldsymbol{xy})}{p(\boldsymbol{x})p(\boldsymbol{y})}\mathrm{d}\boldsymbol{x}\mathrm{d}\boldsymbol{y}$ (4.66)

波形信道信息传输率： $R_t = \lim_{T\to\infty}\frac{1}{T}I(\boldsymbol{X};\boldsymbol{Y})$ （比特/秒） (4.74)

连续信道平均互信息的特性：

（1）非负性 $I(X;Y)\geqslant 0$ （或 $I(\boldsymbol{X};\boldsymbol{Y})\geqslant 0$） (4.75)

（2）对称性 $I(X;Y)=I(Y;X)$ （或 $I(\boldsymbol{X};\boldsymbol{Y})=I(\boldsymbol{Y};\boldsymbol{X})$） (4.76)

（3）信息不增性 $X\to Y\to Z$ 形成马氏链 $I(X;Z)\leqslant I(X;Y)$ (4.77)

$\boldsymbol{X}\to\boldsymbol{Y}\to\boldsymbol{Z}$ 形成马氏链 $I(\boldsymbol{X};\boldsymbol{Z})\leqslant I(\boldsymbol{X};\boldsymbol{Y})$ (4.78)

（4）凸状性

（5）坐标变换的不变性

（6）连续信源无记忆，有 $I(\boldsymbol{X};\boldsymbol{Y}) \geqslant \sum_{i=1}^{N} I(X_i;Y_i)$ (4.80)

（7）连续信道无记忆，有 $I(\boldsymbol{X};\boldsymbol{Y}) \leqslant \sum_{i=1}^{N} I(X_i;Y_i)$ (4.81)

信源和信道都无记忆等式成立。

单符号高斯加性信道： $Y=X+n \quad n\sim N(0,P_n)$，平均功率受限 $E[X^2]\leqslant P_s$

$$C=\frac{1}{2}\log\left(1+\frac{P_s}{P_n}\right) \quad \text{（比特/自由度）} \tag{4.86}$$

限带高斯白噪声加性波形信道(AWGN信道)：$\{y(t)\}=\{x(t)\}+\{y(t)\}$，带宽为 W，噪声双边功率谱密度为 $N_0/2$，信号平均功率为 P_s，则

$$C_t = W\log\left(1+\frac{P_s}{N_0 W}\right) \quad \text{（比特/秒）} \tag{4.90}$$

式(4.90)是著名的香农公式。

习　题

4.1　设有一连续随机变量，其概率密度函数为

$$p(x)=\begin{cases} A\cos x & |x|\leqslant\pi/2 \\ 0 & x\text{ 取其他值} \end{cases}$$

又有 $\int_{-\pi/2}^{\pi/2} p(x)\mathrm{d}x = 1$。试求随机变量的熵。

4.2　计算连续随机变量 X 的差熵。

（1）指数概率密度函数，$p(x)=\lambda \mathrm{e}^{-\lambda x}$，　$x\geqslant 0(\lambda>0)$

（2）拉普拉斯概率密度函数，$p(x)=\frac{1}{2}\lambda \mathrm{e}^{-\lambda|x|}$，$-\infty<x<\infty$ $(\lambda>0)$

4.3　设有一连续随机变量，其概率密度函数为

$$p(x)=\begin{cases} bx^2 & 0\leqslant x\leqslant a \\ 0 & \text{其他} \end{cases}$$

试求该随机变量的熵。又若 $Y_1=X+K(K>0)$，　$Y_2=2X$，试分别求出 Y_1 和 Y_2 的熵 $h(Y_1)$ 和 $h(Y_2)$。

4.4　给定两随机变量 X_1 和 X_2，它们的联合概率密度函数为

$$p(x_1x_2)=\frac{1}{2\pi}\mathrm{e}^{-(x_1^2+x_2^2)/2} \quad -\infty<x_1,x_2<+\infty$$

求随机变量 $Y=X_1+X_2$ 的概率密度函数，并计算变量 Y 的熵 $h(Y)$。

4.5　设一连续消息通过某放大器,该放大器输出的最大瞬时电压为 b,最小瞬时电压为 a。若消息从放大器中输出,问放大器输出消息在每个自由度上的最大熵是多少？又放大器的带宽为 F,问单位时间内输出最大信息量是多少？

4.6　有一信源发出恒定宽度,但不同幅度的脉冲,幅度值 x 处在 a_1 和 a_2 之间。此信源连至某信道,信道接收端接收脉冲的幅度 y 处在 b_1 和 b_2 之间。已知随机变量 X 和 Y 的联合概率密度函数 $p(xy)=\dfrac{1}{(a_2-a_1)(b_2-b_1)}$,试计算 $h(X)$,$h(Y)$,$h(XY)$ 和 $I(X;Y)$。

4.7　在连续信源中,根据差熵、条件差熵和联合差熵的定义,证明：

(1) $h(X|Y)\leqslant h(X)$,且当 X,Y 统计独立时等式成立。

(2) $h(X_1X_2\cdots X_N)\leqslant h(X_1)+h(X_2)+\cdots+h(X_N)$,且当 $X_1X_2\cdots X_N$ 彼此统计独立时等式成立。

4.8　设连续随机变量 X,已知 $X\geqslant 0$,其平均值受限,即数学期望为 A,试求在此条件下获得最大熵的最佳分布,并求出最大熵。

4.9　N 维连续型随机序列 $\boldsymbol{X}=(X_1X_2\cdots X_N)$,有概率密度 $p(\boldsymbol{x})$ 及 $E[(X_i-m_i)^2]=\sigma_i^2$,$(i=1,2,\cdots,N)$。证明：当随机序列的分量 X_i 各自达到正态分布并彼此统计独立时熵最大,最大熵为 $\dfrac{N}{2}\log_2\pi\mathrm{e}(\sigma_1^2\sigma_2^2\cdots\sigma_N^2)^{1/N}$。

4.10　N 维连续型随机序列 $\boldsymbol{X}=(X_1X_2\cdots X_N)$,其各分量幅度分别受限为 $[a_i,b_i]$ $(i=1,2,\cdots,N)$。试证明：当随机序列的分量 X_i 各自达到均匀分布并彼此统计独立时熵最大。最大熵等于 $\log\prod\limits_{i=1}^{N}(b_i-a_i)$。

4.11　设 $X_1,X_2,\cdots,X_N$ 都是互相独立的正态分布的随机变量,其方差分别为 $\sigma_1^2,\sigma_2^2,\cdots,\sigma_N^2$,均值分别为 m_1,$m_2,\cdots,m_N$。试证明 $Y=X_1+X_2+\cdots+X_N$(即正态随机变量之和)仍是正态随机变量,其均值 $m=\sum\limits_{i=1}^{N}m_i$,方差 $\sigma^2=\sum\limits_{i=1}^{N}\sigma_i^2$。

4.12　设某连续信道,其特性如下

$$p(y|x)=\frac{1}{\alpha\sqrt{3\pi}}\mathrm{e}^{-\left(y-\frac{1}{2}x\right)^2/3\alpha^2}\quad(-\infty<x,y<\infty)$$

而信道输入变量 X 的概率密度函数为 $p(x)=\dfrac{1}{2\alpha\sqrt{\pi}}\mathrm{e}^{-(x^2/4\alpha^2)}$。试计算：(1) 信源的熵 $h(X)$；(2) 平均互信息 $I(X;Y)$。

4.13　试证明两连续随机变量之间的平均互信息 $I(X;Y)$ 是输入随机变量 X 的概率密度函数 $p(x)$ 的∩形凸函数。

4.14　试证明连续信源 X 的相对熵 $h(X)$ 是概率密度函数 $p(x)$ 的∩形凸函数。

4.15　设信道输入是连续型的随机序列 $\boldsymbol{X}=(X_1X_2\cdots X_N)$,输出也是连续型的随机序列 $\boldsymbol{Y}=(Y_1Y_2\cdots Y_N)$,信道的传递概率密度函数为 $p(\boldsymbol{y}|\boldsymbol{x})$。试证明：

(1) 信源无记忆时则存在 $I(\boldsymbol{X};\boldsymbol{Y})\geqslant\sum\limits_{i=1}^{N}I(X_i;Y_i)$,当且仅当信道无记忆时等式成立。

(2) 信道无记忆时则存在 $I(\boldsymbol{X};\boldsymbol{Y})\leqslant\sum\limits_{i=1}^{N}I(X_i;Y_i)$,当且仅当信源无记忆时等式成立。

4.16　在图片传输中,每帧约为 2.25×10^6 个像素,为了能很好地重现图像,需分 16 个亮度电平,并假设亮度电平等概率分布。试计算每秒传送 30 帧图片所需信道的带宽(信噪功率比为 30dB)。

4.17　设在平均功率受限高斯加性波形信道中,信道带宽为 3kHz,又设(信号功率+噪声功率)/噪声功率=10dB。

(1) 试计算该信道传送的最大信息率(单位时间)；

(2) 若功率信噪比降为 5dB,要达到相同的最大信息传输率,信道带宽应是多少？

第 5 章　无失真信源编码定理

通信的实质是信息的传输。而高效率、高质量地传送信息却又是信息传输的基本问题。将信源信息通过信道传送给信宿,怎样才能做到尽可能不失真而又快速呢？这就需要解决两个问题。第一,在不失真或允许一定失真条件下,如何用尽可能少的符号来传送信源信息,以便提高信息传输率。第二,在信道受干扰的情况下,如何增加信号的抗干扰能力,提高信息传输的可靠性,同时又使得信息传输率最大。为了解决这两个问题我们引入了信源编码和信道编码。

一般来说,提高抗干扰能力(降低失真或错误概率),往往是增加冗余度以降低信息传输率为代价的;反之,要提高信息传输率,往往通过压缩信源的冗余度来实现而常常又会使抗干扰能力减弱。二者是有矛盾的。然而在信息论的编码定理中,已从理论上证明,至少存在某种最佳的编码或信息处理方法,能够解决上述矛盾,做到既可靠又有效地传输信息。这些结论对各种通信系统的设计和估价具有重大的理论指导意义。有关这些内容将在第 5、6、7 章中讨论。

在前面已建立信源统计特性和信息熵概念的基础上,本章将着重讨论对离散信源进行无失真信源编码的要求、方法及理论极限,并得出一个极为重要的极限定理——香农第一定理。通过本章的学习,将会进一步加深对熵的物理意义的理解。

5.1　编　码　器

编码实质上是对信源的原始符号按一定的数学规则进行的一种变换。

为了分析方便和突出问题的重点,当研究信源编码时,我们将信道编码和译码看成信道的一部分,而突出信源编码。同样,研究信道编码时,将信源编码和译码看成信源和信宿的一部分,而突出信道编码。

讨论无失真信源编码可以先不考虑抗干扰问题,所以它的数学描述比较简单。图 5.1 所示就是一个编码器。它的输入是信源符号集 $S=\{s_1,s_2,\cdots,s_q\}$。同时存在另一符号集 $X=\{x_1,x_2,\cdots,x_r\}$,一般元素 x_j 是适合信道传输的,称为**码符号**(或称**码元**)。编码器是将信源符号集中的符号 s_i(或者长为 N 的信源符号序列 α_i) 变换成由 $x_j(j=1,2,\cdots,r)$组成的长度为 l_i 的一一对应的序列。即

$$s_i(i=1,\cdots,q)\leftrightarrow W_i=(x_{i_1}x_{i_2}\cdots x_{i_{l_i}})\quad x_{i_k}\in X\quad(k=1,\cdots,l_i)$$

或者

$$\alpha_i=(s_{i_1}s_{i_2}\cdots s_{i_N})\leftrightarrow W_i=(x_{i_1}x_{i_2}\cdots x_{i_{l_i}})\quad(i=1,2,\cdots,q^N)$$

$$s_{i_k}\in S\quad(k=1,2,\cdots,N)\quad x_{i_k}\in X\quad(k=1,2,\cdots,l_i)$$

这种码符号序列 W_i,称为**码字**。长度 l_i 称为**码字长度**或简称**码长**。所有这些码字的集合 C 称为**码**(或称**码书**)。此码为 r 元码或称 r 进制码。可见,编码就是从信源符号到码符号的一种映射。若要实现无失真编码,必须使这种映射是一一对应的、可逆的。

下面,我们给出一些码的定义,并举例说明。

1. 二元码

若码符号集为 $X=\{0,1\}$(即 $r=2$),所得码字都是一些二元序列,称为**二元码**(或称二进制码)。

若将信源通过一个二元信道进行传输,为使信源适合信道传输,就必须把信源符号变换成由

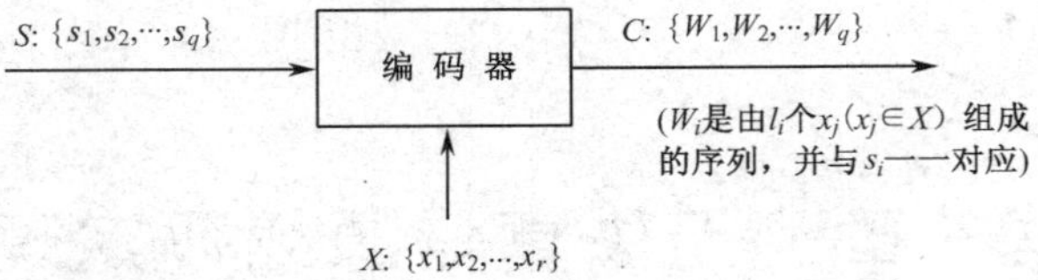

图 5.1　无失真信源编码器

0,1 符号组成的码符号序列(二元序列),这种编码所得的码为二元码。二元码是数字通信和计算机系统中最常用的一种码。

2. 等长码(或称固定长度码)

若一组码中所有码字的码长都相同,即 $l_i=l(i=1,2,\cdots,q)$,则称为**等长码**。

3. 变长码

若一组码中所有码字的码长各不相同,即任意码字由不同长度 l_i 的码符号序列组成,则称为**变长码**。

4. 非奇异码

若一组码中所有码字都不相同,即所有信源符号映射到不同的码符号序列

$$s_i \neq s_j \Rightarrow W_i \neq W_j \quad (s_i, s_j \in S \quad W_i, W_j \in C)$$

则称码 C 为**非奇异码**。

5. 奇异码

若一组码中有相同的码字,即

$$s_i \neq s_j \Rightarrow W_i = W_j \quad (s_i, s_j \in S \quad W_i, W_j \in C)$$

则称码 C 为**奇异码**。

6. 同价码

若码符号集 $X:\{x_1,x_2,\cdots,x_r\}$ 中每个码符号 x_i 所占的传输时间都相同,则所得的码 C 为**同价码**。

一般二元码是同价码。本章讨论的都是同价码。对同价码来说,等长码中每个码字的传输时间都相同;而变长码中每个码字的传输时间就不一定相同。电报中常用的莫尔斯码是非同价码,其码符号点(·)和划(-)所占的传输时间不相同。

7. 码的 N 次扩展码

假定某码 C,它把信源 S 中的符号 s_i 一一变换成码 C 中的码字 W_i,则码 C 的 N 次扩展码是所有 N 个码字组成的码字序列的集合。

若码 $C=\{W_1,W_2,\cdots,W_q\}$,其中

$$s_i \in S \leftrightarrow W_i=(x_{i_1}x_{i_2}\cdots x_{i_{l_i}}) \quad x_{i_{l_i}} \in X$$

则 N 次扩展码

$$B=\begin{Bmatrix} B_i=(W_{i_1}W_{i_2}\cdots W_{i_N}) & i_1,i_2,\cdots,i_N=1,2,\cdots,q \\ & i=1,2,\cdots,q^N \end{Bmatrix}$$

可见,码 C 的 N 次扩展码 B 中,每个码字 $B_i(i=1,\cdots,q^N)$ 与 N 次扩展信源 S^N 中每个信源符号序列 $\alpha_i=(s_{i_1}s_{i_2}\cdots s_{i_N})$ 一一对应。

举例,设信源 S 的概率空间为

$$\begin{bmatrix} S \\ P(s) \end{bmatrix} = \begin{bmatrix} s_1, & s_2, & \cdots, & s_q \\ P(s_1), & P(s_2), & \cdots, & P(s_q) \end{bmatrix} \quad \sum_{i=1}^{q} P(s_i) = 1$$

若把它通过一个二元信道进行传输,为使信源适合信道传输,就必须把信源符号 s_i 变换成由 0,1 符号组成的码符号序列(二元序列)。我们可采用不同的二元序列使其与信源符号 s_i 一一对应,这样就可得到不同的二元码,如表 5.1 所示。

表 5.1 中,码 1 是等长非奇异码,码 2 是变长非奇异码。

我们可求得表 5.1 中码 1 和码 2 的任意 N 次扩展码。例如,求码 2 的二次扩展码。

因为信源 S 的二次扩展信源

$$S^2 = [\alpha_1 = s_1 s_1, \alpha_2 = s_1 s_2, \alpha_3 = s_1 s_3, \cdots, \alpha_{16} = s_4 s_4]$$

所以码 2 的二次扩展码如表 5.2 所示。

表 5.1

信源符号 s_i	符号出现概率 $P(s_i)$	码 1	码 2
s_1	$P(s_1)$	00	0
s_2	$P(s_2)$	01	01
s_3	$P(s_3)$	10	001
s_4	$P(s_4)$	11	111

表 5.2

信源符号 α_i	码　字	信源符号 α_i	码　字
α_1	$00 = W_1 W_1 = B_1$	α_5	$010 = W_2 W_1 = B_5$
α_2	$001 = W_1 W_2 = B_2$	⋮	⋮
α_3	$0001 = W_1 W_3 = B_3$		
α_4	$0111 = W_1 W_4 = B_4$	α_{16}	$111111 = W_4 W_4 = B_{16}$

8. 唯一可译码

若码的任意一串有限长的码符号序列只能被唯一地译成所对应的信源符号序列,则称此码为**唯一可译码**,或**单义可译码**。否则,就称为非唯一可译码或非单义可译码。

若要使所编的码是唯一可译码,不但要求编码时将不同的信源符号变换成不同的码字,而且还必须要求任意有限长的信源序列所对应的码符号序列各不相同,即要求码的任意有限长 N 次扩展码都是非奇异码。因为只有任意有限长的信源序列所对应的码符号序列各不相同,才能把该码符号序列唯一地分割成一个个对应的信源符号,从而实现唯一的译码。所以,若某码的任意有限长 N 次扩展码都是非奇异码,则该码为唯一可译码。

例如,表 5.1 中码 1 是唯一可译码,而码 2 是非唯一可译码。因为对于码 2,其有限长的码符号序列能译成不同的信源符号序列。如码符号序列为 0010,可译成 $s_1 s_2 s_1$ 或 $s_3 s_1$,就不唯一了。

下面,我们分别讨论等长码和变长码的最佳编码问题,也就是是否存在一种唯一可译编码方法,使平均每个信源符号所需的码符号最短。也就是寻找无失真信源压缩的极限值。

5.2　等　长　码

一般说来,若要实现无失真的编码,不但要求信源符号 $s_i(i=1,2,\cdots,q)$ 与码字 $W_i(i=1,2,\cdots,q)$ 是一一对应的,而且要求码符号序列的反变换也是唯一的。也就是说,所编的码必须是唯一可译码。否则,所编的码不具有唯一可译码性,就会引起译码错误与失真。

对于等长码来说,若等长码是非奇异码,则它的任意有限长 N 次扩展码一定也是非奇异码。因此等长非奇异码一定是唯一可译码。在表 5.3 中,码 2 显然不是唯一可译码。因为信源符号 s_2 和 s_4 都对应于同一码字 11,当我们接收到码符号 11 后,既可译成 s_2,也可译成 s_4,所以不能唯一地译码。而码 1 是等长非奇异码,因此,它是一个唯一可译码。

表 5.3 等长码

信源符号	码 1	码 2
s_1	00	00
s_2	01	11
s_3	10	10
s_4	11	11

若对信源 S 进行等长编码,则必须满足

$$q \leqslant r^l \tag{5.1}$$

式中,l 是等长码的码长,r 是码符号集中的码元数。

例如表 5.3 中,信源 S 共有 $q=4$ 个信源符号,现进行二元等长编码,其中码符号个数为$r=2$。根据式(5.1)可知,信源 S 存在唯一可译等长码的条件是码长 l 必须不小于 2。

如果我们对信源 S 的 N 次扩展信源进行等长编码。设信源 $S=\{s_1,\cdots,s_q\}$,有 q 个符号,那么它的 N 次扩展信源 $S^N=\{\alpha_1,\alpha_2,\cdots,\alpha_{q^N}\}$ 共有 q^N 个符号,其中 $\alpha_i=(s_{i_1}s_{i_2}\cdots s_{i_N})$ $(s_{i_k}\in S \quad k=1,2,\cdots,N)$是长度为 N 的信源符号序列。又设码符号集为 $X=[x_1,x_2,\cdots,x_r]$。现在需要把这些长为 N 的信源符号序列 $\alpha_i(i=1,2,\cdots,q^N)$变换成长度为 l 的码符号序列 $W_i=(x_{i_1}x_{i_2}\cdots x_{i_l})$,$(x_{i_1},\cdots,x_{i_l}\in X)$。根据前面的分析,若要求编得的等长码是唯一可译码,则必须满足

$$q^N \leqslant r^l \tag{5.2}$$

此式表明,只有当 l 长的码符号序列数(r^l)大于或等于 N 次扩展信源的符号数(q^N)时,才可能存在等长非奇异码。

对式(5.2)两边取对数,则得 $$N\log q \leqslant l\log r$$

或

$$l/N \geqslant \log q/\log r \tag{5.3}$$

如果 $N=1$,则有

$$l \geqslant \log q/\log r \tag{5.4}$$

可见式(5.4)与式(5.1)是一致的。式(5.3)中 l/N 是平均每个信源符号所需要的码符号个数。所以式(5.3)表示:对于等长唯一可译码,每个信源符号至少需要用 $\log q/\log r$ 个码符号来变换。也就是,每个信源符号所需最短码长为 $\log q/\log r$ 个。

当 $r=2$(二元码)时,$\log r=1$。则式(5.3)成为

$$l/N \geqslant \log q \tag{5.5}$$

该结果表明:对于二元等长唯一可译码,每个信源符号至少需要用 $\log q$ 个二元符号来变换。这也表明,对信源进行二元等长不失真编码时,每个信源符号所需码长的极限值为 $\log q$ 个。

例如,英文电报有 32 个符号(26 个英文字母加上 6 个字符),即 $q=32$。若 $r=2,N=1$(即对信源 S 的逐个符号进行二元编码),由式(5.4)得

$$l \geqslant \log q/\log r=\log 32=5$$

这就是说,每个英文电报符号至少要用 5 位二元符号编码才行。

由第 2 章已知,实际英文电报符号信源,在考虑了符号出现的概率及符号之间的依赖性后,平均每个英文电报符号所提供的信息量约等于 1.4 比特,大大小于 5 比特。因此,等长编码后,每个码字只载荷约 1.4 比特信息量。也就是编码后 5 个二元符号只携带约 1.4 比特信息量。而由第三章已知对于无噪无损二元信道,每 5 个二元码符号最大能载荷 5 比特的信息量。因此,前述的英文电报等长编码的信息传输效率就极低。那么,是否可以使每个信源符号所需的码符号个数减少,也就是说是否可以提高传输效率呢?回答是可以的。这一点与式(5.3)或式(5.5)并不矛盾。因为在前面讨论的等长码中没有考虑信源符号出现的概率,以及信源符号之间的依赖关系。也就是没有考虑信源的冗余度。当考虑了信源符号的概率关系后,在等长编码中每个信源符号平均所需的码长就可以缩短。

现举以下一特例,来阐明为什么每个信源符号平均所需的码符号个数可以减少。

设信源 $$\begin{bmatrix} S \\ P(s) \end{bmatrix}=\begin{bmatrix} s_1, & s_2, & s_3, & s_4 \\ P(s_1), & P(s_2), & P(s_3), & P(s_4) \end{bmatrix} \qquad \sum_{i=1}^{4} P(s_i)=1$$

而其依赖关系为 $P(s_2|s_1)=P(s_1|s_2)=P(s_4|s_3)=P(s_3|s_4)=1$,其余 $P(s_j|s_i)=0$。

若不考虑符号之间依赖关系，此信源 $q=4$，那么，进行等长二元编码，由式(5.4)可知，$l=2$。若考虑符号之间依赖关系，此特殊信源的二次扩展信源为

$$\begin{bmatrix} S^2 \\ P(s_is_j) \end{bmatrix} = \begin{bmatrix} s_1s_2, & s_2s_1, & s_3s_4, & s_4s_3 \\ P(s_1s_2), & P(s_2s_1), & P(s_3s_4), & P(s_4s_3) \end{bmatrix} \qquad \sum_{ij} P(s_is_j) = 1$$

又
$$P(s_is_j) = P(s_i)P(s_j \mid s_i) \quad (i,j=1,2,3,4)$$

因为由上述依赖关系可知，除 $P(s_1s_2)$，$P(s_2s_1)$，$P(s_3s_4)$ 和 $P(s_4s_3)$ 不等于零外，其余 s_is_j 出现的概率皆为零。因此，二次扩展信源 S^2 由 $4^2=16$ 个符号缩减到只有 4 个符号。此时，对二次扩展信源 S^2 进行等长编码，所需码长仍为 $l'=2$。但平均每个信源符号所需码符号为 $l'/N=1<l=2$。由此可见，当考虑信源符号之间依赖关系后，有些信源符号序列不会出现，这样信源符号序列个数会减少，再进行编码时，所需平均码长就可以缩短。

我们仍以英文电报为例，在考虑了英文字母之间的依赖关系后，每个英文电报所需的二元码符号可以少于 5 个。因为英文字母之间有很强的关联性，当用字母组合成不同的英文字母序列时，并不是所有的字母组合都是有意义的单字，若再把单字组合成更长的字母序列，也不是任意的单字组合都是有意义的句子。因此，考虑了这种关联性后，在 N 为足够长的英文字母序列中，就有许多是无用和无意义的序列，也就是说，这些信源序列出现的概率等于零或任意小。那么，当我们对长为 N 的英文字母序列进行编码时，对于那些无用的字母组合，无意义的句子都可以不编码。也就是相当于在 N 次扩展信源中去掉一些字母序列(这些字母序列出现的概率等于零或任意小)，使扩展信源中的符号总数小于 q^N，这样使编码所需的码字个数大大减少，因此平均每个信源符号所需的码符号个数就可以大大减少，从而使传输效率提高。当然，这就会引入一定的误差。但是，当 N 足够大后，这种误差概率可以任意小，即可做到几乎无失真的编码。

等长编码定理给出了信源进行等长编码所需码长的理论极限值。

为了严格论证等长编码定理，需引进 N 长信源序列集的渐近等分割性和 ε 典型序列。在信息论的定理证明中，它是一种重要的数学工具。

*5.3 渐近等分割性和 ε 典型序列

在信息论中，渐近等分割性(AEP)可由弱大数定律的直接推论得出。渐近等分割性指出，若 $S_1S_2\cdots S_N$ 是统计独立等同分布的随机变量，其联合概率为 $P(S_1S_2\cdots S_N)$，当 N 足够大时，$-\frac{1}{N}\log P(S_1S_2\cdots S_N)$ 接近于信源熵 $H(S)$。也就是，这些序列的联合概率 $P(S_1S_2\cdots S_N)$ 接近于 $2^{-NH(S)}$。

以下给出 ε 典型序列的定义和有关定理。

设离散无记忆信源
$$\begin{bmatrix} S \\ P(s) \end{bmatrix} = \begin{bmatrix} s_1, & s_2, & \cdots, & s_q \\ p_1, & p_2, & \cdots, & p_q \end{bmatrix} \qquad \sum_{i=1}^{q} p_i = 1$$

它的 N 次扩展信源 $S^N=(S_1S_2\cdots S_N)$

$$\begin{bmatrix} S^N \\ P(\alpha) \end{bmatrix} = \begin{bmatrix} \alpha_1, & \alpha_2, & \cdots, & \alpha_{q^N} \\ P(\alpha_1), & P(\alpha_2), & \cdots, & P(\alpha_{q^N}) \end{bmatrix}$$

式中
$$\alpha_i = (s_{i_1}s_{i_2}\cdots s_{i_N}) \quad (i=1,2,\cdots,q^N \quad i_1,i_2\cdots,i_N=1,2,\cdots,q)$$

又
$$P(\alpha_i) = \prod_{k=1}^{N} P(s_{i_k}) = \prod_{k=1}^{N} p_{i_k} \quad (i=1,2,\cdots,q^N; i_1,i_2,\cdots,i_N=1,2,\cdots,q)$$

由第 2 章得知，长为 N 的信源序列 α_i 的自信息为

$$I(\alpha_i) = -\log P(\alpha_i) = \sum_{k=1}^{N} -\log p_{i_k} = \sum_{k=1}^{N} I(s_{i_k}) \tag{5.6}$$

而$I(\alpha_i)$是一个随机变量,其数学期望就是扩展信源的熵

$$E[I(\alpha_i)] = H(S^N) = \sum_{k=1}^{N} E[I(s_{i_k})] = NH(S) \tag{5.7}$$

其方差为

$$D[I(\alpha_i)] = ND[I(s_i)] = N\{E[I^2(s_i)] - [H(S)]^2\}$$
$$= N\left\{\sum_{i=1}^{q} p_i(\log p_i)^2 - \left[-\sum_{i=1}^{q} p_i \log p_i\right]^2\right\} \tag{5.8}$$

显然,当q为有限值时,$D[I(\alpha_i)]<\infty$,即方差为有限值。

定理 5.1 渐近等分割性(AEP):若随机序列$S_1S_2\cdots S_N$中$S_i(i=1,2,\cdots,N)$相互统计独立并且服从同一概率分布$P(s)$,又$\alpha_i=(s_{i_1}s_{i_2}\cdots s_{i_N})\in S_1S_2\cdots S_N$,则

$$-\frac{1}{N}\log P(\alpha_i) = -\frac{1}{N}\log P(s_{i_1}s_{i_2}\cdots s_{i_N}),\text{以概率收敛于 } H(S) \tag{5.9}$$

$$(i=1,2,\cdots,q^N \quad i_1,i_2,\cdots,i_N=1,2,\cdots q)$$

此渐近等分割性说明,离散无记忆信源的N次扩展信源中,信源序列α_i的自信息的均值$I(\alpha_i)/N$以概率收敛于信源熵$H(S)$。所以当N为有限长时,在所有q^N个长为N的信源序列中必有一些α_i,其自信息量的均值与信源熵$H(S)$之差小于ε;而对另一些信源序列α_i来说,$I(\alpha_i)/N$与$H(S)$之差大于或等于ε。因此,我们可以把扩展信源中的信源序列分成两个互补的子集$G_{\varepsilon N}$和$\overline{G}_{\varepsilon N}$。

定义 5.1:N长的序列$\alpha_i=(s_{i_1}s_{i_2}\cdots s_{i_N})\in S^N$,对于任意小的正数$\varepsilon$,满足

$$\left|\frac{I(\alpha_i)}{N} - H(S)\right| < \varepsilon \tag{5.10}$$

即

$$\left|\frac{-\log P(\alpha_i)}{N} - H(S)\right| < \varepsilon$$

则称N长的序列α_i为**ε典型序列**。

反之,满足

$$\left|\frac{I(\alpha_i)}{N} - H(S)\right| \geqslant \varepsilon \tag{5.11}$$

的N长序列α_i称为**非ε典型序列**。

我们以$G_{\varepsilon N}$表示S^N中所有ε典型序列α_i的集合,以$\overline{G}_{\varepsilon N}$表示$S^N$中所有非$\varepsilon$典型序列$\alpha_i$的集合。即$G_{\varepsilon N}$为$\varepsilon$典型序列集,$\overline{G}_{\varepsilon N}$为非$\varepsilon$典型序列集。也可写成

$$G_{\varepsilon N} = \left\{\alpha_i : \left|\frac{I(\alpha_i)}{N} - H(S)\right| < \varepsilon\right\} \tag{5.12}$$

$$\overline{G}_{\varepsilon N} = \left\{\alpha_i : \left|\frac{I(\alpha_i)}{N} - H(S)\right| \geqslant \varepsilon\right\} \tag{5.13}$$

并且有$G_{\varepsilon N}\cap\overline{G}_{\varepsilon N}=\varnothing$, $G_{\varepsilon N}\cup\overline{G}_{\varepsilon N}=S^N$。

这就是说,ε典型序列集是那些平均自信息以任意小地接近信源熵的N长序列的集合。

由定理 5.1 可推得,ε典型序列集$G_{\varepsilon N}$具有以下一些特性:

定理 5.2 对于任意小的正数$\varepsilon\geqslant 0,\delta\geqslant 0$,当$N$足够大时,则

(1)

$$P(G_{\varepsilon N}) > 1-\delta \tag{5.14}$$

$$P(\overline{G}_{\varepsilon N}) \leqslant \delta \tag{5.15}$$

(2) 若$\alpha_i=(s_{i_1}s_{i_2}\cdots s_{i_N})\in G_{\varepsilon N}$,则

$$2^{-N[H(S)+\varepsilon]} < P(\alpha_i) < 2^{-N[H(S)-\varepsilon]} \tag{5.16}$$

(3) 设$\|G_{\varepsilon N}\|$表示ε典型序列集$G_{\varepsilon N}$中包含的ε典型序列的个数,则有

$$(1-\delta)2^{N[H(S)-\varepsilon]} \leqslant \|G_{\varepsilon N}\| \leqslant 2^{N[H(S)+\varepsilon]} \tag{5.17}$$

定理 5.2 的性质(1)表明,N 次扩展信源中信源序列可分为两大类,一类是 ε 典型序列,$\alpha_i \in G_{\varepsilon N}$是经常出现的信源序列,当$N\to\infty$ 时,这类序列出现的概率趋于 1。又由性质(2)可知,这类 ε 典型序列集中每个典型序列接近等概率分布$\approx 2^{-NH(S)}$。另一类是低概率集,非 ε 典型序列 $\alpha_i \in \overline{G}_{\varepsilon N}$是不经常出现的信源序列,当$N\to\infty$ 时,它们出现的概率趋于零。信源的这种划分性质就是**渐近等分割性**。

再看一下,ε 典型序列的总数占信源序列的比值为

$$\xi=\frac{\| G_{\varepsilon N}\|}{q^N}<\frac{2^{N[H(S)+\varepsilon]}}{q^N}\approx 2^{-N[\log q-H(S)-\varepsilon]}$$

一般情况下 $H(S)<\log q$,所以$[\log q-H(S)-\varepsilon]>0$,则随 N 增大,ξ 趋于零。这就是说,ε 典型序列集虽然是高概率集,但它含有的序列数常常比非典型序列数要少很多。图 5.2所示为信源序列和 ε 典型序列之间的关系。

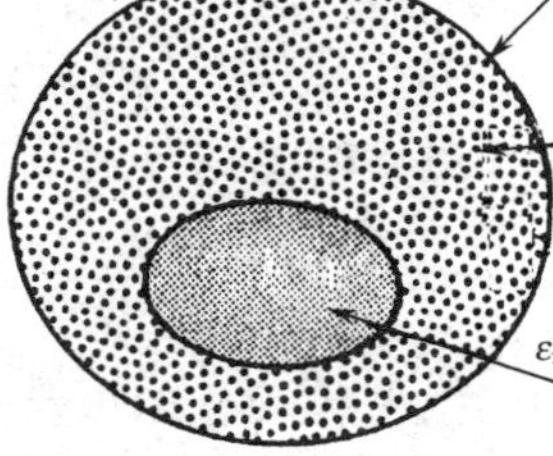

图 5.2　信源序列与典型序列集

现在,我们可以只对少数的高概率 ε 典型序列进行一一对应的等长编码。这样,码字总数减少,所需码长就可以减少了。

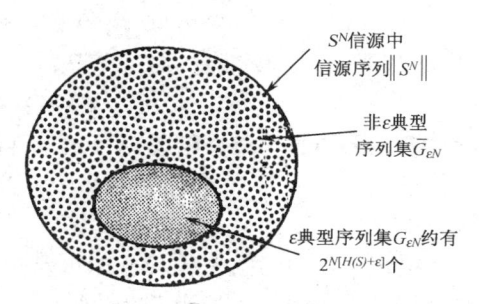

5.4　等长信源编码定理

定理 5.3(等长信源编码定理)　一个熵为 $H(S)$的离散无记忆信源,若对信源长为 N 的符号序列进行等长编码,设码字是从 r 个字母的码符号集中,选取 l 个码元组成的。对于任意 $\varepsilon>0$,只要满足

$$\frac{l}{N}\geqslant\frac{H(S)+\varepsilon}{\log r}\tag{5.18}$$

则当 N 足够大时,可实现几乎无失真编码,即译码错误概率为任意小。反之,若

$$\frac{l}{N}\leqslant\frac{H(S)-2\varepsilon}{\log r}\tag{5.19}$$

则不可能实现无失真编码,而当 N 足够大时,译码错误概率近似等于 1。

定理证明的基本思路是,把离散无记忆信源的 N 次扩展信源划分成两个互补的集合 $G_{\varepsilon N}$ 和 $\overline{G}_{\varepsilon N}$。集合 $G_{\varepsilon N}$中元素较少但包含的都是经常出现的信源序列,而且这个集合出现的概率接近于 1。集合$\overline{G}_{\varepsilon N}$中虽包含的元素较多,但总的出现概率极小,趋于零。那么,对高概率集 $G_{\varepsilon N}$ 中的信源序列进行编码,而将低概率集$\overline{G}_{\varepsilon N}$中的信源序列舍弃,不编码。这样,所需的平均码长可以减少,而所引起的错误概率却很小,趋于零。因此,只要知道高概率集中信源序列个数的上、下限,就可证得所需平均码长的上、下限。

定理 5.3 同样适合于平稳有记忆信源,只是要求有记忆信源的极限熵 $H_\infty(S)$和极限方差 $\sigma_\infty^2(S)$存在即可。对于平稳有记忆信源,式(5.18)和式(5.19)中 $H(S)$应改为极限熵 $H_\infty(S)$。即为

$$\frac{l}{N}\geqslant\frac{H_\infty(S)+\varepsilon}{\log r}\tag{5.20}$$

当二元编码时 $r=2$,式(5.18)和式(5.20)成为

$$l/N\geqslant H(S)+\varepsilon\tag{5.21}$$

$$l/N\geqslant H_\infty(S)+\varepsilon\tag{5.22}$$

可见,定理 5.3 给出了等长编码时平均每个信源符号所需的二元码符号的理论极限,极限值由信源

熵 $H(S)$ 或 $H_\infty(S)$ 决定。

比较式(5.5)和式(5.21)可知,当信源符号具有等概率分布时,两式完全一致。但一般情况下,信源符号并非等概率分布,而且符号之间有很强的关联性,故信源的熵 $H_\infty(S)$(极限熵)将大大小于 $\log q$。根据定理5.3可知,这时在等长编码中每个信源符号平均所需的二元码符号可大大减少,从而使编码效率提高。

仍以英文电报符号为例,由第2章的讨论得知英文信源的极限熵 $H_\infty(S)\approx 1.4$ 比特/信源符号,因此由式(5.39)得

$$l/N>1.4 \quad (\text{二元符号/信源符号})$$

此式表示平均每个英文信源符号只需近似用1.4个二元符号来编码,这比前面讨论的需要5位二元符号减少了许多。这样,平均每个二元符号载荷的信息将接近极大值1比特,所以提高了信息传输效率。

定理5.3中的条件式(5.18)可改写成 $$l\log r>NH(S) \tag{5.23}$$
这个不等式左边表示长为 l 的码符号序列能载荷的最大信息量,而右边代表长为 N 的信源序列平均携带的信息量。所以等长编码定理告诉我们:只要码字传输的信息量大于信源序列携带的信息量,就可实现几乎无失真编码。

将条件式(5.18)移项,又可得 $$\frac{l}{N}\log r\geqslant H(S)+\varepsilon \tag{5.24}$$

令 $$R'=\frac{l}{N}\log r \tag{5.25}$$

它是编码后平均每个信源符号能载荷的最大信息量,称 R' 为**编码后信源的信息传输率**。可见编码后信源的信息传输率大于信源的熵,才能实现几乎无失真编码,为了衡量各种实际等长编码方法的编码效果,引进

$$\eta=H(S)/R'=H(S)/\left(\frac{l}{N}\log r\right) \tag{5.26}$$

称为**编码效率**。

由定理5.3可知,最佳等长编码的效率

$$\eta=\frac{H(S)}{H(S)+\varepsilon} \quad (\varepsilon>0) \tag{5.27}$$

也就是说,最佳等长编码的效率可接近于1。

一般情况下,在已知信源熵的条件下,信源序列长度 N 与最佳编码效率和允许错误概率有关系。显然,若要容许错误概率越小,编码效率越高,则信源序列长度 N 必须越长。在实际情况下,要实现几乎无失真的等长编码,N 需要大到难以实现的程度。而且 N 越大,实际应用系统的编译码器的复杂性和延时性将大大增加。因此,一般来说,当 N 有限时,高传输效率的等长码往往要引入一定的失真和错误,它不能像变长码那样可以实现无失真编码。

5.5 变 长 码

5.5.1 唯一可译变长码与即时码

本节讨论对信源进行变长编码的问题。变长码往往在 N 不很大时就可编出效率很高而且无失真的码。

同样,变长码也必须是唯一可译码,才能实现无失真编码。对于变长码,要满足唯一可译性,不

但码本身必须是非奇异的,而且其任意有限长 N 次扩展码也都必须是非奇异的。所以,唯一可译变长码的任意有限长 N 次扩展码都是非奇异码。

现观察表 5.4 中各个码。

表 5.4

信源符号 s_i	符号出现概率 $P(s_i)$	码 1	码 2	码 3	码 4
s_1	1/2	0	0	1	1
s_2	1/4	11	10	10	01
s_3	1/8	00	00	100	001
s_4	1/8	11	01	1000	0001

表 5.5　码 2 的二次扩展码

信源符号	码　字	信源符号	码　字
s_1s_1	00	s_3s_1	000
s_1s_2	010	s_3s_2	0010
s_1s_3	000	s_3s_3	0000
s_1s_4	001	s_3s_4	0001
s_2s_1	100	s_4s_1	010
s_2s_2	1010	s_4s_2	0110
s_2s_3	1000	s_4s_3	0100
s_2s_4	1001	s_4s_4	0101

对于码 1,显然它不是唯一可译的,因为信源符号 s_2 和 s_4 对应于同一个码字 11,码 1 本身是一个奇异码。

对于码 2,虽然它本身是一个非奇异码,但它仍然不是唯一可译码。因为当接收到一串码符号序列时无法唯一地译出对应的信源符号。例如,当我们接收到一串码符号 01000 时,可将它译成信源符号 $s_4s_3s_1$,也可译成 $s_4s_1s_3$,$s_1s_2s_3$ 或 $s_1s_2s_1s_1$ 等,因此译成的信源符号不是唯一的,所以不是唯一可译码。事实上,这种码从单个码字来看,虽然不是奇异的,但从有限长的码符号序列来看,它仍然是一个奇异码。对此,我们只要把码 2 的二次扩展码写出来(见表 5.5)就可以看得很清楚了。

表 5.4 中码 3 和码 4 都是唯一可译码。因此它们本身是非奇异码,而且对于有限长 N 次扩展码都是非奇异码。

码 3 和码 4 虽然都是唯一可译码,但它们还有不同之处。比较码 3 和码 4,我们会发现在码 4 中,每个码字都以符号 1 结尾。这样,在我们接收码符号序列过程中,只要一出现 1 时,就知道一个码字已经终结,新的码字就要开始,所以当出现符号 1 后,就可立即将接收到的码符号序列译成对应的信源符号。可见码字中的符号 1 起了逗点的作用,故称为**逗点码**。

而码 3 情况就不同,对于这类码,当收到一个或几个码符号后,不能即时判断码字是否已经终结,必须等待下一个或几个码符号收到后才能做出判断。例如,当已经收到两个码符号"10"时,我们不能判断码字是否终结,必须等下一个码符号到达后才能决定。如果下一个码符号是 1,则表示前面已经收到的码符号"10"为一个码字,把它译成信源符号 s_1;如果下一个符号仍是"0",则表示前面收到的码符号"10"并不代表一个码字。这时真正的码字可能是"100",也可能是 1000,到底是什么码字还需等待下一个符号到达后才能做出决定,因此码 3 不能即时进行译码。

定义 5.2:在唯一可译变长码中,有一类码,它在译码时无须参考后续的码符号就能立即做出判断,译成对应的信源符号,则这类码称为**即时码**。

逗点码(如码 4)就是一种即时码。

我们再来研究码 3 和码 4 的结构就会发现,这两类码之间有一个重要的结构上的不同点。在码 3 中,码字 $W_2=10$ 是码字 $W_3=100$ 的前缀,而码字 $W_3=100$ 又是码字 $W_4=1000$ 的前缀……或者说码字 $W_2=10$ 是码字 $W_1=1$ 的延长(加一个 0),而码字 $W_3=100$ 又是码字 $W_2=10$ 的延长(再加一个 0)。但是在码 4 中找不到任何一个码字是另外一个码字的前缀。当然也就没有一个码字是其他码字的延长。因此,即时码也可如下定义:

定义 5.3:若码 C 中,没有任何完整的码字是其他码字的前缀,即设 $W_i=(x_{i_1}x_{i_2}\cdots x_{i_m})$ 是码 C 中

的任一码字，而它不是其他码字

$$W_k=(x_{k_1}x_{k_2}\cdots x_{k_m}\cdots x_{k_j})\quad (j>m)$$

的前缀，则此码为**非延长码**或**前缀条件码**。

可见，某码为即时码的**充要条件**是没有任何完整的码字是其他码字的前缀。因此即时码就是前缀条件码，前缀条件码（非延长码）也就是即时码。这两个定义是一致的。事实上，如果没有一个码字是其他码字的前缀，则在译码过程中，当收到一个完整码字的码符号序列时，就能直接把它译成对应的信源符号，无须等待下一个符号到达后才做判断，这就是即时码。

反之，设码 C 中有一些码字，例如码字 W_i 是另一码字 W_k 的前缀。当我们收到的码符号序列正好是 W_i 时，它可能是码字 W_i，也可能是码字 W_k 的前缀部分，因此不能即刻做出判断，译出相应的信源符号来。必须等待以后一些符号的到达，才能做出正确判断，所以这就不是即时码。

即时码（非延长码）是唯一可译码的一类子码，所以即时码一定是唯一可译码，反之唯一可译码不一定是即时码。因为有些非即时码（延长码）具有唯一可译性，但不满足前缀条件（如码 3）。我们可用图来描述这些码之间的关系，如图 5.3 所示。

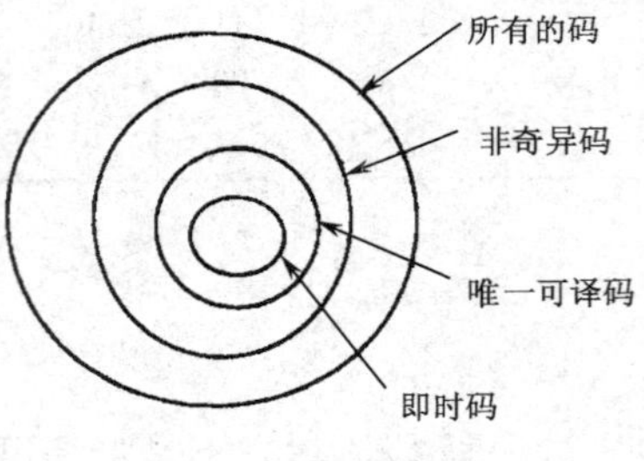

图 5.3　码的分类

5.5.2　即时码的树图构造法

即时码的一种简单构造方法是**树图法**。对给定码字的全体集合 $C=\{W_1,W_2,\cdots,W_q\}$ 来说，可以用**码树**来描述它。例如，表 5.4 中码 4 可用图 5.4 所示的码树来表述。所谓树，既有根、枝，又有节点。图中的最上端 A 点为**根**，从根出发向下伸出树枝，树枝的数目等于码符号的总数 r。例如 $r=2$ 时，就伸出两条树枝。树枝的尽头为**节点**，从节点出发再伸出树枝，每次每个节点伸出 r 枝，依次下去构成一棵树（不过它是倒长的）。又如图 5.5 所示，图中(a)是二元码树，(b)是三元码树。当某一节点被安排为码字后，它就不再继续伸枝，此节点称为**终端节点**（用粗黑点表示）。而其他节点称为**中间节点**，中间节点不安排为码字（用空心圈表示）。给每个节点所伸出的树枝分别从左向右标上码符号 $0,1,\cdots,r$。这样，终端节点所对应的码字就由从根出发到终端节点走过的路径所对应的码符号组成。图 5.4 中，码字 W_4 对应于终端节点 E，其走过的路径 $ABCDE$ 所对应的码符号分别为 0、0、0、1，则码字 W_4 为 0001。可以看出，按树图法构成的码一定满足即时码的定义。因为从根到每一个终端节点所走的路径是不同的，而且中间节点不安排为码字，所以一定满足对前缀的限制。

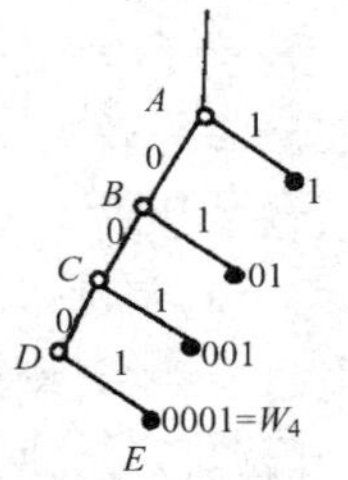

图 5.4　用码树表述表 5.4 中的码 4

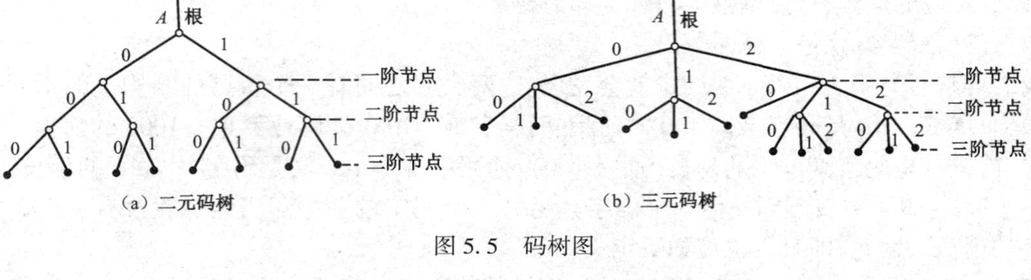

图 5.5　码树图

另外,从码树上可以得知,将第 i 阶的节点作为终端节点,且分配以码字,则码字的码长为 i。

任一即时码都可用树图法来表示。但当码字长度给定时,即时码不是唯一的。图 5.4中,将 0、1 码符号从右向左标号,即得即时码 $C=\{0,10,110,1110\}$,如图 5.6 所示。

我们也可以画出表 5.4 中码 3 所对应的码树,如图 5.7 所示。由图可见,该码树从根到终端节点所经路径上每一个中间节点皆为码字,因此不满足前缀条件。虽然码 3 不是即时码,但它是唯一可译码。

在每个节点上都有 r 个分枝的树称为**整树**,如图 5.5所示;否则称为**非整树**,如图 5.4 所示。当 r 元 l 节的码树的所有树枝都被用上时,第 l 阶节点共有 r^l 个终端节点,正好对应于长度为 l 的等长码,可见等长码也是即时码的一种。

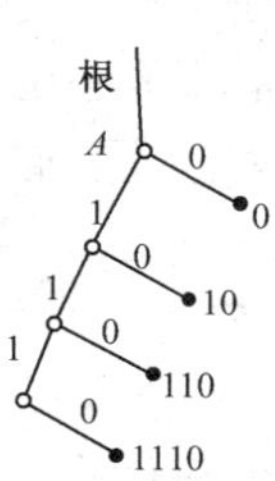

图 5.6　码 4 的另一种形式

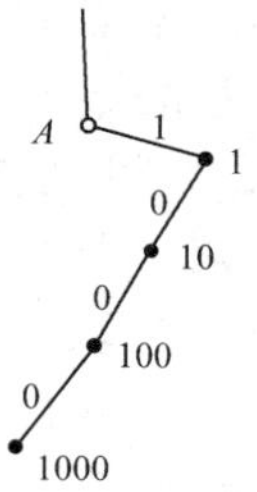

图 5.7　表 5.4 中码 3 的码树

即时码的码树图还可以用来译码。当接收到一串码符号序列后,首先从树根出发,根据接收到的第一个码符号来选择应走的第一条路径。若沿着所选枝路走到中间节点,则根据接收到的第二个码符号来选择应走的第二条路径。若又走到中间节点,则依次继续下去,直到终端节点为止。走到终端节点,就可根据所走的枝路,立即判断出所接收的码字。同时使系统重新返回树根,再做下一个接收码字的判断。这样,就可以将接收到的一串码符号序列译成对应的信源符号序列。

5.5.3　克拉夫特(Kraft)不等式

定理 5.4　对于码符号集为 $X=\{x_1,x_2,\cdots,x_r\}$ 的任意 r 元即时码(非延长码),其码字为 W_1,$W_2,\cdots,W_q$,所对应的码长为 $l_1,l_2,\cdots,l_q$,则必定满足

$$\sum_{i=1}^{q} r^{-l_i} \leqslant 1 \tag{5.28}$$

反之,若码长满足不等式(5.28),则一定存在具有这样码长的 r 元即时码。

不等式(5.28)称为克拉夫特(Kraft)不等式,是 1949 年由 L. G. Kraft 提出,并在即时码条件下证明的。克拉夫特不等式指出了即时码的码长必须满足的条件。后来在 1956 年由麦克米伦(B. McMillan)证得对于唯一可译码也满足此不等式,1961 年卡拉什(J. Karush)简化了麦克米伦的证明方法。这说明唯一可译码在码长的选择上并不比即时码有更宽松的条件,而是唯一可译码的码长也必须满足克拉夫特不等式。因此,在码长选择的条件上,即时码与唯一可译码是一致的。

定理 5.5　对于码符号为 $X=\{x_1,x_2,\cdots,x_r\}$ 的任意 r 元唯一可译码,其码字为 $W_1,W_2,\cdots,W_q$,所对应的码长为 $l_1,l_2,\cdots,l_q$,则必定满足 Kraft 不等式,式(5.28)即

$$\sum_{i=1}^{q} r^{-l_i} \leqslant 1$$

反之,若码长满足不等式(5.28),则一定存在具有这样码长的 r 元唯一可译码。

定理 5.5 指出了唯一可译码中 r、q、l_i 之间的关系。说明如果符合这个关系式,则一定能够构成至少一种唯一可译码,否则,无法构成唯一可译码。例如表 5.4 中,信源符号个数 $q=4$,而 $r=2$,对于码 1,其码长分别为 $l_1=1,l_2=2,l_3=l_4=2$,代入式(5.28)得

$$\sum_{i=1}^{4} 2^{-l_i} = 2^{-1} + 2^{-2} + 2^{-2} + 2^{-2} = 1.25 > 1$$

因为不等式不满足,所以在 $l_1=1,l_2=l_3=l_4=2$ 的码长条件下一定不能构成唯一可译码。

若令 $l_1=1,l_2=2,l_3=3,l_4=4$,代入式(5.28)得

$$\sum_{i=1}^{4}2^{-l_i}=2^{-1}+2^{-2}+2^{-3}+2^{-4}=15/16<1$$

其满足不等式(5.28)。尽管对于码长为 $l_1=1$、$l_2=2$、$l_3=3$、$l_4=4$ 的码可以有许多种,但定理 5.5 告诉我们,在可能构成的许多种码中至少可以找到一种是唯一可译码。如表 5.3 中码 3 和码 4 都是满足这种码长条件的唯一可译码。但码 4 是即时码,码 3 是非即时码。然而,在满足这种码长条件下,也可能有的码是非唯一可译变长码。例如,码字为 $W_1=1$、$W_2=01$、$W_3=011$、$W_4=0001$ 的码,其码长满足式(5.28),但却是非唯一可译码。

由此可见,定理 5.5 只给出了唯一可译变长码的存在性。它说明,唯一可译码一定满足不等式;反之,满足不等式的码不一定是唯一可译码,但一定存在至少一种唯一可译码。

由定理 5.4 和定理 5.5,我们可以得到一个重要的结论(定理 5.6),即任何一个唯一可译码均可用一个即时码来代替,而不改变任一码字的长度。

定理 5.6 若存在一个码长为 $l_1,l_2,\cdots,l_q$ 的唯一可译码,则一定存在具有相同码长的即时码。

由前已知,即时码可以很容易用树图法来构造。因此要构造唯一可译码,只需讨论构造即时码就行。

定理 5.4、定理 5.5 及定理 5.6 的证明请参见参考书目[15]。

5.5.4 唯一可译变长码的判断法

对于已知某码 $C=\{W_1,W_2,\cdots,W_q\}$,对应码长为 $l_1,l_2,\cdots,l_q$,如何判断它是否是唯一可译变长码呢?

由定理 5.4 和定理 5.5 可知,若码长 $l_1,l_2,\cdots,l_q$ 是不满足克拉夫特不等式的码,则一定不是唯一可译码。但码长满足克拉夫特不等式的码,则不一定是唯一可译码。因此,不能用克拉夫特不等式来判断码 C 是否是唯一可译码。只能根据唯一可译码的定义来判断。

萨得纳斯(A. A. Sardinas)和彼特森(G. W. Patterson)于 1957 年设计出一种判断唯一可译码的测试方法。

根据唯一可译码的定义可知,当且仅当有限长的码符号序列能译成两种不同的码字序列,则此码一定不是唯一可译变长码。即图 5.8 中情况发生,其中 A_i 和 B_i 都是码字($A_i,B_i\in C$)。

由图 5.8 可知,当图中的情况发生时,B_1 一定是 A_1 的前缀,而 A_1 被 B_1 截去前面部分后的尾随后缀一定是另一码字 B_2 的前缀;又 B_2 的尾随后缀又是其他码字的前缀。最后,码符号序列的尾部一定是某个码字。

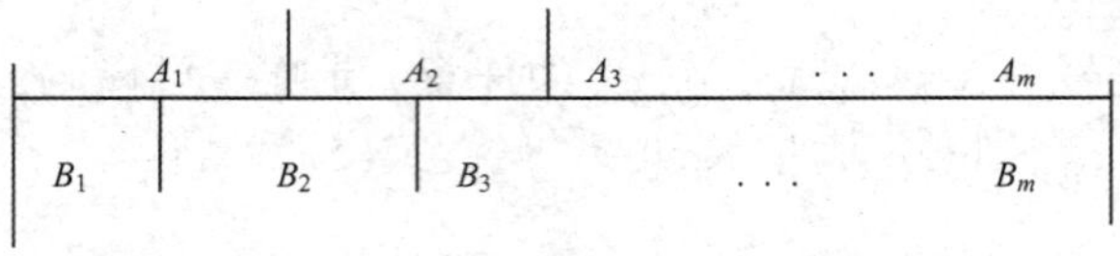

图 5.8 有限长码符号序列译成两种不同的码字序列

由此可得,唯一可译码的**判断方法**是:

将码 C 中所有码字可能的尾随后缀组成一个集合 F,当且仅当集合 F 中没有包含任一码字,则可判断此码 C 为唯一可译变长码。

如何构成集合 F,可以按如下步骤进行。

首先,观察码 C 中最短的码字是否是其他码字的前缀。若是,将其所有可能的尾随后缀排列出。就是将其他码字序列中裁去与最短码字相同的前缀部分,得余下的序列为尾随后缀。而这些

尾随后缀又可能是某些码字的前缀,或者最短码字仍是这些尾随后缀的前缀,再将由这些尾随后缀产生的新的尾随后缀列出。然后再观察这些新的尾随后缀是否是某些码字的前缀,或观察有否其他码字是这些新的尾随后缀的前缀,再将产生的尾随后缀列出。依此下去,直至没有一个尾随后缀是码字的前缀或没有新的尾随后缀产生为止。这样,首先获得的是由最短的码字能引起的所有尾随后缀。接着,按照上述步骤将次短的码字、再次短码字、……,所有码字可能产生的尾随后缀全部列出。由此得到由码 C 的所有可能的尾随后缀组成的集合 F。

【例 5.1】 现设码 $C=\{0,10,1100,1110,1011,1101\}$,根据上述测试方法,来判断是否是唯一可译码。

因为最短码字为“0”,不是其他码字的前缀,所以它没有尾随后缀。观察码字“10”,它是码字“1011”的前缀,所以有尾随后缀,将码字“1011”截去其前缀“10”,得尾随后缀为 11,该尾随后缀 11 又是其他 3 个码字的前缀部分,由此再列出所产生的新的尾随后缀为 00,10,01。它们又是一些码字的前缀部分或者某些码字是它们的前缀部分。如码字“0”是 00 和 01 的前缀,而 10 是码字“1011”的前缀。又得新的尾随后缀为 0,11,1。然后再列出它们的尾随后缀。因 11 的尾随后缀已列出,所以只需列出“1”的尾随后缀,直至最后全部列完为止。其中出现重复时可略去。

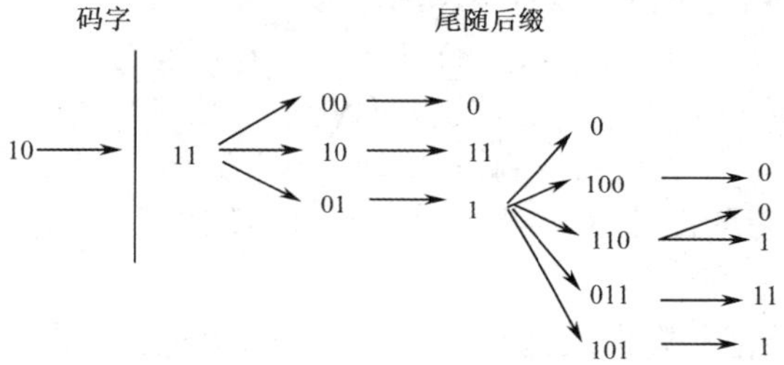

所以得,$F=\{11,00,10,01,0,1,100,110,011,101\}$。可见,$F$ 集中“10”和“0”都是码字,故码 C 不是唯一可译码。

【例 5.2】 码 $C=\{110,11,100,00,10\}$。计算其尾随后缀:

码字	尾随后缀
11→	0→0
10→	0→0

故得 $F=\{0\}$。F 集中没有元素是码 C 的码字,所以码 C 是唯一可译码。

当然,根据这种测试方法,若即时码的尾随后缀集 F 是空集,则即时码一定是唯一可译码。

在结束本节时,我们综合前述,给出唯一可译码的判断方法和步骤:

(1) 首先观察其是否是非奇异码。若是奇异码则一定不是唯一可译码。

(2) 其次计算其是否满足克拉夫特不等式。若不满足一定不是唯一可译码。

(3) 将码画成一棵码树图,观察其是否满足即时码的树图的构造,若满足则是唯一可译码。

(4) 用 Sardinas 和 Patterson 设计的判断方法:计算出码中所有可能的尾随后缀集合 F,观察 F 中有没有包含任一码字。若无则为唯一可译码;若有则一定不是唯一可译码。

上述判断步骤中,Sardinas 和 Patterson 设计的判断方法是能确切地判断出是否是唯一可译码的方法,所以可跳过(2)、(3)步骤,直接采用(4)的判断法。

5.6 变长信源编码定理

由上一节讨论可知,对于已知信源 S 可用码符号 X 进行变长编码,而且对同一信源编成同一码符号的即时码或唯一可译码可有许多种。究竟哪一种最好呢？从高效率传输信息的观点来考虑，当然希望选择由短的码符号组成的码字，就是用码长作为选择准则，为此我们引进码的平均长度。

设信源为 $\begin{bmatrix} S \\ P(s) \end{bmatrix} = \begin{bmatrix} s_1, & s_2, & \cdots, & s_q \\ P(s_1), & P(s_2), & \cdots, & P(s_q) \end{bmatrix}$，$\sum_{i=1}^{q} P(s_i) = 1 \quad (1 \geqslant P(s_i) \geqslant 0)$

编码后的码字为 $W_1, W_2, \cdots, W_q$

其码长分别为 $l_1, l_2, \cdots, l_q$

因为对唯一可译码来说，信源符号与码字是一一对应的，所以有

$$P(W_i) = P(s_i) \qquad (i = 1, 2, \cdots, q)$$

则这个码的码字的**平均长度**为

$$\bar{L} = \sum_{i=1}^{q} P(s_i) l_i \tag{5.29}$$

$\bar{L}$的单位是码符号/信源符号。它是每个信源符号平均需用的码元数。从工程观点来看，总希望通信设备经济、简单，并且单位时间内传输的信息量越大越好。当信源给定时，信源的熵就确定了(为 $H(S)$ 比特/信源符号)，而编码后每个信源符号平均用$\bar{L}$个码元来变换。那么平均每个码元携带的信息量即编码后信道的信息传输率(又称**码率**)为

$$R = H(X) = H(S)/\bar{L} \quad (\text{比特/码符号}) \tag{5.30}$$

若传输一个码符号平均需要 t 秒，则编码后信道每秒传输的信息量为

$$R_t = H(S)/(t\bar{L}) \quad (\text{比特/秒})$$

由此可见，$\bar{L}$越短、R_t 越大，信息传输效率就越高。为此，我们感兴趣的码是使平均码长$\bar{L}$为最短的码。

对于某一信源和某一码符号集来说，若有一个唯一可译码，其平均长度$\bar{L}$小于所有其他唯一可译码的平均长度，则该码称为**紧致码**，或称**最佳码**。无失真信源编码的基本问题就是要找紧致码。

现在我们来找紧致码的平均码长$\bar{L}$可能达到的理论极限。

定理 5.7 若一个离散无记忆信源 S 的熵为 $H(S)$，并有 r 个码元的码符号集

$$X = \{x_1, x_2, \cdots, x_r\}$$

则总可找到一种无失真编码方法，构成唯一可译码，使其平均码长满足

$$\frac{H(S)}{\log r} \leqslant \bar{L} < 1 + \frac{H(S)}{\log r} \tag{5.31}$$

定理 5.7 告诉我们码字的平均长度$\bar{L}$不能小于极限值 $H(S)/\log r$，否则唯一可译码不存在。

定理 5.7 又给出了平均码长的上界。但并不是说大于这个上界不能构成唯一可译码，而是因为我们希望$\bar{L}$尽可能短。定理 5.7 说明当平均码长小于上界时，唯一可译码也存在。因此定理 5.7 给出了紧致码的最短平均码长$\bar{L}$，并指出$\bar{L}$与信源熵是有关的。

另外我们还可以看到这个极限值与等长信源编码定理 5.3 中的极限值是一致的。

定理的证明分为两部分，首先证明下界，然后证明上界。

【下界证明】

$$\bar{L} \geqslant H(S)/\log r \tag{5.32}$$

即证明

$$H(S) - \bar{L}\log r \leqslant 0 \tag{5.33}$$

根据式(5.29)及熵的定义得

$$\begin{aligned} H(S) - \bar{L}\log r &= -\sum_{i=1}^{q} P(s_i)\log P(s_i) - \log r \sum_{i=1}^{q} P(s_i) l_i \\ &= -\sum_{i=1}^{q} P(s_i)\log P(s_i) + \sum_{i=1}^{q} P(s_i)\log r^{-l_i} \\ &= \sum_{i=1}^{q} P(s_i)\log \frac{r^{-l_i}}{P(s_i)} \leqslant \log \sum_{i=1}^{q} P(s_i)\frac{r^{-l_i}}{P(s_i)} = \log \sum_{i=1}^{q} r^{-l_i} \end{aligned}$$

推导中的不等式是根据詹森不等式得出的。因为总可找到一种唯一可译码,它的码长满足克拉夫特不等式,所以

$$H(S)-\bar{L}\log r \leqslant \log \sum_{i=1}^{q} r^{-l_i} \leqslant 0$$

于是证得

$$\bar{L} \geqslant H(S)/\log r$$

由证明过程知,上述等式成立的充要条件是

$$\frac{r^{-l_i}}{P(s_i)}=1 \quad (i=1,2,\cdots,q)$$

即

$$P(s_i)=r^{-l_i} \quad (i=1,2,\cdots,q) \tag{5.34}$$

取对数得

$$l_i=-\log P(s_i)/\log r=-\log_r P(s_i) \quad (i=1,2,\cdots,q) \tag{5.35}$$

可见,只有当我们能够选择每个码长 l_i 等于 $\log_r \dfrac{1}{P(s_i)}$时,$\bar{L}$才能达到这个下界值。由于 l_i 必须是正整数,所以 $\log_r \dfrac{1}{P(s_i)}$也必须是正整数。这就是说,当等式成立时,每个信源符号的概率$P(s_i)$必须呈现$\left(\dfrac{1}{r}\right)^{\alpha_i}$的形式($\alpha_i$ 是正整数)。如果这个条件满足则只要选择 l_i 等于 $\alpha_i(i=1,\cdots,q)$,然后根据这些码长,就可以按照树图法构造出一种唯一可译码,而且所得的码一定是紧致码。

【上界证明】 只需证明可以构造一种唯一可译码满足式(5.31)中右边的不等式即可。

首先,令 $\alpha_i=\log_r \dfrac{1}{P(s_i)}=\dfrac{-\log P(s_i)}{\log r}(i=1,2,\cdots,q)$,然后选取每个码字的长度 l_i 的原则是,若 α_i 是整数,取 $l_i=\alpha_i$;若 α_i 不是整数,选取 l_i 是满足 $\alpha_i<l_i<\alpha_i+1$ 的整数,即选择码长满足

$$l_i=\left\lceil \log_r \frac{1}{P(s_i)} \right\rceil \quad (i=1,2,\cdots,q) \tag{5.36}$$

式(5.36)中符号$\lceil x \rceil$代表不小于 x 的最小正整数,常称为天花板函数。因此,得码长满足

$$\alpha_i \leqslant l_i < \alpha_i+1 \quad (i=1,2,\cdots,q) \tag{5.37}$$

将上式对所有的 i 求和,左边的不等式即是克拉夫特不等式。因此,用这样选择的码长 l_i 满足克拉夫特不等式,可构造得唯一可译码。但所得码并不一定是紧致码。

而式(5.37)右边不等式为

$$l_i<\frac{-\log P(s_i)}{\log r}+1 \tag{5.38}$$

两边乘以 $P(s_i)$,并对 i 求和得

$$\sum_{i=1}^{q} P(s_i) l_i < \frac{-\sum_{i=1}^{q} P(s_i)\log P(s_i)}{\log r}+1$$

因而得

$$\bar{L}<\frac{H(S)}{\log r}+1 \tag{5.39}$$

由此证明得到,平均码长小于上界的唯一可译码存在。 [证毕]

式(5.31)中熵 $H(S)$ 与 $\log r$ 的信息量单位必须一致。若熵以 r 进制为单位,则式(5.31)可写成

$$H_r(S) \leqslant \bar{L} < H_r(S)+1 \tag{5.40}$$

式中

$$H_r(S)=-\sum_{i=1}^{q} P(s_i)\log_r P(s_i)$$

从单位来看,在式(5.31)中 $H(S)/\log r$ 的单位是码符号/信源符号,它与平均码长$\bar{L}$的单位是一致的。在式(5.40)中似乎 $H_r(S)$单位应是 r 进制单位/信源符号,但因为现在每个 r 元码符号携带 1 个 r 进制单位信息量,所以实际上,式(5.40)中 $H_r(S)$的单位仍是码符号/信源符号,与平均码长的单位仍是一致的。

定理 5.8 离散平稳无记忆信源的无失真变长信源编码定理(即香农第一定理) 离散无记忆信源 S 的 N 次扩展信源 $S^N=\{\alpha_1,\alpha_2,\cdots,\alpha_{q^N}\}$,其熵为 $H(S^N)$,并有码符号 $X=\{x_1,\cdots,x_r\}$。对信源 S^N 进行编码,总可以找到一种编码方法,构成唯一可译码,使信源 S 中每个信源符号所需的平均码长满足

$$\frac{H(S)}{\log r}+\frac{1}{N}>\frac{\bar{L}_N}{N}\geqslant\frac{H(S)}{\log r} \tag{5.41}$$

或者

$$H_r(S)+\frac{1}{N}>\frac{\bar{L}_N}{N}\geqslant H_r(S) \tag{5.42}$$

当 $N\to\infty$ 时,则得

$$\lim_{N\to\infty}\frac{\bar{L}_N}{N}=H_r(S) \tag{5.43}$$

式中

$$\bar{L}_N=\sum_{i=1}^{q^N}P(\alpha_i)\lambda_i \tag{5.44}$$

式(5.44)中,λ_i 是 α_i 所对应的码字长度,因此,$\bar{L}_N$ 是无记忆扩展信源 S^N 中每个符号 α_i 的平均码长,可见$\frac{\bar{L}_N}{N}$仍是信源 S 中每一单个信源符号所需的平均码长。这里要注意$\bar{L}_N/N$ 和$\bar{L}$的区别。它们两者都是每个信源符号所需的码符号的平均数,但是,$\bar{L}_N/N$ 的含义是,为了得到这个平均值,不是对单个信源符号 s_i 进行编码,而是对 N 个信源符号的序列 α_i 进行编码。

显然,定理 5.7 是定理 5.8 在 $N=1$ 时的特殊情况。

【证明】 设离散无记忆信源

$$\begin{bmatrix} S \\ P(s) \end{bmatrix}=\begin{bmatrix} s_1, & s_2, & \cdots,s_q \\ P(s_1), & P(s_2), & \cdots,P(s_q) \end{bmatrix},\quad \sum_{i=1}^{q}P(s_i)=1 \quad (1\geqslant P(s_i)\geqslant 0)$$

它的 N 次扩展信源

$$\begin{bmatrix} S^N \\ P(\alpha) \end{bmatrix}=\begin{bmatrix} \alpha_1, & \alpha_2, & \cdots,\alpha_{q^N} \\ P(\alpha_1), & P(\alpha_2), & \cdots,P(\alpha_{q^N}) \end{bmatrix},\quad \sum_{i=1}^{q^N}P(\alpha_i)=1 \quad (1\geqslant P(\alpha_i)\geqslant 0)$$

式中 $\alpha_i=(s_{i_1}s_{i_2}\cdots s_{i_N})\quad i_1,i_2,\cdots,i_N=1,2,\cdots,q\quad P(\alpha_i)=P(s_{i_1})P(s_{i_2})\cdots P(s_{i_N})$

把定理 5.7 应用于扩展信源 S^N 得

$$H_r(S^N)+1>\bar{L}_N\geqslant H_r(S^N) \tag{5.45}$$

式中,$H_r(S^N)$是以 r 进制为单位的扩展信源 S^N 的熵。由第 2 章可知,N 次无记忆扩展信源 S^N 的熵是信源 S 的熵的 N 倍,即

$$H_r(S^N)=NH_r(S)$$

代入式(5.45)得

$$NH_r(S)+1>\bar{L}_N\geqslant NH_r(S)$$

两边除以 N,即得

$$H_r(S)+\frac{1}{N}>\frac{\bar{L}_N}{N}\geqslant H_r(S)$$

显然,当 $N\to\infty$ 时,有

$$\lim_{N\to\infty}\frac{\bar{L}_N}{N}=H_r(S)$$

[证毕]

将定理 5.8 的结论推广到平稳有记忆信源便有

$$\frac{H(S_1S_2\cdots S_N)}{\log r}+1>\bar{L}_N\geqslant\frac{H(S_1S_2\cdots S_N)}{\log r} \tag{5.46}$$

$$\frac{H(S_1S_2\cdots S_N)}{N\log r}+\frac{1}{N}>\frac{\bar{L}_N}{N}\geqslant\frac{H(S_1S_2\cdots S_N)}{N\log r} \tag{5.47}$$

$$\lim_{N\to\infty}\frac{\bar{L}_N}{N}=\frac{1}{\log r}\lim_{N\to\infty}\frac{1}{N}H(S_1S_2\cdots S_N)=\frac{H_\infty}{\log r} \tag{5.48}$$

式中,H_∞ 为平稳有记忆信源的极限熵(极限熵与 $\log r$ 的信息量单位必须一致)。

对于马尔可夫信源,式(5.47)、式(5.48)仍适用,只是式(5.48)中 H_∞ 应为马尔可夫信源的极限熵,公式证明可参阅参考书目[27]中题解[5.6]。

定理 5.8 是香农信息论的主要定理之一。定理指出,要做到无失真的信源编码,每个信源符号平均所需最少的 r 元码元数就是信源的熵值(以 r 进制信息量单位测度)。若编码的平均码长小于信源的熵值,则唯一可译码不存在,在译码或反变换时必然要带来失真或差错。同时定理还指出,

通过对扩展信源进行变长编码,当 $N\to\infty$ 时,平均码长($\bar{L}_N/N$)可达到这个极限值。可见,**信源的信息熵是无失真信源压缩的极限值**。也可以认为,信源的信息熵($H(S)$ 或 H_∞)是描述信源每个符号平均所需最少的比特数。

再来观察定理 5.8。

若改写式(5.41),可得

$$H(S)+\varepsilon>\frac{\bar{L}_N}{N}\log r\geqslant H(S) \tag{5.49}$$

式中,$\frac{\bar{L}_N}{N}\log r$ 就是编码后平均每个信源符号能载荷的最大信息量,即是不等长信源编码后信源的信息传输率,$R'=\frac{\bar{L}_N}{N}\log r$,它等同于式(5.25)。比较式(5.23)和式(5.49)可知,等长编码和不等长编码,编码后信源的信息率的理论极限是一致的。有时,**香农第一定理也可陈述为:**

若 $R'>H(S)$,就存在唯一可译变长码;若 $R'<H(S)$,则唯一可译变长码不存在,不能实现无失真的信源编码。

若从信道角度看,信道的信息传输率(码率)

$$R=\frac{H(S)}{\bar{L}}\left(\frac{\text{比特/信源符号}}{\text{码符号/信源符号}}\right)=\frac{H(S)}{\bar{L}}(\text{比特/码符号})$$

因为

$$\bar{L}=\frac{\bar{L}_N}{N}\geqslant\frac{H(S)}{\log r}$$

所以,可得编码后的信道的信息传输率为

$$R=\frac{H(S)}{\bar{L}}\leqslant\log r \tag{5.50}$$

当平均码长 $\bar{L}$ 达到极限值 $H(S)/\log r$ 时,上式等号成立

$$R=\log r(\text{比特/码符号}) \tag{5.51}$$

由此可见,这时信道的信息传输率等于无噪无损信道的信道容量 C,信道的信息传输效率最高。因此,无失真信源编码的实质就是对离散信源进行适当的变换,使变换后新的码符号信源(无噪无损信道的输入信源)尽可能等概率分布,以使新信源的每个码符号平均所含的信息量达到最大,从而使信道的信息传输率 R 达到信道容量 C,实现信源与信道理想的统计匹配。这也就是香农第一定理的物理意义。所以,无失真信源编码实质上就是无噪信道编码问题。

因此,无失真信源编码定理通常又称为**无噪信道编码定理**。此定理可以表述为:若信道的信息传输率 R 不大于信道容量 C,总能对信源的输出进行适当的编码,使得在无噪无损信道上能无差错地以最大信息传输率 C 传输信息;但要使信道的信息传输率 R 大于 C 而无差错地传输信息则是不可能的。由定理可知,信道容量 C 是无噪信道无差错传输的最大信息传输率。

为了衡量各种编码差距极限压缩值的情况,我们定义变长码的编码效率。设对信源 S 进行编码所得到的平均码长为 $\bar{L}$,因为 $\bar{L}$ 一定大于或者等于 $H_r(S)$,所以定义**编码的效率** η 为平均码长 $\bar{L}$ 与极限值之比,对于有记忆信源,有

$$\eta=\frac{H_\infty/\log r}{\bar{L}}=\frac{H_\infty}{\bar{L}\log r} \tag{5.52}$$

对于无记忆信源,则有

$$\eta=\frac{H_r(S)}{\bar{L}}=\frac{H(S)}{\bar{L}\log r} \tag{5.53}$$

其中

$$\bar{L}=\bar{L}_N/N$$

η 一定是小于或等于 1 的数。对同一信源来说,若码的平均码长 $\bar{L}$ 越短,越接近极限值 $H_r(S)$,信道的信息传输率就越高,就越接近无噪无损信道容量,这时 η 也越接近于 1,所以可用码的效率

η 来衡量各种编码的优劣。

另外,为了衡量各种编码与最佳码的差距,定义**码的冗余度**为

$$1-\eta=1-\frac{H_r(S)}{\overline{L}} \tag{5.54}$$

在二元无噪无损信道中 $r=2$,所以 $H_r(S)=H(S)$,式(5.53)为

$$\eta=H(S)/\overline{L}$$

所以在二元无噪无损信道中信道的信息传输率

$$R=H(S)/\overline{L}=\eta$$

(注意 R 与 η 的数值相同,单位不同,其中 η 是一个无单位的比值)。为此,在二元信道中可直接用编码的效率来衡量编码后信道的信息传输率是否提高了。当 $\eta=1$ 时,即 $R=1$ 比特/码符号,达到了二元无噪无损信道的信道容量,编码效率最高,码冗余度为零。

【例 5.3】 设离散无记忆信源

$$\begin{bmatrix} S \\ P(s) \end{bmatrix}=\begin{bmatrix} s_1, & s_2 \\ p_1=3/4, & p_2=1/4 \end{bmatrix}$$

其熵为 $$H(S)=\frac{1}{4}\log 4+\frac{3}{4}\log\frac{4}{3}=0.811 \quad (\text{比特/信源符号})$$

现在我们用二元码符号(0,1)来构造一个即时码,$s_1\to 0$,$s_2\to 1$,这时

平均码长 $$\overline{L}=1 \quad (\text{二元码符号/信源符号})$$

编码的效率为 $$\eta=H(S)/\overline{L}=0.811$$

信道信息传输率为 $R=0.811$ 比特/二元码符号。

为了提高传输效率,根据第一定理的概念,我们可以对无记忆信源 S 的二次扩展信源 S^2 进行编码。

下面我们给出扩展信源 S^2 及其某一个即时码(见表 5.6):

这个码的平均长度 $$\overline{L}_2=\frac{9}{16}\times 1+\frac{3}{16}\times 2+\frac{3}{16}\times 3+\frac{1}{16}\times 3=\frac{27}{16} \quad (\text{二元码符号/两个信源符号})$$

得信源 S 中每一单个符号的平均码长,

$$\overline{L}=\overline{L}_2/2=27/32 \quad (\text{二元码符号/信源符号})$$

其编码效率 $$\eta_2=32\times 0.811/27=0.961$$

得 $$R_2=0.961 \quad (\text{比特/二元码符号})$$

可见编码复杂了一些,但信息传输率有了提高。

表 5.6

α_i	$P(\alpha_i)$	即时码
s_1s_1	9/16	0
s_1s_2	3/16	10
s_2s_1	3/16	110
s_2s_2	1/16	111

用同样方法可进一步对信源 S 的三次和四次扩展信源进行编码,并求出其编码效率为

$$\eta_3=0.985, \quad \eta_4=0.991$$

这时信道的信息传输率分别为 $R_3=0.985$ (比特/二元码符号), $R_4=0.991$ (比特/二元码符号)

对于这个信源,要求编码效率达到 96%时,变长码只需对二次扩展信源($N=2$)进行编码,而等长码则要求 N 大于 4.13×10^7(详见参考书目[15])。很明显,用变长码编码时,N 不需很大就可以达到相当高的编码效率,而且可实现无失真编码。随着扩展信源次数的增加,编码的效率越来越接近于1,编码后信道的信息传输率 R 也越来越接近于无噪无损二元对称信道的信道容量 $C=1$ 比特/二元码符号,达到信源与信道匹配,使信道得到充分利用。所以,变长码在实际应用中更具价值。

无失真信源编码定理(即香农第一定理)指出了信源无损压缩与信源信息熵的关系。它指出了信息熵是无损压缩编码所需平均码长的极限值,也指出了可以通过编码使平均码长达到极限值。所以,这是一个很重要的极限定理。

通过学习无失真信源编码定理,可以更深入地理解信源信息熵的物理意义。由于信息熵表达了事物含有的信息量,因此我们不可能用少于信息熵的比特数来确切地表达这一事物。所以,这一概念已成为所有无损压缩编码的标准和极限。

关于无失真信源编码的一些具体实用的编码方法,将在第 8 章详细讨论。

小　　结

AEP: 若随机序列 $S_1S_2\cdots S_N$ 服从统计独立且同一分布 $P(s)$,则

$$-\frac{1}{N}\log P(s_{i_1}s_{i_2}\cdots s_{i_N})\text{ 以概率收敛于 }H(S) \tag{5.9}$$

定义:ε 典型序列集 $G_{\varepsilon N}$ 是所有满足

$$\left|\frac{-\log P(\alpha_i)}{N}-H(S)\right|<\varepsilon \tag{5.10}$$

的 N 长序列 $\alpha_i=(s_{i_1}s_{i_2}\cdots s_{i_N})$ 的集合。

ε 典型序列集的特性:

(1) 若 $\alpha_i=(s_{i_1}s_{i_2}\cdots s_{i_N})\in G_{\varepsilon N}$,则 $2^{-N[H+\varepsilon]}<P(\alpha_i)<2^{-N[H-\varepsilon]}$ (5.16)

(2) 对 N 足够大有 $P(G_{\varepsilon N})>1-\delta$ (5.14)

(3) $\|G_{\varepsilon N}\|\leqslant 2^{N+(H+\varepsilon)}$

其中 $\|G_{\varepsilon N}\|$ 表示集合 $G_{\varepsilon N}$ 中元素的个数。 (5.17)

克拉夫特不等式:

即时码和唯一可译码存在的充要条件 $\sum_{i=1}^{q} r^{-l_i}\leqslant 1$ (5.28)

离散无记忆平稳信源无失真数据压缩的极限值(无论等长码或变长码):

$$H_r(S)+1>\bar{L}=\sum_i P(s_i)l_i\geqslant H_r(S) \tag{5.40}$$

或

$$H_r(S)+\frac{1}{N}>\frac{\bar{L}_N}{N}\geqslant H_r(S) \tag{5.41}$$

当 $N\to\infty$ 则

$$\lim_{N\to\infty}\frac{\bar{L}_N}{N}=H_r(S) \tag{5.42}$$

离散平稳有记忆信源无失真数据压缩的极限:

$$\frac{H(S_1S_2\cdots S_N)}{N\log r}+\frac{1}{N}>\frac{\bar{L}_N}{N}\geqslant\frac{H(S_1S_2\cdots S_N)}{N\log r} \tag{5.47}$$

离散平稳信源(或马尔可夫信源)无失真压缩的极限值:

当 $N\to\infty$ 时

$$\lim_{N\to\infty}\frac{\bar{L}_N}{N}=\frac{H_\infty}{\log r} \tag{5.48}$$

其中 H_∞ 为离散平稳信源(或马尔可夫信源)的极限熵。

编码后信源的信息传输率:

等长码 $R'=\frac{l}{N}\log r$ (比特/信源符号) (5.25)

变长码 $R'=\frac{\bar{L}_N}{N}\log r$ (比特/信源符号) (5.49)

码率(编码后信道的信息传输率) $R=\frac{H_\infty}{\bar{L}_N/N}$ (比特/码符号) (5.50)

离散无记忆信源 $H_\infty=H(S)$

无失真信源编码效率: $\eta=\frac{H_\infty}{\bar{L}\log r}$ (5.52)

离散无记忆信源： $\eta=\frac{H(S)}{\bar{L}\log r}$ 其中$\bar{L}=\frac{\bar{L}_N}{N}$ (5.53)

无失真信源编码剩余度： $1-\eta$ (5.54)

习　题

5.1 有一信源，它有六个可能的输出，其概率分布如下表所示，表中给出了对应的码 A、B、C、D、E、和 F。

(1) 求这些码中哪些是唯一可译码；

(2) 求哪些是非延长码（即时码）；

(3) 对所有唯一可译码求出其平均码长$\bar{L}$。

习题 5.1 表

消息	$P(a_i)$	A	B	C	D	E	F
a_1	1/2	000	0	0	0	0	0
a_2	1/4	001	01	10	10	10	100
a_3	1/16	010	011	110	110	1100	101
a_4	1/16	011	0111	1110	1110	1101	110
a_5	1/16	100	01111	11110	1011	1110	111
a_6	1/16	101	011111	111110	1101	1111	011

5.2 设信源 $\begin{bmatrix} S \\ P(s) \end{bmatrix} = \begin{bmatrix} s_1, s_2, \cdots, s_6 \\ p_1, p_2, \cdots, p_6 \end{bmatrix}$ $\sum_i p_i = 1$

将此信源编码为 r 元唯一可译变长码（即码符号集 $X=\{1,2,\cdots,r\}$），其对应的码长为 $(l_1, l_2, \cdots, l_6)=(1,1,2,3,2,3)$，求 r 值的最佳下限。

5.3 根据下列的 r 和码长 l_i，判断是否存在这样条件的即时码，为什么？

(1) $r=2$，码长 $l_i=1,2,3,3,4$；　　(2) $r=2$，码长 $l_i=1,3,3,3,4,5,5$；

(3) $r=4$，码长 $l_i=1,1,1,2,2,3,3,3,4$；　　(4) $r=5$，码长 $l_i=1,1,1,1,1,3,4$。

5.4 信源 $\begin{bmatrix} S \\ P(s) \end{bmatrix}=\begin{bmatrix} s_1, & s_2 \\ 0.8, & 0.2 \end{bmatrix}$

每秒发出 2.66 个信源符号。将此信源的输出符号送入某一个二元信道中进行传输（假设信道是无噪无损的），而信道每秒只传递两个二元符号。试问信源不通过编码能否直接与信道连接？若通过适当编码能否在此信道中进行无失真传输？若能连接，试说明如何编码并说明原因。

5.5 设某无记忆二元信源，概率 $p_1=P(1)=0.1$，$p_0=P(0)=0.9$，采用下述游程编码方案（见习题 5.5 表）：第一步，根据 0 的游程长度编成 8 个码字；第二步，将 8 个码字变换成二元变长码。

(1) 试问最后的二元变长码是否是唯一可译码；

(2) 试求中间码对应的信源序列的平均长度$\bar{L}_1$；

(3) 试求中间码对应的二元变长码码字的平均长度$\bar{L}_2$；

(4) 计算比值$\bar{L}_2/\bar{L}_1$，并解释它的意义，并计算这种游程编码的编码效率；

(5) 将上述游程编码方法一般化，可把 2^s+1 个信源序列（上例中 $s=3$）变换成二元变长码，即 2^s 个连零的信源序列编为码字 0，而其他信源序列都编成 $s+1$ 位的码字。若信源输出零的概率为 p_0，求 $\bar{L}_2/\bar{L}_1$ 的一般表达式，并求 $p_0=0.995$ 时 s 的最佳值。

习题 5.5 表

信源符号序列	中间码	二元码字
1	s_0	1000
01	s_1	1001
001	s_2	1010
0001	s_3	1011
00001	s_4	1100
000001	s_5	1101
0000001	s_6	1110
00000001	s_7	1111
00000000	s_8	0

第 6 章　有噪信道编码定理

前一章已从理论上讨论了在无噪无损信道上，只要对信源的输出进行恰当的编码，总能以最大信息传输率 C(信道容量)无差错地传输信息。但一般信道中总存在噪声或干扰，信息传输会造成损失，那么在有噪信道中怎么能使消息通过传输后发生的错误最少？在有噪信道中无错误传输的可达的最大信息传输率是什么？这就是本章要研究的内容，即研究通信的可靠性问题。这是 Shannon 在 1948 年的文章中提出并证明了的信道编码定理，也称香农第二定理。

6.1　错误概率和译码规则

在有噪信道中传输消息是会发生错误的。为了减少错误，提高可靠性，首先就要分析错误概率与哪些因素有关，有没有办法加以控制，能控制到什么程度等问题。

在第 3 章里，我们已经知道错误概率与信道统计特性有关。信道的统计特性可由信道的传递矩阵来描述。当确定了输入和输出对应关系后，也就确定了信道矩阵中哪些是正确传递概率，哪些是错误传递概率。例如在二元对称信道中，单个符号的错误传递概率是 p，正确传递的概率是

$$\bar{p}=1-p$$

但通信过程一般并不是在信道输出端就结束了，还要经过译码过程(或判决过程)才到达消息的终端(收信者)。因此译码过程和译码规则对系统的错误概率影响很大。

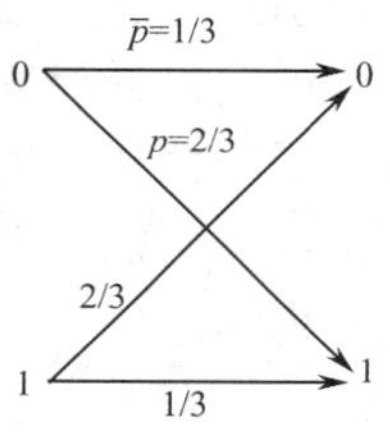

图 6.1　二元对称信道

现举一个特殊例子来说明。设一个二元对称信道，其传输特性如图 6.1 所示。一般二元对称信道输出端的译码器是将接收到符号“0”译成发送的符号为“0”，接收到符号“1”译成发送的符号为“1”。如果仍按照此译码器的译码规则，当发送符号为“0”，接收到符号仍为“0”时，则译码器译为符号“0”，为正确译码，因此对发送符号“0”来说，译对的可能性只有1/3；而当发送符号为“0”，接收到符号却是“1”时，则译成符号“1”，为错误译码，则译错的概率 $P_e^{(0)}$ 是 2/3。因为信道对称，对发送符号“1”来说，译错的概率 $P_e^{(1)}$ 也是 2/3。在此译码规则下，平均错误概率

$$P_E=P(0)P_e^{(0)}+P(1)P_e^{(1)}=2/3 \qquad \text{(假设输入端符号是等概率分布)}$$

反之，若译码器根据这个特殊信道定出另一种译码规则，将输出端接收符号“0”译成符号“1”，把接收符号“1”译成符号“0”，则译错的可能性就减小了，为 1/3；而译对的可能性增大了，为2/3。

可见，错误概率既与信道的统计特性有关，也与译码的规则有关。

现在我们来定义译码规则。设离散单符号信道的输入符号集为 $A=\{a_i\}, i=1,2,\cdots,r$；输出符号集为 $B=\{b_j\}, j=1,2,\cdots,s$。制定译码规则就是设计一个函数 $F(b_j)$，它对于每一个输出符号 b_j 确定一个唯一的输入符号 a_i 与其对应(单值函数)。即

$$F(b_j)=a_i \qquad (i=1,2,\cdots,r) \quad (j=1,2,\cdots,s) \tag{6.1}$$

【例 6.1】　离散单符号信道的信道矩阵为

$$\boldsymbol{P}=\begin{matrix} & b_1 & b_2 & b_3 \\ a_1 & 0.5 & 0.3 & 0.2 \\ a_2 & 0.2 & 0.3 & 0.5 \\ a_3 & 0.3 & 0.3 & 0.4 \end{matrix} \tag{6.2}$$

根据这样一个信道矩阵，设计两个译码规则 A 和 B：

$$A:\ \begin{cases} F(b_1)=a_1 \\ F(b_2)=a_2 \\ F(b_3)=a_3 \end{cases} \qquad B:\ \begin{cases} F(b_1)=a_1 \\ F(b_2)=a_3 \\ F(b_3)=a_2 \end{cases}$$

由于 s 个输出符号中的每一个都可以译成 r 个输入符号中的任何一个，所以共有 r^s 种译码规则可供选择。

译码规则的选择应该根据什么准则？一个很自然的准则是使平均错误概率为最小。

为了选择译码规则，首先必须计算平均错误概率。

在确定译码规则 $F(b_j)=a_i$ 后，根据译码规则若信道输出端接收到的符号为 b_j，则一定译成 a_i，如果发送端发送的就是 a_i，就为正确译码；如果发送的不是 a_i，就认为错误译码。那么，收到符号 b_j 条件下译码的条件正确译码概率为

$$P[F(b_j)\mid b_j]=P(a_j\mid b_j)$$

令 $P(e\mid b_j)$ 为**条件错误译码概率**，其中 e 表示除了 $F(b_j)=a_i$ 的所有输入符号的集合。条件错误译码概率与条件正确译码概率之间有关系

$$P(e\mid b_j)=1-P(a_i\mid b_j)=1-P[F(b_j)\mid b_j] \tag{6.3}$$

经过译码后的平均错误概率 P_E 应是条件错误译码概率 $P(e\mid b_j)$ 对 Y 空间取平均值。即

$$P_E=E[P(e\mid b_j)]=\sum_{j=1}^{s}P(b_j)P(e\mid b_j) \tag{6.4}$$

它表示经过译码后平均接收到一个符号所产生的错误大小，也称**平均错误概率**。

如何设计译码规则 $F(b_j)=a_i$，使 P_E 最小呢？由于式(6.4)右边是非负项之和，所以可以选择译码规则使每一项为最小，即得 P_E 为最小。因为 $P(b_j)$ 与译码规则无关，所以只要设计译码规则 $F(b_j)=a_i$，使条件错误译码概率 $P(e\mid b_j)$ 为最小。

根据式(6.3)，为了使 $P(e\mid b_j)$ 为最小，就应选择 $P[F(b_j)\mid b_j]$ 为最大。即选择译码函数：

$$F(b_j)=a^*,\ a^*\in A, b_j\in B \tag{6.5a}$$

并使之满足条件

$$P(a^*\mid b_j)\geqslant P(a_i\mid b_j),\ a_i\in A\quad a_i\neq a^* \tag{6.5b}$$

这就是说，如果采用这样一种译码函数，它对于每一个输出符号均译成具有最大后验概率的那个输入符号，则信道错误概率最小。这种译码规则称为“**最大后验概率译码准则**”或“**最小错误概率译码准则**”。

因为我们一般是已知信道的传递概率 $P(b_j\mid a_i)$ 与输入符号的先验概率 $P(a_i)$，所以根据贝叶斯定律，式(6.5b)可写成

$$\frac{P(b_j\mid a^*)P(a^*)}{P(b_j)}\geqslant\frac{P(b_j\mid a_i)P(a_i)}{P(b_j)}\qquad a_i\in A, a_i\neq a^*, b_j\in B \tag{6.6}$$

一般 $P(b_j)\neq 0, b_j\in B$，这样，最大后验概率准则就可表示为：

选择译码函数
$$F(b_j)=a^*\qquad a^*\in A, b_j\in B$$
使满足
$$P(b_j\mid a^*)P(a^*)\geqslant P(b_j\mid a_i)P(a_i)\quad a_i\in A, a_i\neq a^* \tag{6.7}$$

若输入符号的先验概率 $P(a_i)$ 均相等，则选择译码函数

$$F(b_j)=a^*\qquad a^*\in A, b_j\in B \tag{6.8a}$$

并满足

$$P(b_j\mid a^*)\geqslant P(b_j\mid a_i)\quad a_i\in A, a_i\neq a^* \tag{6.8b}$$

这样定义的译码规则称为**最大似然译码准则**。在输入符号等概率时，这两个译码准则是等价的。根据最大似然译码准则，我们可以直接从信道矩阵的传递概率中去选定译码函数。也就是说，收到 b_j 后，译成信道矩阵 P 的第 j 列中最大那个元素所对应的信源符号。

最大似然译码准则本身不再依赖于先验概率 $P(a_i)$。但是当先验概率为等概率分布时,它使错误概率 P_E 最小(如果先验概率不相等或不知道,仍可以采用这个准则,但不一定能使 P_E 最小)。

根据译码准则,进一步可写出平均错误概率,即

$$P_E = \sum_Y P(b_j)P(e\mid b_j) = \sum_Y \{1 - P[F(b_j)\mid b_j]\}P(b_j) = 1 - \sum_Y P[F(b_j)b_j]$$

$$= \sum_{X,Y} P(a_ib_j) - \sum_Y P[F(b_j)b_j] \tag{6.9}$$

$$= \sum_{X,Y} P(a_ib_j) - \sum_Y P(a^* b_j) = \sum_{Y,X-a^*} P(a_ib_j) \tag{6.10}$$

而平均正确概率为 $$\bar{P}_E = 1 - P_E = \sum_Y P[F(b_j)b_j] = \sum_Y P(a^* b_j) \tag{6.11}$$

式(6.10)中对 X 的求和号 $\sum\limits_{X-a^*}$ 表示对输入符号集 A 中除 $F(b_j)=a^*$ 以外的所有元素求和。式(6.10)也可以写成

$$P_E = \sum_{Y,X-a^*} P(b_j\mid a_i)P(a_i) \tag{6.12}$$

上式的平均错误概率是在联合概率矩阵$[P(a_i)P(b_j\mid a_i)]$中先求每列除去 $F(b_j)=a^*$ 所对应的 $P(a^* b_j)$以外所有元素之和,然后再对各列求和。当然,我们也可以在矩阵$[P(a_i)P(b_j\mid a_i)]$中先对行 i 求和,除去译码规则中 $F(b_j)=a_i^*$ 所对应的 $P(a_ib_j)(j=1,\cdots,r)$;然后再对各行求和。因此式(6.12)还可以写成

$$P_E = \sum_X \sum_{Y-a^*\text{对应的}b_j} P(a_i)P(b_j\mid a_i)$$

$$= \sum_X P(a_i)\sum_Y \{P(b_j\mid a_i),\quad F(b_j)\neq a^*\} \tag{6.13}$$

$$= \sum_X P(a_i)P_e^{(i)} \tag{6.14}$$

式中,令 $P_e^{(i)} = \sum\limits_Y \{P(b_j\mid a_i), F(b_j)\neq a^*\}$。$P_e^{(i)}$ 就是某个输入符号 a_i 传输所引起的错误概率。

如果先验概率 $P(a_i)$是等概率的,$P(a_i)=1/r$,则由式(6.12)得

$$P_E = \frac{1}{r}\sum_{Y.X-a^*} P(b_j\mid a_i) \tag{6.15}$$

$$= \frac{1}{r}\sum_X P_e^{(i)} \tag{6.16}$$

式(6.15)和式(6.16)表明:在等先验概率分布情况下,译码错误概率可用信道矩阵中的元素 $P(b_j\mid a_i)$求和来表示。式(6.15)中求和是除去每列对应于 $F(b_j)=a^*$ 的那一项后,先对列求和,然后求各列之和。而式(6.16)由式(6.14)求得,它是先对行求和,然后求各行之和。式(6.15)和式(6.16)只是求和表达式的不同表述。

【例 6.2】 (续例 6.1)已知信道矩阵 $\boldsymbol{P}=\begin{bmatrix}0.5 & 0.3 & 0.2\\ 0.2 & 0.3 & 0.5\\ 0.3 & 0.3 & 0.4\end{bmatrix}$,根据最大似然译码准则可选择译码函数为

$$B:\begin{cases}F(b_1)=a_1\\ F(b_2)=a_3\\ F(b_3)=a_2\end{cases}$$

因为在矩阵的第一列中 $P(b_1\mid a_1)=0.5$ 为最大;第 3 列中 $P(b_3\mid a_2)=0.5$ 为最大;而在第 2 列中

$P(b_2 \mid a_i)=0.3(i=1,2,3)$，所以 $F(b_2)$ 任选 a_1、a_2、a_3 都行。当输入等概率分布时采用译码函数 B 可使信道平均错误概率最小。

$$P_{\mathrm{E}}=\frac{1}{3}\sum_{Y,X-a^*}P(b \mid a)=\frac{1}{3}[(0.2+0.3)+(0.3+0.3)+(0.2+0.4)]=0.567$$

$$=\frac{1}{3}\sum_{X}P_{\mathrm{e}}^{(i)}=\frac{1}{3}[(0.3+0.2)+(0.2+0.3)+(0.3+0.4)]=0.567$$

若选用前述译码函数 A，则得平均错误概率

$$P_{\mathrm{E}}'=\frac{1}{3}\sum_{Y,X-a^*}P(b \mid a)=\frac{1}{3}[(0.2+0.3)+(0.3+0.3)+(0.2+0.5)]=0.600$$

可见 $P_{\mathrm{E}}'>P_{\mathrm{E}}$。

若输入不是等概率分布，其概率分布为 $P(a_1)=1/4$，$P(a_2)=1/4$，$P(a_3)=1/2$。根据最大似然译码准则仍可选择译码函数为 B，计算其平均错误概率。

$$P_{\mathrm{E}}''=\sum_{X}P(a_i)P_{\mathrm{e}}^{(i)}=\frac{1}{4}(0.3+0.2)+\frac{1}{4}(0.2+0.3)+\frac{1}{2}(0.3+0.4)=0.600$$

但采用最小错误概率译码准则，根据式(6.12)，它的联合概率矩阵为

$$\boldsymbol{P}(a_ib_j)=\begin{bmatrix}0.125 & 0.075 & 0.05\\ 0.05 & 0.075 & 0.125\\ 0.15 & 0.15 & 0.2\end{bmatrix}$$

得译码函数为

$$C:\begin{cases}F(b_1)=a_3\\ F(b_2)=a_3\\ F(b_3)=a_3\end{cases}$$

计算平均错误概率

$$P_{\mathrm{E}}'''=\sum_{Y}\sum_{X-a^*}P(a_i)P(b_j \mid a_i)$$

$$=(0.125+0.05)+(0.075+0.075)+(0.05+0.125)=0.50$$

或

$$P_{\mathrm{E}}'''=\sum_{X}P(a_i)P_{\mathrm{e}}^{(i)}=\frac{1}{4}\times 1+\frac{1}{4}\times 1+\frac{1}{2}\times 0=0.50$$

可见，此时 $P_{\mathrm{E}}''>P_{\mathrm{E}}'''$。所以，输入不是等概率分布时，最大似然译码准则的平均错误概率不是最小。

平均错误概率 P_{E} 与译码规则（译码函数）有关。而译码规则又由信道特性来决定。由于信道中存在噪声，导致输出端发生错误，并使接收到输出符号后，对发送的是什么符号还存在不确定性。可见，P_{E} 与信道疑义度 $H(X \mid Y)$ 是有一定关系的，因此可得

$$H(X \mid Y)\leqslant H(P_{\mathrm{E}})+P_{\mathrm{E}}\log(r-1) \tag{6.17}$$

这个重要的不等式是费诺第一个证明的，所以又称**费诺不等式**。其证明参见参考书目[15]。

虽然 P_{E} 与译码规则有关，但是不管采用什么译码规则，式(6.17)的不等式都是成立的。$H(P_{\mathrm{E}})$ 是错误概率 P_{E} 的熵，表示产生 P_{E} 的不确定性。费诺不等式告诉我们：接收到 Y 后关于 X 的平均不确定性可分为两部分，第一部分是指接收到 Y 后是否产生 P_{E} 错误的不确定性 $H(P_{\mathrm{E}})$。而第二部分表示当错误 P_{E} 发生后，到底是哪个输入符号发送而造成错误的最大不确定性，为 $P_{\mathrm{E}}\log(r-1)$（其中 r 是输入符号集的个数）。若以 $H(X \mid Y)$ 为纵坐标，P_{E} 为横坐标，函数 $H(P_{\mathrm{E}})+P_{\mathrm{E}}\log(r-1)$ 随 P_{E} 变化的曲线如图 6.2 所示。从图中可知当信源、信道给定，信道

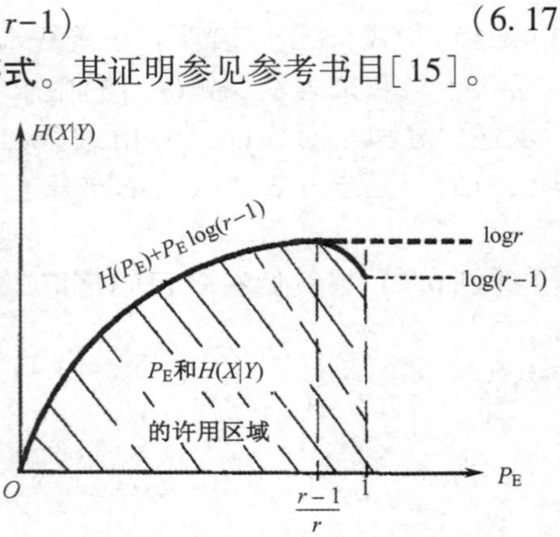

图 6.2　费诺不等式曲线图

疑义度 $H(X|Y)$ 就给定了译码错误概率的下限。

6.2 错误概率与编码方法

从式(6.10)可知,消息通过有噪信道传输时会发生错误,而错误概率与译码规则有关。当信道给定即信道矩阵给定时,不论采用什么译码规则,P_E 总不会等于或趋于零(除特殊信道外)。而要想进一步减小错误概率 P_E,必须优选信道编码方法。

例如,一个二元对称信道如图 6.3 所示,若选择最佳译码规则

$$F(b_1=0)=a_1(=0)$$

$$F(b_2=1)=a_2(=1)$$

则总的平均错误概率 $P_E=0.01=10^{-2}$(输入等概率)

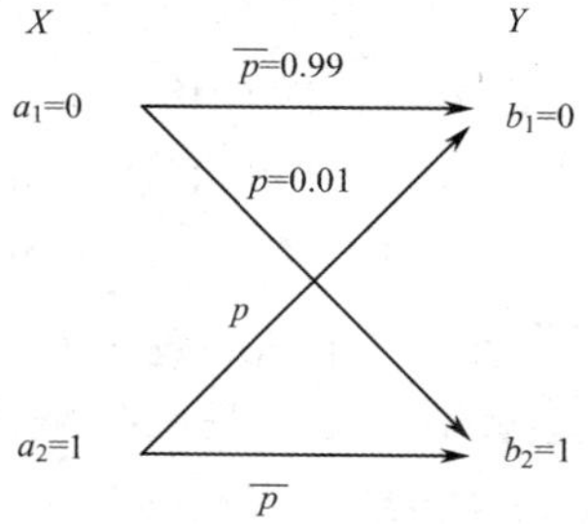

图 6.3 某二元对称信道

对于一般数据传输系统来说(例如数字通信,数据传输等),这个错误概率已经相当大了。一般要求系统的错误概率在 $10^{-6}\sim10^{-9}$ 的范围内,有的甚至要求更低的错误概率。

那么,在上述统计特性的二元信道中,能否有办法使错误概率降低呢?实际经验告诉我们:只要在发送端把消息重复发几遍,也就是增加消息的传输时间,就可使接收端接收消息时错误减少,从而提高了通信的可靠性。

如在二元对称信道中,当发送消息(符号)0 时,不是只发一个 0 而是连续发三个 0;同样发送消息(符号)1 时也连续发送三个 1。这是一种最简单的重复编码,它将长度 $n=1$ 的两个二元序列变换成两个长度 $n=3$ 的二元序列,我们称这两个长度为 3 的二元序列为**码字**,于是信道输入端有两个码字 000 和 111。但在输出端,由于信道干扰的作用,码字中各个码元(码符号)都可能发生错误,则有 8 个可能的输出序列(见图 6.4)。显然,这样一种信道可以看成三次无记忆扩展信道。其输入是在 8 个可能出现的长度为 3 的二元序列中选 2 个作为消息(称许用码字),而输出端这 8 个可能的输出符号都是接收序列。这时信道矩阵为

$$\begin{array}{cc} & \begin{array}{cccccccc}\beta_1 & \beta_2 & \beta_3 & \beta_4 & \beta_5 & \beta_6 & \beta_7 & \beta_8\end{array} \\ \boldsymbol{P}=\begin{array}{c}\alpha_1\\ \alpha_8\end{array} & \begin{bmatrix}\bar{p}^3 & \bar{p}^2p & \bar{p}^2p & \bar{p}p^2 & \bar{p}^2p & \bar{p}p^2 & \bar{p}p^2 & p^3\\ p^3 & \bar{p}p^2 & \bar{p}p^2 & \bar{p}^2p & \bar{p}p^2 & \bar{p}^2p & \bar{p}^2p & \bar{p}^3\end{bmatrix}\end{array}$$

根据最大似然译码规则(假设输入是等概率的),可得简单重复编码的译码函数为

$$F(\beta_j)=\alpha_1,j=1,2,3,5;\quad F(\beta_j)=\alpha_2,j=4,6,7,8$$

根据式(6.12)计算得译码后的错误概率为

$$\begin{aligned}P_E&=\sum_{Y^3C-a^*}P(\alpha_i)P(\beta_j|\alpha_i)=\frac{1}{M}\sum_{Y^3C-a^*}P(\beta_j|\alpha_i)\\&=\frac{1}{2}[p^3+\bar{p}p^2+\bar{p}p^2+\bar{p}p^2+\bar{p}p^2+\bar{p}p^2+\bar{p}p^2+p^3]\\&=p^3+3\bar{p}p^2\approx3\times10^{-4}(\text{当 }p=0.01)\end{aligned}$$

我们也可以采用“择多译码”的译码规则,即根据输出端接收序列中 0 多还是 1 多。如果有两个以上是 0 则译码器就判决为 0,如果有两个以上是 1 则判决为 1。根据择多译码规则,同样可得到

$$\begin{aligned}P_E&=\text{错 3 个码元的概率}+\text{错 2 个码元的概率}=C_3^3p^3+C_3^2\bar{p}p^2\\&=p^3+3\bar{p}p^2\approx3\times10^{-4}\quad(\text{当 }p=0.01\text{ 时})\end{aligned}$$

可见择多译码准则与最大似然译码准则是一致的。

与原来 $P_E=10^{-2}$ 比较，显然这种简单重复的编码方法（现在码元 $n=3$，重复三次），已把错误概率降低了接近两个数量级。这是因为现在消息数 $M=2$，根据编码和译码规则使输入消息码字 α_1 和 4 个接收序列（$\beta_1,\beta_2,\beta_3,\beta_5$）对应。而 α_8 与另 4 个接收序列（$\beta_4,\beta_6,\beta_7,\beta_8$）对应。这样当传送消息码字（$\alpha_1$ 或 α_8）时，若码字中有一位码元发生错误，译码器还能正确译出所传送的码字。但当传输中发生两位或三位码元错误时，译码器就会译错。所以这种简单重复编码方法可以纠正发生一位码元的错误，译错的可能性变小了，因此错误概率降低。

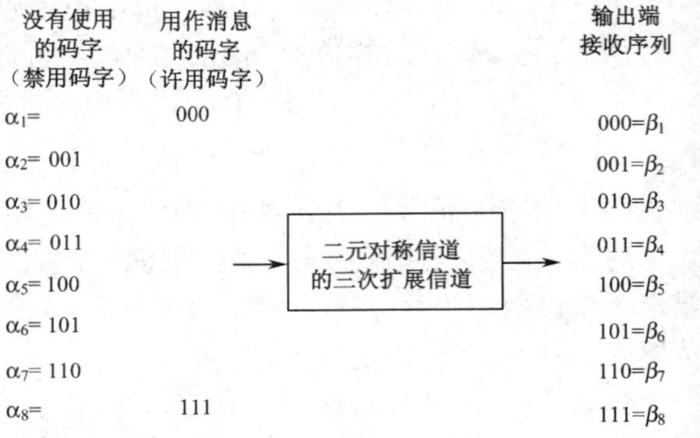

图 6.4　简单的重复编码

显然，若重复更多次 $n=5,7,\cdots$ 一定可以进一步降低错误概率。可计算得

$$n=5,\quad P_E\approx10^{-5};\quad n=7,\quad P_E\approx4\times10^{-7}$$

$$n=9,\quad P_E\approx10^{-8};\quad n=11,\quad P_E\approx5\times10^{-10}$$

可见当 n 很大时，使 P_E 很小是可能的。但这带来了一个新问题，当 n 很大时，信息传输率就会降低很多。我们把编码后信道的**信息传输率**（也称**码率**）表示为

$$R=\frac{\log M}{n}\quad（比特/码符号）\tag{6.18a}$$

若传输每个码符号平均需要 t 秒，则编码后每秒传输的信息量

$$R_t=\frac{\log M}{nt}\quad（比特/秒）\tag{6.18b}$$

此处 M 是输入消息（许用码字）的个数。$\log M$ 表示消息集在等概率条件下每个消息（码字）携带的平均信息量（比特）。n 是编码后码字的长度（码元的个数）。

当 $n=1$（无重复），$M=2,t=1$ 秒时，根据式（6.18），对上述重复编码方法计算得

$$R=\frac{\log M}{n}=1\quad（比特/码符号），\quad R_t=1\quad（比特/秒）$$

$n=3$（重复三次）时　$R=1/3$（比特/码符号），$R_t=1/3$（比特/秒）

$n=5$ 时　$R=1/5$（比特/码符号），　$R_t=1/5$（比特/秒）

……

$n=11$ 时　$R=1/11$（比特/码符号），　$R_t=1/11$（比特/秒）

由此得 P_E 和 R 的关系，如图 6.5 所示。它表明：尽管可使 P_E 降低很多，但同时也使信息传输率降得很低。

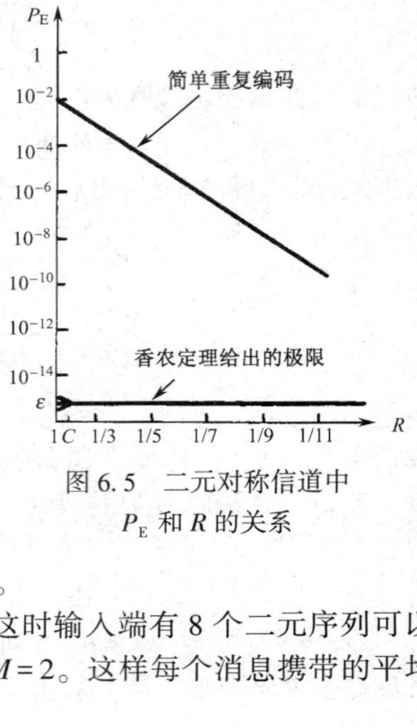

图 6.5　二元对称信道中 P_E 和 R 的关系

这个矛盾能不能解决，能不能找到一种更好的编码方法，使 P_E 相当低，而 R 却保持在一定水平呢？从理论上讲这是可能的。这就是香农第二基本定理，即**有噪信道编码定理**。

在图 6.5 中，同时也给出了香农第二定理的 P_E 和 R 的关系值，其中 ε 为任意小的数。

现在我们先看一下简单重复编码的方法为什么使信息传输率降低？在未重复编码以前，输入端是有两个消息的集合，假设为等概率分布，则每个消息携带的信息量是 $\log M=1$（比特/符号）。

简单重复（$n=3$）后，可以把信道看成三次无记忆扩展信道。这时输入端有 8 个二元序列可以作为消息（$\alpha_1\cdots\alpha_8$），但是我们只选择了 2 个二元序列作为消息，$M=2$。这样每个消息携带的平均

信息量仍是 1 比特。而传送一个消息需要付出的代价却是 3 个二元码元(码符号),所以 R 降低到 1/3(比特/码符号)。

由此得到一个启发,如果在扩展信道的输入端把 8 个可能作为消息的二元序列都作为消息(许用码字)$M=8$,则每个消息携带的平均信息量就是 $\log M=\log 8=3$ 比特,而传递一个消息所需的符号数仍为 3 个二元码符号,则 R 就提高到 1 比特/码符号。这时的信道如图 6.6 所示。

现在,采用的译码规则将与前面不同,只能规定接收端 8 个输出符号序列 β_j 与 α_i 一一对应。这样,只要符号序列中有一个码元符号发生错误就会变成其他许用的码字,使输出译码产生错误。只有符号序列中每个符号都不发生错误才能正确传输。所以得到正确传输概率为$\bar{p}^3$,于是错误概率为

$$P_E=1-\bar{p}^3\approx 3\times 10^{-2}\ (p=0.01)$$

这时 P_E 反比单符号信道传输的 P_E 大三倍。

此外我们还看到这样一个现象:在一个二元信道的 n 次无记忆扩展信道中,输入端有 2^n 个符号序列可以作为消息。如果选出其中的 M 个作为消息传递,则 M 大一些,P_E 也就跟着大,R 也大。M 取小一些,P_E 就降低些,而 R 也要降低。

在三次无记忆扩展信道中,取 $M=4$,并取如下 4 个符号序列作为代表消息的许用码字

0	0	0
0	1	1
1	0	1
1	1	0

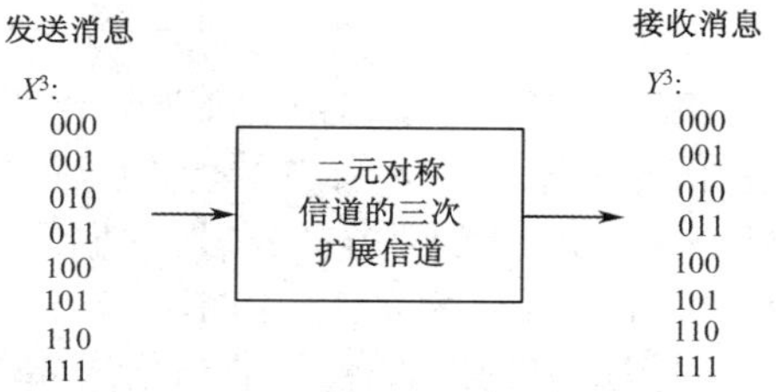

图 6.6　二元对称信道的三次扩展信道

按照最大似然译码规则,可计算出错误概率为

$$P_E\approx 2\times 10^{-2}$$

与 $M=8$ 的情况比较,错误概率降低了,而信息传输率也降低了,即

$$R=\frac{\log 4}{3}=\frac{2}{3}\quad (\text{比特/码符号})$$

再进一步看,从 $2^n=2^3=8$ 个符号序列中取 $M=4$ 个作为消息可以有 70 种选取方法。选取的方法(编码的方法)不同,错误概率是不同的,现在我们来比较下面两种取法:

$M=4$ 第Ⅰ种选法	$M=4$ 第Ⅱ种选法
0 0 0	0 0 0
0 1 1	0 0 1
1 0 1	0 1 0
1 1 0	1 0 0

已求得第Ⅰ种选法的错误概率为 $P_E\approx 2\times 10^{-2}$,用最大似然译码规则,计算出第Ⅱ种选法的错误概率为 $P_E=2.28\times 10^{-2}$。

比较这两种选法可知第Ⅱ种选法的码要差些(两者 R 相同)。对于第Ⅰ种选法来说,当接收到发送的 4 个码字中只要任一位码元发生错误时,就可判断码字在传输中发生了错误,但无法判断由哪个码字中哪个码元发生什么错误而来的。而对第Ⅱ种选法的码来说,当发送码字"000"传输时其中任一位码元发生错误,就变成了其他三个可能发送的码字,根本无法判断传输时有无错误发生。可见,错误概率与编码方法有很大关系。

现在再考察这样一个例子。若信道输入端所选取的消息数不变,仍取 $M=4$,而增加码字长度,即增大 n,取 $n=5$。这时信道为二元对称信道的五次无记忆扩展信道。这个信道输入端可有 $2^5=32$ 个不同的二元序列,我们选取其中 4 个作为发送消息的码字。这时信道的信息传输率(码率)为 $R=\log 4/5=0.4$(比特/码符号)。

这 4 个码字的选取采用下述编码方法：

设输入序列 $\alpha_i=(a_{i_1}\ \ a_{i_2}\ \ a_{i_3}\ \ a_{i_4}\ \ a_{i_5})\quad a_{i_k}\in\{0,1\}$，其中 a_{i_k} 为 α_i 序列中第 k 个分量，若 α_i 中各分量满足方程

$$\begin{cases}a_{i_3}=a_{i_1}\oplus a_{i_2}\\ a_4=a_{i_1}\\ a_{i_5}=a_{i_1}\oplus a_{i_2}\end{cases}$$

就选取此序列 α_i 作为码字（其中 $\oplus$ 为模二和运算），则得一种（5,2）线性码，如图 6.7 所示。仍采用最大似然译码规则译码，即如图 6.7 所示。

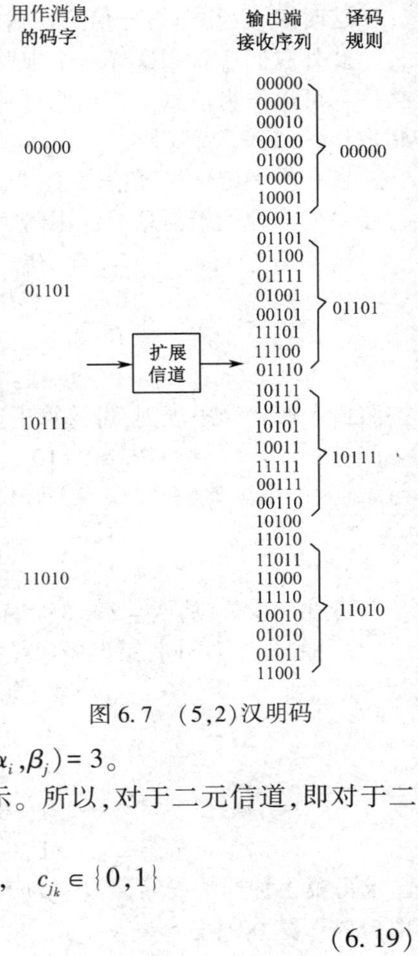

图 6.7 （5,2）汉明码

从图 6.7 可以看出，选用此码，接收端译码规则能纠正码字中所有发生一位码元的错误，也能纠正其中两个二位码元的错误，可得

正确译码概率 $\overline{P}_{\mathrm{E}}=\bar{p}^5+5\,\bar{p}^4p+2\,\bar{p}^3p^2$

错误译码概率 $P_{\mathrm{E}}=1-\overline{P}_{\mathrm{E}}=1-\bar{p}^5-5\,\bar{p}^4p-2\,\bar{p}^3p^2$

$\approx 8\,\bar{p}^3p^2\approx 7.8\times10^{-4}(p=0.01)$

将这种编码方法与前述 $M=4, n=3$ 的两种编码方法相比，虽然信息传输率略降低了一些，但错误概率减小很多。再拿此码与 $n=3, M=2$ 的重复码比较，它们的错误概率接近于同一个数量级，但（5,2）的信息传输率却比 $n=3$ 的重复码的信息传输率大。因此采用增大 n，并适当增大 M 和合适的编码方法，既能使 P_{E} 降低，又能使信息传输率不减小。

为什么上述一些码的 P_{E} 不同呢？

我们引入一个新的概念——码字距离。

长度为 n 的两个符号序列（码字）α_i 和 β_j 之间的距离是指 α_i 和 β_j 之间对应位置上不同码元的个数，用符号 $D(\alpha_i,\beta_j)$ 表示。这种码字距离通常称为**汉明距离**。

例如：两个二元序列 $\alpha_i=101111, \beta_j=111100$，则得 $D(\alpha_i,\beta_j)=3$。

又例如：两个四元序列 $\alpha_i=1320120, \beta_j=1220310$，则得 $D(\alpha_i,\beta_j)=3$。

一般在信道编码中，码字常用 $\boldsymbol{C}=(c_1,\cdots,c_k,c_{k+1},\cdots c_n)$ 表示。所以，对于二元信道，即对于二元码，汉明距离可表达成下述关系式：

若令 $\quad\boldsymbol{C}_i=(c_{i_1}c_{i_2}\cdots c_{i_n}),\quad c_{i_k}\in\{0,1\};\quad \boldsymbol{C}_j=(c_{j_1}c_{j_2}\cdots c_{j_n}),\quad c_{j_k}\in\{0,1\}$

则 $\boldsymbol{C}_i$ 和 $\boldsymbol{C}_j$ 的汉明距离为

$$D(\boldsymbol{C}_i,\boldsymbol{C}_j)=\sum_{k=1}^{n}c_{i_k}\oplus c_{j_k}\tag{6.19}$$

（$\oplus$ 为模二和运算）。

所有用作消息的码字的集合称为一组**码**（或**码书**）C。在某一码书 C 中，任意两个码字的汉明距离的最小值称为该**码 C 的最小距离**，即

$$d_{\min}=\min\{D(\boldsymbol{C}_i,\boldsymbol{C}_j)\}\quad \boldsymbol{C}_i\neq\boldsymbol{C}_j\quad \boldsymbol{C}_i,\boldsymbol{C}_j\in C\tag{6.20}$$

在任一码书中，码的最小距离 $d_{\min}$ 与该码的译码错误概率有关。

上述关于距离的定义是适合任意多元信道和多元码的，但一般常用的是二元离散对称信道和二元码。用距离概念来考察以上引用过的五种码组，分别求得它们的 $d_{\min}$，列入表 6.1 中。

很明显，d_{min}越大，P_E越小。在M相同的情况下也有d_{min}越大，P_E越小。概括地讲，码书中最小距离越大，受干扰后，越不容易把一个码字错成为另一码字，因而错误概率小。若码书的最小距离小，受干扰后很容易把一码字变成另一码字，因而错误概率大。这就告诉我们：在编码选码字时，使码字之间的距离越大越好。

表 6.1

	码 A	码 B	码 C	码 D	码 E
码字	0 0 0 1 1 1	0 0 0 0 1 1 1 0 1 1 1 0	0 0 0 0 0 1 1 0 0 0 1 0	0 0 0 0 0 0 1 1 0 1 1 0 1 1 1 1 1 0 1 0	0 0 0 0 0 1 0 1 0 0 1 1 1 0 0 1 0 1 1 1 0 1 1 1
消息数 M	2	4	4	4	8
码的最小距离 d_{min}	3	2	1	3	1
信息传输率 R（比特/码符号）	1/3	2/3	2/3	2/5	1
错误概率 P_E（最大似然译码准则）	3×10^{-4}	2×10^{-2}	2.28×10^{-2}	7.8×10^{-4}	3×10^{-2}

把最大似然译码准则和汉明距离联系起来，用汉明距离来表述最大似然译码准则。最大似然译码准则为：

选择译码函数 $F(\beta_j)=\alpha^* \quad \alpha^*\in C,\beta_j\in Y^n$

使满足 $P(\beta_j\mid\alpha^*)\geqslant P(\beta_j\mid\alpha_i) \quad \alpha_i\neq\alpha^*,\alpha_i\in C$

式中α_i是输入端作为消息的码字，长度为n；β_j是输出端可能有的所有接收序列，长度也为n。若α_i和β_j之间的距离为$D(\alpha_i,\beta_j)$，简记为D_{ij}，它表示传输过程中α_i传输到β_j有D_{ij}个位置发生了错误，$(n-D_{ij})$个位置没有错误。设二元对称信道的单个符号传输错误概率为p，当信道是无记忆时，则编码后信道的传递概率为

$$P(\beta_j\mid\alpha_i)=P(b_{j_1}\mid a_{i_1})P(b_{j_2}\mid a_{i_2})\cdots P(b_{j_n}\mid a_{i_n})=p^{D_{ij}}\cdot\bar{p}^{(n-D_{ij})} \tag{6.21}$$

如果$p<1/2$（这是正常情况，例如$p=10^{-2}$），可以看出D_{ij}越大，$P(\beta_j\mid\alpha_i)$越小，D_{ij}越小，$P(\beta_j\mid\alpha_i)$越大。根据式(6.21)，最大似然译码准则可用汉明距离表示为

选择译码函数 $F(\beta_j)=\alpha^* \quad \alpha^*\in C,\beta_j\in Y^n$

使满足
$$D(\alpha^*,\beta_j)\leqslant D(\alpha_i,\beta_j) \quad \alpha_i\in C,\alpha_i\neq\alpha^* \tag{6.22a}$$

即满足
$$D(\alpha^*,\beta_j)=D_{min}(\alpha_i,\beta_j) \quad \alpha_i\in C,\alpha_i\neq\alpha^* \tag{6.22b}$$

式(6.22)又称为**最小距离译码准则**。在二元对称信道中最小距离译码准则等于最大似然译码准则。在任意信道中也可采用最小距离译码准则，但它不一定等于最大似然译码准则。

在二元对称无记忆信道中，平均译码错误概率也可用汉明距离来表示。

设输入消息数（即许用码字数）为M，并设其为等概率分布，则由式(6.15)和式(6.22)可知，平均译码错误概率

$$P_E=\frac{1}{M}\sum_{Y^n,C-\alpha^*}P(\beta_j\mid\alpha_i)=\frac{1}{M}\sum_j\sum_{i\neq *}p^{D_{ij}}\bar{p}^{(n-D_{ij})} \tag{6.23a}$$

或者
$$P_E=1-\frac{1}{M}\sum_{Y^n}P(\beta_j\mid\alpha_i^*)=1-\frac{1}{M}\sum_j p^{D_{*j}}\bar{p}^{(n-D_{*j})} \tag{6.23b}$$

式中，$D_{*j}=D(\alpha^*,\beta_j)$。

因此，在二元信道中最大似然译码准则可表述为：当收到β_j后，译成与之距离（汉明距离）为最近的输入码字α^*。也就是把β_j译成与它最邻近的那个发送码字α^*，可使平均错误概率P_E（式(6.23b)）达到最小，如图6.8所示。同时式(6.23)也告诉我们：在M和n不变的情况下，即保持一定信息传输率R的前提下，选择不同的编码方法，可取得不同的$D_{ij}=D(\alpha_i,\beta_j)$和$D_{*j}=D(\alpha^*,\beta_j)$，而使$P_E$不同。因此，我们可以选择这样的编码方法：对选择的每一个码字α^*都与某一特定接收序列β_j的距离尽可能地近，$D(\alpha^*,\beta_j)$尽量小；又使其他码字$\alpha_i\neq\alpha^*$与此接收序列β_j的

距离尽可能地远，$D(\alpha_i,\beta_j)$尽量大。换句话说，应尽量设法使选取的 M 个码字中任意两两不同码字的距离$D(\alpha_i,\alpha_k)$尽量大。这样就能保持一定的信息传输率 R，而使 P_E 尽可能地小。

综上所述，在有噪信道中，传输的平均错误概率 P_E 与各种编、译码方法有关。编码可采用选择 M 个消息所对应的码字间最小距离 $d_{\min}$尽可能增大的编码方法，而译码采用将接收序列 β_j 译成与之距离最近的那个码字 α^* 的译码规则，则只要码长 n 足够长时，合适地选择 M 个消息所对应的码字，就可以使平均错误概率很小，而信息传输率保持一定。

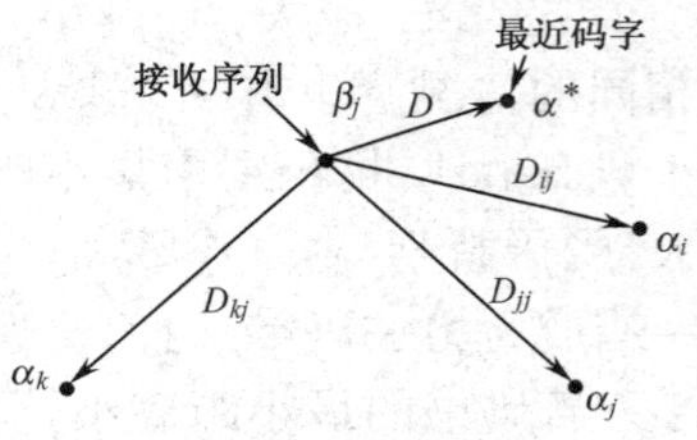

图 6.8 $(BSC)^n$ 信道中最大似然译码准则

6.3 有噪信道编码定理

从前面两节论述中已知，在有噪信道中消息传输的平均错误概率是与所采用的编、译码方法有关的。那么，在有噪信道中，使平均错误概率 P_E 尽可能地小的情况下，可达的、最大的信息传输率是多少呢？Shannon 早在 1948 年的论文中首先指出，这个可达的、最大的信息传输率是有噪信道的信道容量。也就是说，Shannon 在有噪信道编码定理中证明了信道容量 C 是有噪信道可靠传输的最大信息传输率。

有噪信道编码定理又称为香农第二定理，是信息论的基本定理之一。

定理 6.1 有噪信道编码定理：设离散无记忆信道$[X,P(y|x),Y]$，$P(y|x)$为信道传递概率，其信道容量为 C。当信息传输率 $R<C$ 时，只要码长 n 足够长，总可以在输入 X^n 符号集中找到 $M(=2^{nR})$个码字组成的一组码$(2^{nR},n)$和相应的译码规则，使译码的平均错误概率任意小$(P_E\to 0)$。

香农对有噪信道编码定理证明方法的基本思路是：

- 连续使用信道多次，即在 n 次无记忆扩展信道中讨论，以便使大数定律有效；
- 随机地选取码书，也就是在 X^n 的符号序列集中随机地选取经常出现的高概率序列作为码字；
- 采用最大似然译码准则，也就是将接收序列译成与其距离最近的那个码字；
- 在随机编码的基础上，对所有的码书计算其平均错误概率。当 n 足够大时，此平均错误概率趋于零，由此证明至少有一种好码存在。

Shannon 在有噪信道编码定理证明中，所采用的思路框架是基于联合 ε 典型序列的思想。但该证明是不严格的，直到以后才得以严格证明。到目前为止采用 ε 典型序列的性质来证明也许是较为简洁的一种证明，而且还可以和网络信息论中定理的数学证明方法一致起来，便于统一理解。

它的证明方法是编码时，随机地选择输入端 ε 典型序列 $\boldsymbol{x}$ 作为码字，因为它们是在输入端 X^n 集中经常、高概率出现的序列。而在译码时在接收端 Y^n集中，将接收序列 $\boldsymbol{y}$ 译成与它构成联合典型序列的那个码字。若只有唯一一个码字满足此性质，则判定该码字为所发送的码字。根据联合 ε 典型序列的性质，所发送的码字与接收序列 $\boldsymbol{y}$ 构成联合典型序列的概率很高，它们之间是高概率密切相关的。

定理 6.2 有噪信道编码逆定理(定理 6.4 的逆定理)：设离散无记忆信道$[X,p(y|x),Y]$，其信道容量为 C。当信息传输率 $R>C$ 时，则无论码长 n 多长，总也找不到一种编码$(M=2^{nR},n)$，使译码错误概率任意小。

香农第二定理的完整证明参阅参考书目[15]。

定理 6.3 对于限带高斯白噪声加性信道，噪声功率为 P_n，带宽为 W，信号平均功率受限为 P_s，则：(1) 当 $R \leqslant C = W\log\left(1+\frac{P_s}{P_n}\right)$ 时，总可以找到一种信道编码在信道中以信息传输率(码率)R 传输信息，而使平均错误概率任意小。

(2) 当 $R>C$ 时，找不到任何信道编码，在信道中以 R 传输信息而使平均错误概率任意小。

(定理 6.3 详细证明可参阅参考书目[1]，[3])

从上述定理 6.1、定理 6.2 和定理 6.3 可知，无论是离散信道还是连续信道，其信道容量 C 是信道的可靠通信的最大信息传输率。使信道中信息传输率大于信道容量而又无错误地传输消息是不可能的。

现我们已知，对于离散无记忆信道(DMC)，P_E 趋于零的速度与 n(码长)成指数关系，即当 $R<C$ 时，平均错误概率为

$$P_E \leqslant \exp[-nE_r(R)] \tag{6.24}$$

式中，$E_r(R)$ 为随机编码指数，又称作 DMC 的可靠性函数或称为误差指数，其表达式为

$$E_r(R) = \max_{0\leqslant\rho\leqslant 1}\max_{p(x)}\{E_0[\rho, P(x)] - \rho R\} \tag{6.25}$$

式中，ρ 为修正系数 $0\leqslant\rho\leqslant 1$。可见可靠性函数与输入概率分布有关。一般 $E_r(R)$ 与 R 的关系曲线为如图 6.9 所示的一条∪型凸函数。从图中可以看出，在 $R<C$ 的范围内 $E_r(R)>0$，所以式(6.24)表明 P_E 随 n 增大以指数趋于零。由此可知实际编码的码长 n 不需选择得很大。

综合上述定理的论述可知，任何信道的信道容量是一个明确的分界点，当取分界点以下的信息传输率时，P_E 以指数趋于零；当取分界点以上的信息传输率时，P_E 以指数趋于 1。因此，**在任何信道中信道容量是可达的、最大的可靠信息传输率**。

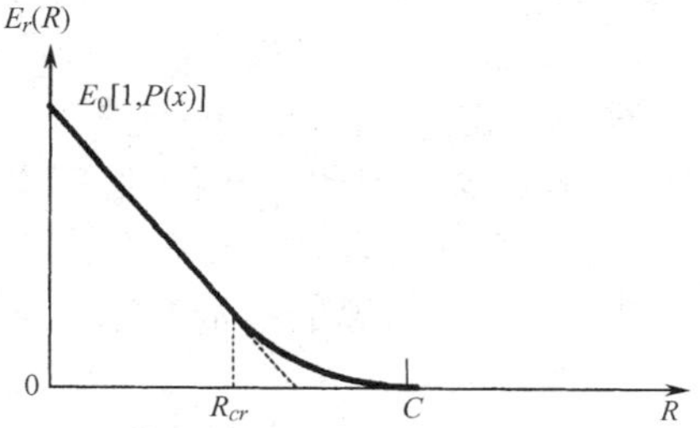

图 6.9 离散无记忆信道 $E_r(R)$ 和 R 的关系曲线

香农第二定理也只是一个存在定理，它说明错误概率趋于零的好码是存在的。但从实用观点来看，定理不是令人满意的。因为在定理的证明过程中，我们是完全"随机地"选择一个码书。这个码是完全无规律的，因此该码无法具体构造和译码。当 n 很大时，该码书构成的译码表就非常庞大，也就无法实用和实现。尽管如此，信道编码定理仍然具有根本性的重要意义。它有助于指导各种通信系统的设计，有助于评价各种通信系统及编码的效率。为此在 Shannon 1948 年发表文章后，科学家们致力于研究实际信道中的各种易于实现的实际纠错编码方法，赋予码以各种形式的数学结构。这方面的研究非常活跃，出现了代数编码、卷积码、循环码等。至今，已经发展了许多有趣和有效结构的码，并在实际通信系统中得到广泛的应用。

6.4 联合信源信道编码定理

在阐述了香农第二定理后，我们知道要在任意信道中进行数据传输，必须使信息传输率小于信道容量 $R<C$，才能可靠地传输数据。我们又回顾第 5 章中讨论了对信源进行数据压缩的问题。香农第一定理指出要进行无失真数据压缩必须 $R'>H$。联合这两个定理，我们就会提出这样的问题：若信源通过信道传输，要做到有效和可靠(无错误)地传输，$H<C$ 是否为充分和必要的条件。

从香农第一和第二定理可以看出，要做到有效和可靠地传输信息，我们可以将通信系统设计成两部分的组合，即信源编码和信道编码两部分。首先，通过信源编码，用尽可能少的信道符号来表达信源，也就是对信源数据用最有效的表达方式表达，尽可能减少编码后的数据的冗余度。然后，

针对信道,对信源编码后的数据独立地设计信道编码,也就是适当增加一些冗余度,以纠正和克服信道中引起的错误和干扰。这两部分编码是分别独立考虑的。

这种分两部分编码的方法在实际通信系统设计中有着重要的意义。近代大多数通信系统都是数字通信系统,它与模拟通信系统相比有许多优点。在实际数字通信系统中,常常信道是共同公用的数字信道,一般为二元信道。无论是语音、音乐、图像、数据都用同一通信信道来传输。因此,我们可以将语音、图像等首先数字化,再对数字化的语音、图像等信源进行不同的信源编码。针对各自信源的不同特点,进行不同的数据压缩,用最有效的二元码来表达这些不同的信源。而对于共同传输的数字信道而言,输入端只是一系列二元码。所以,信道编码只需针对信道特性而进行,不用考虑不同信源的不同特性。这样通过信道编码可以纠正信道中带来的错误,做到既有效又可靠地传输信息。这样做,可以大大降低通信系统的复杂度。

这种分两步编码处理的方法,其信源压缩编码只与信源有关,不依赖于信道;而信道编码只与信道有关,不依赖于信源。这种分两步处理的方法是否与一步编码处理一样好呢?这样分两步处理是否会带来某些损失呢?

我们从数据处理定理可知,如果进行处理的是一一对应的变换,就不会增加任何新的信息损失。无失真信源编码是一一对应的变换,无论编码还是译码都是一一对应的映射,因此无失真信源编码不会带来任何信息损失。信源通过两步编码后送入信道,信道输出端接收到的信息会有一些损失(失真),这是由于信道引起的。而通过信道编码(只要满足 $R<C$),可使信道引起的损失(或错误)尽可能少。因此,分两步处理不会增加信息损失。

下面的定理告诉我们在有噪信道中,只要 $H<C$,用两步编码处理方法传输信源信息与一步编码处理方法传输信源信息是一样有效的。也就是说,信源通过信道传输,有效和可靠传输的充要条件是 $H<C$。

定理 6.4　信源—信道编码定理:若 $S^n=(S_1S_2\cdots S_n)$ 是有限符号集的随机序列并满足渐近等分割性(AEP),又信源 S 极限熵 $H_\infty<C$,则存在信源、信道编码,其$P_E\to 0$。

反之,对于任意平稳随机序列,若极限熵 $H_\infty>C$,则错误概率远离零值,即不可能在信道中以任意小的错误概率发送该随机序列。

通过信源的数据压缩编码和信道的数据传输编码,既能做到有效可靠地传输信息,又能大大地简化通信系统的设计,因此在实际通信系统中得到广泛应用。针对各种不同信源如文本、语音、静止图像、活动图像等数据压缩的研究形成了数据压缩理论与技术;而针对信道编码问题的研究又形成了另一重要的分支——纠错码理论。有关信道的纠错码理论将在第 9 章中论述。

小　结

设离散无记忆信道$[X,P(b_j\mid a_i),Y]$输入符号集 $A=\{a_1,a_2,\cdots,a_r\}$,输出符号集 $B=\{b_1,b_2,\cdots,b_s\}$,其 n 次扩展信道$[(X^n,P(\beta_j\mid\alpha_i),Y^n)]$的输入符号 $\alpha_i=(a_{i_1}a_{i_2}\cdots a_{i_n})$,$a_{i_k}\in A$,从中选择若干 α_i 组成码字 C,即 $\alpha_i\in C$,信道的输出符号 $\beta_j=(b_{j_1}b_{j_2}\cdots b_{j_n})$,$b_{j_k}\in B$,$(j=1,2,\cdots,s^n)$。

最小错误概率译码准则

选择译码函数
$$F(\beta_j)=\alpha^* \qquad \alpha^*\in C,\beta_j\in Y^n$$
使满足
$$P(\alpha^*\mid\beta_j)\geqslant P(\alpha_i\mid\beta_j) \qquad \alpha_i\neq\alpha^*,\alpha_i\in C,\beta_j\in Y^n$$

对于离散单符号信道,译码准则是,选择译码函数
$$F(b_j)=a^* \qquad a^*\in A,\quad b_j\in B$$
使满足
$$P(a^*\mid b_j)\geqslant P(a_i\mid b_j) \qquad a_i\in A,\quad a_i\neq a^*,\quad b_j\in B \tag{6.5}$$

最大似然译码准则

选择译码函数 $F(\beta_j)=\alpha^* \quad \alpha^*\in C,\beta_j\in Y^n$

使满足 $P(\beta_j\mid\alpha^*)\geqslant P(\beta_j\mid\alpha_i) \quad \alpha_i\in C,\alpha_i\neq\alpha^*,\beta_j\in Y^n$

对于离散单符号信道,译码准则是,选择译码函数

$$F(b_j)=a^* \quad a^*\in A,\quad b_j\in B$$

使满足 $$P(b_j\mid a^*)\geqslant P(b_j\mid a_i) \quad a_i\in A,\quad a_i\neq a^*,\quad b_j\in B \tag{6.8}$$

最小距离译码准则

选择译码函数 $F(\beta_j)=\alpha^* \quad \alpha^*\in C,\beta_j\in Y^n$

则 $$D(\alpha^*,\beta_j)\leqslant D(\alpha_i,\beta_j) \quad \alpha_i\in C,\alpha_i\neq\alpha^*,\beta_j\in Y^n \tag{6.22}$$

平均译码错误概率

$$\begin{aligned}P_{\mathrm{E}} &= \sum_{Y^n}\sum_{C-\alpha^*}P(\alpha_i\beta_j)\\ &= \frac{1}{M}\sum_{Y^n}\sum_{C-\alpha^*}P(\beta_j\mid\alpha_i) = \frac{1}{M}\sum_j\sum_{i\neq *}p^{D_{ij}}\bar{p}^{(n-D_{ij})}\end{aligned} \tag{6.23a}$$

(M 是码 C 的码字数且等概率分布)

费诺不等式 $$H(X\mid Y)\leqslant H(P_{\mathrm{E}})+P_{\mathrm{E}}\log(r-1) \tag{6.17}$$

有噪信道编码定理

有噪信道的信道容量为 C,当信息传输率 $R<C$ 时,只要码长 n 足够长,总可以在输入 X^n 符号集中找出一组码($M=2^{nR},n$)和相应的译码规则,使译码错误概率任意小。当信息传输率 $R>C$ 时,则无论码长 n 多长,总也找不到一种编码使译码错误概率任意小。

限带高斯白噪声加性信道编码定理

当信息传输率 $R\leqslant C=W\log\left(1+\dfrac{P_{\mathrm{s}}}{P_{\mathrm{n}}}\right)$时,总存在信道编码使 $P_{\mathrm{E}}\to 0$;反之,$R>C$,不存任何信道编码使$P_{\mathrm{E}}\to 0$。

信源信道编码定理 某随机序列的极限熵为 H_∞,并满足 AEP,若 $H_\infty<C$,则存在信源和信道编码,使信源能无失真地在离散无记忆信道中传输;反之,若 $H_\infty>C$,则信源不能无失真地在此信道中传输。

汉明距离(二元码) $\boldsymbol{C}_i=(c_{i_{n-1}}c_{i_{n-2}}\cdots c_{i_1}c_{i_0}),\boldsymbol{C}_j=(c_{j_{n-1}}c_{j_{n-2}}\cdots c_{j_1}c_{j_2})$

$$D(\boldsymbol{C}_i,\boldsymbol{C}_j) = \sum_{k=0}^{n-1}c_{i_k}\oplus c_{j_k} \qquad c_{i_k},c_{j_k}\in[0,1] \tag{6.19}$$

码的最小距离 $$d_{\min}=\min\{D(\boldsymbol{C}_i,\boldsymbol{C}_j)\} \quad \boldsymbol{C}_i\neq\boldsymbol{C}_j \quad \boldsymbol{C}_i,\boldsymbol{C}_j\in C \tag{6.20}$$

习　　题

6.1 设有一离散信道,其信道传递矩阵为

$$\begin{bmatrix}1/2 & 1/3 & 1/6\\ 1/6 & 1/2 & 1/3\\ 1/3 & 1/6 & 1/2\end{bmatrix}$$

并设 $P(x_1)=1/2,P(x_2)=P(x_3)=1/4$,试分别按最小错误概率准则与最大似然译码准则确定译码规则,并计算相应的平均错误概率。

6.2 计算码长 $n=5$ 的二元重复码的译码错误概率。假设无记忆二元对称信道中正确传递概率为$\bar{p}$,错误传递概率 $p=1-\bar{p}$。此码能检测出多少错误?又能纠正多少错误?若 $p=0.01$,译码错误概率是多大?

6.3 设某二元码为 $C=\{11100,01001,10010,00111\}$。

(1) 计算此码的最小距离 $d_{\min}$;

(2) 计算此码的码率 R,假设码字等概率分布;

(3) 采用最小距离译码准则,试问接收序列 10000,01100 和 00100 应译成什么码字?

(4) 此码能纠正几位码元的错误?

6.4 设无记忆二元对称信道的正确传递概率为$\bar{p}$,错误传递概率为 $p=1-\bar{p}\ll\bar{p}$。令长度为 n 的 M 个二元码字

$\alpha_i=(a_{i_1}a_{i_2}\cdots a_{i_n})$，$a_{i_k}\in\{0,1\}$（码字为等概率分布），接收的二元序列为 $\beta_j=(b_{j_1}b_{j_2}\cdots b_{j_n})$，$b_{j_k}\in\{0,1\}$。试证明：采用最小距离译码准则式（6.22）可使平均译码错误概率 P_E 达到最小，并且

$$P_E = 1-\frac{1}{M}\sum_j p^{D_{*j}}\bar{p}^{(n-D_{*j})}$$

6.5　对于离散无记忆强对称信道，信道矩阵为

$$\boldsymbol{P}=\begin{bmatrix}1-p & \frac{p}{r-1} & \frac{p}{r-1} & \cdots & \frac{p}{r-1}\\ \frac{p}{1-p} & 1-p & \frac{p}{r-1} & \cdots & \frac{p}{r-1}\\ \vdots & \vdots & \vdots & & \vdots\\ \frac{p}{r-1} & \frac{p}{r-1} & \frac{p}{r-1} & \cdots & 1-p\end{bmatrix}$$

试证明对于此信道，最小距离译码准则等价于最大似然译码准则。

6.6　某一信道，其输入 X 的符号集为｛0，1/2，1｝，输出 Y 的符号集｛0，1｝，信道矩阵为

$$\boldsymbol{P}=\begin{bmatrix}1 & 0\\ 1/2 & 1/2\\ 0 & 1\end{bmatrix}$$

现有四个消息的信源通过该信道传输（消息等概率出现）。若对信源进行编码，我们选这样一种码

$$C:\{(x_1,x_2,1/2,1/2)\}\quad x_i=0\text{ 或 }1\qquad (i=1,2)$$

其码长为 $n=4$。并选取这样的译码规则 $f(y_1,y_2,y_3,y_4)=(y_1,y_2,1/2,1/2)$。

（1）这样编码后信道的信息传输率等于多少？

（2）证明在选用的译码规则下，对所有码字有 $P_E=0$。

6.7　考虑一个码长为 4 的二元码，其码字为 $W_1=0000$，$W_2=0011$，$W_3=1100$，$W_4=1111$。假设码字送入一个二元对称信道（其单符号的错误概率为 p，并且 $p<0.01$），而码字输入是不等概率的，其概率为

$$P(W_1)=1/2,\ P(W_2)=1/8,\ P(W_3)=1/8,\ P(W_4)=1/4$$

试找出一种译码规则使平均错误概率 P_E 为最小。

6.8　设一离散无记忆信道，其信道矩阵为

$$\boldsymbol{P}=\begin{bmatrix}1/2 & 1/2 & 0 & 0 & 0\\ 0 & 1/2 & 1/2 & 0 & 0\\ 0 & 0 & 1/2 & 1/2 & 0\\ 0 & 0 & 0 & 1/2 & 1/2\\ 1/2 & 0 & 0 & 0 & 1/2\end{bmatrix}$$

（1）计算信道容量 C。

（2）找出一个码长为 2 的重复码，其信息传输率为 $\frac{1}{2}\log 5$（即 5 个码字）。如果按最大似然译码准则设计译码器，求译码器输出端的平均错误概率 P_E（输入码字等概率）。

（3）有无可能存在一个码长为 2 的码而使 $P_e^{(i)}=0(i=1,2,3,4,5)$，即使 $P_E=0$，如存在的话请找出来。

6.9　证明二元（$2n+1$，1）重复码（即将一位信息位重复 $2n+1$ 次），当采用最大似然译码准则（即择多译码准则）时，译码平均错误概率为

$$P_E=\sum_{k=n+1}^{2n+1}\binom{2n+1}{k}p^k(1-p)^{2n+1-k}$$

式中，p 为二元对称信道的错误传递概率。并计算当 $n=5,7,9,11$ 时 P_E 的近似值。

6.10　对二元（$2n$，1）重复码（即将一位信息位重复 $2n$ 次）设计一种合适的译码准则，并求出它的译码平均错误概率 P_E（与上题 P_E 的公式基本相似）。

第 7 章　保真度准则下的信源编码

在第 5 章、第 6 章我们讨论了无失真离散信源编码和有噪信道编码问题。概括起来讲，无论是无噪信道还是有噪信道，只要信息传输率 R 小于信道容量 C，总能找到一种编码，使在信道上能以任意小的错误概率，以任意接近 C 的传输率来传送信息。反之，若 $R>C$，总不能实现无失真的传输，使传输错误概率任意小。

但实际上，信源的输出常常是连续的消息(即取值是无限、不可数的)，由第 4 章知连续信源的绝对熵 H 为无限大。那么，若要求无失真地传送连续信源的消息，则必须使 R 也为无限大。而在信道中，由于带宽总是有限的，所以信道容量总要受到限制。为此，在实际通信中，信源输出的信息传输率总是大大超过信道容量($R \gg C$)，根据信道编码定理，也就不可能实现完全无失真地传输信源的信息。

又从无失真信源编码定理来看，描述信源所需最少的比特数是信源的熵 H 值。那么，对于连续信源的消息来说，就需要用无穷多个比特数才能完全无失真地来描述它。这是绝对不可能的。若用有限的比特数来描述连续的消息就会带来失真。

此外，随着科学技术的发展，数字系统得到了广泛应用，这就需要传送、存储和处理大量的数据。如在实际数字通信系统中，一般认为普通电话的数码率为 64 千比特/秒；可视电话的数码率为 8.448 兆比特/秒；黑白电视的数码率为 60 兆比特/秒等。传输信号的质量要求越高，数码率也越高。数码率高，不仅对传输不利，而且使存储和处理也增加了困难。为了提高传输和存储的效率，就必须对有待传送和存储的数据进行压缩，这样也会损失一定的信息，带来失真。

然而，在实际生活中，人们一般并不要求完全无失真地恢复消息。通常总是要求在保证一定质量(一定保真度)的条件下近似地再现原来的消息，也就是允许有一定的错误(失真)存在。例如在传送语音信号时，由于人耳接受的带宽和分辨率是有限的。我们就可以把频谱范围从 20Hz～20kHz 的语音信号去掉低端和高端的频率，看成带宽为 300～3400Hz 的电话信号。这样，即便使传输的语音信号会有一些失真，人耳还是可以分辨或感觉出来的，可满足话音信号传输的要求，所以这种失真是允许的。又如传送图像时，也并不需要全部精确地把图像传送到观察者。如电视信号每一像素的黑白灰度级只需分成 256 级，屏幕上的画面就已足够清晰悦目。又如静止图像或活动图像的每一帧中，从空间频域来看，一般都含大量的低频分量，高频分量的含量很少。若将高频分量丢弃，只传输或存储低频分量，数据率可以大大减小，而图像的画面仍能令人满意。这是因为人眼有一定的主观视觉特征，允许传送图像时有一定的误差存在。另外，根据图像使用目的不同，也允许有不同程度的误差。

在允许一定程度失真的条件下，能够把信源信息压缩到什么程度，即最少需要多少比特数才能描述信源。也就是，在允许一定程度失真的条件下，如何能快速地传输信息。这就是本章将讨论的问题。

这个问题在香农 1948 年最初发表的经典论文中已经有所体现，但直到 1959 年香农发表了《保真度准则下的离散信源编码定理》这篇重要文章之后，它才引起人们的注意。1956 年，在当时的苏联，柯尔莫哥诺夫(Kolmogorov)等已开始研究率失真理论了。比较系统地、完整地给出一般信源的信息率失真函数及其定理证明的是伯格(T. Berger)的著作[10](1971 年)。但却是香农首先在其论文中定义了信息率失真函数 $R(D)$，并论述了关于这个函数的基本定理。定理指出：在允许一定失真度 D 的情况下，信源输出的信息传输率可压缩到 $R(D)$ 值，这就从理论上给出了信息传输率与允许失真之间的关系，奠定了信息率失真理论的基础。

信息率失真理论是量化、数模转换、频带压缩和数据压缩的理论基础。

本章主要介绍信息率失真理论的基本内容,侧重讨论离散无记忆信源。首先给出信源的失真度和信息率失真函数的定义与性质,然后讨论离散信源和连续信源的信息率失真函数计算,在此基础上论述保真度准则下的信源编码定理。

7.1 失真度和平均失真度

7.1.1 失真度

现考察图 7.1 所示的通信系统。由于本章只涉及信源编码问题,因此将信道编码和译码都看成信道的一部分。又根据信道编码定理,可以把信道编码、信道、信道译码这三部分看成一个没有任何干扰的广义信道。这样收信者收到消息后所产生的失真(或误差)只是由信源编码带来的。从直观感觉可知,允许失真越大,信息传输率可以越小;允许失真越小,信息传输率必须越大。所以信息传输率与信源编码所引起的失真(或误差)是有关的。为了定量地描述信息传输率和失真的关系,一方面可以略去广义的无扰信道,另一方面通过虚拟手法用信道来表示失真信源编码,把信源编码和信源译码等价成一个信道,由于是失真编码,所以信道不是一一对应的,用信道传递概率来描述编、译码前后的关系。这就使图 7.1 的通信系统简化成图 7.2。一般将此信道称为**试验信道**。

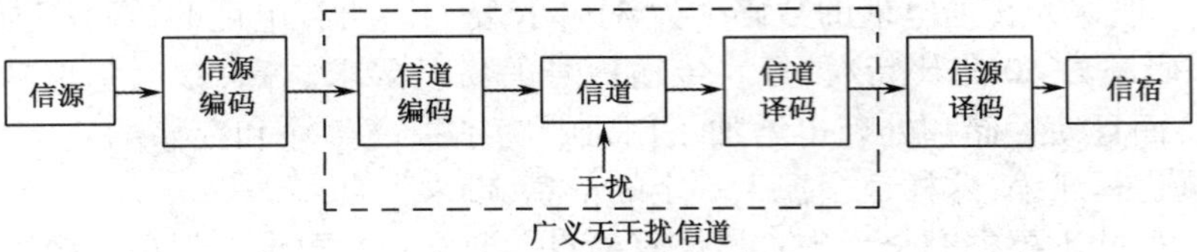

图 7.1 通信系统

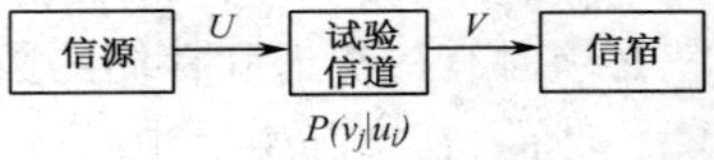

图 7.2 简化的通信系统

现在我们要研究在给定允许失真的条件下,是否可以设计一种信源编码使信息传输率为最低。为此,必须首先讨论失真的测度。

设离散无记忆信源 $U=\{u_1,u_2,\cdots,u_r\}$,其概率分布为 $P(u)=[P(u_1),P(u_2),\cdots,P(u_r)]$。信源符号通过信道传输到接收端,接收端的接收变量 $V=\{v_1,v_2,\cdots,v_s\}$。

对应于每一对(u,v),我们指定一个非负的函数

$$d(u_i,v_j)\geqslant 0 \qquad (i=1,2,\cdots,r) \quad (j=1,2,\cdots,s) \tag{7.1}$$

称为**单个符号的失真度(或称失真函数)**。用它来测度信源发出一个符号 u_i,而在接收端再现成接收符号集中一个符号 v_i,所引起的误差或失真。通常较小的 d 值代表较小的失真,而$d(u_i,v_j)=0$表示没有失真。

由于信源变量 U 有 r 个符号,而接收变量 V 有 s 个符号,所以 $d(u_i,v_j)$就有 $r\times s$ 个失真函数。$r\times s$个非负的函数可以排列成矩阵形式,即

$$\boldsymbol{D}=\begin{bmatrix} d(u_1,v_1),d(u_1,v_2),\cdots,d(u_1,v_s) \\ d(u_2,v_1),d(u_2,v_2),\cdots,d(u_2,v_s) \\ \cdots\cdots \\ d(u_r,v_1),d(u_r,v_2),\cdots,d(u_r,v_s) \end{bmatrix} \tag{7.2}$$

称它为**失真矩阵 $\boldsymbol{D}$**,它是 $r\times s$ 阶矩阵。

若 $\boldsymbol{D}$ 中每一行都是同一集合 A 中诸元素的不同排列,并且每一列也都是同一集合 B 中诸元素

的不同排列，则称 $\boldsymbol{D}$ 具有对称性。以这种具有对称性的失真矩阵来度量失真的信源称为**失真对称信源**（简称**对称信源**）。

【例 7.1】 离散信源（$r=s$）。信源变量 $U=\{u_1,u_2,\cdots,u_s\}$，接收变量 $V=\{v_1,v_2,\cdots,v_s\}$。定义单个符号失真度

$$d(u_i,v_j)=\begin{cases}0 & 当\ u_i=v_j\\ 1 & 当\ u_i\neq v_j\end{cases} \tag{7.3}$$

它表示当再现的接收符号与发送的信源符号相同时，就不存在失真和错误，所以失真度 $d(u_i,v_j)=0$。当再现的接收符号与发送符号不同时，就有失真存在。而且认为发送符号为 u_i，而再现的接收符号为 $v_j(i\neq j)$ 所引起的失真都相同，所以失真度 $d(u_i,v_j)(u_i\neq v_j)$ 为常数。在本例中，该常数取为 1。这种失真称为**汉明失真**。汉明失真矩阵 $\boldsymbol{D}$ 是一方阵，并且对角线上的元素为零，即

$$\boldsymbol{D}=\begin{bmatrix}0 & 1 & 1 & \cdots & 1\\ 1 & 0 & 1 & \cdots & 1\\ \vdots & \vdots & \vdots & & \vdots\\ 1 & 1 & 1 & \cdots & 0\end{bmatrix}\quad r\times r\ 阶矩阵 \tag{7.4}$$

$\boldsymbol{D}$ 是具对称性，所以用汉明失真矩阵来度量的信源 U 称为离散对称信源。

对于二元对称信源（$s=r=2$），信源变量 $U=\{0,1\}$，而接收变量 $V=\{0,1\}$。在汉明失真定义下，失真矩阵为 $\boldsymbol{D}=\begin{bmatrix}0 & 1\\ 1 & 0\end{bmatrix}$，即

$$d(0,0)=d(1,1)=0 \qquad d(0,1)=d(1,0)=1$$

它表示当发送信源符号 0（或符号 1）而接收后再现的仍是符号 0（或符号 1）时，则认为无失真或无错误存在。反之，若发送信源符号 0（或符号 1）而再现为符号 1（或符号 0）时，则认为有错误，并且这两种错误后果是等同的。

【例 7.2】 删除信源。信源变量 $U=\{u_1,u_2,\cdots,u_r\}$，接收变量 $V=\{v_1,v_2,\cdots,v_s\}$，$s=r+1$。定义它的单个符号失真度为

$$d(u_i,v_j)=\begin{cases}0 & i=j\\ 1 & i\neq j\quad (除\ j=s\ 以外的所有\ j\ 和所有\ i)\\ 1/2 & j=s\quad (所有\ i)\end{cases} \tag{7.5}$$

式中，接收符号 v_s 作为一个删除符号。在这种情况下，意味着当把信源符号再现为删除符号 v_s 时，其失真程度要比再现为其他接收符号的失真程度小一半。

其中二元删除信源 $r=2,s=3,U=\{0,1\},V=\{0,1,2\}$。失真度为

$$d(0,0)=d(1,2)=0$$
$$d(0,2)=d(1,0)=1$$
$$d(0,1)=d(1,1)=1/2$$

则得

$$\boldsymbol{D}=\begin{bmatrix}0 & 1/2 & 1\\ 1 & 1/2 & 0\end{bmatrix}$$

【例 7.3】 对称信源（$r=s$），信源变量 $U=\{u_1,u_2,\cdots,u_r\}$，接收变量 $V=\{v_1,v_2,\cdots,v_s\}$。失真度定义为

$$d(u_i,v_j)=(v_j-u_i)^2 \qquad (对所有\ i,j) \tag{7.6}$$

假如信源符号代表信源输出信号的幅度值，那么，它就是以方差表示的失真度，称为**均方失真**。它意味着幅度差值大的要比幅度差值小的所引起的失真更为严重，严重程度用平方来表示。

当 $r=3$ 时，$U=\{0,1,2\}$，$V=\{0,1,2\}$，则失真矩阵为 $\boldsymbol{D}=\begin{bmatrix}0 & 1 & 4\\ 1 & 0 & 1\\ 4 & 1 & 0\end{bmatrix}$。

以上所举的三个例子说明了具体失真度的定义。一般情况下，根据实际信源的失真，可以定义不同的失真和误差的度量。另外还可以按其他标准，如引起的损失、风险、主观感觉上的差别大小等来定义失真度 $d(u_i,v_j)$。

7.1.2 平均失真度

因为信源 U 和信宿 V 都是随机变量，故单个符号失真度 $d(u_i,v_j)$ 也是随机变量。显然，规定了单个符号失真度 $d(u_i,v_j)$ 后，传输一个符号引起的平均失真，即信源**平均失真度**

$$\overline{D}=E[d(u_i,v_j)]=E[d(u,v)]$$

式中，$E[\cdot]$ 是对 U 和 V 的联合空间求平均。在离散情况下，信源 $U=\{u_1,u_2,\cdots,u_r\}$，其概率分布 $P(u)=[P(u_1),P(u_2),\cdots,P(u_r)]$，信宿 $V=\{v_1,v_2,\cdots,v_s\}$。已知试验信道的传递概率为 $P(v_j\mid u_i)$，则平均失真度为

$$\overline{D}=\sum_{U,V}P(uv)d(u,v)=\sum_{i=1}^{r}\sum_{j=1}^{s}P(u_i)P(v_j\mid u_i)d(u_i,v_j) \tag{7.7}$$

可见，单个符号的失真度 $d(u_i,v_j)$ 描述了某个信源符号通过传输后失真的大小。对于不同的信源符号和不同的接收符号，其值是不同的。但平均失真度已对信源和信道进行了统计平均，所以此值是描述某一信源在某一试验信道传输下的失真大小，是从总体上描述整个系统的失真情况。

从单个符号失真度出发，可以得到长度为 N 的信源符号序列的失真函数和平均失真度。设信源输出的符号序列 $\boldsymbol{U}=(U_1,U_2,\cdots,U_N)$，其中每一个随机变量 U_i 取自同一符号集 $\{u_1,u_2,\cdots,u_r\}$，所以 $\boldsymbol{U}$ 共有 r^N 个不同的符号序列 α_i。而接收端的符号序列为 $\boldsymbol{V}=(V_1,V_2,\cdots,V_N)$，其中每一个随机变量 V_j 取自同一符号集 $\{v_1,v_2,\cdots,v_s\}$，那么，$\boldsymbol{V}$ 共有 s^N 个不同的符号序列 β_j。设发送的信源序列为 $\alpha_i=(u_{i_1},u_{i_2},\cdots,u_{i_N})$，而再现的接收序列为 $\beta_j=(v_{j_1},v_{j_2},\cdots,v_{j_N})$，因此序列的失真度

$$d(\boldsymbol{u},\boldsymbol{v})=d(\alpha_i,\beta_j)=\sum_{l=1}^{N}d(u_{i_l},v_{j_l}) \tag{7.8}$$

也就是信源序列的失真度等于序列中对应单个信源符号失真度之和。取不同的 α_i,β_j，其 $d(\alpha_i,\beta_j)$ 不同，写成矩阵形式时，它是 $r^N\times s^N$ 阶矩阵。而对于 N 维信源符号序列的平均失真度

$$\overline{D}(N)=E[d(\boldsymbol{u},\boldsymbol{v})]=\sum_{\boldsymbol{U},\boldsymbol{V}}P(\boldsymbol{u},\boldsymbol{v})d(\boldsymbol{u},\boldsymbol{v})=\sum_{\boldsymbol{U},\boldsymbol{V}}P(\boldsymbol{u})\cdot P(\boldsymbol{v}\mid\boldsymbol{u})\cdot d(\boldsymbol{u},\boldsymbol{v}) \tag{7.9}$$

也可写成

$$\overline{D}(N)=\sum_{i=1}^{r^N}\sum_{j=1}^{s^N}P(\alpha_i)P(\beta_j\mid\alpha_j)d(\alpha_i,\beta_j)=\sum_{i=1}^{r^N}\sum_{j=1}^{s^N}P(\alpha_i)P(\beta_j\mid\alpha_i)\sum_{l=1}^{N}d(u_{i_l},v_{j_l}) \tag{7.10}$$

由此得信源平均失真度（单个符号的平均失真度）

$$\overline{D}_N=\frac{1}{N}\overline{D}(N)=\frac{1}{N}\sum_{i=1}^{r^N}\sum_{j=1}^{s^N}P(\alpha_i)P(\beta_j\mid\alpha_i)d(\alpha_i,\beta_j) \tag{7.11}$$

当信源与信道都是无记忆时，N 维信源序列的平均失真度

$$\overline{D}(N)=\sum_{l=1}^{N}\overline{D}_l \tag{7.12}$$

而信源的平均失真度

$$\overline{D}_N=\frac{1}{N}\sum_{l=1}^{N}\overline{D}_l \tag{7.13}$$

式中，$\overline{D}_l$ 是信源序列第 l 个分量的平均失真度（$l=1,2,\cdots,N$）。如果离散信源是平稳信源，即有

$$P(u_{i_l})=P(u_i)$$

$$P(v_{j_l}\mid u_{i_l})=P(v_j\mid u_i)\quad(l=1,2,\cdots,N)$$

则

$$\overline{D}_l=\overline{D},\qquad \overline{D}(N)=N\overline{D}$$

即离散无记忆平稳信源通过无记忆的试验信道其信源序列的平均失真度等于单个符号平均失真度的 N 倍。

7.1.3 保真度准则

如果要求平均失真度不大于某个定值,定义该定值为允许失真 D。

若信源压缩后平均失真度 $\overline{D}$ 不大于所允许的失真 D,即

$$\overline{D} \leqslant D \tag{7.14}$$

称此为**保真度准则**。

同理,N 维信源序列的保真度准则应是平均失真度 $\overline{D}(N)$ 不大于允许的失真 ND,即

$$\overline{D}(N) \leqslant ND \tag{7.15}$$

从式(7.7)和式(7.12)可知,$\overline{D}$ 不仅与单个符号的失真度有关,而且还与信源和试验信道的统计特性有关。而 $\overline{D}(N)$ 则还与序列长度 N 有关。

当信源固定($P(u)$ 给定),单个符号失真度固定($d(u_i,v_j)$ 给定)时,选择不同的试验信道,相当于不同的编码方法,所得的 $\overline{D}$ 不同。有些试验信道满足 $\overline{D} \leqslant D$,而有些试验信道 $\overline{D}>D$。凡满足保真度准则——$\overline{D} \leqslant D$ 的这些试验信道称为 **D 失真许可的试验信道**。把所有 D 失真许可的试验信道组成一个集合,用符号 B_D 表示,即

$$B_D = \{P(v_j \mid u_i): \overline{D} \leqslant D;\quad i=1,2,\cdots,r, j=1,2,\cdots,s\} \tag{7.16}$$

或

$$B_D = \{P(\beta_j \mid \alpha_i): \overline{D}(N) \leqslant ND;\quad i=1,2,\cdots,r^N, j=1,2,\cdots,s^N\}$$

在该集合中,将任一个试验信道矩阵$[P(v_j \mid u_i)]$代入式(7.7)计算,平均失真度 $\overline{D}$ 都不大于 D。

7.2 信息率失真函数及其性质

7.2.1 信息率失真函数

在信源给定,且具体定义了失真函数后,我们总希望在满足一定失真的情况下,使信源必须传输给收信者的信息传输率 R 尽可能地小。也就是说在满足保真度准则下($\overline{D} \leqslant D$),寻找信源必须传输给收信者的信息率 R 的下限值。这个下限值与 D 有关。若从接收端来看,就是在满足保真度准则下,寻找再现信源消息所必须获得的最低平均信息量。而接收端获得的平均信息量可用平均互信息 $I(U;V)$ 来表示,这就变成了在满足保真度准则的条件下($\overline{D} \leqslant D$),寻找平均互信息$I(U;V)$ 的最小值。而 B_D 是所有满足保真度准则的试验信道集合,因而可以在 D 失真许可的试验信道集合 B_D 中寻找某一个信道 $P(v_j/u_i)$,使 $I(U;V)$ 取极小值。由于 $I(U;V)$ 是$P(v_j \mid u_i)$ 的∪形凸函数,所以在 B_D 集合中,极小值存在。这个最小值就是在满足保真度准则($\overline{D} \leqslant D$)的条件下,信源必须传输的最小平均信息量,即

$$R(D) = \min_{P(v_j \mid u_i) \in B_D} \{I(U;V)\} \tag{7.17}$$

这就是**信息率失真函数**或简称**率失真函数**。它的单位是奈特/信源符号或比特/信源符号。

对于 N 维信源符号序列,同样可以得其信息率失真函数。在保真度准则条件下($\overline{D}(N) \leqslant ND$),使 $I(\boldsymbol{U};\boldsymbol{V})$ 取极小值,即

$$R_N(D) = \min_{P(\beta_j \mid \alpha_i): \overline{D}(N) \leqslant ND} \{I(\boldsymbol{U};\boldsymbol{V})\} \tag{7.18}$$

它是在所有满足 $\overline{D}(N) \leqslant ND$ 的 N 维试验信道集合中,寻找某个信道使$I(\boldsymbol{U};\boldsymbol{V})$ 取极小值。因为 $\overline{D}(N)$ 与长度 N 有关,所以,在其他条件相同的情况下,对于不同的 N,$R_N(D)$ 是不同的。

在离散无记忆平稳信源的情况下,可证得

$$R_N(D)=NR(D) \tag{7.19}$$

应该强调指出，在研究 $R(D)$ 时，条件概率 $P(v \mid u)$ 并没有实际信道的含义。只是为了求平均互信息的最小值而引用的、假想的可变试验信道。实际上这些信道反映的仅是不同的有失真信源编码或信源压缩的方式。所以改变试验信道求平均互信息的最小值，实质上是选择一种编码方式使信息传输率为最小。

从数学上来看，由定理 3.1 和定理 3.2 可知，平均互信息 $I(U;V)$ 是信源概率分布 $P(u)$ 的∩形凸函数，但它又是信道传递概率 $P(v \mid u)$ 的∪形凸函数。显然，信道容量 C 和信息率失真函数 $R(D)$ 具有对偶性。

已知信道容量

$$C=\max_{P(u)}\{I(U;V)\} \tag{7.20}$$

其是在信道固定前提下，选择一种试验信源使信息传输率最大（求极大值）。信道容量反映了信道传输信息的能力，是信道可靠传送的最大信息传输率，信道容量与信源无关，是信道特性的参量。不同的信道其信道容量不同。

有时求信道容量是在信道固定和输入平均功率受限（$\leqslant P_s$）的条件下，选择一种试验信源使信息传输率最大，即

$$C=\max_{\{P(u):E[u^2]\leqslant P_s\}} I(U;V) \tag{7.21}$$

而信息率失真函数

$$R(D)=\min_{\{P(v_j|u_i):\bar{D}\leqslant D\}}\{I(U;V)\} \tag{7.22}$$

它是在信源和允许失真 D 固定的情况下，选择一种试验信道使信息传输率最小（求极小值）。这个极小值 $R(D)$ 是在信源给定情况下，接收端（用户）以满足失真要求而再现信源消息所必须获得的最少平均信息量。因此，$R(D)$ 反映了信源可以压缩的程度，是在满足一定失真度要求下（$\bar{D}\leqslant D$），信源可压缩的最低值。所得的 $R(D)$ 已是信源特性的参量，与在求极值过程中选择的试验信道无关。对于不同的信源，其 $R(D)$ 是不同的。

这两个概念在实际应用中是有区别的。研究信道容量 C 是为了解决在已知信道中传送最大信息量。为了充分利用已给信道，使传输的信息量最大而错误概率任意小，这就是一般信道编码问题。

研究信息率失真函数是为了解决在已知信源和允许失真度 D 的条件下，使信源必须传送给用户的信息量最小。这个问题就是在一定失真度 D 条件下，尽可能用最少的码符号来传送信源消息，使信源的消息尽快地传送出去，以提高通信的有效性。这是信源编码问题。

它们之间的对应关系可归纳成表 7.1。

表 7.1 信息传输理论和信息率失真理论的对应关系

信息传输理论	信息率失真理论	附　注
信道 $\boldsymbol{P}=[P(y \mid x)]$	失真测度 $d(u,v)$ 信源 $\boldsymbol{P}=(P(u))$	固定
信源 $\boldsymbol{P}=[P(x)]$	信道 $\boldsymbol{P}=[P(v \mid u)]$	假想的，可变的
码 $C:M\to X^n$	信源码 $C:U^N\to C$	
错误概率 P_E	平均失真度 $\bar{D}_N$	
信道容量 $C=\max_{P(x)} I(P(x))$, $C=\max_{P(x):E[X^2]\leqslant P_S} I(P(x))$	信息率失真函数 $R(D)=\min_{P(v\|u)\in B_D} I(P(v\|u))$	
$R<C$ 信道编码定理	$R>R(D)$ 信源编码定理	

7.2.2 信息率失真函数的性质

式(7.17)中 D 是允许的失真度。$R(D)$是对应于 D 的一个确定的信息传输率。对于不同的允许失真 D,$R(D)$就不同,所以它是 D 的函数。

下面我们来讨论 $R(D)$的一些基本性质。

1. $R(D)$的定义域$(0,D_{\max})$

① **$D_{\min}$和 $R(D_{\min})$**。根据式(7.7)的定义,平均失真度 $\overline{D}$ 是非负实函数 $d(u_i,v_j)$的数学期望,因此 $\overline{D}$ 也是一个非负的实数,所以 $\overline{D}$ 的下限必须是零。那么,允许失真度 D 的下限也必然是零,这就是不允许任何失真的情况。

当给定信源$[U,P(u)]$及失真矩阵 $\boldsymbol{D}$ 时,信源的最小平均失真度为

$$D_{\min}=\min\left[\sum_{U}\sum_{V}P(u_i)P(v_j\mid u_i)d(u_i,v_j)\right] \tag{7.23}$$

$$=\sum_{i=1}^{r}P(u_i)\min\left[\sum_{j=1}^{s}P(v_j\mid u_i)d(u_i,v_j)\right] \tag{7.24}$$

由上式可知,若选择试验信道 $P(v_j\mid u_i)$使对每一个 u_i,其求和号 $\sum\limits_{j=1}^{s}P(v_j\mid u_i)d(u_i,v_j)$ 为最小,则总和值最小。当固定某个 u_i,那么对于不同的 v_j 其 $d(u_i,v_j)$不同(即在失真矩阵 $\boldsymbol{D}$ 中第 i 行的元素不同)。其中必有最小值,也可能有若干个相同的最小值。我们可以选择这样的试验信道,它满足

$$\begin{cases}\sum\limits_{v_j}P(v_j\mid u_i)=1 & \text{所有 } d(u_i,v_j)=\text{最小值的 } v_j\in V\\ P(v_j\mid u_i)=0 & d(u_i,v_j)\neq\text{最小值的 } v_j\in V\end{cases}\quad(i=1,2,\cdots,r) \tag{7.25}$$

则可得信源的**最小平均失真度**为

$$D_{\min}=\sum_{U}P(u)\min_{V}d(u,v)=\sum_{i=1}^{r}P(u_i)\min_{j}d(u_i,v_j) \tag{7.26}$$

允许失真度 D 是否能达到零,这与单个符号的失真函数有关,**只有当失真矩阵中每行至少有一个零元素时**,信源的平均失真度才能达到零值。否则,信源的最小平均失真度不等于零。在实际情况中,一般 $D_{\min}=0$。另外,假如 $D_{\min}\neq0$ 时,可以适当改变单个符号的失真度,令 $d'(u_i,v_j)=d(u_i,v_j)-\min\limits_{j}d(u_i,v_j)$,使 $D_{\min}=0$。而对信息率失真函数来说,它只是起了坐标平移的作用。所以,可以假设 $D_{\min}=0$ 而不失其普遍性。

当 $D_{\min}=0$ 时,表示信源不允许任何失真存在。一般直观的理解就是,若信源要求无失真地传输,则信息传输率至少应等于信源输出的信息量——信息熵,即

$$R(0)=H(U) \tag{7.27}$$

但是,式(7.27)能否成立是有条件的,它与失真矩阵形式有关,**只有当失真矩阵中每行至少有一个零,并且每一列最多只有一个零时**,式(7.27)才成立。否则 $R(0)$可以小于 $H(U)$,它表示这时信源符号集中有些符号可以压缩、合并,而不带来任何失真。

【例 7.4】 删除信源 $U=\{0,1\}$,$V=\{0,1,2\}$,而失真矩阵为

$$\boldsymbol{D}=\begin{bmatrix}0 & 1 & 1/2\\ 1 & 0 & 1/2\end{bmatrix}$$

由式(7.26)可知最小允许失真度为 $D_{\min}=\sum\limits_{i=1}^{r}P(u_i)\min\limits_{j}d(u_i,v_j)=\sum\limits_{i=1}^{r}P(u_i)\cdot0=0$

满足最小允许失真度的试验信道是一个无噪无损的试验信道,信道矩阵为

$$\boldsymbol{P}=\begin{bmatrix}1 & 0 & 0\\ 0 & 1 & 0\end{bmatrix}$$

可以看出,若取允许失真度 $D=D_{\min}=0$,则 B_D 集合中只有这个信道是唯一可取的试验信道,也就是无失真一一对应的编码。

由前知,在这个无噪无损的试验信道中,$I(U;V)=H(U)$,因此得

$$R(0)=\min_{P(v_j|u_i)\in B_D}\{I(U;V)\}=H(U)$$

【例 7.5】 设信源 $\begin{bmatrix}U\\ P(u)\end{bmatrix}=\begin{bmatrix}0, & 1, & 2\\ 1/3, & 1/3, & 1/3\end{bmatrix}$,信宿 $V:\{0,1\}$。失真矩阵为 $\boldsymbol{D}=\begin{bmatrix}0 & 1\\ 1/2 & 1/2\\ 1 & 0\end{bmatrix}$。

由式(7.26)得
$$D_{\min}=\frac{1}{3}\times 0+\frac{1}{3}\times\frac{1}{2}+\frac{1}{3}\times 0=\frac{1}{6}$$

由式(7.25)可知,使平均失真度达到最小值($D=1/6$)的信道必须满足

$$\begin{cases}P(v_1\mid u_1)=1,P(v_2\mid u_1)=0\\ P(v_1\mid u_2)+P(v_2\mid u_2)=1\\ P(v_2\mid u_3)=1,P(v_1\mid u_3)=0\end{cases}$$

因为满足 $P(v_1\mid u_2)+P(v_2\mid u_2)=1$ 这一条件限制的 $P(v_1\mid u_2)$ 和 $P(v_2\mid u_2)$ 可以有无穷多个,而且它们的最小平均失真度都是 1/6,即 $B_{D_{\min}}$ 集合中的信道有无数多个。这些信道的共同特征是信道矩阵中每列有不只一个非零元素,所以其信道疑义度 $H(U\mid V)\neq 0$,则得

$$R(D_{\min})=R(1/6)=\min_{P(v_j|u_i)\in B_{D_{\min}}}I(U;V)<H(U)$$

若失真矩阵改成
$$\boldsymbol{D'}=\begin{bmatrix}0 & 1\\ 0 & 0\\ 1 & 0\end{bmatrix}$$

$\boldsymbol{D'}$ 与 $\boldsymbol{D}$ 之间满足

$$d'(u_i,v_j)=d(u_i,v_j)-\min_j d(u_i,v_j)\quad(i=1,2,\cdots,r)\quad(j=1,2,\cdots,s)\tag{7.28}$$

可得
$$D'_{\min}=\sum_{i=1}^{r}P(u_i)\min_j d(u_i,v_j)=0$$

同样,$B_{D'_{\min}}$ 集合中的信道必满足
$$\begin{cases}P(v_1\mid u_1)=1,P(v_2\mid u_1)=0\\ P(v_1\mid u_2)+P(v_2\mid u_2)=1\\ P(v_2\mid u_3)=1,P(v_1\mid u_3)=0\end{cases}$$

所以,$B_{D'_{\min}}$ 集合中信道有无穷多个,不是唯一的。同理,这些信道的信道矩阵中每列有不只一个非零元素,得

$$R(D'_{\min})=R(0)<H(U)$$

从失真矩阵 $\boldsymbol{D'}$ 可知,信源符号 u_1 传递到符号 v_1 无失真,信源符号 u_2 传递到 v_1 也无失真,则信源 U 完全可以将 u_1 和 u_2 合并成一个符号,使信源符号集由三个符号压缩成两个符号,并不引起任何失真。显然,压缩后信息传输率必然减小,得 $R(0)<H(U)$。这就表示,在 $\boldsymbol{D'}$ 下信源本身可实现无失真的压缩编码,如图 7.3 所示。

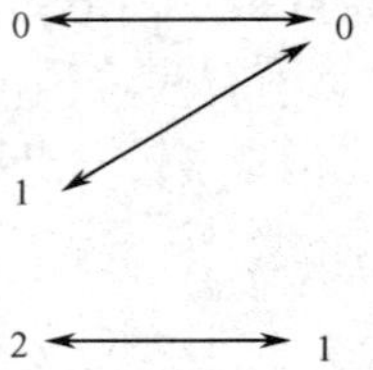

图 7.3 信源压缩编码

② $\boldsymbol{D_{\max}}$**和**$\boldsymbol{R(D_{\max})}$

平均失真度也有一个上限值 $D_{\max}$。根据 $R(D)$ 的定义知，$R(D)$ 是在一定的约束条件下，平均互信息 $I(U;V)$ 的极小值。已知 $I(U;V)$ 是非负的，其下限值为零。由此可得，$R(D)$ 也是非负的，它的下限值也为零。所以当 $R(D)=0$ 时，所对应的平均失真度 $\overline{D}$ 的下限就是 $D_{\max}$，如图 7.4 所示。

可以根据下述方法来求 $D_{\max}$。设当 $\overline{D}=D_{\max}$ 时，$R(D)$ 已达到下限值。当允许失真更大，即 $D \geqslant D_{\max}$ 时，$R(D)$ 是非负数，所以 $R(D)$ 仍等于零。由前述已知，当 U、V 统计独立时平均互信息 $I(U;V)=0$，可见当 $D \geqslant D_{\max}$ 时，信源 U 和接收符号 V 已经统计独立了。因此在 $P(u)\neq 0$ 的前提下，$P(v|u)$ 只是 v 的函数，而与 u 无关。即

$$P(v|u)=Q(v),\ P(u)\neq 0 \quad u\in U$$

但就此条件来讲，还可有许多种 $Q(v)$ 使得 $R(D)=0$，从而使平均失真度 $\overline{D}$ 可以有不同值，如图 7.4 所示。也就是说，不同的 $Q(v)$ 会有不同的 $\overline{D}\,|_{R(D)=0}$。只有选取其中 $\overline{D}$ 的最小值为 $D_{\max}$ 才有意义。根据平均失真度定义，$R(D)=0$ 的平均失真度为

$$\overline{D}=\sum_{U,V}P(u)Q(v)d(u,v)$$

所以 $D_{\max}$ 就是在 $R(D)=0$ 的条件下，取 $\overline{D}$ 的最小值，即

$$D_{\max}=\min_{Q(v)}\sum_{U,V}P(u)Q(v)d(u,v)$$

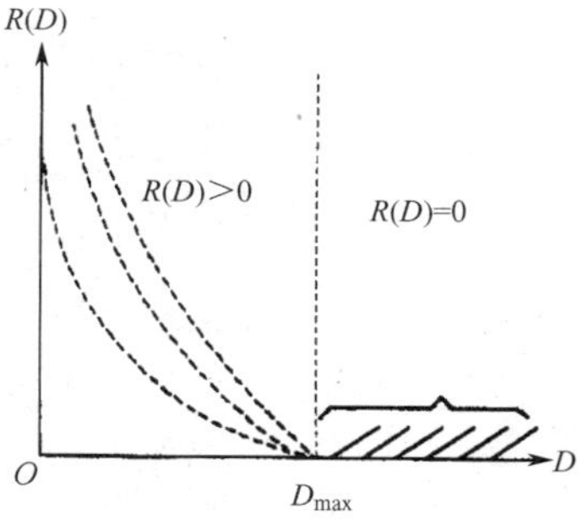

图 7.4 $D_{\max}$ 的位置

将上式改写成
$$D_{\max}=\min_{Q(v)}\sum_{V}Q(v)\sum_{U}P(u)d(u,v)=\min_{Q(v)}\sum_{V}Q(v)d'(v)$$

这就是求 $d'(v)$ 的数学期望的最小值。由于信源概率分布 $P(u)$ 和失真函数 $d(u,v)$ 是已知的，因此求 $D_{\max}$ 相当于寻找分布 $Q(v)$ 使 $d'(v)$ 最小。因为 $d'(v)>0$，随 v 的选取其总有一个最小值。假如 $Q(v)$ 的分布是这样的，即当 $v_j\in V$，其 $d'(v_j)$ 为最小时，取 $Q(v_j)=1$；而当 $v_k\in V$，又 $v_k\neq v_j$ 时，取 $Q(v_k)=0$，则此时求得的数学期望为最小，就等于 $d'(v_j)$。所以，对 $Q(v)$ 求 $d'(v)$ 的数学期望的最小值，就等于在 $v_j\in V$ 中求最小值 $d'(v_j)$。由此得

$$D_{\max}=\min_{V}d'(v)=\min_{V}\sum_{U}P(u)d(u,v) \tag{7.29}$$

综上所述，$R(D)$ 的定义域一般为 $(0,D_{\max})$。一般情况下 $D_{\min}=0$，$R(D_{\min})=H(U)$（有条件）；当 $D\geqslant D_{\max}$ 时，$R(D)=0$；而当 $D_{\min}<D<D_{\max}$ 时，$H(U)>R(D)>0$。

2. $\boldsymbol{R(D)}$ 是允许失真度 $\boldsymbol{D}$ 的∪形凸函数

在允许失真度 D 的定义域内，$R(D)$ 是 D 的∪形凸函数。即对于任意 $\theta,\bar{\theta}\geqslant 0$，$\theta+\bar{\theta}=1$，和任意 $D_{\min}<D',D''\leqslant D_{\max}$，有

$$R(\theta D'+\bar{\theta}D'')\leqslant \theta R(D')+\bar{\theta}R(D'') \tag{7.30}$$

3. $\boldsymbol{R(D)}$ 函数的单调递减性和连续性

由于 $R(D)$ 具有凸状性，这就意味着它在定义域内是连续的。$R(D)$ 的连续性可由平均互信息 $I(U;V)$ 是信道传递概率 $P(v_j|u_i)$ 的连续函数来证得。

$R(D)$ 的非增性也是容易理解的。因为允许的失真越大，所要求的信息率可以越小。根据 $R(D)$ 的定义，它是在平均失真度小于或等于 D 的所有信道集合 B_D 中，取 $I(U;V)$ 的最小值。若 D 增大，那么 B_D 的集合也扩大，当然仍包含原来满足条件的所有信道。这时再在扩大的 B_D 集合中找 $I(U;V)$ 的最小值，显然其最小值或者不变，或者变小，所以 $R(D)$ 是非增的。

以上性质证明详见参考书目[15]。

由于信息率失真函数 $R(D)$ 是严格的单调递减函数,因此在 B_D 中 $I(U;V)$ 为最小的试验信道 $P(v_j \mid u_i)$ 必须在 B_D 的边界上,即必须有

$$\overline{D} = \sum_U \sum_V P(u_i)P(v_j \mid u_i)d(u_i,v_j) = D$$

故选择在 $\overline{D}=D$ 的条件下来计算信息率失真函数 $R(D)$。

根据以上几点性质,可以大体画出一般信源(有记忆,无记忆)$R(D)$ 函数的典型曲线,如图 7.5 所示。图 7.5(a)中设 $D_{\min}=0$,而图 7.5(b)中设 $D_{\min}\neq 0$。图中 $R(D_{\min})\leqslant H(U)$,$R(D_{\max})=0$ 决定了曲线边缘上的两个点。而在 0 和 $D_{\max}$ 之间 $R(D)$ 是单调递减的∪形函数。注意,在连续信源的情况下,$R(0)\to\infty$,则曲线将不与 $R(D)$ 轴相交,如图 7.5(a)中虚线所示。

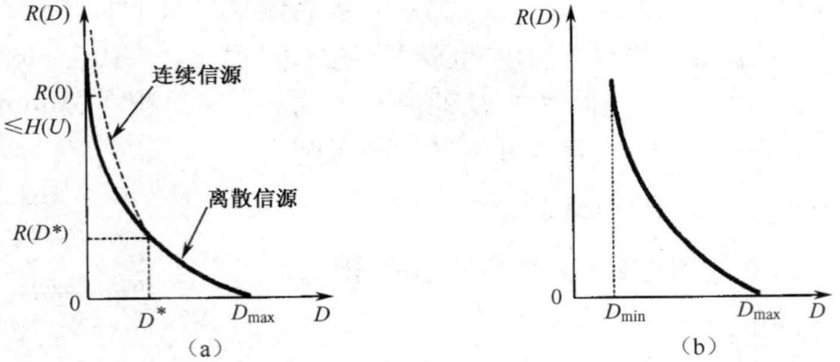

图 7.5　$R(D)$ 函数的典型曲线

*7.3　信息率失真函数的参量表述及其计算

已知离散信源的概率分布 $P(u)$ 和失真函数 $d(u,v)$,可求得信源的 $R(D)$ 函数。原则上与信道容量一样,是在有约束条件下求极小值的问题。即适当选取试验信道 $P(v \mid u)$ 使平均互信息

$$I(U;V) = \sum_{i=1}^{r}\sum_{j=1}^{s} P(u_i)P(v_j \mid u_i)\log\frac{P(v_j \mid u_i)}{\sum_{i=1}^{r}P(u_i)P(v_j \mid u_i)} \tag{7.31}$$

最小化,并使 $P(v_j \mid u_i)$ 满足以下约束条件

$$P(v_j \mid u_i)\geqslant 0 \quad (i=1,2,\cdots,r) \quad (j=1,2,\cdots,s) \tag{7.32}$$

$$\sum_{j=1}^{s} P(v_j \mid u_i) = 1 \quad (i=1,2,\cdots,r) \tag{7.33}$$

和

$$\sum_{i=1}^{r}\sum_{j=1}^{s} P(u_i)P(v_j \mid u_i)d(u_i,v_j) = D \tag{7.34}$$

应用拉格朗日乘子法,原则上可以求出解来。但是要求得到明显的解析表达式,则比较困难,通常只能用参量形式来表达。即便如此,除简单情况外,实际计算仍然是相当困难的。尤其是约束条件式(7.32),它是求解 $R(D)$ 函数的最主要障碍。因为应用拉格朗日乘子法解得的一个或某几个 $P(v_j \mid u_i)$ 很可能是负的。在这种情况下,必须假设某些 $P(v_j \mid u_i)=0$,然后重新计算,这就使得计算复杂化了。目前,一般可采用收敛的迭代算法在电子计算机上求解 $R(D)$ 函数。

下面介绍用拉格朗日乘子法求解 $R(D)$ 函数,并用 S 作为参量来表述 $R(D)$ 和 $D(S)$。

1. 构造辅助函数,求极小值

由式(7.31)知,当信源的概率分布 $P(u)$ 固定,平均互信息仅仅是试验信道 $P(v_j \mid u_i)$ 的函数。现暂且不考虑式(7.32)的约束。而约束条件式(7.33)包含 r 个等式,取拉格朗日乘子 $\mu_i(i=1,2,\cdots,r)$ 分别与之对应;及取 S 与式(7.34)对应。由此构成辅助函数

$$\Phi = I(U;V) - \mu_i \sum_{j=1}^{s} P(v_j \mid u_i) - SD \tag{7.35}$$

求极值,就是求辅助函数一阶导数等于零的方程组的解。已知平均互信息$I(U;V)$是信道 $\boldsymbol{P}$ 的∪形凸函数,若极值存在,它一定是极小值。即求

$$\frac{\partial \Phi}{\partial P(v_j \mid u_i)} = 0 \quad (i=1,2,\cdots,r) \quad (j=1,2,\cdots,s) \tag{7.36}$$

为此 $\dfrac{\partial I(U;V)}{\partial P(v_j \mid u_i)} = -P(u_i)\log P(v_j) - P(u_i) + P(u_i)\log P(v_j \mid u_i) + P(u_i) = P(u_i)\log \dfrac{P(v_j \mid u_i)}{P(v_j)}$

又因为
$$\frac{\partial \mu_i \sum_{j=1}^{s} P(v_j \mid u_i)}{\partial P(v_j \mid u_i)} = \mu_i$$

$$\frac{\partial SD}{\partial P(v_j \mid u_i)} = \frac{\partial S \sum_{i=1}^{r} \sum_{j=1}^{s} P(u_i) P(v_j \mid u_i) d(v_j, u_i)}{\partial P(v_j \mid u_i)} = SP(u_i) d(u_i, v_j)$$

所以得
$$\frac{\partial \Phi}{\partial P(v_j \mid u_i)} = P(u_i)\log \frac{P(v_j \mid u_i)}{P(v_j)} - SP(u_i) d(u_i, v_j) - \mu_i = 0$$
$$(i = 1,2,\cdots,r) \quad (j = 1,2,\cdots,s) \tag{7.37}$$

式(7.37)共有 $r\times s$ 个方程,加上式(7.33) r 个方程和式(7.34) 1 个方程,共有 $(r+1+r\times s)$ 个方程。而未知数 $\mu_i(i=1,2,\cdots,r)$,S 和 $P(v_j \mid u_i)(i=1,2,\cdots,r,j=1,2,\cdots,s)$ 也正好对应 $(r+1+r\times s)$ 个,所以原则上极小值的问题已解决。只需求解式(7.37)、式(7.33)和式(7.34)的方程组,即可求出 $I(U;V)$ 在约束条件下的极小值。

2. 求解 $\boldsymbol{P(v_j \mid u_i)}$,$\boldsymbol{\lambda_i}$ 和 $\boldsymbol{P(v_j)}$

为了求解方便,令 $\mu_i = P(u_i)\log \lambda_i$

整理式(7.37)得

$$\log P(v_j \mid u_i) - \log P(v_j) - S d(u_i, v_j) - \log \lambda_i = 0 \quad (i=1,2,\cdots,r) \quad (j=1,2,\cdots,s) \tag{7.38}$$

求解上式,可得 $r\times s$ 个传递概率

$$P(v_j \mid u_i) = P(v_j)\lambda_i \exp[S d(u_i, v_j)] \quad (i=1,2,\cdots,r) \quad (j=1,2,\cdots,s) \tag{7.39}$$

将上式对 j 求和,得 $\sum_j P(v_j \mid u_i) = \sum_j P(v_j)\lambda_i \exp[S d(u_i, v_j)] = 1$

$$\lambda_i = \frac{1}{\sum_j P(v_j) \exp[S d(u_i, v_j)]} \quad (i = 1,2,\cdots,r) \tag{7.40}$$

将式(7.39)乘以 $P(u_i)$,再对 i 求和,得

$$\sum_i P(u_i) P(v_j \mid u_i) = P(v_j) \sum_i \lambda_i P(u_i) \exp[S d(u_i, v_j)]$$

若 $P(v_j)\neq 0$，得
$$\sum_i \lambda_i P(u_i)\exp[Sd(u_i,v_j)] = 1 \quad (j=1,2,\cdots,s) \tag{7.41}$$
将式(7.40)代入上式，由此得到用参量 S 表达的 $P(v_j)$
$$c_j \triangleq \sum_i \frac{P(u_i)\exp[Sd(u_i,v_j)]}{\sum_j P(v_j)\exp[Sd(u_i,v_j)]} = 1 \quad (j=1,2,\cdots,s) \tag{7.42}$$
从上式的 s 个方程可求解出 s 个输出符号的概率 $P(v_j)$。但应强调指出，当 $P(v_j)=0$ 时，c_j 不必等于1，可以证明它必须小于等于1。

然后将所求的 $P(v_j)$ 代入式(7.40)可求出 λ_i 来。将式(7.40)代入式(7.39)则得
$$\begin{aligned} P(v_j \mid u_i) &= \frac{P(v_j)\exp[Sd(u_i,v_j)]}{\sum_j P(v_j)\exp[Sd(u_i,v_j)]} \quad (i=1,2,\cdots,r) \quad (j=1,2,\cdots,s) \\ &= \lambda_i P(v_j)\exp[Sd(u_i,v_j)] \end{aligned} \tag{7.43}$$
将由式(7.42)解得的概率分布 $P(v_j)$，代入上式就可求解出极小值的试验信道的传递概率 $P(v_j \mid u_i)$。

3. 计算 $D(S)$ 和 $R(S)$

应该指出，这时所得的结果是以 S 为参量的表达式，而不是显式表达式。因而所得到的 $R(D)$ 的表达式也是以 S 为参量的表达式。参量 S 对应的限制条件为式(7.34)，它与允许的失真 D 有关，所以以 S 为参量就相当于以 D 为参量。将式(7.39)代入式(7.34)和式(7.31)，得到以 S 为参量的信息率失真函数 $R(S)$ 和失真函数 $D(S)$。
$$D(S) = \sum_i \sum_j P(u_i)P(v_j)\lambda_i d(u_i,v_j)\exp[Sd(u_i,v_j)] \tag{7.44}$$
$$\begin{aligned} R(S) &= \sum_i \sum_j P(u_i)P(v_j)\lambda_i \mathrm{e}^{Sd(u_i,v_j)}\log\lambda_i \mathrm{e}^{Sd(u_i,v_j)} \\ &= S\sum_i \sum_j P(u_i)P(v_j)\lambda_i d(u_i,v_j)\exp[Sd(u_i,v_j)] + \sum_i \sum_j P(u_i)P(v_j)\lambda_i \log\lambda_i \exp[Sd(u_i,v_j)] \\ &= SD(S) + \sum_i P(u_i)\log\lambda_i \sum_j P(v_j \mid u_i) = SD(S) + \sum_{i=1}^{r} P(u_i)\log\lambda_i \end{aligned} \tag{7.45}$$
当参数 S 给定时，可由式(7.42)求出 $P(v_j)(j=1,2,\cdots,s)$；再由式(7.41)计算出 $\lambda_i(i=1,2,\cdots,r)$，于是就可以根据式(7.44)和式(7.45)确定 $R(D)$ 的值。由于 $P(v_j)(j=1,2,\cdots,s)$ 不能是负值，所以对参量 S 的取值有一定的限制。

4. 参量 S 的物理意义

现在我们分析参量 S 的物理意义及其可能取值范围。

由于 D 是参量 S 的函数，λ_i 也是 S 的函数，因此也可以把 S 看成 D 的函数，则 λ_i 也是 D 的函数。首先，我们将 $R(S)$ 对 D 求导数，则得
$$\begin{aligned} \frac{\mathrm{d}R(D)}{\mathrm{d}D} &= \frac{\partial R}{\partial S}\cdot\frac{\mathrm{d}S}{\mathrm{d}D} = \frac{\partial}{\partial S}\left[SD(S) + \sum_i P(u_i)\log\lambda_i\right]\cdot\frac{\mathrm{d}S}{\mathrm{d}D} \\ &= \left[D + S\frac{\mathrm{d}D}{\mathrm{d}S} + \sum_i P(u_i)\frac{1}{\lambda_i}\frac{\mathrm{d}\lambda_i}{\mathrm{d}S}\right]\cdot\frac{\mathrm{d}S}{\mathrm{d}D} = S + \left[D + \sum_i P(u_i)\frac{1}{\lambda_i}\frac{\mathrm{d}\lambda_i}{\mathrm{d}S}\right]\cdot\frac{\mathrm{d}S}{\mathrm{d}D} \end{aligned} \tag{7.46}$$
其次，将式(7.41)对 S 取导，则得
$$\sum_i P(u_i)\mathrm{e}^{Sd(u_i,v_j)}\frac{\mathrm{d}\lambda_i}{\mathrm{d}S} + \sum_i \lambda_i P(u_i)d(u_i,v_j)\mathrm{e}^{Sd(u_i,v_j)} = 0 \quad (j=1,2,\cdots,s)$$
将上式两边乘以 $P(v_j)$，并对 j 求和，得

$$\sum_i \sum_j P(u_i)P(v_j)\mathrm{e}^{Sd(u_i,v_j)} \frac{\mathrm{d}\lambda_i}{\mathrm{d}S} + \sum_i \sum_j \lambda_i P(u_i)P(v_j)d(u_i,v_j)\mathrm{e}^{Sd(u_i,v_j)} = 0$$

即

$$\sum_i P(u_i) \frac{\mathrm{d}\lambda_i}{\mathrm{d}S} \sum_j P(v_j)\mathrm{e}^{Sd(u_i,v_j)} + D = 0$$

由式(7.40)可得

$$\sum_i \frac{P(u_i)\mathrm{d}\lambda_i}{\lambda_i \mathrm{d}S} + D = 0 \tag{7.47}$$

将上式代入式(7.46),则得

$$\left.\frac{\mathrm{d}R(D)}{\mathrm{d}D}\right|_{D(S)} = S \tag{7.48}$$

式(7.48)表明,参量 S 是信息率失真函数 $R(D)$ 的斜率。由于 $R(D)$ 是 D 的单调递减函数,并且是∪形凸函数,故斜率 S 必为非正的,且递增的$\left(即\frac{\mathrm{d}S}{\mathrm{d}D}>0\right)$。当 D 由 $D_{\min}$ 增大到 $D_{\max}$ 时,S 的数值也随之由 $S_{\min}$ 增至 $S_{\max}$。

当 $D_{\min}=0$ 时,由式(7.44)知,等式右边诸因数 $P(u_i)$,$P(v_j)$,λ_i 都是非负值,而各 $d(u_i,v_j)$ 也不都等于零。因此,要满足 $D_{\min}=0$ 的条件,必是指数的幂为负无穷大,即 $S_{\min}$ 应该趋于$-\infty$。也就是 $D_{\min}=0$ 处 $R(D)$ 的斜率应该趋于负无穷。当 $D>0$ 时,S 随着 D 的增大而增大。当 D 达到 $D_{\max}$ 时,S 也达到 $S_{\max}$,但它仍是负值,当然最大值等于零。

一般情况下,在$(D_{\min},D_{\max})$区域内,S 是 D 的连续函数。当 $D=D_{\min}$ 时,$S=-\infty$,而当 $D>D_{\max}$ 时 $R(D)\equiv 0$,当然$\frac{\mathrm{d}R}{\mathrm{d}D}=S=0$。所以在 $D=D_{\max}$ 处,除某些特例外,S 在这一点上将不是连续的,它将从某一负值跳到零。

下面举例说明如何运用率失真函数的参量表述来进行离散信源 $R(D)$ 的计算。

【例 7.6】 设离散信源

$$\begin{bmatrix} U \\ P(u) \end{bmatrix} = \begin{bmatrix} u_1, & u_2 \\ p & 1-p \end{bmatrix} \qquad \left(其中\ p\leqslant\frac{1}{2}\right)$$

和接收变量 $V=\{v_1,v_2\}$。并设失真矩阵为

$$\boldsymbol{D} = \begin{bmatrix} 0 & \alpha \\ \alpha & 0 \end{bmatrix} \quad \alpha>0$$

由式(7.26)易知 $D_{\min}=0$。因为 $\boldsymbol{D}$ 中每行每列都只有一个最小值"0",所以达到最小失真 $D_{\min}=0$ 的试验信道是唯一确定的无噪无损信道

$$\boldsymbol{P} = \begin{bmatrix} 1 & 0 \\ 0 & 1 \end{bmatrix}$$

则有

$$R(0)=H(U)=H(p) \qquad (比特/符号)$$

由于信源概率分布和失真矩阵具有对称性,所以由式(7.29)易计算得最大允许失真

$$D_{\max} = \min_j[\alpha(1-p),\alpha p] = \alpha p$$

并得

$$R(D_{\max}) = R(\alpha p) = 0$$

现求 $0\leqslant D\leqslant \alpha p$ 时,信源的率失真函数 $R(D)$。为了计算方便,令 $\beta=\mathrm{e}^{\alpha S}$。根据式(7.41)可求出以 S 表示的待定参数 $\lambda_i(i=1,2)$。把式(7.41)写成矩阵形式

$$(p\lambda_1,(1-p)\lambda_2)\begin{bmatrix} 1 & \beta \\ \beta & 1 \end{bmatrix} = [1,1] \tag{7.49}$$

上式也可改写成

$$\begin{bmatrix} 1 & \beta \\ \beta & 1 \end{bmatrix}^{\mathrm{T}} \begin{bmatrix} p\lambda_1 \\ (1-p)\lambda_2 \end{bmatrix} = \begin{bmatrix} 1 \\ 1 \end{bmatrix} \tag{7.50}$$

因上式中矩阵是对称的，所以其转置矩阵与原矩阵相等。求解式（7.50）得

$$\lambda_1=\frac{1}{p(1+\beta)},\quad \lambda_2=\frac{1}{(1-p)(1+\beta)} \tag{7.51}$$

又根据式（7.40），用矩阵形式表示为

$$\begin{bmatrix}1 & \beta\\ \beta & 1\end{bmatrix}\begin{bmatrix}p(v_1)\\ p(v_2)\end{bmatrix}=\begin{bmatrix}1/\lambda_1\\ 1/\lambda_2\end{bmatrix} \tag{7.52}$$

所以有

$$\begin{bmatrix}p(v_1)\\ p(v_2)\end{bmatrix}=\begin{bmatrix}1 & \beta\\ \beta & 1\end{bmatrix}^{-1}\begin{bmatrix}1/\lambda_1\\ 1/\lambda_2\end{bmatrix}=\frac{1}{1-\beta^2}\begin{bmatrix}1 & -\beta\\ -\beta & 1\end{bmatrix}\begin{bmatrix}1/\lambda_1\\ 1/\lambda_2\end{bmatrix}$$

将所求 λ_i 值代入上式，解得

$$\begin{bmatrix}p(v_1)\\ p(v_2)\end{bmatrix}=\frac{1}{(1-\beta)}\begin{bmatrix}p-(1-p)\beta\\ (1-p)-p\beta\end{bmatrix} \tag{7.53}$$

将解得的 $\lambda_i(i=1,2)$ 和 $p(v_j)$ $(j=1,2)$ 代入式（7.44），求得

$$\begin{aligned}D(S)&=\sum_{i=1}^{2}\sum_{j=1}^{2}p(u_i)p(v_j)\lambda_i d(u_i,v_j)\mathrm{e}^{sd(u_i,v_j)}\\&=p\alpha\frac{\beta}{p(1+\beta)}\frac{(1-p)-p\beta}{(1-\beta)}+(1-p)\alpha\frac{\beta}{(1-p)(1+\beta)}\frac{p-(1-p)\beta}{(1-\beta)}\\&=\frac{\alpha\beta}{1+\beta}\end{aligned} \tag{7.54}$$

由上式得

$$\beta=\frac{D}{\alpha-D} \tag{7.55}$$

$$S(D)=\frac{1}{\alpha}\ln\frac{D}{\alpha-D}=\frac{1}{\alpha}\ln\frac{D/\alpha}{1-D/\alpha} \tag{7.56}$$

对于这种简单信源，可以解出上述 S 与 D 的显式表达式。

将式（7.56）代入式（7.51）和式（7.53）得

$$\lambda_1=\frac{(\alpha-D)}{p\alpha}=\frac{(1-D/\alpha)}{p},\quad \lambda_2=\frac{(\alpha-D)}{(1-p)\alpha}=\frac{(1-D/\alpha)}{(1-p)} \tag{7.57}$$

$$p(v_1)=\frac{p\alpha-D}{\alpha-2D}=\frac{(p-D/\alpha)}{(1-2D/\alpha)},\quad p(v_2)=\frac{\alpha(1-p)-D}{\alpha-2D}=\frac{(1-p)-D/\alpha}{(1-2D/\alpha)} \tag{7.58}$$

然后将式（7.56）、式（7.57）代入式（7.45），得 $R(D)$ 的显式表达式为

$$\begin{aligned}R(D)&=\frac{D}{\alpha}\ln\frac{D/\alpha}{1-D/\alpha}-p\ln p+p\ln(1-D/\alpha)-(1-p)\ln(1-p)+(1-p)\ln(1-D/\alpha)\\&=-p\ln p-(1-p)\ln(1-p)+\frac{D}{\alpha}\ln\frac{D}{\alpha}+\left(1-\frac{D}{\alpha}\right)\ln\left(1-\frac{D}{\alpha}\right)\quad（奈特/符号）\\&=\left[-p\ln p-(1-p)\ln(1-p)+\frac{D}{\alpha}\ln\frac{D}{\alpha}+\left(1-\frac{D}{\alpha}\right)\ln\left(1-\frac{D}{\alpha}\right)\right]\cdot\log e\\&=\left[-p\log-(1-p)\log(1-p)+\frac{D}{\alpha}\log\frac{D}{\alpha}+\left(1-\frac{D}{\alpha}\right)\log\left(1-\frac{D}{\alpha}\right)\right]\\&=H(p)-H\left(\frac{D}{\alpha}\right)\end{aligned} \tag{7.59}$$

式（7.59）中第二行的单位为奈特/符号，而最后二行对数可以选取任意大于 1 的数为底，其所得单位将取决于对数的底。为了验证上述计算的 $R(D)$ 显式表达式是否在此题允许的失真 $0\leqslant D\leqslant D_{\max}=\alpha p$ 范围内存在，可将式（7.57）和式（7.58）代入式（7.39），观察试验信道传递概率是否满足大于零或等于零的条件。计算可得

$$\begin{cases}p(v_1 \mid u_1)=P(v_1)\lambda_1\\ p(v_2 \mid u_1)=p(v_2)\lambda_1\beta\\ p(v_1 \mid u_2)=p(v_1)\lambda_2\beta\\ p(v_2 \mid u_2)=p(v_2)\lambda_2\end{cases} \tag{7.60}$$

解得

$$\begin{cases}p(v_1 \mid u_1)=\dfrac{(1-D/\alpha)(p-D/\alpha)}{p(1-2D/\alpha)}\\ p(v_2 \mid u_1)=\dfrac{D/\alpha(1-p-D/\alpha)}{p(1-2D/\alpha)}\\ p(v_1 \mid u_2)=\dfrac{D/\alpha(p-D/\alpha)}{(1-p)(1-2D/\alpha)}\\ p(v_2 \mid u_2)=\dfrac{(1-D/\alpha)(1-p-D/\alpha)}{(1-p)(1-2D/\alpha)}\end{cases} \tag{7.61}$$

由上式可知,当 $D=0$ 时,试验信道为

$$\left.\begin{matrix}p(v_1 \mid u_1)=1,\ p(v_2 \mid u_1)=0\\ p(v_1 \mid u_2)=0, p(v_2 \mid u_2)=1\end{matrix}\right\},\quad 即\quad P=\begin{bmatrix}1 & 0\\ 0 & 1\end{bmatrix} \tag{7.62}$$

当 $D_{\max}=\alpha p$ 时,试验信道为

$$\left.\begin{matrix}p(v_1 \mid u_1)=0,\ p(v_2 \mid u_1)=1\\ p(v_1 \mid u_2)=0, p(v_2 \mid u_2)=1\end{matrix}\right\},\quad 即\quad P=\begin{bmatrix}0 & 1\\ 0 & 1\end{bmatrix} \tag{7.63}$$

可见,式(7.61)在 $0\leqslant D\leqslant D_{\max}=\alpha p$ 范围内都满足式(7.32)的条件,所以式(7.59)就是信源的率失真函数。而且根据式(7.59)可以验证得

$$R(D=0)=H(p),\qquad R(D_{\max}=\alpha p)=0$$

得此二元离散对称信源的信息率失真函数

$$R(D)=\begin{cases}H(p)-H(D/\alpha) & 0\leqslant D\leqslant D_{\max}=\alpha p\\ 0 & D>\alpha p\end{cases} \tag{7.64}$$

7.4 二元对称信源和离散对称信源的 $R(D)$ 函数

对于二元对称信源和离散对称信源,当失真测度为汉明失真时,可以运用一些技巧来求解 $R(D)$,使计算较简便。下面分别针对二元对称信源和离散对称信源的计算,来说明技巧如何运用。

7.4.1 二元对称信源的 $R(D)$ 函数

设二元对称信源 $U=\{0,1\}$,其概率分布 $P(u)=[\omega,1-\omega]$,$\omega\leqslant 1/2$,而接收变量 $V=\{0,1\}$,设汉明失真矩阵为

$$\boldsymbol{D}=\begin{bmatrix}0 & 1\\ 1 & 0\end{bmatrix} \tag{7.65}$$

因而最小允许失真度 $D_{\min}=0$。能找到满足该最小失真的试验信道,它是一个无噪无损信道,其信道矩阵为

$$\boldsymbol{P}=\begin{bmatrix}1 & 0\\ 0 & 1\end{bmatrix}$$

计算得

$$R(0)=I(U;V)=H(\omega)$$

在式(7.65)的失真函数定义下,可计算出最大允许失真度为

$$D_{\max}=\min_{V}\sum_{U}P(u)d(u,v)$$

$$= \min[P(0)d(0,0) + P(1)d(1,0); P(0)d(0,1) + P(1)d(1,1)]$$
$$= \min[(1-\omega);\omega] = \omega$$

要达到最大允许失真度的试验信道，唯一确定为 $\boldsymbol{P}=\begin{bmatrix}0 & 1\\0 & 1\end{bmatrix}$。即这个试验信道能正确传送信源符号 $u=1$，而传送 $u=0$ 时，接收符号一定为$v=1$。那么，凡发送符号 $u=0$ 时，一定都错了。$u=0$ 出现的概率为 ω，所以信道的平均失真度为 ω。在这种试验信道条件下，可得 $R(D_{\max})=R(\omega)=I(U;V)=0$。

一般情况下，当 $0<D<D_{\max}=\omega$ 时，平均失真度为

$$\overline{D}=E[d]=\sum_{U,V}P(u)P(v\mid u)d(u,v)=\sum_{U,V}P(u,v)d(u,v)$$
$$=P(u=0,v=1)+P(u=1,v=0)=P_{\mathrm{E}}$$

式中 P_{E} 是信道传输的平均错误概率[见式(6.10)]。这就是说在汉明失真度的情况下，平均失真度等于平均错误概率。

此时，选取任一信道使 $\overline{D}=D$，得平均互信息

$$I(U;V)=H(U)-H(U\mid V)=H(\omega)-H(U\mid V)$$

根据费诺不等式(6.17)，当 $r=2$ 时有 $\quad H(U\mid V)\leqslant H(P_{\mathrm{E}})=H(D)$

得 $\quad I(U;V)\geqslant H(\omega)-H(D)$

这是平均互信息的下限值。根据信息率失真函数的定义，当$0<D<D_{\max}$时，该下限值就是 $R(D)$ 的数值。为了证实这一点，必须找到一个试验信道，使其平均失真度$E[d]\leqslant D$，而平均互信息达到这个下限值。即

$$I(U;V)=R(D)=H(\omega)-H(D)$$

寻找这个试验信道最好的方法是引进一个“反向”的试验信道，设这个反向信道为

$$P(u=0\mid v=0)=1-D,\quad P(u=1\mid v=0)=D$$
$$P(u=0\mid v=1)=D,\quad P(u=1\mid v=1)=1-D$$

如图 7.6 所示。可得 $\quad P(v=0)=\dfrac{\omega-D}{1-2D},\qquad P(v=1)=\dfrac{1-\omega-D}{1-2D}$

因为 $0<D<\omega=1/2$，$0<P(v)<1$，所以，所设的反向试验信道是存在的。在该试验信道的条件下，平均失真度

$$\overline{D}=E[d]=\sum_{U,V}P(u,v)d(u,v)=\frac{D(1-\omega-D)}{1-2D}+\frac{D(\omega-D)}{1-2D}=D$$

又 $\quad H(U\mid V)=\sum_{U,V}P(u,v)\log\dfrac{1}{P(u\mid v)}=-[D\log D+(1-D)\log(1-D)]\cdot\sum_{V}P(v)=H(D)$

在该试验信道中，传输的信息量为

$$I(U,V)=H(U)-H(U\mid V)=H(\omega)-H(D)=R(D)$$

由此可见，所选择的这个试验信道是满足平均失真 $E[d]\leqslant D$，而平均互信息达到最小值的信道。

综上所述，可得在汉明失真测度下，二元对称信源的信息率失真函数

$$R(D)=\begin{cases}H(\omega)-H(D) & 0\leqslant D\leqslant\omega\\0 & D>\omega\end{cases}\tag{7.66}$$

式中，$H(D)$ 是熵函数，$R(D)$ 的曲线如图 7.7 所示。

图 7.8 所示为 ω 取值不同时的 $R(D)$ 曲线。由此可见，对于同一 D 值，信源分布越均匀，$R(D)$ 就越大，信源压缩的可能性越小。反之若信源分布越不均匀，即信源冗余度越大，$R(D)$ 就越小，压缩的可能性越大。

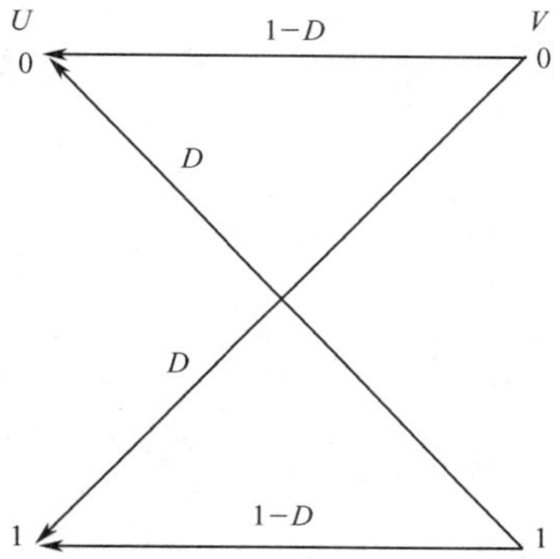

图 7.6　反向试验信道

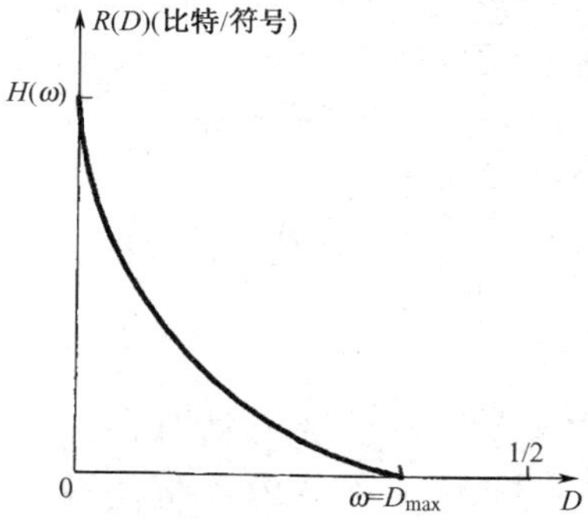

图 7.7　二元对称信源的 $R(D)$

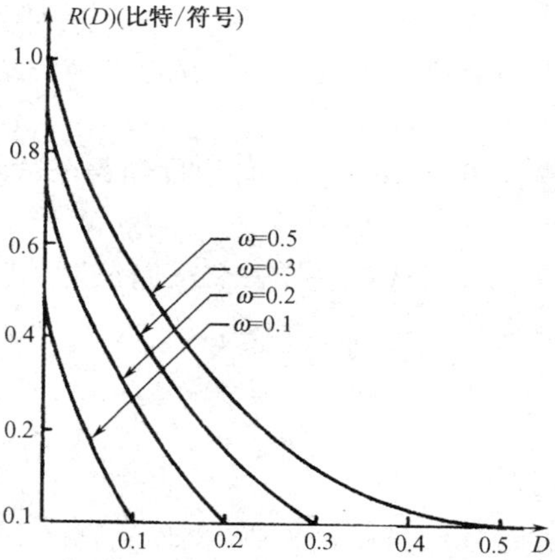

图 7.8　ω 取值不同时的 $R(D)$ 曲线

注意,在前面计算中,我们是从反向试验信道来计算 $I(U;V)$ 的。从反向试验信道就可以计算得正向试验信道,它们只是一个信道从两个不同角度考虑的两种不同表示方法。反向试验信道的传递概率为 $P(u_i \mid v_j)$,而正向试验信道的传递概率为 $P(v_j \mid u_i)$。当信源给定后,即 $P(u_i)$ 给定,就可从 $P(v_j \mid u_i)$ 唯一确定对应的 $P(u_i \mid v_j)$,反之亦然。所以,反向试验信道和正向试验信道是指的同一试验信道。又因 $I(U;V)=I(V;U)$ 有交互性,所以从反向试验信道来计算就简便了。

对于该二元对称信源,从所得的反向试验信道可求得正向试验信道为

$$\begin{cases} p(v=0 \mid u=0)=\dfrac{(1-D)(\omega-D)}{\omega(1-2D)} \\ p(v=1 \mid u=0)=\dfrac{D(1-\omega-D)}{\omega(1-2D)} \\ p(v=0 \mid u=1)=\dfrac{D(\omega-D)}{(1-\omega)(1-2D)} \\ p(v=1 \mid u=1)=\dfrac{(1-D)(1-\omega-D)}{(1-\omega)(1-2D)} \end{cases} \tag{7.67}$$

若我们用信息率失真函数的参量表达式来计算该二元对称信源的 $R(D)$,这就是例 7.6 中 $\alpha=1$ 时的特殊情况。当 $\alpha=1$ 时式(7.64)就成为式(7.66)。同时,用式(7.39)计算出达到 $R(D)$ 函数的信道 $[P(v_j \mid u_i)]$ 就是式(7.61)中 $\alpha=1$ 时的信道,这个信道就是式(7.67)的正向试验信道。

7.4.2　离散对称信源的 $R(D)$ 函数

设 r 元对称信源 $U=\{u_1,u_2,\cdots,u_r\}$,而且信源符号是等概率分布 $P(u)=1/r$。又信道输出符号为 $V=\{v_1,v_2,\cdots,v_r\}$,汉明失真度定义为

$$d(u_i,v_j)=\begin{cases}1 & i\neq j\\ 0 & i=j\end{cases}$$

则平均失真度为

$$E[d]=\sum_{U,V}P(uv)d(u,v)=\sum_{U,V}\{P(u_iv_j):i\neq j\}=P_E \tag{7.68}$$

即平均失真度就等于平均错误概率 P_E。所以这种特定的失真度又称为**错误概率准则**。

由式(7.26)~式(7.29)得　　$D_{max}=1-1/r$,　$R(D_{max})=0$;　$D_{min}=0$,　$R(0)=H(U)$

因而 $R(D)$ 的定义域为 $0\leqslant D\leqslant 1-1/r$。

我们选择任一试验信道,使 $E(d)=D$(即 $P_E=D$),而其平均互信息

$$I(U;V)=H(U)-H(U|V)=\log r-H(U|V)$$

根据费诺不等式有 $H(U|V)\leqslant H(P_E)+P_E\log(r-1)=H(D)+D\log(r-1)$

得 $$I(U;V)\geqslant \log r-H(D)-D\log(r-1)$$

根据 $R(D)$ 的定义,必须找到一个试验信道使其平均互信息达到最小值

$$[\log r-H(D)-D\log(r-1)]$$

可以选择这样一个反向信道,其反向传递概率为

$$P(u_i|v_j)=\begin{cases}1-D & (i=j)\\ \dfrac{D}{r-1} & (i\neq j)\end{cases}$$

可得 $$P(v_j)=1/r \qquad (\text{对所有 } j)$$

在该反向试验信道中,平均失真度 $E[d]=\sum\limits_{U,V}\{P(u_iv_j);u_i\neq v_j\}=D$

而 $$H(H|V)=H\left[1-D,\frac{D}{r-1},\cdots,\frac{D}{r-1}\right]=-\left[(1-D)\log(1-D)+D\log\frac{D}{r-1}\right]$$
$$=-[(1-D)\log(1-D)+D\log D-D\log(r-1)]=H(D)+D\log(r-1)$$

所以,在该反向试验信道中 $I(U;V)=H(U)-H(U|V)=\log r-H(D)-D\log(r-1)=R(D)$

所选择的该试验信道是满足平均失真度 $E[d]\leqslant D$,而平均互信息达到最小值的信道。因此,在汉明失真度下,r 元对称信源的信息率失真函数

$$R(D)=\begin{cases}\log r-D\log(r-1)-H(D) & 0\leqslant D\leqslant 1-1/r\\ 0 & D>1-1/r\end{cases} \tag{7.69}$$

图 7.9 所示为 r 取值不同时的 $R(D)$ 曲线。

由图 7.9 可见,对于同一失真度 D,r 越大,$R(D)$ 越大,信源压缩性越小。若把 r 的取值看成信源分层后的符号数,即 r 越大就表示信源分层数越多。那么,在满足相同的允许失真要求下,分层越多,信源的可压缩性就越小。反之,分层越少,信源的可压缩性就越大。这些规律对于实际信源的量化分层、数据压缩是有深刻的指导意义的。

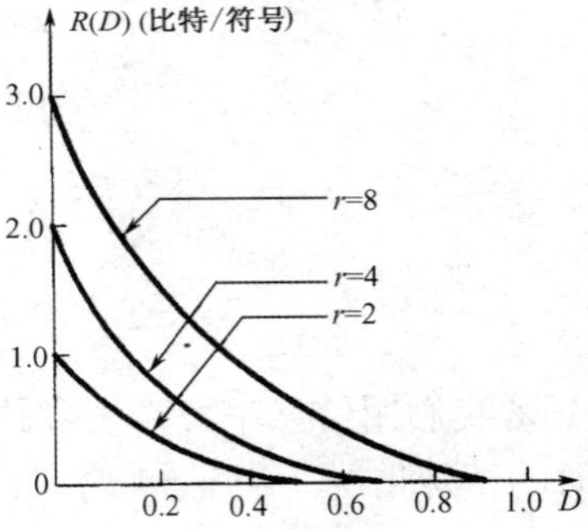

图 7.9 r 取值不同时对称信源的 $R(D)$ 曲线

在以上两个例子中,我们采用了汉明失真度,此时平均失真度就等于平均错误概率,使得问题简化,很容易计算出信息率失真函数。当然也可采用前一节的参量法计算得到同样的结果。但汉明失真度并不是最好的失真度量。从实用意义上说,研究符合实际信源主观要求的、合理的失真函数是很重要的。

7.5 连续信源的信息率失真函数

7.5.1 连续信源的信息率失真函数

设连续信源 U,取值于实数域 $\mathbf{R}$,概率密度为 $p(u)$。设另一连续变量 V,也取值于 $\mathbf{R}$。同样在 U 和 V 之间确定某一非负的二元实函数 $d(u,v)$ 为失真函数。假设有一个试验信道,信道的传递概率密度为 $p(v|u)$。则得**平均失真度**

$$\overline{D}=E[d(u,v)]=\iint_{-\infty}^{+\infty}p(u)p(v|u)d(u,v)\,\mathrm{d}u\mathrm{d}v \tag{7.70}$$

而通过试验信道获得的平均互信息 $I(U;V)=h(V)-h(V|U)$

同样,确定一允许失真 D,凡满足 $\overline{D}\leqslant D$ 的所有试验信道的集合为 $B_D:\{p(v\mid u):\overline{D}\leqslant D\}$,则连续信源的信息率失真函数

$$R(D)=\inf_{p(v|u)\in B_D}\{I(U;V)\} \tag{7.71}$$

式中,Inf 是指下确界,相当于离散信源中求极小值。严格地说,连续集合中可能不存在极小值,但下确界是存在的。

同理,可得 N 维连续随机序列的平均失真度

$$\overline{D}(N)=E[d(\boldsymbol{u},\boldsymbol{v})]=\int_{\mathbf{R}}\int_{\mathbf{R}}p(\boldsymbol{u})p(\boldsymbol{v}\mid\boldsymbol{u})d(\boldsymbol{u},\boldsymbol{v})\mathrm{d}\boldsymbol{u}\mathrm{d}\boldsymbol{v}=\sum_{l=1}^{N}\overline{D}_l \tag{7.72}$$

式中,$\overline{D}_l$ 是第 l 个连续变量的平均失真度。如果各变量取自同一连续信源,即得

$$\overline{D}(N)=N\overline{D} \tag{7.73}$$

式中,$\overline{D}$ 满足式(7.70)。

同样可以推广得 N 维连续型随机序列的信息率失真函数为

$$R_N(D)=\inf_{p(\boldsymbol{v}|\boldsymbol{u}):\overline{D}(N)\leqslant ND}\{I(\boldsymbol{U};\boldsymbol{V})\}$$

连续信源的信息率失真函数 $R(D)$ 仍满足 7.2 节中所讨论的性质。同样有

$$D_{\min}=\int_{-\infty}^{\infty}p(u)\ \inf_{v}\mathrm{d}(u,v)\mathrm{d}u \tag{7.74}$$

和

$$D_{\max}=\inf_{v}\int_{-\infty}^{\infty}p(u)\mathrm{d}(u,v)\mathrm{d}u \tag{7.75}$$

连续信源的 $R(D)$ 也是在 $D_{\min}\leqslant D\leqslant D_{\max}$ 内严格递减的,它的一般典型曲线如图 7.5 所示。在连续信源中,$R(D)$ 函数的计算仍是求极值的问题,同样可用拉格朗日乘子法进行。

下面介绍利用类似于 7.4.1 节中的计算技巧,来计算高斯信源的 $R(D)$ 函数。

7.5.2 高斯信源的信息率失真函数

设某高斯信源 U,其均值为 m,方差为 σ^2,它的概率密度为

$$p(u)=\frac{1}{\sqrt{2\pi\sigma}}\mathrm{e}^{-(u-m)^2/2\sigma^2}$$

定义其失真函数为"平方误差"失真,即接收符号 v 和发送符号 u 之间的失真为

$$d(u,v)=(u-v)^2 \tag{7.76}$$

因而,平均失真度为

$$\overline{D}=E[d(u,v)]=\int_{\mathbf{R}}\int_{\mathbf{R}}p(u,v)(u-v)^2\mathrm{d}u\mathrm{d}v \tag{7.77}$$

当 u 和 v 表示为信号的幅度时,平均失真度 $\overline{D}$ 就是均方误差。这是较常用的**均方误差准则**。

现令

$$D(v)=\int_{\mathbf{R}}p(u\mid v)(u-v)^2\mathrm{d}u \tag{7.78}$$

代入式(7.77)得

$$\overline{D}=\int_{v}p(v)D(v)\mathrm{d}v \tag{7.79}$$

对所有 v、$D(v)$ 都是有限的。$D(v)$ 表示已知接收符号为 v 的条件下,变量 u 的方差。

根据连续信源最大熵原理,在已知 v 的条件下,得条件熵

$$h(U\mid V=v)=-\int_{-\infty}^{\infty}p(u\mid v)\log p(u\mid v)\mathrm{d}u\leqslant\frac{1}{2}\log 2\pi\mathrm{e}D(v)$$

因此

$$h(U\mid V)=\int_{-\infty}^{\infty}p(v)h(U\mid V=u)\mathrm{d}v\leqslant\frac{1}{2}\log 2\pi\mathrm{e}+\frac{1}{2}\int_{-\infty}^{\infty}p(v)\log D(v)\mathrm{d}v$$

$$\leqslant\frac{1}{2}\log 2\pi\mathrm{e}+\frac{1}{2}\log\int_{-\infty}^{\infty}p(v)D(v)\mathrm{d}v=\frac{1}{2}\log 2\pi\mathrm{e}\overline{D} \tag{7.80}$$

其中最后一个不等式是运用詹森不等式求得的。

当允许失真为 D,而 $\overline{D}\leqslant D$ 时,得 $$h(U|V)\leqslant\frac{1}{2}\log 2\pi e D \tag{7.81}$$

又 $$I(U;V)=h(U)-h(U|V)$$

而信源 U 是高斯信源,所以 $$h(U)=\frac{1}{2}\log 2\pi e\sigma^2$$

由此得,在任何情况下 $$I(U;V)\geqslant\frac{1}{2}\log\frac{\sigma^2}{D}$$

根据 $R(D)$ 的定义,得 $$R(D)\geqslant\frac{1}{2}\log\frac{\sigma^2}{D} \tag{7.82}$$

因任何情况下,有 $R(D)\geqslant 0$,所以得 $$R(D)\geqslant\max\left(\frac{1}{2}\log\frac{\sigma^2}{D},0\right) \tag{7.83}$$

下面讨论当 σ^2/D 的比值不同时,$R(D)$ 的取值。

首先,当 $D<\sigma^2$ 时,我们可找到这样一个反向试验加性信道 $U=V+G$。V 是均值为零,方差为 σ^2-D 的随机变量,而 G 是均值为零,方差为 D 的高斯随机变量并与 V 统计独立。如图 7.10 所示。

在这信道中,平均失真度等于允许失真 D。

$$\overline{D}=\iint_{-\infty}^{+\infty}p(v)p(u|v)(u-v)^2\mathrm{d}u\mathrm{d}v=\int_{-\infty}^{+\infty}\int_{-\infty}^{+\infty}p(v)p(G)G^2\mathrm{d}G\mathrm{d}v$$
$$=\int_{-\infty}^{+\infty}p(v)\mathrm{d}v\int_{-\infty}^{+\infty}p(G)\cdot G^2\mathrm{d}G$$

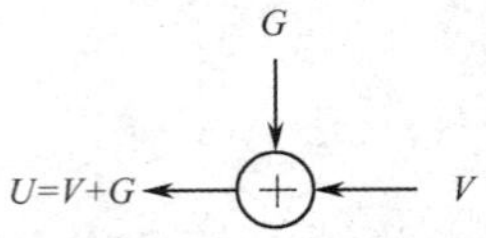

图 7.10 高斯信源的反向试验信道

因为 $\int_{-\infty}^{+\infty}p(G)G^2\mathrm{d}G=D$,所以 $$\overline{D}=D$$

那么,在该信道下有 $$I(U;V)=h(U)-h(U|V)=h(U)-h(G)$$
$$=\frac{1}{2}\log 2\pi e\sigma^2-\frac{1}{2}\log 2\pi e D=\frac{1}{2}\log\frac{\sigma^2}{D}$$

而在满足 $\overline{D}\leqslant D$ 的信道集合中,有 $$R(D)\leqslant I(U;V)=\frac{1}{2}\log\frac{\sigma^2}{D} \tag{7.84}$$

根据式(7.82)和式(7.84)得,在 $D<\sigma^2$ 的条件下
$$R(D)=\frac{1}{2}\log\frac{\sigma^2}{D} \tag{7.85}$$

其次,当 $D=\sigma^2$ 时,取一任意小的数 $\varepsilon>0$。设一个反向试验加性信道 $U=V+G$,而 V 是均值为零,方差为 ε 的高斯变量;G 是均值为零,方差为 $\sigma^2-\varepsilon$ 的高斯变量并与 V 统计独立。同理可得
$$R(\sigma^2-\varepsilon)\leqslant I(U;V)=h(U)-h(G)=\frac{1}{2}\log\left(1+\frac{\varepsilon}{\sigma^2-\varepsilon}\right)$$

由于信息率失真函数的单调递减性,必有
$$R(D)\leqslant R(\sigma^2-\varepsilon)\leqslant\frac{1}{2}\log\left(1+\frac{\varepsilon}{\sigma^2-\varepsilon}\right)$$

当 ε 任意小时,得 $$R(D)\leqslant 0 \tag{7.86}$$

又当 $D>\sigma^2$ 时,由于 $R(D)$ 的单调递减性,有 $R(D)\leqslant R(\sigma^2)\leqslant 0$

综合上述两种情况,可得,当 $D\geqslant\sigma^2$ 时 $$R(D)\leqslant 0 \tag{7.87}$$

因此,由式(7.83)和式(7.87)得,当 $D\geqslant\sigma^2$ 时,$R(D)=0$。

由此计算得,高斯信源在均方误差准则下,信息率失真函数为

$$R(D)=\begin{cases}\dfrac{1}{2}\log\dfrac{\sigma^2}{D} & (D\leqslant\sigma^2)\\ 0 & (D\geqslant\sigma^2)\end{cases}\tag{7.88}$$

其曲线如图 7.11 所示。

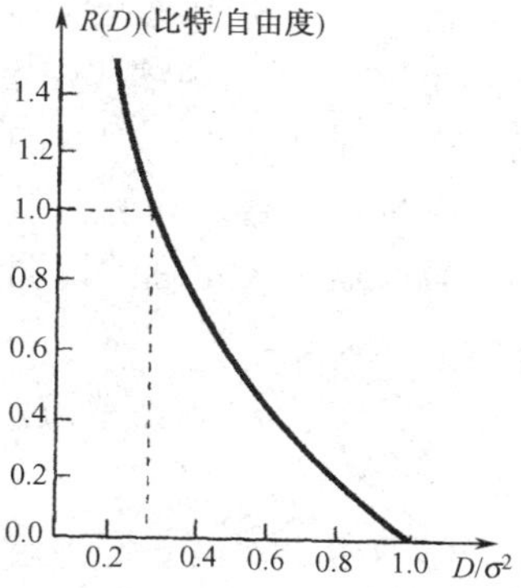

图 7.11　高斯信源在均方误差准则下的 $R(D)$ 函数曲线

由图可知，当 $D=\sigma^2$ 时，$R(D)=0$。这就是说，如果允许失真(均方误差)等于信源的方差，就只需用确知的均值 m 来表示信源的输出，而不需要传送信源的任何实际输出。

而当 $D=0$ 时，$R(D)\to\infty$。这点说明在连续信源情况下，要毫无失真地传送信源的输出是不可能的。换句话说，要毫无失真地传送连续信源的输出必须要求信道具有无限大的容量。

又从图中曲线得出，当 $D=0.25\sigma^2$ 时，$R(D)=1$(比特/自由度)。这就是说在允许均方误差小于或等于 $\sigma^2/4$ 时，连续信号的每个样本值最少需用一个二元符号来传输，也就是说连续信号的幅度只需采用二值量化。在信号分析中知这种简单的二值量化就是将连续随机变量的取值在实数轴上分成正负两个区域，若选取

$$当\ u\geqslant0\ 时，v=\sqrt{\frac{2}{\pi}}\sigma；\qquad 当\ u<0\ 时，v=-\sqrt{\frac{2}{\pi}}\sigma$$

可得量化误差为 $\dfrac{\pi-2}{\pi}\sigma^2=0.3633\sigma^2$。这个量化产生的失真值大于图 7.11 中曲线所得的值 $D=0.25\sigma^2$。从曲线来看，若允许失真为 $0.3633\sigma^2$ 时，那 $R(D)<1$(比特/自由度)。这种简单的二值量化是只从单个变量来考虑的，所以会产生偏差。如果从随机序列来考虑(即矢量量化)，效果将大大改变。香农第三定理证明了这种压缩编码是存在的。然而，实际上要找到这种可实现的最佳编码方法是很困难的。

7.6　保真度准则下的信源编码定理

本节将阐述信息率失真理论的基本定理。这些定理严格地证实了 $R(D)$ 函数确实是在允许失真为 D 的条件下，每个信源符号能够被压缩的最小值。

虽然，本节的讨论局限于离散无记忆平稳信源，但所叙述的定理可以推广到连续信源，有记忆信源等更一般的情况。

定理 7.1　保真度准则下的信源编码定理

设 $R(D)$ 为一离散无记忆平稳信源的信息率失真函数，并且有有限的失真测度。对于任意 $D\geqslant0,\varepsilon>0,\delta>0$ 及任意足够长的码长 n，则一定存在一种信源编码 C，其码字个数为

$$M=e^{\{n[R(D)+\varepsilon]\}}\tag{7.89}$$

而编码后码的平均失真度

$$d(C)\leqslant D+\delta$$

如果用二元编码，$R(D)$ 取比特为单位，则式(7.89)可写成

$$M=2^{\{n[R(D)+\varepsilon]\}}$$

此定理又称为**香农第三定理**。该定理告诉我们：对于任何失真度 $D\geqslant0$，只要码长 n 足够长，总可以找到一种编码 C，使编码后每个信源符号的平均信息传输率

$$R'=\frac{\log M}{n}=R(D)+\varepsilon\tag{7.90}$$

即

$$R'\geqslant R(D)$$

而码的平均失真度 $d(C)\leqslant D$。

定理 7.1 说明,在允许失真为 D 的条件下,信源最小的、可达的信息传输率是信源的 $R(D)$。

定理 7.2(信源编码逆定理) 不存在允许失真为 D,而平均信息传输率 $R'<R(D)$ 的任何信源码。亦即对任意码长为 n 的信源码 C,若码字个数 $M<2^{n[R(D)]}$,一定有 $d(C)>D$。

定理 7.2 告诉我们:如果编码后 $R'<R(D)$,就不能在保真度准则下再现信源的消息。

有关这两个定理的证明是采用 ε 典型序列方法来证明的,可参阅参考书目[15]。

7.7 联合有失真信源信道编码定理

学习了香农第三定理后,就会想到能否与第 6 章中香农第二定理联系起来。在第 6 章中我们已经知道,只要信道的信道容量大于信源的极限熵,即 $C>H_\infty$,就能在信道中做到有效地、无错误地传输信息,而且两步编码处理方法与一步编码处理方法的效果一样好。反之,若 $H_\infty>C$,则不可能在信道中以任意小的错误概率传输信息。

有了香农第三定理后,可得到信息传输的另一个重要的结论。当 $H_\infty>C$ 时,只要在一定的 D 下,仍能做到有效地、可靠地传输信息。若通过信道来传送信源输出的消息。如果 $C>R(D)$,则在信源和信道处进行足够复杂的处理后,总能在保真度准则下再现信源的消息。如果 $C<R(D)$,则不管如何处理,在信道的接收端不能在保真度准则下再现信源的消息。

在给定信源 S 和允许失真 D 后,可以求得 $R(D)$。设此信源通过某信道传输,且满足 $C>R(D)$,那么,根据香农第三定理,可以对 S 先进行信源压缩编码,使编码后信源的信息传输率满足

$$R'\geqslant R(D)$$

并且编码的平均失真度 $d(C)\leqslant D$。这时

$$C>R'\geqslant R(D) \tag{7.91}$$

由于式(7.91)左半边不等式存在,根据香农第二定理,则存在一种信道编码,使压缩后的信源通过信道传输后,信道的错误概率趋于零。因此在接收端再现信源的消息时,总的失真或错误不会超过允许失真 D。这意味着引起的失真是由信源压缩造成的,而信道传输不会造成新的失真或错误。反之,若 $C<R(D)$,即不能保证 $C>R'$,所以第二定理不能成立。故信道中引起的失真或错误无法避免,使在接收端再现信源的消息时,总的失真或错误大于 D。

为此,有以下几个定理:

定理 7.3(信息-传输定理) 离散无记忆信源 S 的信息率失真函数为 $R(D)$,离散无记忆信道的信道容量为 C,若满足

$$C>R(D) \tag{7.92}$$

则信源输出的信源序列能在此信道输出端重现,其失真小于等于 D。

在实际中,信源每秒产生的信源符号数与信道中每秒传送的信道符号数通常是不一致的。因此,对实际信息传输系统,我们往往需从单位时间来考虑。这样,定理 7.3 应改写成如下定理。

定理 7.4(信息-传输定理) 离散无记忆信源 S,其信息率失真函数为 $R(D)$(比特/信源符号),而每秒输出 $1/T_S$ 个信源符号;离散无记忆信道的信道容量为 C(比特/信道符号),每秒传输 $1/T_C$ 个信道符号,若满足

$$\frac{C}{T_C}>\frac{R(D)}{T_S} \tag{7.93}$$

则信源输出的信息能在此信道输出端重现,其失真小于等于 D。

定理 7.5(信息–传输定理的逆定理) 离散无记忆信源 S,其信息率失真函数为$R(D)$,每秒输出 $1/T_S$ 个信源符号;离散无记忆信道的信道容量为 C,每秒传输 $1/T_C$ 个信道符号,若满足

$$\frac{C}{T_C}<\frac{R(D)}{T_S} \tag{7.94}$$

则在信道输出端不能以失真小于等于 D 再现信源输出的信息。

以上信息–传输定理及逆定理就是联合有失真信源信道编码定理。它与定理 6.4 是一致的。

根据信息–传输定理,我们可以认为信源编码器和信道编码器之间只是一些二元数据流。只要满足式(7.93)两编码器之间就无须精心地设计。信道编码器只需对输入的二元数据流进行编码,无须考虑这些数据流来自何方,无须考虑它来自什么样的信源。对信源编码器来说,只须针对信源考虑在满足允许失真要求的条件下用最少的二元数据流来描述信源。也就是信源编码器只需产生二元数据流(也称信息流),不用考虑数据流将流向何处。

该理论再一次地说明,要在点对点的通信中有效地、可靠地传输信息,可以把信源编码和信道编码分成两部分进行考虑。这样可以把一个复杂的问题简单化。

正是这个理论指导了实际通信系统的设计。对于实际的通信系统和通信技术来说,信源压缩编码和信道纠错编码是两大不同的研究领域。研究信源压缩编码的,只是针对不同的信源如文本、语音、静止图像、活动图像等来研究各种压缩方法,使在满足失真要求下用尽可能少的二元数据流来表述信源。根本不用考虑将传送这些信息流的信道是什么样的。

研究信道纠错码的,只是针对不同的信道、信道中不同的干扰形式(如随机错误、突发错误、同步错误、运算错误等)来研究各种纠错编码方法。根本不用考虑进入信道的信息流来自何方,不用考虑各种不同信源的特性。

这样使得通信系统做得既可靠又有效。

7.8 限失真信源编码定理的实用意义

正如前面所述,保真度准则下的信源编码定理及其逆定理是有失真信源压缩的理论基础。这两个定理证实了允许失真 D 确定后,总存在一种编码方法,使编码的信息传输率 R' 大于$R(D)$且可任意接近于 $R(D)$,而平均失真度小于允许失真 D。反之,若 $R'<R(D)$,那么编码的平均失真度将大于 D。如果用二元码符号来进行编码的话,在允许失真 D 的情况下,平均每个信源符号所需二元码符号的下限值就是 $R(D)$。可见,从香农第三定理可知,$R(D)$ 确实是允许失真度为 D 的情况下信源信息压缩的下限值。比较香农第一定理和第三定理可知,当信源给定后,无失真信源压缩的极限值是信源熵 $H(S)$;而有失真信源压缩的极限值是信息率失真函数 $R(D)$。在给定 D 后,一般 $R(D)<H(S)$。

下面举一个简单的例子来阐明如何进行有失真的信源编码和 $R(D)$ 的实用意义。

【例 7.7】 设某二元无记忆信源 $\begin{bmatrix} U \\ P(u) \end{bmatrix}=\begin{bmatrix} 0, & 1 \\ 1/2, & 1/2 \end{bmatrix}$

此信源的熵为 $H(U)=1$(比特/信源符号)。根据香农第一定理可知,对此信源进行无失真编码,每个信源符号必须用一个二元符号来表示,不能小于一个二元符号。此时,信源输出的信息率 $R=H=1$(比特/信源符号)。假设此信源在再现时允许失真存在,并定义失真函数为汉明失真,即

$$d(u_i,v_j)=\begin{cases} 0 & u_i=v_j \\ 1 & u_i\neq v_j \end{cases}$$

现在设想这样一种有失真的信源压缩分组编码方案,就是把第 6 章中讨论的重复码反过来运用。把信源 U 的输出符号序列每 N 个(取 $N=3$)符号分成一组,用矢量 $\boldsymbol{U}$ 表示。因为信源符号 0、1

是等概率分布的,所以 $\boldsymbol{U}$ 序列的不同形式共有 $2^3=8$ 个,并且都是等概率分布的。为了进行压缩,不是传输所有 8 个不同的信源序列 $\boldsymbol{U}$,而只传输其中 2 个序列。即把这 8 个不同的 $\boldsymbol{U}$ 序列,都映射成 2 个 $\boldsymbol{V}$ 序列来传输($\boldsymbol{V}$ 序列仍是长为 $N=3$ 的二元序列)。所采用的映射方法是把 $\boldsymbol{u}_1=(000)$,$\boldsymbol{u}_2=(001)$,$\boldsymbol{u}_3=(010)$,$\boldsymbol{u}_4=(100)$ 映射成 $\boldsymbol{v}_1=(000)$ 来传输;而把 $\boldsymbol{u}_5=(111)$,$\boldsymbol{u}_6=(110)$,$\boldsymbol{u}_7=(101)$,$\boldsymbol{u}_8=(011)$ 映射成 $\boldsymbol{v}_2=(111)$ 来传输。一般将这种映射关系写成 $\boldsymbol{V}=f(\boldsymbol{U})$。假设信道是无噪无损二元信道。对信道而言,这时输入端只有 $M'=2$ 个不同的消息,完全可以用码 $C=(0,1)$ 来传输序列 $\boldsymbol{V}$。把 $\boldsymbol{v}_1$ 变换成码字 0,$\boldsymbol{v}_2$ 变换成码字 1。由此可见,通过这种简单编码方法,把原来传输的三个二元信源符号压缩成一个二元符号。因此,这种编码后信源的信息传输率为

$$R'=\log M'/N=1/3 \quad (\text{比特/信源符号})$$

从接收端来看,当收到码字 0 或 1 时,就译成对应的信源序列 $\boldsymbol{v}_1$ 和 $\boldsymbol{v}_2$。$\boldsymbol{v}_1$ 和 $\boldsymbol{v}_2$ 就是再现的信源序列 $\hat{\boldsymbol{U}}$。这种编译码方法可用图 7.12 直观表示。

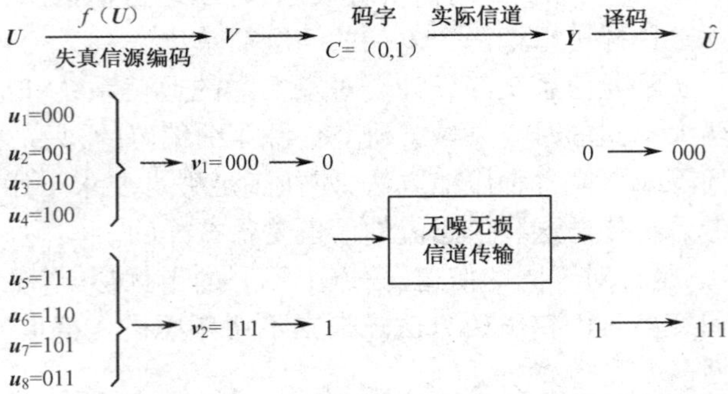

图 7.12　简单的压缩编码方法

再现的信源序列 $\hat{\boldsymbol{U}}$ 与实际发送的信源序列 $\boldsymbol{U}$ 之间存在着失真。该失真是进行信源压缩编码后人为引起的,如图 7.13 所示。

$\boldsymbol{U}$	000,	101,	100,	110,	011,	111,	001,	…
↓								
$\boldsymbol{V}$	000,	111,	000,	111,	111,	111,	000,	…
编↓码								
$\boldsymbol{C}$	0,	1,	0,	1,	1,	1,	0,	…
信↓道				无噪无损↓信道				
$\boldsymbol{Y}$	0,	1,	0,	1,	1,	1,	0,	…
译↓码								
$\hat{\boldsymbol{U}}$	000,	111,	000,	111,	111,	111,	000,	…

图 7.13　信源编码引起失真的示意图

从图 7.13 可以看出,$\hat{\boldsymbol{U}}$ 与 $\boldsymbol{U}$ 有很大差异。

根据这一编码方法,可把它看成为一种特殊的试验信道,其中

$$P(\boldsymbol{v}_j \mid \boldsymbol{u}_i)=\begin{cases}1 & \boldsymbol{v}_j\in C,\boldsymbol{v}_j=f(\boldsymbol{u}_i)\\ 0 & \boldsymbol{v}_j\neq f(\boldsymbol{u}_i)\end{cases}$$

根据式(7.11)可计算得信源编码的平均失真度

$$d(C)=\frac{1}{N}\sum_{U}P(\boldsymbol{u})d[\boldsymbol{u},f(\boldsymbol{u})]$$

又根据式(7.8)得　$d(\boldsymbol{u}_1=000,\boldsymbol{v}_1=000)=d(\boldsymbol{u}_5=111,\boldsymbol{v}_2=111)=0$

$$d(\boldsymbol{u}_2=001,\boldsymbol{v}_1=000)=d(\boldsymbol{u}_3=010,\boldsymbol{v}_1=000)$$
$$=d(\boldsymbol{u}_4=100,\boldsymbol{v}_1=000)=d(\boldsymbol{u}_6=110,\boldsymbol{v}_2=111)$$
$$=d(\boldsymbol{u}_7=101,\boldsymbol{v}_2=111)=d(\boldsymbol{u}_8=011,\boldsymbol{v}_2=111)=1$$

求得这种简单压缩编码的平均失真度为

$$d(C)=\frac{1}{3}P(\boldsymbol{u})\sum_{U}d[\boldsymbol{u},f(\boldsymbol{u})]=\frac{1}{3}\times\frac{1}{8}[0+1+1+1+0+1+1+1]=\frac{1}{4}$$

式中
$$P(\boldsymbol{u})=\prod_{l=1}^{3}P(u_l)=\frac{1}{2}\times\frac{1}{2}\times\frac{1}{2}=\frac{1}{8}$$

可见,经这种编码方法压缩后信源的信息传输率 $R'=1/3$(比特/信源符号),而产生的平均失真度等于1/4。现在的问题是对于等概率分布的二元信源 U 来说,在允许失真等于1/4的情况下,这种压缩方法是否是最佳的呢?信源输出信息率是否还可以进一步压缩呢?根据香农第三定理的含义,若允许失真 $D=1/4$ 时,总可找到一种压缩编码,使信源输出信息率压缩到极限值$R(1/4)$。根据式(7.66)求得

$$R\left(\frac{1}{4}\right)=1-H\left(\frac{1}{4}\right)\approx 0.189\quad(\text{比特/信源符号})$$

显然 $R(1/4)<R'$。所以,在允许失真为1/4时,对等概率分布的二元信源来说,前述简单的压缩方法并不是最佳的方法,即信源还可以进一步压缩。

由上例分析可知,在允许一定失真的情况下,$R(D)$函数可以作为衡量各种信源压缩编码方法性能优劣的一种尺度。

但香农第三定理同样只给出了一个存在定理。至于如何寻找这种最佳压缩编码方法,定理中并没有给出。在实际应用中,该理论主要存在着两大类问题。

第一类问题是符合实际信源的 $R(D)$ 函数的计算相当困难。

第一,需要对实际信源的统计特性有确切的数学描述。

第二,需要对符合主客观实际的失真给予正确的度量,否则不能求得符合主客观实际的$R(D)$函数。例如,通常采用均方误差来表示信源的平均失真度。但对于图像信源来说,均方误差较小的编码方法,而人们视觉却感到失真较大。所以,人们仍采用主观观察来评价编码方法的好坏。因此,如何定义符合主观和客观实际情况的失真测度就是一件较困难的事。

第三,即便对实际信源有了确切的数学描述,又有符合主客观实际情况的失真测度,而 $R(D)$的计算仍较困难。

第二类问题是即便求得了符合实际的信息率失真函数,还需研究采取何种实用的最佳编码方法才能达到极限值 $R(D)$。定理并没有给出达到 $R(D)$的具体实用的编码方法。

从20世纪90年代以来,计算机技术、微电子技术和通信技术得到迅猛发展。多媒体计算机、多媒体数据库、多媒体通信、多媒体表现技术等多媒体研究领域也成为计算机和通信发展中的一个重要研究热点。其中面临最大的问题是数据量巨大地“爆炸”。文件、表格、工程图纸等二值图像的数据已较大。但相比之下,语音信号、静止灰值图像、彩色静止图像、影视图像、高清晰影视图像等的数据量更是巨大。尤其是高清晰影视图像和影视图像,一般影视图像的数据量要比语音的数据量大上千倍。因此,研究有效的数据压缩和解压缩的技术成为重要的、关键的研究方向。而信息率失真理论正是从理论上指出这种问题解决的途径是存在的、可能的。

近年来,出现了不少在理论上和实用上都较成熟的数据压缩算法和技术。对音频数据和视频数据的压缩技术都制定了一些国际标准。例如,静止图像压缩标准 JPEG;运动图像压缩标准 MPEG2、MPEG4、MPEG21;电视会议图像压缩标准 H. 261、H. 263、H. 264;电视会议语音压缩标准 G. 711、G. 722、G. 723 等。当然,其中还存在许多技术和理论问题有待解决和提高。

相信随着数据压缩技术的发展,率失真理论中存在的问题也会得到解决。

小　　结

平均失真度

- **离散随机变量 U:** $$\overline{D} = \sum_{U}\sum_{V} P(u)P(v \mid u)d(u,v) \tag{7.7}$$
- **N 维离散随机序列:** $$\overline{D}(N) = \sum_{\boldsymbol{U}}\sum_{\boldsymbol{V}} P(\boldsymbol{u})P(\boldsymbol{v} \mid \boldsymbol{u})d(\boldsymbol{u},\boldsymbol{v}) \tag{7.9}$$
- **连续随机变量 U:** $$\overline{D} = \iint_{-\infty}^{+\infty} p(u)p(v \mid u)d(u,v)\,\mathrm{d}u\mathrm{d}v \tag{7.70}$$

信息率失真函数

- **离散信源 U:**概率分布为 $P(u)$,失真测度为 $d(u,v)$
$$R(D)=\min_{P(v_j|u_i):\overline{D}\leqslant D} I(U;V) \tag{7.17}$$
- **连续信源 U:**概率密度函数为 $p(u)$,失真测度为 $d(u,v)$
$$R(D)=\operatorname*{Inf}_{p(v|u):\overline{D}\leqslant D} I(U;V) \tag{7.71}$$

信息率失真函数的性质

(1) 定义域($D_{\min},D_{\max}$)
$$D_{\min} = \sum_{i=1}^{r} P(u_i)\min_{j} d(u_i,v_j) \tag{7.26}$$
或
$$D_{\min} = \int_{-\infty}^{\infty} p(u)\operatorname*{Inf}_{v} d(u,v)\,\mathrm{d}u \tag{7.74}$$
$$D_{\max} = \min_{V}\sum_{U} P(u)d(u,v) \tag{7.29}$$
或
$$D_{\max} = \operatorname*{Inf}_{v}\int_{-\infty}^{\infty} p(u)d(u,v)\,\mathrm{d}u \tag{7.75}$$

(2) 下凸性

(3) 单调递减性和连续性

二元离散对称信源 U: $P(u)=\{\omega,1-\omega\}$ $(\omega\leqslant 1/2)$,汉明失真测度下
$$R(D)=\begin{cases} H(\omega)-H(D) & 0\leqslant D\leqslant \omega \\ 0 & D>\omega \end{cases} \tag{7.66}$$

离散对称信源 U: $U=\{u_1,u_2,\cdots,u_r\}$,等概率分布,汉明失真测度下
$$R(D)=\begin{cases} \log r-D\log(r-1)-H(D) & 0\leqslant D\leqslant 1-\dfrac{1}{r} \\ 0 & D>1-\dfrac{1}{r} \end{cases} \tag{7.69}$$

高斯信源 U: 均值为 m,方差为 σ^2 的正态分布,$d(u-v)=(u-v)^2$ 平方误差失真测度下
$$R(D)=\begin{cases} \dfrac{1}{2}\log\dfrac{\sigma^2}{D} & D\leqslant \sigma^2 \\ 0 & D\geqslant \sigma^2 \end{cases} \tag{7.88}$$

率失真信源编码定理(香农第三定理)

信源的信息率失真函数为 $R(D)$,并有有限的失真测度,若 $R'>R(D)$,则码长 n 足够长,一定存在一种信源编码,码字个数 $M=2^{nR'}$,而码的平均失真度→D。若 $R'<R(D)$,这种码不存在。

信息-传输定理(联合有失真信源信道编码定理)

离散无记忆信源 S,其率失真函数为 $R(D)$,每秒输出 $1/T_S$ 个信源符号;离散无记忆信道的信道容量 C,每秒传输 $1/T_C$ 个信道符号;若$\dfrac{C}{T_C}>\dfrac{R(D)}{T_S}$,则信源的信息能以失真小于等于 D 在信道输出端再现。若$\dfrac{C}{T_C}<\dfrac{R(D)}{T_S}$,则不能以失真小于等于 D 再现信源的信息。

习　题

7.1 一个四元对称信源 $\begin{bmatrix} U \\ P(u) \end{bmatrix} = \begin{bmatrix} 0, & 1, & 2, & 3 \\ 1/4, & 1/4, & 1/4, & 1/4 \end{bmatrix}$，接收符号 $V=\{0,1,2,3\}$，其失真矩阵 $\boldsymbol{D} = \begin{bmatrix} 0 & 1 & 1 & 1 \\ 1 & 0 & 1 & 1 \\ 1 & 1 & 0 & 1 \\ 1 & 1 & 1 & 0 \end{bmatrix}$，求 $D_{\max}$ 和 $D_{\min}$ 及信源的 $R(D)$ 函数，并画出其曲线（取 4~5 个点）。

7.2 若某无记忆信源 U：$\begin{bmatrix} U \\ P(u) \end{bmatrix} = \begin{bmatrix} -1, & 0, & +1 \\ 1/3, & 1/3, & 1/3 \end{bmatrix}$，接收符号 $V=\{-1/2,+1/2\}$，其失真矩阵 $\boldsymbol{D} = \begin{bmatrix} 1 & 2 \\ 1 & 1 \\ 2 & 1 \end{bmatrix}$，求信源的最大平均失真度和最小平均失真度，并求选择何种信道可达到该 $D_{\max}$ 和 $D_{\min}$ 的失真。

7.3 某二元信源 $\begin{bmatrix} U \\ P(u) \end{bmatrix} = \begin{bmatrix} 0, & 1 \\ 1/2, & 1/2 \end{bmatrix}$，其失真矩阵 $\boldsymbol{D} = \begin{bmatrix} 0 & \alpha \\ \alpha & 0 \end{bmatrix}$，求该信源的 $D_{\min}$、$D_{\max}$ 和 $R(D)$ 函数。

7.4 用参量表达式来计算二元信源的 $R(D)$ 函数。二元信源 $\begin{bmatrix} U \\ P(u) \end{bmatrix} = \begin{bmatrix} 0, & 1 \\ \omega, & 1-\omega \end{bmatrix} \left(\omega < \frac{1}{2}\right)$，失真矩阵 $\boldsymbol{D} = \begin{bmatrix} 0 & 1 \\ 1 & 0 \end{bmatrix}$。

（1）计算 $D_{\min}$、$D_{\max}$ 和 $R(D)$；

（2）求出达到 $R(D)$ 的正向试验信道的传递概率；

（3）写出达到 $R(D)$ 的反向试验信道的 $P(u \mid v)$；

（4）当允许失真 $D=\omega/2$ 时，请问每个信源符号最少需用几个二元符号来描述。

7.5 已知信源 $U=\{0,1\}$，信宿 $V=\{0,1,2\}$。设信源输入符号为等概率分布，而且失真矩阵 $\boldsymbol{D} = \begin{bmatrix} 0 & \infty & 1 \\ \infty & 0 & 1 \end{bmatrix}$，求信源的率失真函数 $R(D)$。

7.6 设信源 $U=\{0,1,2,3\}$，信宿 $V=\{0,1,2,3,4,5,6\}$，且信源为无记忆、等概率分布。失真函数定义为

$$d(u_i,v_j) = \begin{cases} 0 & i=j \\ 1 & i=0,1 \text{ 且 } j=4 \\ 1 & i=2,3 \text{ 且 } j=5 \\ 3 & j=6 \quad i \text{ 任意} \\ \infty & \text{其他} \end{cases}$$

证明其率失真函数 $R(D)$，如图 7.14 所示。

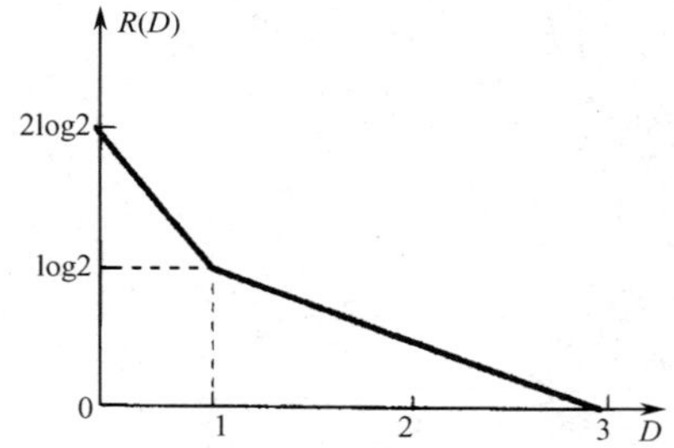

图 7.14 题 7.6 的 $R(D)$ 曲线图

7.7 设信源 $U=\{0,1,2\}$，相应的概率分布为 $P(0)=P(1)=0.4$，$P(2)=0.2$。且失真函数为

$$d(u_i,v_j) = \begin{cases} 0 & i=j \\ 1 & i \neq j \end{cases} \quad (i,j=0,1,2)$$

（1）求此信源的 $R(D)$。

（2）若此信源用容量为 C 的信道传送，请问信道容量 C 和其最小误码率 P_E 之间的曲线关系是怎样的。

7.8 某离散无记忆信源 U，其率失真函数为 $R(D)$，失真函数为 $\{d(u,v): u \in U, v \in V\}$。现研究另一种失真测度

$$\{d'(u,v) = d(u,v) - \min_{v \in V} d(u,v): u \in U, v \in V\}$$

它相当于失真矩阵中某一行各元素减去该行中的最小失真值。这时在 $d'(u,v)$ 下的率失真函数为 $R'(D)$。求证

$$R'(D) = R(D + D_{\min})$$

式中

$$D_{\min} = \sum_{U} P(u_i) \min_{j} d(u_i,v_j)$$

7.9　某语音信号为$\{x(t)\}$,其最高频率为4kHz,经取样、量化编成等长二元码,设每个样本的分层数$m=128$。

(1) 求该语音信号的信息传输速率是多少(比特/秒)?

(2) 为了压缩该语音信号,把原来这些等长的二元序列通过一个编码压缩器,压缩器只选择其中$M=16$个长为7的二元序列组成一个汉明码,其码字$W=(c_6c_5c_4c_3c_2c_1c_0)$,它们满足汉明关系式

$$\begin{cases} c_2=c_5\oplus c_4\oplus c_3 \\ c_1=c_6\oplus c_4\oplus c_3 \\ c_0=c_6\oplus c_5\oplus c_3 \end{cases} \quad (\oplus\text{为模二和})$$

压缩器把这128个二元信源序列全部映射成对应的码字,而且是映射成与它距离为最近的那个码字(即原信源序列与映射的码字只有一位不同)。这样经过压缩器后只输出M为16个4位长的二元序列(即将码字的信息位$(c_6c_5c_4c_3)$送入信道),又假设信源失真度为汉明失真,即

$$d(0,1)=d(1,0)=1 \quad d(0,0)=d(1,1)=0$$

(a) 求在这种压缩编码方法下,语音信号的信息传输速率是多少(比特/秒)?

(b) 在这种压缩编码方法下,求平均每个二元符号的失真度$d(C)$等于多少?

(c) 在允许失真等于上述所求$d(C)$下,求二元信源的信息率失真函数$R(D)$(比特/码元)。并回答此时语音信号的信息传输速率最大可压缩到多少?

7.10　信源$\begin{bmatrix} S \\ P(s) \end{bmatrix}\begin{bmatrix} s_1, & s_2 \\ 0.5 & 0.5 \end{bmatrix}$,每秒钟发出2.66个信源符号。将此信源的输出符号送入某二元无噪无损信道中进行传输,而信道每秒只传递两个二元符号。

(1) 试问信源能否在此信道中进行无失真的传输?

(2) 若此信源失真测度定义为汉明失真,问允许信源平均失真度多大时,此信源就可以在此信道中传输?

第 8 章　无失真的信源编码

信源编码主要可分为无失真信源编码和限失真信源编码。无失真信源编码主要适用于离散信源或数字信号,如文本、表格及工程图纸等信源,它们要求无失真地压缩数据,并无失真地可逆恢复。限失真信源编码主要适用于波形信源或波形信号(即模拟信号),如语音、电视图像、彩色静止图像等信号,它们不要求完全可逆地恢复,而是允许在一定限度内可以有失真的压缩。无论是无失真还是限失真的信源编码,其目的都是为了用较少的码率来传送同样多的信息,增加单位时间内传送的信息量,从而提高通信系统的有效性。

由前面第 5 章和第 7 章的讨论已知,香农信息理论——香农第一定理和香农第三定理是信源编码的理论基础。它们分别从理论上给出了进行无失真信源压缩和限失真信源压缩的理论极值,而且还论证与指出了理想最佳信源编码是存在的。但是并没有给出信源编码的实际构造方法和实用码的结构。随着科学技术的发展和需求,人们致力于对各种文本、图片、图形、语言、声音、活动图像和影视信号等实际信源进行实用压缩方法和技术的研究,使信源的数据压缩技术得以蓬勃发展和逐渐走向成熟。

本章主要研究无失真信源编码的技术与方法。从香农第一定理已知,信源的信息熵是信源进行无失真编码的理论极限值。也就是说,总能找到某种合适的编码方法使编码后信源的信息传输率 R' 任意地逼近信源的信息熵而不存在任何失真。

从第 2 章的讨论可知,由于信源概率分布的不均匀性,或者信源是有记忆的、具有相关性,使信源中或多或少含有一定的冗余度。因此,只要寻找到去除相关性或者改变概率分布不均匀性的方法和手段,就能找到编码的具体方法和实用码的结构。这种根据信源的概率统计特性进行的编码又称为**统计编码**或**熵编码**。

本章首先讨论典型的霍夫曼编码、游程编码及算术编码的原理和方法。它们都是当信源的统计特性已确知时,能达到或接近压缩极限界限的编码方法。前者主要适用于多元独立的信源,后两者主要适用于二元信源及具有一定相关性的有记忆信源。最后讨论**通用编码**(又称字典码)的原理和方法。它们是针对信源的统计特性未确知或不知时所采用的压缩编码方法。在实际的数据压缩系统中,这些编码方法都得到了广泛的应用。

8.1　霍夫曼(Huffman)码

香农第一定理的证明过程告诉了我们一种编码方法,这种编码方法称为**香农编码**。

香农编码方法是选择每个码字长度 l_i 满足

$$l_i=\left\lceil \log_r \frac{1}{P(s_i)} \right\rceil \qquad (i=1,2,\cdots,q) \tag{8.1}$$

由定理可知,这样选择的码长一定满足克拉夫特不等式,所以一定存在唯一可译码。然后,按照这个码长 l_i,用树图法就可编出并得到相应的一组码(即时码)。

按照香农编码方法编出来的码,可以使其平均码长 $\bar{L}$ 不超过上界,即

$$\bar{L}<H_r(S)+1 \tag{8.2}$$

只有当信源符号的概率分布呈现 $\left(\frac{1}{r}\right)^{\alpha_i}$($\alpha_i$ 是正整数)形式时,$\bar{L}$ 才能达到极限值 $H_r(S)$。一般情况

下，香农编码的 $\bar{L}$ 不是最短，即编出来的不是紧致码（最佳码）。

至于如何去构造一个紧致码，定理并没有直接给出。本节将首先讨论霍夫曼码的编码方法，然后再证明它的最佳性。

8.1.1　二元霍夫曼码

1952 年霍夫曼提出了一种构造最佳码的方法，称之为霍夫曼码。霍夫曼码适用于多元独立信源，对于多元独立信源来说它是最佳码。它充分利用了信源概率分布的特性进行编码，是一种最佳的逐个符号的编码方法。

下面首先给出二元霍夫曼码的编码方法，它的编码步骤如下：

（1）将 q 个信源符号按概率分布 $P(s_i)$ 的大小，以递减次序排列起来，设

$$p_1 \geqslant p_2 \geqslant p_3 \geqslant \cdots \geqslant p_q$$

（2）将 0 和 1 码符号分别分配给概率最小的两个信源符号，将这两个符号合并成一个新符号，并将这两个最小概率之和作为新符号的概率，从而得到只包含 $q-1$ 个符号的新信源，称为 S 信源的缩减信源 S_1。

（3）把 S_1 的符号仍按概率大小以递减次序排列，再将其最后两个概率最小的符号合并成一个新符号，并分别用 0 和 1 码符号表示，这样又形成了 $q-2$ 个符号的缩减信源 S_2。

（4）依次继续下去，直至缩减信源最后只剩两个符号为止。将这最后两个新符号分别用 0 和 1 码符号表示。最后这两个符号的概率之和必为 1。然后从最后一级缩减信源开始，依编码路径由后向前返回，就得出各信源符号所对应的码符号序列，即得对应的码字。

现在，我们给出一个具体的例子来说明这种编码方法。

【例 8.1】　离散无记忆信源 $S=[s_1,s_2,s_3,s_4,s_5]$，它的一种霍夫曼码见表 8.1。

它的平均码长为
$$\bar{L}=\sum_{i=1}^{5}P(s_i)l_i=0.4\times1+0.2\times2+0.2\times3+0.1\times4+0.1\times4$$
$$=2.2（二元码元/信源符号）$$

编码效率
$$\eta=H(S)/\bar{L}\approx0.965$$

表 8.1　一种霍夫曼码

信源符号 s_i	码字长度 l_i	码字 W_i	概率 $P(s_i)$	缩减信源 S_1		S_2		S_3	
									0.6 (0)
s_1	1	1	0.4	1	0.4	1	0.4	1	0.4 (1)
s_2	2	01	0.2	01	0.2	01	0.4 (0)	00	
s_3	3	000	0.2	000	0.2 (0)	000	0.2 (1)	01	
s_4	4	0010	0.1 (0)	0010	0.2 (1)	001			
s_5	4	0011	0.1 (1)	0011					

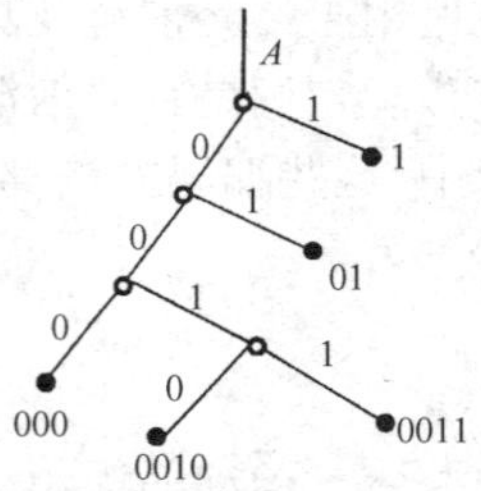

图 8.1　表 8.1 中霍夫曼码的码树

从表 8.1 的编码过程中可以看出，霍夫曼编码方法得到的码一定是即时码，因为这种编码方法不会使任一码字的前缀为码字。如果用码树形式来表示，该码的码树如图 8.1 所示。但必须注意，在表 8.1 中读取码字时，必须从后向前读取，否则所得码字不是即时码。

霍夫曼编码方法得到的码并非是唯一的。这是因为：（1）每次对缩减信源最后两个概率最小的符号分配 0 和 1 码是可以任意的，所以可得到不同的码。因为每次都是两个符号缩减一次成新符号，所以没有任何中间节点为码字，则所得到不同的码都是即时码，但它们只是码字具体形式不同（即时码的码树形式走向不同），而其码长 l_i 不变，平均码长 $\bar{L}$ 也不变，所以没有本质差别。

(2) 在缩减信源中合并后的符号的概率与其他信源符号概率相同时，从编码方法上来说，它们概率次序的排列哪个放在上面，哪个放在下面是没有区别的，但得到的码是不同的。对这两种不同的码，它们的码长 l_i 各不同，而平均码长 $\overline{L}$ 是相同的。

现在我们来观察同一信源可能有的两种不同的霍夫曼码。例 8.1 的信源为

$$\begin{bmatrix} S \\ P(s_i) \end{bmatrix} = \begin{bmatrix} s_1 & s_2 & s_3 & s_4 & s_5 \\ 0.4 & 0.2 & 0.2 & 0.1 & 0.1 \end{bmatrix}$$

它的一种霍夫曼编码见表 8.1。在缩减信源 S_1 和 S_2 中，把合并后的概率总是放在其他相同概率的信源符号之下，得码字长度分别为 1，2，3，4，4。平均码长为 2.2。如果我们在缩减信源 S_1 和 S_2 中把合并后的概率尽可能地排列在最上面，那么得到另一种码，见表 8.2。

表 8.2 另一种霍夫曼码

信源符号 s_i	码字长度 l_i	码字 W_i	概率 $P(s_i)$	缩减信源		
				S_1	S_2	S_3
					0.4	0 0.6 1 0.4 1
s_1	2	00	0.4	00 0.4	00 0.4	0 00
s_2	2	10	0.2	10 0.2	01 0.2	1 01
s_3	2	11	0.2	11 0.2	0 10	
s_4	3	010	0.1	0 010 0.2	1 11	
s_5	3	011	0.1	1 011		

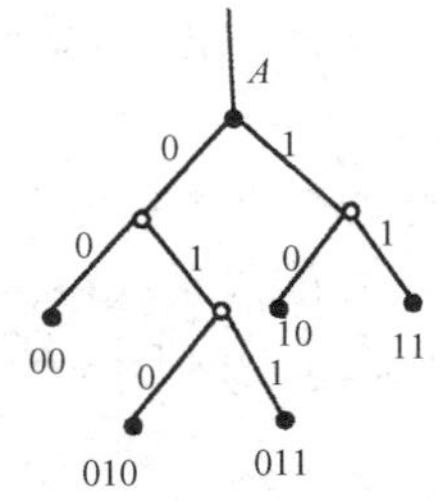

图 8.2 表 8.2 中霍夫曼码的码树

这时码字长度分别为 2，2，2，3，3。而平均码长

$$\overline{L}=(0.4+0.2+0.2)\times2+(0.1+0.1)\times3=2.2(\text{码符号/信源符号})$$

此码的码树如图 8.2 所示。因为这两种码有相同的平均码长，所以有相同的编码效率，但每个信源符号的码长却不相同。

在这两种不同的码中，选择哪个码好呢？我们引进码字长度 l_i 偏离平均长度 $\overline{L}$ 的方差 σ^2，即

$$\sigma^2 = E[(l_i-\overline{L})^2] = \sum_{i=1}^{q} P(s_i)(l_i-\overline{L})^2 \tag{8.3}$$

分别计算上例中两种码的方差

$$\sigma'^2=0.4(1-2.2)^2+0.2(2-2.2)^2+0.2(3-2.2)^2+0.1(4-2.2)^2+0.1(4-2.2)^2=1.36$$

$$\sigma''^2=0.4(2-2.2)^2+0.2(2-2.2)^2+0.2(2-2.2)^2+0.1(3-2.2)^2+0.1(3-2.2)^2=0.16$$

可见，第二种编码方法的方差要小许多。所以，对于有限长的不同信源序列，用第二种方法所编得的码序列长度变化较小。因此相对来说，选择第二种编码方法要更好些。

由此得出，在霍夫曼编码过程中，当缩减信源的概率分布重新排列时，应使合并得来的概率和尽量处于最高的位置，这样可使合并的元素重复编码次数减少，使短码得到充分利用。

从以上编码的实例中可以看出，霍夫曼码具有以下三个特点：

第一，霍夫曼码的编码方法保证了概率大的符号对应于短码，概率小的符号对应于长码，即 $p_j>p_k$，有 $l_j \leq l_k$，而且短码得到充分利用。

第二，每次缩减信源的最后两个码字总是最后一位码元不同，前面各位码元相同（二元编码情况），见表 8.1 和表 8.2。

第三，每次缩减信源的最长两个码字有相同的码长，见表 8.1 和表 8.2。

这三个特点保证了所得的霍夫曼码一定是最佳码。

8.1.2 r 元霍夫曼码

上面讨论的是二元霍夫曼码,它的编码方法同样可以推广到 r 元编码中来。不同的只是每次把 r 个符号(概率最小的)合并成一个新的信源符号,并分别用 $0,1,\cdots,(r-1)$ 等码元表示。

为了使短码得到充分利用,使平均码长最短,必须使最后一步的缩减信源有 r 个信源符号。因此对于 r 元编码,信源 S 的符号个数 q 必须满足

$$q=(r-1)\theta+r \tag{8.4}$$

式中,θ 表示缩减的次数,$(r-1)$ 为每次缩减所减少的信源符号个数。对于二元码($r=2$),必须满足

$$q=\theta+2 \tag{8.5}$$

因此,q 等于任意正整数时,总能找到一个 θ 满足式(8.5)。而对于 r 元码,q 为任意正整数时不一定能找到一个 θ 使式(8.4)满足。若 q 不满足式(8.4)时,不妨设 t 个信源符号

$$s_{q+1},s_{q+2},\cdots,s_{q+t}$$

并使它们对应的概率为零,即

$$p_{q+1}=p_{q+2}=\cdots=p_{q+t}=0$$

此时,使 $q+t$ 能满足式(8.4)。这样得到的 r 元霍夫曼码一定是紧致码。

【例 8.2】 信源 S 的四元霍夫曼码。表 8.3 列出了四元霍夫曼码的编码方法及其对应的码字。

在表 8.3 中,s_9 和 s_{10} 是假设的信源符号($t=2$),这样 $q+t=10$,能找到 $\theta=2$ 满足式(8.4)。而且从表 8.3 可知,这样编码使短码充分利用上了,所以平均码长最短。

画出表 8.3 中四元霍夫曼码的码树,如图 8.3 所示。由图可知,当信源符号个数 q 不满足式(8.4)时,所得的树一定是非整树。

表 8.3 四元霍夫曼码

信源符号 s_i	码字 W_i	概率分布 $P(s_i)$	缩减信源 S_1		S_2		S_3
s_1	1	0.22	1	0.22	1	0.40	0
s_2	2	0.20	2	0.20	2	0.22	1
s_3	3	0.18	3	0.18	3	0.20	2
s_4	00	0.15	00	0.15 (0)	00	0.18	3
s_5	01	0.10	01	0.10 (1)	01		
s_6	02	0.08	02	0.08 (2)	02		
s_7	030	0.05 (0)	03	0.07 (3)	03		
s_8	031	0.02 (1)	03				
s_9		0 (2)					
s_{10}		0 (3)					

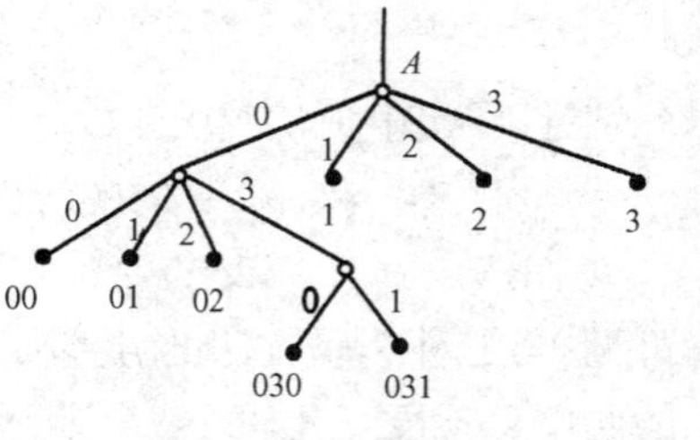

图 8.3 表 8.3 中四元霍夫曼码的码树

如果信源符号 q 满足式(8.4),则得到的 r 元霍夫曼码树一定是整树。所以,二元霍夫曼码树一定都是整树,如图 8.1 所示。

从树的角度来看,这种编码方法是尽量把短码都利用上。首先,把一阶节点全都用上,如果码字不够时,再从某个节点伸出若干枝,引出二阶节点作为码字。再不够时,再伸出三阶节点,显然,这样得到的平均码长最短。

8.1.3 霍夫曼码的最佳性

本节我们将证明霍夫曼码是最佳码(紧致码)。所谓最佳性,是指对于某个给定信源,在所有可能的唯一可译码中,此码的平均码长最短。并称此码为**最佳码**或**紧致码**。

由前讨论已知,对于给定信源,所得的霍夫曼不是唯一的,但它们的平均码长都相同。因此,对于给定信源,其最佳码不止一个。

为了证明二元霍夫曼码是最佳二元码,我们首先证明最佳二元码应具有的一些性质。

不失一般性,我们可假设信源的概率分布按大小次序排列,即 $p_1 \geqslant p_2 \geqslant \cdots \geqslant p_q$,其对应的码长分别为 $l_1, l_2, \cdots, l_q$。

定理 8.1 对于给定分布的任何信源,存在一个最佳二元即时码(其平均码长最短),此码满足以下性质:

(1) 若 $p_j > p_k$,则 $l_j \leqslant l_k$。

(2) 两个最小概率的信源符号所对应的码字具有相同的码长。

(3) 两个最小概率的信源符号所对应的码字,除最后一位码元不同外,前面各位码元都相同。

【证明】 (1) 若有即时码 C',其 $p_j > p_k$ 而 $l'_j \geqslant l'_k$。我们可以交换这两个码字,得码 C。交换后码 C 中 $l_j = l'_k$,$l_k = l'_j$ 其余 $l_i = l'_i$,$i \neq j, k$,则有

$$\bar{L}(C') - \bar{L}(C) = \sum p_i l'_i - \sum p_i l_i \tag{8.6}$$

$$= p_j l'_j + p_k l'_k - p_j l'_k - p_k l'_j \tag{8.7}$$

$$= (p_j - p_k)(l'_j - l'_k) \tag{8.8}$$

因为 $p_j > p_k > 0$,又因 $l'_j \geqslant l'_k$,所以

$$\bar{L}(C') - \bar{L}(C) \geqslant 0$$

$$\bar{L}(C) \leqslant \bar{L}(C') \tag{8.9}$$

可见,交换后码 C 的平均码长变短,并满足

$$p_j > p_k, l_j \leqslant l_k$$

所以,可以将码中所有码字进行交换,使其满足 $p_1 \geqslant p_2 \geqslant \cdots \geqslant p_q$,而 $l_1 \leqslant l_2 \leqslant \cdots \leqslant l_q$。这样得到的码,平均码长最短。

(2) 由性质(1)已知,两个最小概率的信源符号其码长最长,有 $p_{q-1} \geqslant p_q$,一定有 $l_{q-1} \leqslant l_q$。但若码 C 中 $l_{q-1} \neq l_q$,可以将此最长码字的最后几位截去,使 $l_{q-1} = l_q$。这不但不影响即时码的前缀条件,而且使平均码长 $\bar{L}(C)$ 更为缩短,缩短了 $p_q(l_q - l_{q-1})$。

这样,两个最小概率的信源符号所对应码字的码长最长,而且相等。这时,所得码的平均码长最短。

(3) 根据性质(1)和(2),我们可以将即时码 C' 通过交换、截枝整理,得到平均码长最短的码 C。这时,两个最小概率的信源符号所对应的码字长度最长且相等。从树图角度来看,它们应是在同一节点伸出两枝叉的两个节点上(二元树)。若不在同一节点伸出两枝叉的两个节点上,一定在同一阶树枝的其他节点上(同一阶的节点码长相同)。否则,就与性质(1)、(2)不一致了。这时,可以重新安排码字,使码字 W_{q-1} 和 W_q 在同一阶的同一节点伸出两枝叉的两个节点上。这样重新安排并不改变平均码长 $\bar{L}(C)$。因此得,这两个最小概率的信源符号所对应的码字,其除最后一位码元不同外,前面各位码元都相同。

综合上述证得,若 $p_1 \geqslant p_2 \geqslant \cdots \geqslant p_q$,则存在最佳即时码 C,其码长满足 $l_1 \leqslant l_2 \leqslant \cdots \leqslant l_{q-1} = l_q$,而且码字 W_{q-1} 和 W_q 只有最后一位不同。

[证毕]

图 8.4 中举例说明了上述证明中交换、截枝整理和重新安排的过程。最后得到的是最佳码。图中假设 $p_1 \geqslant p_2 \geqslant p_3 \geqslant p_4 \geqslant p_5$。图 8.4(a)所示为某一可能的即时码。图 8.4(b)所示是图 8.4(a)中通过交换 p_1 和 p_2 得到的,使平均码长缩短。图 8.4(c)所示是将图 8.4(b)中 p_5 的树枝截去后得到的,它并不影响即时码条件,而且平均码长缩短。使 p_4 和 p_5 对应的码长相同。图 8.4(d)所示是由图 8.4(c)重新安排得到的,因为在图 8.4(c)中 p_4 和 p_5 不在同一节点伸出枝叉的两个节点上。重新安排后其平均码长仍保持不变。最后得到的最佳码如图 8.4(d)所示,其满足定理 8.1 的性质。

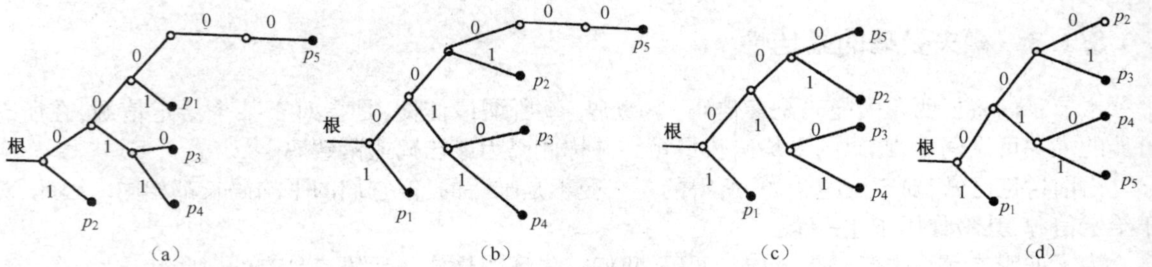

图 8.4　最佳码的特性

在讨论霍夫曼编码方法中,已经提到霍夫曼码具有三个特点,这三个特点正好是定理 8.1 中所述的三个性质。由此可见,霍夫曼码 C 是信源给定后,所有可能的唯一可译码中平均码长最短的码,即

$$\bar{L}(C) = \min_{\sum_{i=1}^{q} r^{-l_i} \leqslant 1} \sum_{i=1}^{q} p_i l_i \tag{8.10}$$

下面证明霍夫曼编码的最佳性。

定理 8.2　二元霍夫曼码一定是最佳即时码。即若 C 是霍夫曼码,C'是任意其他即时码,则有

$$\bar{L}(C) \leqslant \bar{L}(C') \tag{8.11}$$

【证明】　由霍夫曼编码方法可知,每次缩减信源对应的码都满足定理 8.1 的性质。现设某一缩减信源 S_j,得即时码 C_j,它的平均码长为 $\bar{L}_j$。S_j 中某一元素 s_α 是由前一缩减信源 S_{j-1} 中概率最小的两个符号合并而来的。设这两个符号为 $s_{\alpha0}$ 和 $s_{\alpha1}$,它们的概率分别为 $p_{\alpha0}$ 和 $p_{\alpha1}$,则 S_j 中符号 s_α 的概率 $p_\alpha=p_{\alpha0}+p_{\alpha1}$。根据霍夫曼编码方法得到 S_{j-1} 的码为 C_{j-1},它的平均码长为 $\bar{L}_{j-1}$。由于在码 C_{j-1} 中除了 $s_{\alpha0}$ 和 $s_{\alpha1}$ 这两码字比 s_α 码字长一个二元数字外,其余码字长度都是相同的,因而 $\bar{L}_{j-1}$ 和 $\bar{L}_j$ 有以下关系:

$$\begin{aligned}
\bar{L}_{j-1} &= \sum_{i=1}^{m} p_i l_i \\
&= \sum_{i=1}^{m-2} p_i l_i + p_{\alpha0}(l_\alpha + 1) + p_{\alpha1}(l_\alpha + 1) \\
&= \sum_{i=1}^{m-2} p_i l_i + (p_{\alpha0} + p_{\alpha1}) l_\alpha + p_{\alpha0} + p_{\alpha1} \\
&= \sum_{i=1}^{m-2} p_i l_i + p_\alpha l_\alpha + p_{\alpha0} + p_{\alpha1} \\
&= \bar{L}_j + p_{\alpha0} + p_{\alpha1}
\end{aligned} \tag{8.12}$$

式中,假设信源 S_j 有 $m-1$ 个元素,前一缩减信源 S_{j-1} 有 m 个元素。

由式(8.12)可知,缩减信源 S_j 和 S_{j-1} 的平均码长之差是一个与码长 l_i 无关的固定常数。所以,要求平均码长 $\bar{L}_{j-1}$ 最小,就是求平均码长 $\bar{L}_j$ 为最小。即对 $m-1$ 个元素,求得 $l_i(i=1,2,\cdots,m-1)$ 使 $\bar{L}_j$ 为最小,得码 C_j 是信源 S_j 的最佳码,则此码长 l_i 也使其前缩减信源的平均码长 $\bar{L}_{j-1}$ 为最小,码 C_{j-1} 是信源 S_{j-1} 的最佳码。

由霍夫曼编码方法一次一次缩减,最后一步得到的缩减信源 $S_末$ 只有两个信源符号。分别编制一个码元,这样平均码长 $\bar{L}_末=1$ 为最短,所以码 $C_末$ 一定是最佳码。

由于 $C_末(\bar{L}_末=1)$ 是最佳码,则由霍夫曼编码方法所得它前面一级缩减信源(最后第二级)$S_{末-1}$ 的即时码 $C_{末-1}$ 也一定是最佳码,再前面一级缩减信源 $S_{末-2}$ 的即时码也一定是最佳码。依次类推,信源 S 所得的霍夫曼码一定是最佳码。因此,证明了霍夫曼编码方法一定是最佳编码方法。　[证毕]

上述证明定理 8.1 和定理 8.2 都是在二元码($r=2$)的情况下进行的。同理,可以证明 r 元霍夫曼码一定也是最佳码。详细证明可参阅参考书目[4]。

因为霍夫曼码是在信源给定情况下的最佳码,所以其平均码长的界限为

$$H_r(S) \leqslant \bar{L}(C) < H_r(S) + 1 \tag{8.13}$$

对信源的 N 次扩展信源同样可以采用霍夫曼编码方法。因为霍夫曼码是紧致码,所以编码后单个信源符号所编得的平均码长随 N 的增加很快接近于极限值——信源的熵。

本节讨论了霍夫曼码,并且证明了霍夫曼码是最佳码。当 N 不很大时,它能使无失真编码的效率接近于 1。但霍夫曼码是分组码(或称块码),在实际应用时设备较复杂。

首先,每个信源符号所对应的码长不同。一般情况下,信源符号以恒速输出,信道也是恒速传输的。编码后会造成每秒输出的编码比特数不是常量,因而不能直接由信道来传送。为了适应信道,必须增加缓冲寄存器,将编码输出暂存在缓冲器中,再由信道传输,使输入和输出的速率保持平衡。但当缓冲器存储量有限时,会出现缓冲器溢出或取空的现象。例如,当信源连续输出低概率的符号时,因为码长较长,有可能使缓冲器存不下而溢出。反之,信源连续输出高概率符号,有可能使输入比特数小于信道中传输的比特数,以致使缓冲器取空。所以,一般来说,变长码只适用于有限长的信息传输。

其次,信源符号与码字之间不能用某种有规律的数学方法对应起来。在对信源进行霍夫曼编码后,形成一个霍夫曼编码表,必须通过查表的方法来进行编、译码。在信源存储与传输过程中必须首先存储与传输这一霍夫曼编码表,这就会影响实际信源的压缩效率。有时为了实用,常常先基于大量概率统计,建好霍夫曼编码表。这样,编码时不需进行概率统计和建立编码表;另外在接收端和发送端可先固定建好的霍夫曼码表,传输时也不用传输编码表。但当 N 增大时,信源符号数目增多,所需存储码表的容量增大,故使设备复杂化,同时也使编、译码时,查表搜索时间增加。尽管如此,霍夫曼方法还是一种较具体和有效的无失真信源编码的方法,它便于硬件实现和计算机软件实现。所以它仍应用于文件传真、语音处理和图像处理的数据压缩中。

8.2 费诺(Fano)码

这种编码方法稍不同于前述的霍夫曼编码方法,它不是最佳的编码方法,但有时也可得到最佳码的性能。费诺码的编码步骤如下:

首先,将信源符号以概率递减的次序排列起来,将排列好的信源符号划分成两大组,使每组的概率和近于相同,并各赋予一个二元码符号“0”和“1”。然后,将每一大组的信源符号再分成两组,使同一组的两个小组的概率和近于相同,并分别赋予一个二元码符号。依次下去,直至每个小组只剩一个信源符号为止。最后,由前向后读取码符号序列(注意:读取码字与霍夫曼编码不同)。这样,信源符号所对应的码符号序列则为编得的码字。

现举二例来加以说明。

【例 8.3】 离散无记忆信源 $S=[s_1,s_2,s_3,s_4,s_5,s_6,s_7,s_8]$,它的费诺码见表 8.4。此信源的熵 $H(S)=2\frac{3}{4}$(比特/信源符号),而码的平均长度 $\bar{L}=2\frac{3}{4}$(二元码符号/信源符号)。

显然,这种码是紧致码,码的效率等于 1。我们看到它之所以能达到最佳,是因为信源符号的概率分布正好满足式(5.34)。否则,不会使编码效率为 1。

【例 8.4】 离散无记忆信源 $S=[s_1,s_2,s_3,s_4,s_5,s_6]$的费诺码,见表 8.5。

可计算得信源的熵 $H(S)=2.35$(比特/信源符号)。码的平均码长 $\bar{L}=2.32$(二元码符号/信源符号)。因此码的效率 $\eta=0.987$。

从以上两例可以看出,费诺码的编码方法实际上是构造码树的一种方法,所以费诺码是即时码。费诺码也考虑了信源的统计特性,使概率大的信源符号能对应码长短的码字。显然,费诺码仍然是一种相当好的编码方法。但是,这种编码方法不一定能使短码得到充分利用。尤其当信源符号较多,并有一些符号概率分布很接近时,分两大组的组合方法就会很多。可能某种分大组的结

果,会出现后面小组的“概率和”相差较远,因而使平均码长增加。所以费诺码不一定是最佳码。一般费诺码的平均码长的界限为

$$\overline{L}(C) \leqslant H_r(S)+2 \tag{8.14}$$

费诺码编码方法同样适合于 r 元编码,只需每次分成 r 组即可。

表 8.4 二元费诺码

信源符号	概率 $P(s_i)$	码字	码长 l_i
s_1	1/4	00	2
s_2	1/4	01	2
s_3	1/8	100	3
s_4	1/8	101	3
s_5	1/16	1100	4
s_6	1/16	1101	4
s_7	1/16	1110	4
s_8	1/16	1111	4

表 8.5 二元费诺码

信源符号	概率 $P(s_i)$	码字	码长 l_i
s_1	0.32	00	2
s_2	0.22	01	2
s_3	0.18	10	2
s_4	0.16	110	3
s_5	0.08	1110	4
s_6	0.04	1111	4

8.3 香农—费诺—埃利斯码

本节讨论香农—费诺—埃利斯(Shannon-Fano-Elias)编码方法。它采用信源符号的累积分布函数来分配码字。

设信源符号集 $A=\{a_1,a_2,\cdots,a_q\}$,并设所有 $P(a)>0, a\in A$。定义累积分布函数

$$F(s) \triangleq \sum_{a\leqslant S} P(a) \qquad a\in A \tag{8.15}$$

也可写成 $F(a_k) \triangleq \sum_{i=1}^{k} P(a_i) \quad a_k, a_i \in A$ (8.16)

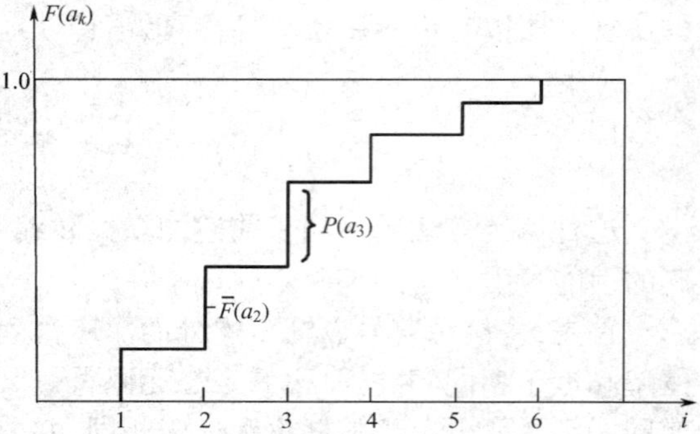

图 8.5 累积分布函数

定义修正的累积分布函数

$$\overline{F}(S) \triangleq \overline{F}(a_k) = \sum_{i=1}^{k-1} P(a_i) + \frac{1}{2}P(a_k) \qquad a_k, a_i \in A \tag{8.17}$$

图 8.5 描绘了累积分布函数。因为信源的取值是离散的,所以累积分布函数呈级跃形。累积分布函数为每台级的上界值。而每台级的高度(或宽度)就是该符号的概率函数 $P(a_i)$ 值。修正的累积分布函数是所有小于 $a_k(k=1,\cdots,q)$ 的信源符号概率和,加上该符号 a_k 的概率函数的一半。可见,$\overline{F}(a_k)$ 值处于对应 a_k 台级的中点。

因为所有概率函数都是正数,所以当 $a\neq b$ 时 $F(a)\neq F(b)$。故若知道了 $\overline{F}(a_k)$,就能确定处在累积分布函数图中哪个区间,就能确定信源符号为 $S=a_k$。因此,可采用 $\overline{F}(a_k)$ 的数值作为符号 a_k 的码字。

一般 $\overline{F}(a_k)$ 为实数,若用二进数表示,其一般为无限位数。取小数后 $l(a_k)$ 位,即截去后面的位数,得 $\overline{F}(a_k)$ 的近似值 $\lfloor F(a_k)\rfloor_{l(a_k)}$,并用这 $l(a_k)$ 位二进数作为 a_k 的码字。其中 $\lfloor x\rfloor_l$ 表示取 x 数的 l 位并使其小于等于 x 的数。根据二进制小数截去位数的影响,得

$$\overline{F}(a_k) - \lfloor F(a_k)\rfloor_{l(a_k)} < \frac{1}{2^{l(a_k)}} \tag{8.18}$$

若选取
$$l(a_k)=\left\lceil \log\frac{1}{P(a_k)}\right\rceil+1 \tag{8.19}$$
得
$$\frac{1}{2^{l(a_k)}}<\frac{P(a_k)}{2}=\overline{F}(a_k)-F(a_{k-1}) \tag{8.20}$$
可见，$\overline{F}(a_k)$与其近似值$\lfloor F(a_k)\rfloor_{l(a_k)}$之差小于该台级的一半。

那么，这样编得的码是否满足前缀条件，是否是即时码。

从$F(a_k)$的区间来看，总区间为$[0,1]$，若每个信源符号a_k所编码的码字对应的区域都没有重叠，那么这组码一定满足前缀条件，一定是即时码。

现在，用$\lfloor F(a_k)\rfloor_{l(a_k)}=0.z_1z_2\cdots z_l$对$a_k$编码，得$a_k$的码字为$z_1z_2\cdots z_l$（$z_i$取0或1）。此码字对应的区间为$\left[0.z_1z_2\cdots z_1,\ 0.z_1z_2\cdots z_l+\frac{1}{2^l}\right]$。由式(8.18)和式(8.20)可知，此区间的下界处于累积分布函数a_k台级的中点以下，$F(a_{k-1})$以上；而这区间的上界处于$F(a_k)$以下。也就是说，每个码字对应的区间完全处于累积分布函数中该信源符号对应的台级宽度内。所以，不同码字对应的区域是不同的，没有重叠。这样得到的码一定满足前缀条件，一定是即时码。

在这种编码方法中，没有要求信源符号的概率按大小次序排列。习题8.12所示为另一种类似的编码方法，请注意它们的区别。

因为选用码长$l(a_k)=\left\lceil \log\frac{1}{P(a_k)}\right\rceil+1$，所以香农—费诺—埃利斯码的平均码长
$$\overline{L}=\sum_{i=1}^{q}P(a_k)l(a_k)=\sum_{i=1}^{q}P(a_k)\left(\left\lceil \log\frac{1}{P(a_k)}\right\rceil+1\right)$$
$$\sum_{i=1}^{q}P(a_k)\left(\log\frac{1}{P(a_k)}+1\right)\leqslant\overline{L}<\sum_{i=1}^{q}P(a_k)\left(\log\frac{1}{P(a_k)}+2\right)$$
$$H(S)+1\leqslant\overline{L}<H(S)+2 \tag{8.21}$$
可见，此码比霍夫曼码的平均码长要增加1位二元码元。

【例8.5】 离散无记忆信源$S=[s_1,s_2,s_3,s_4]$，它的香农—费诺—埃利斯码见表8.6。

表8.6

信源符号S	概率函数$P(s)$	累积分布函数$F(s)$	$\overline{F}(s)$	$\overline{F}(s)$的二进数	码长$l(s)=\left\lceil \log\frac{1}{P(s)}\right\rceil+1$	码字W
s_1	0.25	0.25	0.125	0.001	3	001
s_2	0.5	0.75	0.5	0.10	2	10
s_3	0.125	0.875	0.8125	0.1101	4	1101
s_4	0.125	1.0	0.9375	0.1111	4	1111

在本例中，得平均码长$\overline{L}=2.75$（二元码/信源符号）。而信源熵$H(S)=1.75$（比特/信源符号）。若此信源采用霍夫曼编码方法，其平均码长可达到极限值——信源熵。观察此码各码字，显然码字中有多余的位数，如最后两个码字，分别最后一位码元可省去。但若将所有码字中最后一位都省去，那所得的码就不是唯一可译码了。

【例8.6】 表8.7给出另一信源$S=[s_1,s_2,s_3,s_4,s_5]$的香农—费诺—埃利斯码。在此例中，信源概率分布不呈现为1/2的幂次方，所以$\overline{F}(S)$的二进数为无限项。用$0.\overline{01}$表示数0.0101010101…。

表 8.7

信源符号 S	概率函数 $P(s)$	累积分布函数 $F(s)$	$\overline{F}(s)$	$\overline{F}(s)$的二进制数	码长 $l(s)=\left\lceil \log \dfrac{1}{P(s)} \right\rceil+1$	码字 W
s_1	0.25	0.25	0.125	0.001	3	001
s_2	0.25	0.5	0.375	0.011	3	011
s_3	0.2	0.7	0.6	$0.1\overline{0011}$	4	1001
s_4	0.15	0.85	0.775	$0.110\overline{0011}$	4	1100
s_5	0.15	1.0	0.925	$0.111\overline{0110}$	4	1110

此码的平均码长 $\overline{L}=3.5$(二元码/信源符号)。而此信源的霍夫曼码的平均码长要缩短 1.2 位二元码。

虽然香农—费诺—埃利斯码不是最佳码,但由它拓宽可得到一种算术码。该算术码是一种非分组码,其编码和译码都是计算效率高的码。

8.4 游程编码和 MH 编码

8.4.1 游程编码

前面几节所介绍的编码方法,主要适用于多元信源和无记忆信源,尤其当信源给定时,也证明了霍夫曼码是最佳码。但当信源是有记忆时,特别是二元相关信源,就必须对其 N 次扩展信源进行编码才能提高编码效率。这时,扩展信源的符号数剧增(以幂次增加),码表中码字很多,使编译码设备变得很复杂,而且扩展信源的符号之间的相关性也没有利用。尤其当信源是二元相关信源时,往往输出的信源符号序列中会连续出现多个“0”或“1”符号,这些编码方法的编码效率就不会提高很多。为此,科学家们努力地寻找一种更为有效的编码方法。游程编码就是这样一种针对相关信源的有效编码方法,尤其适用于二元相关信源。游程编码已在图文传真、图像传输等实际通信工程技术中得到应用。有时实际工程技术中常常将游程编码和其他一些编码方法混合使用,能获得更好的压缩效果。

游程(Run-Length,缩写 RL)指的是信源输出的字符序列中各种字符连续地重复出现而形成的字符串的长度,又称**游程长度**或**游长**。游程编码(RLC)就是将这种字符序列映射成串的字符、串的长度和串的位置的标志序列,知道了该标志序列,就可以完全恢复出原来的字符序列。所以,游程编码不但适用于一维字符序列,也适用于二维字符序列。

1. 二元相关信源的游程编码

对于二元相关信源,其输出只有两个符号,即“0”和“1”。在信源输出的一维二元序列中,连续出现“0”符号的这一段称为“0”游程,连续出现“1”符号的这一段称为“1”游程。对应段中的符号个数就是“0”游程长度和“1”游程长度,记为 $L(0)$ 和 $L(1)$。因为信源输出是随机的,所以游程长度是随机变量,其取值可为 1、2、3、…,直至无穷大。又在输出的二元序列中,“0”游程和“1”游程总是交替出现,若规定二元序列总是从“0”游程开始,那么第一个为“0”游程,接着第二个必定是“1”游程,第三个又是“0”游程…这样,我们就只需对串的长度(即游程长度)进行标记,就可将信源输出的任意二元序列一一对应地映射成交替出现的游程长度的标志序列。当然一般游程长度都用自然数标记,所以就映射成交替出现的表示游程长度的自然数序列,简称**游程序列**。这种映射是可逆的,是无失真的。例如某二元序列为

$$000100111111000000001\cdots$$

可映射成游程序列

$$31267\cdots$$

已规定二元序列从“0”游程开始，当已知上面的游程序列后就极易恢复出原来的二元序列，也包括序列最后一个“1”符号。因为 $L(0)=7$ 的游程后面必定是符号“1”。

一般传输信道为二元数字信道，所以还需将自然数标记的游程序列变换成二元码字序列。若采用等长游程编码，就是将游程长度编成二进制的自然数。假设上例中游程长度 $\max[L(0),L(1)]=7$，则用三位码元来编码，上例的码字序列为

$$011 \quad 001 \quad 010 \quad 110 \quad 111 \quad \cdots$$

可见，信源序列得到压缩。当然，游程长度越长及长游程频繁出现时压缩效率就会越高。

还可以对游程序列采用变长游程编码。通过游程的映射变换已减弱了原二元序列符号间的相关性，并把它变换成了多元序列。这样再进行其他变长编码方法如霍夫曼编码，就能进一步压缩信源，提高通信效率。当然，首先要测定“0”游程长度和“1”游程长度的概率分布，即以游程长度为元素，构造一个新的多元信源，然后对该新多元信源进行霍夫曼编码，得到不同游程长度映射的码字，就可将游程序列变换成码字序列，使信源得到压缩。

一般“0”游程长度和“1”游程长度应分别编码，建立各自的码字和码表，而且一般两个码表中码字是不同的。但“0”游程码表与“1”游程码表之间的码字不一定要满足非延长码的前缀条件（见下一节 MH 码表）。

从理论上来讲，游程长度可以从 1 至无穷大。因此要建立一一对应的编码表将很大，很困难。一般情况下，游程越长，出现的概率就越小；游程长度趋于无穷大时，其出现的概率也趋于零。按照霍夫曼编码的规则，概率越小，码长越长，但小概率的码字对平均码长的影响较小。所以常常在实际应用时，对长游程就不严格按照霍夫曼编码的步骤进行，而采用截断处理的方法，将大于一定长度的长游程统一用等长码编码。

截断处理的方法是：

（1）选取一个适当的 n 值，设共有 $1,2,\cdots,2^n-1,2^n$ 个，所有游长大于 2^n 的，都用游长为 2^n 的码字来处理。

（2）又将这 2^n 个游长按概率大小进行霍夫曼编码，得到相应的码字，也就获得游长为 2^n 的这个码字 C。

（3）所有游长大于 2^n、小于 2^{n+1} 的，就用码字 C 之后加一个 n 位的自然码 A 构成对应的码字。A 代表余数，用以区分 $2^n \sim 2^{n+1}$ 之间的不同长度。如当游长恰好等于 2^n 时就用 $C\underbrace{00\cdots00}_{n个}$ 为码字。游长等于 2^n+1 时，其码字为 $C\underbrace{00\cdots01}_{n个}$，直至游长等于 $2^{n+1}-1$ 时，其码字为 $C\underbrace{11\cdots11}_{n个}$。当游长等于或大于 2^{n+1} 时，就需用两个或两个以上的 CA 为码字。如当游长为 2^{n+1} 时，码字是 $C\underbrace{00\cdots00}_{n个}C\underbrace{00\cdots00}_{n个}$；游长为 $2^{n+2}-1$ 时，码字是 $C\underbrace{00\cdots00}_{n个}C\underbrace{11\cdots11}_{n个}$。依次类推，可得到所有游程长度的一一对应、各不相同的码字。

需要注意的是，因为现在进行了截断处理，在码字序列中有可能出现两个或两个以上连续码字 CA，所以“0”游程码表与“1”游程码表中游长为 2^n 的这个码字 C 必须不同，而且这两个码字必须与两个码表中的其他码字都满足非延长码的前缀条件。设 C_0 和 C_1 分别是“0”游程和“1”游程中游长为 2^n 所对应的码字。当译码器接到 $C_0\underbrace{00\cdots00}_{n个}$ 时，需要根据后面的码字才能判断这个“0”游程的长度。若后面的码字是 C_1，则该“0”游长为 2^n；若后面的码字是 C_0，则该“0”游长大于 2^n。若当 C_0 与 C_1 相同时，就无法做出正确判断，即无法判定是交替的“1”游程出现呢，还是“0”游程的长度继续增加。同样，若不满足非延长码的前缀条件，也会发生错误的判断，造成译码错误，就不能实现无失真信源编码。

2. 二元游程序列的概率特性和编码效率

若二元序列的概率特性已知,由于二元序列和映射所得的游程序列是一一对应的,就可以计算出游程序列的概率特性。

设二元信源为无记忆信源,输出的二元序列为统计独立序列,令"0"和"1"的概率分别为 p_0 和 p_1,则可求得游程长度 $L(0)$ 和 $L(1)$ 的概率。在计算 $P[L(0)]$ 时,必然已有"0"符号出现,否则就不是"0"游程。若下一个符号是"1",则 $L(0)=1$,得 $P[L(0)=1]=p_1=1-p_0$;若下一个符号是"0",再下一个符号为"1",则 $L(0)=2$,可得 $P[L(0)=2]=p_0p_1$。依次类推,可得

$$P[L(0)]=p_0^{L(0)-1}p_1 \tag{8.22}$$

同理可得

$$P[L(1)]=p_1^{L(1)-1}p_0 \tag{8.23}$$

易验证

$$\sum_{L(0)=1}^{\infty} P[L(0)]=\frac{p_1}{1-p_0}=1 \tag{8.24}$$

$$\sum_{L(1)=1}^{\infty} P[L(1)]=\frac{p_0}{1-p_1}=1 \tag{8.25}$$

可见,"0"游程长度和"1"游程长度分别构成一个完备的多元信源。由信息熵的定义,根据式(8.22)和式(8.23)可分别计算"0"游程长度信源和"1"游程长度信源的熵和平均游程长度,得

$$\begin{aligned}
H[L(0)] &= -\sum_{L(0)=1}^{\infty} P[L(0)]\log P[L(0)] = -\sum_{L(0)=1}^{\infty} p_0^{L(0)-1}p_1\log p_0^{L(0)-1}p_1 \\
&= -\sum_{L(0)=1}^{\infty} p_0^{L(0)-1}p_1\log p_1 - \sum_{L(0)=1}^{\infty} p_0^{L(0)-1}p_1\log p_0^{L(0)-1} \\
&= -\left[\sum_{L(0)=1}^{\infty} p_0^{L(0)-1}\right]p_1\log p_1 - \left\{\sum_{L(0)=1}^{\infty}[L(0)-1]p_0^{L(0)-1}\right\}p_1\log p_0
\end{aligned}$$

根据无穷等比级数和的公式得

$$\begin{aligned}
H[L(0)] &= -p_1\frac{1}{1-p_0}\log p_1 - p_1\frac{p_0}{(1-p_0)^2}\log p_0 \\
&= -\log p_1 - \frac{p_0}{p_1}\log p_0 = \frac{H(p_0)}{p_1}
\end{aligned} \tag{8.26}$$

"0"游程的平均游程长度

$$\begin{aligned}
l_0 &= E[L(0)] = \sum_{L(0)=1}^{\infty} L(0)P[L(0)] \\
&= \sum_{L(0)=1}^{\infty} L(0)p_1\, p_0^{L(0)-1} = p_1\frac{1}{(1-p_0)^2} = \frac{1}{p_1}
\end{aligned} \tag{8.27}$$

同理可得

$$H[L(1)]=\frac{1}{p_0}H(p_1) \tag{8.28}$$

$$l_1=E[L(1)]=1/p_0 \tag{8.29}$$

原信源的二元序列是由"0"游程和"1"游程交替出现而组成的,所以原二元序列的熵应等于两个游程长度信源熵之和除以它们的平均游程长度之和。由式(8.26)~式(8.29)得

$$H(S)=\frac{H[L(0)]+H[L(1)]}{l_0+l_1}=H(p_0)=H(p_1) \tag{8.30}$$

可见,游程变换后信源的信息熵没有变。这很容易理解,因为游程变换是一一对应的可逆变换,而且处理的是离散信源,所以变换后信息熵不会发生变化。前面计算时已假设二元信源是无记忆信源,从计算所得的 $P[L(0)]$ 和 $P[L(1)]$ 中可看出变换后的游程序列中游程之间也是统计独立的。

对于有记忆的二元信源,可以假设其为一阶、二阶、…、k 阶二元马尔可夫信源。可以证明为一阶、二阶二元马尔可夫信源时,变换后的游程序列是独立序列,游程之间统计独立。对于高阶二元马尔可夫信源,当 $k>2$ 时,变换后的游程序列不再是独立序列,游程之间有依赖关系。但可证明,一般 k 阶二元马尔可夫信源,变换后的游程序列将成为 $k-2$ 阶马尔可夫链,而且相关性比一般的 $k-2$ 阶马氏链要弱。所以,游程变换能较好地解除或削弱二元序列的相关性,因而再对游程长度进行霍夫曼编码,就可获得较高的编码效率。

假设"0"游长的霍夫曼编码效率为 η_0,"1"游长的霍夫曼编码效率为 η_1,由编码效率定义可得"0"和"1"游程的平均码长

$$\bar{l}_0 = H[L(0)]/\eta_0, \quad \bar{l}_1 = H[L(1)]/\eta_1 \tag{8.31}$$

将两个游程的信息熵之和除以平均码长之和就得对应的二元序列的编码效率

$$\eta = \frac{H[L(0)]+H[L(1)]}{H[L(0)]/\eta_0 + H[L(1)]/\eta_1} \tag{8.32}$$

假设 $\eta_0>\eta_1$,则有

$$\eta_0>\eta>\eta_1 \tag{8.33}$$

当"0"游程和"1"游程的编码效率都很高时,采用游程编码的编码效率也很高,至少不会低于较小的那个效率。由式(8.32)还可看出,要使编码效率尽可能高,应使式(8.32)的分母尽可能小,这就要求尽可能提高熵值较大的游程的编码效率。

3. 多元相关信源的游程编码

对于多元相关信源,也可以将其输出的一维多元序列映射成一一对应的标志序列。这时只选用一个表示串的长度的标志参量已不够了,就需要选用表示串的字符、串的长度的两个标志参量。因为在 m 元序列中会有 m 种游程,只有增加了标记串的字符的标志参量后,才能区别出映射后的游程长度序列中该"游长"是属于哪一种字符的串长。否则游程变换无法做到一一对应和可逆。多元相关信源输出的多元序列将映射(即变换)成如图 8.6(a)所示的游程序列(又称数据流)。其中 x 是多元相关信源符号集 A 的一个字符标志;$L(x)$是字符 x 的游程长度,即字符 x 重复出现次数,$L(x)$仍是一个随机变量。对于多元相关信源,如果信源符号集中符号数较多,而且平均游程长度不是很长时,所增加的串字符的标志参量可能会抵消游程编码压缩得到的好处。所以,一般对多元相关信源采用其他的直接编码方法。

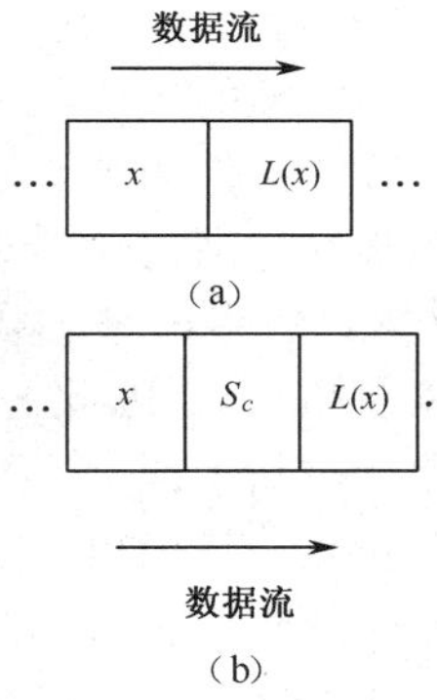

图 8.6 基本的游程序列结构

若多元相关信源输出的是二维符号序列,如多灰度的图像,仍可以采用游程编码的方法。这时需选用表示串的字符、串的长度及串的位置的三个标志参量。经过游程编码变换后的游程序列如图 8.6(b)所示。它增加了一个标志符 S_c,S_c 必须是信源字符集 A 中不用的字符,$S_c \in \{A\}$,用来表示一个字符串所处的位置。由该游程序列结构可知,增加了这两个标志参量后,会使编码压缩效率降低。往往可以对二维数字图像做水平扫描,水平扫描的结果使数字图像成为一维的多值符号序列。一般一幅图像中每一行的像素是固定的个数,这样可以在游程编码时省略掉串位置的标志参量。最多在每一行起始处加一个行标志的参量,或一行行做游程编码,这将使游程编码变得有效。例如对图 8.7 所示两维数字图像 $F(i,j)$ 做水平扫描后,得多值符号序列为

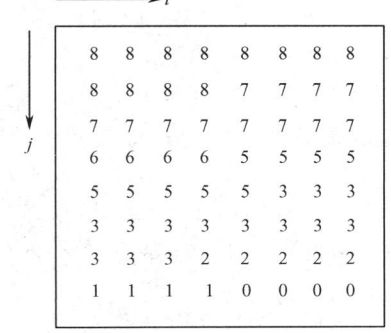

→ i ; ↓ j

8	8	8	8	8	8	8	8
8	8	8	8	7	7	7	7
7	7	7	7	7	7	7	7
6	6	6	6	5	5	5	5
5	5	5	5	5	3	3	3
3	3	3	3	3	3	3	3
3	3	3	2	2	2	2	2
1	1	1	1	0	0	0	0

图 8.7 一幅数字图像数据

88888888888877…

这是一幅 8 个灰度值的图像,共有 64 个像素,每一行为 8 个像素。若进行一行行游程编码(可省去行标志参量),得变换后的游程序列如下:

(8,8)(8,4)(7,4)(7,8)(6,4)(5,4)(5,5)(3,3)(3,8)(3,3)(2,5)(1,4)(0,4)

因为每一行像素固定为 8,所以游程序列中不用加行标志或串位置标志也能无失真地恢复出原数字图像。现在用了 13 对数据表达了 64 个像素的 8 个灰度值的数字图像,实现了数据压缩。注意,上例中只考虑多元符号序列中前后的重复字符,没有考虑像素上下的字符依赖关系,当考虑两个扫描行(即像素上下)的相关性时,就是二维编码方案。

游程编码一般不直接应用于多灰度值的图像,因为其编码压缩效率不会很高,但比较适合于黑白图文、图片的二值图像的编码。有时游程编码和其他一些编码方法混合使用,能达到较好的压缩编码效果。如在彩色静止图像压缩的国际标准化算法 JPEG 中,就是将游程编码和 DCT(离散余弦变换,有失真的压缩)及霍夫曼方法一起使用了。

8.4.2 MH 编码

MH 编码是用于黑白二值文件传真的数据压缩。文件传真是指一般文件、图纸、手写稿、表格、报纸等文件的传真。它们是黑白二值的,即信源是二元信源 $q=2$。

MH 编码是一维编码方案,即对一行一行的数据进行编码。它将游程编码和霍夫曼码相结合,是一种标准的改进霍夫曼码。

首先文件图纸要根据清晰度的要求来决定空间扫描分辨率,将文件图纸在空间上离散化。当然分辨率越高,分得越细,质量越高。根据国际标准规定,一张 A4 幅面文件(210mm×297mm)应该有 1188 或 2376 条扫描线,每条扫描线有 1728 个像素的扫描分辨率(相当于垂直 4 或 8 线/mm,水平 8 点/mm)。因此,A4 文件纸约有 2.05M 像素/公文纸或 4.1M 像素/公文纸。从节省传送时间和存储空间来说,必须进行数据压缩。

1997 年 CCITT[①] 提出的 T.4 建议草案中,MH 编码被推荐为文件传真三类机一维压缩编码的国际标准。1980 年日内瓦正式确定此草案。并于 1984 年修改通过。

从文件信源来考虑,其每一行中会出现连续个“白”像素或连续个“黑”像素。MH 码分别对“黑”、“白”的不同游程长度进行霍夫曼编码,形成黑、白两张霍夫曼码表。编、译码通过查表进行。

MH 码以 CCITT 确定的 8 幅标准文件样张为信源。其中有打字文件、打字课文、电路图、手写文稿、气象图等。首先对这 8 幅样张做统计,计算出“黑”、“白”各种游程长度的出现概率,然后根据这些概率分布,分别得出“黑”、“白”游程长度的霍夫曼表,见表 8.8 和表 8.9(若加大纸宽查表 8.10)。由于规定每行标准像素为 1728 个,又根据统计结果可知,“黑”、“白”游程长度在 0~63 的情况居多,因此 MH 码的码字分为终端码(或称结尾码)和组合码(或称形成码)两种。

其编码规则如下:

(1) 游程长度为 0~63 时,码字直接用相应的终端码(结尾码)表示,例如,一行中连续 19 个白,接着连续 30 个黑,即白游程长度为 19,接着黑游程长度为 30。查表得码字为

0001100 ⋮ 000001101000

(2) 游程长度为 64~1728,用一个组合码加上一个终端码作为相应码字。例如白游程长度为 65(=64+1),用白游程长度为 64 的组合码字加上白游程长度为 1 的终端码字组成相应的码字,查表得码字为

11011 ⋮ 000111

---

① CCITT 是 International Telegraph and Telephone Consultative Commission(国际电话电报咨询委员会)的缩写。

若黑游程长度 856=832+24=64×13+24，查表得码字为

0000001001101 ⋮ 00000010111

表 8.8　MH 码表(一)，结尾码(终端码)

RL 长度	白游程码字	黑游程码字	RL 长度	白游程码字	黑游程码字	RL 长度	白游程码字	黑游程码字
0	00110101	0000110111	22	0000011	00000110111	44	00101101	000001010100
1	000111	010	23	0000100	00000101000	45	00000100	000001010101
2	0111	11	24	0101000	00000010111	46	00000101	000001010110
3	1000	10	25	0101011	00000011000	47	00001010	000001010111
4	1011	011	26	0010011	000011001010	48	00001011	000001100100
5	1100	0011	27	0100100	000011001011	49	01010010	000001100101
6	1110	0010	28	0011000	000011001100	50	01010011	000001010010
7	1111	00011	29	00000010	000011001101	51	01010100	000001010011
8	10011	000101	30	00000011	000001101000	52	01010101	000000100100
9	10100	000100	31	00011010	000001101001	53	00100100	000000110111
10	00111	0000100	32	00011011	000001101010	54	00100101	000000111000
11	01000	0000101	33	00010010	000001101011	55	01011000	000000100111
12	001000	0000111	34	00010011	000011010010	56	01011001	000000101000
13	000011	00000100	35	00010100	000011010011	57	01011010	000001011000
14	110100	00000111	36	00010101	000011010100	58	01011011	000001011001
15	110101	000011000	37	00010110	000011010101	59	01001010	000000101011
16	101010	0000010111	38	00010111	000011010110	60	01001011	000000101100
17	101011	0000011000	39	00101000	000011010111	61	00110010	000001011010
18	0100111	0000001000	40	00101001	000001101100	62	00110011	000001100110
19	0001100	00001100111	41	00101010	000001101101	63	00110100	000001100111
20	0001000	00001101000	42	00101011	000011011010			
21	0010111	00001101100	43	00101100	000011011011			

表 8.9　MH 码表(二)，组合基干码

RL 长度	白游程码字	黑游程码字	RL 长度	白游程码字	黑游程码字
64	11011	0000001111	960	011010100	0000001110011
128	10010	000011001000	1024	011010101	0000001110100
192	010111	000011001001	1088	011010110	0000001110101
256	0110111	000001011011	1152	011010111	0000001110110
320	00110110	000000110011	1216	011011000	0000001110111
384	00110111	000000110100	1280	011011001	0000001010010
448	01100100	000000110101	1344	011011010	0000001010011
512	01100101	0000001101100	1408	011011011	0000001010100
576	01101000	0000001101101	1472	010011000	0000001010101
640	01100111	0000001001010	1536	010011001	0000001011010
704	011001100	0000001001011	1600	010011010	0000001011011
768	011001101	0000001001100	1664	011000	0000001100100
832	011010010	0000001001101	1728	010011011	0000001100101
896	011010011	0000001110010	EOL	000000000001	000000000001

表 8.10　MH 码表(三)，供加大纸宽用的组合基干码(1792~2560，黑、白相同)

游程长度	组合基干码码字
1792	00000001000
1856	00000001100
1920	00000001101
1984	000000010010
2048	000000010011
2112	000000010100
2176	000000010101
2240	000000010110
2304	000000010111
2368	000000011100
2432	000000011101
2496	000000011110
2560	000000011111

(3) 规定每行都从白游程开始。若实际出现黑游程开始的话，则在行首加上零长度白游程码字。每行结束用一个结束码(EOL)。

(4) 每页文件开始第一个数据前加一个结束码。每页尾连续使用 6 个结束码表示结尾。

(5) 每行恢复成 1728 个像素，否则有错。因为霍夫曼码是即时码，所以可以将接收到的二元序列查表译得原二元序列。

(6) 为了传输时实现同步操作，规定 T 为每编码行的最小传输时间。一般规定 T 最小为 20ms，最大为 5s。若编码行传输时间小于 T，则在结束码之前填以足够的“0”码元（称填充码）。

总的传送数据格式如图 8.8 所示。如果用于存储，则可省去编码规则中的(4)至(6)。

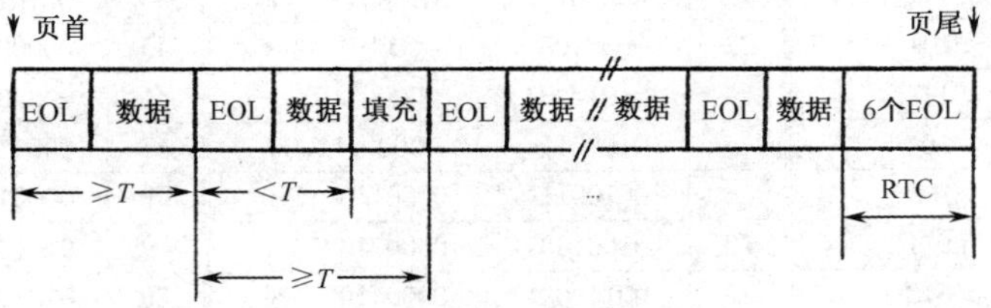

图 8.8　传真信息传输格式

【例 8.7】　设某页传真文件中某一扫描行的像素点为

|←17 个(白)→|←5 黑→|←55 白→|←10 黑→|←1641 白→|

该扫描行 MH 码为

17 白	5 黑	55 白	10 黑	1600 白+	41 白	EOL
101011	0011	01011000	0000100	010011010	00101010	000000000001

原一行为 1728 个像素，用“0”表示白，用“1”表示黑，需 1728 位二元码元。对于 MH 码该行只需用 54 位二元码元。可见，这一行数据压缩比为 1728∶54＝32，压缩效率很高。

下面，我们看一下这种编码方法所需平均码长 $\bar{L}_{WB}$ 的界限。

设 P_{Wi} 为白游程长度为 i 的概率，P_{Bi} 为黑游程长度为 i 的概率。因为我们对白游程长度和黑游程长度分别编码，所以可计算黑、白游程长度信源的熵为

$$H_W = -\sum_{i}^{N} P_{Wi} \log P_{Wi} \tag{8.34}$$

同理

$$H_B = -\sum_{i}^{N} P_{Bi} \log P_{Bi} \tag{8.35}$$

对白游程信源进行霍夫曼最佳编码，由式(8.13)得白游程信源中不同白游程长度的平均码长

$$H_W \leqslant \bar{N}_W < H_W + 1$$

令白游程信源中平均白游程长度为

$$n_W = \sum_{i}^{N} i P_{Wi} \tag{8.36}$$

则可得每个白像素所需的平均码长

$$\frac{H_W}{n_W} \leqslant \frac{\bar{N}_W}{n_W} < \frac{H_W}{n_W} + \frac{1}{n_W} \tag{8.37}$$

令每个白像素的熵值 $h_W = H_W / n_W$

令每个白像素所需的平均码长 $\bar{l}_W = \bar{N}_W / n_W$

可将式(8.37)改写成

$$h_W \leqslant \bar{l}_W < h_W + \frac{1}{n_W} \tag{8.38}$$

令每个黑像素的熵值为 $h_B = H_B / n_B$，每个黑像素所需的平均码长为 $\bar{l}_B = \bar{N}_B / n_B$，同理可得

$$h_B \leqslant \bar{l}_B < h_B + \frac{1}{n_B} \tag{8.39}$$

又设 P_W 为白像素出现的概率，P_B 为黑像素出现的概率。经过对黑、白的统计平均，得每个像素的熵值

$$h_{WB} = P_W h_W + P_B h_B \tag{8.40}$$

每个像素所需的平均码长为

$$\bar{L}_{WB} = P_W \bar{l}_W + P_B \bar{l}_B \tag{8.41}$$

由式(8.38)、式(8.39)和式(8.40)可得　　$h_{WB} \leqslant \bar{L}_{WB} < h_{WB} + \frac{P_W}{n_W} + \frac{P_B}{n_B}$　　(8.42)

由式(8.42)可知,MH 码的平均码长仍以信源熵为极限。但此时的熵 h_{WB},已是分别考虑了“黑”、“白”连续出现的概率分布了,即已经考虑了信源序列中符号之间的依赖关系了。此值小于信源序列之间无依赖情况下的熵值。所以,MH 码的压缩效率较高。

为了充分利用二值文件图像中像素前后上下之间的依赖关系,在 MH 码的基础上又提出了二维编码方案——MR 编码。详细内容请读者参阅有关书籍。

8.5 算术编码

算术编码不同于霍夫曼码,它是非分组(非块)码。它从全序列出发,是通过符号之间的依赖关系来进行编码的。

虽然霍夫曼码是最佳码,但对于二元信源,必须对其 N 次扩展信源进行霍夫曼编码时,才能使平均码长接近信源的熵,编码效率才高。它必须计算出所有 N 长信源序列的概率分布,并构造相应的完整的码树,所以相当复杂,如前面 MH 码中码表也相当大。那么,对于很长的信源符号序列是否存在简单有效的编码方法呢?由前一节香农-费诺-埃利斯编码推广得到的算术编码就可以达到这个目的。它无须计算出所有 N 长信源序列的概率分布及编出码表,它可以直接对输入的信源符号序列进行编码输出。

香农早就提出了信源序列的累积概率的概念。埃利斯(P. Elias)将累积概率分布函数用于信源符号,并得到信源序列的累积分布函数的递推算法,直至 20 世纪 80 年代经里萨宁(J. Rissanan)等改进后,才得以实用。

香农-费诺-埃利斯编码方法,是将累积分布函数的区间(0,1]分成许多互不重叠的小区间,每个信源符号对应于各个小区间,每一小区间的长度等于这个信源符号的概率分布值,在此小区间内取一点,取该点二进制数小数点后 l 位作为这个信源符号的码字。把这一基本思想运用到信源符号序列中来,能计算出信源符号序列的累积分布函数,使每组符号序列对应于累积分布函数上不同的区间,再在区间内取一点,将其二进制数小数点后 l 位作为该符号序列的码字,由 8.3 节中的证明可知,只要这些区间不重叠,就可以编得即时码。

1. 信源符号序列的累积分布函数

算术码主要的编码方法是计算输入信源符号序列所对应的区间。下面讨论如何找出信源符号序列所对应的区间。

设信源符号集 $A=\{a_1,a_2,\cdots,a_q\}$,其概率分布为 $P(a_i)$,$P(a_i)>0(i=1,2,\cdots,q)$。定义**信源符号的累积分布函数**

$$F(a_k) \triangleq \sum_{i=1}^{k-1} P(a_i) \qquad (a_i,a_k \in A) \tag{8.43}$$

注意,式(8.43)与式(8.16)的区别。式(8.43)所得的累积分布函数为每台级的下界值,则其区间为[0,1)左闭右开区间。

显然,由式(8.43)得　　$F(a_1)=0,F(a_2)=P(a_1),F(a_3)=P(a_1)+P(a_2),\cdots$　　(8.44)

当二元信源 $A=\{0,1\}$ 时,由式(8.43)得

$$F(0)=0,\quad F(1)=P(0) \tag{8.45}$$

现在来计算信源序列 $\boldsymbol{s}=(s_{i_1}s_{i_2}\cdots s_{i_n})s_{i_k}\in A(k=1,2,\cdots,n)$ 的累积分布函数。

为讨论简单起见,先以二元无记忆信源为例,然后将所得结果推广到一般情况。

初始时,根据式(8.45),在[0,1)区间内将$F(1)$划分成二个子区间$[0,F(1))$和$[F(1),1)$,而$F(1)=P(0)$。子区间$[0,F(1))$的宽度为$A(0)=P(0)$;子区间$[F(1),1)$的宽度为$A(1)=P(1)$。子区间$[0,F(1))$对应信源符号"0";子区间$[F(1),1)$对应信源符号"1"。若输入符号序列的第一个符号为$s=$"0",即落入对应的区间为$[0,F(1))$,得$F(s=\text{"0"})=F(0)=0$。

当输入第二个符号为"1",$s=$"01"。$s=$"01"所对应的区间是在区间$[0,F(1))$中进行分割。符号序列"00"对应的区间宽度为$A(00)=A(0)P(0)=P(0)P(0)=P(00)$;符号序列"01"对应的区间宽度为$A(01)=A(0)P(1)=P(0)P(1)=P(01)$,也等于$A(01)=A(0)-A(00)$。"00"对应的区间为$[0,F(s=\text{"01"}))$;"01"对应的区间为$[F(s=\text{"01"}),F(1))$。其中$F(s=\text{"01"})$是符号序列"01"区间的下界值,可见,$F(s=\text{"01"})=P(0)P(0)$是符号序列$s=$"01"的累积分布函数。

当输入符号序列中第三个符号为"1"时,因前面已输入序列为$s=$"01",所以可记作输入序列为$s1=$"011"(若第三个符号输入为"0",可记作$s0=$"010")。现在,输入序列$s1=$"011"所对应的区间是对区间$[F(s),F(1))$进行分割。序列$s0=$"010"对应的区间宽度为$A(s=\text{"010"})=A(s=\text{"01"})P(0)=A(s)P(0)$,其对应的区间为$[F(s),F(s)+A(s)P(0))$;而序列$s1=$"011"对应的区间宽度为$A(s=\text{"011"})=A(s)P(1)=A(s=\text{"01"})-A(s=\text{"010"})=A(s)-A(s0)$,其对应的区间为$[F(s)+A(s)P(0),F(1))$。可得,符号序列$s1=$"011"的累积分布函数为$F(s1)=F(s)+A(s)P(0)$。

若第三个符号输入为"0",由上分析可得,符号序列$s0=$"010"的区间下界值仍为$F(s)$,得符号序列$s0=$"010"的累积分布函数为$F(s0)=F(s)$。

现已输入三个符号串,将该符号序列标为s,接着输入第四个符号为"0"或"1"。又可计算出$s0=$"0110"或$s1=$"0111"对应的子区间及其累积分布函数。根据前面分析,可归纳得:

已知前面输入符号序列为s,若接着输入一个符号"0",序列$s0$的累积分布函数为

$$F(s0)=F(s) \tag{8.46}$$

对应区间宽度为

$$A(s0)=A(s)P(0) \tag{8.47}$$

若接着输入的一个符号是"1",序列$s1$的累积分布函数为

$$F(s1)=F(s)+A(s)P(0) \tag{8.48}$$

对应区间宽度为

$$A(s1)=A(s)P(1)=A(s)-A(s0) \tag{8.49}$$

由前分析又知,符号序列对应的区间宽度为

$A(s=\text{"0"})=P(0)$;

$A(s=\text{"1"})=1-A(s=\text{"0"})=P(1)$;

$A(s=\text{"00"})=P(00)=A(0)P(0)=P(0)P(0)$;

$A(s=\text{"01"})=A(s=\text{"0"})-A(s=\text{"00"})=P(01)=A(0)P(1)=P(0)P(1)$;

$A(s=\text{"10"})=P(10)=A(1)P(0)=P(1)P(0)$;

$A(s=\text{"11"})=A(s=\text{"1"})-A(s=\text{"10"})=P(11)=A(s=\text{"1"})P(1)=P(1)P(1)$;

$A(s=\text{"010"})=A(s=\text{"01"})P(0)=P(01)P(0)=P(010)$;

$A(s=\text{"011"})=A(s=\text{"01"})-A(s=\text{"010"})=A(s=\text{"01"})P(1)=P(01)P(1)=P(011)$

…

由此可得,信源符号序列s所对应区间的宽度$A(s)$等于符号序列s的概率$P(s)$。即$A(s)=P(s)$。

将上式结合式(8.45)、式(8.46)和式(8.48),可得**二元信源符号序列的累积分布函数**的递推公式为

$$F(sr)=F(s)+P(s)F(r) \qquad (r=0,1) \tag{8.50}$$

式中,sr表示已知前面信源符号序列为s,接着输入的符号为r,而$F(r)$由式(8.45)确定。同样,可得信源符号序列所对应区间的宽度的递推公式为

$$A(sr)=P(sr)=P(s)P(r) \qquad (r=0,1) \tag{8.51}$$

由此，可根据式(8.50)和式(8.51)计算所有二元符号序列的累积分布函数。设已输入的二元符号序列为 $\boldsymbol{s}$="011"，若接着输入符号为 1，得序列的累积分布函数

$$\begin{aligned} F(\boldsymbol{s}1)=F(0111)&=F(\boldsymbol{s}=\text{"011"})+P(011)P(0) \\ &=F(\boldsymbol{s}=\text{"01"})+P(01)P(0)+P(011)P(0) \\ &=F(\boldsymbol{s}=0)+P(0)P(0)+P(01)P(0)+P(011)P(0) \\ &=0+P(00)+P(010)+P(0110) \end{aligned} \tag{8.52}$$

其对应区间宽度 $\quad A(\boldsymbol{s}1)=A(\boldsymbol{s}=\text{"011"})P(1)=P(011)P(1)=P(0111) \quad$ (8.53)

上述整个分析过程可用图 8.9 来描述。由图 8.9 可看出式(8.52)和式(8.53)的关系。

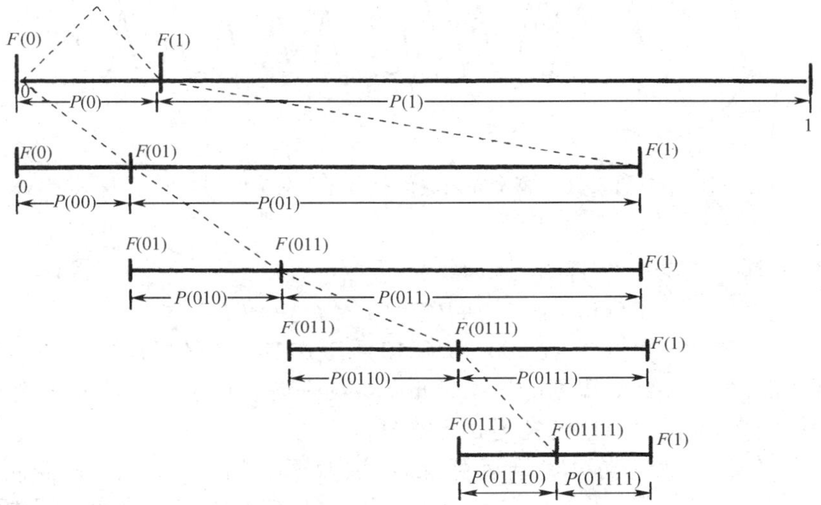

图 8.9 信源符号序列的累积分布函数 $F(s)$ 及对应的区间

对于计算信源符号序列的累积分布函数，还可以从另一角度来考虑。假设二元符号序列串 $\boldsymbol{s}=(s_1s_2\cdots s_n)$，另一个二元序列串为 $\boldsymbol{y}=(y_1y_2\cdots y_n)$。若两序列串中对应位中第一个出现有 $s_i=1, y_i=0$，则认为 $\boldsymbol{s}>\boldsymbol{y}$。也就是说，把该符号序列串看成二进制小数 0.$\boldsymbol{s}$ 和 0.$\boldsymbol{y}$，当某对应第 i 位有 $s_i>y_i$，则 $\sum_i s_i 2^{-i} > \sum_i y_i 2^{-i}$，则认为 $\boldsymbol{s}>\boldsymbol{y}$。将二元符号序列排成一棵 n 阶二元整树，如图 8.10所示。可见，所有小于 $\boldsymbol{s}$ 的序列都在同一阶 $\boldsymbol{s}$ 节点的左侧。因此，根据累积分布函数的定义，可得信源符号序列 $\boldsymbol{s}$ 的累积分布函数

$$F(\boldsymbol{s})=\sum_{\boldsymbol{y}<\boldsymbol{s}}P(\boldsymbol{y}) \tag{8.54}$$

$$=\sum_{\boldsymbol{s}\text{左侧的所有节点}T}P(T) \tag{8.55}$$

$$=1-\sum_{\boldsymbol{y}\geqslant\boldsymbol{s}}P(\boldsymbol{y})=1-\sum_{\boldsymbol{s}\text{与}\boldsymbol{s}\text{右侧所有节点}T}P(T)$$

例如，前面讨论的输入符号序列 $\boldsymbol{s}=0111$，由式(8.55)得

$$\begin{aligned} F(0111)&=P(T_1)+P(T_2)+P(T_3) \\ &=P(00)+P(010)+P(0110)=1-P(1)-P(0111) \end{aligned}$$

可见，它与式(8.52)一致。在图 8.9 中也用虚线画出了输入符号序列对应的树。

若再在 $\boldsymbol{s}=0111$ 后输入符号"0"，从树图考虑

$$F(\boldsymbol{s}0)=F(\boldsymbol{s})=F(0111)$$

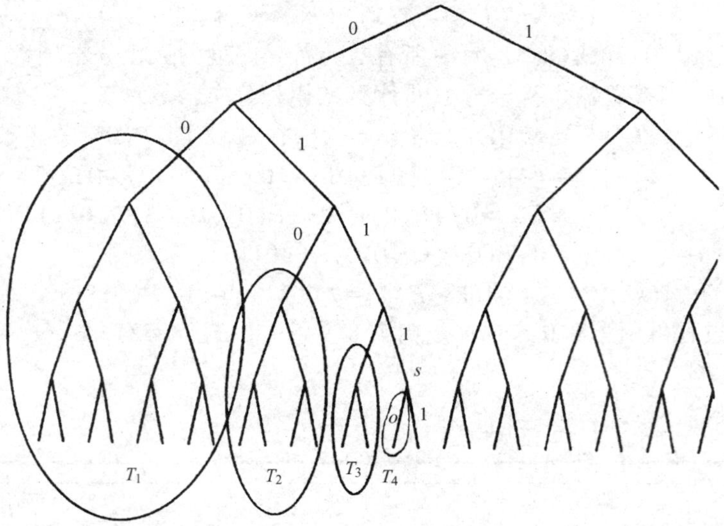

图 8.10　算术编码输入符号序列对应的树

若在 $\boldsymbol{s}=0111$ 后输入符号"1",即从树图得

$$\begin{aligned}F(\boldsymbol{s}1)&=P(T_1)+P(T_2)+P(T_3)+P(T_4)\\&=P(00)+P(010)+P(0110)+P(01110)\end{aligned}$$

从树图角度考虑,可以加深对序列的累积分布函数的理解。对于 q 元信源来说,q 元序列累积分布函数也可从树图来计算,但对应的树为 q 元整树。

由于式(8.50)和式(8.51)是可递推运算,因此适合于实用。实际中,只需两个存储器,把 $P(\boldsymbol{s})$ 和 $F(\boldsymbol{s})$ 存下来,然后根据输入符号和式(8.50)及式(8.51),更新两个存储器中的数值。因为在编码过程中,每输入一个符号要进行乘法和加法运算,所以称此编码方法为**算术编码**。

很容易将式(8.50)和式(8.51)推广到多元信源序列。得一般多元信源序列的累积分布函数的递推公式

$$F(\boldsymbol{s}a_k)=F(\boldsymbol{s})+P(\boldsymbol{s})F(a_k)\quad(a_k\in A)\tag{8.56}$$

$$A(\boldsymbol{s}a_k)=P(\boldsymbol{s}a_k)=P(\boldsymbol{s})P(a_k)\quad(a_k\in A)\tag{8.57}$$

式中,$F(a_k)$ 由式(8.43)确定。

2. 算术编码的码字计算

通过关于信源符号序列的累积分布函数的计算,$F(\boldsymbol{s})$ 把区间[0,1)分割成许多小区间,不同的信源符号序列对应不同的区间为 $[F(\boldsymbol{s}),F(\boldsymbol{s})+P(\boldsymbol{s}))$。可取小区间内的一点来代表该序列。那如何选取此点呢?

将符号序列的累积分布函数写成二进制的小数,取小数点后 l 位,若后面有尾数,就进位到第 l 位,这样得到一个数 C,并使 l 满足

$$l=\left\lceil\log\frac{1}{P(\boldsymbol{s})}\right\rceil\tag{8.58}$$

设 $C=0.z_1z_2\cdots z_l$,z_i 取 0 或 1,得符号序列 $\boldsymbol{s}$ 的码字为 $z_1z_2\cdots z_l$。例如 $F(\boldsymbol{s})=0.10110001$,$P(\boldsymbol{s})=1/7$,则 $l=3$,这时取小数后 3 位为 0.101,因有尾数,所以进位到第三位,得 $C=0.110$,$\boldsymbol{s}$ 的码字为 110。

这样选取的数值 C,一般根据二进制小数截去位数的影响,得

$$C-F(\boldsymbol{s})<1/2^l$$

当 $F(\boldsymbol{s})$ 在 l 位以后没有尾数时 $C=F(\boldsymbol{s})$。而又由式(8.58)可知

$$P(\boldsymbol{s})\geqslant 1/2^{l}$$

则信源符号序列 $\boldsymbol{s}$ 对应区间的上界

$$F(\boldsymbol{s})+P(\boldsymbol{s})\geqslant F(\boldsymbol{s})+\frac{1}{2^{l}}>C$$

可见,数值 C 在区间 $[F(\boldsymbol{s}),F(\boldsymbol{s})+P(\boldsymbol{s}))$ 内。而信源符号序列对应的不同区间(左闭右开的区间)是不重叠的,所以编得的码是唯一可译码。注意,此处码字的选取与 8.3 节中的不同。

3. 算术编码的编码效率

因为信源符号序列 $\boldsymbol{s}$ 的码长满足式(8.58),所以得

$$-\sum_{s}P(\boldsymbol{s})\log P(\boldsymbol{s})\leqslant \bar{L}=\sum_{s}P(\boldsymbol{s})l(\boldsymbol{s})<-\sum_{s}P(\boldsymbol{s})\log P(\boldsymbol{s})+1$$

平均每个信源符号的码长

$$\frac{H(S^{n})}{n}\leqslant\frac{\bar{L}}{n}<\frac{H(S^{n})}{n}+\frac{1}{n} \tag{8.59}$$

若信源是无记忆的,$H(S^{n})=nH(S)$,得

$$H(S)\leqslant\frac{\bar{L}}{n}<H(S)+\frac{1}{n} \tag{8.60}$$

所以,算术编码的编码效率很高。当信源符号序列很长时,n 很大时,平均码长接近信源的熵。

若信源是有记忆的,递推公式[式(8.50)、式(8.51)、式(8.56)和式(8.57)]同样适用。只需根据信源的数学模型来计算 $P(\boldsymbol{s})$。对一阶马尔可夫信源,可得

$$P(\boldsymbol{s})=P(s_{1})P(s_{2}\mid s_{1})P(s_{3}\mid s_{2})\cdots P(s_{n}\mid s_{n-1})=P(s_{1})\prod_{i=2}^{n}P(s_{i}\mid s_{i-1}) \tag{8.61}$$

由 $P(\boldsymbol{s})$ 很容易计算出

$$P(\boldsymbol{s}s_{n+1})=P(\boldsymbol{s})P(s_{n+1}\mid s_{1}s_{2}\cdots s_{n})=P(\boldsymbol{s})P(s_{n+1}\mid s_{n}) \tag{8.62}$$

可见,递推公式中将概率换成条件概率即可。

同样,式(8.59)仍成立,此时 $\frac{H(S^{n})}{n}=\frac{1}{n}H(s_{1}s_{2}s_{3}\cdots s_{n})$,为平稳信源的平均符号熵。

4. 算术编码的实现

下面举例说明算术码是如何具体编码的。

【例 8.8】 设二元无记忆信源 $S=\{0,1\}$,其 $P(0)=1/4$,$P(1)=3/4$。对二元序列 $\boldsymbol{s}=11111100$ 做算术编码。

根据上述的编码规则,可得

$$P(\boldsymbol{s}=11111100)=P^{2}(0)P^{6}(1)=(3/4)^{6}(1/4)^{2}$$

$$l=\left\lceil\log\frac{1}{P(\boldsymbol{s})}\right\rceil=7$$

根据式(8.55)可得

$$\begin{aligned}F(\boldsymbol{s})&=P(0)+P(10)+P(110)+P(1110)+P(11110)+P(111110)\\&=1-\sum_{\boldsymbol{y}\geqslant\boldsymbol{s}}P(\boldsymbol{y})\\&=1-P(11111111)-P(11111110)-P(11111101)-P(11111100)\\&=1-P(111111)=1-(3/4)^{6}=0.82202=0.110100100111\end{aligned}$$

得 $C=0.1101010$,$\boldsymbol{s}$ 的码字为 1101010。

这样编码效率为

$$\eta=\frac{H(S)}{\bar{L}}=\frac{0.811}{7/8}=92.7\%$$

这种按全序列进行编码，随着信源序列 n 的增长，效率还会提高。

实际编码是用硬件或计算机软件实现的，采用式(8.50)和式(8.51)进行编码。只要存储量允许，这种编码，可以不论 $\boldsymbol{s}$ 有多长，一直计算下去，直至序列结束。

本例题中 $P(0)=2^{-2}$，又 $F(0)=0$，$F(1)=P(0)=2^{-2}$，在递推公式中每次需乘以 2^{-2} 或乘以 $(1-2^{-2})$。在计算机中，乘以 2^{-Q}（Q 为正整数），就可用右移 Q 位来取代；乘以 $1-2^{-Q}$ 就可用此数减去右移 Q 位数取代。这样计算可简洁快速。

本例题的递推编码过程可列表，如表 8.11 所示。表中概率函数值、累积分布函数值等都以二进制小数列出。

表 8.11　序列 11111100 的编码过程

输入符号	$P(s)=A(s)$	$A(s)P(0)$	$F(s)$	$L(s)$	C
空	1		0	0	
1	0.11	0.01	0.01	1	0.1
1	0.1001	0.0011	0.0111	1	0.1
1	0.011011	0.001001	0.100101	2	0.11
1	0.01010001	0.00011011	0.10101111	2	0.11
1	0.0011110011	0.0001010001	0.1100001101	3	0.111
1	0.001011011001	0.000011110011	0.110100100111	3	0.111
0	0.00001011011001	0.00001011011001	0.110100100111	5	0.11011
0	0.0000001011011001	0.0000001011011001	0.110100100111	7	0.1101010

得 $\boldsymbol{s}$ 的码字为 1101010。此时 $\boldsymbol{s}$ = 11111100 对应的区间为[0.110100100111, 0.1101010101001001)（区间的小数为二进制小数）。可见 C 是区间内一点。

译码就是一系列比较过程。每一步比较 $C-F(\boldsymbol{s})$ 与 $P(\boldsymbol{s})P(0)$。$\boldsymbol{s}$ 为前面已译出的序列串，得 $P(\boldsymbol{s})$ 是已译序列串 $\boldsymbol{s}$ 对应的宽度，$F(\boldsymbol{s})$ 是序列串 $\boldsymbol{s}$ 的累积分布函数，即为 $\boldsymbol{s}$ 对应区间的下界。$P(\boldsymbol{s})P(0)$ 是此区间内下一个输入为符号“0”所占的子区间宽度。所以，得

$$\begin{aligned}&\text{若 } C-F(\boldsymbol{s})<P(\boldsymbol{s})\cdot P(0) \quad \text{则译输出符号为“0”；}\\&\text{若 } C-F(\boldsymbol{s})>P(\boldsymbol{s})\cdot P(0) \quad \text{则译输出符号为“1”。}\end{aligned} \tag{8.63}$$

例 8.8 的递推译码过程也可列表，如表 8.12 所示。（表中将式(8.63)的比较结果用大于或小于表示。）

表 8.12　序列 11111100 的译码过程

$P(s)=A(s)$	$P(s)\cdot P(0)$	$F(s)$	$C-F(s)$	比较结果	输出序列
1		0	C=0.1101010		起始
1	0.01	0	0.1101010	大于	1
0.11	0.0011	0.01	0.1001010	大于	1
0.1001	0.001001	0.0111	0.0110010	大于	1
0.011011	0.00011011	0.100101	0.0100000	大于	1
0.01010001	0.0001010001	0.10101111	0.001011001	大于	1
0.0011110011	0.000011110011	0.1100001101	0.000100011	大于	1
0.001011011001	0.0000101101101	0.110100100111	0.000000011001	小于	0
0.00001011011001	0.0000001011011001	0.110100100111	0.000000011001	小于	0

由上面分析可知，算术编码效率高，编译码速度也快。另外，在上述编码方法中，算术运算中使用的概率 $P(0)$、$P(1)$不一定完全等于真实的信源分布概率。在例 8.8 中 $P(0)$正好等于 2^{-2}，乘 $P(0)$正好是右移 2 位。若 $P(0)\neq 2^{-Q}$，则可用逼近于 $P(0)$的 2^{-Q}近似值来计算。可以证明，这样进行编码也是有效的。因此，甚至在某些情况下，例如图像压缩，很难获得信源确切的概率分布，仍可以使用上述算术编码方法。只要设想的信源的数学模型逼近信源的实际概率分布，那此编码方法将很有效。

前面叙述了算术编码的基本方法。在实用中还需考虑计算精度问题、存储量问题、近似值 2^{-Q} 中 Q 的选择问题等。这方面的详细内容可参阅有关数据压缩的书籍。

算术编码的一种更为深奥的运用是，在编码过程中不断改变模型以自适应于信源的模型。这种自适应算术编码可对任意概率分布的信源进行编码，它是一种简单的通用编码。

8.6 字 典 码

本章前面几节论述了基于统计思想的编码方法，即对统计参数确知的平稳信源的静态的霍夫曼编码、算术编码等。但从严格意义上说，信源的概率统计参数会变化，这使静态的统计编码处于统计特性失配状态时，码的性能将下降。因此上述方法发展成适应参数波动的自适应或半自适应的动态方法，并在 20 世纪 80 年代中期成为有效的实用算法。应注意的是，动态编码在任何情况下略逊于最佳的静态编码，但在统计失配时，静态统计编码性能将远远劣于动态统计编码。

在工程实践中，多数信源的概率统计特性可能无法测定，或根本不是随机信源，这使统计编码方法失效。完全不依赖于信源的概率统计特性的通用编码，成为了关注的中心。1965 年，前苏联著名数学家 A · N 柯尔莫哥洛夫开创了完全不依赖于统计的组合信息论和算法信息论的新领域，在这一理论推动下，出现了新的通用编码方法，如 LD 码、极大极小码等，但在工程中都没有获得应用。1977-1978 年，以色列的研究人员齐费（J. Ziv）和兰佩尔（A. Lempel）提出新的通用编码，习惯称为 **LZ 码**，由于把已编码的字符串存储作为字典使用，又称为**字典码**。典型的字典码是上述二人于 1977、1978 年提出的 LZ-77 码、LZ-78 码，以及 1984 年由韦尔奇（T. A. Welch）改进的 LZW 码，随后出现了对 LZ 码和 LZW 码的改进或变形的多种字典码，如 LZSS 码、LZRW1-4 码、LZP1-4 码等。这类字典码，编译简捷，易于软、硬件实现，使其得到广泛的应用。LZ 码就是一种通用编码方法，就是指在信源概率统计特性不知或不存在时，对信源进行编码，而且使编码效率仍很高的一种码。

8.6.1 LZ-77 编码算法

我们先举例说明字典码的思想。设 A，B 两人约定在完全相同的字典下互相通信，A 将信文中每个单词用二元标识符(a,b)代替，a,b 表示单词所在字典中的页数和在此页的位置次序，当逐个单词被替代后，就将标识符序列发给 B。B 收到标识符序列后按标识符恢复单词。标识符号的个数显然少于单词符号个数，就实现了文本压缩的目的。另外从前几节讨论的编码方法可知，若对字符序列进行压缩编码，其效率要高于对单个字符的压缩。而且字符串越长，平均码长就越短。在压缩编码中又常把字符串或字符序列称为**数据流**。

LZ-77 编码算法的主要思想是，把已输入的数据流存储起来，作为字典使用。编码器为输入流开设一个滑动窗口（由移位寄存器具体实现），其长可达几千字节，将输入的数据存在窗内（实线表示窗口），做字典使用，窗口右侧是待编码数据流的缓存器，长只有几十字节（用虚线表示），下面用实例说明算法。

设要压缩的数据是自然常数 e：

2. 71828 1828459045…

用三元标识(K,l,d)给数据编码,K 是窗内从尾自右向左搜索的字符位数,称为**移位数**,l 是窗内可与窗外有相同符号的字符串的长,称为**匹配串长度**,d 是窗外已找到匹配的串的后面串的**首字符**。图示中实线长条框表示字典窗口。

第 1 步。开始时,窗内是空的,要输入当前位置的 2,窗内没有与 2 匹配的串,故 K,l 皆为 0,把 2 编码为(0,0,2),输入 2。下面输入的数据为 . 718 也与 2 的情况相同,窗内只有刚输入的 2,没有与 . 718 分别相匹配的串,故只能将 . 718 分别编码为(0,0,.),(0,0,7),(0,0,1),(0,0,8),分别将其输入窗内。

第 2 步。现窗内已有 2. 718 存入,当前位置是 e 的小数第 4 位 2:

2. 718 2818284 5904523536…

在窗内从尾由右向左搜索到第 5 位处(包括小数点),有窗内左边的第 5 个数字 2 与当前位置 2 相同,即匹配串长 l 为 1,当前位置 2 后面的串的首字符为 8,得 $K=5,l=1$,故编码为(5,1,8),表示窗内字典从右向左第 5 位有一个长为 1 的匹配串"2"和当前位置的数据串"2"相匹配,后面串的首字符为 8,并将 28 同时输入。

第 3 步。现窗内字典为 2. 71828,当前输入数据为 1:

2. 71828 1828459 04523536…

编码器在窗内从尾自右向左搜索,移动 4 位,搜索到长度 $l=4$ 的与当前位置相匹配的串:1828,下面串的首位为 4,故编码为(4,4,4)。将 18284 输入窗内。

第 4 步。现窗内字典和当前位置如下:

2. 7182818284 5904523 536…

由于字典内没有与 5,9,0 相匹配的串,故均是 0 移位,0 匹配串长的无匹配字符,编码为(0,0,5),(0,0,9),(0,0,0),并将 5,9,0 输入窗内。

第 5 步。现窗内字典和当前位置如下:

2. 7182818284590 4523536 …

在窗内搜索到第 4 位,有"45"与当前位置 45 匹配,串长 $l=2$,后续段首字符为 2。故编码为(4,2,2)。并将 452 输入窗内。以下重复上述步骤,可逐步将数据流编码并输入窗内。所有的标识(K,l,d)序列就是所得的压缩编码序列。当然应注意两点:

(1) 若字典内搜索到两个以上的匹配串,应选匹配长度 l 大的。若 l 值相同,并且此时还将对编码后的标识序列进行二次编码,则取移位数 K 值小的串的 K 值(这是改进的 LZH 码);若无二次编码,选移位大的串的 K 值。

(2) 若出现下述情形:

able *eeeeet* *h*…

则可编码为(1,5,t),将 *eeeeet* 都输入窗内,这里必须 *eeeeet* 都在待编码的缓存器内。

LZ-77 码的译码器要有一个与编码器字典窗口等长的缓存器,可以边译码,边建立译码字典,即编码字典不用传送,译码器可自动生成。这种码隐含了假设条件:输入数据的产生模式是相距很近的。

1980-1990 年,出现了多种对 LZ-77 的变形码,主要是对窗口数据结构方法和快速搜索方式的各种改进,如著名的 LZSS 码,又如在 1/4 英寸盒式磁带技术中也应用了 LZ-77 码的变形:QIC-122 压缩标准。

8. 6. 2 LZ-78 编码算法

LZ-78 编码算法源自对 LZ-77 编码算法的重要改进,即取消窗口,将已编码的字符串全都存在字典内，还将标识改为2元标识的形式(K,d)，K是指向字典的指针（即段号数），d是待编码字符，匹配串长度l隐含在字典中。

LZ-78是一种分段编码算法。设信源符号集$A=\{a_0,a_1,a_2,\cdots a_{q-1}\}$，共$q$个符号，设输入信源符号序列为

$$s_1s_2s_3\cdots s_n \qquad s_i\in A$$

编码就是将此序列分成不同的X段。分段的原则是：

（1）取第一个符号作为第一段，然后再继续分段；

（2）若出现与前面相同的符号时，就再添加紧跟其后面的一个符号一起组成一个段，以便与前面的段不同；

（3）尽可能取最少个连着的信源符号，并保证各段都不相同。当有了许多段后，再分段时就应查看有否与前面段的短语相同，若有重复段就添加符号使其与前面的段不同。直至信源符号序列结束。

这样，不同的段内的信源符号可看成一个短语，可得不同段所对应的短语字典表。若编成二元码，段号用二进制数表示，段号所需码长为$l=\lceil \log X(n)\rceil$（其中$X(n)$是段号数）。而每个信源符号所需码长为$\lceil \log q\rceil$。

LZ-78的编码原则是：对字符段"X"编码，若X仅由某一个信源符号组成，它必是新出现的段，字典内不会有和它匹配的段，此时指针$K=0$，表示它是首次出现，字典内没有与之匹配的段，故将其编码为（0，*），其中"*"为X中这个待编码信源符号的编码的码字。用二进制表示时，$K=00\cdots0$，共有l个"0"。若X至少由两个或两个以上信源符号组成时，记$X=s_1s_2\cdots s_rs_0$，其中s_i都是信源符号，则编码器首先在字典表内搜索与X去掉最后一个符号s_0后的符号串$s_1s_2\cdots s_r$相匹配的短语的位置顺序号，其值就作为指针K的值，然后将最后一个信源符号s_0的编码码字*作为标识的第二项d的值，即得X的码字(K,d)。

下面仍举例说明LZ-78编码的编码算法。

【例8.9】 设$q=4$，信源序列为 $aacdbbaaadc$

先将信源符号a,b,c,d编码，其二元码字为$a\leftrightarrow00$，$b\leftrightarrow01$，$c\leftrightarrow10$，$d\leftrightarrow11$。再根据前面分段原则，可将字符序列分段为

$$a,ac,d,b,ba,aa,dc$$

段数共7段。其字典表见表8.13。现段数为7，故段号需用三位二进制数来表示（即码长$l=\lceil \log_2 7\rceil=3$）。

表8.13 例8.9的表

段号	短语（字符串）
1	a
2	ac
3	d
4	b
5	ba
6	aa
7	dc

按上述编码原则，第一段$X=a$，由一个信源符号组成，必为首次出现，故字典表内无匹配串，编码为（000，00），并将a存入字典表中。第二段$X=ac$，它由两个信源符号组成，去掉最后一个符号c，仅余a，字典表内的刚存入的第1项恰与a匹配，故指针K取值1，则ac就编码为（001，10），其中"001"是段号，"10"即是信源字符c的码字。按编码原则，可逐步给其余段编码，并在给每一新的段编码后，将其存入字典表内。这样上面的信源字符序列，最后编码为

00000　00110　00011　00001　10000　00100　01110

可见，LZ-78编码方法简单又快捷，码符号序列的译码也很直接，一边译码一边又建成字典表，所以字典表无须传送，能无误地恢复成原信源符号序列。这会使LZ-78的译码器比LZ-77的译码器复杂。LZ-77只将有限字节的存储器作为一个动态字典使用，而LZ-78算法要把已编码的段全部存储，再作为字典使用，这使字典太大，搜索时间也会太长。因此现在的LZ-78码中，字典的数据结构将采用多进制树结构：以空串作为树根，以单字符的段作为根的子节点，再将其他段的字符

添加成二阶子节点……，这样就简化了字典的管理及加快搜索。

LZ-78 码隐含了假定条件：相邻的数据段可匹配的概率要适当的大。现举例来估算一下邻段相匹配的概率需多大。设要压缩一段英文短文，假定单词平均长为 5 位，每位字母用 1 个字节表示（每 1 个字节是 8 个二元码元），每个单词前添加 1 个字节，用以说明该词所含字母数。则平均每个单词要占用 6 个字节的长度，即要有 48 个二元码元“0”或“1”才能表示一个单词。若能将 48 位压缩成 20 位二元码元，压缩效果就已不错了。又设短文有 N 个单词，邻段相匹配的概率为 p，那么 LZ-78编码压缩后总的输出数据流的二元码元位数是

$$N(20p+48(1-p))=N(48-28p)$$

而原始数据中平均每个单词用 5 个字节，其码元总长为 $40N$ 位，若

$$N(48-28p)<40N$$

成立，则可求得：$p>0.2857$。对一般的短文，这个匹配概率是可以达到的。同时也表明短文越长，压缩效果就越明显。

要注意的是，LZ-78 算法不一定比 LZ-77 算法好，两者各有所长。因此在 1989 年以后，又有综合两者优点的 LZFG 码出现，它有 A1，A2，B1，B2，C1，C2 等多种变形码，分别在搜索快慢和压缩率大小上各有所长。后来又有追求压缩速度的 LZRW1 码，它比 UNIX 的压缩算法 LZC（它是下小节介绍的 LZW 算法的变形）的压缩效果差约 10%，但它的压缩速度快了 4 倍，适用于要快速压缩的实时传播的领域。

8.6.3 LZW 编码算法

韦尔奇在 1984 年开发的 LZW 算法，是 LZ 系列码中应用最广、变形最多的，它的标识只有一项，即指向字典的指针，这是它与 LZ-77、78 的一个主要不同点。为实现简化标识，它的编码的思想与前述的算法有很大的不同。LZ 系列算法的共同点是分解输入流，使其成为长度各异的“短语”，把它们存入“短语字典”，并给每个“短语”赋予一个码字（经常是短语的字典顺序号，这最简捷）。只要短语的码字长度短于短语的长度，就达到了压缩的目的。而 LZW 编码算法则是先建立初始字典，再分解输入流为短语词条，这个短语若不在初始字典内，就将其存入字典，这些新词条和初始字典共同构成编码器的字典。而初始字典可由信源符号集构成，每个符号是一个词条。更通常是将扩展的 ASCII 码存入初始字典，使其成为字典的前 256 项，即 0～255 项。这样的初始化字典，在应用中就足够大了。

LZW 码的编码原理是：先建立初始化字典，然后将待编码的输入数据流分解成“短语词条”。编码器要逐个输入字符，并累积串联成一个字符串，即“短语”I。若 I 是字典中已有的词条，就输入下一个字符 x，形成新词条 Ix。当 I 在字典内，而 Ix 不在字典内时，编码器首先输出指向字典内词条 I 的指针（即 I 的相应码字）；再将 Ix 作为新词条存入字典，并为其确定顺序号；然后把 x 赋值给 I，当作新词条的首字符。重复上述过程，直到输入流都处理完为止。下面用实例来说明 LZW 码编码过程。

【例 8.10】 设输入序列为 $ababcbabccc$

（1）先建初始化字典，此处只需将信源符号 a,b,c 预置为字典的前 3 项；

（2）将首字符 a 预置为 I，即 $I=a$，搜索后知 I 在字典内，那么继续输入序列第二项 b，即有 $Ix=ab$，搜索后知 Ix 不在字典内。则编码器先输出指向字典词条 $I=a$ 的指针即 a 相应的码字 1，再把 $Ix=ab$ 作为新词条存入字典，并编码得码字为 4。再将 x 赋值给 I，即此时 $I=b$，将其当作新词条的首字符重复上述做法，得到编码表 8.14。

最后输出的 LZW 码字:1,2,4,3,5,2,3,10,eof。式中 eof 是 end-of-file 的缩写,是终止符号。

LZW 的解码器亦需首先建立初始字典:字典或由信源符号集构成(此时,编码器要传送初始字典),或由扩展的 ASCII 码构成(此时不用传送初始字典)。解码的第 1 步,输入第 1 个码字(即第 1 个指针),从字典中取回一个词条 I,并将 I 输出,同时将 Ix 存入解码字典中。但此时,x 是未知的,x 将是下一个从字典中读取的词条的首个字符。再输入下一个指针,又从字典中取回词条 J,将其输出,并把 J 的首字符赋予上一步存入字典的词条 Ix 的 x,则此时 Ix 已完全确定。重复上述过程,则自动重建了译码表,并将译码输出。

同样的,字典的数据将采取多叉树结构,以利于数据管理和搜索加速。要注意到,在工程应用中,又出现了各种 LZW 码的改进码,如 LZMW 码、LZAP 码等。

表 8.14　例 8.10 LZW 码的编码表

	码字	词条	新词条	输出码
初始字典	1	a		
	2	b		
	3	c		
		a	No	
	4	ab	Yes	1
		b	N	
	5	ba	Y	2
		a	N	
		ab	N	
	6	abc	Y	4
		c	N	
	7	cb	Y	3
		b	N	
		ba	N	
	8	bab	Y	5
		b	N	
	9	bc	Y	2
		c	N	
	10	cc	Y	3
		c	N	
		cc,eof	N	10,eof

8.6.4　LZ 复杂度和 LZ 码性能分析

前面讨论了 LZ 系列码(其中 LZW 码有几种不同的表述形式,我们介绍的是较简捷的一种表述),它们都是独立于信源的概率统计特性的通用编码方法。对于通用编码方法,已经不能用“香农熵”这一分析工具,来评价它们编码的优劣了。因此先后由 A. N. 柯尔莫哥洛夫、R · 索洛莫诺夫及 G. J. 恰依丁分别从不同角度,引进了复杂性(又称复杂度)的概念,来分析序列的复杂度问题。三人引进的概念本质上是一致的,习惯称其为**柯尔莫哥洛夫复杂度**,又简称为 **K-熵**。复杂度理论是用来刻画复杂程度的一种“数学不变量”理论,从信息论的角度,人们希望 K-熵可以作为字符序列的信息的一种度量,是非随机信源的熵。但 K-熵的定义是非构造性的,后来,G. J. 恰依丁又用数理逻辑的工具,严格证明了 K-熵是不可计算的,人们认为这是著名的哥德尔不完全性定理的一个实际例证。这也告诉我们,依赖 K-熵的通用编码方法是很难分析构造的。在密码学中另一个线性复杂度概念,其计算也相当困难。但是后来由兰佩尔和齐费提出了新的复杂度的概念,称其为 **LZ-复杂度**。K-熵和线性复杂度分别以图灵机和移位寄存器为计算模型,而 LZ-复杂度以只有两种运算的有限自动机为计算模型。其中一种运算是复制运算,即将某子串复制;另一种运算是对某子串添加新符号,并用记号“ · ”表示添加运算。复制运算只是对子串的复制,表示没有新的信息产生;而添加运算表示有新信息量出现。因此以添加运算“ · ”分成的子串的个数,就定义为该字符串的 LZ-复杂度。如字符序列 10101010…,首先从空串开始添加 1,记为1 · ,再添加 0,即为 1 · 0 · ,现在已有子串 10,后面再多次复制,就可得到:

$$1 \cdot 0 \cdot 101010 \cdot \cdots \rightarrow \quad 10101010\cdots$$

所给字符序列被“ · ”分为三个子串,故该序列的 LZ-复杂度 $L_c = 3$。

将符号串 $\boldsymbol{S} = S_1 S_2, \cdots S_n$,$\boldsymbol{S}$ 的所有子串称为 $\boldsymbol{S}$ 所具有的单词,记单词的全体为words($\boldsymbol{S}$),简记为 $W(\boldsymbol{S})$。我们分析 $\boldsymbol{S}$ 的构造过程:从空串 ε 出发添加 S_1,记为 S_1 · ,表示 S_1 是由空串 ε 添加得到的。逐步添加或复制已得到前 r 项的 $\boldsymbol{S}$:

$$S_1 \cdot S_2 \cdot \cdots \cdot S_{r-1} S_r$$

考虑继续构造生成的过程:由 $\boldsymbol{S}$ 生成 $\boldsymbol{R}$,即

$$S \to SQ = R$$

符号→表示由 S 生成 SQ。将 R 的表达式中去掉最后一个符号，记其为 $R\pi$，寻找 Q 是否属于 $W(R\pi)$，若 $Q \in W(R\pi)$，则 $S \to SQ$ 就是用复制运算生成的。若 $Q \in W(R\pi)$，这表明 R 中出现了 $W(R\pi)$ 中没有的新词，则 $S \to SQ$ 就应用了添加运算。继续此过程，就逐步生成序列 S，并可计算出 S 的 LZ-复杂度的值。从这种复制或添加运算产生序列的过程，可以体会到 LZ 码的编码过程的相似性。也可以认为，正是这种不同于 K-熵的新的理论上的突破，才有新的编码方法上的结果，即 LZ 算法。这对我们研究新的编码方法是有启发的。

最后，近似计算一下 LZ-78 码的平均码长的界限。

由前面 LZ-78 编码方法可知，n 长的信源符号序列按分段原则分成了 $C(n)$ 段，每段的二元码元长度为 $l=\lceil \log C(n) \rceil$，又信源符号共 q 个，需二元码的码长为 $\lceil \log q \rceil$。每段共需二元码码长为 $\lceil \log C(n) \rceil + \lceil \log q \rceil$，得 n 长信源符号序列共需总码长为 $C(n)(\lceil \log C(n) \rceil + \lceil \log q \rceil)$。因此，平均每个信源符号所需的码长

$$\bar{L} = \frac{C(n)(\lceil \log C(n) \rceil + \lceil \log q \rceil)}{n} \tag{8.64}$$

将式(8.64)改写为 $\bar{L}$ 的不等式

$$\frac{C(n)[\log C(n) + \log q]}{n} \leqslant \bar{L} < \frac{C(n)[\log C(n) + \log q + 2]}{n} \tag{8.65}$$

设长度为 k 的段有 q^k 种。若把 n 长符号序列分成 $C(n)$ 段后，设最长的段的长度为 K，而且所有长度小于或等于 K 的段型都存在，则有

$$C(n) = \sum_{k=1}^{K} q^k = \frac{q^{K+1} - q}{q - 1} \tag{8.66}$$

及

$$n = \sum_{k=1}^{K} k q^k = \frac{q}{(q-1)^2}\{Kq^{K+1} - (K+1)q^K + 1\} \tag{8.67}$$

当 K 很大时，式(8.66)和式(8.67)可近似为

$$C(n) \approx \frac{q^{K+1}}{q-1} \quad n \approx \frac{K}{q-1} q^{K+1}$$

得

$$n \approx KC(n) \tag{8.68}$$

代入式(8.65)得

$$\frac{\log C(n)}{K} + \frac{\log q}{K} \leqslant \bar{L} < \frac{\log C(n)}{K} + \frac{\log q + 2}{K} \tag{8.69}$$

LZ-78 编码算法是不依赖于信源的概率统计特性的，但为了与香农理论比较，我们对信源增设一个强制性条件，即设信源是平稳无记忆 q 元信源序列，又设信源符号的概率分布为 $p_i(i=1,2,\cdots,q)$。当最长的段长 K 很大时，典型的长为 K 的段中 a_i 出现个数为 $p_i K$。令这种段型有 N_K 种，则有

$$N_K = \frac{K!}{\prod (p_i K)!} \approx \frac{K^K}{\prod (p_i K)^{p_i K}}$$

取对数得

$$\log N_K = -K \sum_i p_i \log p_i = KH(S) \tag{8.70}$$

忽略较短的段型，近似认为序列由上述这类段型所组成，则序列的长度为

$$n = N_K K = K 2^{KH(S)} \tag{8.71}$$

由式(8.68)和式(8.71)得

$$C(n) \approx N_K \approx 2^{KH(S)} \tag{8.72}$$

代入式(8.69)得

$$H(S) + \frac{\log q}{K} < \bar{L} < H(S) + \frac{\log q + 2}{K} \tag{8.73}$$

所以，K 足够大时有

$$\bar{L} \approx H(S) \tag{8.74}$$

对于马尔可夫信源,也可得到相仿的结论

$$\bar{L} \approx H_{\infty} \tag{8.75}$$

上述的近似分析表明,LZ-78 码的平均码长仍以信源熵为极限,当 n 很长时(即 K 很大时)平均码长渐近地接近信源的熵 $H(S)$。这表明 LZ 编码性能是较好的,但也表明它并不比统计编码方法更好。

LZ 码和其他各类字典码是一种通用编码,编码方法不依赖信源的概率分布。这种编码方法不需也不必知道有关信源的统计特性,而且编码方法简单,编译码速度快,又能达到最佳压缩编码效率,因此得到广泛应用。它已成为计算机 UNIX 操作系统中的标准文件压缩程序和个人计算机中 arc 文件压缩程序。此算法可将典型的 ASCII 文本文件压缩成原文件的一半,即压缩比为 2。此算法也容易用硬件实现,所以在文本文件压缩方面得到广泛应用。但这里的近似分析中,并没有涉及 LZ-复杂度的分析,这方面内容可参阅参考书目[18]。

本章讨论了基于熵概念的无损压缩编码及其各种压缩算法。这些方法在实际工程技术中得到广泛的应用,如现在所用的各种图像格式,除 BMP 文件外,都用到这些无损压缩编码算法。又如广为人知的 MP3 音乐压缩格式中,也同样用了这些算法。这些方法都能使平均码长接近信源熵这个极限值。

通过最佳的信源编码虽然可以消除信源的冗余度,提高信息传输率,但结果却使码变得十分“脆弱”,经不起信道中噪声的干扰,容易造成译码错误。如表 8.1 中的霍夫曼码。若信源发出的符号为 s_2,通过信源编码,变换为码字 01。假设它在二元信道中发生传输错误,接收端接收到的符号变成 11,收信者就会判断信源发出的符号为 s_1s_1,造成严重的接收错误,另外,也可能在一串码字序列中,由于传输过程中某个符号错了,而使接收端码字的分离发生严重错误。同样在例 8.1 中,信源发出信源序列为 s_3s_5,对应的码字序列为 0000011,若传输中第三位发生了错误,接收到的是 0010011,故收信者误认为发的是信源序列 $s_4s_2s_1$,造成码字分离的严重错误。因此必须进一步研究信息传输的抗干扰问题,即下一章的信道纠错编码问题。

小　结

香农码:

$$l_i = \left\lceil \log_r \frac{1}{P(s_i)} \right\rceil \quad (i = 1,2,\cdots,q) \tag{8.1}$$

$$\bar{L} < H_r(S) + 1 \tag{8.2}$$

霍夫曼码:

$$\bar{L}(C) = \min_{\sum_{i=1}^{q} r^{-l_i} \leqslant 1} \sum_{i=1}^{q} p_i l_i \tag{8.10}$$

$$H_r(S) \leqslant \bar{L}(C) < H_r(S) + 1 \tag{8.13}$$

费诺码:

$$\bar{L}(C) \leqslant H_r(S) + 2 \tag{8.14}$$

香农-费诺-埃利斯码:

$$A = \{a_1, a_2, \cdots, a_q\}, P(a_i) > 0 \quad (a_i \in A)$$

符号的累积分布函数

$$F(a_k) \triangleq \sum_{i=1}^{k} P(a_i) \quad (a_i, a_k \in A) \tag{8.16}$$

$$l(a_k) = \left\lceil \log \frac{1}{P(a_k)} \right\rceil + 1 \tag{8.19}$$

$$H(S) + 1 \leqslant \bar{L} < H(S) + 2 \tag{8.21}$$

二元信源游程编码:

$$H[L(0)] = \frac{1}{p_1} H(p_0) \tag{8.26}$$

$$H[L(1)] = \frac{1}{p_0} H(p_1) \tag{8.28}$$

式中,p_0,p_1 为"0"和"1"符号的概率。

游程编码加霍夫曼编码的**编码效率**
$$\eta=\frac{H[L(0)]+H[L(1)]}{H[L(0)]/\eta_0+H[L(1)]/\eta_1} \tag{8.32}$$

式中,η_0和 η_1分别是游程长度为"0"和"1"的霍夫曼编码效率。

MH 码:
$$h_{WB}\leqslant\bar{L}_{WB}<h_{WB}+\frac{p_W}{n_W}+\frac{p_B}{n_W} \tag{8.42}$$

算术码:

信源符号的累积分布函数
$$F(a_k)\triangleq\sum_{i=1}^{k-1}P(a_i)\qquad(a_i,a_k\in A) \tag{8.43}$$

信源符号序列的累积分布函数
$$F(\boldsymbol{s})=\sum_{\boldsymbol{y}<\boldsymbol{s}}P(\boldsymbol{y})=1-\sum_{\boldsymbol{y}\geqslant\boldsymbol{s}}P(\boldsymbol{y}) \tag{8.55}$$

$$l=\left\lceil\log\frac{1}{P(s)}\right\rceil \tag{8.58}$$

$$H(S)\leqslant\frac{\bar{L}}{n}<H(S)+\frac{1}{n} \tag{8.60}$$

字典码:一种通用编码
$$\bar{L}\approx H_\infty \tag{8.75}$$

习　　题

8.1　求概率分布为(1/3,1/5,1/5,2/15,2/15)的信源的二元霍夫曼码。讨论此码对于概率分布为(1/5,1/5,1/5,1/5,1/5)的信源也是最佳二元码。

8.2　设二元霍夫曼码为(00,01,10,11)和(0,10,110,111),求出可以编得该霍夫曼码的信源的所有概率分布。

8.3　设信源符号集
$$\begin{bmatrix}S\\P(s)\end{bmatrix}=\begin{bmatrix}s_1, & s_2\\0.1, & 0.9\end{bmatrix}$$

(1) 求 $H(S)$和信源冗余度。

(2) 设码符号为 $X=\{0,1\}$,编出 S 的紧致码,并求 S 的紧致码的平均码长 $\bar{L}$。

(3) 把信源的 N 次无记忆扩展信源 S^N 编成紧致码,试求出 $N=2,3,4,\infty$ 时的平均码长($\bar{L}_N/N$)。

(4) 计算上述 $N=1,2,3,4$ 这四种码的编码效率和码冗余度。

8.4　信源空间为
$$\begin{bmatrix}S\\P(s)\end{bmatrix}=\begin{bmatrix}s_1, & s_2, & s_3, & s_4, & s_5, & s_6, & s_7, & s_8\\0.4, & 0.2, & 0.1, & 0.1, & 0.05, & 0.05, & 0.05, & 0.05\end{bmatrix}$$

码符号为 $X=\{0,1,2\}$,试构造一种三元的紧致码。

8.5　某气象员报告气象状态,有四种可能的消息:晴、云、雨和雾。若每个消息是等概率的,那么发送每个消息所需的最少二元脉冲数是多少?若四个消息出现的概率分别为$\frac{1}{4}$、$\frac{1}{8}$、$\frac{1}{8}$和$\frac{1}{2}$,问在此情况下消息所需的二元脉冲数是多少?如何编码?

8.6　某一信源有 N 个符号,并且每个符号等概率出现,将该信源用最佳霍夫曼码进行二元编码,问当 $N=2^i$,和 $N=2^i+1$(i 是正整数)时,每个码字的长度等于多少?平均码长是多少?

8.7　设信源 S:
$$\begin{bmatrix}s_1, & s_2,\cdots, & s_{M-1}, & s_M\\p_1, & p_2,\cdots, & p_{M-1}, & p_M\end{bmatrix}$$

并满足 $\sum_{i=1}^{M}p_i=1$ 和 $p_1>p_2>\cdots>p_{M-1}>p_M$。试证明对于信源 S 一定存在这样的二元最佳码,其码字 W_{M-1}和 W_M 具有相同的长度,且 W_{M-1}与 W_M 只有最后一位码符号不同(分别为 1 和 0)。

8.8　设码 C 是均匀概率分布 $\boldsymbol{P}=(1/n,\cdots,1/n)$信源的二元霍夫曼码。并设码 C 中各码字的码长为 l_i,又设 $n=a2^k$,而 $1\leqslant a\leqslant 2$。

(1) 证明对于此等概信源的所有即时码中,码 C 的总码长 $T=\sum_i l_i$ 最短。

（2）证明码 C 满足 $\sum_i r^{-l_i} = 1$。

（3）证明码 C 中，对所有 i 满足 $l_i=L$ 或 $l_i=L-1$，其中 $L=\max l_i$。

（4）设 u 是码长为 $L-1$ 的码字个数，v 是码长为 L 的码字个数，根据 a,k 确定 u,v 和 L。

8.9 现有一幅已离散量化后的图像，图像的灰度量化分成 8 级，见下表。表中数字为相应像素上的灰度级。另有一无噪无损二元信道，单位时间(秒)内传输 100 个二元符号。

习题 8.9 表

1	1	1	1	1	1	1	1	1	1
1	1	1	1	1	1	1	1	1	1
1	1	1	1	1	1	1	1	1	1
1	1	1	1	1	1	1	1	1	1
2	2	2	2	2	2	2	2	2	2
2	2	2	2	2	2	2	3	3	3
3	3	3	3	3	3	3	4	4	4
4	4	4	4	4	4	4	5	5	5
5	5	5	5	6	6	6	6	6	6
7	7	7	7	7	8	8	8	8	8

（1）将图像通过给定的信道传输，不考虑图像的任何统计特性，并采用二元等长码，问需多长时间才能传送完这幅图像？

（2）若考虑图像的统计特性（不考虑图像的像素之间的依赖性），求此图像的信源熵 $H(S)$，并对每个灰度级进行霍夫曼最佳二元编码，问平均每个像素需用多少二元码符号来表示？这时需多少时间才能传送完这幅图像？

（3）从理论上简要说明这幅图像还可以压缩，而且平均每个像素所需的二元码符号数可以小于 $H(S)$ 比特。

8.10 有一个含有 8 个消息的无记忆信源，其概率分别为 0.2，0.15，0.15，0.1，0.1，0.1，0.1，0.1。试编成两种三元非延长码，使它们的平均码长相同，但具有不同的码长的方差。并计算其平均码长和方差，说明哪一种码更实用些。

8.11 有两个信源 X 和 Y 如下：

$$\begin{bmatrix} X \\ P(x) \end{bmatrix} = \begin{bmatrix} x_1, & x_2, & x_3, & x_4, & x_5, & x_6, & x_7 \\ 0.20, & 0.19, & 0.18, & 0.17, & 0.15, & 0.10, & 0.01 \end{bmatrix}$$

$$\begin{bmatrix} Y \\ P(y) \end{bmatrix} = \begin{bmatrix} y_1, & y_2, & y_3, & y_4, & y_5, & y_6, & y_7, & y_8, & y_9 \\ 0.49, & 0.14, & 0.14, & 0.07, & 0.07, & 0.04, & 0.02, & 0.02, & 0.01 \end{bmatrix}$$

（1）分别用霍夫曼码编成二元变长唯一可译码，并计算其编码效率。

（2）分别用香农编码法编成二元变长唯一可译码，并计算编码效率（即选取 l_i 大于或等于 $\log \frac{1}{p_i}$ 的整数）。

（3）分别用费诺编码方法编成二元变长唯一可译码，并计算编码效率。

（4）从 X,Y 两种不同信源来比较这三种编码方法的优缺点。

8.12 **香农码**：信源符号集 $A=\{1,2,\cdots,q\}$，其概率分布为 $p_1,p_2,\cdots,p_q$。采用下面方法对信源符号进行编码。首先将概率分布按大小顺序排列 $p_1 \geqslant p_2 \geqslant \cdots \geqslant p_q$，定义累积分布函数

$$F_i \triangleq \sum_{k=1}^{i-1} p_k \tag{8.76}$$

F_i 是所有小于 i 符号的概率和。于是，符号 i 的码字是取 F_i 的二进制数的小数 l_i 位，若有尾数就进位到第 l_i 位，其中 $l_i=\left\lceil \log \frac{1}{p_i} \right\rceil$。

（1）证明这样编得的码是即时码。

（2）证明：

$$H(S) \leqslant \bar{L} < H(S)+1$$

（3）对于概率分布为(0.5，0.25，0.125，0.125)的信源进行编码，求其各码字。

（4）(3)中得的码是否与此信源的霍夫曼码正巧完全一致。试说明这种完全一致的一般原理。

8.13 设有一页传真文件，其中某一扫描行上的像素点如下所示：

|←73 白→|←7 黑→|←11 白→|←18 黑→|←1619 白→|

求：(1) 该扫描行的 MH 码；(2) 编码后该行总比特数；(3) 本行编码压缩比（原码元总数：编码后码元总数）。

8.14 已知二元信源{0,1}，其 $p_0=1/8$，$p_1=7/8$，试用式(8.55)对下列序列编算术码，并计算此序列的平均码长

11111110111110

8.15 对输入数据流 $a_0a_1a_2a_3a_0a_1a_2a_0a_1a_2a_2a_0a_1a_2a_4a_0a_1a_2a_5$ 分别用 LZ-77 算法、LZ-78 算法、LZW 算法进行编码，并计算各种方法的压缩率。

第 9 章　信道的纠错编码

由前面第 6 章和第 7 章的联合信源信道编码定理已知，对于实际的通信技术和通信系统来说，通过信源的数据压缩编码和信道的纠错编码，就能做到既有效又可靠地传输信息。第 8 章中，我们已研究和讨论了各种主要和实际的无失真信源编码技术和方法，它是通过减少或消除信源的剩余度，以达到信源数据的压缩。本章是针对不同的信道和不同的干扰形式来研究各种具体实际的信道纠错编码技术和方法的。

传输信息的各类信道，既有信道固有噪声和外部噪声的干扰，又有功率衰减的影响，使传输的信息出现差错。第 6 章中论述的香农的有噪信道的编码理论指出，只要信息传输率小于信道容量，通过适当的编译码方法，就能以任意小的差错概率传输信息。虽然香农第二定理指出了提高信息传输可靠性的一个重要方向，但从实用观点来看，并未明确给出具体的、实用的编译码方法。如何构造实际信道中各种易于实现的实际编译码方法，使定理从理论向实际应用转化，这正是信道纠错编码理论所要解决的问题。

纠错编码理论是信息论的一个重要的分支学科。各种纠错编码具有严谨的数学结构，内容极其丰富。本章只从读者已具有的数学和工程知识基础上，介绍和讨论信道纠错编码的一些最基本的概念和基本的方法。

9.1　差错控制的基本形式

在现代的数字通信系统中，利用检错和纠错的编码技术，进行差错控制的基本形式主要分为四类：前向纠错（FEC）、反馈重发（ARQ）、混合纠错（HEC）和信息反馈（IRQ），如图 9.1 所示。

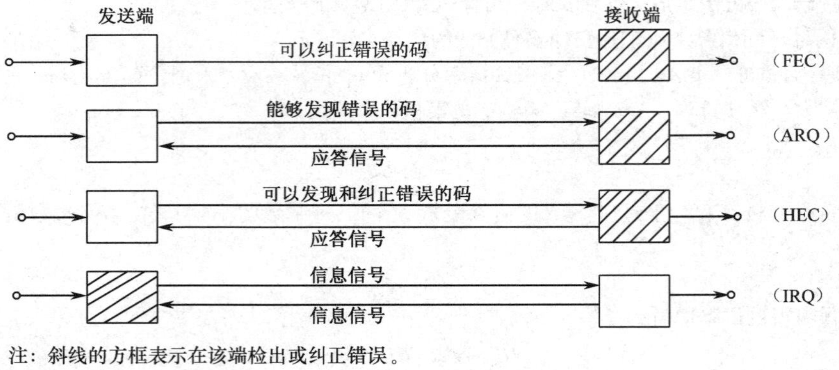

图 9.1　差错控制的基本形式

1. 前向纠错（FEC）方式

信息在发送端先变换成能够纠正错误的码，然后送入发送信道，接收端收到这些码后，由纠错译码器自动纠正传输中出现的差错。所谓**前向纠错**，是指差错控制过程是单向的，无须差错信息的反馈。因此，不需要反馈信道。其优点是延时小，实时性好，既适用于点与点之间的单用户通信，又适用于单用户对多用户的同播通信或广播式通信。其缺点是编码效率较低，译码设备复杂。近年来，由于大规模集成电路技术的发展，更有利于有更强有力的编、译码方法出现，所以前向纠错方式已在计算机存储系统,以及磁光记录存储等领域得到了较好的应用。这表明,这种方式还将会得到广泛应用和发展。

2. 反馈重发(ARQ)方式

反馈重发又称为检错重发。系统采用**反馈重发**方式工作时,发送端发送的是能够发现(检测)错误的码,接收端收到信道传输来的码后,译码器依据该码的编码规则,判决其中是否有错误产生,并通过反馈信道把判决结果(应答信号)反馈至发送端。发送端依据这种判决结果,把接收端认为有错的信息重新再发出,直到接收端认为正确为止。

ARQ 方式的优点是,它的编译码设备简单。在剩余度相同的情况下,能检出错码的检错能力远高于纠错的码的纠错能力,使系统的纠错能力得到极大提高,这就大幅度降低了整个系统的误码率。其缺点是必须设置双向信道,要求收发两端必须互相配合,这样系统的控制设备和存储设备就比较复杂,通信的连续性和实时性较差。因此它在干扰情况复杂的信道及卫星通信、移动通信以及计算机局域网、分组交换网等中得到广泛应用。但在高速网络上的应用必须慎重。

3. 混合纠错(HEC)方式

这是将前向纠错方式和检错重发方式结合起来使用,发送端发送的是兼有检错和纠错能力的码,接收端收到码字后,首先检测错误情况。当差错在码的纠错能力范围内,就自动纠错;当差错很多已超出纠错能力,但还能检测出来时,接收端就通过反馈信道,请求重发。HEC 系统的性能及优劣介于前两种方式之间,误码率低,实时性和连续性好,设备不太复杂,因此,应用范围广,特别在卫星通信中广泛应用。

4. 信息反馈(IRQ)方式

信息反馈方式又称回程校验。接收端把收到的码全部由反馈信道送回发送端,在发送端将原发送的码与反馈送回的码进行比较,发现错误后,把出错的码再次重发,直到接收端正确接收为止。

在图 9.1 中,给出了四种方式的简图,图中带斜线的方块表示在该处检出错误。在工程上究竟使用哪种方式,需做深入分析,可参阅参考书目[19]、[23]。另外,除以上的差错控制方式外,在某些领域,典型的是在语音、音乐、图像和视频等领域,有差错或损失的部分数据对人的主观感受上可能不太重要,此时可以根据已有的数据应用内插或外推技术,得到满足应用的输出数据。这就是正在发展的**差错隐藏(Error Concealment)技术**方法,它可以最大限度地减小差错的影响。

9.2 纠错编码分类及基本概念

9.2.1 纠错编码分类

我们在深入研究纠错编码之前,先从纠错编码的特点、性能和构造方法等多个角度,对纠错编码进行分类。

1. 按纠正错误的类型分类

按纠正错误类型可将纠错编码分为**纠随机差错码**、**纠突发差错码**和既能纠随机差错又能纠突发差错的**纠混合差错码**。

我们知道,信道对传输的信息有衰减、畸变、干扰和噪声等多种影响,信道中出现的差错与信道的传输特性密切相关。已知信道主要分为**有记忆信道**与**无记忆信道**。对最简单的无记忆信道,其噪声是随机独立地影响每个码元的,即每个差错的产生与其前后是否有差错无关。这就使传输的信息产生独立的随机性的差错。从统计规律上看,它是由加性高斯白噪声引起的。卫星信道、深空信道、同轴电缆、光缆及微波接力信道等都具有这类传输特性。第二类是有记忆信道,其噪声可造成突发性的成群的差错。如通信明线、移动通信信道、短波信道都属此类。突发差错都是由突发噪声(如大气雷电,太阳黑子爆发,各类的强脉冲,还包括存储介质的损坏与结构缺陷,读/写头接触不良等噪声)引起的成串成片的差错。在工程实际中,还有第三类(上述两类差错并存)的混合信道,其噪声可造成随机错误及突发的混合差错。针对这三类差错设计的信道编码就称为**纠随机差错码**、**纠突发差错码**和**纠混合差错码**。人们又将这三大类信道编码统称为**纠错编码**或**抗干扰码**。

2. 按应用目的分类

按应用目的分类可将纠错编码分为**检错码**、**纠错编码**和**纠删码**。

对只能够检测出错误的码称为**检错码**;既能检测出错误又能自动纠正错误的码称为**纠错编码**;能够纠正被删除了信息的错误的码称为**纠删码**。这三类码之间并没有本质区别,每类码都可以因采用的译码方法不同而作为另两种码使用。

3. 按码的结构中对信息序列处理方式分类

按码的结构中对信息序列处理方式不同,可将纠错编码分为**分组码**和**卷积码**。

将信息序列每 k 位分为一组,作为**信息组**码元,再增加 $n-k$ 个多余的码元(称其为**校验元**),校验元只由每组 k 个信息元按一定规律产生,与其他组的信息元无关。这样就形成了每组码长为 n 的**分组码**,记为 (n,k) 码。

若将信息序列以每 k_0(通常较小)个码元分组,然后编码器输出该段的 $r=n-k_0$ 个校验元,其与本组 k_0 个信息元有关,还与其前面 L 个组的信息元有关的校验元,得到长为 n 的码字,这样的码称为**卷积码**,记为 (n,k_0,L)。

4. 按码的数学结构中校验元与信息元关系分类

按码的数学结构中校验元与信息元关系的不同,纠错编码可分为**线性码**和**非线性码**。

若校验元与信息元之间呈线性关系,称其为**线性码**,否则称为**非线性码**。目前线性码的理论已较成熟,但许多好码却是非线性码。

5. 按码是否具有循环性分类

按码是否具有循环性分类,纠错编码可分为**循环码**和**非循环码**。

若分组码中的任一码字的码元循环移位后仍是这组码的码字,称其为**循环码**。而若经循环移位后不一定再是该组码的码字,就称其为**非循环码**。目前,许多有广泛应用的好码是循环码。

6. 按码元取值分类

按码元取值分类,纠错编码有**二元码和多(q)元码**。

目前传输系统或存储系统大都采用二进制的数字系统,所以一般提到的纠错编码都是指二元码。

7. 按构造码的数学理论分类

按构造码的数学理论可分为**代数码**、**几何码**、**算术码**和**组合码**等。

代数码建立在近世代数基础上,是目前发展最为完善的纠错编码。线性分组码是代数码中一类重要的码。**几何码**的数学理论基础是投影几何学;**算术码**的数学理论基础是数论、高等算术;而**组合码**的数学理论基础是排列组合和数论等。

上述分类只是从不同的角度按照码的某一特性进行归类的,并不能说明某个码的全部特性,如某一纠错编码同时可以是线性码、分组码、纠随机差错码、循环码、二元码及代数码等。为便于读者理解,图 9.2 给出了纠错编码的部分分类图。但图中未标出二元码与多元码,以及代码数、几何码等纠错编码的位置。

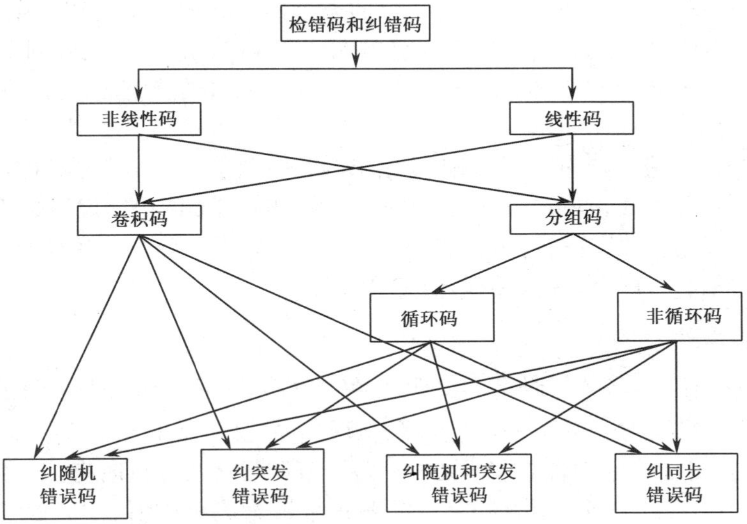

图 9.2　纠错编码分类图

9.2.2　纠错编码的基本概念及其纠错能力

目前纠错编码主要应用于实际的数字通信系统中。正如 6.5 节中联合信源信道编码定理所指出的,对于信道编码来说,只需针对各种不同的数字信道和不同的干扰形式,研究各种纠错编码方法以纠正信道中带来的错误。无须考虑输入信道的信息流(数据流)来自何方,也无须考虑这些信息流是经过有失真还是无失真压缩后的数据。因此,我们可将图 1.3 所示的一般通信系统模型简化成图 9.3 所示的数字通信系统模型。其中信道可以是包括调制、解调和传输媒质在内的有线(含光纤)和无线的数字信道;也可以是包括网桥、路由器、网关、电缆(或光缆)和低层协议等在内的计算机通信网的数字信道。

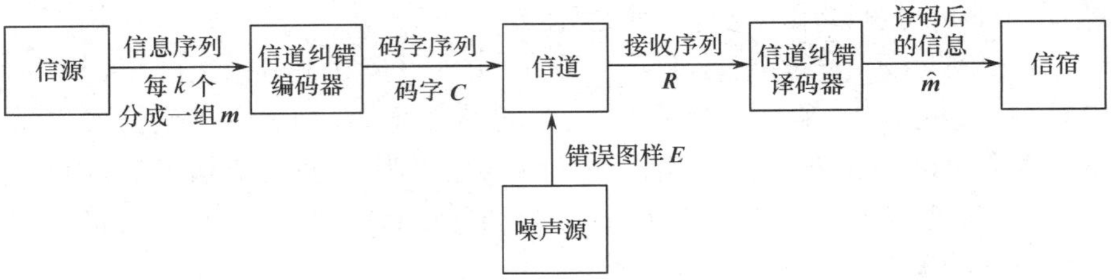

图 9.3　简化的数字通信系统

1. 码字、信息元、校验元

如图 9.3 所示,信道编码器将其输入的信息序列,每 k 个信息符号分成一段,记为 $\boldsymbol{m}=(m_{k-1},m_{k-2},\cdots,m_0)$,并称序列 $\boldsymbol{m}$ 为**信息组**,其中 $m_i(i=0,1,2,\cdots,k-1)$ 称为**信息元**。这样在二元数字通信系统中,可能的信息组总共有 2^k 个(在 q 元数字通信系统中总共有 q^k 个)。为了纠正信道中传输引起的差错,编码器将每个信息组按照一定的规则产生 r 个多余的符号,从而形成长度为 $n=k+r$ 的序列 $\boldsymbol{C}=(c_{n-1},c_{n-2},\cdots,c_1,c_0)$,称此序列为**码字**(或**码组**、**码矢**)。码字中每一个符号 $c_i(i=0,1,2,\cdots,n-1)$ 称为**码元**,所增加的 $r=n-k$ 个码元称为**校验元**,其中 n 是**码长**,k 是信息元的位长,$n-k$ 是校验元的位长。对于 2^k(或 q^k)个不同的信息组,通过编码器输出后,得到相应的码字也有 2^k(或 q^k)个。所有码字的集合称为**码** C。

当每个码字中所增加的 r 个校验元只由本组的 k 个信息元按一定规律产生,与其他信息组的信息元无关,这样形成的所有码字集合称为**分组码**,记为 (n,k) 码。若编码器对每段长为 k_0 的信息组所增加的 $r=n-k_0$ 个校验元既与本段信息元有关,还与前面 L 段的信息元有关,这样形成的码为**卷积码**,记为 (n,k_0,L) 码。

对于卷积码,当信息流不断输入时,编码器输出的码序列是一个半无限长的序列。而对于分组码,编码器输出的一定是由 2^k(或 q^k)个码长为 n 的不同码字组成的码字序列。不同的 n 长的码符号序列总共可有 2^n(或 q^n)种。(n,k) 分组码的 2^k 个(或 q^k)码字称为**许用码组(许用码字)**,其余 2^n-2^k(或 q^n-q^k)个码符号序列称为**禁用码组(禁用码字)**。

2. 码字的汉明重量

在第 6 章中,我们已经定义了码字的汉明距离 $D(\boldsymbol{C}_1,\boldsymbol{C}_2)$ 和码 C 的最小距离 $d_{\min}$(也可记为 $d(C)$)。除此以外,纠错编码中还有一个重要概念是码字的汉明重量。

码字的**汉明重量**是指码字中含非零码元的个数。**汉明重量**又称**汉明势**,记为 $W(\boldsymbol{C})$,$\boldsymbol{C}\in C$。在二元码中码字是 n 长的二元序列,所以码字的汉明重量即为码字中所含"1"的个数。若二元码字 $\boldsymbol{C}=(c_{n-1}c_{n-2}\cdots c_1c_0)$,则

$$W(\boldsymbol{C})=\sum_{i=0}^{n-1}c_i \qquad c_i\in[0,1] \tag{9.1}$$

因此,得二元分组码中码字 $\boldsymbol{C}_k,\boldsymbol{C}_j$ 间的汉明距离

$$D(\boldsymbol{C}_k,\boldsymbol{C}_j)=W(\boldsymbol{C}_k\oplus\boldsymbol{C}_j) \tag{9.2}$$

式中,$\oplus$为模二和(模二加)运算。

3. 错误图样

纠错编码器编码输出的码字序列,通过信道传输后送入信道纠错译码器。由于信道中存在噪声和干扰,使接收序列中某些码元发生差错。为了便于描述所发生的差错,引入**错误图样(又称差错图样)**$\boldsymbol{E}=(e_{n-1}e_{n-2}\cdots e_1e_0)$。目前实际数字通信系统大多数是二元数字通信系统,系统中传输的是二元码字序列。因此在二元信道中码元传输发生错误不外乎是"0"错变成"1",或"1"错变成"0"。这样,错误图样 $\boldsymbol{E}$ 也可以用二元序列来表示

$$\boldsymbol{E}=(e_{n-1}e_{n-2}\cdots,e_1e_0) \qquad e_i\in[0,1](i=0,1,\cdots,n-1)$$

当 e_i 取 0 值时,表示第 i 位码元无差错发生;当 e_i 取 1 值时,则表示该码元发生了差错。在分组纠错编码中每个码字的码长为 n,所以错误图样的码长也为 n,而信道输出的接收序列也是长度为 n 的二元序列,设为 $\boldsymbol{R}=(r_{n-1}r_{n-2}\cdots r_1r_0)$,$r_i\in[0,1](i=n-1,\cdots,1,0)$。在二元信道中,码字、接收序列和错误图样三者的关系是

$$\boldsymbol{R}=\boldsymbol{C}\oplus\boldsymbol{E} \tag{9.3}$$

又

$$\boldsymbol{C}=\boldsymbol{R}\oplus\boldsymbol{E} \qquad 或 \qquad \boldsymbol{E}=\boldsymbol{C}\oplus\boldsymbol{R} \tag{9.4}$$

其中$\oplus$为模二和运算,在模二运算下加法和减法是一致的。例如,发送的二元码字序列 $\boldsymbol{C}=(010110111)$,接收序列为 $\boldsymbol{R}=(001110011)$,其中第 2、3、7 位码元发生了错误,则$\boldsymbol{E}=(011000100)$。可见它们满足式(9.3)和式(9.4)。

上述引入的错误图样可以描述随机差错,也可以描述突发差错。在二元有记忆信道中,当差错是突发差错时,则错误图样 $\boldsymbol{E}$ 称为**突发差错图样**。这时 $\boldsymbol{E}$ 中出现第一个"1"到最后一个"1"之间的长度称为**突发长度**,以表示信道中所引起的成串成片的差错。在上例中,若 $\boldsymbol{E}=(011000100)$ 作为突发差错图样,得突发长度为 6,它表示在传输过程中从第二位码元开始至七位码元发生了成串的错误(在这成串的错误中也可能有的码元被正确传输了)。若 $\boldsymbol{E}=(011000100)$ 作为随机差错的错误图样,则表示在传输过程中只是第二、三和七位码元独立地发生了差错。若发生一位随机错

误，错误图样 $\boldsymbol{E}_1$ 中只含一个“1”，所以其汉明重量 $W(\boldsymbol{E}_1)=1$；若发生两位随机错误，错误图样 $\boldsymbol{E}_2$ 中含有两个“1”，其汉明重量 $W(\boldsymbol{E}_2)=2$；依次类推，若发生 e 位随机错误，则错误图样 $\boldsymbol{E}_e$ 中含有 e 个“1”，得其汉明重量 $W(\boldsymbol{E}_e)=e$。

设数字信道为二元无记忆对称信道(BSC 信道)，p 为错误传递概率(一般 $p\ll 1$)，$\bar{p}=1-p$ 为正确传递概率，则 n 次无记忆扩展信道中，随机差错的错误图样 $\boldsymbol{E}$ 出现的概率为

$$P(\boldsymbol{E})=\bar{p}^{\,n-W(\boldsymbol{E})}p^{W(\boldsymbol{E})} \tag{9.5}$$

由此得：

发生一位随机错误	$W(\boldsymbol{E}_1)=1$	$P(\boldsymbol{E}_1)=\bar{p}^{\,n-1}\cdot p$	(9.6)
发生二位随机错误	$W(\boldsymbol{E}_2)=2$	$P(\boldsymbol{E}_2)=\bar{p}^{\,n-2}\cdot p^2$	(9.7)
⋮	⋮	⋮	
发生 e 位随机错误	$W(\boldsymbol{E}_e)=e$	$P(\boldsymbol{E}_e)=\bar{p}^{\,n-e}\cdot p^e$	(9.8)
⋮	⋮	⋮	
全错	$W(\boldsymbol{E}_n)=n$	$P(\boldsymbol{E}_n)=p^n$	(9.9)

显然有

$$p\,\bar{p}^{\,n-1}>p^2\,\bar{p}^{\,n-2}>\cdots>p^e\,\bar{p}^{\,n-e}>\cdots>p^n \tag{9.10}$$

上式表明，发生一位随机错误、二位随机错误的概率(即发生较少位随机错误的概率)大于发生多位错误的概率。因此，在无记忆信道中，一般总首先纠正发生较少位的随机错误。常常采用简单的只纠正 1~2 位随机错误的纠错编码就能使误码率下降几个数量级。

在二元无记忆信道中：

发生一位随机差错的错误图样个数有 $\binom{n}{1}=n$ 个

发生二位随机差错的错误图样个数有 $\binom{n}{2}$ 个

⋮　　⋮

发生 e 位随机差错的错误图样个数有 $\binom{n}{e}$ 个

⋮　　⋮

全错的错误图样有 $\binom{n}{n}=1$ 个

及全对的错误图样有 1 个

对于 n 长的所有错误图样 $\boldsymbol{E}$，必有

$$2^n=1+\binom{n}{1}+\binom{n}{2}+\cdots+\binom{n}{e}+\cdots+\binom{n}{n} \tag{9.11}$$

4. 分组码纠错能力与码最小距离的关系

由 6.2 节的分析已知，重复码(3.1)中码的最小距离 $d_{\min}=3$，两个码字在传输后发生一位码元随机错误的接收序列形成两个互不相交的子集，因此根据最小距离译码准则就能纠正发生的一位码元的随机错误。若用几何图形来解释，可将码字看成 n 维空间上的一点，则重复码(3,1)的码字为三维空间上的一点，如图 9.4 所示。令 x,y,z 三个轴分别代表不同的码元，则正方体上八个顶点为所有八个可能的接收序列，而对顶角(000)和(111)正好为发送的两个码字。当某一码元发生一位错时，则沿该坐标轴移动一

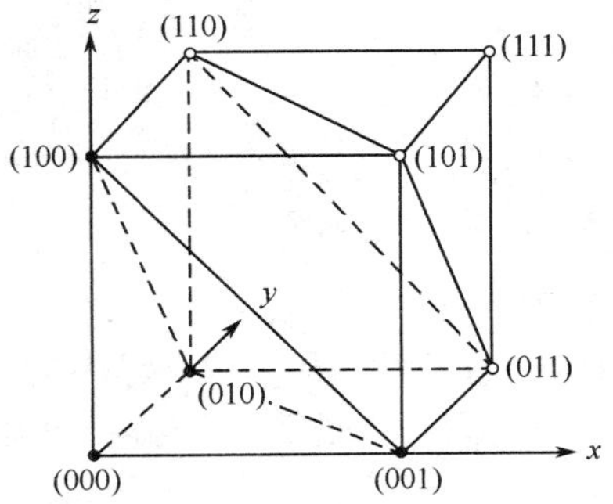

图 9.4　重复码(3,1)的三维空间解释图

个距离。由图可知,两个码字发生一位码元错误的图形正好是两个正三棱锥,而二者恰好互不相交。所以重复码(3,1)能纠正一位随机错误。若发生两位或三位错误,就进入另一码字对应的三棱锥内,就无法纠正。更一般的(n,k)分组码的纠错能力和检错能力可有以下结论:

定理 9.1 对于一个(n,k)分组码 C,其最小距离为 d_{min},那么:

(1) 若能检测(发现)e 个随机错误,则要求 $d_{min} \geqslant e+1$ (9.12)

(2) 若能纠正 t 个随机错误,则要求 $d_{min} \geqslant 2t+1$ (9.13)

(3) 若能纠正 t 个随机错误,同时能检测 $e(e>t)$ 个随机错误,则要求

$$d_{min} \geqslant t+e+1 \tag{9.14}$$

上述结论可以用图 9.5 所示的几何图形加以解释。在图9.5(a)中,$\boldsymbol{C}_1$,$\boldsymbol{C}_2$ 都为许用码组,当码组在传输中发生了至多 e 个错误后的接收序列一定落入以 $\boldsymbol{C}_1$,$\boldsymbol{C}_2$ 各自为中心,以 e 为半径的 n 维球体内。只要码的最小距离 $d_{min} \geqslant e+1$,则码字 $\boldsymbol{C}_1$ 和 $\boldsymbol{C}_2$ 之间的距离一定不小于 $e+1$,码字 $\boldsymbol{C}_1$ 和 $\boldsymbol{C}_2$ 都不会落入对方的 n 维球体内。同样,其他任何许用码组都不会落入彼此的 n 维球体内,则某许用码组发生 e 个错误就不可能与其他许用码字混淆,由此可以检测出在传输中发生了 e 位差错。但无法判断出是哪个许用码组发生了 e 位差错。若此种分组码用于 ARQ 或 HEC 方式的差错控制系统,就可以要求重发码字了。

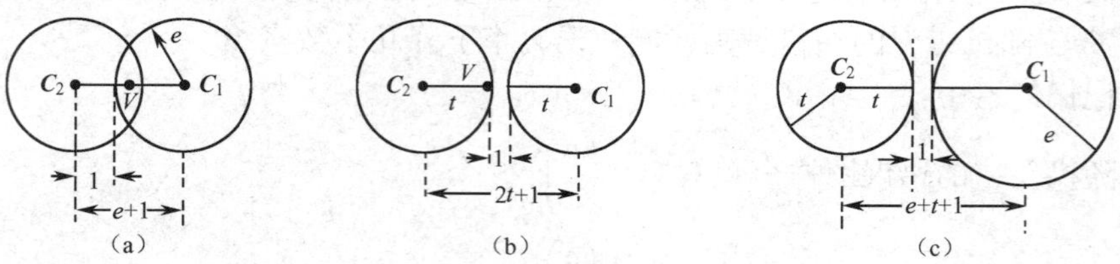

图 9.5 纠错编码检测纠错能力的几何解释

由上分析可知,根据最小距离译码准则(二元对称信道中也是最大似然译码准则),要求分组码能纠正 t 个错误,必须任何以许用码组为球心,半径为 t 的 n 维球体都不相交。如图 9.5(b)所示,许用码字 $\boldsymbol{C}_1$ 和 $\boldsymbol{C}_2$ 是距离最小的任意两个码字,并有$D(\boldsymbol{C}_1,\boldsymbol{C}_2)=2t+1$,它们发生 t 位差错的两个球体不相交(球体之间最小距离为 1)。若 $\boldsymbol{C}_2$ 错了 t 位后变成接收序列 $\boldsymbol{V}$,并有$D(\boldsymbol{C}_2,\boldsymbol{V})=t$,$D(\boldsymbol{C}_1,\boldsymbol{V})=t+1$。由于 $D(\boldsymbol{C}_2,\boldsymbol{V})<D(\boldsymbol{C}_1,\boldsymbol{V})$,就能正确判定接收序列 $\boldsymbol{V}$ 是码字 $\boldsymbol{C}_2$,从而纠正了 t 位错误。而以 $\boldsymbol{C}_1$ 和 $\boldsymbol{C}_2$ 为球心的两个球体不相交的最近的球心距离为 $2t+1$,因此能纠正 t 个错误的分组码的最小距离必不能小于 $2t+1$。

图 9.5(c)是第三种结论的几何解释。所谓能纠正 t 个错误同时能检测 e 个错误($e \geqslant t$),是指当错误不超过 t 个时,码能将错误自动予以纠正;而当错误超过 t 个但不大于 e 个时,则不能纠正错误,但仍能检测出 e 个错误。这种分组码用于混合纠错方式的差错控制系统。由图 9.5(c)可知,在最不利的情况下,$\boldsymbol{C}_1$ 发生 e 个错误而 $\boldsymbol{C}_2$ 发生了 t 个错误,错误的接收序列必然落在各自分别以 $\boldsymbol{C}_1$ 和 $\boldsymbol{C}_2$ 为球心,e 和 t 为半径的 n 维球体内。现要能纠错和检错,则必须此两球体不相交,即要求此两球体之间最小相距为 1,因此要求 $d_{min} \geqslant e+t+1$。此时,凡发生错误不大于 t 时球体都不相交,符合第二种情况,就能自动纠正 t 个错误。凡错误超过 t 但不大于 e 时,球体就可能相交,符合第一种情况,就能检测出 e 个错误。

5. 分组码的码率

在二元无记忆对称信道中,(n,k)分组码的许用码组数为 $M=2^k$,也就是信道输入的消息数为 M。在研究信道编码时,信道输入的信息流可以认为已经是去除信源剩余度后满足无记忆等概率分布的信息流。根据第 6 章分析可知,此时信道信息传输率(又称**码率**)为

$$R=\frac{\log M}{n}=\frac{\log 2^k}{n}=\frac{k}{n} \quad \text{(比特/码符号)} \tag{9.15}$$

它表示信道编码后每个码符号携带的信息量,也表示了信息位在分组码码字中所占的比重。显然,R越大编码效率越高,它是衡量分组码有效性的一个重要参数。对于一个好的实际纠错编码方案,不但希望它的纠错检错能力强,而且还希望它的码率高。

9.3 线性分组码

所谓线性分组码是指分组码中信息元和校验元是用线性方程联系起来的一种差错控制码。

线性分组码是纠错编码中最重要的一类码,是研究纠错编码的基础。下面我们来讨论线性分组码的一般原理。

9.3.1 一致校验矩阵和生成矩阵

1. 线性分组码的一致校验矩阵

信道编码器把信息序列分成 k 长的信息组,记为 $\boldsymbol{m}=(m_{k-1}m_{k-2}\cdots m_0)$,根据输入的信息元 $m_i(i=0,1,2,\cdots,k-1)$ 线性组合产生出 r 个校验元,输出为码字 $\boldsymbol{C}$,记为 $\boldsymbol{C}=(c_{n-1}c_{n-2}\cdots c_1c_0)$。也就是使码字中各码元满足某种齐次线性方程组,即满足:

$$\begin{cases} a_{11}c_{n-1}+a_{12}c_{n-2}+\cdots+a_{1n-1}c_1+a_{1n}c_0=0 \\ a_{21}c_{n-1}+a_{22}c_{n-2}+\cdots+a_{2n-1}c_1+a_{2n}c_0=0 \\ \quad\vdots \qquad\qquad\qquad \vdots \qquad\qquad\qquad \vdots \\ a_{r1}c_{n-1}+a_{r2}c_{n-2}+\cdots+a_{rn-1}c_1+a_{rn}c_0=0 \end{cases} \tag{9.16}$$

由于目前大多数的数字通信系统和数字计算机中广泛采用的是二元码,码字中码元 $c_i\in[0,1]$ $(i=0,1,2,\cdots,n-1)$,只取"0"和"1"。因此,线性方程组的系数 $a_{ij}(i=1,2,\cdots,r;j=1,2,\cdots,n)$ 也只取"0"和"1"两个值,其中的四则运算也都是模二加与模二乘运算。(在近世代数中,这是在二元域 GF(2) 中进行讨论的,域中元素为[0,1],其四则运算为模二加与模二乘,所以以后不再用⊕表示模二加运算了。)

式(9.16)共有 r 个方程,k 是独立的变量,即 k 个独立的信息元,所以 r 个校验元可由这组方程给出,也就是由信息元决定。

我们首先讨论下面的例题。

【例 9.1】 某一(7,3)线性分组码,$k=3$,$r=4$,其决定校验元的齐次线性方程组即式(9.16)具体如下

$$\begin{cases} c_6 \qquad +c_4+c_3 \qquad\qquad\qquad =0 \\ c_6+c_5+c_4 \qquad +c_2 \qquad\qquad =0 \\ c_6+c_5 \qquad\qquad\qquad +c_1 \qquad =0 \\ \qquad c_5+c_4 \qquad\qquad\qquad +c_0=0 \end{cases} \tag{9.17}$$

或写成

$$\begin{cases} c_3=c_6 \qquad +c_4 \\ c_2=c_6+c_5+c_4 \\ c_1=c_6+c_5 \\ c_0= \qquad c_5+c_4 \end{cases} \tag{9.18}$$

式(9.17)和式(9.18)都称为**一致校验方程**。式(9.18)中 c_6,c_5,c_4 是独立的,其余 4 位可由这三个变量求得。而信息组 $\boldsymbol{m}=(m_2,m_1,m_0)$,因此,令 $c_6=m_2,c_5=m_1,c_4=m_0$,则码字中的校验元可由信息元求得。由于 $k=3$,共有 $2^k=8$ 个不同的信息组,由式(9.18)可求出对应的 8 个不同的

码字，组成(7,3)线性分组码。表 9.1 给出这个(7,3)线性分组码。若将式(9.17)用矩阵形式表示，可得

$$\begin{bmatrix} 1 & 0 & 1 & 1 & 0 & 0 & 0 \\ 1 & 1 & 1 & 0 & 1 & 0 & 0 \\ 1 & 1 & 0 & 0 & 0 & 1 & 0 \\ 0 & 1 & 1 & 0 & 0 & 0 & 1 \end{bmatrix} \begin{bmatrix} c_6 \\ c_5 \\ c_4 \\ c_3 \\ c_2 \\ c_1 \\ c_0 \end{bmatrix} = \begin{bmatrix} 0 \\ 0 \\ 0 \\ 0 \end{bmatrix} = \mathbf{0}^{\mathrm{T}} \tag{9.19}$$

表 9.1　按式(9.18)得出的(7,3)码

信息组	码字
000	0000000
001	0011101
010	0100111
011	0111010
100	1001110
101	1010011
110	1101001
111	1110100

或

$$(c_6c_5c_4c_3c_2c_1c_0) \begin{bmatrix} 1 & 1 & 1 & 0 \\ 0 & 1 & 1 & 1 \\ 1 & 1 & 0 & 1 \\ 1 & 0 & 0 & 0 \\ 0 & 1 & 0 & 0 \\ 0 & 0 & 1 & 0 \\ 0 & 0 & 0 & 1 \end{bmatrix} = (0 \quad 0 \quad 0 \quad 0) = \mathbf{0} \tag{9.20}$$

式(9.19)和式(9.20)中 $\mathbf{0}$ 为 4 位长的零矢量。

令式(9.19)中矩阵为

$$\boldsymbol{H}_1 = \begin{bmatrix} 1 & 0 & 1 & 1 & 0 & 0 & 0 \\ 1 & 1 & 1 & 0 & 1 & 0 & 0 \\ 1 & 1 & 0 & 0 & 0 & 1 & 0 \\ 0 & 1 & 1 & 0 & 0 & 0 & 1 \end{bmatrix} \quad (4\times7\text{ 阶矩阵}) \tag{9.21}$$

称 $\boldsymbol{H}_1$ 为(7,3)分组码的**一致校验矩阵**。信息元和校验元之间的校验关系完全由这个一致校验矩阵确定。

可见，一般线性分组码的一致校验矩阵应为 $r\times n$ 阶矩阵。由此可得，任何一个(n,k)线性分组码的**一致校验矩阵**可表示为

$$\boldsymbol{H} = \begin{bmatrix} h_{1n-1} & h_{1n-2} & \cdots & h_{11} & h_{10} \\ h_{2n-1} & h_{2n-2} & \cdots & h_{21} & h_{20} \\ \vdots & \vdots & & \vdots & \vdots \\ h_{rn-1} & h_{rn-2} & \cdots & h_{r1} & h_{r0} \end{bmatrix} \tag{9.22}$$

类似式(9.19)和式(9.20)可有简写表示，即

$$\boldsymbol{H} \cdot \boldsymbol{C}^{\mathrm{T}} = \mathbf{0}^{\mathrm{T}} \tag{9.23}$$

或

$$\boldsymbol{C} \cdot \boldsymbol{H}^{\mathrm{T}} = \mathbf{0} \tag{9.24}$$

式中，$\mathbf{0}$ 为 r 位长的零矢量。

若用 $\boldsymbol{h}_i(i=n-1,n-2,\cdots,1,0)$ 表示 $\boldsymbol{H}$ 矩阵中的列矢量，则 $\boldsymbol{H}$ 可以简写成

$$\boldsymbol{H} = [\boldsymbol{h}_{n-1}\boldsymbol{h}_{n-2}\cdots\boldsymbol{h}_1\boldsymbol{h}_0]$$

得式(9.24)为

$$c_{n-1}\boldsymbol{h}_{n-1}+c_{n-1}\boldsymbol{h}_{n-2}+\cdots+c_1\boldsymbol{h}_1+c_0\boldsymbol{h}_0=\mathbf{0} \tag{9.25}$$

比较式(9.25)和式(9.16)可知，$\boldsymbol{H}$ 矩阵的每一行是线性方程组中一个方程的系数，由它来确定每一个校验元。因此，$\boldsymbol{H}$ 中每行必须是线性无关的，而且必定有 $r=n-k$ 行。

2. 线性分组码的生成矩阵

【例 9.2】(例 9.1 续)　在表 9.1 的(7,3)线性分组码中，信息组 $\boldsymbol{m}=(m_2m_1m_0)$，取 $c_6=m_2$，

$c_5=m_1, c_4=m_0$，由式(9.18)可得

$$\begin{cases} c_3=m_2 \quad\quad +m_0 \\ c_2=m_2+m_1+m_0 \\ c_1=m_2+m_1 \\ c_0= \quad\quad m_1+m_0 \end{cases} \tag{9.26}$$

由此得(7,3)分组码的码字 $\boldsymbol{C}=(m_2\ m_1\ m_0\ m_2+m_0\ m_2+m_1+m_0\ m_2+m_1\ m_1+m_0)$

即

$$\begin{cases} c_6=m_2 \\ c_5=m_1 \\ c_4=m_0 \\ c_3=m_2 \quad\quad +m_0 \\ c_2=m_2+m_1+m_0 \\ c_1=m_2+m_1 \\ c_0= \quad\quad m_1+m_0 \end{cases} \tag{9.27}$$

将上式写成矩阵形式

$$\begin{bmatrix} c_6 \\ c_5 \\ c_4 \\ c_3 \\ c_2 \\ c_1 \\ c_0 \end{bmatrix} = \begin{bmatrix} 1 & 0 & 0 \\ 0 & 1 & 0 \\ 0 & 0 & 1 \\ 1 & 0 & 1 \\ 1 & 1 & 1 \\ 1 & 1 & 0 \\ 0 & 1 & 1 \end{bmatrix} \begin{bmatrix} m_2 \\ m_1 \\ m_0 \end{bmatrix} \tag{9.28}$$

或

$$(c_6\ c_5\ c_4\ c_3\ c_2\ c_1\ c_0)=(m_2\ m_1\ m_0)\begin{bmatrix} 1 & 0 & 0 & 1 & 1 & 1 & 0 \\ 0 & 1 & 0 & 0 & 1 & 1 & 1 \\ 0 & 0 & 1 & 1 & 1 & 0 & 1 \end{bmatrix} \tag{9.29}$$

令式(9.29)中矩阵为

$$\boldsymbol{G}_1=\begin{bmatrix} 1 & 0 & 0 & 1 & 1 & 1 & 0 \\ 0 & 1 & 0 & 0 & 1 & 1 & 1 \\ 0 & 0 & 1 & 1 & 1 & 0 & 1 \end{bmatrix} \quad (3\times 7\ \text{阶矩阵}) \tag{9.30}$$

称 $\boldsymbol{G}_1$ 为(7,3)分组码的**生成矩阵**。比较式(9.30)中矩阵的行矢量和表 9.1 中码字可得，矩阵 $\boldsymbol{G}_1$ 中的每一行矢量是(7,3)码的一个码字。所有码字(8 个码字)可由 $\boldsymbol{G}_1$ 中的行矢量线性组合获得，也就是(7,3)码中所有码由这三个码字线性组合获得。因此，这三个码字是线性无关的或称线性独立的(即这三个码字在 GF(2)域上的运算下线性组合不为零矢量)。

对于一般线性分组码(n,k)，设有一组 k 个线性独立的码字为

$$\begin{aligned} \boldsymbol{C}_1&=(g_{1n-1}g_{1n-2}\cdots g_{11}g_{10})=\boldsymbol{g}_1 \\ \boldsymbol{C}_2&=(g_{2n-1}g_{2n-2}\cdots g_{21}g_{20})=\boldsymbol{g}_2 \\ &\vdots \\ \boldsymbol{C}_k&=(g_{kn-1}g_{kn-2}\cdots g_{k1}g_{k0})=\boldsymbol{g}_k \end{aligned}$$

由这一组线性独立的码字以行形式写成的矩阵称为线性分组码的**生成矩阵 $\boldsymbol{G}$**(为 $k\times n$ 阶矩阵)

$$G = \begin{bmatrix} \boldsymbol{g}_1 \\ \boldsymbol{g}_2 \\ \vdots \\ \boldsymbol{g}_k \end{bmatrix} = \begin{bmatrix} g_{1n-1} & g_{1n-2} & \cdots & g_{11} & g_{10} \\ g_{2n-1} & g_{2n-2} & \cdots & g_{21} & g_{20} \\ \vdots & \vdots & & \vdots & \vdots \\ g_{kn-1} & g_{kn-2} & \cdots & g_{k1} & g_{k0} \end{bmatrix} \quad (9.31)$$

其满足 $\quad C_i = \boldsymbol{m}_i \cdot \boldsymbol{G} \quad C_i \in (n,k)$ 码 $\quad (i=1,2,\cdots,2^k) \quad (9.32)$

式中,$\boldsymbol{m}_i$ 是 k 个信息元组成的信息序列,二元码时共有 2^k 个不同的信息序列。可见,线性分组码的任何码字都是生成矩阵 $\boldsymbol{G}$ 中 k 个行矢量的线性组合。(在近世代数理论中,由 2^k 个码字可组成一个 n 重 k 维子空间,这 k 个独立码字(矢量)称为**基底**或**基**。也就是可用一组基张成一个 n 重 k 维子空间。)

因为 $\boldsymbol{G}$ 中每一行及其线性组合都是码字,所以由式(9.23)和式(9.24)可得,线性分组码 C 的生成矩阵和一致校验矩阵满足

$$\boldsymbol{H} \cdot \boldsymbol{G}^{\mathrm{T}} = \boldsymbol{0}^{\mathrm{T}} \quad (9.33)$$

或 $\quad\quad\quad\quad\quad\quad\quad\quad \boldsymbol{G} \cdot \boldsymbol{H}^{\mathrm{T}} = \boldsymbol{0} \quad\quad\quad\quad\quad\quad\quad\quad (9.34)$

式(9.33)和式(9.34)中 $\boldsymbol{0}$ 是 $k \times (n-k)$ 阶的零矩阵。注意,它与式(9.23)和式(9.24)中的零矢量的不同。

从以上分析得,**线性分组码 (n,k) 的所有码字可由其生成矩阵或一致校验矩阵求得**。当已知生成矩阵或一致校验矩阵中任意一个,就可求得另一个矩阵。

一般情况下,码字中的信息元不是像例9.1所示,总是出现在码字的前面 k 位上。若信息元以不变形式出现在各码字 C 的任意 k 位上,则称此码 C 为**系统码**,否则为**非系统码**。若生成矩阵能把信息元保留在各码字的最左边 k 位上,如例9.1,即 $C = (m_{k-1}m_{k-2}\cdots m_0 c_{n-k-1}\cdots,c_1,c_0)$,此系统码的生成矩阵 $\boldsymbol{G}$ 称为**标准生成矩阵**,可写成 $\boldsymbol{G} = [\boldsymbol{I}_k \ \boldsymbol{P}]$,其中 $\boldsymbol{I}_k$ 为 $k \times k$ 阶单位方阵,$\boldsymbol{P}$ 为 $k \times (n-k)$ 阶矩阵。这是常用的系统码之一。

对于这种系统码,根据式(9.33)可得其标准生成矩阵与标准一致校验矩阵满足

$$\boldsymbol{G} = [\boldsymbol{I}_k \ | \ \boldsymbol{P}_{k \times (n-k)}], \quad \boldsymbol{H} = [\boldsymbol{P}^{\mathrm{T}}_{k \times (n-k)} \ | \ \boldsymbol{I}_{n-k}] \quad (9.35)$$

而且很快地可由 $\boldsymbol{G}$ 求得 $\boldsymbol{H}$,反之亦然。

例如表9.1中的(7,3)码其生成矩阵为式(9.30),一致校验矩阵为式(9.21),它们满足式(9.35)。所以,它们就是(7,3)线性分组码的标准生成矩阵及标准一致校验矩阵。

$$G_1 = \begin{bmatrix} 1 & 0 & 0 & | & 1 & 1 & 1 & 0 \\ 0 & 1 & 0 & | & 0 & 1 & 1 & 1 \\ 0 & 0 & 1 & | & 1 & 1 & 0 & 1 \end{bmatrix} \Big\} k=3, \quad H_1 = \begin{bmatrix} 1 & 0 & 1 & | & 1 & 0 & 0 & 0 \\ 1 & 1 & 1 & | & 0 & 1 & 0 & 0 \\ 1 & 1 & 0 & | & 0 & 0 & 1 & 0 \\ 0 & 1 & 1 & | & 0 & 0 & 0 & 1 \end{bmatrix} \Big\} n-k=4$$

$$\underbrace{\quad\quad}_{k=3 \atop \boldsymbol{I}_3} \underbrace{\quad\quad\quad}_{n-k=4 \atop \boldsymbol{P}_{3 \times 4}} \quad\quad\quad\quad \underbrace{\quad\quad}_{k=3 \atop \boldsymbol{P}^{\mathrm{T}}_{3 \times 4}} \underbrace{\quad\quad\quad}_{n-k=4 \atop \boldsymbol{I}_4}$$

对于某 (n,k) 线性分组码 C,在 2^k 个码字中 k 个独立码字组不止一种。对于同一码,当选取不同的 k 个独立码字组构成的生成矩阵 $\boldsymbol{G}$ 也可不同。(在近世代数理论中,一个 n 重 k 维子空间可用不同的基底组来张成。由于选用了不同的基底组,则 $\boldsymbol{G}$ 也不同。)但经过若干次矩阵的初等变换后,都可变成其等价的标准生成矩阵式。

【**例9.3**】 二元(7,3)码,若生成矩阵为

$$G_2 = \begin{bmatrix} 1 & 0 & 0 & 1 & 1 & 1 & 0 \\ 1 & 0 & 1 & 0 & 0 & 1 & 1 \\ 1 & 1 & 1 & 0 & 1 & 0 & 0 \end{bmatrix} \quad (9.36)$$

则根据式(9.32)可得由 G_2 生成的(7,3)码如表 9.2 所示。

表 9.2　G_2 生成的(7,3)码

信息组	000	001	010	011	100	101	110	111
码字	0000000	1110100	1010011	0100111	1001110	0111010	0011101	1101001

比较表 9.2 与表 9.1,它们的码字集合完全相同,只是选取了不同的一组独立码字作为生成矩阵 G_2。进一步,可将 G_2 经过若干次初等变换,得其标准生成矩阵 $\widetilde{G}_2$

$$G_2=\begin{bmatrix}1&0&0&1&1&1&0\\1&0&1&0&0&1&1\\1&1&1&0&1&0&0\end{bmatrix}\xrightarrow[\text{第①行和第②行相加放入第③行}]{\text{第②行和第③行相加放入第②行}}\begin{bmatrix}1&0&0&1&1&1&0\\0&1&0&0&1&1&1\\0&0&1&1&1&0&1\end{bmatrix}$$

$$=\widetilde{G}_2=[I_3 \mid P_{3\times4}]$$

可见,$\widetilde{G}_2$ 与式(9.30)的 G_1 完全一致。由 $\widetilde{G}_2$ 生成的(7,3)码是系统码如表 9.1 所示。因此,G_2 和 G_1 是等价的。虽然 G_2 和 G_1 是等价的,生成完全相同的码字集合(7,3)码,但它们仍有不同。不同的是,G_1 生成的(7,3)码是系统码,而 G_2 生成的(7,3)码不是系统码,信息位不保持在码字的前 3 位。如当 $m=(010)$ 时,由 G_2 生成的码字为(1010011),而由 G_1 生成的码字为(0100111)。对于这个二元(7,3)码,一般采用它的标准生成矩阵 $G_1=\widetilde{G}_2$。

若另一个(7,3)码,它的标准生成矩阵为

$$G_3=\begin{bmatrix}1&0&0&1&0&1&1\\0&1&0&0&1&1&1\\0&0&1&1&1&1&0\end{bmatrix}\tag{9.37}$$

得(7,3)系统码如表 9.3 所示。

表 9.3　G_3 生成的(7,3)码

信息组	000	001	010	011	100	101	110	111
码字	0000000	0011110	0100111	0111001	1001011	1010101	1101100	1110010

可见,G_3 和 $\widetilde{G}_2(=G_1)$ 虽都是标准生成矩阵,但它们不同,生成的(7,3)系统码就不同(见表 9.1 与表 9.3)。这是因为 $n=7$ 位长的二元序列共有 $2^7=128$ 个,而在其中选取 $2^3=8$ 个作为一组许用码字,将有许多种选取方法。也就是 G_3 和 $\widetilde{G}_2$ 生成的(7,3)系统码是在这 128 个二元序列中选取了不同的二元序列组作为许用码字。

3. 线性分组码的 H 与纠错能力的关系

综上所述,(n,k) 线性分组码有如下重要的性质:

(1) (n,k) 线性分组码由其生成矩阵 G 或校验矩阵 H 确定。

它们满足　　$G\cdot H^{\mathrm{T}}=\mathbf{0}$　　或 $H\cdot G^{\mathrm{T}}=\mathbf{0}^{\mathrm{T}}$

式中,$\mathbf{0}$ 为 $k\times(n-k)$ 阶零矩阵。

(2) 封闭性。

(n,k) 码中任意两个许用码字之和(逐位模二加运算)仍为许用码字;即若 $C_i,C_j\in(n,k)$,则 $C_i+C_j=C_k\in(n,k)$。

证明:若 C_i 和 C_j 为许用码字,由式(9.24)可得

$$C_i\cdot H^{\mathrm{T}}=\mathbf{0};\qquad C_j\cdot H^{\mathrm{T}}=\mathbf{0}$$

两式相加,并令 $C_i+C_j=C_k$,得

$$C_i\cdot H^{\mathrm{T}}+C_j\cdot H^{\mathrm{T}}=(C_i+C_j)\cdot H^{\mathrm{T}}=0$$

所以 $\boldsymbol{C}_k \cdot \boldsymbol{H}^{\mathrm{T}}=\boldsymbol{0}$,得 $\boldsymbol{C}_k$ 为许用码字。

(3) 含有零码字。

n 位长的零矢量$(\overbrace{0\ 0\ \cdots 0}^{n})$为$(n,k)$线性分组码的许用码字。

(4) 所有许用码字可由其中一组 k 个独立码字线性组合而成。

常称这组 k 个独立码字为基底。在 2^k 个许用码字中,k 个独立许用码字(基底)不止只有一组。由这 k 个独立许用码字以行矢量排列可得(n,k)线性分组码的生成矩阵 $\boldsymbol{G}$。同一(n,k)线性分组码可由不同的基底生成,虽然不同的基底构成的生成矩阵 $\boldsymbol{G}$ 有所不同,但它们是完全等价的。

(以上 4 条性质是由二元域 GF(2)上线性空间的 n 重 k 维子空间的性质决定的。)

(5) 码的最小距离等于非零码的最小重量。

即
$$d_{\min}=\min W(\boldsymbol{C}_i) \qquad \boldsymbol{C}_i \in (n,k),\boldsymbol{C}_i \neq \boldsymbol{0} \tag{9.38}$$

因为对于二元分组码有
$$\begin{aligned} d_{\min} &=\min\{D(\boldsymbol{C}_i,\boldsymbol{C}_j) \qquad \boldsymbol{C}_i \neq \boldsymbol{C}_j, \quad \boldsymbol{C}_i,\boldsymbol{C}_j \in (n,k)\} \\ &=\min\{W(\boldsymbol{C}_i+\boldsymbol{C}_j) \qquad \boldsymbol{C}_i \neq \boldsymbol{C}_j, \quad \boldsymbol{C}_i,\boldsymbol{C}_j \in (n,k)\} \end{aligned}$$

由于封闭性,可得
$$d_{\min}=\min\{W(\boldsymbol{C}_k) \qquad \boldsymbol{C}_k \neq \boldsymbol{0},\boldsymbol{C}_k \in (n,k)\}$$

由 9.2.2 节中已知,线性分组码的纠错能力与码的最小距离 $d_{\min}$ 有关,其纠错能力由式(9.12))~式(9.14)决定。因此,$d_{\min}$ 是线性分组码的一个重要参数(有时直接简写为 d),经常用(n,k,d)来表示最小距离为 d 的线性分组码。

那么,如何构造一个最小距离为 d 的(n,k)线性分组码呢?从下面定理可以得到 d 与(n,k)码的一致校验矩阵 $\boldsymbol{H}$ 的性质是密切相关的。

定理 9.2 设(n,k)线性分组码 C 的校验矩阵为 $\boldsymbol{H}$,则码的最小距离为 d 的充要条件是 $\boldsymbol{H}$ 中任意 $d-1$ 个列矢量线性无关,且有 d 个列矢量线性相关。

证明参阅参考书目[15]。

定理 9.3 (n,k)线性分组码的最小距离限为
$$d_{\min} \leqslant n-k-1 \tag{9.39}$$

又称其为**最小距离 d 的辛莱顿(Singleton)限**。

由于码(n,k)的校验矩阵 $\boldsymbol{H}$ 是$(n-k)\times n$ 矩阵,且其秩为 $n-k$,故 $\boldsymbol{H}$ 的任何 $n-k$ 列的列矢量是线性无关的,且一定有 $n-k+1$ 列的列矢量线性相关,由定理 9.2 可知必有 $d_{\min} \leqslant n-k+1$。

若某一个码 C 的最小距离是 $n-k+1$,则称该(n,k)线性码为**极大最小距离码**,简称为 **MDC 码**(Maximized Distance Code)。在(n,k)码中,MDC 码有最大的检错能力。但在二元码中,只有$(n,1)$重复码是 MDC 码,其他码皆不是 MDC 码。在非二元码中,MDC 码存在,如里德-所洛蒙码就是 MDC 码。

定理 9.2 给我们指出了构造最小距离为 d 的线性分组码的思路。由定理可知,若所有列矢量相同,而其排列位置不同的 $\boldsymbol{H}$ 矩阵所对应的(n,k)码,都有相同的最小距离,则它们在纠错能力和码率上是完全等价的。对于分组码来说,系统码和非系统码的纠错能力是相同的。由于系统码的编、译码较非系统码简单,且 $\boldsymbol{G}$ 和 $\boldsymbol{H}$ 可以方便地互求,因此一般只讨论系统码。

【例 9.4】 在例 9.1 和例 9.2 中(7,3)分组码(见表 9.1)的标准生成矩阵为 $\boldsymbol{G}_1(=\widetilde{\boldsymbol{G}}_2)$(见式(9.30)),它们的标准一致校验矩阵为式(9.21),即

$$\boldsymbol{H}_1=\begin{bmatrix} 1 & 0 & 1 & 1 & 0 & 0 & 0 \\ 1 & 1 & 1 & 0 & 1 & 0 & 0 \\ 1 & 1 & 0 & 0 & 0 & 1 & 0 \\ 0 & 1 & 1 & 0 & 0 & 0 & 1 \end{bmatrix}=[\boldsymbol{P}_{3\times 4}^{\mathrm{T}} \,\vdots\, \boldsymbol{I}_4]$$

从 $\boldsymbol{H}_1$ 立刻看到,任何三列相加均非零,即 3 列线性无关,而最少的相关列数为 4。(如从右向左数第 0、1、2 和 5 列之和为零,这 4 列线性相关。)由此得出 $d_{\min}=4$,另从表 9.1 的码字中也可根据式

(9.38)计算出 $d_{\min}=4$,所以 $\boldsymbol{G}_1$ 或 $\boldsymbol{H}_1$ 生成的是(7,3,4)码。

在例 9.3 中 G_2 生成的(7,3)码是非系统码。根据式(9.32)和 $\boldsymbol{G}_2$ 可得

$$(m_2\ m_1\ m_0)\begin{bmatrix}1&0&0&1&1&1&0\\1&0&1&0&0&1&1\\1&1&1&0&1&0&0\end{bmatrix}=(c_6\ c_5\ c_4\ c_3\ c_2\ c_1\ c_0)$$

$$\begin{cases}c_6=m_2+m_1+m_0\\c_5=\qquad\qquad m_0\\c_4=\qquad m_1+m_0\\c_3=m_2\\c_2=m_2\qquad\quad +m_0\\c_1=m_2+m_1\\c_0=\qquad m_1\end{cases}$$

从上式可知,现在 $c_5=m_0, c_3=m_2, c_0=m_1$,重新改写上式得一致校验方程

$$\begin{cases}c_6+c_5+\quad +c_3\qquad\quad +c_0=0\\ \quad c_5+c_4+\qquad\qquad\quad +c_0=0\\ \quad c_5+\quad c_3+c_2\qquad\quad =0\\ \qquad\qquad c_3\quad +c_1+c_0=0\end{cases}$$

由此得满足式(9.33)的与 $\boldsymbol{G}_2$ 对应的校验矩阵 $\boldsymbol{H}_2$ 为

$$\boldsymbol{H}_2=\begin{bmatrix}1&1&0&1&0&0&1\\0&1&1&0&0&0&1\\0&1&0&1&1&0&0\\0&0&0&1&0&1&1\end{bmatrix}\tag{9.40}$$

比较式(9.21)和式(9.40),$\boldsymbol{H}_2$ 与 $\boldsymbol{H}_1$ 中列矢量不完全相同。但 $\boldsymbol{H}_2$ 中仍是任何三列相加均非零,而最少的相关列数为 4,所以 $\boldsymbol{G}_2$ 和 $\boldsymbol{H}_2$ 生成的也是(7,3,4)码,其纠错能力、码率和所有码字与 $\boldsymbol{G}_1$ 和 $\boldsymbol{H}_1$ 生成的(7,3,4)码完全相同,所以说 $\boldsymbol{G}_2$ 与 $\boldsymbol{G}_1$ 是等价的。

另外,可得由 $\boldsymbol{G}_3$(式(9.37))生成的(7,3)码(见表 9.3),它的标准一致校验矩阵为

$$\boldsymbol{H}_3=\begin{bmatrix}1&0&1&1&0&0&0\\0&1&1&0&1&0&0\\1&1&1&0&0&1&0\\1&1&0&0&0&0&1\end{bmatrix}\tag{9.41}$$

在 $\boldsymbol{H}_3$ 中最小的相关列的列数仍为 4,所以此码最小距离仍为 4。虽然表 9.3 和表 9.1 中的两个(7,3)线性码的码字完全不同,但其纠错性能是相同的。因此从纠错性能而言,它们也是等价的。

若由 $\boldsymbol{G}_{k\times n}$ 生成(n,k)线性码,则将其 $\boldsymbol{H}_{(n-k)\times n}$ 作为生成矩阵可生成$(n,n-k)$线性码,此两码互为**对偶码**。因为满足 $\boldsymbol{G}\cdot\boldsymbol{H}^{\mathrm{T}}=\boldsymbol{0}$,所以$(n,k)$码与对偶码$(n,n-k)$码的基底是两两正交的。

如表 9.1 所示的(7,3,4)码,它由 $\boldsymbol{G}_1$(式(9.30))生成,而 $\boldsymbol{G}_1$ 所得的校验矩阵为 $\boldsymbol{H}_1$(式(9.21)),则将 $\boldsymbol{H}_1$ 作为生成矩阵可生成(7,4,3)码。(7,4,3)码与(7,3,4)码互为对偶码。(7,4,3)码共有 16 个码字,此码的校验矩阵就是 $\boldsymbol{G}_1$。观察 $\boldsymbol{G}_1$ 的列矢量,其最小相关列的列数为 3,得对偶码 $C^{\perp}$ 的最小距离等于 3。

9.3.2 伴随式及标准阵列译码

1. 线性码的纠错与伴随式

本节讨论线性码是如何应用一致校验方程来发现差错的。

设(n,k)线性分组码发送许用码字 $\boldsymbol{C}=(c_{n-1}c_{n-2}\cdots c_1c_0)$，经信道传输后，接收序列是 $\boldsymbol{R}=(r_{n-1}r_{n-2}\cdots r_1r_0)$，错误图样为 $\boldsymbol{E}=(e_{n-1}e_{n-2}\cdots e_1e_0)$。由于许用码字 $\boldsymbol{C}$ 满足式(9.23)或式(9.24)，那么接收到序列 $\boldsymbol{R}$ 后，也可以用一致校验方程来判断 $\boldsymbol{R}$ 是否是许用码字，

$$\boldsymbol{R}\cdot\boldsymbol{H}^{\mathrm{T}}\overset{?}{=}\boldsymbol{0}\qquad 或\ \boldsymbol{H}\cdot\boldsymbol{R}^{\mathrm{T}}\overset{?}{=}\boldsymbol{0}^{\mathrm{T}}$$

已知 $\boldsymbol{R}=\boldsymbol{C}+\boldsymbol{E}$（当 $\boldsymbol{E}$ 为全零矢量时 $\boldsymbol{R}$ 为发送的许用码字 $\boldsymbol{C}$），则有

$$\boldsymbol{R}\cdot\boldsymbol{H}^{\mathrm{T}}=(\boldsymbol{C}+\boldsymbol{E})\cdot\boldsymbol{H}^{\mathrm{T}}=\boldsymbol{C}\cdot\boldsymbol{H}^{\mathrm{T}}+\boldsymbol{E}\cdot\boldsymbol{H}^{\mathrm{T}}=\boldsymbol{0}+\boldsymbol{E}\cdot\boldsymbol{H}^{\mathrm{T}}=\boldsymbol{E}\cdot\boldsymbol{H}^{\mathrm{T}} \tag{9.42}$$

或
$$\boldsymbol{H}\cdot\boldsymbol{R}^{\mathrm{T}}=\boldsymbol{H}\cdot(\boldsymbol{C}+\boldsymbol{E})^{\mathrm{T}}=\boldsymbol{H}\cdot\boldsymbol{C}^{\mathrm{T}}+\boldsymbol{H}\cdot\boldsymbol{E}^{\mathrm{T}}=\boldsymbol{0}^{\mathrm{T}}+\boldsymbol{H}\cdot\boldsymbol{E}^{\mathrm{T}}=\boldsymbol{H}\cdot\boldsymbol{E}^{\mathrm{T}} \tag{9.43}$$

令
$$\boldsymbol{S}=\boldsymbol{E}\cdot\boldsymbol{H}^{\mathrm{T}}\quad 或\quad \boldsymbol{S}^{\mathrm{T}}=\boldsymbol{H}\cdot\boldsymbol{E}^{\mathrm{T}} \tag{9.44}$$

$\boldsymbol{S}$ 为$(n-k)=r$长的矢量。若 $\boldsymbol{R}$ 无错，$\boldsymbol{E}=\boldsymbol{0}$（$n$ 长的零矢量），则 $\boldsymbol{S}=\boldsymbol{0}$（$r$ 长的零矢量）。若$\boldsymbol{R}\neq\boldsymbol{C}$则 $\boldsymbol{E}\neq\boldsymbol{0}$，$\boldsymbol{S}\neq\boldsymbol{0}$。这表明 $\boldsymbol{S}$ 与发送的许用码字无关，仅与 $\boldsymbol{E}$ 有关，它只含有关错误图样的信息。故称 $\boldsymbol{S}$ 为 $\boldsymbol{R}$ 的**伴随式**（或**校正子**）。每个错误图样都有其相应的伴随式，只要不同的错误图样对应的是不同的伴随式，就可根据伴随式判断出所发生的错误图样 $\boldsymbol{E}$，使差错得到检测和纠正。

【例 9.5】 表 9.1 给出的(7,3)线性分组码，已知该码的一致校验矩阵为

$$\boldsymbol{H}_1=\begin{bmatrix}1&0&1&1&0&0&0\\1&1&1&0&1&0&0\\1&1&0&0&0&1&0\\0&1&1&0&0&0&1\end{bmatrix}$$

① 若传送时没有发生差错 $\boldsymbol{E}_0=(0000000)$，计算得 $\boldsymbol{S}_0=(0000)$

② 若传输时发生一位码元差错，设 $\boldsymbol{E}_1=(1000000)$，计算得

$$\boldsymbol{S}_1=\boldsymbol{E}_1\cdot\boldsymbol{H}_1=(1110)\quad 或\ \boldsymbol{S}_1^{\mathrm{T}}=\begin{bmatrix}1\\1\\1\\0\end{bmatrix}$$

若传送的码字分别为 $\boldsymbol{C}_1=(0100111)$和 $\boldsymbol{C}_2=(1101001)$，都发生了 $\boldsymbol{E}_1=(1000000)$的错误，接收序列为 $\boldsymbol{R}_1=(1100111)$和 $\boldsymbol{R}_2=(0101001)$，可得 $\boldsymbol{S}_1=\boldsymbol{R}_1\cdot\boldsymbol{H}^{\mathrm{T}}=(1110)$，$\boldsymbol{S}_2=\boldsymbol{R}_2\cdot\boldsymbol{H}^{\mathrm{T}}=(1110)$，即

$$\boldsymbol{S}_1=\boldsymbol{S}_2$$

可见，伴随式与发送码字无关，仅与错误图样有关。

若发生一位码元差错的错误图样 $\boldsymbol{E}_3=(0010000)$，计算得 $\boldsymbol{S}_3=\boldsymbol{E}_3\cdot\boldsymbol{H}^{\mathrm{T}}=(1101)$

可见，当发生了 $\boldsymbol{E}_1$ 错误时 $\boldsymbol{S}_1$ 是 $\boldsymbol{H}_1$ 中第 1 列的列矢量；当发生了 $\boldsymbol{E}_3$ 错误时 $\boldsymbol{S}_3$ 是 $\boldsymbol{H}_1$ 中第 3 列的列矢量。依次类推，当发生一位差错在第 i 位上时，其伴随式 $\boldsymbol{S}_i$ 正好是 $\boldsymbol{H}_1$ 中第 i 列的列矢量。当发生一位错误时（$W(\boldsymbol{E})=1$），共有 $n=7$ 种不同的错误图样，其伴随式正好对应于 $\boldsymbol{H}_1$ 中不同的 7 列。而且这 7 列的列矢量都不相同，则可由伴随式判断出在传输中发生了什么样的一位码元差错，使差错得以纠正。如计算得 $\boldsymbol{S}=(0010)$，它是 $\boldsymbol{H}_1$ 中的第 6 列矢量，所以可认为 $\boldsymbol{E}=(0000010)$。

③ 若传送时发生二位码元差错，设 $\boldsymbol{E}=(1010000)$，因为 $\boldsymbol{E}=(1010000)=(1000000)+(0010000)=\boldsymbol{E}_1+\boldsymbol{E}_3$，可得

$$\boldsymbol{S}^{\mathrm{T}}=\boldsymbol{H}_1\cdot(\boldsymbol{E}_1+\boldsymbol{E}_3)^{\mathrm{T}}=\boldsymbol{H}_1\cdot\boldsymbol{E}_1^{\mathrm{T}}+\boldsymbol{H}_1\cdot\boldsymbol{E}_3^{\mathrm{T}}=\boldsymbol{S}_1^{\mathrm{T}}+\boldsymbol{S}_3^{\mathrm{T}}$$

$$=\begin{bmatrix}1\\1\\1\\0\end{bmatrix}+\begin{bmatrix}1\\1\\0\\1\end{bmatrix}=\begin{bmatrix}0\\0\\1\\1\end{bmatrix}$$

首先伴随式不为零，说明传送的码字发生了差错。其次伴随式又不同于 $\boldsymbol{H}_1$ 中任一列矢量，说明发生了不止一位码元差错。因为伴随式 $\boldsymbol{S}$ 是 $\boldsymbol{H}_1$ 中对应的二列矢量之和，所以可能发生了第一位和第三位二位码元差错。若 $\boldsymbol{E}=(0100100)$ 或 $\boldsymbol{E}=(0000011)$，它们的伴随式仍是

$$\boldsymbol{S}^{\mathrm{T}}=\begin{bmatrix}0\\0\\1\\1\end{bmatrix}$$

这些发生二位码元错误的错误图样虽然不同，但所对应的伴随式却完全相同，因此无法判定到底是哪两位发生了差错，也就无法纠正发生二位码元的随机差错。虽无法纠正发生二位的差错，但能检测出是传递过程中发生了二位差错。

④ 若传送时发生了三个码元的差错，设 $\boldsymbol{E}=(0110100)$，则得

$$\boldsymbol{S}^{\mathrm{T}}=\begin{bmatrix}0\\1\\1\\1\end{bmatrix}+\begin{bmatrix}1\\1\\0\\1\end{bmatrix}+\begin{bmatrix}0\\1\\0\\0\end{bmatrix}=\begin{bmatrix}1\\1\\1\\0\end{bmatrix}$$

可见 $\boldsymbol{S}\neq\boldsymbol{0}$。这是因为矩阵 $\boldsymbol{H}_1$ 中任意小于或等于 3 列线性无关，而最少 4 列就线性相关了。因此，任意 3 列之和就可能等于 $\boldsymbol{H}_1$ 中某一列，现 $\boldsymbol{E}=(0110100)$ 的伴随式 $\boldsymbol{S}$ 同于 $\boldsymbol{E}_1=(1000000)$ 的伴随式 $\boldsymbol{S}_1$。当此(7,3)线性码用于纠正一位差错时，就无法再检测出发生三位差错的错误。若此(7,3)线性码只用于检测差错，则就可以检测出任意小于或等于 3 位差错的错误。

综上分析可知，它是完全满足定理 9.1 的。表 9.1 的(7,3)线性码的最小距离为 $d_{\min}=4$。故(7,3,4)线性码只能纠正单个错误同时可检测出 2 个错误($d_{\min}=1+2+1$)；或者用于只检测(发现)小于等于 3 个错误($d_{\min}=3+1$)。

通过例 9.5 的分析，就能易于理解一般(n,k)线性分组的纠错、伴随式、错误图样和校验矩阵之间的关系。

设(n,k,d)线性码的校验矩阵 $\boldsymbol{H}=[\boldsymbol{h}_{n-1}\boldsymbol{h}_{n-2}\cdots\boldsymbol{h}_1\boldsymbol{h}_0]$，得

$$\boldsymbol{S}^{\mathrm{T}}=\boldsymbol{H}\cdot\boldsymbol{E}^{\mathrm{T}}=[\boldsymbol{h}_{n-1}\boldsymbol{h}_{n-2}\cdots\boldsymbol{h}_1\boldsymbol{h}_0]\cdot\begin{bmatrix}e_{n-1}\\e_{n-2}\\\vdots\\e_1\\e_0\end{bmatrix}$$

$$=\boldsymbol{h}_{n-1}\cdot e_{n-1}+\boldsymbol{h}_{n-2}\cdot e_{n-2}+\cdots+\boldsymbol{h}_1\cdot e_1+\boldsymbol{h}_0\cdot e_0 \tag{9.45}$$

或

$$\boldsymbol{S}=e_{n-1}\cdot\boldsymbol{h}_{n-1}^{\mathrm{T}}+e_{n-2}\cdot\boldsymbol{h}_{n-2}^{\mathrm{T}}+\cdots+e_1\cdot\boldsymbol{h}_1^{\mathrm{T}}+e_0\cdot\boldsymbol{h}_0^{\mathrm{T}} \tag{9.46}$$

在二元码情况下，$e_i(i=n-1,\cdots,1,0)\in[0,1]$，若码字传送时发生第 i 位差错，则 $e_i=1$，其余$e_j=0$，得

$$\boldsymbol{S}^{\mathrm{T}}=\boldsymbol{h}_i \qquad 或\ \boldsymbol{S}=\boldsymbol{h}_i^{\mathrm{T}}$$

伴随式恰是 H 的第 i 列。若接收序列的第 i 和第 j 位出错，则 $e_i=e_j=1$，其余 $e_k=0$，得

$$\boldsymbol{S}^{\mathrm{T}}=\boldsymbol{h}_i+\boldsymbol{h}_j \qquad 或\ \boldsymbol{S}=\boldsymbol{h}_i^{\mathrm{T}}+\boldsymbol{h}_j^{\mathrm{T}}$$

伴随式 $\boldsymbol{S}$ 是 $\boldsymbol{H}$ 的两列矢量和。依次类推，可得发生若干位差错的伴随式是 $\boldsymbol{H}$ 中对应的若干列矢量

之和。这使错误图样、伴随式与校验矩阵联系起来。

由此归纳得伴随式有以下几个结论。

(1) 伴随式仅与错误图样有关,而与发送的具体码字无关,即伴随式仅由错误图样决定。

(2) 若 $\boldsymbol{S}=0$,则判断没有错误发生,若 $\boldsymbol{S}\neq 0$ 则判断有错误发生。但如果码字发生错误码元数超过了线性分组码本身的检错能力,也就不能从伴随式检测出错误。

(3) 伴随式是校验矩阵 $\boldsymbol{H}$ 中与错误码元相对应的各列矢量之和。如果发生一位差错,则伴随式就是 $\boldsymbol{H}$ 矩阵中与错误码元位置对应的那一列。但不同的错误图样可能具有相同的伴随式(由校验矩阵 $\boldsymbol{H}$ 确定)。因此,当线性分组码的 $\boldsymbol{H}$ 给定后,可以确定什么错误图样对应的伴随式能纠正或检测(发现)发生的差错,什么差错不能检测和纠正。

2. 标准阵列译码和译码表

从例 9.5 已知,当错误图样 $\boldsymbol{E}$ 不同时,有可能对应的是相同的伴随式。这是因为信道译码器收到接收序列 $\boldsymbol{R}$ 后,由式(9.42)或式(9.43)可得

$$\boldsymbol{E}\cdot\boldsymbol{H}^{\mathrm{T}}=\boldsymbol{S}\quad(\text{或}\ \boldsymbol{H}\cdot\boldsymbol{E}^{\mathrm{T}}=\boldsymbol{S}^{\mathrm{T}})\tag{9.47}$$

然后根据式(9.47)求出正确的解 $\boldsymbol{E}$。但式(9.47)中对应的错误图样可以有 2^k 个解。在第 6 章中已经指出,一般采用最大似然译码准则(输入码元等概分布时),其译码错误概率最小,正确译码概率最大。(又由式(9.5)知在 BSC 信道中,重量最小的 $\boldsymbol{E}$,(记为$\hat{\boldsymbol{E}}$)其发生的概率最大),则可得

$$P(\boldsymbol{C}+\hat{\boldsymbol{E}}\mid\boldsymbol{C})=P(\hat{\boldsymbol{E}})>P(\boldsymbol{E})=P(\boldsymbol{C}+\boldsymbol{E}\mid\boldsymbol{C})\qquad \boldsymbol{E}\neq\hat{\boldsymbol{E}}\quad W(\hat{\boldsymbol{E}})=\min W(\boldsymbol{E})\tag{9.48}$$

因此,用伴随式译码时采用最大似然译码准则,选取重量最轻的 $\boldsymbol{E}$ 作为译码的错误图样。由式(6.22)知,这也是采用了最小距离译码准则。

在实际译码中通过解式(9.47)而找出重量最轻的 $\boldsymbol{E}$ 的译码方法是极其烦锁的。一般对于(n,k)线性分组码,将所有 2^n 个 n 长的接收序列划分成 2^k 个互不相交的子集 $D_0,D_1,\cdots,D_{2^k-1}$,并使$\{D_0,D_1,\cdots,D_{2^k-1}\}$与许用码字$\{\boldsymbol{C}_0,\boldsymbol{C}_1,\cdots,\boldsymbol{C}_{2^k-1}\}$按最大似然译码准则一一对应,由此列成表格。若接收序列 $\boldsymbol{R}\in D_i(i=0,1,2,\cdots,2^k-1)$,则译成对应的码字 $\boldsymbol{C}_i(i=0,2,\cdots,2^k-1)$。这样,实际译码只需查表就行了。表格排列按最大似然译码准则(在 BSC 信道中也是最小距离译码准则。),所得译码错误概率将最小。称这个表格为**标准阵列译码表**。

如何排列(n,k)码的标准阵列译码表?

首先将全部 2^k 个码字(许用码字)$\boldsymbol{C}_0,\boldsymbol{C}_1,\cdots,\boldsymbol{C}_{2^k-1}$置于表的第一行,并把零码字 $\boldsymbol{C}_0=(00\cdots00)$ 放在行的首位。然后在其余 2^n-2^k 个禁用码字中选取一个重量最轻的 $\boldsymbol{n}$ 长序列记作 $\boldsymbol{E}_1$,把 $\boldsymbol{E}_1$ 置于零码字下面,作为第二行的首位元素,于是写出全部 $\boldsymbol{E}_1+\boldsymbol{C}_i(i=1,2,\cdots,2^k-1)$,并把 $\boldsymbol{E}_1+\boldsymbol{C}_i$ 置于码字 $\boldsymbol{C}_i$ 的下面即同一列。接着再从剩下的禁用码字中选取一个重量最轻的序列记作 $\boldsymbol{E}_2$,作为第三行的首元素,写出第三行全部元素 $\boldsymbol{E}_2+\boldsymbol{C}_i$,并置于对应的 $\boldsymbol{C}_i$ 之下。依次类推,直到全部禁用码字分完为止。然后,再在表的最前面增加一列,此列中填上各行错误图样对应的伴随式 $\boldsymbol{S}_i$。

表 9.4 是(n,k)线性分组码的标准阵列表。这是一个 2^k 列、2^{n-k}行的阵列,阵列中包含了 2^n 个全部 n 长的序列。

线性分组码的标准阵列具有如下特性:

(1) 表中每一行称为一个**陪集**,该行的首位元素 $\boldsymbol{E}_i(i=0,1,\cdots,2^{n-k}-1)$称为**陪集首**。表中各行元素都不相同。

表中第一行是包含所有 2^k 个许用码字的集合,它是 2^n 个接收序列中的一个子集。从近世代数理论角度,它是一个子群。所以可以以此子群为基础,把 2^n 个元素划分成陪集,而且正好有 2^{n-k} 个陪集。只要各陪集首不同,各陪集一定互不相交。(参阅参考书目[19][22])

表 9.4　标准阵列译码表

$E_0 \Rightarrow S_0$ 伴随式	$E_0+C_0=0+0=0$ 陪集首	$E_0+C_1=C_1$	…	$E_0+C_j=C_j$	…	$E_0+C_{2^k-1}$
$E_1 \Rightarrow S_1$	$E_1+C_0=E_1$	E_1+C_1	…	E_1+C_j	…	$E_1+C_{2^k-1}$
$E_2 \Rightarrow S_2$	$E_2+C_0=E_2$	E_2+C_1	…	E_1+C_j	…	$E_2+C_{2^k-1}$
⋮	⋮	⋮		⋮	⋮	⋮
$E_{2^{n-k}-1} \Rightarrow S_{2^{n-k}-1}$	$E_{2^{n-k}-1}+C_0=E_{2^{n-k}-1}$	$E_{2^{n-k}-1}+C_1$	…	$E_{2^{n-k}-1}+C_j$	…	$E_{2^{n-k}-1}+C_{2^k-1}$

（2）如果把错误图样作为陪集首，则同一陪集中的所有元素都对应相同的伴随式。

同一个陪集中 2^k 个禁用码字都有相同的陪集首，即有相同的错误图样，所以必都对应相同的伴随式。不同陪集有不同的陪集首，也就对应不同的伴随式。

（3）表中各列以各码字为基础将 2^n 个接收序列划分成不相交的列子集 $D_0, D_1, \cdots, D_{2^k-1}$。每个列子集 D_j 对应于同一个许用码字 $\boldsymbol{C}_j$，它是每列子集的**子集首**。

列子集 D_j 各元素是通过同一许用码字 $\boldsymbol{C}_j$ 在信道中发生若干错误得到的。同列中各元素对应的是不同的错误图样。而且列子集 D_j 中各元素与许用码字 $\boldsymbol{C}_j$ 距离最近，即各元素 $\boldsymbol{E}_i+\boldsymbol{C}_j(i=0,1,\cdots,2^{n-k}-1)$ 与许用码字的距离等于错误图样 $\boldsymbol{E}_i$ 的重量 $W(\boldsymbol{E}_i)$。根据建表过程可知，选取的陪集首都是重量为最轻的错误图样。这样列子集 D_j 的划分是满足最大似然译码准则（即最小距离译码准则）的。

(n,k) 线性分组码可以简单方便地用其标准阵列译码表来译码。

最简单的译码方法是在表中查寻接收码字 $\boldsymbol{R}$，并把 $\boldsymbol{R}$ 所在列的子集首 $\boldsymbol{C}_i$ 作为 $\boldsymbol{R}$ 的译码。或者先求出伴随式 $\boldsymbol{S}$，找出 $\boldsymbol{S}$ 所在的行中的 $\boldsymbol{R}$，以 $\boldsymbol{R}$ 所在列的子集首 $\boldsymbol{C}_i$ 作为 $\boldsymbol{R}$ 的译码。当表较大时，二者在搜索时间上是不同的。

【例 9.6】　设(5.2)系统线性码的生成矩阵为

$$\boldsymbol{G}=\begin{bmatrix} 1 & 0 & 1 & 1 & 1 \\ 0 & 1 & 1 & 0 & 1 \end{bmatrix}$$

构造该码的标准阵列译码表。

首先以信息组 $\boldsymbol{m}=(00),(01),(10),(11)$ 分别求出许用码字 $\boldsymbol{C}=\boldsymbol{mG}$，它们是 $\boldsymbol{C}_0=(00000)$，$\boldsymbol{C}_1=(01101)$，$\boldsymbol{C}_2=(10111)$，$\boldsymbol{C}_3=(11010)$。再求出校验矩阵为

$$\boldsymbol{H}=\begin{bmatrix} 1 & 1 & 1 & 0 & 0 \\ 1 & 0 & 0 & 1 & 0 \\ 1 & 1 & 0 & 0 & 1 \end{bmatrix}$$

伴随式有 $2^{n-k}=2^3=8$ 个，标准阵列表应有 8 行。阵列表的第 1 列以重量为 0,1,2,…的顺序安排错误图样，它们的个数分别为 $\begin{pmatrix}5\\0\end{pmatrix}=1$，$\begin{pmatrix}5\\1\end{pmatrix}=5$，$\begin{pmatrix}5\\2\end{pmatrix}=10$，…这样先把 $\boldsymbol{E}_0=(00000)$ 和 5 个重量为 1 的 $\boldsymbol{E}_1$ 到 $\boldsymbol{E}_5$ 作为第 1 列的前 6 行。再根据 $\boldsymbol{S}=\boldsymbol{EH}^{\mathrm{T}}$ 把 $\boldsymbol{E}_0$ 到 $\boldsymbol{E}_5$ 对应的伴随式 $\boldsymbol{S}_0=(000)$ 及 $\boldsymbol{S}_1$ 到 $\boldsymbol{S}_5$ 求出，并把它们按顺序放入第 0 列。

第 1 列（陪集首这列）还余下两个位置，就应放入重量为 2 的错误图样。这个两陪集的陪集首可有两种选法。一种选法是：在决定 $\boldsymbol{E}_6$ 之前把阵列中前面六行元素都填满，然后选择一个前面没有出现过，重量为 2 的二元序列，作为 $\boldsymbol{E}_6$，第 7 行排列后，再用同样方法列出 $\boldsymbol{E}_7$ 作为第 8 行陪集首。另一种选法是：先在伴随式这一列找出尚未列入长为 $(n-k)=3$ 的二元矢量，它们是伴随式 $\boldsymbol{S}_6=(011)$，$\boldsymbol{S}_7=(110)$。然后解出它们所对应的错误图样，可将重量为 2 的错误图样分别作为这两行的陪集首。解 $\boldsymbol{S}_6=(011)$ 所对应的 $2^k=2^2$ 个错误图样，它们是(00011)，(10100)，

(01110),(11001)。因为伴随式与错误图样是完全确定和对应的,因此上述 4 个错误图样一定不会在阵列的前面各行出现。其中头两个是重量为 2 的错误图样,可从中选一个作为 $\boldsymbol{E}_6$。现选 $\boldsymbol{E}_6=(10100)$ 为陪集首,并把它的陪集元素(即第七行元素)都写出,因为陪集首不同,所以此陪集与前面各陪集没有相同的元素。用同样方法对 $\boldsymbol{E}_7$ 进行选择并写出其陪集,得(5,2,3)码的标准阵列表如表 9.5 所示。在本例中也可选用 $\boldsymbol{E}_6=(00011)$,$\boldsymbol{E}_7=(00110)$,其标准阵列表中第七、第八行中元素仍不变,只是排列在不同的列下,因为它们有相同的伴随式。而一般对于系统码,码字中前几位码元就是信息元,所以标准阵列排列时尽可能使信息元发生的错误得到纠错。本例(5,2)码中 c_4,c_3 是信息元,所以选用第七、第八行的陪集首为 $\boldsymbol{E}_6=(10100)$,$\boldsymbol{E}_7=(10001)$,使信息元 c_4 得到更多的纠错能力。

这样,排列降到一个 4 列,8 行的标准阵列译码表(如表 9.5)。$2^n=2^5=32$ 个接收序列均列在表内。因此,所有可能的接收序列均可在表中查到而得到译码。

表 9.5　(5,2,3)码标准阵列表

$\boldsymbol{S}_0=000$ 伴随式	$\boldsymbol{E}_0+\boldsymbol{C}_0=00000$ 陪集首	$\boldsymbol{C}_1=10111$	$\boldsymbol{C}_2=01101$	$\boldsymbol{C}_3=11010$
$\boldsymbol{S}_1=111$	$\boldsymbol{E}_1=10000$	00111	11101	01010
$\boldsymbol{S}_2=101$	$\boldsymbol{E}_2=01000$	11111	00101	10010
$\boldsymbol{S}_3=100$	$\boldsymbol{E}_3=00100$	10011	01001	11110
$\boldsymbol{S}_4=010$	$\boldsymbol{E}_4=00010$	10101	01111	11000
$\boldsymbol{S}_5=001$	$\boldsymbol{E}_5=00001$	10110	01100	11011
$\boldsymbol{S}_6=011$	$\boldsymbol{E}_6=10100$	00011	11001	01110
$\boldsymbol{S}_7=110$	$\boldsymbol{E}_7=10001$	00110	11100	01011

若接收码 $\boldsymbol{R}=(10101)$,可采用两种译码方法。

(1) 搜索全部码表,在第 5 行第 2 列查到 $\boldsymbol{R}=10101$,以 $\boldsymbol{R}$ 所在子集首为 $\boldsymbol{C}_1=10111$,则将 $\boldsymbol{R}$ 译成发送码字为 $\boldsymbol{C}_1$。

(2) 以 $\boldsymbol{R}\cdot\boldsymbol{H}^{\mathrm{T}}=\boldsymbol{S}$ 求得 $\boldsymbol{S}=010=\boldsymbol{S}_4$,在 $\boldsymbol{S}_4$ 行查到 $\boldsymbol{R}$ 值,以 $\boldsymbol{R}$ 的子集首为 $\boldsymbol{C}_1=10111$,则将 $\boldsymbol{R}$ 译成发送码字为(10111)。

由表 9.5 可知,此(5,2)码能纠正所有 1 位随机错误,以及 2 个发生二位错误的随机错误。

3. 简化译码表

利用标准阵列译码时,需要将标准阵列的 2^n 个 $\boldsymbol{R}$ 存入译码器,译码器的复杂性将随 n 呈指数增大,这使标准阵列译码方法的适用性受到一定限制。

如果注意到错误图样与伴随式的对应关系,可将标准阵列译码表简化:只构造表的第 0 列和第 1 列,即 $\boldsymbol{S}_i$ 与 $\boldsymbol{E}_i$ 的对应表。译码器只需存储 2^{n-k} 个长为$(n-k)$的矢量 $\boldsymbol{S}_i$ 和长为 2^{n-k} 个 n 重的错误图样矢量 $\boldsymbol{E}_i$,存储量可大大降低,使译码器简化。

译码时,先由接收码字 $\boldsymbol{R}$ 计算伴随式 $\boldsymbol{S}=\boldsymbol{R}\cdot\boldsymbol{H}^{\mathrm{T}}$,在简化译码表中查出 $\boldsymbol{S}$ 的对应错误图样 $\hat{\boldsymbol{E}}$,再计算 $\boldsymbol{R}+\hat{\boldsymbol{E}}=\hat{\boldsymbol{C}}$,输出 $\hat{\boldsymbol{C}}$ 为译出的码字。如例 9.6 中,$\boldsymbol{R}=(10101)$,计算出 $\boldsymbol{S}=\boldsymbol{R}\cdot\boldsymbol{H}^{\mathrm{T}}=(010)$,在简化表 9.6 中查到 $\boldsymbol{S}$ 对应的 $\hat{\boldsymbol{E}}=(00010)$,则输出 $\boldsymbol{R}+\hat{\boldsymbol{E}}=(10111)$ 即可。

表 9.6　表 9.5 的简化译码表

$\boldsymbol{S}_i$	000	111	101	100	010	001	011	110
$\boldsymbol{E}_i$	00000	10000	01000	00100	00010	00001	10100	10001

由于(n,k,d)线性码中的n,k都较大,即使只存储简化译码表,存储量仍相当大。近年来,由于大规模集成电路的发展,存储器的容量大大增加,体积更小,价格日益下降,因此这种译码方法有相当好的应用前景。

在构造标准阵列表或简化译码表时,若$\binom{n}{0}+\binom{n}{1}+\cdots+\binom{n}{r}=2^{n-k}=2^r$成立,重量为$0,1,2,\cdots,r$的所有错误图样$E_i$将阵列表中$2^{n-k}$行排满。$2^{n-k}$个重量为$0,1,2,\cdots,r$的所有错误图样严格与$2^{n-k}$个伴随式一一对应。若不等式$\binom{n}{0}+\binom{n}{1}+\cdots+\binom{n}{r}<2^{n-k}$成立,首先在第1列中顺次存入重量为$0,1,2,\cdots,r$的错误图样$\boldsymbol{E}_i$,然后由$\boldsymbol{EH}^{\mathrm{T}}=\boldsymbol{S}$反求$\boldsymbol{S}$,并且把$\boldsymbol{S}$对应存入第0列。这时,第一列还有余位,只有当第1列余下位置已少于$\binom{n}{r+1}$个时,才需要通过解方程$\boldsymbol{EH}^{\mathrm{T}}=\boldsymbol{S}$求出$\boldsymbol{E}$,从中挑选重量为$(r+1)$的错误图样存入第1列剩余的位置中。

例9.6中,标准阵列表前六行伴随式与重量为0和1的错误图样是严格对应的,当码字发生0位或1位差错时,就可由译码过程予以纠正,得到正确译码。而表中还剩下两行,这两行的陪集首$\boldsymbol{E}$取法不同,译码结果也就不同。其根本原因是,例9.6的(5,3)码的最小距离$d_{\min}=3$,它只能纠正全部发生1位的随机错误(当$e=1,3=2e+1$满足),另外也恰好能纠正如表9.5中$\boldsymbol{E}_6=(10100)$和$\boldsymbol{E}_7=(10001)$这样的2位错误。其他的2位或3位以上的随机错误就会出现译码错误。因该阵列表是按最大似然译码准则(即最小距离译码准则)排列的,其误码率低,正确译码率高。

上述论断可以推广。任意(n,k,d)线性码,有2^{n-k}个伴随式,可以纠正小于等于$t=[(d-1)/2]$个随机错误。故凡重量不大于t的错误图样,都有唯一确定的伴随式。这样,伴随式的数目必须满足条件

$$\sum_{i=1}^{t}\binom{n}{i}=\binom{n}{0}+\binom{n}{1}+\cdots+\binom{n}{t}\leqslant 2^{n-k} \tag{9.49}$$

式(9.49)称为**汉明限**。任何能纠正小于等于t个错误的码,都必须满足此条件。

若式(9.49)中等号成立,则码的伴随式数目恰好与不大于t个差错的错误图样数目相等。即所有伴随式与可纠正的小于等于t个差错的全部错误图样一一对应。这时标准阵列表中第1列的陪集首,恰好是全部重量小于等于t的错误图样,不再会有其他重量大于t的错误图样列入。这种满足汉明限等号成立的二元(n,k,d)线性码称为**完备码**。迄今为止,发现的完备码只有可纠1位差错的二元汉明码、纠2位差错的(11,6,5)三元格雷码、纠3位差错的(23,12,7)二元格雷码,以及最小距离为n(n为奇数)的任意$(n,1)$二元重复码。并且已证明没有其他完备码了。

9.3.3 汉明码

汉明码于1950年由汉明(Hamming)首先构造和提出,它是一类可以纠正一位随机错误的高效的线性分组码。由于汉明码具有良好的性质,如它是完备码、编译码方法简单、传输效率高等,使它获得广泛应用,如常用于计算机的存储和运算系统中。

1. 汉明码的构造和译码

我们称可以纠正一位随机错误的完备的线性分组码为**汉明码**。

二元汉明码是一类高效率的(n,k,d)线性分组码。汉明码是纠正一位随机错误的码，这就决定了码的最小距离$d_{\min}=3$。汉明码又是完备码，它使汉明限的等号成立，得

$$2^{n-k}=\binom{n}{0}+\binom{n}{1}=1+n \tag{9.50}$$

令$r=n-k$，则$n=2^r-1$。当r给定时，n取最大值为2^r-1。我们还需确定，汉明码的码率是否达到最大。由式(9.15)知，二元汉明码的码率$R=\dfrac{k}{n}=1-\dfrac{r}{n}=1-\dfrac{r}{2^r-1}$。显然在$r$确定的条件下，$n$取最大值$2^r-1$时，$R$达到最大，而且当$n$足够大时，$R$接近于1。由此得出二元汉明码满足

码长	$n=2^r-1$	信息元位数	$k=2^r-1-r$
校验元	$r=n-k$	最小码距	$d_{\min}=3$
码率	$R=1-\dfrac{r}{2^r-1}$	纠错能力	$t=1$

所以，二元汉明码是$(2^r-1,2^r-1-r,3)$的线性分组码，我们记它为C_{H}。

汉明码的构造比较简单。由定理9.2已知，要纠正一位随机错误的线性分组码，其$\boldsymbol{H}$矩阵中必须任意2列线性无关，即要求$\boldsymbol{H}$矩阵中无相同的列矢量，当然也应无全零矢量。$(2^r-1,2^r-1-r)$二元汉明码的$\boldsymbol{H}$矩阵是一个$r\times 2^r-1$阶矩阵，其长为r的列矢量共有2^r-1个，记为$\boldsymbol{h}_{2^r-2},\boldsymbol{h}_{2^r-3},\cdots,\boldsymbol{h}_1,\boldsymbol{h}_0$。除零矢量以外，长为$r$的二元序列共有$2^r-1$个，所以$\boldsymbol{H}$矩阵的所有列矢量$\boldsymbol{h}_i(i=2^r-2,\cdots,1,0)$正好是全部长为$r$的二元序列（除零序列以外）。把这些长为$r$的二元序列以列排列成矩阵，可得纠正一位错的汉明码的一致校验矩阵。一般是将r长的二元序列看成一个二进制数，然后将其转换成十进制数j，将此二元序列作为$\boldsymbol{H}$矩阵中的第j列的列矢量。这样，译码时无需采用标准阵列表和简化译码表，当检测出伴随式后，将伴随式的二元序列看成一个二进制数，换算成十进制数j，可得码字在传输中第j位码元发生了差错，从而得到纠正，故译码非常简便。

当然，这2^r-1个长为r的二元序列可以按系统码要求的标准校验矩阵排列，可得纠正一位差错的系统汉明码。其仍可采用标准阵列表或译码表来译码。

【例9.7】 取$r=3$，构造一个二元$(2^r-1,2^r-1-r)=(7,4)$汉明码。

当$r=3$时，除零矢量以外7个长为3的全部二元序列是（以十进制数1，2，…形式排列）：(001)，(010)，(011)，(100)，(101)，(110)，(111)，将这7个二元序列按十进制数排列成矩阵，如$(110)_2=(6)_{10}$，故将$(110)^{\mathrm{T}}$作为$\boldsymbol{H}$矩阵中第6列的列矢量（从左向右数）。得

$$\boldsymbol{H}_{(7,4)}=\begin{bmatrix}0&0&0&1&1&1&1\\0&1&1&0&0&1&1\\1&0&1&0&1&0&1\end{bmatrix} \tag{9.51}$$

由该一致校验矩阵就可得(7,4)汉明码的全部16个码字。

若接收序列$\boldsymbol{R}=(0110110)$，则

$$\boldsymbol{S}=\boldsymbol{R}\cdot\boldsymbol{H}^{\mathrm{T}}=(010)$$

$(010)_2=(2)_{10}$，是$\boldsymbol{H}$矩阵中第2列的列矢量，则判定$\boldsymbol{R}$中第2位码元出错，改错后译成$\hat{\boldsymbol{C}}=(0010110)$。

任意调换$\boldsymbol{H}$矩阵中列矢量的位置，并不影响码的纠错能力。我们只需调换上述$\boldsymbol{H}_{(7,4)}$中列矢量的位置，就可获得其中一种系统汉明码的校验矩阵$\widetilde{\boldsymbol{H}}$，如

$$\widetilde{H}=\begin{bmatrix}1&1&1&0&1&0&0\\0&1&1&1&0&1&0\\1&1&0&1&0&0&1\end{bmatrix} \tag{9.52}$$

其相应的标准生成矩阵为

$$\widetilde{G}=\begin{bmatrix}1&0&0&0&1&0&1\\0&1&0&0&1&1&1\\0&0&1&0&1&1&0\\0&0&0&1&0&1&1\end{bmatrix} \tag{9.53}$$

由此构成的(7,4)汉明码如表 9.7 所示。

表 9.7 (7,4)汉明系统码

信息组	码　字	信息组	码　字
0000	0000000	1000	1000101
0001	0001011	1001	1001110
0010	0010110	1010	1010011
0011	0011101	1011	1011000
0100	0100111	1100	1100010
0101	0101100	1101	1101001
0110	0110001	1110	1110100
0111	0111010	1111	1111111

2. 扩展汉明码

对汉明码的每个码字再增加一位对所有码元都进行校验的校验位，则得校验元为 $r+1$，码长为$n=2^r$，而信息元仍为 $k=2^r-1-r$ 的$(2^r,2^r-r-1)$线性码，称之为**扩展汉明码**。扩展汉明码的最小码距增加为 4，使它能纠正 1 位错误同时检测 2 位错误，抗干扰能力增强。

设汉明码的校验矩阵为 $\boldsymbol{H}_{r\times n}$，则扩展汉明码的校验矩阵为如下形式

$$\boldsymbol{H}=\begin{bmatrix}1&1&1&\cdots&1\\&&&&0\\&&&&0\\&\boldsymbol{H}_{r\times n}&&&\vdots\\&&&&0\end{bmatrix}_{(r+1)\times(n+1)} \tag{9.54}$$

即在原汉明码校验矩阵最右列添加一列全零，再在最上面（或最下面）行添加一行全 1。从式(9.52)可知，就是在原汉明码的校验方程组的基础上，增加一个对所有码元校验的方程，而其他校验方程不变。

与式(9.52)中(7,4)系统汉明码的校验矩阵$\widetilde{\boldsymbol{H}}$相对应的(8,4)扩展汉明码的校验矩阵为

$$\boldsymbol{H}_{(8,4)}=\begin{bmatrix}1&1&1&1&1&1&1&1\\1&1&1&0&1&0&0&0\\0&1&1&1&0&1&0&0\\1&1&0&1&0&0&1&0\end{bmatrix} \tag{9.55}$$

从式(9.54)可知，由于$\widetilde{\boldsymbol{H}}$中增加一行一列后，使 $\boldsymbol{H}_{(8,4)}$ 中任意 3 列线性无关，$d_{\min}=4$，所以(8,4)扩展汉明码的纠错能力提高。

9.4 循 环 码

1957 年由普兰奇(E. Prange)首先研究循环码。循环码在理论和应用上都是线性分组码的一类重要的子码，是目前研究最为成熟的一类码。循环码是以近世代数理论作为基础建立起来的，它具有更精细的代数结构和许多特殊的代数性质，这使它的编译码电路更简单和易于实现。而且它的检错纠错能力强，不但可用于纠独立的随机错误，也可以用于纠突发错误。由此，目前在各个领域中用于差错控制的几乎都是循环码或性能更好的循环码的子类。

9.4.1 循环码结构及其多项式描述

1. 循环码的特点和定义

循环码是一种线性分组码,它除了具有线性分组码的封闭性,还具有循环性,即循环码中任一许用码字经过循环移位后(将尾端的码元移至最前端或相反)所得码字仍是许用码字。

观察表 9.7 所示的(7,4)汉明码,可以发现全部 16 个码字形成 4 个循环环。

第 1 个是:0001011,0010110,0101100,1011000,0110001,1100010,1000101

第 2 个是:0011101,0111010,1110100,1101001,1010011,0100111,1001110

第 3 个是:0000000

第 4 个是:1111111

第 1 个和第 2 个循环环中的码字由它们第 1 个码字逐次左移(最前端的码元移至尾端)一位得到。第 3 个和第 4 个循环环是自循环,只有一个单独码字,形成自身循环。

故称表 9.7 所示码为(7,4,3)循环汉明码。

定义 若(n,k)线性分组码中任意码字为$\boldsymbol{C}=(c_{n-1}\ c_{n-2}\cdots c_1\ c_0)$,将$\boldsymbol{C}$中的码元向右或向左移动一位后,所得码字$(c_0\ c_{n-1}\ c_{n-2}\cdots c_1)$或$(c_{n-2}\cdots c_1\ c_0\ c_{n-1})$仍是$(n,k)$的一个码字,则称此$(n,k)$码为**循环码**。

2. 循环码的多项式描述

循环码的循环特性表明了它具有更严谨的代数结构。为了便于用代数理论来研究循环码,可将 n 长的码字用多项式来描述。可以将一个码字的各码元看成一个多项式的系数,将码字与多项式建立一一对应的关系。

设(n,k)循环码的一个码字$\boldsymbol{C}=(c_{n-1}\ c_{n-2}\cdots c_1\ c_0)$,则其对应的多项式表示为

$$\boldsymbol{C}(x)=c_{n-1}x^{n-1}+c_{n-2}x^{n-2}+\cdots+c_1x+c_0 \tag{9.56}$$

称$\boldsymbol{C}(x)$为$\boldsymbol{C}$的**码多项式**。这种多项式中 x 只是码元位置的标记。因为是二元码,所以码字所对应的码多项式系数 $c_i(i=n-1,n-2,\cdots,1,0)\in[0,1]$。若多项式中 x^i 存在,只表示该对应码位上的码元是“1”,否则码元是“0”。由此可知,许用码字和码多项式是一致的,只是表示方式不同而已(码多项式表示将有利于在有限域代数理论上来研究循环码,参阅参考书目[18][19])。

设循环码的一个码字$\boldsymbol{C}_1=(c_{n-1}\ c_{n-2}\cdots c_1\ c_0)$,左移一位后$\boldsymbol{C}_2=(c_{n-2}\cdots c_1\ c_0\ c_{n-1})$仍为码字,各自的码多项式分别为

$$\boldsymbol{C}_1(x)=c_{n-1}x^{n-1}+c_{n-2}x^{n-2}+\cdots+c_1x+c_0$$

$$\boldsymbol{C}_2(x)=c_{n-2}x^{n-1}+\cdots+c_1x^2+c_0x+c_{n-1}$$

左移 i 位得 $$\boldsymbol{C}_{i+1}(x)=c_{n-i-1}x^{n-1}+\cdots+c_0x^i+c_{n-1}x^{i-1}+\cdots+c_{n-i+1}x+c_{n-i}$$

观察$\boldsymbol{C}_1(x)$和$\boldsymbol{C}_2(x)$可知 $$\begin{aligned}x\boldsymbol{C}_1(x)&=c_{n-1}x^n+c_{n-2}x^{n-1}+\cdots+c_1x^2+c_0x\\&=c_{n-2}x^{n-1}+\cdots+c_1x^2+c_0x+c_{n-1}+c_{n-1}(x^n+1)\end{aligned}$$

上式为二元码,进行模二和运算时加、减是一致的(即在二元域中运算),而一般情况下应是(x^n-1)。故得

$$x\boldsymbol{C}_1(x)=\boldsymbol{C}_2(x)+c_{n-1}(x^n+1)$$

将上式左边除以(x^n+1),可知其商是 c_{n-1},余式正好是码字$\boldsymbol{C}_2(x)$。上式可写成

$$\boldsymbol{C}_2(x)\equiv x\boldsymbol{C}_1(x)\quad \bmod(x^n+1)$$

同理 $$\begin{aligned}x^2\boldsymbol{C}_1(x)&=c_{n-1}x^{n+1}+c_{n-2}x^n+c_{n-3}x^{n-1}+\cdots+c_1x^3+c_0x^2\\&=(c_{n-3}x^{n-1}+\cdots+c_1x^3+c_0x^2+c_{n-1}x+c_{n-2})+(c_{n-1}x+c_{n-2})(x^n+1)\end{aligned}$$

$$= \boldsymbol{C}_3(x)+(c_{n-1}x+c_{n-2})(x^n+1)$$

得
$$\boldsymbol{C}_3(x) \equiv x^2\boldsymbol{C}_1(x) \quad \mathrm{mod}(x^n+1)$$

由此递推得左移 i 位后的码字 $\boldsymbol{C}_{i+1}(x)$ 可用下式求得

$$x^i\boldsymbol{C}_1(x)=\boldsymbol{C}_{i+1}(x)+Q(x)(x^n+1)$$

其中 $x^i\boldsymbol{C}_1(x)$ 除以 (x^n+1) 的商是 $Q(x)$，而 $\boldsymbol{C}_{i+1}(x)$ 是余式。上式可写成

$$\boldsymbol{C}_{i+1}(x) \equiv x^i\boldsymbol{C}_1(x) \quad \mathrm{mod}(x^n+1)$$

于是，循环码的码字可表示为一系列等式：

$$\begin{aligned}
\boldsymbol{C}_2(x) &\equiv x\boldsymbol{C}_1(x) && \mathrm{mod}(x^n+1)\\
\boldsymbol{C}_3(x) &\equiv x^2\boldsymbol{C}_1(x) && \mathrm{mod}(x^n+1)\\
\vdots \quad & \quad \vdots && \quad \vdots\\
\boldsymbol{C}_{i+1}(x) &\equiv x^i\boldsymbol{C}_1(x) && \mathrm{mod}(x^n+1)\\
\vdots \quad & \quad \vdots && \quad \vdots\\
\boldsymbol{C}_n(x) &\equiv x^{n-1}\boldsymbol{C}_1(x) && \mathrm{mod}(x^n+1)
\end{aligned} \tag{9.57}$$

式中，$\mathrm{mod}(x^n+1)$ 表示以多项式 (x^n+1) 为模的运算，上式适用于二元码（即二元域），一般情况下应是 $\mathrm{mod}(x^n-1)$ 运算。式(9.57)表明：循环码码多项式 $\boldsymbol{C}_i(x)$ 都是 $\boldsymbol{C}_1(x)$ 的倍式。也就是说，若 (n,k) 循环码的码多项式（码字）为 $\boldsymbol{C}(x)$，则 $x^i\boldsymbol{C}(x)$ 在 $\mathrm{mod}(x^n+1)$ 运算下所得余式也是一个码多项式（码字）。

【例 9.8】 如表 9.1 所示的(7,3)码中，除全零码字外，其余码字可由码字 0011101 循环移位获得（左移），如

$$\underset{①}{0011101}\rightarrow\underset{③}{0111010}\rightarrow\underset{⑦}{1110100}\rightarrow\underset{⑥}{1101001}\rightarrow\underset{⑤}{1010011}\rightarrow\underset{②}{0100111}\rightarrow\underset{④}{1001110}$$

所以此(7,3)分组码为循环码。

若用多项式表示，第一个码字的多项式是

$$\boldsymbol{C}_1(x)=0\cdot x^6+0\cdot x^5+1\cdot x^4+1\cdot x^3+1\cdot x^2+0\cdot x+1=x^4+x^3+x^2+1$$

第 3 个码字的码多项式是 $\boldsymbol{C}_3(x)=x^5+x^4+x^3+x=x(x^4+x^3+x^2+1)=x\boldsymbol{C}_1(x)$

同理
$$\boldsymbol{C}_7(x)=x^6+x^5+x^4+x^2=x^2(x^4+x^3+x^2+1)=x^2\boldsymbol{C}_1(x)$$

$$\boldsymbol{C}_6(x)=x^6+x^5+x^3+1\equiv x^3\boldsymbol{C}_1(x) \quad \mathrm{mod}(x^7+1)$$

因为
$$x^3\boldsymbol{C}_1(x)=x^3(x^4+x^3+x^2+1)=x^7+x^6+x^5+x^3\equiv x^6+x^5+x^3+1 \quad \mathrm{mod}(x^7+1)$$

同理
$$\boldsymbol{C}_5(x)\equiv x^4\boldsymbol{C}_1(x)=x^8+x^7+x^6+x^4\equiv x^6+x^4+x+1 \quad \mathrm{mod}(x^7+1)$$

$$\boldsymbol{C}_2(x)\equiv x^5\boldsymbol{C}_1(x)=x^9+x^8+x^7+x^5\equiv x^5+x^2+x+1 \quad \mathrm{mod}(x^7+1)$$

$$\boldsymbol{C}_4(x)\equiv x^6\boldsymbol{C}_1(x)=x^{10}+x^9+x^8+x^6\equiv x^6+x^3+x^2+x \quad \mathrm{mod}(x^7+1)$$

注：上面各式在 $\mathrm{mod}(x^7+1)$ 下计算余式时可采用列成直式进行除法运算。因模二和运算中加、减是一致的，故除法运算中减法也是模二和。另外，也可以进行如下简便运算：

因 $x^7\equiv 1 \quad \mathrm{mod}(x^7+1)$； $x^8=x\cdot x^7\equiv x \quad \mathrm{mod}(x^7+1)$； $x^9=x^2\cdot x^7\equiv x^2 \quad \mathrm{mod}(x^7+1)$ …

依次类推，可得 $x^{10}+x^9+x^8+x^6\equiv x^3+x^2+x+x^6 \quad \mathrm{mod}(x^7+1)=x^6+x^3+x^2+x \quad \mathrm{mod}(x^7+1)$

9.4.2 循环码的生成多项式和生成矩阵

1. 循环码的生成多项式

由前讨论可知，循环码的码字用多项式表示后，就可将 (n,k) 循环码的所有码字通过多项式运

算(式(9.57))获得。在(n,k)循环码的2^k个码字中,总能找到一个其前面$k-1$位码元都为零的码字,其码多项式一定是$n-k$次多项式,记为$g(x)$,称为循环码的**生成多项式**。(n,k)循环码可由生成多项式$g(x)$生成。

现举例说明。

【例 9.9】 表 9.1 的(7,3)循环码中,$n-k=4$次的码多项式为

$$\boldsymbol{C}_1(x)=x^4+x^3+x^2+1 \quad \text{对应码字为}(0011101)$$

即令此(7,3)循环码的生成多项式$g(x)=x^4+x^3+x^2+1$。我们观察其他码字与生成多项式的关系:

$$\boldsymbol{C}_0(x)=0=0\cdot g(x)$$
$$\boldsymbol{C}_1(x)=x^4+x^3+x^2+1=1\cdot g(x)$$
$$\boldsymbol{C}_2(x)=x^5+x^2+x+1=(x+1)\cdot(x^4+x^3+x^2+1)=(x+1)\cdot g(x)$$
$$\boldsymbol{C}_3(x)=x^5+x^4+x^3+x=x\cdot(x^4+x^3+x^2+1)=x\cdot g(x)$$
$$\boldsymbol{C}_4(x)=x^6+x^3+x^2+x=(x^2+x)(x^4+x^3+x^2+1)=(x^2+x)\cdot g(x)$$
$$\boldsymbol{C}_5(x)=x^6+x^4+x+1=(x^2+x+1)\cdot(x^4+x^3+x^2+1)=(x^2+x+1)\cdot g(x)$$
$$\boldsymbol{C}_6(x)=x^6+x^5+x^3+1=(x^2+1)\cdot(x^4+x^3+x^2+1)=(x^2+1)\cdot g(x)$$
$$\boldsymbol{C}_7(x)=x^6+x^5+x^4+x^2=x^2\cdot(x^4+x^3+x^2+1)=x^2\cdot g(x)$$

可见,所有其他码字都是$g(x)$的倍式。现在信息位是3位,共有8个不同的信息序列$\boldsymbol{m}_i$。将信息序列写成多项式形式$\boldsymbol{m}_i(x)$,这8个信息多项式为:$0,1,x,x+1,x^2,x^2+1,x^2+x,x^2+x+1$。将信息多项式与上面各码字比较,可得

$$\boldsymbol{C}_i(x)=\boldsymbol{m}_j(x)\cdot g(x) \quad (i=0,1,\cdots,7;\ j=0,1,\cdots,7) \tag{9.58}$$

(7,3)循环码所有码字由一个4次码多项式生成。

从例 9.9 的分析中,我们可以获得以下有关循环码的生成多项式的一些结论。

定理 9.4 在一个(n,k)循环码中,存在一个且仅有一个$n-k$次码多项式$g(x)$,称之为循环码的**生成多项式**。令$g(x)=x^{n-k}+g_{n-k-1}x^{n-k-1}+\cdots+g_2x^2+g_1x+1$(其常数项$g_0$必等于1),其中$g_{n-k-1}$, $g_{n-k-2},\cdots,g_2,g_1\in[0,1]$。

注:因$g(x)$中g_{n-k}必为1,所以数学术语中称$g(x)$为$n-k$次首一多项式,即最高次数项系数为1的多项式。

定理 9.5 一个(n,k)循环码中所有码多项式都是这个次数最低的$(n-k)$次首一多项式$g(x)$的倍式。即(n,k)循环码所有码字可由$g(x)$生成。且所有以$g(x)$为倍式的小于等于$n-1$次的多项式必都是码字。

令信息多项式
$$\boldsymbol{m}(x)=m_{k-1}x^{k-1}+m_{k-2}x^{k-2}+\cdots+m_1x+m_0 \tag{9.59}$$
它是小于或等于$k-1$次的多项式。因此可得码字为
$$\boldsymbol{C}(x)=\boldsymbol{m}(x)\cdot g(x) \tag{9.60}$$

上述两定理的详细证明可参阅参考书目[19]。下面我们只作定性分析。

在(n,k)循环码中除全零码字外,其他码字都可由某一码字循环移位获得。在其他码字中不可能再找到连续k位均为0的码字。即连续零位的长度最多只能是$k-1$位。假设有连续k个零码元的码字(非全零码字),则其循环移位后应仍是码字。那么,我们总可以将其循环移位后使连续k个零码元都对应k个信息位(在系统码中前面k位是信息位,那就可移位得到一个前面连续k位为零码元的码字)。此时,信息位码元全为零,而校验元不为零,这对于线性分组码来说显然是不可能的。所以,(n,k)循环码的码字中除全零外,连续零位码元的长度最多为$k-1$位。

我们可以选其中某一码字其前面$k-1$位码元都为零(因为循环码有循环性,所以一定存在。),此码字对应的码多项式一定是首项系数必为1的$n-k$次多项式。而且其常数项也必为1(否则连

续零位码元必多于 $k-1$ 位了)，将此码多项式记为 $g(x)$，则 $g(x)$ 是常数项不为零的 $n-k$ 次码多项式。

在 (n,k) 循环码中 $g(x)$ 也是唯一的一个 $n-k$ 次多项式。假设码中存在有两个不同的 $n-k$ 次首一多项式，令

$$g(x)=x^{n-k}+c_{n-k-1}x^{n-k-1}+\cdots+1 \qquad c_{n-k-1}\cdots\in[0,1]$$

$$g'(x)=x^{n-k}+c'_{n-k-1}x^{n-k-1}+\cdots+1 \qquad c'_{n-k-1}\cdots\in[0,1]$$

根据线性分组码的特性，$g(x)+g'(x)$ 必定为码字。而 $g(x)+g'(x)$ 必定是次数小于 $n-k$ 次的多项式(模二和运算)，它就对应前面 k 位为零码元的码字。这就出现了信息码元为零，校验码元不为零的码字，它是完全不可能出现在循环码中的。显然，在 (n,k) 循环码中唯一存在一个最小次数为 $n-k$ 的码多项式 $g(x)$。

$g(x)$ 是循环码的生成多项式，令

$$g(x)=x^{n-k}+g_{n-k-1}x^{n-k-1}+\cdots+g_2x^2+g_1x+1 \tag{9.61}$$

式中，$g_{n-k}=g_0=1, g_{n-k-1},\cdots,g_2,g_1\in[0,1]$。

可见，一旦 $g(x)$ 确定，则 (n,k) 循环码就确定了。

【例 9.10】 观察表 9.7 所示的(7,4)系统汉明码，它是一个循环码。在此码中除零码字以外没有一个码字有连续 $k=4$ 位码元为零。最多只有连续 $k-1=3$ 个零出现的码字。一定能找到一个前面 3 位是连续零的码字，此码字就是(7,4)循环码的码生成多项式，即码字 0001011 对应的码多项式为码生成多项式，得 $g(x)=x^3+x+1$，它一定是 $n-k=3$ 次多项式。表 9.7 中所有码字可由此多项式按照式(9.60)来生成。

2. 循环码的生成矩阵

循环码是线性分组码中的一类特殊码。线性分组码可由生成矩阵来生成，因此自然会想到循环码的生成多项式与生成矩阵一定有必然的联系。

设 (n,k) 循环码：

生成多项式 $\quad g(x)=g_{n-k}x^{n-k}+g_{n-k-1}x^{n-k-1}+\cdots+g_1x+g_0 \quad g_{n-k}=g_0=1\ g_i\in[0,1]$

码多项式 $\quad \boldsymbol{C}(x)=c_{n-1}x^{n-1}+c_{n-2}x^{n-2}+\cdots+c_1x+c_0 \quad c_i\in[0,1]$ (9.62)

信息多项式 $\quad \boldsymbol{m}(x)=m_{k-1}x^{k-1}+m_{k-2}x^{k-2}+\cdots+m_1x+m_0 \quad m_i\in[0,1]$

由式(9.60)知 $\quad \boldsymbol{C}(x)=\boldsymbol{m}(x)g(x)=m_{k-1}x^{k-1}g(x)+m_{k-2}x^{k-2}g(x)+\cdots+m_1xg(x)+m_0g(x)$

$$=(m_{k-1}m_{k-2}\cdots m_1m_0)\cdot\begin{bmatrix} x^{k-1}\cdot g(x)\\ x^{k-2}\cdot g(x)\\ \vdots\\ x\cdot g(x)\\ 1\cdot g(x)\end{bmatrix} \tag{9.63}$$

$$=(m_{k-1}m_{k-2}\cdots m_1m_0)\cdot\begin{bmatrix} g_{n-k} & g_{n-k-1} & g_{n-k-2} & \cdots & g_1 & g_0 & \overbrace{0 & 0 & \cdots 0 & 0}^{(k-1)\text{个}0} \\ 0 & g_{n-k} & g_{n-k-1} & \cdots & & g_1 & g_0 & 0 & \cdots 0 & 0 \\ 0 & 0 & g_{n-k} & \cdots & & & g_1 & g_0 & \cdots 0 & 0 \\ \vdots & & & & & & & & & \vdots \\ \underbrace{0 & 0 & 0 & \cdots & 0}_{(k-1)\text{个}0} & g_{n-k} & g_{n-k-1} & \cdots & g_1 & g_0 \end{bmatrix}\begin{bmatrix} x^{n-1}\\ x^{n-2}\\ x^{n-3}\\ \vdots\\ x\\ 1\end{bmatrix} \tag{9.64}$$

也可表示成
$$C(x)=(c_{n-1}\ c_{n-2}\cdots\ c_1\ c_0)\cdot\begin{bmatrix}x^{n-1}\\x^{n-2}\\\vdots\\x\\1\end{bmatrix}\tag{9.65}$$

由此得到
$$C=(c_{n-1}\ c_{n-2}\cdots\ c_1\ c_0)=(m_{k-1}m_{k-2}\cdots m_1m_0)\cdot G=mG\tag{9.66}$$

其中 G 就是式(9.64)中的矩阵,它的第一行由生成多项式系数的后面加上 $k-1$ 个零组成[$g_{n-k}\ g_{n-k-1}\cdots g_1\quad g_0\quad 0\cdots 0$],然后逐步向右平移1位构成第二行及以下各行。比较式(9.66)和式(9.32)得,此矩阵 G **就是(n,k)循环码的生成矩阵**

$$G=\begin{bmatrix}g_{n-k} & g_{n-k-1} & \cdots & g_1 & g_0 & 0 & \cdots & 0 & 0\\0 & g_{n-k} & \cdots & g_2 & g_1 & g_0 & \cdots & 0 & 0\\ & & & & \cdots\cdots & & & & \\0 & 0 & \cdots & 0 & g_{n-k} & g_{n-k-1} & \cdots & g_1 & g_0\end{bmatrix}_{k\times n}\tag{9.67}$$

$$=\begin{bmatrix}\overbrace{1 & g_{n-k-1} & \cdots & g_1 & 1}^{(n-k+1)} & \overbrace{0 & \cdots & 0 & 0}^{(k-1)\text{个}}\\0 & 1 & \cdots & & g_1 & 1 & \cdots & 0 & 0\\ & & & & \cdots\cdots & & & & \\\underbrace{0 & 0 & \cdots & 0}_{(k-1)\text{个}} & \underbrace{1 & g_{n-k-1} & \cdots & g_1 & 1}_{(n-k+1)}\end{bmatrix}_{k\times n}\tag{9.68}$$

它是 $k\times n$ 阶循环矩阵。

又从式(9.60)中可知,$x^{k-1}\cdot g(x)$、$x^{k-2}\cdot g(x)$、…、$x\cdot g(x)$、$1\cdot g(x)$ 都是 $g(x)$ 的倍式,必都是循环码的码字。这 k 个码字正好是一组 k 个线性独立的码字,它们在模二和运算下线性组合不等于零。由这 k 个线性独立码字组成的矩阵就是循环码的生成矩阵(G 矩阵用多项式表示)

$$G(x)=\begin{bmatrix}x^{k-1}\cdot g(x)\\x^{k-2}\cdot g(x)\\\vdots\\x\cdot g(x)\\1\cdot g(x)\end{bmatrix}\tag{9.69}$$

但根据式(9.68)或式(9.69)求得的码生成矩阵所生成的(n,k)循环码不是系统码,其码字左边前面 k 位不对应信息位。

【例 9.11】 表 9.1 中(7,3)循环码中其前面 $k-1=2$ 位码元为零的码字是 0011101,则此码多项式为码的生成多项式,得 $g(x)=x^4+x^3+x^2+1$。

由此得(7,3)循环码的生成矩阵(用多项式表示)为

$$G(x)=\begin{bmatrix}x^2g(x)\\xg(x)\\g(x)\end{bmatrix}=\begin{bmatrix}C_7(x)\\C_3(x)\\C_1(x)\end{bmatrix}=\begin{bmatrix}x^6+x^5+x^4+x^2\\x^5+x^4+x^3+x\\x^4+x^3+x^2+1\end{bmatrix}$$

得生成矩阵
$$G=\begin{bmatrix}1&1&1&0&1&0&0\\0&1&1&1&0&1&0\\0&0&1&1&1&0&1\end{bmatrix}_{3\times 7}\tag{9.70}$$

可见,它不同于式(9.30)。虽然式(9.70)的生成矩阵不同于式(9.30),但由它仍生成的是表 9.1

中的(7.3)循环码。只是因为选用了另一组3个独立码字为基底,而此时其所对应的(7.3)循环码已不是系统循环码。将它经过若干次初等变换后可求得系统循环码的标准生成矩阵。

【例9.12】(续例9.10)　表9.7中(7,4)循环码的码生成多项式为 $g(x)=x^3+x+1$。得(7,4)循环码用多项式表示的生成矩阵

$$G(x)=\begin{bmatrix} x^3g(x) \\ x^2g(x) \\ xg(x) \\ g(x) \end{bmatrix}=\begin{bmatrix} x^6+x^4+x^3 \\ x^5+x^3+x^2 \\ x^4+x^2+x \\ x^3+x+1 \end{bmatrix}=\begin{bmatrix} \boldsymbol{C}_{11}(x) \\ \boldsymbol{C}_5(x) \\ \boldsymbol{C}_2(x) \\ \boldsymbol{C}_1(x) \end{bmatrix}$$

得生成矩阵为

$$\boldsymbol{G}=\begin{bmatrix} 1 & 0 & 1 & 1 & 0 & 0 & 0 \\ 0 & 1 & 0 & 1 & 1 & 0 & 0 \\ 0 & 0 & 1 & 0 & 1 & 1 & 0 \\ 0 & 0 & 0 & 1 & 0 & 1 & 1 \end{bmatrix}_{4\times 7} \tag{9.71}$$

它也不是系统码的标准生成矩阵。

当信息组为 $\boldsymbol{m}=(m_3m_2m_1m_0)=(0011)$ 时,信息多项式 $\boldsymbol{m}(x)=x+1$,可求得

$$\begin{aligned} \boldsymbol{C}(x) &= (x+1)g(x)=(x+1)(x^3+x+1) \\ &= x^4+x^3+x^2+1 \xleftrightarrow{\text{对应}} \text{码字}(0011101) \end{aligned}$$

当信息组为 $\boldsymbol{m}=(1101)$ 时,信息多项式 $\boldsymbol{m}(x)=x^3+x^2+1$,得

$$\begin{aligned} \boldsymbol{C}(x) &= (x^3+x^2+1)(x^3+x+1) \\ &= x^6+x^5+x^4+x^3+x^2+x+1 \xleftrightarrow{\text{对应}} \text{码字}(1111111) \end{aligned}$$

从上述运算结果可知,信息组是(1101),编得的码字是(1111111),信息元不在码字的左边前4位,它不是系统循环码。码字与信息组的对应关系是不同于表9.7的。但可将式(9.71)经过若干次初等变换,获得系统循环码的标准生成矩阵。

3. 系统循环码的标准生成矩阵

要构造系统循环码,可以先由上述方法获得(n,k)非系统循环码的生成矩阵,然后进行初等变换,求得标准生成矩阵 $\boldsymbol{G}=[\boldsymbol{I}_k\ \boldsymbol{P}_{k\times n-k}]$。但对于循环码,可根据其循环特性来构造系统码。这种构造方法有利于实现循环码的编码和译码。

下面讨论如何根据循环特性来构造系统码。

当给定一个(n,k)循环码的生成多项式 $g(x)$ 后,要使循环码成为系统循环码,则需每个码字前面 k 位码元为信息元,后面 $n-k$ 位码元为校验元。从多项式角度观察,则信息组 $\boldsymbol{m}(x)$ 应是码多项式 $\boldsymbol{C}(x)$ 的高幂次位,这可以用 $x^{n-k}\boldsymbol{m}(x)$ 来求得,即用移位来实现。

设 k 位信息组 $\boldsymbol{m}=(m_{k-1}\ m_{k-2}\cdots m_1\ m_0)$,其信息多项式为 $\boldsymbol{m}(x)=m_{k-1}x^{k-1}+m_{k-2}x^{k-2}+\cdots+m_1x+m_0$,它是次数小于 k 的多项式,可得

$$x^{n-k}\boldsymbol{m}(x)=m_{k-1}x^{n-1}+m_{k-2}x^{n-2}+\cdots+m_1x^{n-k+1}+m_0x^{n-k} \tag{9.72}$$

上式是次数小于 n 的多项式。而从码多项式来看,此信息组对应的码多项式应由式(9.72)与余下的低幂次项组成。这些余下的低幂次项应是校验元,也就是校验元对应的是 $n-k-1$ 次多项式。令校验元多项式为 $\boldsymbol{r}(x)$

$$\boldsymbol{r}(x)=r_{n-k-1}x^{n-k-1}+r_{n-k-2}x^{n-k-2}+\cdots+r_1x+r_0 \tag{9.73}$$

其对应的校验元序列为$(r_{n-k-1}\ r_{n-k-2}\cdots r_1\ r_0)$。将信息元放在前面(左边),校验元放在信息元后面,这样组成的码字就是系统码的码字 $\boldsymbol{C}=(m_{k-1}\cdots m_1\ m_0\ r_{n-k-1}\cdots r_1\ r_0)$,码多项式为

$$m_{k-1}x^{n-1}+m_{k-2}x^{n-2}+\cdots+m_1x^{n-k+1}+m_0x^{n-k}+r_{n-k-1}x^{n-k-1}+r_{n-k-2}x^{n-k-2}+\cdots+r_1x+r_0=x^{n-k}\boldsymbol{m}(x)+\boldsymbol{r}(x) \quad (9.74)$$

式(9.74)表明 $x^{n-k}\boldsymbol{m}(x)+\boldsymbol{r}(x)$ 为次数小于等于 $(n-1)$ 次的多项式。因为循环码所有码多项式都是其生成多项式 $g(x)$ 的倍式，所以只要 $x^{n-k}\boldsymbol{m}(x)+\boldsymbol{r}(x)$ 为 $g(x)$ 的倍式就可以构成系统循环码。因 $\boldsymbol{C}(x)$ 是循环码的一个码字，有 $\boldsymbol{C}(x)\equiv 0 \pmod{g(x)}$，则

$$\boldsymbol{C}(x)=x^{n-k}\boldsymbol{m}(x)+\boldsymbol{r}(x)\equiv 0 \pmod{g(x)} \quad (9.75)$$

式(9.75)表示以 $g(x)$ 为模，即除以 $g(x)$，余式为零。

由式(9.75)得
$$\boldsymbol{r}(x)\equiv x^{n-k}\boldsymbol{m}(x) \pmod{g(x)} \quad (9.76)$$

它表示 $\boldsymbol{r}(x)$ 是用 $x^{n-k}\boldsymbol{m}(x)$ 除以 $g(x)$ 所得的余式。此余式就是系统循环码的校验元多项式。（注意，现是二元码，所以式(9.75)成立。对于 q 元码请参阅参考书目[20]、[22]）。

这样，可得系统循环码的构造方法如下：

(1) 将信息组多项式 $\boldsymbol{m}(x)$ 乘以 x^{n-k}；
(2) 用 $g(x)$ 去除 $x^{n-k}\boldsymbol{m}(x)$ 得余式 $\boldsymbol{r}(x)$；
(3) 构造得码字 $\boldsymbol{C}(x)=x^{n-k}\boldsymbol{m}(x)+\boldsymbol{r}(x)$。

这系统循环码的标准生成矩阵又怎样获得呢？由前已知，生成矩阵由一组 k 个线性独立的码字组成。在这 2^k 个信息组中一定也有 k 个线性独立的信息组，将这 k 个信息组用上述方法构造所得的 k 个系统循环码的码字一定也是线性独立的码字。为此，可以选取 k 个线性独立的信息组为

$(\overbrace{10\cdots 0}^{k}),(01\cdots 0),\cdots,(00\cdots 01)$，其对应的信息多项式分别为

$$\boldsymbol{m}_1(x)=x^{k-1},\boldsymbol{m}_2(x)=x^{k-2},\cdots,\boldsymbol{m}_{k-1}(x)=x,\boldsymbol{m}_k(x)=1 \quad (9.77)$$

就可以得到相应的 k 个线性独立的码多项式为

$$\boldsymbol{C}_i(x)=x^{n-i}+\boldsymbol{r}_i(x) \quad (i=1,2,\cdots,k) \quad (9.78)$$

并由式(9.75)得 $\boldsymbol{r}_i(x)\equiv x^{n-i} \pmod{g(x)} \quad (i=1,2,\cdots,k)$

将它们排列成矩阵，得用多项式表示的系统循环码的生成矩阵

$$\boldsymbol{G}(x)=\begin{bmatrix} x^{n-1} & & & & +\boldsymbol{r}_1(x) \\ & x^{n-2} & & & +\boldsymbol{r}_2(x) \\ & & \ddots & & \vdots \\ & & & x^{n-k+1} & +\boldsymbol{r}_{k-1}(x) \\ & & & x^{n-k} & +\boldsymbol{r}_k(x) \end{bmatrix} \quad (9.79)$$

式中最后一行 $x^{n-k}+\boldsymbol{r}_k(x)$ 是 $n-k$ 次多项式，而且是一码字，所以 $x^{n-k}+\boldsymbol{r}_k(x)$ 就是码生成多项式 $g(x)$，即

$$x^{n-k}+\boldsymbol{r}_k(x)=g(x) \quad (9.80)$$

令余式 $\boldsymbol{r}_i(x)$ 的系数为 $r_{i(n-k-1)},\cdots,r_{i1},r_{i0}$，用多项式系数表示式(9.79)，得到系统循环码的标准生成矩阵

$$\boldsymbol{G}=\begin{bmatrix} \overbrace{\begin{matrix} 1 & 0 & \cdots & 0 \\ 0 & 1 & \cdots & 0 \\ \vdots & \vdots & \vdots & \vdots \\ 0 & 0 & \cdots & 1 \end{matrix}}^{k} & \overbrace{\begin{matrix} r_{1(n-k-1)} & \cdots & r_{11} & r_{10} \\ r_{2(n-k-1)} & \cdots & r_{21} & r_{20} \\ \vdots & \vdots & \vdots & \vdots \\ g_{(n-k-1)} & \cdots & g_1 & g_0 \end{matrix}}^{(n-k)} \end{bmatrix}_{k\times n}=[\boldsymbol{I}_k \vdots \boldsymbol{P}_{k\times(n-k)}] \quad (9.81)$$

【例9.13】 表9.7中(7,4)循环码的码生成多项式为 $g(x)=x^3+x+1$，求信息组 $\boldsymbol{m}=(1101)$ 对应系统循环码的码字，以及系统循环码的生成矩阵。

信息组 $\boldsymbol{m}=(1101)$，信息多项式 $\boldsymbol{m}(x)=x^3+x^2+1$，则

$$x^{n-k}\boldsymbol{m}(x)=x^3(x^3+x^2+1)=x^6+x^5+x^3$$

$$x^6+x^5+x^3=(x^3+x^2+x+1)(x^3+x+1)+1=(x^3+x^2+x+1)g(x)+1$$

得余式 $\boldsymbol{r}(x)=1$,也可写成 $x^{n-k}\boldsymbol{m}(x)=x^6+x^5+x^3\equiv 1 \pmod{g(x)}$

得码多项式为 $\boldsymbol{C}(x)=x^6+x^5+x^3+1 \quad \rightarrow$码字(1101001)

同于表 9.7,是系统码的码字。

根据式(9.78),$n=7,k=4$,有

$$\boldsymbol{r}_1(x)=x^6\equiv x^2+1 \pmod{g(x)}$$

$$\boldsymbol{r}_2(x)=x^5\equiv x^2+x+1 \pmod{g(x)}$$

$$\boldsymbol{r}_3(x)=x^4\equiv x^2+x \pmod{g(x)}$$

$$\boldsymbol{r}_4(x)=x^3\equiv x+1 \pmod{g(x)}$$

得二元(7,4)系统循环码的生成矩阵

$$\boldsymbol{G}=\begin{bmatrix} 1 & 0 & 0 & 0 & 1 & 0 & 1 \\ 0 & 1 & 0 & 0 & 1 & 1 & 1 \\ 0 & 0 & 1 & 0 & 1 & 1 & 0 \\ 0 & 0 & 0 & 1 & 0 & 1 & 1 \end{bmatrix}_{4\times 7}=\left[\begin{array}{c:ccc} & 1 & 0 & 1 \\ \boldsymbol{I}_4 & 1 & 1 & 1 \\ & 1 & 1 & 0 \\ & 0 & 1 & 1 \end{array}\right]_{4\times 7}$$

它完全同于式(9.52)。

由此可见,一旦循环码的生成多项式 $g(x)$ 确定后,其标准生成矩阵就确定了,而且由信息组可以完全确定地编出对应的系统循环码的码字。因此,对于 (n,k) 循环码的关键问题就是寻找生成多项式 $g(x)$。

9.4.3 循环码的校验多项式和伴随式

1. 循环码的校验多项式和校验矩阵

定理 9.6 (n,k) 循环码的生成多项式 $g(x)$ 必是 x^n+1 的因式,即

$$x^n+1=g(x)\cdot h(x) \tag{9.82}$$

反之,若某一 $(n-k)$ 次多项式为 $g(x)$ 且能整除 (x^n+1),则此 $g(x)$ 一定能生成一个 (n,k) 循环码。

我们称 $g(x)$ 为循环码的生成多项式,$h(x)$ 为循环码的**校验多项式**。

我们可以从式(9.57)和式(9.60)来证明定理 9.6,在此从略。定理 9.6 适用于二元循环码。一般情况下 $g(x)$ 应是 x^n-1 的因式。

由于 $g(x)$ 是 $n-k$ 次首一多项式,则从式(9.82)可得 $h(x)$ 一定是 k 次首一多项式。校验多项式 $h(x)$ 显然有如下性质:

(1) $$g(x)h(x)\equiv 0 \pmod{(x^n+1)} \tag{9.83}$$

(2) $$\boldsymbol{C}(x)h(x)\equiv 0 \pmod{(x^n+1)} \tag{9.84}$$

其中,$\boldsymbol{C}(x)$ 是循环码的任一码字。由式(9.60)可得

$$\boldsymbol{C}(x)h(x)=\boldsymbol{m}(x)g(x)h(x)\equiv 0 \pmod{(x^n+1)} \tag{9.85}$$

现令 $h(x)=h_kx^k+h_{k-1}x^{k-1}+\cdots+h_1x+h_0$,并令其相应的反多项式为 $h^*(x)=h_0x^k+h_1x^{k-1}+\cdots+h_{k-1}x+h_k$。

由式(9.85)和式(9.83)得 $$\boldsymbol{C}(x)h(x)=\boldsymbol{m}(x)g(x)h(x)=\boldsymbol{m}(x)(x^n+1)=x^n\boldsymbol{m}(x)+\boldsymbol{m}(x) \tag{9.86}$$

因为 $\boldsymbol{m}(x)$ 是小于或等于 $k-1$ 次多项式,可得

$$x^n\boldsymbol{m}(x)=m_{k-1}x^{n+k-1}+m_{k-2}x^{n+k-2}+\cdots+m_1x^{n+1}+m_0x^n \tag{9.87}$$

故得式(9.86)右边多项式 $x^n\boldsymbol{m}(x)+\boldsymbol{m}(x)$ 中,$x^k,x^{k+1},\cdots,x^{n-2},x^{n-1}$ 共 $(n-k)=r$ 项系数为零。而式(9.86)左边是

$$\boldsymbol{C}(x)h(x)=(c_{n-1}x^{n-1}+c_{n-2}x^{n-2}+\cdots+c_1x+c_0)(h_kx^k+h_{k-1}x^{k-1}+\cdots+h_1x+h_0)$$

要使式(9.86)成立,则必须满足

$$\left.\begin{array}{ll} n-1\text{ 次项系数} & c_{n-1}h_0+c_{n-2}h_1+\cdots+c_{n-k}h_{k-1}+c_{n-k-1}h_k=0 \\ n-2\text{ 次项系数} & c_{n-2}h_0+c_{n-3}h_1+\cdots+c_{n-k-1}h_{k-1}+c_{n-k-2}h_k=0 \\ \vdots & \vdots \qquad\qquad \vdots \\ k+1\text{ 次项系数} & c_{k+1}h_0+c_kh_1+\cdots+c_3h_{k-1}+c_1h_k=0 \\ k\text{ 次项系数} & c_kh_0+c_{k-1}h_1+\cdots+c_1h_{k-1}+c_0h_k=0 \end{array}\right\} \tag{9.88}$$

上述 $n-k$ 个等式写成统一形式为 $\sum_{i=0}^{k} h_i c_{n-i-j}=0 \quad 1\leqslant j\leqslant n-k=r$ (9.89)

式(9.88)就是线性循环码的一致校验方程。将式(9.88)写成矩阵形式,则有

$$(c_{n-1}\ c_{n-2}\cdots c_1 c_0)\cdot\begin{bmatrix} h_0 & 0 & \cdots & 0 & 0 \\ h_1 & h_0 & & 0 & 0 \\ \vdots & h_1 & & \vdots & \vdots \\ h_{k-1} & \vdots & & 0 & 0 \\ h_k & h_{k-1} & & h_0 & 0 \\ 0 & h_k & & \vdots & h_0 \\ 0 & 0 & & \vdots & \vdots \\ \vdots & \vdots & & h_{k-1} & \vdots \\ 0 & 0 & & h_k & h_{k-1} \\ 0 & 0 & \cdots & 0 & h_k \end{bmatrix}=\mathbf{0} \tag{9.90}$$

上式 $\mathbf{0}$ 为 $(n-k)=r$ 位长的零矢量。将上式与式(9.23) $\boldsymbol{C}\cdot\boldsymbol{H}^{\mathrm{T}}=\mathbf{0}$ 比较可得

$$\boldsymbol{H}=\begin{bmatrix} h_0 & h_1 & \cdots & h_{k-1} & h_k & \overbrace{0 \quad 0 \quad \cdots \quad 0}^{n-k-1} & 0 \\ 0 & h_0 & h_1 & \cdots & h_{k-1} & h_k \quad 0 \quad \cdots \quad 0 & 0 \\ \vdots & & & \vdots & & & \vdots \\ 0 & & \cdots & 0 & h_0 & \cdots \quad h_{k-1} \quad h_k & 0 \\ \underbrace{0 \quad \cdots \quad 0}_{n-k-1} & & & & 0 & \underbrace{h_0 \quad \cdots \quad h_{k-1} \quad h_k}_{k+1} & \end{bmatrix}_{(n-k)\times n} \tag{9.91}$$

式中,$h_0=h_k=1$,则 $\boldsymbol{H}$ 为 (n,k) 循环码的**一致校验矩阵**。可见,(n,k) 循环码的校验矩阵 $\boldsymbol{H}$ 中,第一行由校验多项式的反多项式的系数加上 $(n-k-1)$ 个零组成,即 $(h_0h_1\cdots h_{k-1}h_k0\cdots0)$,然后逐步向右平移一位构成第二行及以下各行。它是 $(n-k)\times n$ 阶循环矩阵。

可以证得 (n,k) 循环码的生成矩阵 $\boldsymbol{G}$ 与校验矩阵 $\boldsymbol{H}$ 正交,满足式(9.33)和式(9.34),有

$$\boldsymbol{G}\cdot\boldsymbol{H}^{\mathrm{T}}=\begin{bmatrix} g_{n-k} & g_{n-k-1} & \cdots & g_1 & g_0 & 0 & \cdots & 0 \\ 0 & g_{n-k} & \cdots & g_2 & g_1 & g_0 & \cdots & 0 \\ & & & \cdots & & & & \\ 0 & 0 & \cdots & 0 & g_{n-k} & g_{n-k-1} & \cdots & g_1 \end{bmatrix}\begin{bmatrix} h_0 & 0 & \cdots & 0 & 0 \\ h_1 & h_0 & & 0 & 0 \\ \vdots & \vdots & & \vdots & \vdots \\ h_k & h_{k-1} & & h_0 & 0 \\ 0 & h_k & & \vdots & h_0 \\ 0 & 0 & & \vdots & \vdots \\ \vdots & \vdots & & & \\ 0 & 0 & & h_k & h_{k-1} \\ 0 & 0 & \cdots & 0 & h_k \end{bmatrix}=\mathbf{0}_{k\times(n-k)}$$

式中，$\mathbf{0}$ 为 $k\times(n-k)$ 阶零矩阵。由此可知，由生成多项式 $g(x)$ 得出的生成矩阵 $\boldsymbol{G}$ 与用校验多项式的反多项式 $h^*(x)$ 得出的校验矩阵 $\boldsymbol{H}$ 互为正交。若 $\boldsymbol{H}$ 用多项式表示，可得

$$\boldsymbol{H}(x)=\begin{bmatrix} x^{n-k-1}h^*(x) \\ \vdots \\ xh^*(x) \\ h^*(x) \end{bmatrix} \tag{9.92}$$

$\boldsymbol{G}$ 与 $\boldsymbol{H}$ 互为正交，则得以 $h^*(x)$ 作为生成多项式所编得的 $(n,n-k)$ 循环码与以 $g(x)$ 生成的 (n,k) 循环码正交。称所编得的 $(n,n-k)$ 循环码和 (n,k) 循环码互为**对偶码**。

当然，校验多项式 $h(x)$ 也可作为生成多项式，编得 $(n,n-k)$ 循环码。但这个 $(n,n-k)$ 循环码与 $g(x)$ 生成的 (n,k) 循环码是不正交的。故称以 $h(x)$ 为生成多项式生成的 $(n,n-k)$ 循环码为**等效对偶码**。

对于系统循环码来说，只要求得其标准生成矩阵 $\boldsymbol{G}$（满足式(9.81)）就可得其标准校验矩阵。

n、k 确定后，可根据定理 9.6 来选取 (n,k) 循环码的生成多项式 $g(x)$，也就完全可以确定其校验多项式 $h(x)$。也可由 $g(x)$ 求得 (n,k) 系统循环码的标准生成矩阵 $\boldsymbol{G}$ 及校验矩阵 $\boldsymbol{H}$。

选定了生成多项式 $g(x)$，则 (n,k) 循环码的纠错能力也选定了。由定理 9.5 可得，$g(x)$ 是循环码中最低次数 $(n-k)$ 次多项式，其他码多项式都是 $g(x)$ 的倍式，所以 $g(x)$ 是重量最小的码字所对应的多项式。这样，循环码的最小距离 $d_{\min}$ 可由 $g(x)$ 的系数决定。这样 $g(x)$ 中系数为 1 的个数就是 $g(x)$ 对应的码字的重量，也就是由 $g(x)$ 生成的 (n,k) 循环码的最小距离。

【例 9.14】 构造码长 $n=7$ 的二元循环码。

首先分解 x^7+1 为 $\qquad x^7+1=(x+1)(x^3+x^2+1)(x^3+x+1)$

x^7+1 的因式有如下四类：

1 次因式：$x+1$

3 次因式：x^3+x^2+1 和 x^3+x+1

4 次因式：$(x+1)(x^3+x^2+1)$ 和 $(x+1)(x^3+x+1)$

6 次因式：$(x^3+x^2+1)(x^3+x+1)$

上述各次因式做生成多项式，可分别得 (7,1)，(7,3)，(7,4)，(7,6) 循环码，而 (7,5)，(7,2) 循环码不存在。在 3 次因式中，选 $g(x)=x^3+x+1$，就构造得表 9.7 中的 (7,4) 循环码。因为 $g(x)$ 中 1 的系数有 3 个，得此 (7,4) 循环码的 $d_{\min}=3$。可见，表 9.7 所列的码是 (7,4) 汉明系统循环码。同样，在 4 次因式中，选 $g(x)=(x+1)(x^3+x+1)=(x^4+x^3+x^2+1)$，就构造得表 9.1 的 (7,3) 循环码，其 $d_{\min}=4$。我们将这些循环码列成表 9.8。

表 9.8 (7,k) 循环码

$(7,k)$	$d_{\min}$	$g(x)$	$h(x)$
(7,1)	7	$(x^3+x^2+1)(x^3+x+1)=x^6+x^5+x^4+x^3+x^2+x+1$	$(x+1)$
(7,3)	4	$(x+1)(x^3+x^2+1)=x^4+x^2+x+1$	x^3+x+1
(7,3)	4	$(x+1)(x^3+x+1)=x^4+x^3+x^2+1$	x^3+x^2+1
(7,4)	3	x^3+x^2+1	$x^4+x^3+x^2+1$
(7,4)	3	x^3+x+1	x^4+x^2+x+1
(7,6)	2	$x+1$	$x^6+x^5+x^4+x^3+x^2+x+1$

从表 9.7 可知，(7,1) 和 (7,6) 循环码、(7,3) 和 (7,4) 循环码互为对偶码。

【例 9.15】（续例 9.12） 已选定 (7,4) 循环码的生成多项式为 $g(x)=x^3+x+1$，并计算得其生

成矩阵 $\boldsymbol{G}$ 如式(9.71)所示。

根据表 9.8 可得此循环码的校验多项式 $h(x)=x^4+x^2+x+1$，其反多项式为 $h^*(x)=x^4+x^3+x^2+1$。根据式(9.92)和式(9.91)得校验矩阵

$$\boldsymbol{H}(x)=\begin{bmatrix} x^6+x^5+x^4+x^2 \\ x^5+x^4+x^3+x \\ x^4+x^3+x^2+1 \end{bmatrix},\quad \boldsymbol{H}=\begin{bmatrix} 1&1&1&0&1&0&0 \\ 0&1&1&1&0&1&0 \\ 0&0&1&1&1&0&1 \end{bmatrix}_{3\times7} \tag{9.93}$$

根据式(9.70)，可验证 $$\boldsymbol{G}\cdot\boldsymbol{H}^{\mathrm{T}}=\begin{bmatrix} 1&0&1&1&0&0&0 \\ 0&1&0&1&1&0&0 \\ 0&0&1&0&1&1&0 \\ 0&0&0&1&0&1&1 \end{bmatrix}\cdot\begin{bmatrix} 1&0&0 \\ 1&1&0 \\ 1&1&1 \\ 0&1&1 \\ 1&0&1 \\ 0&1&0 \\ 0&0&1 \end{bmatrix}=\begin{bmatrix} 0&0&0 \\ 0&0&0 \\ 0&0&0 \\ 0&0&0 \end{bmatrix}=\mathbf{0}_{4\times3}$$

又观察式(9.93)，它完全等同于式(9.70)。可见，若由此校验矩阵作为生成矩阵，则获得表 9.1 中的(7,3)循环码。所以表 9.1 的(7,3)循环码与表 9.7 的(7,4)循环码互为对偶码。

2. 循环码的伴随式

循环码采用了多项式来描述，故也可以用多项式来表述错误图样和伴随式。设传送的码多项式为 $\boldsymbol{C}(x)$，接收到的接收多项式为 $\boldsymbol{R}(x)$，及错误图样多项式为 $\boldsymbol{E}(x)$

$$\boldsymbol{C}(x)=c_{n-1}x^{n-1}+c_{n-2}x^{n-2}+\cdots+c_1x+c_0$$
$$\boldsymbol{R}(x)=r_{n-1}x^{n-1}+r_{n-2}x^{n-2}+\cdots+r_1x+r_0$$
$$\boldsymbol{E}(x)=e_{n-1}x^{n-1}+e_{n-2}x^{n-2}+\cdots+e_1x+e_0$$

并有 $$\begin{aligned}\boldsymbol{R}(x)&=\boldsymbol{C}(x)+\boldsymbol{E}(x) \\ &=(c_{n-1}+e_{n-1})x^{n-1}+(c_{n-2}+e_{n-2})x^{n-2}+\cdots+(c_1+e_1)x+(c_0+e_0) \\ &=r_{n-1}x^{n-1}+r_{n-2}x^{n-2}+\cdots+r_1x+r_0\end{aligned} \tag{9.94}$$

用生成多项式除以接收多项式得 $$\frac{\boldsymbol{R}(x)}{g(x)}=\frac{\boldsymbol{C}(x)}{g(x)}+\frac{\boldsymbol{E}(x)}{g(x)} \tag{9.95}$$

因 $\boldsymbol{C}(x)$ 是 $g(x)$ 的倍式，得接收多项式的余式等于错误图样的余式

$$\boldsymbol{R}(x)\equiv\boldsymbol{E}(x)\qquad(\mathrm{mod}\ g(x)) \tag{9.96}$$

令错误图样的余式为 $\boldsymbol{S}(x)$，称为**伴随式**，得

$$\boldsymbol{S}(x)\equiv\boldsymbol{E}(x)\equiv\boldsymbol{R}(x)\qquad(\mathrm{mod}\ g(x)) \tag{9.97}$$

式中，$\boldsymbol{S}(x)=s_{n-k-1}x^{n-k-1}+\cdots+s_1x+s_0$。因为 $g(x)$ 是 $n-k$ 次多项式，所以余式的次数必小于 $n-k$，最高为 $n-k-1$ 次。二元循环码的伴随式 $\boldsymbol{S}(x)$ 共有 2^{n-k} 种不同的表达式。

伴随式包含了错误图样的信息，故可以用伴随式来纠错。在接收端用接收多项式除以生成多项式 $g(x)$，若余式为零即无错误，否则认为有差错。若余式为某种错误图样的伴随式，就认为是这个错误图样所引起的错误。由于 $\boldsymbol{S}(x)$ 只有 2^{n-k} 种不同的表达式，而 $\boldsymbol{E}(x)$ 却有 2^n 种不同的表达式，所以，$\boldsymbol{S}(x)$ 与错误图样 $\boldsymbol{E}(x)$ 是一对多的映射。若选择不同的 $\boldsymbol{E}(x)$ 对应于同一 $\boldsymbol{S}(x)$，将得到不同的译码方法。仍然像线性分组码一样，从最大似然译码(最小错误概率译码)准则出发，首先选择重量最轻的 $\boldsymbol{E}(x)$ 与 $\boldsymbol{S}(x)$ 对应。当接收端求得接收多项式的余式(伴随式)为 $\boldsymbol{S}(x)$ 时，就认为错误图样是 $\boldsymbol{S}(x)$ 所对应的重量最轻的 $\boldsymbol{E}(x)$，然后计算 $\boldsymbol{R}(x)+\boldsymbol{E}(x)=\boldsymbol{C}'(x)$，译得所求发送码字。自然不能完全排除译错的可能。

【例 9.16】 表 9.1 中(7,3)循环码的 $g(x)=x^4+x^3+x^2+1$,若接收码序列是 $\boldsymbol{R}=(0010011)$,求应译成的码字。

接收码序列对应的接收多项式是 $\boldsymbol{R}(x)=x^4+x+1$,将 $g(x)$ 除以 $\boldsymbol{R}(x)$,由式(9.97)得伴随式为

$$\boldsymbol{S}(x)\equiv\boldsymbol{R}(x)=x^4+x+1\equiv x^3+x^2+x \pmod{g(x)} \xrightarrow{\text{对应}} \boldsymbol{S}=(1110)$$

当错误图样分别为 $\boldsymbol{E}_1=1000000\leftrightarrow\boldsymbol{E}_1(x)=x^6\equiv x^3+x^2+x \pmod{g(x)}$

$$\boldsymbol{E}_2=1011101\leftrightarrow\boldsymbol{E}_2(x)=x^6+x^4+x^3+x^2+1\equiv x^3+x^2+x \pmod{g(x)}$$

$$\boldsymbol{E}_3=0110100\leftrightarrow\boldsymbol{E}_3(x)=x^5+x^4+x^2\equiv x^3+x^2+x \pmod{g(x)}$$

$$\vdots$$

得不同的错误图样对应同一个伴随式。

若认为错误图样为 $\boldsymbol{E}_1(x)$,得所译码字为

$$\boldsymbol{C}'_1(x)=\boldsymbol{R}(x)+\boldsymbol{E}_1(x)=x^6+x^4+x+1 \quad\leftrightarrow\quad \boldsymbol{C}'_1=(1010011)$$

若认为错误图样为 $\boldsymbol{E}_2(x)$,得所译码字为

$$\boldsymbol{C}'_2(x)=\boldsymbol{R}(x)+\boldsymbol{E}_2(x)=x^6+x^3+x^2+x \quad\leftrightarrow\quad \boldsymbol{C}'_2=(1001110)$$

同理,也可译成码字为 $\boldsymbol{C}'_3(x)=\boldsymbol{R}(x)+\boldsymbol{E}_3(x)=x^5+x^2+x+1 \quad\leftrightarrow\quad \boldsymbol{C}'_3=(0100111)$

$$\vdots$$

一般情况,对于二元对称无记忆信道来言,重量最轻的错误图样出现的概率最大,重量较轻的错误图样出现的概率大于重量较重的错误图样,所以从最小错误概率译码准则考虑应认为传输中引起的错误图样为 $\boldsymbol{E}_1(x)=x^6$。故译得发送码字为 $\boldsymbol{C}'_1=(1010011)$。

当然,这样选择也会引起译码错误。若发送的码字是(1001110)或(0100111),传输后也会发生多个码元错误,使收到的接收序列为(0010011)。按照上述方法译码,都将译成发送码字为(1010011),这就会造成译码错误。一般在二元对称无记忆信道中,$P(\boldsymbol{E}_1)>P(\boldsymbol{E}_3)>P(\boldsymbol{E}_2)$,所造成的译码错误概率是较小的。

综上所述,循环码可以归结以下几点:

① (n,k) 循环码是线性分组码的一类重要的子码。每个长为 n 的码字可以用次数低于或等于 $n-1$ 次的多项式描述,称为码多项式,如式(9.56)。

② 要构造一个 (n,k) 循环码,就是要找生成多项式 $g(x)$,如式(9.61)。而 $g(x)$ 一定是最低次数为 $(n-k)$ 次的首一多项式,又必是 (x^n+1) 的因式(一般情况 $g(x)$ 应是 x^n-1 的因式)。

③ 一旦确定 (n,k) 循环码的 $g(x)$ 后,满足 $g(x)\cdot h(x)=x^n+1$ 的 k 次首一多项式 $h(x)$ 也就确定了。$h(x)$ 是循环码的校验多项式。由 $g(x)$ 和 $h(x)$ 可求得循环码的生成矩阵(式(9.67))和校验矩阵(式(9.91))。

④ 已知 (n,k) 循环码的生成多项式 $g(x)$ 和信息多项式 $\boldsymbol{m}(x)$ 后,只需在信息位后面加上 $x^{n-k}\boldsymbol{m}(x)$ 按模 $g(x)$ 运算的余式,就可编得系统循环码的码字,及标准生成矩阵,如式(9.81)。

⑤ 循环码的伴随式 $\boldsymbol{S}(x)$ 是错误图样 $\boldsymbol{E}(x)$ 按模 $g(x)$ 运算的余式,也是接收多项式 $\boldsymbol{R}(x)$ 按模 $g(x)$ 运算的余式,如式(9.97)。若 $\boldsymbol{S}(x)=\boldsymbol{0}$,则认为传输中没有差错,否则认为传输中有差错。循环码的译码问题就成为计算接收多项式 $\boldsymbol{R}(x)$ 以 $g(x)$ 为模的余式,并由此判断和纠正传输中的差错。

循环码的设计就是寻找 $n-k$ 次生成多项式 $g(x)$。而 $g(x)$ 是 x^n+1 的因式,一般 x^n+1 的因子个数有限,因此给定码长 n 后,能找到的 $g(x)$ 个数较少,所能生成的循环码也较少。若把已得的循环码缩短,就能增加 n,k 的取值个数,相应扩大了码的数目。

在给定的 (n,k) 循环码码字集合中,选取前边 $i(i<k)$ 个信息位全为零的码字构成一个子集。这个子集共有 2^{k-i} 个码字。然后,将这子集中所有码字前 i 个零元去掉,这样码字长度为 $(n-i)$。

这个缩短码字的集合构成$(n-i,k-i)$线性码，称其为**缩短循环码**。由于缩短循环码由循环码中去掉前面i个零构成，并没有去掉码元为1的码位，故这个码最小距离未变，因此其纠错能力不变。

因为缩短循环码中每一个码字都是原循环码中次数小于等于$(n-i)$次的码多项式，所以缩短循环码中每个码多项式仍能被原循环码的生成矩阵$g(x)$除尽。缩短循环码的生成矩阵可由原循环码的生成矩阵去掉左边i列和上边i行得到，它是$(k-i)\times(n-i)$矩阵。因此，缩短循环码编码和伴随式计算与原循环码相同。其编译码电路也与原循环码同样简捷易于实现。

缩短循环码不一定仍是循环码。由于在与计算机有关的各类信息处理系统中，数据长度都为2的幂次，所以有时需要将码长适当缩短，使其能与之适应。故在与计算机有关的信息处理系统与通信系统中常常选用的是缩短循环码。

9.4.4 循环码的编、译码器

一种纠错编码的好坏，除了取决于其纠错能力强、误码概率小、码率高，很重要的是取决于其能否易于实现，也就是要求编、译码器简便又易构建。而循环码具有这些特点，故得到广泛应用。本小节只对循环码的编、译码器进行简要介绍。

1. 循环码的编码器

当确定了(n,k)循环码的生成多项式$g(x)$后，编码方法就是将信息多项式乘以x^{n-k}，得$x^{n-k}\boldsymbol{m}(x)$；然后除$g(x)$求得余式，码多项式就是信息多项式加上余式，即得所求码字。故循环码的编码是由多项式的乘法、除法及加法运算完成的。

为此，系统循环码的编码器可由移位寄存器及各类数字逻辑电路来实现，使编码电路相当简单，易于构建。

图9.6所示的是(7,4)系统循环码的$(n-k)$级移位寄位组成的编码电路原理图。(7,4)码的生成多项式$g(x)=x^3+x+1$。

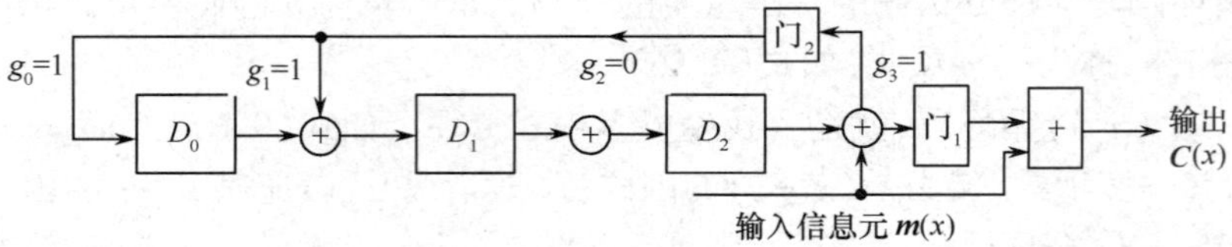

图9.6　(7,4)系统循环码的编码电路原理图

图中：$\boxed{D_i}$是二进制移位寄存器，一般用触发器组成；$\rightarrow\oplus\rightarrow$是模二加法器，即异或门电路；$\boxed{\text{门}_i}$是门电路；$\boxed{+}$是或门电路。

当生成多项式中$g_i=1$时接通连线；当$g_i=0$时断开连线即不接连线。因为首项和尾项都是1，即$g_0=g_{n-k-1}=1$，表示接通，一定有连线。编码电路中移位寄存器的个数为$r=n-k$。现为(7,4)码，移位寄存器只需$r=3$个。

该电路是自动乘以$x^{n-k}=x^3$的除法电路。图中起节拍作用的移位脉冲电路没有画出，并且此电路是高次项的信息元先输入。

此电路的基本工作过程是：

首先门$_1$关闭，门$_2$开启。前4个脉冲节拍时，信息元以高位至低位依次输入电路完成乘法及除法运算；同时从或门输出码字的信息元。当4个信息元输出后，电路除法运算正好完成，移位寄存器内存储的是所求余式。(其中 D_0,D_1,D_2 中存储的分别为 x^0,x^1,x^2 的系数。)

然后,门$_1$ 开启,门$_2$ 关闭,将寄存器中的余式系数通过或门移位输出。经过了 7 个节拍,编码器就输出完整的码字。

三个余式系数输出后,电路门$_2$ 又开启,门$_1$ 关闭,重新编其他的码字。

这种电路只需 $n=7$ 次移位,即 7 个时间节拍就可以把编好的系统码字送入信道。此码字先输出的是信息位,后是监督位。对应的码多项式是高次项系数在前降幂输出的。

以送入信息元(0111)为例,将其编码运算过程用表 9.9 列出。

表 9.9　图 9.6 编码电路的运算过程

时 间	输 入	移位后存储器状态 D_0	D_1	D_2	门$_2$ 输出	门$_1$ 输出	或门输出
0 起始	0	0	0	0	0	0	0
1	0 (信息元)	0	0	0	0	0	0 (信息元)
2	1	1	1	0	1	0	1
3	1	1	0	1	1	0	1
4	1	0	1	0 (余式)	0	0	1
5	0	0	0	1	0	0 (余式)	0 (校验元)
6	0	0	0	0	0	1	1
7	0	0	0	0	0	0	0

上述讨论的是一个主要由 3 级移位寄存器组成的(7,4)系统循环码的编码器。任何(n,k)系统循环码都可类似地由 $r=n-k$ 级移位寄存器构成的编码器来实现。

当校验位 r 大于信息位 k 很多时,编码器将由许多移位寄存器组成。这时,可根据一致校验方程式(9.88)进行编码,可用 k 级移位寄存器循环移位实现。详细内容读者可参阅参考书目[19]。

由上面讨论可以看到循环码的编码电路很简单,尤其是数字集成电路高度发展的今天,这种编码器极易实现。所以一般实际使用的都是循环码。

2. 循环码的译码器

纠错编码的译码就是要对失真的接收数字信号,做出正确的判断。当信号失真严重时,仍然做出是"0"或"1"码元的判决,称其为**硬判决译码**。若对失真信号,只输出对它判定的信息,如求出有关它是"0"或"1"的后验概率,称其为**软判决译码**。若不做判定,只输出一个删除符号,这是第三种判决方法。

循环码的伴随多项式 $\boldsymbol{S}(x)$ 能反映出信道中错误图样 $\boldsymbol{R}(x)$ 的信息,并且两者之间存在某种对应关系,所以可以与其他线性分组码一样,利用伴随多项式进行译码。

对于循环码可以利用其重要的循环移位性质,来简化伴随式的计算,即:接收码字$\boldsymbol{R}(x)$循环移位 i 次的伴随式就是 $\boldsymbol{R}(x)$ 的伴随式循环移位 i 次。设 $\boldsymbol{R}(x)\equiv\boldsymbol{S}(x)\pmod{g(x)}$,则有

$$x^i\boldsymbol{R}(x)\equiv x^i\boldsymbol{S}(x)\quad(\bmod\ g(x))\quad 1\leqslant i\leqslant n-1 \tag{9.98}$$

显然可得

$$\begin{cases}\boldsymbol{S}(x)\equiv\boldsymbol{R}(x)\equiv\boldsymbol{E}(x) & (\bmod\ g(x))\\ x^i\boldsymbol{S}(x)\equiv x^i\boldsymbol{R}(x)\equiv x^i\boldsymbol{E}(x)\quad 1\leqslant i\leqslant n-1 & (\bmod\ g(x))\end{cases} \tag{9.99}$$

这表明若 $\boldsymbol{E}(x)$ 是一个可纠正的错误图样,则 $\boldsymbol{E}(x)$ 的循环移位 $x\boldsymbol{E}(x),x^2\boldsymbol{E}(x),\cdots,x^{n-1}\boldsymbol{E}(x)$ 都是可纠正的错误图样。这样可以利用循环移位性质,把 $\boldsymbol{E}(x)$ 及其所有循环移位所得的错误图样都归为一类,用 $\boldsymbol{E}(x)$ 作为这一类的代表,如将所有一位差错的错误图样(10…00),

(01…00),…,(00…01)归为一类,以(10…00)为代表;将连续两位发生差错的错误图样归为一类,以(110…0)为代表等。这样可以大大减少需要识别错误图样的数目,简化译码时伴随式的计算。

循环码的译码方法有通用译码(梅吉特译码)法、捕错译码方法及大数逻辑译码方法等。

图 9.7 是基于错误图样识别的**通用译码器**即**梅吉特(Meggit)译码器**的原理图。它主要由伴随式计算电路(即移位寄存器组成的除法电路)、错误图样检测器(是具有 $n-k$ 个输入端的组合逻辑电路)及缓冲寄存器等组成。

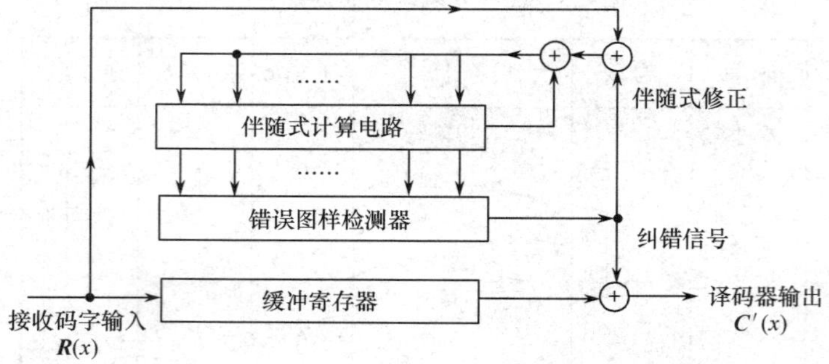

图 9.7　循环码的通用译码器

将接收码 $\boldsymbol{R}(x)$ 送入伴随式计算电路,求得伴随式 $\boldsymbol{S}(x)$。并同时将 $\boldsymbol{R}(x)$ 移入缓冲寄存器,暂时寄存,以便以后输出时纠正发现的错误。然后,把伴随式送入检测器,当错误图样检测器检出可纠的错误图样时,输出纠错信号,这表明缓存器输出的符号有错,则将其纠正。同时将此纠错信号送入伴随式计算电路,修正伴随式,从伴随式中去掉那个错误的影响。直到逐位完成纠错,接收码字纠错后作为所译码字 $\boldsymbol{C}'(x)$ 全部输出。最后伴随式寄存器中全呈"0"状态则表示错误全部予以纠正。否则就是检出了不可纠正的错误图样。

在构建纠正一位随机错误的循环码的译码器时,根据式(9.99)的循环移位性质,可用一个错误图样 $\boldsymbol{E}=(10\cdots00)$ 来代表所有一位差错的错误图样。这样,错误图样检测器只需识别错误图样 $\boldsymbol{E}$,使逻辑电路大大简化。

图 9.8 是(7,4)系统循环汉明码梅吉特译码器的原理图。图中三个移位寄存器组成伴随式计算电路,同于图 9.6 中的自动乘除电路。此码用于纠正一位随机错误,可以错误图样 $\boldsymbol{E}(x)=x^6$ 为代表,其对应的伴随式为 $\boldsymbol{S}(x)\equiv x^2+1\ (\mathrm{mod}\,g(x))\leftrightarrow\boldsymbol{S}=(101)$。因此,只需识别伴随式"101"这一种情况,错误图样检测器只需用一个非门和一个与门组成就行了。

首先,接收序列 7 位码元从高幂次项依次输入缓存器和伴随式计算电路,七位码元输入后,$D_2D_1D_0$ 的状态就是所求伴随式(D_2,D_1,D_0 分别存储了 x^2,x^1,x^0 的系数)。当 $D_2D_1D_0$ 呈"101"状态时,与门输出为"1",发出纠错信号。只要 $D_2D_1D_0$ 不呈"000"状态,就表示有错。此后将一边缓存器移位输出码元,一边伴随运算电路不断进行循环和除法运算。直至循环 i 次后出现"101"状态,此时发出纠错信号,而正好第 i 位码元移出,得到纠正。

以接收序列(0110010)为例,将其译码运算过程用表 9.10 列出。前 7 个节拍将七位码元以高幂次项依次输入,得接收序列对应的伴随式$(011)=(D_2D_1D_0)$,这时$(D_2D_1D_0)$不呈(000)状态,所以有错。但对应的 x^6 无错,所以第 8 个节拍时缓冲寄存器送出正确的信息位。当循环 3 次以后出现"101"状态时表示 x^3 有错,然后与门输出为"1",发出纠错信号,这时正好 x^3 项输出加以纠正。同时将伴随式计算电路恢复为"000"。后 7 个节拍输出了修正后的正确码字。

表 9.10　图 9.8 译码器的译码过程

时间	输入 $R(x)$	伴随式计算电路			与门输出纠错信号	缓冲寄存器输出	译码输出 $C'(x)$
		D_0	D_1	D_2			
起始		0	0	0			
1	0	0	0	0			
2	1	1	0	0			
3	1	1	1	0			
4	0	0	1	1			
5	0	1	1	1			
6	1	0	0	1			
7	0	1	1	0			
8		0	1	1	0	0	0
9		1	1	1	0	1	1
10		1	0	1	0	1	1
11		0	0	0	1	0	1
12		0	0	0	0	0	0
13		0	0	0	0	1	1
14		0	0	0	0	0	0

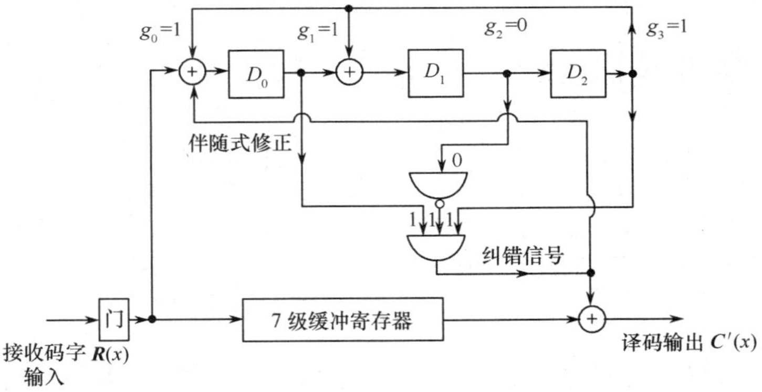

图 9.8　(7,4)循环汉明码梅吉特译码器的原理图

捕错译码方法是通用译码方法的变形。其纠错译码的思想是利用码的循环特性,把全部错误都移到校验码元的位置上。此时 $\boldsymbol{E}(x)$ 等于 $\boldsymbol{S}(x)$,因此只需把 $\boldsymbol{S}(x)$ 与校验位上的码元相加,就实现了纠错。

捕错译码方法的译码电路也比较简单。它特别适用于纠突发错误(错误集中出现的),但它不适用于码长较长、大纠错能力的高码率码。

大数逻辑译码方法也是一种硬判决译码,又称**门限译码**。它利用码的特殊结构简化了译码电路,因此它只适用于少数几种有特定结构的一类循环码。这类循环码称为**大数逻辑可译码**。

有关这几种循环码译码方法的详细讨论,可参阅参考书目[19][20]。

本节主要讨论了循环码的特性以及编译码原理和基本方法。在循环码中有一类很重要的子码,称为 **BCH 码**,它于 1959—1960 年,由霍昆格姆(Hocquenghem)、博斯(Bose)和查德胡里(Chaudhuri)分别独立提出。BCH 码是易于构造、能有效地纠正多个随机差错和应用最为广泛的一类好码。BCH 码除了有二元码,还可有 q 元码。而且 BCH 码的生成多项式 $g(x)$ 与其码的最小距离$d_{\min}$密切地联系起来。完全可以根据纠错能力和码长的要求,来选取生成多项式$g(x)$,构造出所需的*BCH*码。

在q元BCH码中又有一类重要而特殊的子码,称为**RS码**。它是以发现者里德—索洛蒙(Reed-Solomon)的姓氏首字母命名的。它特别适用于纠正突发错误,已被广泛用于无线通信及光、磁信息存储系统中。另外,在深空通信中,如在"探险者号"(Voyager)飞向木星和土星的航程中,就是以RS码为外码、卷积码为内码的级联码来实现信道编码的。

有关这些码的详细内容将涉及更多的数学知识,读者可参阅参考书目[19]、[21]、[22]。

9.5 卷　积　码

1955年,埃利斯(P. Elias)首次提出卷积码,它与前面所研究的分组码不同。前面的分组码是孤立地对信息序列中每个分组进行编码,每个信息组的校验元仅与本组信息元有关,没有考虑各组信息元之间的关联,这样就会丢失各分组之间的相关信息。而卷积码的编码器是有记忆的。其编码器仍首先将输入的信息序列分成各信息组,并按时间顺序逐次送入各个信息组,把t时刻送入的信息组记为$\boldsymbol{M}^t$。但编码器对$\boldsymbol{M}^t$编码时,其校验元将由$\boldsymbol{M}^t$中信息元和前面已送入的各信息组$\boldsymbol{M}^{t-1},\boldsymbol{M}^{t-2},\cdots,\boldsymbol{M}^{t-L}$中信息元共同确定或约束。通常称$L$(或$L+1$)为卷积码的约束长度(注意,约束长度的定义并无统一标准,也可称$n(L+1)$为约束长度。)。又常将卷积码记为(n,k,L),其中n表示码长,k表示信息位长,而约束长度L表示与前面L个时间段的信息组有关联。卷积码的编码效率(码率)$R=k/n$。

卷积码编码器的工作原理图如图9.9所示。

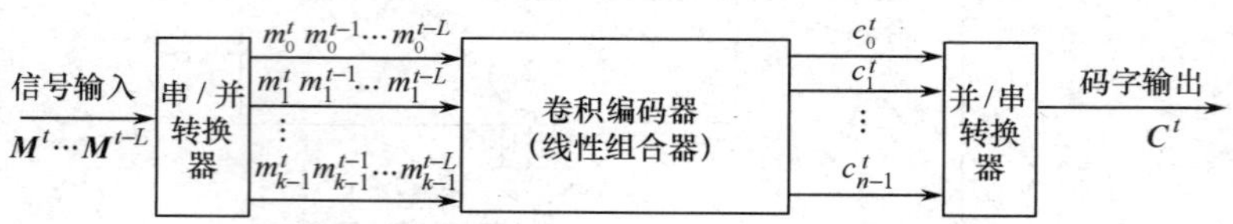

图9.9　卷积码编码器工作原理图

编码器将信息序列每k个信息元分成一组,又通过串/并转换器将串行的每组信息元转换成并行输出,分别存入k个$L+1$级移位寄存器中,形成$k\times(L+1)$的记忆阵列。然后按一定规则对记忆阵列中的数据进行线性组合,得出t时刻码字$\boldsymbol{C}^t$的各码元$c_j^t(j=0,1,\cdots,n-1)$,再经过并/串转换器转换成串行输出$\boldsymbol{C}^t=(c_0^tc_1^t\cdots c_{n-1}^t)$。

卷积码中的大多数好码是由计算机搜索得到的,其性能还与译码方法有关。卷积码的纠错能力随着约束长度L的增加而增大。一般情况下卷积码的纠错性能优于分组码,但卷积码却缺乏严密和有效的数学分析方法。目前,大都采用两类分析方法,一类是用生成矩阵和多项式的解析方法,另一类是用状态流程图和网格图等图解方法来刻画与研究卷积码。

9.5.1　卷积码的解析表示

本节先从举例出发,了解卷积码的编码原理,以及卷积码的矩阵表示方式。

【例9.17】　设二元(3,1,2)卷积码的编码器原理图如图9.10所示,求此码的生成矩阵。

本题中码字长度$n=3$,信息组长度$k=1$,约束长度$L=2$,即校验元与前面输入的两个信息组有关。因为$k=1$,也就是t时刻输出码字的校验元只与前面两个信息元m_0^{t-1}、m_0^{t-2}有关,并假设编码器工作开始时缓存器都已全部清零。

根据图 9.10 中的连线可知，t 时刻输出码字 $\boldsymbol{C}^t=(c_0^t\ c_1^t\ c_2^t)$ 中各码元为

$$\begin{cases}c_0^t=m_0^t\\ c_1^t=m_0^t+m_0^{t-1}\\ c_2^t=m_0^t+m_0^{t-1}+m_0^{t-2}\end{cases}\tag{9.100}$$

（注：这里上标表示为时序；下标表示码字中码元及信息组中信息元的顺序号，而且以 $0,1,2,\cdots,n-1$ 排序，并以升序号为先进先出的输入输出顺序，它不同于前面分组码中的标号顺序。）

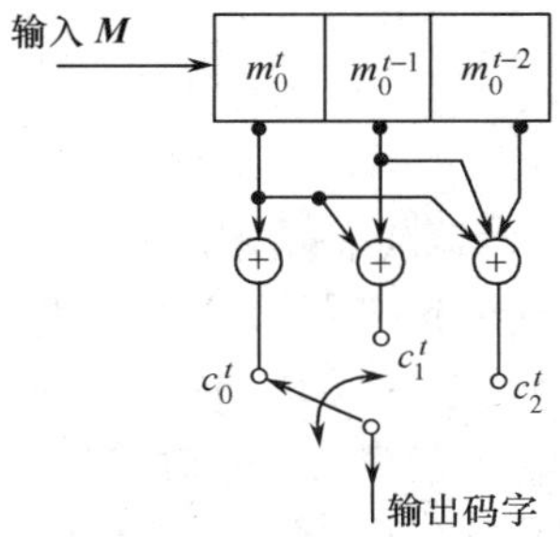

图 9.10　二元(3,1,2)卷积码编码器原理图

设输入信息序列为 $m_0m_1m_2m_3\cdots$，因 $k=1$，所以分成信息组后仍为原序列，改标为 $m_0^0m_0^1m_0^2m_0^3\cdots$，通过编码器输出的码字序列应为

$$\begin{aligned}&\boldsymbol{C}^0\ \boldsymbol{C}^1\ \boldsymbol{C}^2\ \boldsymbol{C}^3\cdots\boldsymbol{C}^t\cdots\\ &=(m_0^0\ \ m_0^0\ \ m_0^0)(m_0^1\ \ m_0^1+m_0^0\ \ m_0^1+m_0^0)(m_0^2\ \ m_0^2+m_0^1\ \ m_0^2+m_0^1+m_0^0)(m_0^3\ \ m_0^3+m_0^2\ \ m_0^3+m_0^2+m_0^1)\cdots\\ &\quad(m_0^t\ \ m_0^t+m_0^{t-1}\ \ m_0^t+m_0^{t-1}+m_0^{t-2})\cdots\end{aligned}$$

它是一个有头无尾的半无限序列。将上式输出码字写成矩阵形式为

$$\boldsymbol{C}^0\boldsymbol{C}^1\boldsymbol{C}^2\boldsymbol{C}^3\cdots=(m_0^0m_0^1m_0^2m_0^3\cdots)\begin{bmatrix}1\,1\,1\,0\,1\,1\,0\,0\,1\,0\,0\,0\,0\,0\,0\cdots\\ 0\,0\,0\,1\,1\,1\,0\,1\,1\,0\,0\,1\,0\,0\,0\cdots\\ 0\,0\,0\,0\,0\,0\,1\,1\,1\,0\,1\,1\,0\,0\,1\cdots\\ 0\,0\,0\,0\,0\,0\,0\,0\,0\,1\,1\,1\,0\,1\,1\cdots\\ 0\,0\,0\,0\,0\,0\,0\,0\,0\,0\,0\,0\,1\,1\,1\cdots\\ \vdots\qquad\quad\vdots\qquad\quad\vdots\end{bmatrix}\tag{9.101}$$

式(9.101)中的矩阵是一个半无限矩阵。与分组码中式(9.32)比较，可得

$$\boldsymbol{C}=\boldsymbol{C}^0\boldsymbol{C}^1\boldsymbol{C}^2\boldsymbol{C}^3\cdots,\qquad \boldsymbol{M}=m_0^0m_0^1m_0^2m_0^3\cdots$$

有

$$\boldsymbol{C}=\boldsymbol{M}\cdot\boldsymbol{G}_\infty\tag{9.102}$$

得如图 9.10 所示(3,1,2)卷积码的**生成矩阵**

$$\boldsymbol{G}_\infty=\begin{bmatrix}111\ 011\ 001\ 000\ 000\cdots\\ \quad 111\ 011\ 001\ 000\cdots\\ \qquad 111\ 011\ 001\cdots\\ \qquad\quad 111\ 011\cdots\\ \qquad\qquad 111\cdots\\ \qquad\qquad\quad\ddots\end{bmatrix}\tag{9.103}$$

从上式可知，$\boldsymbol{G}_\infty$ 中每一行都由第一行每次右移 3 位组成（因码长 $n=3$），也可以说，$\boldsymbol{G}_\infty$ 完全由第一行确定。而第一行中也只有前面 9 位（3 组）数字起作用（因 $n=3$，又 $L=2$，即 3 个信息组之间有约束关系，所以码字中总的约束长度为 $n(L+1)=9$）。

在这一行前 9 位数字可分成 3 组即(111)、(011)、(001)。从式(9.100)可看出这 3 组数字正好反映了 $t,t-1,t-2$ 时刻输入的信息元对 t 时刻输出码字中所有码元的校验关系，它们完全由编码器中的连线确定。一般表示为

$$G^0=(g_{00}^0 g_{01}^0 g_{02}^0)=(111),\ G^1=(g_{00}^1 g_{01}^1 g_{02}^1)=(011)$$

$$G^{L=2}=(g_{00}^2 g_{01}^2 g_{02}^2)=(001)$$

$$g_\infty=[G^0 G^1 G^2 00\cdots]=[111\ 011\ 001\ 00\cdots]$$

式中符号 $g_{00}^0 g_{01}^0 g_{00}^1 g_{01}^1 \cdots g_{00}^2 \cdots$统一用 g_{ij}^l表示，g_{ij}^l、$l=0,1,\cdots,L=2$；$i=0,\cdots,k-1=0$；$j=0,1,\cdots,n-1=2$，它表示约束长度内第 l 个输入信息组中第 i 位信息元是否参与输出码字中第 j 位码元的校验情况，$g_{ij}^l=0$ 表示不参与，$g_{ij}^l=1$ 表示参与。例如，由图 9.10 看出，当约束长度 $l=0$ 时（即 t 时刻），输入信息元 m_0^t 对输出码字C^t中所有位码元都有校验作用，得 $g_{00}^0=g_{01}^0=g_{02}^0=1$。又当约束长度 $l=1$ 时（即 t 前一时刻），输入的信息元（$k=1$，即 $i=0$）m_o^{t-1} 是参与对输出码字 C^t中第 2 位和第 3 位码元校验（$j=1$ 和 $j=2$）的，所以得 $g_{01}^1=g_{02}^1=1$。而它不参与对输出码字中第 1 位码元的校验，所以当 $j=0$ 时 $g_{00}^1=0$。同样，可由图 9.10 确定其他所有 g_{ij}^l的数值。可见 g_{ij}^l的数值由编码器的连线确定。

一般称 g_∞ 为卷积码的**基本生成矩阵**。

【例 9.18】 设二元(3,2,2)卷积码编码器原理图如图 9.11 所示。求此码的生成矩阵。

本题码长 $n=3$，信息组长度 $k=2$，约束长度 $L=2$。设输入信息序列为 $M=m_0m_1m_2m_3m_4m_5,\cdots$每 2 个信息元分成一组 $m_0m_1, m_2m_3, m_4m_5,\cdots$为了分析方便将它改写成 $M=M^0, M^1, M^2,\cdots, M^{t-2}, M^{t-1}, M^t,\cdots=m_0^0m_1^0, m_0^1m_1^1, m_0^2m_1^2,\cdots, m_0^{t-2}m_1^{t-2}, m_0^{t-1}m_1^{t-1}, m_0^tm_1^t\cdots$。通过输入开关将串行信号转变成并行信号，分别存入 $k=2$ 个移位寄存器中。

根据图 9.11 中连线可得 t 时刻输出码字 C^t

$$\begin{cases} c_0^t=m_0^t \\ c_1^t=m_1^t \\ c_2^t=m_0^t+m_1^t+m_0^{t-2}+m_1^{t-1} \end{cases} \tag{9.104}$$

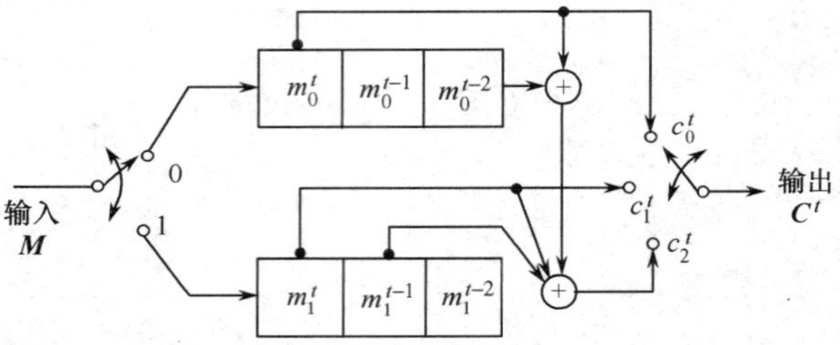

图 9.11　二元(3,2,2)卷积码编码器的原理图

同样，编码器输出的是一个半无限码字序列，得

$$C^0C^1C^2C^3\cdots$$
$$=(m_0^0\ \ m_1^0\ \ m_0^0+m_1^0)(m_0^1\ \ m_1^1\ \ m_0^1+m_1^1+m_0^0)(m_0^2\ \ m_1^2\ \ m_0^2+m_1^2+m_0^0+m_1^1)(m_0^3\ \ m_1^3\ \ m_0^3+m_1^3+m_0^1+m_1^2)\cdots$$

将上式写成矩阵形式为

$$C^0C^1C^2C^3\cdots=(m_0^0m_1^0m_0^1m_1^1m_0^2m_1^2m_0^3m_1^3\cdots)\begin{bmatrix} 101 & 000 & 001 & 000 & 000 & 000\cdots \\ 011 & 001 & 000 & 000 & 000 & 000\cdots \\ & 101 & 000 & 001 & 000 & 000\cdots \\ & 011 & 001 & 000 & 000 & 000\cdots \\ & & 101 & 000 & 001 & 000\cdots \\ & & 011 & 001 & 000 & 000\cdots \\ & & & 101 & 000 & 001\cdots \\ & & & 011 & 001 & 000\cdots \\ & & & & & \ddots \end{bmatrix} \tag{9.105}$$

同样可得(3,2,2)卷积码的**生成矩阵**为

$$
G_\infty = \begin{bmatrix} 101\ 000\ 001\ 000\ 000\cdots & & & \\ 011\ 001\ 000\ 000\ 000\cdots & & & \\ & 101\ 000\ 001\ 000\cdots & & \\ & 011\ 001\ 000\ 000\cdots & & \\ & & 101\ 000\ 001\cdots & \\ & & 011\ 001\ 000\cdots & \\ & & & \ddots \end{bmatrix} \tag{9.106}
$$

它也是一个半无限矩阵。现在的基本生成矩阵是 $g_\infty = \begin{bmatrix} 101\ 000\ 001\ 000\cdots \\ 011\ 001\ 000\ 000\cdots \end{bmatrix}$。它每次右移 3 位组成生成矩阵 G_∞。因为现在 $k=2$，所以 g_∞ 中含 2 行。同样，因 $L=2, n=3$，每行只有前 9 位数字起作用。也可得到前面 0,1,$L=2$ 各时刻，输入信息组中第 $i=0,1$ 两位信息元对输出码字中各码元的校验关系。由图 9.11 中连线确定

$$
g_{00}^0=1, g_{01}^0=0, g_{02}^0=1,\quad g_{00}^1=0, g_{01}^1=0, g_{02}^1=0,\quad g_{00}^2=0, g_{01}^2=0, g_{02}^2=1,
$$
$$
g_{10}^0=0, g_{11}^0=1, g_{12}^0=1,\quad g_{10}^1=0, g_{11}^1=0, g_{12}^1=1,\quad g_{10}^2=0, g_{11}^2=0, g_{12}^2=0
$$

得

$$
G^0 = \begin{bmatrix} g_{00}^0 & g_{01}^0 & g_{02}^0 \\ g_{10}^0 & g_{11}^0 & g_{12}^0 \end{bmatrix}_{k\times n} = \begin{bmatrix} 1 & 0 & 1 \\ 0 & 1 & 1 \end{bmatrix}_{2\times 3}
$$
$$
G^1 = \begin{bmatrix} g_{00}^1 g_{01}^1 g_{02}^1 \\ g_{10}^1 g_{11}^1 g_{12}^1 \end{bmatrix}_{k\times n} = \begin{bmatrix} 0 & 0 & 0 \\ 0 & 0 & 1 \end{bmatrix}_{2\times 3}
$$
$$
G^2 = \begin{bmatrix} g_{00}^2 g_{01}^2 g_{02}^2 \\ g_{10}^2 g_{11}^2 g_{12}^2 \end{bmatrix}_{k\times n} = \begin{bmatrix} 0 & 0 & 1 \\ 0 & 0 & 0 \end{bmatrix}_{2\times 3}
$$
$$
g_\infty = [G^0\ G^1\ G^2\ \mathbf{0}\ \mathbf{0}\cdots] = \begin{bmatrix} 101\ 000\ 001\ 000\cdots \\ 011\ 001\ 000\ 000\cdots \end{bmatrix} \tag{9.107}
$$

式中，G^0, G^1, G^2 反映了在约束长度 $l=0,1,2$ 内输入信息组中各信息元对输出码字中各码元的影响。因此，(3,2,2) 卷积码的生成矩阵可写成：

$$
G_\infty = \begin{bmatrix} G^0 & G^1 & G^2 & \mathbf{0} & \mathbf{0} & \mathbf{0} & \cdots \\ & G^0 & G^1 & G^2 & \mathbf{0} & \mathbf{0} & \cdots \\ & & G^0 & G^1 & G^2 & \mathbf{0} & \cdots \\ & & & \ddots & & & \end{bmatrix}
$$

则由式(9.105)可得编码器输出码字为

$$
C = (C^0\ C^1\ C^2\ C^3\cdots) = (M^0\ M^1\ M^2\ M^3\cdots)\cdot G_\infty = M\cdot G_\infty \tag{9.108}
$$

由式(9.108)可将式(9.104)写成矩阵形式：

$$
C^t = M^t\cdot G^0 + M^{t-1}\cdot G^1 + M^{t-2}\cdot G^2 \qquad t=0,1,\cdots \tag{9.109}
$$

可见，卷积码任意时刻 t 输出码字各码元的取值与约束长度 L 内的信息组有关，又各信息组中各信息元对输出码元的作用由 $G^0, G^1, \cdots, G^L$ 确定，而编码器中各连线决定了 $G^0, G^1, \cdots, G^L$ 中各元素的取值。

通过前两例的分析，可推广得一般卷积码的生成矩阵（详细推导参阅参考书目[21]）。

设图 9.9 中 (n,k,L) 卷积码中，t 时刻输出码字和 $t, t-1, \cdots, t-L$ 时刻输入的信息组分别为

$$
C^t = (c_0^t c_1^t \cdots c_{n-2}^t c_{n-1}^t)
$$
$$
M^t = (m_0^t m_1^t \cdots m_{k-1}^t),\ M^{t-1} = (m_0^{t-1} m_1^{t-1} \cdots m_{k-1}^{t-1}),\ \cdots,\ M^{t-L} = (m_0^{t-L} m_1^{t-L} \cdots m_{k-1}^{t-L})
$$

由式(9.108)和式(9.109)推广得

$$\boldsymbol{C}^t=\boldsymbol{M}^t\cdot\boldsymbol{G}^0+\boldsymbol{M}^{t-1}\cdot\boldsymbol{G}^1+\cdots+\boldsymbol{M}^{t-l}\cdot\boldsymbol{G}^l+\cdots+\boldsymbol{M}^{t-L}\cdot\boldsymbol{G}^L \tag{9.110}$$

$$\boldsymbol{C}=(\boldsymbol{C}^0\boldsymbol{C}^1\boldsymbol{C}^2\cdots\boldsymbol{C}^L\boldsymbol{C}^{L+1}\cdots)$$

$$=(\boldsymbol{M}^0\boldsymbol{M}^1\boldsymbol{M}^2\cdots\boldsymbol{M}^L\boldsymbol{M}^{L+1}\cdots)\cdot\begin{bmatrix}\boldsymbol{G}^0 & \boldsymbol{G}^1 & \boldsymbol{G}^2 & \cdots & \boldsymbol{G}^L & \boldsymbol{0} & \boldsymbol{0} & & \cdots\\ \boldsymbol{0} & \boldsymbol{G}^0 & \boldsymbol{G}^1 & \cdots & \boldsymbol{G}^{L-1} & \boldsymbol{G}^L & \boldsymbol{0} & & \cdots\\ \boldsymbol{0} & \boldsymbol{0} & \boldsymbol{G}^0 & \cdots & \boldsymbol{G}^{L-2} & \boldsymbol{G}^{L-1} & \boldsymbol{G}^L & \boldsymbol{0} & \cdots\\ & & \ddots & & & & & & \end{bmatrix} \tag{9.111}$$

$$=\boldsymbol{M}\cdot\boldsymbol{G}_\infty \tag{9.112}$$

其中

$$\boldsymbol{G}^l=\begin{bmatrix}g_{00}^l & g_{01}^l & \cdots & g_{0(n-1)}^l\\ g_{10}^l & g_{11}^l & \cdots & g_{1(n-1)}^l\\ \vdots & \vdots & & \vdots\\ g_{(k-1)0}^l & g_{(k-1)1}^l & \cdots & g_{(k-1)(n-1)}^l\end{bmatrix}_{k\times n}\quad l=0,1,\cdots,L \tag{9.113}$$

称为**生成子矩阵**。它反映了 t 时刻输出码字中各码元 $c_0^tc_1^t\cdots c_{n-1}^t$ 与在约束长度内 t 时刻以前第 l 个信息组中各信息元的校验和的约束关系。生成子矩阵中各元素 $g_{ij}^l(i=0,1,\cdots,k-1;j=0,1,\cdots,n-1;l=0,1,\cdots,L)$ 表示在约束长度内,第 $(t-l)$ 时刻的信息组中各信息元 $m_i^{t-l}(i=0,1,\cdots,k-1)$ 对 t 时刻输出码字的各码元 $c_j^t(j=0,1,\cdots,n-1)$ 的校验关系。g_{ij}^l 可由编码电路连线决定,反之亦然。

由式(9.112)得卷积码的**生成矩阵**为

$$\boldsymbol{G}_\infty=\begin{bmatrix}\boldsymbol{G}^0 & \boldsymbol{G}^1 & \boldsymbol{G}^2 & \cdots & \boldsymbol{G}^L & \boldsymbol{0} & \boldsymbol{0} & & \cdots & \boldsymbol{0} & \cdots\\ \boldsymbol{0} & \boldsymbol{G}^0 & \boldsymbol{G}^1 & \cdots & \boldsymbol{G}^{L-1} & \boldsymbol{G}^L & \boldsymbol{0} & & \cdots & \boldsymbol{0} & \cdots\\ \boldsymbol{0} & \boldsymbol{0} & \boldsymbol{G}^0 & \cdots & \boldsymbol{G}^{L-2} & \boldsymbol{G}^{L-1} & \boldsymbol{G}^L & \boldsymbol{0} & \cdots & \boldsymbol{0} & \cdots\\ & & \ddots & & \cdots & & \ddots & & & & \cdots\end{bmatrix} \tag{9.114}$$

$\boldsymbol{G}_\infty$ 中每一行由 $\boldsymbol{G}^l(l=0,1,\cdots,L)$ 和零矩阵组成,而且是由第一行逐次右移形成其他各行的。把 $\boldsymbol{G}_\infty$ 的第一行记为 $\boldsymbol{g}_\infty$,称为**基本生成矩阵**。

$$\boldsymbol{g}_\infty=[\boldsymbol{G}^0\ \boldsymbol{G}^1\ \boldsymbol{G}^2\cdots\ \boldsymbol{G}^{L-1}\ \boldsymbol{G}^L\ \boldsymbol{0}\cdots] \tag{9.115}$$

式中,$\boldsymbol{G}^l(l=0,1,2,\cdots,L)$ 都是 $k\times n$ 阶矩阵,而 $\boldsymbol{0}$ 也是 $k\times n$ 阶零矩阵。

$\boldsymbol{G}_\infty$ 和 $\boldsymbol{g}_\infty$ 都是半无限矩阵。式(9.103)、式(9.106)正是式(9.114)的具体形式。

有了卷积码的生成矩阵,就可以根据式(9.112)对输入的信息序列 $\boldsymbol{M}$ 进行编码,输出码字。

【例 9.19】(续例 9.17)　在图 9.10 所示的二元(3,1,2)卷积码的编码器中输入信息序列为 111001…,求编码器输出的码字。

根据式(9.112)可得

$$\boldsymbol{C}=(111001\cdots)\begin{bmatrix}111 & 011 & 001 & 000 & 000 & 000\cdots\\ & 111 & 011 & 001 & 000 & 000\cdots\\ & & 111 & 011 & 001 & 000\cdots\\ & & & 111 & 011 & 001\cdots\\ & & & & 111 & 011\cdots\\ & & & & & 111\cdots\\ & & & & & \ddots\end{bmatrix}=(111,100,101,010,001,111,\cdots)$$

9.5.2　卷积码的图解表示

卷积码的编码器是有记忆的,根据这一特点可以用树状图、状态图和网格图等图解表示方法来描述卷积码。这种图解表示方法能很好地反映出卷积码的编、译路径,所以它们是描述卷积码的有力工具。

卷积码的树状图中有较多的重复性,而状态图和网格图是一种更为紧凑的图形表示,所以我们主要分析讨论卷积码的状态图和网格图表示法。

由图9.9可以看到,输出码字$\boldsymbol{C}^t$是由t时刻输入的信息组$\boldsymbol{M}^t$和已输入的前L个信息组共同决定的。将编码器中存储前L个信息组的移位寄存器阵列等价地称为**记忆阵列**,它共有$k\times L$个存储单元。当输入一个新的信息组时,其存储单元的内容才会变化。记忆阵列存储的内容称为**编码器的状态**S_t,即t时刻的状态为$S_t=(\boldsymbol{M}^{t-1},\cdots,\boldsymbol{M}^{t-L})$。下一时刻($t+1$时刻)$\boldsymbol{M}^t$移入,$\boldsymbol{M}^{t-L}$移出,状态变为

$$S_{t+1}=(\boldsymbol{M}^t,\boldsymbol{M}^{t-1},\cdots,\boldsymbol{M}^{t-L+1})$$

S_t向下一状态S_{t+1}变化,称为**状态转移**。对于二元码来说,该记忆阵列的状态最多可以有2^{kL}个,但状态转移是有限数量的。比较S_{t+1}与S_t,只有$\boldsymbol{M}^t$是新的输入信息组,其余都是已有的。对二元码,$\boldsymbol{M}^t$只有2^k种不同组合,所以只有2^k种状态的转移是存在的。也就是每时刻只可能从原状态转移到其中2^k个状态中去。当输入信息组确定时,从原状态S_t到下一个状态S_{t+1}的转移也是完全确定的。

如果把所有可能状态S用小圆表示,用箭头连线表示状态之间的转移,就得到卷积码的**状态流图**。

状态流图表示了状态转移规律,但其缺点是缺乏动态轨迹。这时若增加一个时间轴,就可表示出t时刻到$t+1$时刻的状态转移。并可用箭头表示出**动态转移轨迹**(又称**路径**或**路线**)。所得到的图称为**网格图**(或称**格子图**、**篱笆图**)。

【例9.20】(续例9.17)　试用状态流图和网格图描述例9.17中的(3,1,2)卷积码。

因为$k=1,L=2$,记忆阵列只有1行2列,t时刻记忆阵列的内容是$m_0^{t-1}m_0^{t-2}$,由$m_0^{t-1}m_0^{t-2}$的取值决定了记忆状态,在二元码时共有$2^{1\times2}=2^2=4$种状态,即标为$S_0=(00)$,$S_1=(01)$,$S_2=(10)$,$S_3=(11)$。又$k=1$,输入$m^t=0$或1时,状态就发生转移,因此每个状态只有两条输出箭头连线表示它的转移情况。

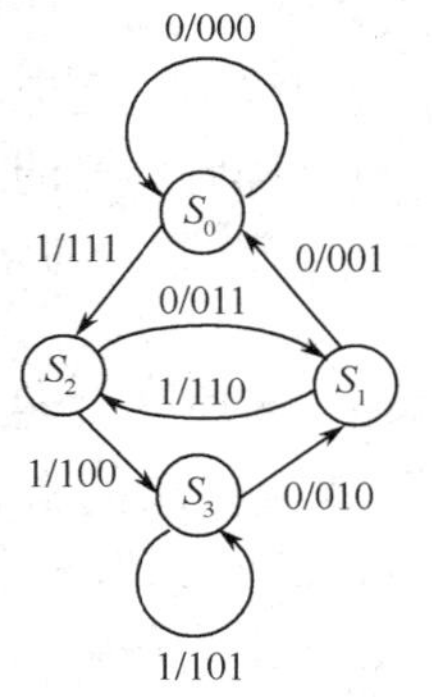

图9.12　(3,1,2)卷积码状态流图

图9.12就是(3,1,2)卷积码的状态流图,只有4个小圆代表4种状态。箭头连线表示状态转移,其上的数字如1/111表示输入信息元为“1”时,编得输出码字为“111”。

若某t时刻原状态为$m_0^{t-1}m_0^{t-2}=S_0=$“00”,当输入$m_0^t=$“0”时,根据图9.10可得输出码字$c_0^t=0$、$c_1^t=0$、$c_2^t=0$,$\boldsymbol{C}^t=(000)$。那么,下一时刻$t+1$时,因记忆阵列移位,m_0^t移入、m_0^{t-2}移出,状态仍为$S_0=$“00”。若某t时刻原状态$m_0^{t-1}m^{t-2}=S_0=$“00”,而输入$m_0^t=$“1”时,同样可求得输出码字$c_0^t=1$、$c_1^t=1$、$c_2^t=1$,$\boldsymbol{C}^t=(111)$。此时,下一时刻,记忆阵列移位后,状态变成$S_2=$“10”。其他类似求解,就可得图9.12所示的状态转移图。

在网格图中画出了时间横轴线,状态用小黑圆点来表示,箭头线依旧表示状态转移关系,并仍用$m_0^t/\boldsymbol{C}^t$表示输入信息与输出码字。得(3,1,2)卷积码的网格图如图9.13所示。

若输入信息序列如例9.19所示为111001…,可根据状态流图逐步找到相应箭头和状态的转移,得

$$S_0\xrightarrow{1/111}S_2\xrightarrow{1/100}S_3\xrightarrow{1/101}S_3\xrightarrow{0/010}S_1\xrightarrow{0/001}S_0\xrightarrow{1/111}S_2\cdots \tag{9.116}$$

由此很快求得输入信息序列为111001…,输出的码字序列为111,100,101,010,001,111,…。

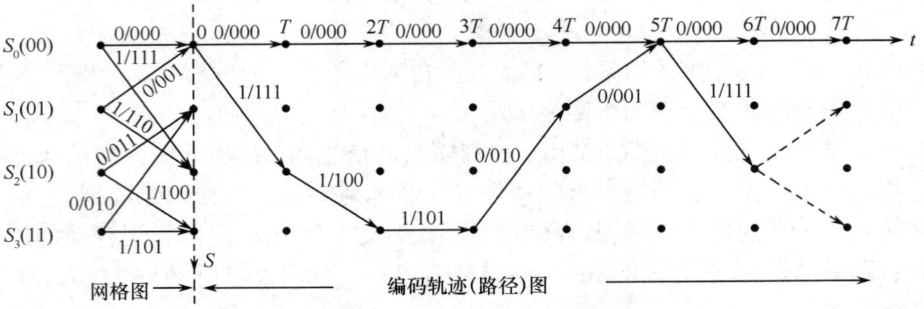

图 9.13 (3,1,2)卷积码的网格图

它完全等同于用生成矩阵计算所得的码字。

表达式(9.116)可在网格图上画出。图中以横轴为时间轴,以 T 为时间间隔,而纵轴为状态 S 轴,方向向下,可得输入信息序列对应的编码轨迹图(路径图),如图 9.13 中 S 轴右侧所示。网格图在研究卷积码的性能及维特比译码时,是一个有力的重要工具。

9.5.3 卷积码的维特比译码

卷积码的译码主要有两大类,代数译码和概率译码。代数译码是基于码的代数结构,通过计算伴随式而实现的。而概率译码不仅基于码的代数结构而且还利用了信道差错的统计特性,因此它能充分发挥卷积码的特点,使译码错误概率极小。

卷积码的概率译码算法主要有两种,一是序列译码,二是维特比译码。维特比译码是维特比(A. J. Viterbi)于 1967 年提出的。它基于卷积码的网格图结构。它的优点是译码错误概率可以达到很小,算法效率高,速度快,译码器较简单易于实现。故在实际通信中尤其是卫星通信和蜂窝网通信系统中得到广泛应用。

维特比译码算法的基本原理是利用网格图,将接收序列与所有可能的发送信号序列(即网格图中所有可能的路径)进行比较,选择其中汉明距离最小的序列(即汉明距离为最短的路径),译为发送序列。

现用下例具体说明维特比的译码算法。

【例 9.21】(续例 9.20) 在例 9.20 中讨论了如何用网络图对 $(n,k,L)=(3,1,2)$ 卷积码的输入信息序列进行编码。为了在编码时使移存器中的信息位全部移出,一般都会在信息序列后加 $L+1$ 个“0”信息元,本题加入 3 个“0”信息元。设输入信息序列为(111001)并加三个“0”,即(111001000)。其编码器输出码字为 $\boldsymbol{C}=$(111 100 101 010 001 111 011 001 000)。若通过信道传输后接收序列为 $\boldsymbol{R}=$(111 000 101 110 001 111 011 001 000),其中第 4 位和第 10 位码元发生了错误。其维特比译码算法如图 9.14~图 9.19 所示。

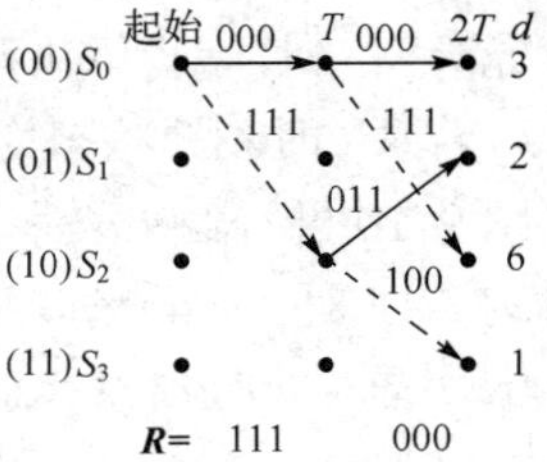

图 9.14

由于是二元信源,又 $k=1$,所以在状态图中当处于每一状态时都可能输入信息元“0”或“1”并转移到下时刻的二个状态。起始时从 $S_0(00)$ 状态出发,在 T 时刻可以到达 S_0 和 S_2 两个状态。然后下一时刻 $2T$ 时 $S_0\begin{matrix}\nearrow S_0\\ \searrow S_2\end{matrix}$, $S_2\begin{matrix}\nearrow S_1\\ \searrow S_3\end{matrix}$,此时出现四个状态。在网络图中从起始出发有 4 条路径到达 4 个状态,如图 9.14 所示。

进入下一时刻 $3T$ 时，从原 4 个状态出发，每个状态可以转移到对应的两个状态，因此出现 8 条路径到达 4 个状态，每个状态都只有两条路径可以到达，如图 9.15(a)所示。（网络图中从每一状态出发，所画实线表示输入“0”信元后所走路径，虚线表示输入“1”信元后所走路径。）现在对每一个状态的两条到达路径与接收序列之间的汉明距离进行比较，保留其中汉明距离小的一条路径作为下一时刻的出发路径，（若两条路径的汉明距离相同，则可以保存任意一条。）称其为**幸存路径**。如图 9.15(a)中 S_0 状态有两条路径到达，上面一条是 $S_0 \xrightarrow{000} S_0 \xrightarrow{000} S_0 \xrightarrow{000} S_0$，下面一条是 $S_0 \xrightarrow{111} S_2 \xrightarrow{011} S_1 \xrightarrow{001} S_0$。它们与接收序列之间汉明距离分别是 5 和 3，故保留下面一条为**幸存路径**。在网格图中用 d 标示路径与接收序列的汉明距离，并用上下数值之区分表明上下两条路径的汉明距离。其他状态同样操作，这样从开始状态出发经过三个时间段后，只保留下 4 条幸存路径，如图 9.15(b)所示。

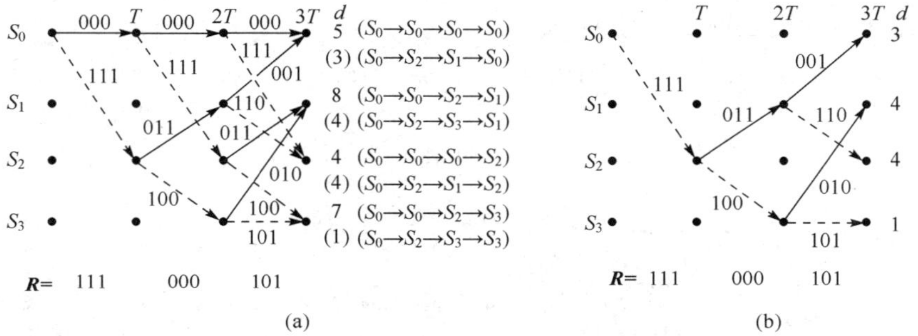

图 9.15

在 $4T$，$5T$，$6T$ 时刻，进行上述同样操作，如图 9.16～图 9.18 所示。随着时间的推移，幸存路径不断合并。到达 $6T$ 后，有用信息元已经输入完毕。

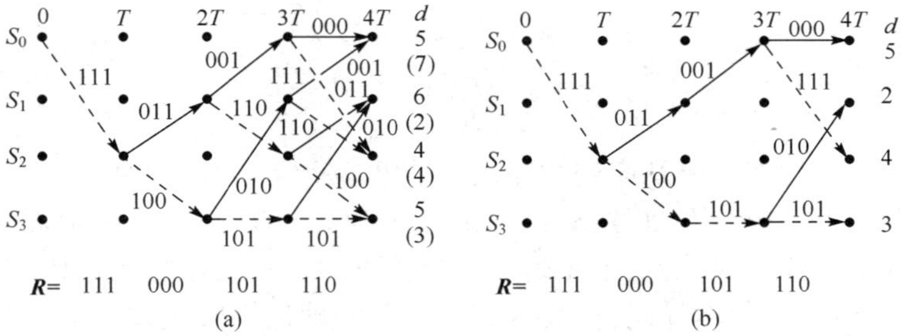

图 9.16

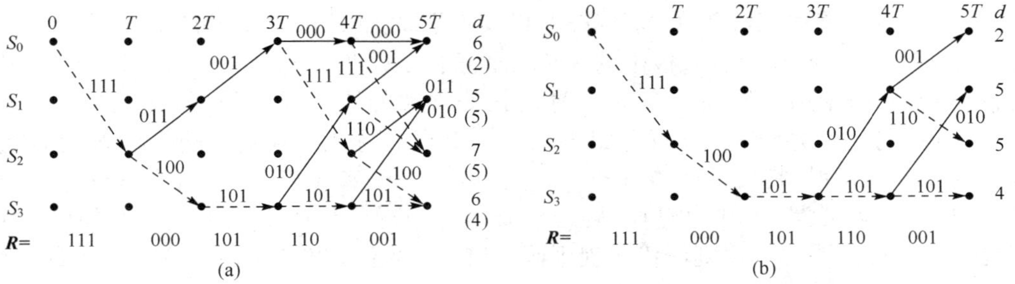

图 9.17

由于在译码运算前已预知6位信息元后发送的是三位“0”码元，并且路径必然回到 S_0 状态，所以从 $6T$ 以后，在 $7T,8T,9T$ 时刻只需计算发“0”码元的路径。从图9.19(a)及图9.19(b)中可见，到达 $9T$ 时最后合并成只有一条幸存路径到达 S_0 状态。这条路径是从出发到达终点的路径中汉明距离最小的路径。从该路径得译码的码字序列估值为 $\hat{\boldsymbol{C}}=(111\ 100\ 101\ 010\ 001\ 111\ 011\ 001\ 000)$，其相应的信息序列估值 $\hat{\boldsymbol{M}}=(111001)$，译码完毕。可见，错误码元得到纠正，实现正确译码。

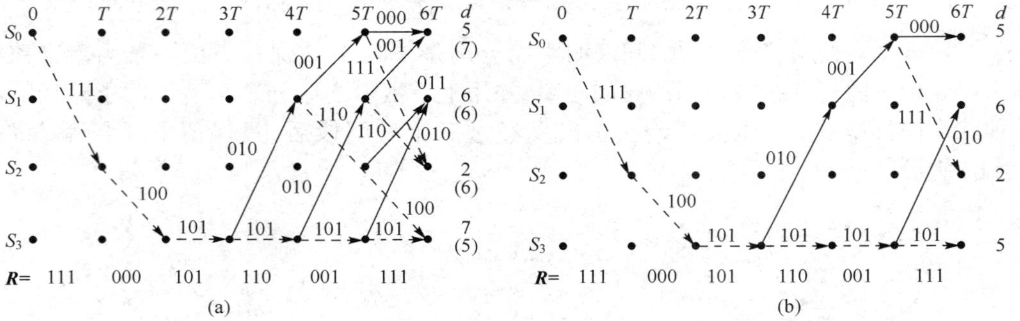

图9.18

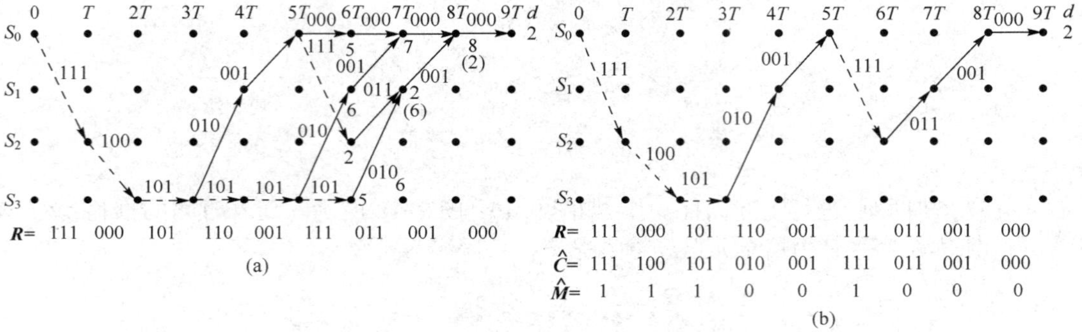

图9.19

有关卷积码的译码、性能分析及应用的深入讨论可参阅参考书目[19]。

近年来又发展得到一些好码，如TCM码、Turbo码和LDPC码等。Turbo码实质是一种并行级联卷积码，它是将卷积码通过交织器，由短码构造成长码的一种接近随机编码方法的实现，并采用软输出的迭代译码逼近最大似然译码，使其达到了与香农理论极限仅差0.7dB的优异性能。特别是在2001年再度发现了低密度校验码LDPC的优异性能，发现在码率 $R=1/2$ 的条件下，当码的误差概率 $P_e<10^{-5}$ 时，LDPC码与香农理论限只差0.0045dB。并且相对于Turbo码，LDPC码更具码率高，译码速度快，译码算法相对简单，易于实现，以及不可检测错误少等明显优势。

根据信道编码定理，逼近香农极限的一个必要条件是码长 n 充分长。LDPC码（低密度奇偶校验码，Low-Density Parity-Check）就是一种码长非常大的线性分组码，码长一般成千上万，甚至更大。LDPC码是一类特殊的线性分组码 (n,k)，其极具特色的是其校验矩阵 $\boldsymbol{H}$ 是稀疏距阵，即矩阵中的非零元素很少，且是稀疏分布的，它分有规则码和非规则码。若校验矩阵中行或列的重量是固定的（为某常数）则为规则码；若校验矩阵中行或列的重量不是固定的（不为常数）则为非规则码。可证明得非规则码优于规则码。LDPC码理论和应用的研究已成为纠错编码领域的热门课题。

有关信道纠错编码的研究是非常活跃的，其内容是极其丰富的。信道纠错和编码理论研究已成为一条独立体系的分支。本章只讨论了信道纠错编码的主要概念和基本内容，关于纠错编码的纠错性能分析、实际应用和最新发展及近年发展的一些好码如 TCM 码、Turbo 码、LDPC 码等均未论及。有需求的读者请参阅参考书目[19]、[21]、[36]、[37]。

小　　结

码字的汉明重量：　码字 $\boldsymbol{C}=(c_{n-1}c_{n-2}\cdots c_1c_0)$　　$W(\boldsymbol{C})=\sum_{i=0}^{n-1}c_i$　　$c_i\in[0,1]$　　(9.1)

$$D(\boldsymbol{C}_k,\boldsymbol{C}_j)=W(\boldsymbol{C}_k\oplus\boldsymbol{C}_j)\quad \boldsymbol{C}_k,\boldsymbol{C}_j\in C \tag{9.2}$$

纠错能力与 $d_{\min}$ 的关系：

能检测出 e 个随机错误　　$d_{\min}\geqslant e+1$　　(9.12)

能纠正 t 个随机错误　　$d_{\min}\geqslant 2t+1$　　(9.13)

能纠正 t 个同时检测 e 个随机错误　　$d_{\min}\geqslant e+t+1\quad (e>t)$　　(9.14)

错误图样：　$\boldsymbol{E}=(e_{n-1}e_{n-2}\cdots e_1e_0)\quad e_i\in[0,1]$

接收序列：　$\boldsymbol{R}=(r_{n-1}r_{n-2}\cdots r_1r_0)\quad r_i\in[0,1]$

$$\boldsymbol{R}=\boldsymbol{C}\oplus\boldsymbol{E} \tag{9.3}$$

$$\boldsymbol{C}=\boldsymbol{R}\oplus\boldsymbol{E}\quad (或)\quad \boldsymbol{E}=\boldsymbol{C}\oplus\boldsymbol{R} \tag{9.4}$$

分组码(n,k)的码率：　$R=k/n$　(比特/二元码符号)　　(9.15)

线性分组码$(\boldsymbol{n},\boldsymbol{k})$：

一致校验矩阵 $\boldsymbol{H}$($r\times n$ 阶矩阵)　　$\boldsymbol{H}\cdot\boldsymbol{C}^{\mathrm{T}}=\boldsymbol{0}^{\mathrm{T}}$　　(9.23)

$$\boldsymbol{C}\cdot\boldsymbol{H}^{\mathrm{T}}=\boldsymbol{0} \tag{9.24}$$

生成矩阵 $\boldsymbol{G}$($k\times n$ 阶矩阵)　　信息序列 $\boldsymbol{m}=(m_{k-1}m_{k-2}\cdots m_1m_0)$

$$\boldsymbol{C}_i=\boldsymbol{m}_i\cdot\boldsymbol{G}\qquad \boldsymbol{C}_i\in(n,k) \tag{9.32}$$

$$\boldsymbol{H}\cdot\boldsymbol{G}^{\mathrm{T}}=\boldsymbol{0}^{\mathrm{T}} \tag{9.33}$$

$$或\ \boldsymbol{G}\cdot\boldsymbol{H}^{\mathrm{T}}=\boldsymbol{0} \tag{9.34}$$

线性分组系统码

标准生成矩阵和标准校验矩阵　　$\boldsymbol{G}=[\boldsymbol{I}_k\ \vdots\ \boldsymbol{P}_{k\times(n-k)}]$，　$\boldsymbol{H}=[\boldsymbol{P}^{\mathrm{T}}_{k\times(n-k)}\ \vdots\ \boldsymbol{I}_{n-k}]$　　(9.35)

线性分组码的特性

(1) (n,k)线性分组码由 $\boldsymbol{G}$ 或 $\boldsymbol{H}$ 确定(即由式(9.32)～式(9.34)确定)

(2) 封闭性

(3) 含有零码字 $\boldsymbol{0}=(\overbrace{00\cdots0}^{n})$

(4) 2^k 个码字由其中一组 k 个独立的码字线性组合而成(称为基底)

(5)　　$d_{\min}=\min W(\boldsymbol{C}_i)\quad \boldsymbol{C}_i\in(n,k),\boldsymbol{C}_i\neq\boldsymbol{0}$　　(9.38)

伴随式　　$\boldsymbol{S}=\boldsymbol{E}\cdot\boldsymbol{H}^{\mathrm{T}}=\boldsymbol{R}\cdot\boldsymbol{H}^{\mathrm{T}}$　　(9.42),(9.44)

或　　$\boldsymbol{S}^{\mathrm{T}}=\boldsymbol{H}\cdot\boldsymbol{E}^{\mathrm{T}}=\boldsymbol{H}\cdot\boldsymbol{R}^{\mathrm{T}}$　　(9.43),(9.44)

标准阵列译码表见表 9.4。

汉明码　$(2^r-1,2^r-1-r,3)$线性分组码

码长 $n=2^r-1$　　信息元位数 $k=2^r-1-r$　($r\geqslant 2$ 正整数)

校验元 $r=n-k$　　最小码距 $d_{\min}=3$　　码率 $R=1-\dfrac{r}{2^r-1}$　　纠错能力 $t=1$

扩展汉明码

码长 $n=2^r$　　信息元 $k=2^r-1-r$　　最小码距 $d_{\min}=4$　　纠错能力 $t=1,e=1$，码率 $=1-\dfrac{1+r}{2^r}$

循环码　(n,k)　码字 $\boldsymbol{C}=(c_{n-1}c_{n-2}\cdots c_1c_0)$　信息序列 $\boldsymbol{m}=(m_{k-1}m_{k-2}\cdots m_1m_0)$

码多项式　　$\boldsymbol{C}(x)=c_{n-1}x^{n-1}+c_{n-2}x^{n-2}+\cdots+c_1x+c_0\quad c_i\in[0,1](i=0,\cdots,n-1)$　　(9.56)

信息多项式　$\boldsymbol{m}(x)=m_{k-1}x^{k-1}+m_{k-2}x^{k-2}+\cdots+m_1x+m_0\quad m_i\in[0,1],(i=0,\cdots,k-1)$　　(9.59)

生成多项式 $g(x)=x^{n-k}+g_{n-k-1}x^{n-k-1}+\cdots+g_2x^2+g_1x+1 \quad g_i\in[0,1](i=1,\cdots,n-k-1)$ (9.61)

$$\boldsymbol{C}(x)=\boldsymbol{m}(x)\cdot g(x) \tag{9.60}$$

校验多项式 $h(x)=h_kx^k+h_{k-1}x^{k-1}+\cdots+h_1x+h_0 \quad h_k=h_0=1 \quad h_i\in[0,1](i=1,\cdots,k-1)$

$$g(x)h(x)=x^n+1 \quad 或 \quad g(x)h(x)\equiv 0 \quad (\mathrm{mod}(x^n+1)) \qquad (9.82),(9.83)$$

$$\boldsymbol{C}(x)h(x)\equiv 0 \quad (\mathrm{mod}(x^n+1)) \tag{9.84}$$

生成矩阵

$$\boldsymbol{G}(x)=\begin{bmatrix} x^{k-1}g(x)\\ x^{k-2}g(x)\\ \vdots\\ xg(x)\\ g(x)\end{bmatrix}_{k\times n} \tag{9.69}$$

标准生成矩阵

$$\boldsymbol{G}(x)=\begin{bmatrix} x^{n-1} & & & & +\boldsymbol{r}_1(x)\\ & x^{n-2} & & & +\boldsymbol{r}_2(x)\\ & & \ddots & & \vdots\\ & & & x^{n-k-1} & +\boldsymbol{r}_{k-1}(x)\\ & & & x^{n-k} & +\boldsymbol{r}_k(x)\end{bmatrix}_{k\times n} \tag{9.79}$$

其中

$$\boldsymbol{r}_i(x)\equiv x^{n-i} \quad (\mathrm{mod}g(x)) \quad i=1,2,\cdots,k \tag{9.78}$$

一致校验矩阵

$$\boldsymbol{H}(x)=\begin{bmatrix} x^{n-k-1}h^*(x)\\ \vdots\\ xh^*(x)\\ h^*(x)\end{bmatrix}_{(n-k)\times n} \tag{9.92}$$

式中，$h^*(x)$是$h(x)$的反多项式

伴随式

$$\boldsymbol{S}(x)\equiv\boldsymbol{E}(x)\equiv\boldsymbol{R}(x) \quad (\mathrm{mod}g(x)) \tag{9.97}$$

式中，$\boldsymbol{S}(x)=s_{n-k-1}x^{n-k-1}+\cdots+s_1x+s_0$

$$x^i\boldsymbol{S}(x)\equiv x^i\boldsymbol{R}(x)\equiv x^i\boldsymbol{E}(x) \quad (\mathrm{mod}g(x)) \tag{9.99}$$

卷积码 (n,k,L)

t时刻输出码字 $\boldsymbol{C}^t=(c_0^tc_1^t\cdots c_{n-2}^tc_{n-1}^t)$

i时刻输入信息值 $\boldsymbol{M}^i=(m_0^im_1^i\cdots m_{k-1}^i) \quad i=t,t-1,\cdots,t-L$

$$\boldsymbol{C}=(\boldsymbol{C}^0\boldsymbol{C}^1\cdots\boldsymbol{C}^L\boldsymbol{C}^{L+1}\cdots) \tag{9.111}$$

$$=(\boldsymbol{M}^0\boldsymbol{M}^1\cdots\boldsymbol{M}^L\boldsymbol{M}^{L+1}\cdots)\cdot G_\infty=\boldsymbol{M}\cdot G_\infty \tag{9.112}$$

生成矩阵

$$\boldsymbol{G}_\infty=\begin{bmatrix} \boldsymbol{G}^0 & \boldsymbol{G}^1 & \boldsymbol{G}^2 & \cdots & \boldsymbol{G}^L & \boldsymbol{0} & \boldsymbol{0} & & \cdots & \boldsymbol{0} & \cdots\\ \boldsymbol{0} & \boldsymbol{G}^0 & \boldsymbol{G}^1 & \cdots & \boldsymbol{G}^{L-1} & \boldsymbol{G}^L & \boldsymbol{0} & & \cdots & \boldsymbol{0} & \cdots\\ \boldsymbol{0} & \boldsymbol{0} & \boldsymbol{G}^0 & \cdots & \boldsymbol{G}^{L-2} & \boldsymbol{G}^{L-1} & \boldsymbol{G}^L & \boldsymbol{0} & \cdots & \boldsymbol{0} & \cdots\\ & & \ddots & \cdots & & & \ddots & & & & \cdots\end{bmatrix} \tag{9.114}$$

基本生成矩阵

$$\boldsymbol{g}_\infty=[\boldsymbol{G}^0\ \boldsymbol{G}^1\ \boldsymbol{G}^2\cdots\ \boldsymbol{G}^L\ \boldsymbol{0}\ \boldsymbol{0}] \tag{9.115}$$

子生成矩阵

$$\boldsymbol{G}^l=\begin{bmatrix} g_{00}^l & g_{01}^l & \cdots & g_{0(n-1)}^l\\ g_{10}^l & g_{11}^l & \cdots & g_{1(n-1)}^l\\ \vdots & \vdots & & \\ g_{(k-1)0}^l & g_{(k-1)1}^l & \cdots & g_{(k-1)(n-1)}^l\end{bmatrix}_{k\times n} \quad l=0,1,\cdots,L \tag{9.113}$$

（注：以上都是二元信道中的结论）

习　　题

9.1　下面是某(n,k)线性二元码的全部码字

$\boldsymbol{C}_1=000000$　$\boldsymbol{C}_2=000111$　$\boldsymbol{C}_3=011001$　$\boldsymbol{C}_4=011110$

$\boldsymbol{C}_5=101011$　$\boldsymbol{C}_6=101100$　$\boldsymbol{C}_7=110010$　$\boldsymbol{C}_8=110101$

(1) 求n,k为何值;(2) 构造此码的生成矩阵$\boldsymbol{G}$;(3) 构造此码的一致校验矩阵$\boldsymbol{H}$。

9.2　构造一个等价于习题9.1中的(n,k)线性系统分组码。

(1) 构造该线性系统分组码的生成矩阵;

(2) 构造该码的一致校验矩阵;

(3) 列出所有码字,比较此码与9.1题中码的纠、检错能力。

9.3　考虑一个(8.4)线性系统分组码,其一致校验方程如下:

$$\begin{cases} c_3=m_1+m_2+m_4 \\ c_2=m_1+m_3+m_4 \\ c_1=m_1+m_2+m_3 \\ c_0=m_2+m_3+m_4 \end{cases}$$

其中,(m_1,m_2,m_3,m_4)是信息组,c_3,c_2,c_1,c_0是校验位。

(1) 求该码的生成矩阵和一致校验矩阵;

(2) 证明该码的最小重量为4;

(3) 若某接收序列$\boldsymbol{R}$的伴随式$\boldsymbol{S}=[1011]$,求其错误图样$\boldsymbol{E}$及发送码字$\boldsymbol{C}$;

(4) 若某接收序列$\boldsymbol{R}$的伴随式为$\boldsymbol{S}=[0111]$,问发生了几位错?

9.4　设一分组码具有一致校验矩阵

$$\boldsymbol{H}=\begin{bmatrix} 1&0&0&1&0&1 \\ 0&1&0&0&1&1 \\ 0&0&1&1&1&1 \end{bmatrix}$$

(1) 求该分组码的生成矩阵;

(2) 矢量101010是否是码字,并列出所有码字;

(3) 设发送码字$\boldsymbol{C}=(001111)$,但接收到的序列为$\boldsymbol{R}=(000010)$,其伴随式$\boldsymbol{S}$是什么?该伴随式指出已发生的错误在什么地方,为什么与实际错误不同?

9.5　若二元信息序列送入二元对称信道传输前经过下列编码:

00→00000,01→01101,10→10111,11→11010

(1) 证明此码是系统分组码,并求出其生成矩阵和校验矩阵;

(2) 列出其译码表;

(3) 设二元对称信道中错误传递概率为p,计算按译码表译码引起的错误概率。

9.6　设无记忆二元对称信道的正确传递概率为$\bar{p}$,错误传递概率为$p<1/2$,对于(7,4)汉明码(如表9.7所示)

(1) 若码字都是等概率分布,试问什么是其最佳的译码规则;

(2) 说明此码能纠正一位码元的随机错误,并列出译码表;

(3) 在最佳译码规则下,计算此码的平均错误概率P_E;

(4) 若$p=0.01$,从P_E和码率R上将(7,4)汉明码与$n=7$的重复码进行比较。

9.7　对于二元(n,k)线性分组码

(1) 试证明要能纠正$\leqslant e$个随机错误,则必须满足$\sum\limits_{j=0}^{e}\binom{n}{j}\leqslant 2^{n-k}$;

(2) 设其码字个数为M,试证明要能纠正$\leqslant e$个随机错误,则必须满足$\sum\limits_{j=0}^{e}\binom{n}{j}\leqslant \dfrac{2^n}{M}$;

(3) 由此证明,此码的最小距离必满足$\sum\limits_{j=0}^{\left[\frac{d_{\min}-1}{2}\right]}\binom{n}{j}\leqslant \dfrac{2^n}{M}$。

9.8　对于码长为15的二元线性分组码，若要求能纠正≤2位随机错误，需要多少不同的伴随式？又至少需要多少位校验元？

9.9　设某(7.3)循环码，其生成多项式 $g(x)=x^4+x^2+x+1$

(1) 列出其所有码字，并求此码最小码距；

(2) 写出其系统循环码的标准生成矩阵；

(3) 写出此码的校验多项式及标准校验矩阵；

(4) 给出此码的对偶码。

9.10　已知 $x^{15}+1=(x+1)(x^2+x+1)(x^4+x+1)(x^4+x^3+1)(x^4+x^3+x^2+x+1)$，求当构造(15,11)二元循环码时，有多少种不同的选择，分别写出其生成多项式和校验多项式，及生成矩阵和校验矩阵。

9.11　若(15,11)汉明循环码的生成多项式为 $g(x)=x^4+x+1$

(1) 求此码的最小距离；

(2) 若接收多项式为 $x^8+x^6+x^5+x^2+1$，此接收序列是码多项式吗？求它的伴随式，并写出纠正后所译成的码多项式；

(3) 若信息多项式为 $\boldsymbol{m}(x)=x^7+x^4+x+1$，求其所编的码多项式及对应的码字序列；

(4) 画出此码的编码器原理图。

9.12　已知(8,5)线性分组码的生成矩阵为

$$\boldsymbol{G}=\begin{bmatrix}1&0&0&0&0&1&1&1\\0&1&0&0&0&1&0&0\\0&0&1&0&0&0&1&0\\0&0&0&1&0&0&0&1\\0&0&0&0&1&1&1&1\end{bmatrix}$$

(1) 证明此码是循环码；

(2) 求该码的生成多项式 $g(x)$，校验多项式和最小码距；

(3) 找出该码码字形成多少个循环环。

9.13　设一个(15,4)循环码。

(1) 证明 $x^{11}+x^{10}+x^6+x^5+x+1$ 是它的生成多项式；

(2) 求此码的校验多项式及对应系统码的标准校验矩阵；

(3) 设信息多项式为 $\boldsymbol{m}(x)=x^3+1$，编出对应的码多项式。

9.14　某二元(3,2,1)卷积码的生成子矩阵为

$$\boldsymbol{G}^0=\begin{bmatrix}1&0&1\\0&1&1\end{bmatrix},\qquad \boldsymbol{G}^1=\begin{bmatrix}1&1&1\\1&0&0\end{bmatrix}$$

(1) 求此卷积码的生成矩阵；

(2) 画出此卷积码的编码原理图；

(3) 若输入信息序列为(011001011110…)，求输出码字序列；

(4) 画出此卷积码的状态流图和网格图。

9.15　设一个(2,1,3)卷积码的编码器如图9.20所示。

(1) 试写出此(2,1,3)卷积码的生成矩阵、生成子矩阵和基本生成矩阵；

(2) 画出此卷积码的状态流图和网格图；

(3) 若输入信息序列为(011001011110…)，求输出码字序列。

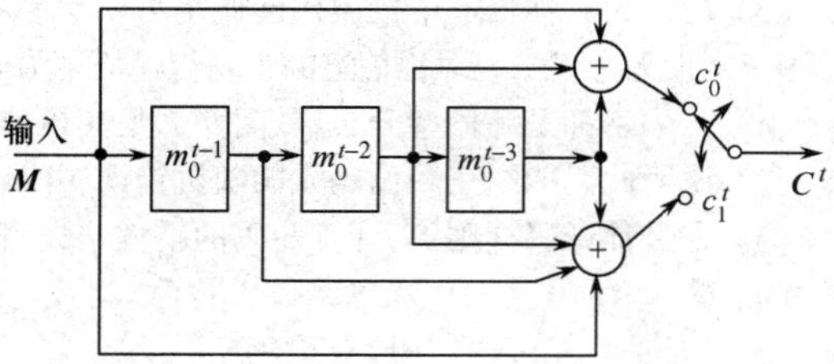

图9.20　(2,1,3)卷积码编码器

附录 A　凸函数和詹森不等式

n 维欧氏空间的子集 K,如果对于 K 中任意两个矢量 $\boldsymbol{x}_1$ 和 $\boldsymbol{x}_2$,它们的线性组合矢量 $\boldsymbol{x}=\theta\boldsymbol{x}_1+(1-\theta)\boldsymbol{x}_2$ 仍在子集 K 内,且 $0\leqslant\theta\leqslant1$,则我们定义子集 K 是凸状的,称 K 为**凸域**。从几何上看,当 θ 从 0 到 1 变化时,矢量 $\boldsymbol{x}=\theta\boldsymbol{x}_1+(1-\theta)\boldsymbol{x}_2$ 就是连接矢量 $\boldsymbol{x}_1$ 和 $\boldsymbol{x}_2$ 的一条直线。因而,如果 K 中任意两点连线的线段仍在 K 中,则此子集 K 是凸状的。图 A.1 所示是二维矢量凸域的例子。

凸域是根据点偶定义的,也可以根据有限个点的凸组合来定义。若存在非负的数 $a_1,a_2,\cdots,a_m$,且 $\sum\limits_{i=1}^{m}a_i=1$,则 $\boldsymbol{x}=\sum\limits_{i}^{m}a_i\boldsymbol{x}_i$ 称为 $\boldsymbol{x}_1,\boldsymbol{x}_2,\cdots,\boldsymbol{x}_m$ 的凸组合。而 $\boldsymbol{x}_1,\boldsymbol{x}_2,\cdots,\boldsymbol{x}_m$ 的所有凸组合的集合称为**凸壳**,如图 A.2 所示,很容易证明当且仅当子集 K 中任意点的每一种凸组合都仍处于集 K 内时,则 K 是凸域。

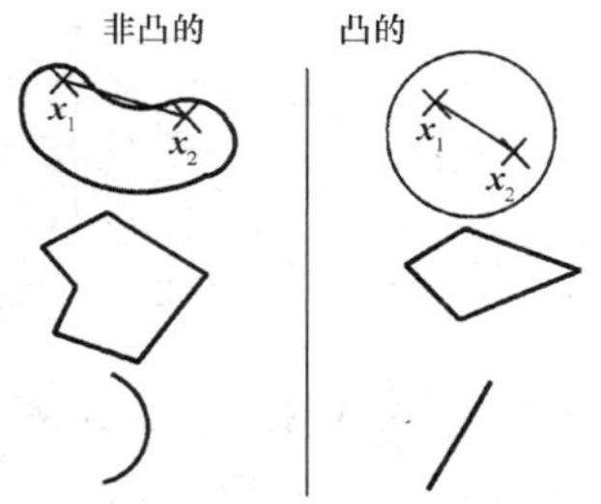

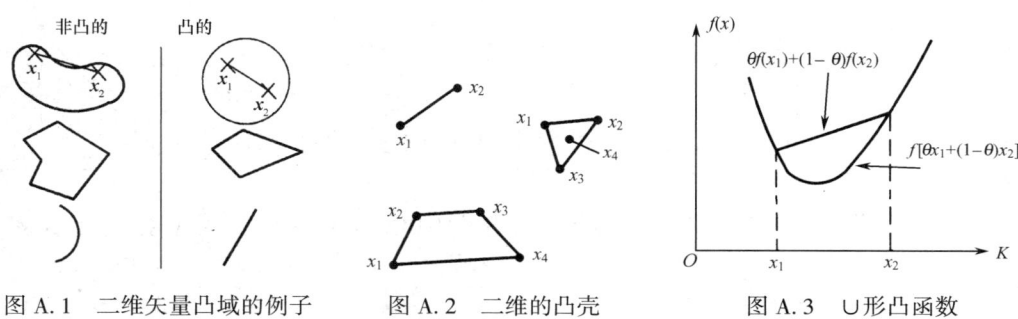

图 A.1　二维矢量凸域的例子

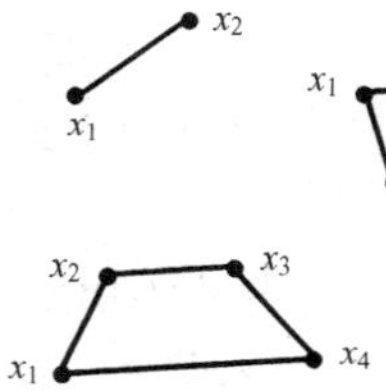

图 A.2　二维的凸壳

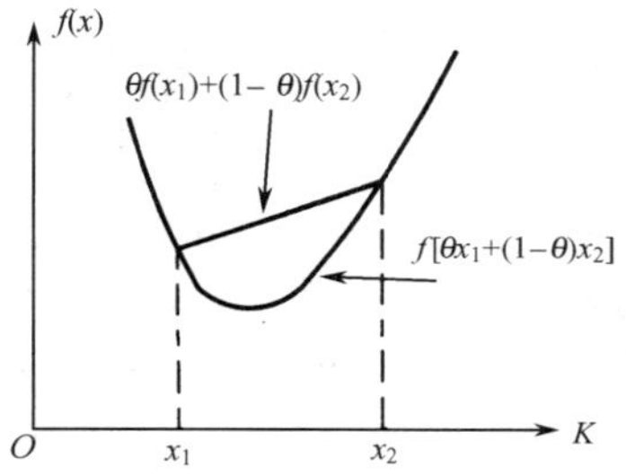

图 A.3　∪形凸函数

例如:概率空间中任一区域 R 是凸域。因为概率空间中任一区域 R 的 k 维概率矢量 $\boldsymbol{P}=(p_1,p_2,\cdots,p_k)$ 满足 $p_i\geqslant0(i=1,2,\cdots,k)$,且 $\sum\limits_{i=1}^{k}p_i=1$。若有 k 维概率矢量 $\boldsymbol{P}'$ 和 $\boldsymbol{P}''$,则对$0\leqslant\theta\leqslant1$ 可构成矢量$\boldsymbol{P}=\theta\boldsymbol{P}'+(1-\theta)\boldsymbol{P}''$。由于 $p_i'\geqslant0,p''_i\geqslant0$ 和 $\sum\limits_{i=1}^{k}p_i'=1,\sum\limits_{i=1}^{k}p_i''=1$,容易计算得

$$p_i=\theta p_i'+(1-\theta)p_i''\geqslant0\quad(i=1,2,\cdots,k)$$

和

$$\sum_{i=1}^{k}p_i=\theta\sum_{i=1}^{k}p_i'+(1-\theta)\sum_{i=1}^{k}p_i''=1$$

所以 $\boldsymbol{P}$ 也是概率矢量,仍属于区域 R。因此,由凸域的点偶定义,可得概率空间中区域 R 是凸域。

某矢量空间的凸域 K,对于 K 中所有的矢量 $\boldsymbol{x}_1$ 和 $\boldsymbol{x}_2$,都有一实值函数 f 并满足

$$f[\theta\boldsymbol{x}_1+(1-\theta)\boldsymbol{x}_2]\leqslant\theta f(\boldsymbol{x}_1)+(1-\theta)f(\boldsymbol{x}_2)\tag{A.1}$$

其中 $0\leqslant\theta\leqslant1$,则定义 f 是在凸域 K 上的**∪形凸函数**(又称**下凸函数**)。图 A.3所示为(A.1)的一维∪形凸函数。从图上看,函数$f(\boldsymbol{x})$上任意两点组成的弦就是 $\theta f(\boldsymbol{x}_1)+(1-\theta)f(\boldsymbol{x}_2)$。可见,∪形凸函数$f(\boldsymbol{x})$上的任意两点组成的弦都位于$f(\boldsymbol{x})$的函数曲线之上。

凸域 K 是函数 f 的定义域,把 f 的定义域局限在凸域的理由是为了保证矢量$\theta\boldsymbol{x}_1+(1-\theta)\boldsymbol{x}_2$仍在定义域 K 中。

如果当 $\boldsymbol{x}_1\neq\boldsymbol{x}_2$ 和 $0<\theta<1$ 时,式(A.1)只有不等号成立,则 f 称为**严格的∪形凸函数**。一维∪形凸函数的典型图形如图 A.4 所示。

同样,如果$(-f)$是一个∪形凸函数或者严格的∪形凸函数,那么 f 称为**∩形凸函数**(又称**上凸**

函数),这时式(A.1)的不等号相反,即

$$f[\theta \boldsymbol{x}_1+(1-\theta)\boldsymbol{x}_2] \geqslant \theta f(\boldsymbol{x}_1)+(1-\theta)f(\boldsymbol{x}_2) \tag{A.2}$$

从几何图形上看,一维∩形凸函数$f(\boldsymbol{x})$上的任意两点组成的弦位于函数$f(\boldsymbol{x})$的曲线之下。同样,如果当$\boldsymbol{x}_1 \neq \boldsymbol{x}_2$和$0<\theta<1$时,只有不等式成立,则称$f$为**严格的∩形凸函数**。一维∩形凸函数的典型图形如图A.5所示。

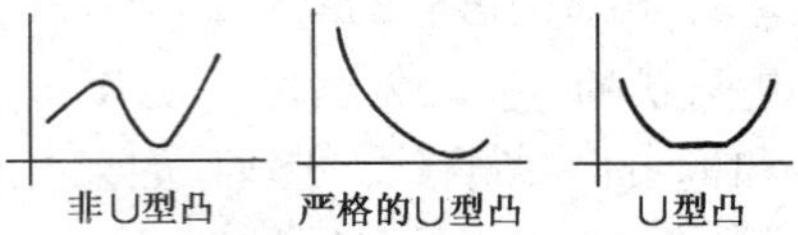

图A.4　一维∪形凸函数

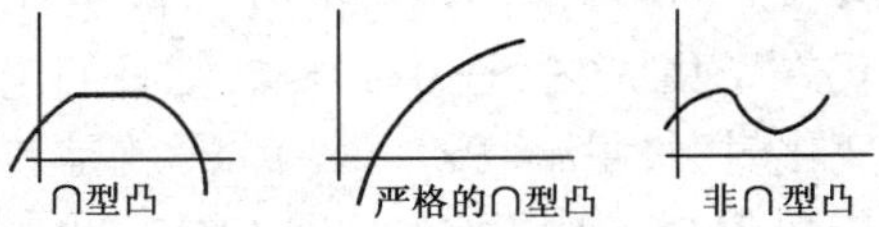

图A.5　一维∩形凸函数

必须注意,有时在数学上通常称∪形凸函数为凸型的,而把∩形凸函数称为凹型的。这与我们通常称凹和凸的概念不同。为了不被混淆,所以采用∪形和∩形凸函数来表示。

显然,这两类凸函数是连续函数。假如K是开区域,并且f是K上的凸函数(∩形或∪形),则f在区域K内连续。如果K是闭区域,f在K的边界点上可以是不连续的。例如,设$K=[0,1]$,则$\begin{cases} f(x)=x & 0<x\leqslant 1 \\ f(x)=1 & x=0 \end{cases}$

如图A.6所示。

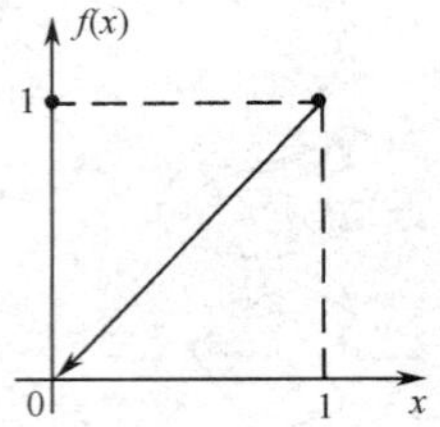

图A.6　[0,1]区域内的∪形凸函数

根据凸函数的定义可以得出,此$f(x)$在区域$[0,1]$内是∪形凸函数,不是∩形凸函数,但函数在$x=0$点处是不连续的。

常见的一维函数如$\log x$和$x^{\rho}(0<\rho\leqslant 1)$就是∩形凸函数,而$-\log x$和$x^{\rho}(\rho\geqslant 1)$是∪形凸函数($x$取正实数)。

凸函数具有下述一些重要的性质:

(1) 如果$f_1(\boldsymbol{x}),\cdots,f_L(\boldsymbol{x})$都是∪形凸函数,并且$c_1\cdots c_L$都是正数,则$\sum\limits_{i=1}^{L} c_i f_i(\boldsymbol{x})$也是∪形凸函数。若$f_1(\boldsymbol{x})$都是严格的∪形凸函数,则线性组合的函数也是严格的∪形凸函数。

对于∩形凸函数,此性质同样存在。

(2) 如果在一维凸域K上有一函数f,对于凸域K中每一点x,f的微分存在,即

$$f'=\frac{\mathrm{d}f(x)}{\mathrm{d}x}$$

若f'在K域上是非递减的则函数f是∪形凸函数。又若f'是递增的则函数f是严格的∪形凸函数。

若在凸域K内,函数f的二阶微分$f''=\dfrac{\mathrm{d}^2 f(x)}{\mathrm{d}x^2}$存在,并且满足$f''\geqslant 0$,则函数$f$是∪形凸函数。若除了有限数的点以外,$f''(x)>0$,即存在严格的不等式,则$f(x)$是严格的∪形凸函数。

同样,若在一维凸域K内,函数$f(x)$的二阶微分$f''(x)$存在,并且满足$f''(x)\leqslant 0$,则函数f是K域上的∩形凸函数。若只存在严格的不等式,则$f(x)$是严格的∩形凸函数。

(3) 设K是n维欧氏空间的凸域,若随机矢量$\boldsymbol{x}$的数学期望$E[\boldsymbol{x}]$存在,而且$f(\boldsymbol{x})$在凸域K内是∪形凸函数,则有

$$E[f(\boldsymbol{x})] \geqslant f(E[\boldsymbol{x}]) \tag{A.3a}$$

此式称为**詹森不等式**。

如果f是严格的凸函数,则除了随机矢量$\boldsymbol{x}$集中在某一点$\boldsymbol{x}_0$,即$\boldsymbol{P}\{\boldsymbol{x}=\boldsymbol{x}_0\}=1$以外,式(A.3)的不等式严格成立。

从几何图形看,詹森不等式表明如果质量分布位于函数$f(\boldsymbol{x})$的曲面上,那质量的中心一定在

函数 f 的曲面之上，如图 A.7 所示。

若 f 是∩形凸函数，则式(A.3)的不等号相反，得

$$E[f(\boldsymbol{x})]\leqslant f(E[\boldsymbol{x}]) \tag{A.4a}$$

同理，对于离散随机变量 X，式(A.3)和式(A.4)应分别写成

$$\sum_{i=1}^{n} p_i f(x_i) \geqslant f(\sum_{i=1}^{n} p_i x_i) \tag{A.3b}$$

和

$$\sum_{i=1}^{n} p_i f(x_i) \leqslant f(\sum_{i=1}^{n} p_i x_i) \tag{A.4b}$$

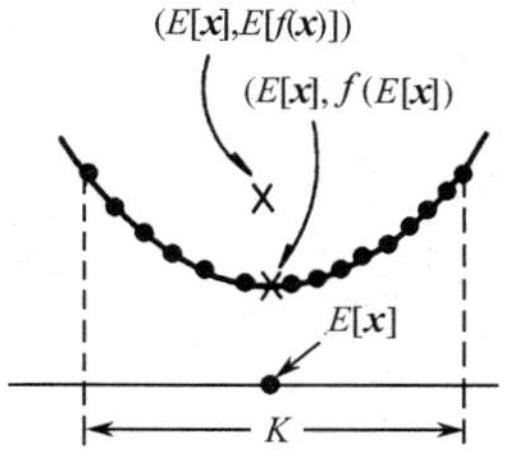

图 A.7　离散分布的詹森不等式

其中 $\boldsymbol{P}=(p_1,p_2,\cdots,p_n)$ 是凸域 K 上的一组概率分布，并满足 $\sum_{i=1}^{n} p_i = 1$。

对于连续随机变量 X，若其均值 $\int xp(x)\mathrm{d}x$ 存在，则詹森不等式应写成

$$\int_{\mathrm{R}} f(x)p(x)\mathrm{d}x \geqslant f(\int_{\mathrm{R}} x\,p(x)\,\mathrm{d}x) \tag{A.3c}$$

或

$$\int_{\mathrm{R}} f(x)p(x)\mathrm{d}x \leqslant f(\int_{\mathrm{R}} x\,p(x)\,\mathrm{d}x) \tag{A.4c}$$

对于随机变量 X 的凸函数 $f(x)$，其詹森不等式存在的证明在此省略，详见参考书目[15]。

附录 B　马尔可夫链

B.1　马尔可夫链的定义

1907 年,俄国数学家 A. A. 马尔可夫提出了对一类随机过程,即马尔可夫链的研究。马尔可夫链是常见的随机过程,荷花池中一只青蛙的跳跃,就是马尔可夫链最形象化的经典例子。青蛙即兴地从一个荷叶跳到另一个荷叶,青蛙是没有意识的,它现在的跳跃,与以往的跳跃路径完全无关。若将青蛙跳过的荷叶,依次编号为 $x_0, x_1, x_2, \cdots, x_n, \cdots$,那么,$\{x_n, n \geqslant 0\}$ 就是一个马尔可夫链。

马尔可夫链(简称马氏链)是一种特殊的随机过程,即是一种时间离散、状态离散的无后效过程。

设想有一随机运动的体系(例如游离运动的质点),它可能处的可列多个或有限个状态(或位置)为 $E_1, E_2, \cdots$,每次系统仅仅处于其中一个状态,而且体系只可能在 $t=1,2,\cdots,n,\cdots$ 可列时刻上改变它的状态。随着体系运动的进程得一随机序列 $\{X_{t_n}\}$ $(t_n=0,1,2,\cdots)$,令 $X_{t_k}=E_{i_k}$ $(i_k=1,2,\cdots)$ 表示当 $n=k$ 时刻体系处于状态 E_{i_k}。一般情况下,随机序列 $\{X_{t_n}\}$ 的各变量之间是有依赖的。若满足

$$P(X_{t_k}=E_{j_k} \mid X_{t_{k-1}}=E_{i_{k-1}}, X_{t_{k-2}}=E_{i_{k-2}}, \cdots, X_{t_1}=E_{i_1}, X_{t_0}=E_{i_0})$$
$$=P(X_{t_k}=E_{j_k} \mid X_{t_{k-1}}=E_{i_{k-1}}) \qquad (k=1,2,\cdots,n,\cdots) \tag{B.1}$$

则该随机序列 $\{X_{t_n}\}$ 称为**马尔可夫链**(简称马氏链)。这就是所谓的无后效性,或马尔可夫性。

由此可知,马氏链中将来时刻($t=k$)体系所处的状态只与现在时刻($t=k-1$)体系所处的状态有关,与以前时刻($t<k-1$)所处的状态无关。也就是说体系每次状态的转移仅仅依赖于前一时刻转移后的状态,与更以前体系的状态无关。

一般情况下,这个条件概率与 k,i,j 都有关。若式(B.1)中条件概率与时间 k 无关,则称为**时齐马尔可夫链**,即满足

$$P(X_{t_1}=E_j \mid X_{t_0}=E_i)=P(X_{t_2}=E_j \mid X_{t_1}=E_i)=\cdots$$
$$=P(X_{t_n}=E_j \mid X_{t_{n-1}}=E_i)=P(E_j \mid E_i) \quad (E_i, E_j \in E) \tag{B.2}$$

常把 $P(E_j \mid E_i)$ 简写成 P_{ij},表示由状态 E_i 经过一次转移到状态 E_j 的转移概率。

以下我们只讨论时齐马尔可夫链。

B.2　转移概率和转移矩阵

1. 一步转移概率

一步转移概率是体系由状态 E_i 经过一次转移到状态 E_j 的条件概率,即

$$P_{ij}=P(X_{t_n}=E_j \mid X_{t_{n-1}}=E_i)=P(E_j \mid E_i) \qquad (i,j=1,2,\cdots,n) \tag{B.3}$$

这个转移概率只与状态有关。所有状态之间的一步转移概率可用矩阵来描述,得马氏链的一步转移矩阵为

$$\boldsymbol{P}=\begin{bmatrix} p_{11} & p_{12} & p_{13} & \cdots & p_{1n} \\ p_{21} & p_{22} & p_{23} & \cdots & p_{2n} \\ \vdots & \vdots & \vdots & & \vdots \\ p_{n1} & p_{n2} & p_{n3} & \cdots & p_{nn} \end{bmatrix} \tag{B.4}$$

它必须满足下述性质：

第一，转移概率都是非负的，即 $0 \leqslant p_{ij} \leqslant 1 \quad (i,j=1,2,\cdots,n)$ (B.5)

第二，转移矩阵 $\boldsymbol{P}$ 中任一行的概率和等于 1，即

$$\sum_j p_{ij} = \sum_j P(E_j | E_i) = 1 \quad (i = 1,2,\cdots,n) \tag{B.6}$$

该性质表示体系从任何一状态 E_i 出发，经过一步转移后必然转移到可能的状态之一。

【例 B.1】 考虑一个游离质点，它能够处在 x 轴上 0,1,2,3,4 的任一点。如果质点一旦到达 0 或 4 点处，它将一直停留在那里，这两个点被称为吸收壁。如果在某一时刻质点处于其他点 $i(i=1,2,3)$，那么它在下一时刻转到 $i+1$ 点处的概率为 p，而转移到 $i-1$ 点处的概率为 $q=1-p$。这个游离质点运动所得的随机序列是时齐马尔可夫链。因为质点在 $t+1$ 时刻所处的位置只与 t 时刻所处的位置有关，与前面($<t$)时刻质点所处的位置无关，而且与时刻 t 也无直接关系，因此得马氏链的一步转移概率矩阵为

$$\boldsymbol{P}=\begin{bmatrix} 1 & 0 & 0 & 0 & 0 \\ q & 0 & p & 0 & 0 \\ 0 & q & 0 & p & 0 \\ 0 & 0 & q & 0 & p \\ 0 & 0 & 0 & 0 & 1 \end{bmatrix}$$

2. *n* 步转移概率

我们用 $P_{ij}^{(n)}$ 表示一个时齐马氏链由状态 E_i 经过 n 次转移，到达状态 E_j 的条件概率，称为 **n 步转移概率**，即

$$P(X_{t_{k+n}}=E_j | X_{t_k}=E_i)=P_{ij}^{(n)} \tag{B.7}$$

n 步转移概率可由一步转移概率 P_{ij} 求得。因为“体系从状态 E_i 经过二步转移到状态 E_j”这个事件，等于“体系从状态 E_i 出发，首先一步转移到状态 E_k，$k=1,2,\cdots,n$，再由状态 E_k 一步转移到状态 E_j”的事件之和。因此有

$$p_{ij}^{(2)} = p_{i1}p_{1j} + \cdots + p_{in}p_{nj} = \sum_k p_{ik}p_{kj} \tag{B.8}$$

即得二步转移矩阵 $\boldsymbol{P}^{(2)}=\boldsymbol{P}\cdot\boldsymbol{P}$ (B.9)

依次类推，对于任意两个正整数 l 和 n，有 $P_{ij}^{(n+l)} = \sum_k p_{ik}^{(n)} \cdot p_{kj}^{(l)}$ (B.10)

即得切普曼-柯尔莫哥洛夫方程 $\boldsymbol{P}^{(n+l)}=\boldsymbol{P}^{(n)}\cdot\boldsymbol{P}^{(l)}$ (B.11)

由式(B.11)可以推导得 $\boldsymbol{P}^{(n)}=\boldsymbol{P}^n$ (B.12)

可见，由一步转移概率可以决定所有的转移概率。因此，若知道了马氏链的一步转移矩阵，就可决定体系状态的转移过程。

但是，体系的初始状态概率分布不能由转移概率所决定。为此引进起始状态的概率分布，设 $q_i=P(X_{t_0}=E_i)$ $(i=1,2,\cdots,n)$ 为初始时刻体系处在状态 E_i 的概率。显然有 $0 \leqslant q_i \leqslant 1$，并且 $\sum_{i=1}^{n} q_i = 1$，则称 $\{q_i\}$ 分布为马氏链的**起始分布**。这样，体系的所有有限维分布完全可由起始概率和一步转移概率来决定。若经过 n 次试验后，体系运动的进程为一随机序列 $\{X_{t_n}\}$：$(E_{i_0},E_{i_1},\cdots,$

E_{i_n}),那么,体系处于状态为 $E_{i_0},E_{i_1},\cdots,E_{i_n}$ 的 n 维联合概率为

$$P(E_{i_0}E_{i_1}\cdots E_{i_n})=q_{i_0}p_{i_0i_1}p_{i_1i_2}p_{i_2i_3}\cdots p_{i_{n-1}i_n}\quad(i_0,i_1,\cdots,i_n=1,2,\cdots)\tag{B.13}$$

所以,可以由起始概率和一步转移概率描写出随机序列$\{X_{t_n}\}$的一切有限维分布律,因而也可完全知道马尔可夫链的统计特性。

3. 绝对概率

再引进 $t=n$ 时刻体系处于状态 E_j 的概率,$P(X_{t_n}=E_j)=P_j(n)$ $(j=1,2,\cdots)$,称为**绝对概率**,并有 $\sum\limits_j P_j(n)=1$。绝对概率可以由起始概率分布和转移概率决定,即有

$$P(X_{t_n}=E_j)=q_1p_{1j}^{(n)}+\cdots+q_np_{nj}^{(n)}=\sum_i q_ip_{ij}^{(n)}\tag{B.14}$$

B.3 各态历经定理

1. 闭集

马氏链所有可能处的状态集合称为状态空间 $E=(E_1,E_2,\cdots,E_n,\cdots)$。如果状态空间中存在一正整数 n,有 $p_{ij}^{(n)}>0$,则表示从状态 E_i 可以经过 n 步转移到状态 E_j,即 E_j 可由 E_i 到达,记作 $i\to j$。如果 $p_{ji}^{(n)}>0$,则 E_j 能到达 E_i,记作 $j\to i$。如果满足 $i\to j$ 和 $j\to i$ 就称状态 E_i 和 E_j 可**互通**。

设状态空间 E 中有一子集 C,若 C 集内状态都不能到达 C 集以外的状态,则称 C 集为**闭集**。如例 B.1 中吸收壁{0}和{4}是单点闭集。若闭集 C 不包含其他任一闭的非空真子集,则闭集 C 称为**不可分的**(或**不可约的**)。也就是说闭集中有一组状态,它们彼此可以互通,但不能到达这组状态以外的任何状态,这样的闭集是不可分的。若马氏链的状态空间 E 只构成一个不可分的闭集,则称此**马氏链是不可分的**。

【续例 B.1】 游离质点在具有吸收壁的随机游动中,状态空间为 $E=\{0,1,2,3,4\}$。此链有 4 个闭集{0},{4},{0,4},{E},而{1,2,3}不是闭集。可见,此马氏链是可分的。马氏链的状态转移图如图 B.1所示。图中用箭头连线表示状态之间的转移,并在连线的一侧标上它们的一步转移概率。

【例 B.2】 设马氏链$\{X_{t_n}\}$是具有反射壁的随机游动,并有状态空间 $E=\{0,1,2,3,4\}$。当质点游动到状态 0 或 4 点处时,下一时刻将以概率 q 停留在该点,而以概率 $p=1-q$ 反射到 1 或 3 点处。在整个马氏链中,状态是互通的,因此,此马氏链是不可分闭集,如图 B.2所示。

【例 B.3】 马氏链的状态图如图 B.3 所示。

从图可知,整个马氏链是可分的。有闭集$\{a_1,a_2,a_3,a_4\}$和$\{b_1,b_2,b_3,b_4,b_5\}$。但$\{j,k,l\}$不是闭集。

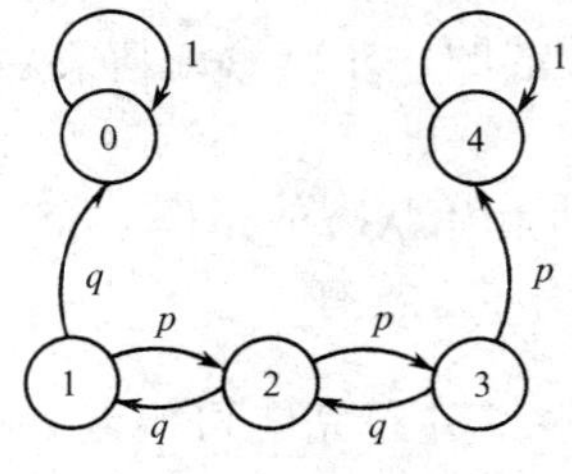

图 B.1 吸收壁的状态转移图

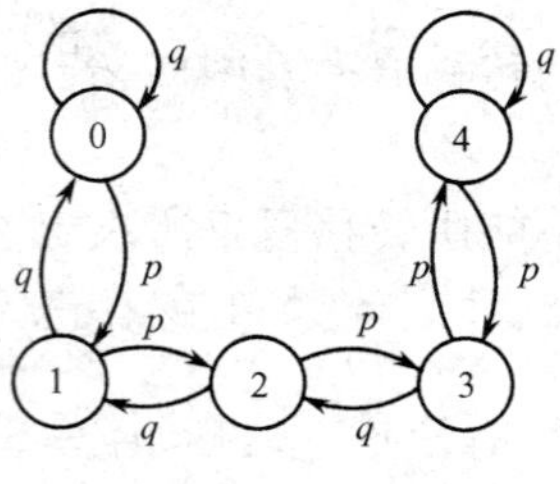

图 B.2 反射壁的状态转移图

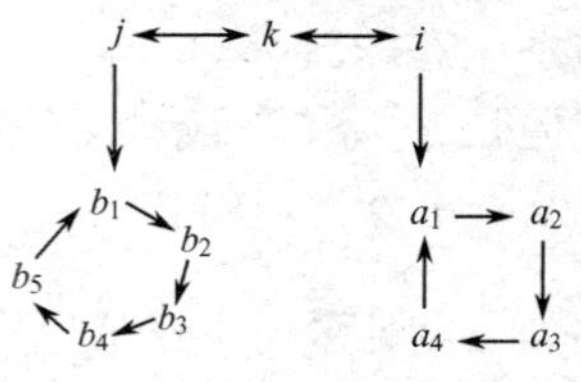

图 B.3 马氏链状态图

2. 状态的分类

设 f_i 表示开始时体系处于状态 E_i,经过有穷步后终于回到 E_i 的条件概率。又设 $f_i(n)$ 表示开始时体系处于状态 E_i,而第 n 步时初次回到状态 E_i 的条件概率。所以有

$$f_i = \sum_{n=1}^{\infty} f_i(n) \tag{B.15}$$

又令

$$t_i = \sum_{n=1}^{\infty} n f_i(n) \tag{B.16}$$

t_i 是状态 E_i 的平均返回时间。

下面来研究状态的分类。

第一,常返态。如果,$f_i=1$,则称 E_i 为**常返态**。也就是从状态 E_i 出发,迟早总能回到状态 E_i。

若 $t_i<\infty$ 称 E_i 为**正规常返态**;

若 $t_i=\infty$ 称 E_i 为**消极常返态或零常返态**。

第二,过渡态(非常返态)。若 $f_i<1$,则称 E_i 为**过渡态**。对于过渡态 E_i,总存在一种状态 E_j 和某自然数 k,使 $p_{ij}^{(k)}>0$,而 $p_{ji}^{(m)}\equiv 0, m=0,1,2,\cdots$这表示从过渡态 E_i 出发后,一旦转移到 E_j 后就不能再返回。

第三,周期态。E_i 是常返态,如果存在一个正整数 $d>1$,凡是能被 d 整除的 n,有 $p_{ii}^{(n)}>0$;而不能被 d 整除的 n,有 $p_{ii}^{(n)}\equiv 0$,则称 E_i 为**周期态**,周期为 d。当 $d=1$ 时则为**非周期态**。

在例 B.1 中,状态 0 和 4 是常返态,而状态 1,2,3 是非常返态。在例 B.2 中,所有的状态都是常返态,而且是非周期态。例 B.3 中,j,k,l 状态是非常返态,而$\{a_1,a_2,a_3,a_4\}$是周期态,周期为 4。$\{b_1,b_2,b_3,b_4,b_5\}$也是周期态,周期为 5。

对于任一时齐马氏链,其状态空间 E 可唯一地分解成有穷或可列多个不相交的子集 $D,C_1,C_2,\cdots$ 的和,其子集必满足:

(1) 任一子集 C_j 是由常返态构成的不可分闭集。其他子集 $C_i(i\neq j)$ 中的状态不能达到 C_j。

(2) C_j 中的状态属于同类,或者都是零常返态,或者都是周期态,或者都是非周期态。而且 C_j 中的状态都是互通的。

(3) D 是由一切过渡态构成的,D 中状态不可能自 $C_j(j=1,2\cdots)$ 中的状态到达。

对于状态有限的时齐马氏链它不存在零常返态,而且不可能都是过渡态。

由此可知体系随机运动的情况。如果体系自闭集 C_j 中某一状态出发,那么它只能在这闭集 C_j 内随机运动。如果自 D 集中某一状态出发,便可能出现两种情况,要么永远在 D 中随机运动;要么有限步落入某闭集 C_j 中,而后永远在 C_j 集中运动。对于状态有限的马氏链,系统永远停留在过渡态 D 集中的概率为零。也就是有限步后,系统一定进入某一闭集 C_j 并永远在其中运动。

3. 各态历经定理

定理 B.1 设一时齐马氏链,状态有限,并且是不可约闭集和非周期态,若当$n\to\infty$ 时

$$\lim_{n\to\infty} p_{ij}^{(n)} = p_j \qquad j\in E \tag{B.17}$$

存在,则称该马氏链具有**各态历经性**。

上述定理表明,当 $n\to\infty$ 时,经过 n 步转移后处于状态 E_j 的概率已与初始处于什么状态无关。因此称$\{p_j\}$为**极限分布**,而且 p_j 满足

$$\begin{cases}\sum_{j\in E} p_j = 1 \\ p_j = \sum_{i\in E} p_i p_{ij} \quad j \in E\end{cases} \tag{B.18}$$

又因不可约,非周期的马氏链的充要条件是,存在一个正整数 r,对于一切 i 都有 $p_{ij}^{(r)}>0$。因此,定理 B.1 可改写成:若时齐、有限状态的马氏链存在一个正整数 $r(r\geqslant1)$,使转移矩阵 $\boldsymbol{P}^{(r)}$ 中任意 $p_{ij}^{(r)}>0$,则此马氏链具有各态历经性,或称**遍历马氏链**,即有

$$\lim_{n\to\infty} p_{ij}^{(n)} = p_j \quad j\in E$$

【例 B.4】 若有一游离质点,它可取的位置为 $E=(1,2,3)$,位置 1 和 3 是反射壁。游离质点随机游动的运动过程形成了时齐的马氏链,它的一步转移矩阵为

$$\boldsymbol{P}=\begin{bmatrix} q & p & 0 \\ q & 0 & p \\ 0 & q & p \end{bmatrix}, \quad q+p=1 \tag{B.19}$$

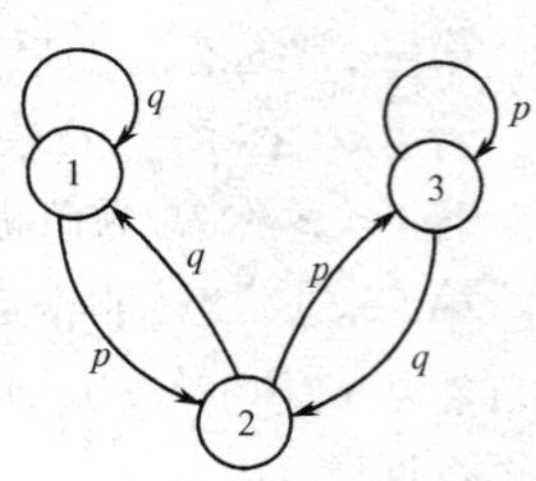

图 B.4 具有两个反射壁的游离质点的状态转移图

它的状态转移图如图 B.4 所示。

根据图 B.4,我们可以判断该马氏链是不可约的,非周期的,所以具有各态历经性。根据式(B.18)可求出极限概率 p_j,即

$$\begin{cases}\begin{bmatrix} p_1 \\ p_2 \\ p_3 \end{bmatrix} = \begin{bmatrix} q & p & 0 \\ q & 0 & p \\ 0 & q & p \end{bmatrix}^{\mathrm{T}} \begin{bmatrix} p_1 \\ p_2 \\ p_3 \end{bmatrix} \\ p_1+p_2+p_3=1\end{cases}$$

$$p_j = \frac{1-\dfrac{p}{q}}{1-\left(\dfrac{p}{q}\right)^3}\left(\frac{p}{q}\right)^{j-1} \quad (j=1,2,3)$$

同样,我们可以根据转移矩阵 $\boldsymbol{P}$ 来判断马氏链是否具有遍历性。观察其一步转移矩阵式(B.19),矩阵中不是所有元素都大于零。所以进一步求其二步转移矩阵

$$\boldsymbol{P}^{(2)}=\boldsymbol{P}\cdot\boldsymbol{P}=\begin{bmatrix} q^2+pq & qp & p^2 \\ q^2 & 2qp & p^2 \\ q^2 & qp & pq+p^2 \end{bmatrix} \tag{B.20}$$

可见,二步转移矩阵中所有元素 $p_{ij}^{(2)}>0$,所以此马氏链具有各态历经性。

【例 B.5】 具有两个吸收壁的游离质点,它可取的位置为 $E=(0,1,2)$,位置 0 和 2 是吸收壁。该游离质点随机游动的运动过程形成了时齐的马氏链,它的一步转移矩阵为

$$\boldsymbol{P}=\begin{bmatrix} 1 & 0 & 0 \\ q & 0 & p \\ 0 & 0 & 1 \end{bmatrix} \tag{B.21}$$

可得
$$\boldsymbol{P}^{(n)}=\boldsymbol{P}^n=\boldsymbol{P} \quad (n=2,3,\cdots)$$

所以这个马氏链不具有遍历性,极限概率不存在。

对于遍历的马氏链,根据式(B.14)得其绝对概率

$$P(X_{t_n}=E_j)=\sum_i q_i p_{ij}^{(n)}$$

取其极限
$$\lim_{n\to\infty} P(X_{t_n}=E_j)=\lim_{n\to\infty} p_{ij}^{(n)}\sum_i q_i=\lim_{n\to\infty} p_{ij}^{(n)}=p_j \tag{B.22}$$

可见,遍历的马氏链其绝对概率的极限等于极限概率。所以,可以认为极限概率 p_j 是经过很多次

转移后体系处于状态 E_j 的概率。它表明遍历的马氏链经过很多次试验后,体系处于状态 $E_j(j \in E)$ 的概率已与初始分布无关,而达到了一定的稳定分布,即体系达到平稳状态。因此,对于遍历的马氏链若不考虑起始状态的变化情况,而从稳定状态开始考虑,那么极限分布 $\{p_j\}$ 就是体系的**平稳分布**,它满足式(B.18)。如果马氏链的初始分布 $\{q_i\}$ 恰好等于平稳分布 $\{p_j\}$,则对于一切 n,马尔可夫链 $\{X_{i_n}\}$ 的分布也是平稳分布,且等于 $\{p_j\}$。而一般情况下,初始分布可以是任意的,不等于平稳分布。

我们在此只研究参数集和状态空间都是离散的马尔可夫过程,即马尔可夫链。还有其他三类马尔可夫过程,即参数集是离散的、状态空间是连续的马尔可夫序列、参数集是连续的而状态空间是离散的和连续的马尔可夫过程。这后三类马尔可夫过程我们就不涉及了。

附录 C　熵函数的函数表

5 位的熵函数用表

p	$\log_2(1/p)$	$p\log_2(1/p)$	$H_2(p)$
0. 00	—	0	0
0. 005	7. 64386	0. 03822	0. 04542
0. 01	6. 64386	0. 06644	0. 08079
0. 02	5. 64386	0. 11288	0. 14144
0. 03	5. 05889	0. 15177	0. 19439
0. 04	4. 64386	0. 18575	0. 24229
0. 05	4. 32193	0. 21610	0. 28640
0. 06	4. 05889	0. 24353	0. 32744
0. 07	3. 83650	0. 26856	0. 36592
0. 08	3. 64386	0. 29151	0. 40218
0. 09	3. 47393	0. 31265	0. 43647
0. 10	3. 32193	0. 33219	0. 46900
0. 11	3. 18442	0. 35029	0. 49992
0. 12	3. 05889	0. 36707	0. 52936
0. 13	2. 94342	0. 38264	0. 55744
0. 14	2. 83650	0. 39711	0. 58424
0. 15	2. 73697	0. 41054	0. 60984
0. 16	2. 64386	0. 42302	0. 63431
0. 17	2. 55639	0. 43459	0. 65770
0. 18	2. 47393	0. 44531	0. 68008
0. 19	2. 39593	0. 45523	0. 70147
0. 20	2. 32193	0. 46439	0. 72193
0. 21	2. 25154	0. 47282	0. 74148
0. 22	2. 18442	0. 48057	0. 76017
0. 23	2. 12029	0. 48767	0. 77801
0. 24	2. 05889	0. 49413	0. 79504
0. 25	2. 00000	0. 50000	0. 81128
0. 26	1. 94342	0. 50529	0. 82675
0. 27	1. 88897	0. 51002	0. 84146
0. 28	1. 83650	0. 51422	0. 85545
0. 29	1. 78588	0. 51790	0. 86872
0. 30	1. 73697	0. 52109	0. 88129
0. 31	1. 68966	0. 52379	0. 89317

续表

p	$\log_2(1/p)$	$p\log_2(1/p)$	$H_2(p)$
0. 32	1. 64386	0. 52603	0. 90438
0. 33	1. 59946	0. 52782	0. 91493
0. 34	1. 55639	0. 52917	0. 92482
0. 35	1. 51457	0. 53010	0. 93407
0. 36	1. 47393	0. 53062	0. 94268
0. 37	1. 43440	0. 53073	0. 95067
0. 38	1. 39593	0. 53045	0. 95804
0. 39	0. 35845	0. 52980	0. 96480
0. 40	1. 32193	0. 52877	0. 97095
0. 41	1. 28630	0. 52738	0. 97650
0. 42	1. 25154	0. 52565	0. 98145
0. 43	1. 21754	0. 52356	0. 98582
0. 44	1. 18442	0. 52115	0. 98959
0. 45	1. 15200	0. 51840	0. 99277
0. 46	1. 12029	0. 51534	0. 99538
0. 47	1. 08927	0. 51596	0. 99740
0. 48	1. 05889	0. 50827	0. 99885
0. 49	1. 02915	0. 50428	0. 99971
0. 50	1. 00000	0. 50000	1. 00000
0. 51	0. 97143	0. 49543	0. 99971
0. 52	0. 94342	0. 49058	0. 99885
0. 53	0. 91594	0. 48545	0. 99740
0. 54	0. 88897	0. 48004	0. 99538
0. 55	0. 86250	0. 47437	0. 99277
0. 56	0. 83650	0. 46844	0. 98959
0. 57	0. 81097	0. 46225	0. 98582
0. 58	0. 78588	0. 45581	0. 98145
0. 59	0. 76121	0. 44912	0. 97650
0. 60	0. 73697	0. 44218	0. 97095
0. 61	0. 71312	0. 43500	0. 96480
0. 62	0. 68966	0. 42759	0. 95804
0. 63	0. 66658	0. 41994	0. 95067
0. 64	0. 64386	0. 41207	0. 94268
0. 65	0. 62149	0. 40397	0. 93407
0. 66	0. 59946	0. 39564	0. 92482
0. 67	0. 57777	0. 38710	0. 91493
0. 68	0. 55639	0. 37835	0. 90438

续表

p	$\log_2(1/p)$	$p\log_2(1/p)$	$H_2(p)$
0. 69	0. 53533	0. 36938	0. 89317
0. 71	0. 49411	0. 35082	0. 86872
0. 72	0. 47393	0. 34123	0. 85545
0. 73	0. 45403	0. 33144	0. 84146
0. 74	0. 43440	0. 32146	0. 82675
0. 75	0. 41504	0. 31128	0. 81128
0. 76	0. 39593	0. 30091	0. 79504
0. 77	0. 37707	0. 29034	0. 77801
0. 78	0. 35845	0. 27959	0. 76017
0. 79	0. 34008	0. 26866	0. 74148
0. 80	0. 32193	0. 25754	0. 72193
0. 81	0. 30401	0. 24625	0. 70147
0. 82	0. 28630	0. 23477	0. 68008
0. 83	0. 26882	0. 22312	0. 65770
0. 84	0. 25154	0. 21129	0. 63431
0. 85	0. 23447	0. 19930	0. 60984
0. 86	0. 21759	0. 18713	0. 58424
0. 87	0. 20091	0. 17479	0. 55744
0. 88	0. 18442	0. 16229	0. 52936
0. 89	0. 16812	0. 14963	0. 49992
0. 90	0. 15200	0. 13680	0. 46900
0. 91	0. 13606	0. 12382	0. 43647
0. 92	0. 12029	0. 11067	0. 40218
0. 93	0. 10470	0. 09737	0. 36592
0. 94	0. 08927	0. 08391	0. 32744
0. 95	0. 07400	0. 07030	0. 28640
0. 96	0. 05889	0. 05654	0. 24229
0. 97	0. 04394	0. 04263	0. 19439
0. 98	0. 02915	0. 02856	0. 14144
0. 99	0. 01450	0. 01435	0. 08079
1. 00	0. 00000	0. 00000	0. 00000

参考书目及文献

[1] T. M. Cover and J. A. Thomas. Elements of Information Theory. John Wiley & Sons, Inc. , 1991
[2] R. E. Blahut. Principles and Practice of Information Theory. Addison-Wesley Publishing Company, 1990
[3] R. G. Gallager. Information Theory and Reliable Communication. John Wiley & Sons, Inc. , 1968
[4] R. J. McEliece. The Theory of Information and Coding. Addison Wesley Publishing Company, 1977
[5] D. S. Jones. Elementary Information Theory. Clarendon Press, Oxford, 1979
[6] R. W. 汉明著．朱雪龙译．编码和信息理论．北京:科学出版社,1984
[7] J. H. Ewing, F. W. Gehring, and P. R. Halmos. Coding and Information Theory. Steven Roman, 1992
[8] S. Guiasu. Information Theory With Application. McGraw-Hill, Inc. , 1977
[9] G. Longo. Information Theory: New Trends and Open Problems CISM. Springer-Verlag, 1975
[10] T. Berger. Rate Distortion Theory. Prentice-Hall, Inc. , 1971
[11] N. Abramson. Information Theory and Coding. McGraw-Hill, Inc. , 1963
[12] 周炯槃．信息理论基础．北京:人民邮电出版社,1983
[13] 钟义信．信息科学原理．北京:北京邮电大学出版社,1996
[14] 傅祖芸．信息论基础．北京:电子工业出版社,1989
[15] 傅祖芸．信息论——基础理论与应用(第五版)．北京:电子工业出版社,2022
[16] 周炯槃,丁晓明．信源编码原理．北京:人民邮电出版社,1996
[17] 谢惠民．复杂性和动力系统．上海:上海科技教育出版社,1994
[18] 王新梅．纠错码与差错控制．北京:人民邮电出版社,1989
[19] 王新梅,肖国镇．纠错码——原理与方法．北京:人民邮电出版社,2001
[20] 万哲先．代数与编码．北京:科学出版社,1980
[21] 张宗橙．纠错编码原理和应用．北京:电子工业出版社,2003
[22] P. Sweeney. 俞越,张丹译．差错控制编码．北京:清华大学出版社,2004
[23] A. J. Viterbi, J. K. Omura. 蒋慧倩译．数字通信和编码原理．北京:人民邮电出版社,1990
[24] 刘东华．Turbo 码原理与应用技术．北京:电子工业出版社,2004
[25] 傅祖芸．信息论与编码学习辅导及习题详解．北京:电子工业出版社,2010
[26] R. G. Gallager. Low-Density Parity-Checks Codes. IEEE Transactions on Information Theory, pp. 21-28. Jan. 1962
[27] D. J. C. MacKay and R. M. Neal. Near Shannon limit performance of low density parity check codes. Electronics Letters, vol. 32, pp. 1645-1646, Aug. 1996
[28] R. G. Gallager. Low Density Parity Check Codes Cambridge. MA: MIT Press, 1963
[29] M. Fossorier, M. Mihaljevic, H. Imai. Reduced complexity iterative decoding of low-density parity check codes based on belief propagation. IEEE Trans. on Commun. , vol. COM-47, No. 5, pp. 673-680, May 1999
[30] Jun Xu, Shu Lin, Khaled A. S. Abdel-Ghaffar. Construction of Regular and Irregular LDPC

Codes: Geometry Decomposition and Masking. IEEE Transactions on Information Theory 53(1) p121-134: 2007

[31] M. G. Luby, M. Mitzenmacher, M. A. Shokrollahi, et al. Improved Low-Density Parity-Check Codes Using Irregular Graphs. IEEE Trans Inform Theory, 47(2):585-598. 2001

[32] R. M. Tanner. A recursive approach to low complexity codes. IEEE Trans. Inform. Theory, vol. 27, pp. 533-547, Sept. 1981

[33] Richardson and Urbanke. The Capacity of Low-Density Parity-Check Codes Under Massage-Passing Decoding. IEEE TIT 47, no. 2 (2001)

[34] T. Richardson, R. UrBanke. Efficient Encoding of Low-Density Parity-Check Codes. IEEE Trans on Information Theory, 47(2):638-656, 2001

[35] S. Y. Chung, G. D. Forney Jr, T. J. Richardson, and R. Urbanke. On the design of low-density parity-check codes within 0.0045 dB of the Shannon limit. IEEE Commun. Lett, vol. 5, no. 2, pp. 58-60, Feb. 2001

[36] 袁东风,张海刚. LDPC 码理论与应用. 北京:人民邮电出版社,2008.4

[37] 贺鹤云. LDPC 码基础与应用. 北京:人民邮电出版社,2009.7

反侵权盗版声明

举报电话:(010)88254396;(010)88258888

传　　真:(010)88254397

E-mail:dbqq@phei.com.cn

通信地址:北京市海淀区万寿路173信箱

电子工业出版社总编办公室

邮　　编:100036